Olaf L. Müller

Mehr Licht

Goethe mit
Newton im Streit
um die Farben

S. FISCHER

MIX
Papier aus verantwortungsvollen Quellen
FSC® C083411

Erschienen bei S. FISCHER

Satz: Dörlemann Satz, Lemförde
Druck und Einband: CPI books GmbH, Leck

ISBN 978-3-10-002207-3

Für meinen Farbenlehrer
und Freund Ingo Nussbaumer

Gefördert von der VolkswagenStiftung
(Initiative *Pro Geisteswissenschaften*, Programm *opus magnum*)
und aus Mitteln der Exzellenzinitiative
(Förderlinie *Freiräume* an der Humboldt-Universität zu Berlin)

Inhalt

Vorwort

Was wäre geschehen, wenn sich Newton und Goethe ans Prisma gestellt hätten, um zusammen zu experimentieren? Diese Frage hält mich seit fünfzehn Jahren auf Trab. Sie hat mein Leben verändert und zu diesem Buch geführt. Selbstverständlich habe ich keine definitive Antwort auf die Frage gefunden, doch die tentative Vermutung, zu der ich gelangt bin, ist beunruhigend genug: *Möglicherweise sähe heute unsere Physik komplett anders aus.*

Ich vermute und befürchte das, und mit beidem möchte ich Sie in diesem Buch konfrontieren. Ich werde einerseits zeigen, was für die Vermutung spricht und warum wir gleichwohl keine Chance haben, sie zu beweisen; sie wird auch am Ende meines Buchs in der Schwebe bleiben. Andererseits werde ich durchdenken, welche Konsequenzen es hätte, wenn die Vermutung zuträfe. Verächter der Naturwissenschaft würden frohlocken, gewiss – aber in deren Gesellschaft möchte ich mich nicht begeben. Diese Leute machen es sich zu einfach. Ich werde dagegen vorführen, wie viel Respekt vor den Errungenschaften experimenteller Naturwissenschaft man aufbieten muss, um (im Verein mit Goethe) überhaupt seriöse Zweifel an ihrer Objektivität wecken zu können.

Ob meine Vermutung zutrifft, hängt von einigen unwesentlichen Faktoren ab, die man besser ausklammern sollte. So sind Goethe und Newton gleichermaßen dafür berüchtigt, dass sie keinen Widerspruch vertragen konnten – vor allem nicht in optischen Angelegenheiten. Schlimmer noch, beide haben sich im vergangenen Jahrhundert die unschmeichelhafte Diagnose eingefangen, verrückt gewesen zu sein; sie wurden auf die Couch gelegt, psychiatrisch durchleuchtet und posthum per Indizienbeweis für unzurechnungsfähig erklärt – ausgerechnet wegen ihrer auffälligen Empfindlichkeiten in optischen Streitfragen. Wären diese Diagnosen richtig, so hätte es wohl geknallt, wenn die beiden in der Dunkelkammer aufeinandergestoßen wären; wissenschaftlich wäre nichts weiter passiert. So gewendet ist das Gedankenspiel unergiebig. Interessant für Scotland Yard, uninteressant für Physik und deren Philosophie.

Daher möchte ich noch einmal neu ansetzen. Ich klammere etwaige Verrücktheiten oder Charakterschwächen der beiden Personen aus und frage unter psychologisch idealisierten Annahmen: Was wäre geschehen, wenn Goethe und Newton gemeinsam am Prisma gestanden hätten und wenn sie beide über ihren Schatten gesprungen wären? Was also, wenn sie einander ihre besten Experimente gezeigt und dann darüber rational diskutiert hätten? Auch darauf habe ich keine definitive Antwort, doch gewinnt meine beunruhigende Vermutung nun an Gewicht – vielleicht hätte Newton eine andere Optik geschrieben, und Goethes *Farbenlehre* wäre ungeschrieben geblieben. Und vielleicht wäre dann auch unsere heutige Physik ganz anders.

Ich finde dieses Gedankenspiel verstörend und reizvoll; es ist mehr als bloße Spielerei. Hinter dem Gedankenspiel steckt eine These, die ich in meinem Buch begründen werde. Sie lautet: Goethe und Newton waren einander in optischen Angelegenheiten ebenbürtig. Sie hätten sich gegenseitig ernst nehmen müssen, jeder hätte vom andern lernen können, und das Ergebnis ihres rationalen Gedankenaustauschs zur Optik wäre nicht auszudenken.

Da die naturwissenschaftlich informierte Welt Newton als den rechtmäßigen Gewinner im Streit über das Licht und die Farben ansieht, steckt in meiner These eine Provokation: Nicht nur hätte Goethe von Newton viel lernen können (geschenkt, geschenkt), sondern auch Newton von Goethe – und zwar, wie gesagt, in seinem ureigensten Metier, in der Optik. Goethe hat dort eine faszinierende Symmetrie entdeckt, die Newtons Argusaugen entgangen war und die das gesamte Reich der newtonischen Experimente verdoppelt. Hier in modernen Worten eine erste grobe Fassung dessen, worauf Goethes Entdeckung hinausläuft: Man nehme die Farbfotografie eines beliebigen Experiments von Newton; dann kann man auch das Negativ dieses Fotos als Bild eines Experiments deuten – *und zwar eines Experiments, das wirklich so ausgeht, wie das Negativ zeigt.* Jedes Experiment Newtons hat also ein komplementäres Gegenstück (das bei Newton und an unseren Schulen unter den Tisch fällt). Das Gegenstück entsteht aus dem ursprünglichen Experiment durch Umkehrung der Beleuchtung – durch Vertauschung der Rollen von Licht und Dunkelheit. Daher rede ich oft von einer Symmetrie zwischen Helligkeit und Finsternis. Diese Symmetrie ist bis heute nicht recht gewürdigt worden; vermutlich hat man sie noch nicht einmal richtig verstanden. Beides möchte ich mit meinem Buch ändern. Und da gutes Verständnis vor jeder Würdigung kommt, werde ich alles tun, um Ihnen Goethes Entdeckung Schritt für Schritt zu erklären. Irgendwelche besonderen Vorkenntnisse werden Sie für meinen Gedankengang nicht brauchen.

* * *

Falls sich jemand dafür interessiert, will ich kurz erzählen, wie ich auf diese Symmetrie gestoßen bin und was sie mit mir angestellt hat. Mit den Argumenten für sie und den Konsequenzen aus ihr hat das nichts zu tun; sie kommen erst nach diesem Vorwort auf den Tisch, und wer schon ungeduldig wird, sollte sofort in die Einleitung springen, die auf S. 27 beginnt.

Aus der Vorgeschichte dieses Buchs kann man allerlei über unser Universitätssystem lernen. Während ich noch befürchtete, mein späteres Leben außerhalb der Universität als Fahrradkurier fristen zu müssen, und kurz bevor unter Wissenschaftsfunktionären das makabre Wort von der Verschrottung einer ganzen Wissenschaftlergeneration – meiner Generation – kursierte, da sagten mir meine akademischen Karriereberater: Immer bloß systematisch mit Blick auf die Gegenwart zu philosophieren, reicht nicht; du musst wenigstens ein einziges philosophie*historisches* Thema besetzen, egal welches – sonst bist du verloren.

Da ich stets einen weiten Bogen um jede Form der Philosophiegeschichte gemacht hatte und daran nichts ändern wollte, legte ich mir einen kleinen Umweg in die Vergangenheit zurecht: Ich knöpfte mir Goethes *Farbenlehre* vor und plante, ihren physikalischen Teil (den ich nur vom Hörensagen kannte) als ernst gemeinten Beitrag zur Optik beim Wort zu nehmen, um ihn mit den Mitteln der gegenwärtigen Wissenschaftsphilosophie ein für allemal zu erledigen. Das hatte bislang keiner gemacht und müsste ein Kinderspiel sein; dachte ich.

Das glatte Gegenteil ist passiert. Es war alles andere als ein Kinderspiel, und jetzt (anderthalb Jahrzehnte später) lege ich sogar eine Verteidigung der wichtigsten Idee Goethes zur Optik vor – ironischerweise mit den Mitteln der gegenwärtigen Wissenschaftsphilosophie.

Auch mit ihren Mitteln: Wie Sie sehen werden, kommt die Wissenschaftsphilosophie erst im TEIL IV meines Buchs zu ihrem Recht – zuvor dominieren Experimente das Geschehen, und zwar im TEIL I Newtons Experimente, im TEIL II Goethes, im TEIL III die Rezeption dieser Experimente zu Goethes Lebzeiten sowie wichtige Experimente aus letzter Zeit.

Wie ist es dazu gekommen, dass ich nun das Gegenteil dessen vorlege, was ursprünglich geplant war? Einfach: Wissenschaftliche Forschung lässt sich nicht vorausplanen, geisteswissenschaftliche Forschung noch weniger – und philosophische schon gar nicht. In meinem Fall lief es so: Ich bin in Goethes *Farbenlehre* auf eine überraschende Serie von Experimenten gestoßen, mit denen ich nicht gerechnet hatte. Sie weisen allesamt in dieselbe Richtung und lassen sich mit Hilfe dessen auf den Punkt bringen, was ich *Goethes Theorem* nennen werde. Sie waren Goethe äußerst wichtig; ihr symmetrischer Witz ist aber von fast allen Kommentatoren übersehen oder unterschätzt worden – von Goethes Kritikern genauso wie von seinen Fans.

Beispielsweise ist dem Physik-Nobelpreisträger Max Born vor einem halben Jahrhundert folgendes Missgeschick passiert: In einem vielzitierten Vortrag aus dem Jahr 1962 äußerte er eine berechtigte Kritik an einigen Experimenten und Schlüssen, die sich bei Goethe in der Tat finden und auf die viele wohlmeinende Leser leider immer wieder zurückgekommen waren (die Kritik bezieht sich auf Goethes *Kanten*spektren, siehe Farbtafel 02 links und Mitte). Im Eifer des Gefechts übersah Born, dass Goethe in der *Farbenlehre* klar genug angedeutet hat, warum diese Kritik anhand anderer Experimente völlig in sich zusammenbricht (und zwar bei Experimenten mit *Komplementär*spektren, dazu Farbtafel 06). Peinlicher noch, die fraglichen Andeutungen Goethes sind wenige Jahre vor Borns Vortrag experimentell abgesichert worden; Born hätte es also besser wissen können – und bei sauberer Arbeitsweise auch wissen müssen.

Lang, lang ist's her, mögen Sie vielleicht denken. Doch Borns Missgeschick ist kein Einzelfall und gehört nicht der Vergangenheit an. Im kürzlich erschienenen Goethe-Handbuch zur Naturwissenschaft kommt die allerwichtigste Einsicht aus Goethes *Farbenlehre* ebenfalls nicht vor; dort ist keine Rede von der durchgängigen Symmetrie zwischen Licht und Dunkel, die Goethe entdeckt hat. Und das Handbuch ist von exzellenten Kennern der gigantischen Literatur zu Goethes Naturwissenschaft zusammengestellt worden. (Der fragliche Band ist übrigens – abgesehen von diesem einen blinden Fleck – ganz vorzüglich. Er hat 1800 engbedruckte Spalten.)

Jetzt fragen Sie sicher: Wie ist das möglich? Wie können ganze Heerscharen von Goethe-Forschern und -Lesern einen so wichtigen Gesichtspunkt übersehen haben? Die Antwort ist erschreckend: Goethe hatte seine Leser angefleht, die von ihm beschriebenen Experimente mit eigenen Augen nachzuvollziehen – doch fast keiner hat's gemacht. Und diejenigen, die es gemacht haben, ließen sich von Nebenpunkten ablenken. Das ist auch Goethes Schuld, denn er hat seine symmetrische Hauptsache nicht optimal vorgetragen.

Aber das erklärt den Skandal nur zum Teil. Denn die entscheidenden Experimente sind einigermaßen einfach. Man kann in die Sache innerhalb von fünf Minuten hineingezogen werden – wenn man gerade ein Prisma zur Hand hat. Aber wer hat das schon.

Ich hatte zufällig eines, als ich an der polnischen Ostsee Sommerferien machte und die *Farbenlehre* im Rucksack mit mir herumtrug. Ich schaute (angeleitet von Goethe) durchs Prisma, plötzlich machte es *Klick*, und alles war klar. Sie wollen den Aha-Effekt schon jetzt nachvollziehen? Nichts leichter als das: Verschaffen Sie sich ein Prisma, und experimentieren Sie mit der Vorlage aus Abb. III.3.12b, die zwar erst zum Kapitel III.3 gehört, aber jetzt schon ausprobiert werden kann (siehe S. 272 in § III.3.12).

Als ich den symmetrischen Witz der Experimente Goethes verstanden hatte, überstürzten sich die Ereignisse. Ich hatte kurz vorher für meine Habilitation eine durch und durch ahistorische Zweckschrift über die *Matrix* eingereicht und bereitete mich auf den Abschluss dieses atavistischen, aber schönen Initiationsrituals vor, auf die Probevorlesung. Dafür musste man in Göttingen der hochmögenden Fakultät drei Themen vorschlagen, die möglichst verschieden sein sollen. Goethes *Farbenlehre* war eines meiner drei Themen. Genau wie es meine Karriereberater vorhergesehen hatten, schnappte die Kommission nach dem historischen Köder, und so durfte ich im November des Jahrs 2001 hochschulöffentlich über Goethes Farben vorlesen.

Das hätte mich fast Kopf, Kragen und Karriere gekostet. Ich machte nämlich den Fehler, am Anfang Rudolf Steiner zu erwähnen. Nicht, dass ich mich auf ihn hätte stützen wollen. Im Gegenteil, ich nannte ihn als Kontrast zu dem, was ich vorhatte: Scharfkantige rationale Argumentation anstelle weicher Pastellfarben in Häusern ohne Ecken, in denen man seine Namen tanzt und so. (Ich weiß, ich übertreibe.)

Wie ich später erfuhr, darf man den Begründer der Anthroposophie noch nicht einmal erwähnen, wenn man akademisch auf Nummer Sicher gehen will; so jedenfalls sahen es einige Mitglieder der riesigen Göttinger Philosophischen Fakultät, die mir aus alledem einen Strick drehen wollten. Während die professorale Debatte hinter verschlossenen Türen hin und her wogte, ließ man mich draußen vor der Tür eine lange, lange Weile schmoren. Das erlösende Verdikt wurde verkündet, als ich die Hoffnung schon hatte fahren lassen. Das glimpfliche Ende der Geschichte verdanke ich zuallererst dem beherzten Einsatz der Fachphilosophen aus der Fakultät, denen sich die meisten Vertreter von insgesamt dreißig Fächern doch noch anschlossen.

Dann griff das Gesetz vom quadratischen Erfolg. Wegen Goethe und den Farben bekam ich an der Humboldt-Universität einen Lehrstuhl für Naturphilosophie *und* Wissenschaftstheorie der Naturwissenschaften. Kenner werden wissen, dass beides nicht zusammenpasst – ein Oxymoron als Hauptgewinn.

Nomen est omen: In Ihren Händen liegt ein Buch, in dem wirklich beide Schwerpunkte vorkommen; wie paradox es geworden ist, müssen andere sagen. Übrigens findet sich laut Literaturverzeichnis im ganzen Buch kein Rudolf Steiner des Anstoßes. Mir ist bewusst, dass einige Bewunderer der *Farbenlehre* Goethes den Begründer der Anthroposophie in meiner Betrachtung vermissen werden; zu Unrecht. Denn Steiner hat sich nicht erhellend zu den Fragen geäußert, mit denen ich mich hier auseinandersetzen werde.

Dass man der *Farbenlehre* auch ohne anthroposophische Brille viele wichtige, scharfsinnige Einsichten über unsere Naturwissenschaft entnehmen kann, wird man hoffentlich selbst im Lager der Steiner-Anhänger zugeben.

Natürlich war der Ruf nach Berlin das größte Hindernis auf dem Weg zu diesem Buch. Als Fahrradkurier hätte ich den Kopf freigehabt für ernsthafte wissenschaftsphilosophische Gedanken; der Beruf des Professors hält einen dagegen neuerdings vom Denken ab – vor allem, seitdem die oben erwähnten Wissenschaftsfunktionäre und ihre Helfershelfer eine Spur der Verwüstung durchs deutsche Hochschulwesen geschlagen haben.

Es ging also nur noch im Schneckentempo voran. Der Habilitationsvortrag zu Goethe war veröffentlicht, niemand las ihn, und von Zeit zu Zeit diskutierte ich mit meinem Mitarbeiter, dem amerikanischen Wissenschaftsphilosophen Eric Oberheim, über die Sache. Der sagte: *you need a physicist.* Und empfahl mir, erst einmal gründlich Newton zu lesen.

Mit beidem hatte er recht. Beim Versuch, Goethes Theorem auf den geballten Scharfsinn der newtonischen Experimentierkunst anzuwenden, geriet ich in eine jahrelange Sackgasse. Ausgerechnet das geniale *experimentum crucis* Newtons sperrte sich gegen eine Behandlung à la Goethe – ausgerechnet das eine Experiment, dem Newton wegweisende Eindeutigkeit zugetraut hatte (an einem Kreuzweg der wissenschaftlichen Wahrheitssuche: daher der Name). Mein Weimarer Gewährsmann war an derselben Stelle steckengeblieben, war sich aber zeit seines Lebens sicher, recht zu haben. Und ich wusste intuitiv, dass das stimmte. Aber so was ist kein Argument.

In der Tat, ohne Physiker konnte es nicht weitergehen. Goethe hatte verzweifelt nach mathematisch gebildeten Physikern gesucht, die ihm hätten helfen sollen – und er hatte nach eigenem Urteil keine Hilfe aus der Physik bekommen. (Ein Fehlurteil mit fatalen Folgen, wie sich im Kapitel III.2 zeigen wird.) Ich steckte in keiner besseren Lage. Zwar hatte ich Mathematik (und leider auch Ökonomie) studiert, aber das reichte für mein Problem nicht, und ich bereute, dass ich mich zu Studienbeginn nicht auf Physik eingelassen hatte.

Statt weiterzukommen, reiste ich mit meinem Goethe-Vortrag durch die Lande – stets in der Hoffnung, am Ende doch noch einem

Verbündeten aus der Physik zu begegnen. Die Physiker hörten mir interessiert und nicht ohne Sympathie zu. Es kam kein einziges Mal zum Eklat, und das nahm ich als gutes Zeichen. Doch nach Vortrag und Diskussion enteilte ein jeder wieder in seine eigenen Forschungsgebiete.

Was ich damals nicht wusste (ebenso wenig wie früher Max Born): Es gibt seit sechzig Jahren einen skandinavischen Kreis von Physikern und Goethe-Kennern, in dem man genau das angepackt hatte, worum es mir zu tun war – Pehr Sällström und sein kürzlich verstorbener Lehrer Torger Holtsmark haben in dieser Sache aufsehenerregende Resultate erzielt. Und es gab ausgerechnet an meiner Universität zwei Physiker, die sich auf denselben Weg gemacht hatten, zeitgleich mit mir: Johannes Grebe-Ellis und Matthias Rang.

Dass ich davon erfuhr, verdanke ich einerseits dem Zufall und andererseits einem Wiener Künstler: Ingo Nussbaumer, der in seinem Atelier jahrzehntelang immer auch als Farbforscher gearbeitet hatte. Ich brauchte Experimente mit ganz bestimmten Ergebnissen, und die meisten davon hatte er. Ich werde es nie vergessen: Lange nach Mitternacht am 7. September 2006 empfing ich auf meinem Rechner eine Nachricht von ihm, mit der alle Sorgen auf einen Schlag zerstreut wurden. Ich lud ihn umgehend in mein wissenschaftsphilosophisches Kolloquium ein, und als er endlich kam, begann ein wunderbarer, unerschöpflicher Gedankenaustausch; bis heute hat das Gespräch mit Ingo Nussbaumer immer wieder zu den farbigsten Überraschungen und zu den überraschendsten Farben geführt.

Er hatte für seinen Vortrag ein ausgewachsenes Buchmanuskript mitgebracht, das den Abend sprengte. Spontan beraumten wir gleich für den kommenden Morgen ein Sondertreffen ein, um die Diskussion fortzusetzen, und fast keiner der Teilnehmer ließ sich die Gelegenheit entgehen, weiterzumachen. Was uns damals präsentiert wurde, liegt inzwischen in Ingo Nussbaumers Buch *Zur Farbenlehre* vor; schon die kolorierten Tafeln dieses großen Buchs zeigen, dass die Farbforschung seit kurzem neue Ufer erreicht hat. Immer wenn ich über Farben arbeite und das Buch nicht in greifbarer Nähe ist, werde ich nervös.

Wie durch Zufall war auch der Physiker Johannes Grebe-Ellis zum Kolloquium gekommen; wir stellten sofort fest, dass wir am selben

Strang ziehen, ebenso wie auch sein Doktorand Matthias Rang – und so hatte ich auf einen Schlag gleich drei Mitstreiter mit genau derjenigen experimentellen und theoretischen Expertise gefunden, nach der ich so lange vergebens gelechzt hatte.

Bei unseren informellen Treffen – beim Farbentrinken – hat es immer wieder erbitterten Streit gegeben, und das lag nicht am roten Wein. Physiker ticken anders als Künstler, und Philosophen sitzen mit ihrer Begriffsstutzigkeit sowieso zwischen allen Stühlen. Aber wir rauften uns immer wieder zusammen. Jeder von uns verfolgte in den vergangenen Jahren letztlich genau dasselbe Ziel (wenn auch mit den Eigenheiten der jeweiligen *déformation professionnelle*): Aus Respekt vor harten empirischen Tatsachen und scharfer Logik sowie aus Freude an Symmetrien wollen wir eine newtonische Lanze für Goethes *Farbenlehre* brechen – nicht für all ihre (teils zweifelhaften) Bestandteile, sondern für ihren faszinierenden Hauptgedanken.

Ich lernte bei allen diesen Kontroversen so viel, dass ich es endlich wagte, die Sache offiziell zu machen. Das bedeutet in unserem Wissenschaftssystem, auf das ich vorhin so geschimpft habe: Drittmittel. Was man aber braucht, ist Zeit. Bei Drittmittelprojekten gewinnt man Geld und verliert Zeit. Es gibt jedoch eine wunderbare »Initiative für die Geisteswissenschaften«, in der man verstanden hat, was Sache ist. Da bewarb ich mich und gewann zwei volle Jahre Zeit samt Freiheit für die ehrenvolle Aufgabe, ein *opus magnum* zu schreiben – so der einschüchternde Name dieses Forschungsprogramms. Finanziert und organisiert wird das Programm von der VolkswagenStiftung, deren hilfsbereiten Mitarbeitern ich hiermit herzlich *Danke* sage für beides und viel mehr. Danken macht froh. So will ich als nächstes den drei schon erwähnten Koryphäen danken, ohne deren tatkräftige Mithilfe ich das ganze Projekt nicht hätte zuendebringen können:

Ich danke Ingo Nussbaumer für präzise Ratschläge, übersprudelnde Auskünfte, scharfsinnige Ideen – und detaillierte Sehhilfen beim Blick auf Farben. Er war es, der mich darauf stieß, wie irreführend schon allein die Farbterminologie ist, die sich in der Goethe-Forschung breitgemacht hat und der ich selber früher verfallen war, weil ich nur nachgedacht hatte, statt hinzuschauen: Was Goethe zuweilen »Gelbrot« nennt, ist kein Orange, sondern ein Rubinrot; was er »Violett« nennt, sieht eher blau aus, und Goethes »Blau« geht ins Türkise. Diese Lektion war nur der Anfang, und ich bin heilfroh über die Geduld, mit der mir der Maler seine spektakulären Experimente immer wieder gezeigt und erklärt hat, bis es endlich saß.

Johannes Grebe-Ellis (inzwischen Wuppertal) hat mir mit schmissigem Schwung die Feinheiten erklärt, auf denen alles weitere aufbaut: von der Lochkamera-Abbildung bis hin zur Funktion einer Sammellinse; vom Strahlengang im Prisma bis zur Optik der Bilder. Wieder und wieder hat er meine optischen Sorgen beruhigt – einer fast schon fanatischen Vorliebe für Klarheit frönend. Und er hat diejenigen Teile dieses Buchs strengstens gegengelesen, bei denen ich mir physikalisch unsicher war. Ich werde es nie vergessen, wie er uns beim allerersten Farbentrinken kurz vor dem Morgengrauen erst durch ein Nadelöhr das helle Bild einer leuchtenden Glühwendel auf die Leinwand projizierte, um dann den Spieß umzudrehen: Er ersetzte das Nadelöhr durch einen Stecknadelkopf, und plötzlich ward das Bild der immer noch *leuchtenden* Glühwendel *schwarz*. »Implizit schon bei Kepler«, sagte er verschmitzt. Die Spätfolgen dieses Schocks finden Sie im TEIL II – wie Sie sehen werden, hat Goethe den Wahnsinn noch gesteigert und mit *schwarzen* Bildern der *Sonne* gearbeitet; ohne den nächtlichen Zaubertrick hätte ich den Tiefsinn nicht kapiert, der darin steckt.

Matthias Rang (inzwischen Dornach) danke ich für theoretische Einsichten und experimentelle Antworten überall da, wo ich steckengeblieben bin; es war eine erlösende Lern-Erfahrung, von ihm interdisziplinär aus der Patsche gerettet zu werden. Besonders wichtig war das an zwei Stellen: Erstens bei der goetheanischen Behandlung des *experimentum crucis*. Wie mir schien, wollte er mich mit Spiegelfechtereien hinters Licht führen und mit Spiegelspaltblenden blenden. Das hatte zwar alles Hand und Fuß (weiß ich jetzt), war mir aber bei weitem zu hoch. Als ich nicht locker ließ und darauf beharrte, dass Goethe sich nicht damit hätte abspeisen lassen, verlor er nicht die Geduld, sondern x-te die Sache mit mir Lichtstrahl für Lichtstrahl durch. Ich war überrascht, dass in diesem Gewirr alles richtig hinkam; er kein bisschen. Zweitens gab er mir entscheidende Denkanstöße für meinen Plan, Goethes Theorem streng zu beweisen. Dass der Beweis irgendwie funktionieren musste, war ihm aus der Forschung für seine Dissertation sonnenklar. Aber ein teuflisches Detail hatte es in sich, und als ich ihn alarmiert hatte, setzte er sich hin und rechnete die Sache mit Fresnels Formeln durch. Er sah mein Problem als Bewährungsprobe für seine eigene Arbeit. Einen Tag später kam der beruhigende Anruf, dass abermals alles so herausgekommen war, wie von mir gehofft und letztlich von Goethe geahnt. Matthias Rang leitete seine gute Botschaft mit den Worten ein: »Die Natur ist schön«, und da hatte er verdammt recht.

Eine große Zahl weiterer Physiker hat mir bei den verschiedensten Detailfragen geholfen und mich mit zielgenauer Kritik weitergebracht – bis hin zu Ratschlägen für die Abbildungen: Martin Dressel, Brigitte Falkenburg, Johannes Gatzke, Paniz Imani, Marc Müller, Wolfgang Reinecke, Christian Rempel, Pehr Sällström, Wolfgang Sandner, Alexander Schreiber, Florian Theilmann. Überflüssig zu erwähnen, dass die Zustimmung zu meinen Plänen nicht überwog; aber ich bin stolz und dankbar, dass Physiker mit teils ganz anderen Forschungsinteressen bereit waren zuzuhören, zu lesen, zu diskutieren.

Aus Goethe-Forschung, Literaturwissenschaft, Kunst und Kunstgeschichte kamen wertvolle Ratschläge, manche Ermunterung und viel Gegenwind von: Anne Bohnenkamp, Horst Bredekamp, Jutta Eckle, Holger Helbig, Undine Kramer, Michael Mandelartz, Gisela Maul, Stefan Muntwyler, Michael Niedermeier, Ernst Osterkamp, Michael Schilar, Hubert Schmidleitner, Albrecht Schöne und Sylwia Trzaska. Nun wäre es gelogen, so zu tun, als hätte immer eitel Sonnenschein geherrscht. Ich bin für den Gedankenaustausch mit Germanisten deshalb besonders dankbar, weil ich einen völlig anderen Ansatz vertrete als im literaturwissenschaftlichen Schrifttum zu Goethes *Farbenlehre* üblich. Gerade weil Literaturwissenschaftler sich nicht mit den Mitteln an Goethes *Farbenlehre* annähern, mit denen ich es versucht habe, danke ich in Richtung Germanistik auch für – Toleranz.

Nun möchte ich meinem Vater Johannes Müller danken, dessen umfassende Goethe-Begeisterung mich in Jugendjahren kaltgelassen hatte. Wie sich die Zeiten ändern – seit Jahr und Tag hat mir seine Belesenheit und seine Geduld mit meiner Unwissenheit bei den verrücktesten Fragen zu Goethe weitergeholfen.

Meine Untersuchung hat wichtige Anstöße aus Philosophie und Wissenschaftsgeschichte bekommen, namentlich von Roman Göbel, Paul Hoyningen-Huene, Timm Lampert, Felix Mühlhölzer, Eric Oberheim, Christoph Schamberger, Thomas Schmidt, Alan Shapiro, Friedrich Steinle, Holm Tetens, Emanuel Viebahn, Heiko Weber.

Als Lektor zweier früherer Fassungen des gesamten Manuskripts stand Harald Köhl mit Widerspruchsgeist und Philosophie, Witz und Donner, Sarkasmus und Perfektionismus, feinem Sprachgefühl und strenger Sprachkenntnis auf dem Plan; wie ich einmal mehr von ihm lernen durfte, ist die deutsche Sprache ein Fass ohne Boden und ein steter Quell der Freude. Dass ich seine maxfrischen Ansprüche am Ende doch nicht alle zu erfüllen wusste, steht auf einem anderen Blatt. Alexander Roesler, dem Philosophen und Lektor des Fischer Verlages, danke ich für seine ultimative und nur zu berechtigte Aufforderung, kurzerhand die Hälfte des Manuskripts umzustoßen; das tat der Sache gut, ebenso wie sein Beistand bei den vielen vertrackten allerletzten Entscheidungen, die beim Büchermachen zu beachten sind. Und ich danke Hektor Haarkötter für Rat und Tat beim letzten Schliff.

Zuverlässige Kritikerinnen und Helfer, Mitdenkerinnen und Lektoren, Bibliographen und Rechnerinnen fand ich an meinem Lehrstuhl in Christian Beer, Matthias Herder, Lukas Lewerentz, Benjamin Marschall, Katharina Nagel, Anna Reinacher, Sarah Schalk, Christoph Schamberger, Astrid Schomäcker, Anna Welpinghus.

Ich danke Astrid Schomäcker, Christoph Schamberger und Emanuel Viebahn für die Rohfassungen der übersetzten englischen und lateinischen Zitate, Matthias Herder für Mithilfe bei der Endredaktion der Übersetzungen. Zusammen mit Ingo Nussbaumer hat mir Matthias Herder jeden noch so anspruchsvollen Abbildungswunsch erfüllt, und zwar mit unbestechlichem Perfektionismus.

Viel Stoff zum Nachdenken boten mir Hörerinnen und Hörer aus Vorlesungen an der Humboldt-Universität, Teilnehmer aus Seminaren in Göttingen, München (LMU) und Berlin (HU), insbesondere Merlin Bittlinger, Philipp Kanschik, Kilian Schubert und Romila Storjohann, sowie die Mitglieder meines wissenschaftsphilosophischen Kolloquiums. Was wären wir ohne die akademische Jugend?

Olaf L. Müller, Berlin im September 2014

Hinweise zum Gebrauch

Verschiedene Pfade führen durch dieses Buch. Wer sich nur für einen Ausschnitt meines Gesamtbildes interessiert, dem will ich hier einige Wegweiser anbieten. Wenn Sie es ganz besonders eilig haben und Freude an Hypertexten haben, springen Sie zum Tafelteil in der Buchmitte. Ich habe die Bildbeschreibungen mit Bedacht so ausführlich gehalten, dass sich meine Hauptgedanken gut durch gründlichen Blick auf die Bilder nachvollziehen lassen, sogar ohne eingehende Konsultation des zugehörigen Kapitels. Es ist erstaunlich, wie viel Information in einzelnen Bildern unterkommen kann. Doch Obacht, *iconic turn* hin oder her: Es gilt das geschriebene Wort; die Feinheiten der Argumente stehen selbstverständlich in meinen dreiundzwanzig Kapiteln. Wie ich hoffe, werden Sie von der Betrachtung der Bilder in den Text selbst gelockt. (Genau für Leser, die blätternd vom linearen Pfad durch das Buch abgekommen sind, habe ich eine Unzahl von Querverweisen eingebaut; wer geradeaus liest, kann die Verweise ignorieren.)

Falls Sie einfach nur Neuigkeiten über Newtons Optik kennenlernen möchten, genügt die Lektüre des TEILS I. Natürlich entgeht Ihnen dann die Pointe der *Farbenlehre* Goethes. Aber immerhin, man kann sich über Newton informieren und Goethe einen guten Mann sein lassen. Umgekehrt geht es nicht, denn nur wer Newton zumindest rudimentär kennt, wird Goethes Gedanken und Experimente verstehen.

Falls Sie sich also ausschließlich für Goethes Farbenforschung interessieren, brauchen Sie sich zwar nicht auf die Höhe der newtonischen Experimentierkunst aufzuschwingen. Aber die Lektüre der Kapitel I.1 bis I.4 aus dem Newton gewidmeten TEIL I lässt sich kaum umgehen; danach lesen Sie den Goethe gewidmeten TEIL II, also die Kapitel II.1 bis II.5. (Und falls Ihnen die Sache mit Newtons *experimentum crucis* zu kompliziert wird, können Sie die Kapitel I.4 und II.5 auch noch fortfallen lassen.) Im dem Zufall gewidmeten TEIL III bieten die Kapitel III.2 und III.3 Überraschungen über Goethes Wirkung bei den Physikern seiner Zeit, sind also für historisch versierte Goethe-Forscher von besonderem Interesse. Dort können Sie staunend mitverfolgen, wie viele Zufälle für Goethes Scheitern mitverantwortlich waren, obwohl ihm Spitzenphysiker starken Rückenwind gegeben haben.

Wenn Sie sich überhaupt nicht für Wissenschaftsphilosophie interessieren sollten, kann es dabei bleiben. Aber dann entgeht Ihnen viel von dem, was Goethes *Farbenlehre* aus heutiger Sicht spannend macht – kurzum, ich empfehle Ihnen doch die Lektüre aller vier Teile dieses Buchs. Selbst dann stehen Ihnen Abkürzungen offen:

Ich setze diejenigen Passagen meines Textes (wie z. B. den nächsten Absatz) in kleingedruckter Schrift, die den Hauptgedankengang vertiefen, ohne für sein Verständnis nötig zu sein. So finden sich im Kleingedruckten Angaben zur Literatur, weiterführende Überlegungen, offene Probleme, Anregungen zum Weiterdenken und Richtigstellungen von Details, die im Haupttext um der Prägnanz willen vereinfacht dargestellt werden mussten.

Hinweis. Längere kleingedruckte Passagen (wie der Beweis des Goethe-Theorems im Kapitel II.5) stehen immer am Ende eines Kapitels; ich setze sie vom großgedruckten Haupttext ab, indem ich ihnen drei Sternchen vorausschicke. Dieses Zeichen soll andeuten, dass der Hauptgedanke im nächsten Kapitel weitergeht, dass also ungeduldige Leserinnen und Leser ihre Lektüre am besten gleich beim folgenden Kapitel fortsetzen können, ohne etwas Wesentliches zu verpassen. (Dasselbe Zeichen zwischen zwei kleingedruckten Passagen weist darauf hin, dass es sich um getrennte Detail-Überlegungen handelt, die nichts miteinander zu tun haben.) – Nur zum Nachschlagen dienen dagegen die Literaturverweise, die ich in den Anmerkungen am Ende des Buchs versammelt habe; wer keine Nachweise prüfen will, kann diese Anmerkungen links liegen lassen.

* * *

Querverweise innerhalb dieses Buchs beziehen sich auf die römischen Nummern der vier Teile, auf Kapitel- und Paragraphennummern; z. B. verweist »siehe § I.5.3« im TEIL I aufs 5. Kapitel, und darin auf den dritten Paragraphen; ein Verweis wie »§ I.1.2*k*« verweist auf *klein*gedruckte Passagen am Ende des § I.1.2. (Den Zusatz erspare ich mir dort, wo der gesamte Paragraph kleingedruckt ist.)

Zu den Zitaten: Eingerückte Textstücke, die mit einer Fußnote und darin einem Literaturbeleg abschließen, sind immer wörtliche Zitate – die Einrückung ersetzt in diesem Fall je einen Satz an Gänsefüßchen. Meine treuen Helferinnen und Helfer haben die Zitate (in Sachen Rechtschreibung und Zeichensetzung) exakt aus den Werken abgeschrieben, die in der Anmerkung nach dem jeweiligen Zitat als erstes angegeben sind; nur der abschließende Punkt vor der Anmerkung gehört nicht zum Zitat dazu. In Sachen Typographie haben wir nicht alle Feinheiten aus den Originalen kopiert. So haben wir Anführungszeichen innnerhalb von Zitaten stets durch französische Anführungszeichen wiedergegeben; Zähler und Nenner von Brüchen haben wir einheitlich mit Hilfe von Schrägstrichen getrennt (wie etwa in »1/2«). Zudem haben wir einige veraltete Sonderzeichen modernisiert: Wir haben querliegende »E«s über Vokalen (wie z. B. »uͤ«) als Umlaute wiedergegeben (»ü«). Hingegen haben wir das (vor allem in Fraktur auftauchende) scharfe »s« genauso wiedergegeben wie alle anderen »s«; diese Regel führte oft dort zu einem Doppel-S, wo man vielleicht ebenso gut ein Esszett hätte schreiben können. Den im Newton-Englisch manchmal zusammengezogenen Laut »æ« haben wir auseinandergeschrieben, wie in »phaenomena«. Zudem haben wir aus heutiger Sicht befremdende Leerzeichen (z. B. vor einem Komma) weggelassen. Wo wir Hervorhebungen aus dem Original übernommen haben, sind sie einheitlich *kursiv* gesetzt – einerlei, ob sie im Original durch kursiv, fett oder gesperrt geschriebene Wörter oder Unterstreichungen angezeigt wurden. Wir geben stets an, ob die Hervorhebungen aus dem Original stammen oder von mir.

Zur Übersetzung der Originalzitate: Zitate, für die keine veröffentlichten Übersetzungen ins Deutsche vorlagen, sind von meinen Mitarbeitern und Mitarbeiterinnen zunächst wörtlich ins Deutsche übertragen worden. Ausgerechnet bei den wunderschönen Originalen aus Newtons Schriften sah die wörtliche Übersetzung grauenhaft aus; alte britische Eleganz überträgt sich schon beim Satzbau nicht von allein ins Deutsche. Und so habe ich für die Endfassung sämtlicher übersetzter Zitate ausgiebig von der Binsenweisheit Gebrauch gemacht, dass jede Übersetzung Interpretation ist; um der Verständlichkeit willen und aus stilistischen Gründen habe ich den ursprünglichen Wortlaut z. T. erheblich verändert. Und als ich mit dieser ruchlosen und riskanten Arbeit so richtig in Schwung gekommen war, habe ich auch gleich noch in die bereits anderswo veröffentlichten Übersetzungen eingegriffen. Um das kenntlich zu machen, gebe ich in der Anmerkung nach jedem schon anderswo übersetzten Zitat zwar die Fundstelle der Übersetzung an, die ich herangezogen habe – aber immer dann mit dem Vorspann »vergl.«, wenn meine Fassung vom Wortlaut dieser Fundstelle abweicht. (Dieser Vorspann fehlt also nur in den wenigen Fällen, in denen ich kein Jota verändert habe.) Meine übersetzerische Freiheit hat einen angenehmen Nebeneffekt: Nicht immer ist es nötig, weggelassene Wörter durch »[...]« zu kennzeichnen. – Zur Beruhigung: Sämtliche übersetzten Zitate finden sich originalsprachlich in den Anmerkungen.

Nachträge, Zusätze und Diskussionen zum Farbenstreit zwischen Goethe und Newton finden Sie unter www.farbenstreit.de.

Teil I

Newtons Spektrum: Farbe und Sonnenlicht

Kapitel I.1. Einleitung: Frische Blicke auf den Streit zwischen Newton und Goethe

Zwei streitbare Helden

§ I.1.1. Dies Buch handelt von Farben, Helligkeit und Dunkelheit. Es hat zwei Helden: Newton und Goethe. Wie man weiß, passen die beiden zueinander wie Feuer und Wasser. Das ist ein Irrtum. Im Widerstreit von Feuer und Wasser kann immer nur eines der Elemente gewinnen – ich möchte aber zeigen, dass meine zwei Helden echte Siegertypen sind, alle beide. Und Siegertypen lassen sich nicht vom Gegner überwältigen.

Siegertypen schließen aber auch keine faulen Kompromisse. Auf irgendeinen Kompromiss wird meine Geschichte nicht hinauslaufen; das verspreche ich. Nein, es gibt einen handfesten wissenschaftlichen Widerstreit zwischen Newtons und Goethes Partei. Dieser Streit muss ausgetragen werden, und zwar mit Hilfe der schärfsten Waffen, über die sie gebieten.

Die Schärfe der Waffen meiner zwei Helden ist von fast allen Zaungästen des Kampfs dramatisch unterschätzt worden. Weniger militaristisch formuliert: Newton *und* Goethe argumentieren weit scharfsinniger, als bislang gewürdigt worden ist. Das gilt für beide, auch für Goethe. Er ist vom Publikum stärker unterschätzt worden als sein britischer Hassgegner. Kein Wunder – wir schätzen Goethe als Dichter und Newton als Physiker. Liegt da nicht auf der Hand, welche Partei den Streit für sich entscheiden muss, ja längst schon entschieden hat?

Nein. Wie ich Ihnen vorführen möchte, ist der Streit in der Hauptsache bis heute offen. Gewiss, in ein paar Nebenpunkten hat Newton gewonnen; in ein paar anderen Goethe. Und kein Zweifel, Goethe hat sich mehr Fehler zuschulden kommen lassen als Newton – in Nebenpunkten. Ich werde darauf zurückkommen, denn sie sind nicht ohne Belang. Aber den Hauptstreit entscheiden sie nicht. Der dreht sich um Newtons Behauptung, dass das weiße Sonnenlicht nicht homogen ist, sondern *erwiesenermaßen* aus Lichtstrahlen sämtlicher Spektralfarben besteht (also aus allen Farben des Regenbogens). Goethe hat eine ganze Batterie von Einwänden gegen Newtons Haltung aufgeboten, und der wichtigste dieser Einwände hängt mit seinem Theorem von der experimentellen Symmetrie zwischen Licht und Dunkelheit zusammen. Was es damit auf sich hat, werde ich in § I.1.4 skizzieren; vorher muss ich kurz ausholen.

Her mit den Experimenten

§ I.1.2. Was sind die Waffen, mit denen meine beiden Helden ohne Ende kämpfen? Erstens Experimente und zweitens Argumente – in dieser Reihenfolge. Es ist in den letzten paar Jahrhunderten viel über Newtons *Opticks* (1704) und Goethes *Farbenlehre* (1810) geschrieben worden, aber zu wenig über ihre Experimente. Und noch viel weniger hat man sich ihre Experimente tatsächlich angesehen.[1]

Das ist ein Jammer. Es widerspricht den erklärten Ansichten meiner zwei Helden. Sie waren sich einig: Experimente sind das beste Mittel, um etwas über Licht und Farben zu lernen. Keiner der beiden plädierte für wahlloses Experimentieren. Beide strebten nach den bestmöglichen Experimenten: nach treffsicheren, glasklaren, unwiderstehlichen Experimenten. Und diesen Anspruch haben sie auch erfüllt.

Das werde ich Ihnen im TEIL I anhand der zwei, drei besten Experimente Newtons vorführen und im TEIL II anhand der zwei, drei besten Experimente Goethes. Im TEIL III skizziere ich die besten Experimente, die bis heute noch dazugekommen sind.

Keine Sorge, man benötigt keine physikalischen Spezialkenntnisse, um meiner Untersuchung folgen zu können; ich werde alles erklären, was Sie fürs Verständnis der Experimente brauchen. Zudem werde ich Ihnen keinen bunt zusammengewürfelten Haufen von Experimenten zumuten. Im Gegenteil: Wie sich herausstellen wird, hängen die drei Gruppen der optischen Experimente engstens zusammen, die ich in den TEILEN I bis III meiner Untersuchung vorstelle. Sie haben allesamt mit Newtons Spektrum und Goethes Theorem zu tun.

Erst im letzten TEIL IV treten die Experimente in den Hintergrund: Dort wird philosophiert – über Experimente und deren Verhältnis zur Theorie. Es ist meine feste Überzeugung, dass die Wissenschaftsphilosophie zur nutzlosen Trockenübung verkommt, wenn sie ohne Bezug zu konkreten Experimenten glaubt auskommen zu können. Erst müssen klare Beispiele her, dann kann man darüber philosophieren.

Wie man sieht, fürchte ich mich vor haltloser Abstraktion; genau wie meine zwei Helden. Unser Credo hat Ludwig Wittgenstein auf den Punkt gebracht – *denk nicht, sondern schau!*[2] Ob das überall ein gutes Motto ist, kann ich offenlassen. Angewandt auf die Optik (und nicht ganz nah an Wittgensteins eigener Nutzanwendung), bedeutet der Satz: Schau dir zuallererst die Experimente an, dann mag immer noch genug Zeit zum Nachdenken, Theoretisieren, Kritisieren, Argumentieren, Philosophieren bleiben.

Die Rede vom *Schauen* meine ich wörtlich. Deshalb finden Sie in diesem Buch zahllose Abbildungen, für die man sich Zeit nehmen sollte, vor allem für die Farbtafeln, die in der Buchmitte versammelt sind. Falls Sie damit noch nicht angefangen haben, ist genau jetzt der richtige Moment dafür. Mit einem Blick auf Farbtafel 01 gewinnen Sie einen ersten konkreten Eindruck von Newtons Vorgehensweise; und auf Farbtafel 06 rechts sehen Sie neben Newtons Spektrum ein wunderschönes anderes Spektrum, das Goethe entdeckt hat.

In den kommenden vier Paragraphen werde ich die vier Teile meiner Untersuchung knapp zusammenfassen. Im Anschluss daran möchte ich weit ausführlicher auf den TEIL II eingehen, der mit Goethe zu tun hat. In diesem Teil verbirgt sich Sprengstoff – darauf will ich Sie bereits in der augenblicklichen Einleitung schonend vorbereiten.

Grobe Vorschau auf Teil I

§ I.1.3. In groben Zügen beginnt meine Geschichte so. Zunächst trat Newton auf den Plan und lancierte – nach einigen Vorarbeiten – mit dem berühmten *experimentum crucis* ein schlagendes Experiment zugunsten seiner Theorie (der zufolge das weiße Sonnenlicht aus buntem Licht besteht). Die meisten Interpreten glaubten zwar an Newtons Theorie und an sein Experiment, hielten es aber nicht für beweiskräftig genug; sie spielten Newtons stolzen Beweisanspruch herunter und unterschätzten die Schärfe seiner wichtigsten

Waffe. Demgegenüber werde ich zeigen, dass Newton recht hatte: Mit dem *experimentum crucis* kann man tatsächlich Newtons Grundeinsicht beweisen – genau wie er gesagt hat. Was Newton mit dieser scharfen Ansage genau gemeint hat, werde ich später klären. (Jetzt für Eingeweihte nur so viel: Der Beweis, den Newton versprach und auch lieferte, beruht auf *direkten* Schlüssen aus dem Experiment; das ist etwas ganz anderes als die indirekte Schlussweise, die wir aus der hypothetisch-deduktiven Methode kennen.)

Bloß wenn Philosophen auftauchen und skeptische Möglichkeiten an den Haaren herbeiziehen, verliert Newton sein Spiel. Doch darauf herumzureiten, wäre unfair; Newton beanspruchte den Sieg auf dem Feld der Naturwissenschaft, nicht auf dem der Philosophie – hie gelten andere Spielregeln als da. Natürlich muss der Naturwissenschaftler nicht beweisen, dass es die Außenwelt gibt, bevor er seinen Experimenten irgendwelche Informationen entnehmen kann. Ebenso wenig muss er beweisen, dass die Natur sich morgen noch so verhalten wird wie heute und gestern. Kurzum, skeptizistische Einwände sind in der Naturwissenschaft keinen Pfifferling wert.

Newton hat es jedenfalls so gesehen. Er wusste, dass man mit unbelegten, fingierten Gegenhypothesen jeden Beweis stoppen kann. Dennoch gab er den Beweis seiner Theorie aus dem *experimentum crucis* als durchschlagend aus (im Rahmen der naturwissenschaftlichen Spielregeln). Wollte sich Newton dadurch gegen jede Kritik feien? Nein; er deutete zuweilen an, dass sich die ganze Angelegenheit angesichts unerwarteter *experimenteller* Ergebnisse vielleicht wieder anders darstellen könnte. Experimentelle Kritik ist in den Spielregeln der Naturwissenschaft vorgesehen, ja ausdrücklich erwünscht; rein hypothetische Kritik ohne jede empirische Bodenhaftung böte dagegen einen Regelverstoß, so Newton.

Grobe Vorschau auf Teil II

§ I.1.4. Solange keine unerwarteten Experimente dazwischenkommen, solange gilt der Beweis; andere Einwände ließ Newton nicht gelten, und mit Recht nicht. Alles wäre also in bester Ordnung – wenn nicht Goethe auf den Plan getreten wäre und einige Experimente vorgeführt, andere geplant hätte, die Newtons Beweisanspruch vollständig unterminieren: experimentell, nicht philosophisch.

Bei aller Verschiedenheit im Detail haben Goethes beste Experimente eine entscheidende Gemeinsamkeit. Sie zeigen, dass jedes newtonische Experiment ein umgekehrtes Gegenstück hat (worin die Rollen von Licht und Finsternis genau vertauscht sind). Das ist die entscheidende Botschaft dessen, was ich als Goethes Theorem bezeichne: *Im Reich der optischen Experimente herrscht eine perfekte Symmetrie zwischen Hell und Dunkel; zu jedem Experiment Newtons gibt es eine Umkehrung,* und das kann man beweisen. (Gerade weil man's beweisen kann, rede ich von einem Theorem.)

Das schärfste der umgekehrten Experimente ist genauso scharf wie Newtons schärfstes Experiment. Es folgt sogar derselben Logik – kann aber mit eben dieser newtonischen Logik zu gegenläufigen Schlussfolgerungen getrieben werden; eine konträre Theorie passt also genauso gut zur empirischen Realität wie Newtons Theorie. Diese neue Theorie hat Goethe nicht selber verfochten, sondern nur zum Zweck des Arguments formuliert. Ihr zufolge besteht nicht weißes Licht, *sondern Dunkelheit* aus verschiedenfarbigen Strahlen. Hiergegen sind sämtliche Experimente Newtons machtlos.

Um nicht missverstanden zu werden: Alles das unterminiert zwar die Beweislogik Newtons, nicht aber seine Theorie selbst. Die Theorie verträgt sich mit allen von Goethe entdeckten Experimenten, ja sie kann sie allesamt erklären. Goethes *Farbenlehre* ist oft so gedeutet worden, als habe er das nicht verstanden und als wolle er die *Theorie* Newtons allen Ernstes mit Hilfe neuer Experimente widerlegen. Das ist eine Zeitungsente.

Goethe attackierte Newtons *Beweisansprüche,* und zwar mit experimentellen Indizien. Genauso kann die Verteidigerin des tatverdächtigen Gärtners den Indizienbeweis des Staatsanwalts mittels eigener Indizien attackieren, ohne ein Sterbenswörtchen darüber verlieren zu müssen, ob der Gärtner den Lord ermordet hat. Was der Fall war und ist, ist eine Sache; ob es sich beweisen lässt, eine andere. Die Zeitungsente ist von Leuten in die Welt gesetzt worden, die diesen aus dem Rechtswesen geläufigen Unterschied nicht berücksichtigt haben. Und da ihnen in den letzten zweihundert Jahren nicht laut genug widersprochen wurde, hat sie sich bis heute in den Köpfen gehalten. Das gilt es zu ändern.

Grobe Vorschau auf Teil III

§ I.1.5. Im TEIL III werde ich durchdenken, ob das Unentschieden zwischen Newton und Goethe vielleicht mit modernen Experimenten überwunden werden kann – Fehlanzeige. Stattdessen werden Sie sehen, dass sich Newtons Theorie bloß deshalb durchgesetzt hat, weil es in unserem Universum recht dunkel ist.

Da kann einem schummrig werden, und vielleicht fragt man sich: Wovon hängt es denn nun ab, an welche der Theorien wir glauben? Vom Zufall! Das werde ich u. a. dadurch demonstrieren, dass ich nachweise, wie viel Pech Goethe hatte, als er seiner entscheidenden Einsicht – seinem Symmetrie-Theorem – beim Publikum Gehör verschaffen wollte. Er biss nicht aus sachlichen, sondern aus sachfremden Gründen auf Granit.

Um das zu zeigen, werde ich um einen Exkurs in die tatsächliche Wissenschaftsgeschichte nicht herumkommen. Aber es ist kein Selbstzweck, dass ich erst Goethes Unterstützer aus der Fachwissenschaft und dann seine dortigen Kritiker aufmarschieren lasse; denn bei dieser Übung lassen sich systematische Einsichten aus historischen Tatsachen extrahieren.

Grobe Vorschau auf Teil IV

§ I.1.6. Was? Zufall und Beliebigkeit sollen an wichtigen Weggabelungen über den Gang der Wissenschaft entscheiden? Ich gebe es zu: Für Freunde der Naturwissenschaften (wie mich selber) ist es eine Zumutung, was in den ersten drei Teilen der Untersuchung aufs Tapet kommt. Man muss die Naturwissenschaften nicht zum Götzen erheben, muss also kein Szientist sein, um das als Zumutung zu empfinden; selbst der gesunde, milde Respekt, den wir dem naturwissenschaftlichen Wahrheitsanspruch allemal schulden, droht nach dem Gesagten ins Wanken zu geraten. Die Wahrheiten der Naturwissenschaften sind nicht alles; das war klar – aber sind sie etwa nichts?

Angesichts solcher Sorgen muss die philosophische Arbeit anfangen. Ich werde im TEIL IV (mit den Mitteln der modernen Wissenschaftsphilosophie) auf die verwirrenden Ergebnisse der ersten drei Teile zurückblicken und fragen: Was hat das alles zu bedeuten?

Wie sich zeigen wird, bieten die zuvor erarbeiteten Ergebnisse die bestmögliche Illustration für eine These, die vor fünfzig Jahren vom amerikanischen Philosophen Willard Van Orman Quine in die Luft geworfen worden ist (und zwar ohne Beispiele). Die These lautet: Selbst wenn sämtliche Daten, Beobachtungen und Experimente eines Phänomenbereichs vorliegen, steht dadurch immer noch nicht fest, welche Theorie in diesem Bereich gilt; Theorien sind durch Daten prinzipiell unterbestimmt. Goethe wusste das, Newton nicht. Was Goethe ihm entgegenschleuderte, stieß in die einzige Lücke, die in Newtons gut durchdachtem erkenntnistheoretischen Bau klaffte.

Aber es geht mir in meinem philosophischen Abschluss der Untersuchung nicht allein darum, Goethe erkenntnistheoretisch recht zu geben. Etwas anderes ist wichtiger: Das Beispiel für die Unterbestimmtheit der optischen Theorie durch die prismatischen Daten, das wir Goethe verdanken, eignet sich vorzüglich dazu, Quines These genauer herauszuarbeiten und ihre Brisanz auszuloten. Die These profitiert also von ihrer Illustration. Wie Sie am Ende sehen werden, ist die These für Freunde der Wissenschaft schlimmer als gedacht – aber nicht katastrophal. Sie wird uns dabei helfen, Naturwissenschaft als Projekt von Menschen für Menschen zu verstehen; oder um ein hohes Wort zu bemühen: humanistisch.

Was bedeuten die Schlagwörter vom Humanismus und vom Szientismus, die in diesem Paragraphen aufgeblitzt sind? Man kann darunter viele verschiedene Positionen verstehen. Mir geht es grob um folgenden Gegensatz: Szientisten sind in dem Sinne wissenschaftsgläubig, dass sie den Ergebnissen und Methoden der naturwissenschaftlichen Arbeit unbedingten Respekt zollen, während sie die Erkenntnisansprüche anderer geistiger Aktivitäten belächeln. Humanisten gehen insofern lockerer und freier mit den Resultaten der Naturwissenschaft um, als sie sich deren Autorität nicht bedingungslos unterwerfen. Um es polemisch zuzuspitzen: Während der Mensch für Szientisten eines der *Objekte* naturwissenschaftlicher Arbeit darstellt, ist er für Humanisten das *Subjekt* aller geistiger Aktivität, u. a. auch das Subjekt naturwissenschaftlicher Arbeit.

Auf einen Schlag wird alles klar

§ I.1.7. Nach diesem Parforce-Ritt durch die vier Teile meiner Untersuchung möchte ich fast den gesamten Rest der Einleitung dazu nutzen, Sie schonend auf den harten Schlag vorzubereiten, den ich Newton (und unserer von ihm geprägten Optik) mit Goethes Theorem im TEIL II versetzen will. Auf diesen Schlag kommt alles an. Obwohl ich Newton im TEIL I schärfere Waffen attestieren werde als gemeinhin üblich, liegt die eigentliche Überraschung im TEIL II, wo ich dasselbe für Goethe tun werde.

Newton hat in seiner Dunkelkammer mit eng abgezirkelten Lichtstrahlen experimentiert, die er in ihre diversen bunten Bestandteile zerlegen konnte. Dabei entstand sein berühmtes Spektrum. Das ist Schulwissen. Goethe stellte diesem altbekannten Vorgehen etwas diametral anderes gegenüber, und zwar experimentell: Statt *Lichtstrahlen* im Dunklen durchs Prisma zu schicken, ließ er *Schatten* im Hellen durchs Prisma fallen; unter diesen Unständen entsteht ein völlig anderes Spektrum! Als ich das erste dieser Experimente kennenlernte, dachte ich: Mich tritt ein Pferd. Es dauerte eine Weile, bis ich mich wieder sortiert hatte, und dann geschah etwas Erstaunliches.

Plötzlich überblickte ich, worauf es Goethe zuallererst ankam – auf den tausend Seiten seiner *Farbenlehre*, seines größten oder jedenfalls längsten Werks. Zuvor war ich nicht recht schlau geworden aus dem Gewimmel und Gewusel tausenderlei bunter Einzelheiten, die Goethe nur locker miteinander verknäuelt zu haben schien. Doch all das ordnete sich jäh zu einem gut überschaubaren Muster, nachdem ich Goethes schärfste Waffe am eigenen Auge gespürt und sein scharfsinnigstes Experiment verstanden hatte. Mir wurde klar, worum sich der Streit in der Hauptsache dreht und warum er immer noch nicht ruht. Viele missliche Details der *Farbenlehre*, die mich zuvor verwirrt, geärgert oder abgelenkt hatten, traten in den Hintergrund und wurden plötzlich unwichtig – Nebensachen. Sie machten die Bühne frei für Goethes Theorem.

Eine erstaunliche Symmetrie

§ I.1.8. Um es zu wiederholen: Es gibt eine systematische Symmetrie zwischen Licht und Finsternis. Soll heißen, zu jeder optischen Errungenschaft Newtons existiert ein Gegenstück, in dem die Rollen von Licht und Finsternis, von Helligkeit und Dunkelheit, von Weiß und Schwarz exakt vertauscht sind. Das gilt für Newtons Experimente genauso wie für seine Theorie, seine Beweise, seine Definitionen.

Angewandt auf Experimente, bedeutet es dies: Wo Newton Lichtstrahlen (oder besser Lichtbündel) untersucht und etwa durchs Prisma fallen lässt, kann man genauso gut *Schatten* durchs Prisma fallen lassen; wenn man abgesehen von diesem Rollentausch nichts weiter am ursprünglichen Experiment ändert, gelingt das Gegenexperiment ebenfalls. Es zeigen sich dann allerdings andere Farben als bei Newton, und zwar genau deren Komplementärfarben (also z. B. Türkis anstelle von Rot; oder Purpur anstelle von Grün).

Der Witz ist: Dieser Rollentausch funktioniert für *sämtliche* Experimente, die Newton zugunsten seiner Theorie aufgeboten hat. Goethe war das klar, und genau deshalb schreibe ich ihm das Symmetrie-Theorem zu, für das ich in meinem Buch plädieren werde. Er setzte alle seine Karten auf dieses Theorem, konnte es aber nicht beweisen. Ein Beweis dafür wird in diesem Buch erstmals skizziert (§ II.5.22–§ II.5.31). Demnächst wird der Physiker Matthias Rang in seiner Dissertation einen Beweis publizieren, der weiter reicht und anspruchsvoller ist als der meine.

Zwei Beweise für dieselbe Sache

§ I.1.9. Wie verhalten sich die beiden Beweise zueinander? Meiner spielt sich im Rahmen dessen ab, was Newton wissen konnte – in der sogenannten geometrischen Optik, in der man mit Lichtstrahlen operiert und die in ihren wesentlichen Zügen von Newton geprägt wurde. Er wäre schockiert gewesen, wenn ihm jemand den Beweis präsentiert hätte; für meine Zwecke wird das reichen.

Doch da heutige Physiker wissen, wie problematisch der Begriff des beliebig dünnen Lichtstrahls ist, könnten sie das bewiesene Ergebnis unterschätzen – hier greift der Beweis von Matthias Rang, der ganz auf der Höhe unserer Zeit steht, dafür aber auch wesentlich schwerer zu durchschauen ist.

Aus theoretischer Perspektive lässt sich einiges zugunsten der experimentellen Symmetrie zwischen Hell und Dunkel sagen. Für sie sprachen bereits zu Newtons und Goethes Zeit prinzipielle Gründe (und daran hat sich bis heute nichts geändert). Doch nicht nur speist sie sich aus prinzipiellen, theoretischen Erwägungen – vielmehr wirkt sie auf theoretische Gesichtspunkte zurück. Genauer gesagt vererbt sich die Hell/Dunkel-Symmetrie sofort vom Reich der

Experimente ins Reich der Theorie. Ich werde darauf in dieser Einleitung später noch etwas ausführlicher zurückkommen (§ I.1.17, § I.1.18). Zuvor will ich mehr über die experimentelle Seite der Angelegenheit sagen.

Mehr Licht

§ I.1.10. Wenn ich Goethes wichtigste Einsicht so sensationell finde – warum habe ich mich nicht damit begnügt, nur ein Buch über seine Experimente zu schreiben? Einfach: Ich möchte ja zugunsten von Goethes Theorem zeigen, dass jedes Experiment Newtons ein Gegenstück hat (in dem die Rollen von Helligkeit und Dunkelheit vertauscht sind). Das kann ich nur, nachdem ich zuerst die wichtigsten Beispiele der newtonischen Experimentierkunst vorgeführt, analysiert und in ihrer vollen Überzeugungskraft gewürdigt habe. Wie gesagt soll das im TEIL I geschehen, wo ich den Scharfsinn Newtons anpreisen werde. Und in der Tat, je besser Newtons Experimente dort dastehen, desto überraschender und stärker müssen die Umkehrungen wirken, die dann im TEIL II aufscheinen werden.

Damit bei der Umkehrung alles hinkommt, muss man freilich gut aufpassen und die Rolle von Licht mit der von Finsternis *überall* im Experiment vertauschen, systematisch eben. Beispielsweise hat Newton am liebsten in einer Dunkelkammer experimentiert. Beim Umkehren seiner Experimente muss die Dunkelheit, in der er arbeitete und herumtappte, aufgehellt werden: *Mehr Licht*, so könnte man das auf den Punkt bringen.

Daraus ergibt sich ein völlig neuer Grund, warum Goethe die Dunkelkammer Newtons ablehnte und Experimente im Freien befürwortete. Er tat das nicht bloß deshalb, weil er treffende Einwände gegen kontrolliertes Experimentieren unter Laborbedingungen gehabt hätte oder weil er seiner romantischen Liebe zur Natur da draußen frönen wollte, tandaradei. Weit gefehlt. Sein Grund gegen die Dunkelkammer lässt sich bestens mit exakter Laborwissenschaft vereinbaren: Im Dunkeln kann man die Hälfte der Experimente nicht aufbauen, um die es ihm zu tun war; dort kann man nur die andere Hälfte aufbauen – diejenige Hälfte, die wir Newton verdanken.

Was Goethe also brauchte, war das glatte Gegenteil der newtonischen Dunkelkammer; er brauchte eine Streulichtkammer, in der es aus allen Richtungen gleichmäßig hell wäre. Auch das wäre ein Labor, sogar ein technologisch raffiniertes – nur eben ein anderes Labor als dasjenige Newtons. Nun konnte man zu Goethes Zeit keine Streulichtkammern realisieren; abgesehen von Kerzen, Öllampen und anderen Funzeln gab es kein brauchbares künstliches Licht. In freier Natur herrscht an Sonnentagen zwar genug Licht. Aber für Goethes Zwecke taugt es nichts, weil es nicht gleichmäßig genug verstreut ist. Sonnenlicht bietet also kein exaktes Gegenteil der einheitlichen Dunkelheit, in der Newton gearbeitet hatte.

Vertiefungsmöglichkeit. Wie konnte Goethe die experimentelle Hell/Dunkel-Symmetrie überhaupt entdecken? Indem er sich an sie annäherte. Eine der besten Näherungen an die Streulichtkammer hat jedermann im Haus: weißes Papier. Es bildet zwar keine eigene Lichtquelle, aber bei tagheller Beleuchtung wirft es das Sonnenlicht in alle Richtungen gleichmäßig zurück (im Sinne der diffusen Reflexion). Wer also auf dem Papier experimentiert, hat auf eng abgezirkeltem Raum die Bedingungen geschaffen, die Goethe brauchte. Aber das diffus reflektierte Licht ist viel zu schwach, um damit großartig weiterzuexperimentieren. Ausweg: Wer den Raum des Experiments ins Auge verlängert, wer die gewünschten Effekte also auf seine Netzhaut wirft, der kann sehr wohl beobachten, worauf es ankommt – das Auge reagiert äußerst sensibel auf Beleuchtungsunterschiede an der Netzhaut. Dass Goethe überaus oft sein Auge ins Experiment eingebunden hat, hängt also zuallererst mit dem damals herrschenden Mangel an guten künstlichen Lichtquellen zusammen; es hängt nicht damit zusammen, dass er lieber subjektiv als objektiv experimentieren wollte. Zwar nannte er die Experimente mit eingebundenem Auge subjektiv. Aber das hat nichts mit Beliebigkeit, Subjektivismus oder Romantik zu tun; es ist nur der Ausdruck für eine Notlösung, die angesichts des damaligen Lichtmangels nicht umgangen werden konnte. Newton ist in entscheidenden Situationen ähnlich vorgegangen; daher behandle ich den notorischen Unterschied zwischen sog. subjektiven und sog. objektiven Experimenten nicht im TEIL II, der Goethe gewidmet ist, sondern schon im TEIL I über Newton, Kapitel I.3. (Abgesehen davon sind dem Dichter einige der Umkehrungen sogar ohne eingebundenes Auge gelungen, also im objektiven Stil – auch hier behalf er sich mit Approximationen an das, was eine völlig exakte Umkehrung leisten müsste.)

Hellsichtigkeit ohne Hellseherei

§ I.1.11. Obwohl Goethe mit seinem Theorem richtig lag, konnte er es seinerzeit nicht zweifelsfrei beweisen. Goethes schärfste Waffe war vor zweihundert Jahren zu stumpf. Erst heute wissen wir, wie viel schärfer sie geschliffen werden kann und wie gefährlich sie dann für Newtons Partei wird (Details der teils diffizilen Schleifarbeiten im Kapitel II.5). Goethe hat das nur geahnt, doch seine Ahnung traf ins Schwarze; man könnte es auch hellsichtige Intuition nennen. Das ist etwas anderes als Hellseherei. Es ist dieselbe Intuition, die den modernen Mathematiker oder den theoretischen Physiker antreibt, auf Symmetrien zu setzen, noch bevor er seine Sache beweisen kann.

Goethe ist dafür verschrien, keine Ahnung von Mathematik gehabt zu haben; er hat selber damit kokettiert. Aber die Koketterie war fehl am Platze. Ich werfe ihm das nicht vor; die Art von Symmetrie, die er intuitiv gesehen und auf die er in seinem Theorem gesetzt hat, zog erst viele Jahrzehnte später in Mathematik und mathematische Physik ein. Er wusste nicht und konnte nicht wissen, was er tat. Er tat es ohne Netz. Aber er tat es mit der schlafwandlerischen Sicherheit eines Könners der Mathematik.

Nun ist schlafwandlerische Sicherheit etwas anderes als rationale Argumentation. Und die Ahnung irgendwelcher (umgekehrter) Experimente ist etwas anderes als deren Durchführung. Zwar vermochte Goethe einige einfache Experimente Newtons tatsächlich umzudrehen; aber längst nicht alle – vor allem nicht die, auf die es zuallererst angekommen wäre. Daher könnte man mir entgegenhalten: Wenn Goethe die besten der von ihm ausgetüftelten Experimente nicht realisieren konnte, dann waren das eben nicht *Goethes* Experimente, und so verliert er den Streit gegen Newton doch.

Rationale Rekonstruktion

§ I.1.12. Ich gebe es zu, Goethe hat den Streit verloren – *de facto*, in den Augen fast aller naturwissenschaftlich Denkenden. Aber darauf kommt es mir nicht an. Das hier ist keine historische Untersuchung zum faktischen Verlauf der Wissenschaftsgeschichte. Es ist eine systematische Untersuchung. Ich frage nicht, wer zwischenzeitlich recht *behalten* hat, sondern: Wer *hat* recht? Wohin führt uns die Abwägung der besten Gründe und Gegengründe? Und für solche Fragen ist man nicht gut beraten, suboptimale Argumente aus versunkenen Zeiten zu betrachten; für die Frage nach der Wahrheit ist das Beste gerade gut genug. Rationale Rekonstruktionen sind also gefragt anstelle detailgetreuer Nacherzählungen.

Selbstverständlich muss sich selbst die rationale Rekonstruktion an den Originalquellen messen lassen; wo Goethe draufsteht, muss auch Goethe drinstecken. Meine Art, Goethe zu lesen und starkzumachen, läuft so ziemlich allen wohlvertrauten Gewohnheiten aus der Goethe-Literatur zuwider. In der Tat schlage ich vor, zweihundert Jahre fehlgeleiteter Rezeption beiseitezulegen.

Woher ich die Berechtigung dafür nehme? Aus zwei Gesichtspunkten: Erstens passt meine Rekonstruktion der *Farbenlehre* perfekt zu vielen Äußerungen und Schachzügen Goethes, die ohne sein Theorem zusammenhangslos nebeneinanderstünden. Zweitens stärkt sie diese Äußerungen und Schachzüge, holt also das Beste aus ihnen heraus, und zwar auch dort, wo Goethe Anlauf nahm – und noch nicht weiterkam (etwa in seiner Reaktion auf Newtons schärfste Waffe, aufs *experimentum crucis*).

Was auszuklammern bleibt

§ I.1.13. Selbstredend harmonieren nicht alle Äußerungen und Schachzüge aus Goethes *Farbenlehre* perfekt mit der Rekonstruktion und Stärkung, die ich anbiete. Zwei weite Bereiche der Arbeit Goethes passen nicht ins schöne, neue Bild und müssen daher außen vor bleiben. Der erste Bereich wird unter den Tisch fallen, weil er von der Hauptsache ablenken würde; harmlos. Mit dem zweiten Bereich steht es weniger harmlos; er wäre möglicherweise wichtig, aber ich kann mit ihm nichts anfangen.

Zum ersten Bereich: Da es mir hier um die Physik des Lichts, der Farben und der Finsternis geht, also um Optik, kann ich alle Äußerungen und Schachzüge Goethes ausklammern, die damit wenig zu tun haben: von Farbwahrnehmung und Farbenblindheit über Ästhetik der Farbgebung bis hin zur Wissenschaftsgeschichte unseres Denkens über die Farben, ja zur Geschichtlichkeit unserer Naturwissenschaft überhaupt. Nach Ansicht vieler Leser liegen just auf diesen Feldern die Stärken Goethes. Alles sehr sympathisch; aber nicht mein Thema. Ich leugne, dass es seine einzigen und wichtigsten Stärken sind. Sie sind mir gleichgültig, weil irrelevant für den Streit mit

Newton.[3] Diesen Streit wollte Goethe in erster Linie gewinnen, und wer ihn stattdessen auf schöngeistigen oder medizinischen Nebenkriegsschauplätzen lobt, lenkt von der Hauptsache ab.

So weit weiß ich mich mit meinem Gewährsmann einig. Weniger harmlos ist der zweite Arbeitsbereich Goethes, den ich unter den Tisch fallen lassen muss. Ich werde zentrale Aspekte aus Goethes eigener Erklärung der Spektralfarben links liegen lassen. In dieser Erklärung sollen die Farben irgendwie aus einem Zusammenspiel von Licht und Dunkel hervorgehen. Wie aber? Das verstehe ich nicht, und ich hege den Verdacht, dass es sich überhaupt nicht verstehen lässt; Goethes sonst so klarer Text ist genau an dieser Stelle trüb.

Hier hört die Eintracht mit meinem Gewährsmann auf. Ich sollte besser erklären, warum das nicht schadet. Wie Sie gleich sehen werden, hängt Goethes Theorem nicht vom Schicksal seiner eigenen Lehre ab. Ohne das Theorem hätte er seine Lehre zwar nicht so formuliert, wie er es tat. Aber das müssen wir weder Goethe noch seinem Theorem ankreiden. Es ist nämlich verflixt schwierig, das Theorem in eine gute Theorie umzumünzen. Niemand hat die leiseste Ahnung, wie das gehen soll. Das Theorem selbst wird von dieser anhaltenden Schwierigkeit nicht in Mitleidenschaft gezogen. (Das Symmetrie-Theorem überlebt also nicht nur im Rahmen der Lehre Goethes, die weit über das Theorem hinausgeht und *insgesamt* nicht funktioniert.)

Der negative und der positive Teil der optischen Arbeit Goethes

§ I.1.14. Goethe verfolgte in seiner Arbeit zur Optik ein doppeltes Motiv; einerseits hatte er Einwände gegen Newtons Theorie, andererseits wollte er diese Theorie durch seine eigene Lehre ersetzen. Man kann das negative Motiv starkmachen, ohne sich um das positive zu scheren. (Aber nicht umgekehrt; wer Goethes positiver Lehre folgt, gibt Newton eben dadurch unrecht.)

Selbstverständlich wäre es besser, wenn ich konstruktiver mit Goethes Erklärung der Spektralfarben umgehen könnte, als bloß mit den Achseln zu zucken und zu sagen: Wie bitte? Doch da ich mit analytischer Wissenschaftsphilosophie unterwegs bin, finde ich die Artikulation von Unverständnis attraktiver als exegetische Eiertänze im

Trüben. Und ich verspreche es, ich werde Goethe bei seiner Erklärung so weit entgegenkommen wie irgend möglich. Ich werde nämlich durchdeklinieren, warum es ihm attraktiv erscheinen musste, die Spektralfarben so zu erklären, wie er's versuchte.

Das Desiderat, das er mit seiner Erklärung erfüllen wollte und dessen Missachtung er Newton vorwarf, finde ich völlig berechtigt: Beflügelt von der optischen Symmetrie zwischen Newtons dunklen Experimenten und ihren hellen Gegenstücken, suchte Goethe nach einer Erklärung, in der sowohl Helligkeit als auch Dunkelheit vorkommen sollten, *und zwar gleichberechtigt*. Das lag angesichts seines Theorems nahe. Er suchte nach einer symmetrischen Theorie für einen symmetrisch organisierten Bereich von Phänomenen. Dagegen ist nichts einzuwenden; im Gegenteil. Es steht im besten Einklang mit modernen Methoden der Naturwissenschaft.

Nur leider ist die Angelegenheit verzwickter, als er meinte und hoffte. Genauer gesagt: Bis heute weiß kein Mensch, ob sich Goethes Desiderat erfüllen lässt – und wenn ja, wie. Dadurch ändert sich nichts an der Plausibilität des Desiderats. Es ist und bleibt als Desiderat plausibel, und zwar ganz unabhängig von der Tatsache, dass man mit Goethes Versuch seiner Erfüllung keinen Blumentopf gewinnen kann.

Unerfüllte Desiderate

§ I.1.15. Ich habe es mir zum Ziel gesetzt, Goethes Desiderat (von der Gleichberechtigung zwischen Helligkeit und Dunkelheit) voll und ganz zu verteidigen, und zwar aus der Sicht heutiger Wissenschaftsphilosophie. Ich werde also erstens behaupten, dass Newtons Theorie (genau wie ihre moderne Nachfolgerin) zu wünschen übriglässt. Und ich werde zweitens behaupten, dass wir – mangels überlegener Alternativen – im Augenblick gut beraten sind, an der Theorie festzuhalten, die wir Newton verdanken und die immer noch Kern und Ausgangspunkt dessen bildet, was wir heute über Farbe, Licht, Dunkelheit denken. Zusammengenommen: Wir leben trotz Newtons Genialität bei diesem Thema nicht in der besten aller möglichen wissenschaftlichen Welten, und wir verdanken es Goethes Genialität samt seinem Theorem, dass wir wenigstens darum wissen können.

Liegt in einem solchen Ergebnis ein Selbstwiderspruch? Wieso denn! Es kommt in der Wissenschaftsgeschichte immer wieder vor, dass der erreichte Stand der Dinge als unbefriedigend empfunden wird, ohne dass ein Ausweg aus der Misere in Sicht wäre; das führt nicht zur Preisgabe des Erreichten (was ja aberwitzig wäre). Doch es führt zur *Suche* nach Alternativen.

Sollte ich Sie zum Schluss meines Buchs davon überzeugt haben, dass sich die Suche lohnen könnte, so wäre ich erst einmal am Ziel. Goethe stünde gut da, obwohl er das Spiel nicht gewonnen hätte. Und dann wäre auch klar, wie viel Arbeit noch vor uns liegt: Am Ende kann nur einer meiner beiden Streithähne recht haben. (Oder?)

Beispiel Einstein

§ I.1.16. Gegen Missverständnisse: Dass ich den Streit nicht bis zum bitteren oder schönen Ende vorantreiben kann, soll nicht so verstanden werden, als wolle ich zuguterletzt doch einem Kompromiss das Wort reden. Das Gegenteil ist der Fall. Ein unbeendeter Streit ist ein Streit, kein Kompromiss.

Lassen Sie mich die Situation, auf die meine Untersuchung zusteuert, an einem hochgegriffenen Beispiel illustrieren, durch einen Vergleich zwischen Goethe und Einstein. Beide wehrten sich gegen Newton: der eine gegen Newtons Optik und deren willkürliche Auszeichnung der Dunkelkammer – der andere gegen die willkürliche Auszeichnung des absoluten Raumes in Newtons Mechanik; der eine scheiterte tragisch (in den Augen der Nachwelt) – der andere triumphierte. Und doch gibt es Gemeinsamkeiten zwischen den beiden Geschichten.

Einstein hatte sich daran gestört, dass in der seit Newton herrschenden Physik ein angeblich neutraler Raum vorausgesetzt werden musste, in dem sich alles abspielt und in dessen Koordinaten die Naturgesetze zu formulieren sind. Einstein sah keinen Weg, wie dieser Raum rein experimentell vor alternativen Räumen (die sich relativ zu ihm bewegen) ausgezeichnet werden sollte. Ihn störte, so kann man sagen, die Asymmetrie zwischen diesem Raum und seinen Alternativen – ihre mangelnde Gleichberechtigung. Denn in den beobachtbaren Phänomenen konnte Einstein deren theoretisch vorfabrizierte Asymmetrie nicht entdecken.

Genauso störte sich Goethe daran, dass Newtons Optik die Dunkelkammer theoretisch auszeichnet, obwohl deren Alternativen rein experimentell nicht in die zweite Reihe gedrängt werden können. Ich muss es jetzt bei diesen Andeutungen belassen und werde am Ende meiner Untersuchung auf den Vergleich zwischen Goethe und Einstein zurückkommen (§ IV.8.9–§ IV.8.11). Im nächsten Paragraphen will ich zeigen, welche theoretischen Betrachtungen sich aus der von Goethe entdeckten experimentellen Symmetrie zwischen Licht und Dunkel ergeben.

Der Funke der Symmetrie springt von Experimenten auf Theorien über

§ I.1.17. Im Lichte der Hell/Dunkel-Symmetrie, die Goethe entdeckt hat, fragt man sich: Welche Experimente sind grundlegend fürs optische Geschehen? Die von Newton in der Dunkelkammer oder deren Gegenstücke im Hellen? Anders gefragt: Welche empirischen Daten sprechen gegen eine unorthodoxe Theorie, der zufolge sämtliche optischen Kausalfaktoren im Finstern stecken (statt wie bei Newton im weißen Sonnenlicht) und der zufolge Helligkeit oder Weiß, nicht etwa Dunkelheit oder Schwarz, als Abwesenheit optischer Kausalfaktoren zu verstehen sind?

Sicher, man muss ein paar weitere Änderungen vornehmen, um auf dieser unorthodoxen Grundlage eine empirisch funktionierende Theorie zu errichten. Doch dass dies gehen muss, versteht sich von selbst – wenn Goethes Theorem zutrifft, wenn also jedes newtonische Experiment (im angeblich neutralen Finstern) ein exakt umgekehrtes Gegenstück hat (im angeblich kausal überbordenden Hellen).

Das bedeutet, dass sich die entdeckte *experimentelle* Hell/Dunkel-Symmetrie bruchlos in theoretische Gefilde fortsetzt: Um aus Newtons Theorie eine gleichwertige Alternative zu gewinnen, brauchen wir nur die Wörter für »hell« und »dunkel« auszutauschen (und jedes Farbwort durch den Namen seiner Komplementärfarbe zu ersetzen). Nach diesem sturen Schema lässt sich jeder Beweis Newtons, jedes seiner Argumente, jede newtonische Definition umkehren. Genau wie ich es eingangs angekündigt habe: Sämtliche optischen Errungenschaften Newtons können vom dunklen Kopf auf die hellen Füße gestellt werden.

Nicht, dass die unorthodoxe Theorie, die beim Tausch nach Schema X herausspringt, *besser* wäre als Newtons; sie ist genauso gut – oder genauso schlecht. Gerade weil das so ist, konnte sich Goethe mit keiner der beiden Theorien anfreunden (und suchte vergebens nach einer übergeordneten Alternative).

Vertiefungsmöglichkeit. Im Fall der Diagnose Einsteins zu Newton stand es nicht anders: Die Alternativ-Theorien (mit anderen räumlichen Festlegungen) sind der newtonischen Mechanik weder über- noch unterlegen; doch dass es mehrere gleichberechtigte Theorien gab, störte Einstein und feuerte ihn an, eine übergeordnete und überlegene Theorie zu suchen. Anders als Goethe hat er sie gefunden: die Relativitätstheorie.

Das bunte Treiben in bunten Kammern

§ I.1.18. Goethes Entdeckung der unorthodoxen Alternative zu Newtons Optik ist kein abgedrehter Sonderfall. Wer die Grundidee verstanden und ein glückliches Händchen hat, kann weitere Alternativen finden. Ja, es gibt unendlich viele solcher Alternativen. Das experimentelle Fundament für sie hat kürzlich ein Maler mit anarchistischer Energie und experimenteller Fortune gelegt: Ingo Nussbaumer aus Wien.

Er entdeckte eine Reihe weiterer Möglichkeiten, Newtons Sammlung optischer Experimente systematisch umzumodeln. Die Vertauschung von Hell und Dunkel bietet nur eine dieser Transformationen. Man kann Newtons Experimente nämlich auch in ein*farbig* beleuchteten Kammern durchführen; die *Dunkel*kammer in Cambridge und die in Weimar anvisierte *weiße* Streulichtkammer können z. B. ebenso gut durch eine Wiener *Blau*lichtkammer ersetzt werden. (Anstelle eines weißen Lichtbündels oder eines schwarzen Schattens muss man dann die Komplementärfarbe zu Blau durchs Prisma fallen lassen, also Gelb.) Das ist ein verblüffend einfacher Gedanke, den schon Goethe hatte, aber mangels starker bunter Lichtquellen nicht durchführen konnte.

Die wunderbaren Details dieser neuen Experimente, die bislang keine weiten Kreise gezogen haben, werde ich am Ende des TEILS III nur skizzieren. (Sie sind Gegenstand meines nächsten Buchs. Wie ich dort zeigen möchte, waltet im Reich der Farben eine strenge Ordnung mit mehreren Symmetrieachsen; sie sind bis heute nicht voll verstanden. Und gerade aufgrund dieser Symmetrien gibt es auch eine ganze Reihe weiterer Theorien, die derjenigen Newtons ebenbürtig sind.)

Verwirrt in die Philosophie

§ I.1.19. Die empirischen Ergebnisse Goethes und deren Fortführung durch Ingo Nussbaumer, von denen ich Ihnen kurz berichtet habe, sind verwirrend. Verwirrung wiederum ist ein produktiver Geisteszustand, der in eine andere Disziplin gehört als in die Optik. Er bietet einen guten Ansatzpunkt für philosophische Arbeit. Wenn ich Sie also durch die Andeutungen aus den vorigen Paragraphen ein wenig verwirrt haben sollte, dann habe ich Sie in keine schlechte Gesellschaft gebracht.

In der Tat verfolge ich mit meinen Analysen der Experimente Newtons und Goethes zuallererst wissenschaftsphilosophische bzw. erkenntnistheoretische Zwecke. (Auf den Unterschied zwischen Wissenschaftsphilosophie und Erkenntnistheorie kommt es hier nicht an.) Ich möchte Sie dazu verleiten, mit mir anhand konkreter Details aus der Optik eingehend über das Verhältnis zwischen Experiment und Theorie nachzudenken. Hier nur ein Beispiel für die Art von Fragen, um die es mir am Ende der Untersuchung zu tun sein wird:

Nehmen wir an, es stimmt, dass Newtons Theorie auf einer einseitigen Dunkelkammer-Diät an Experimenten beruht und dass man sich stattdessen genauso gut einer weißen Streulicht-Diät unterwerfen könnte: Wie sähe unsere heutige Naturwissenschaft aus, falls man vor einigen hundert Jahren nicht mit Newtons Diät angefangen hätte, sondern mit der entgegengesetzten Alternative? Ist es nicht der reinste Zufall, bei welcher Theorie wir angekommen sind?

Im TEIL III werde ich eine Reihe derartiger Zufälle durchgehen, auf denen der bis heute anhaltende Erfolg der newtonischen Sichtweise beruht. Dass Goethe mit seinem Symmetrie-Theorem nicht weiterkam, ist einer dieser Zufälle. Dies wiederum lag an einem weiteren Zufall, nämlich daran, dass Goethes genialster (und nobelpreisverdächtiger) Kooperationspartner aus der Physik viel zu jung gestorben ist. Und das ist letztlich Napoleons Schuld, wie Sie sehen werden. (Ungelogen!)

Einem wird schwindelig, wenn man sich die aufgetürmten Zufälle klarmacht, auf denen die naturwissenschaftlichen Riesen standen, auf deren Schultern wiederum wir stehen. Dies Schwindelgefühl heischt nach einer philosophischen Diagnose – mit nachfolgender Therapie. Beides kommt im TEIL IV auf die Tagesordnung. Eine knappe Vorschau auf diesen Abschluss der Untersuchung finden Sie im nächsten Paragraphen.

Unterwegs zum Humanismus

§ I.1.20. Das Verhältnis zwischen Theorien und ihren Daten ist schwer zu durchschauen. Kann man eine Theorie aus ihren Daten herleiten, ja beweisen? Newton glaubte das, Goethe widersprach. Und er widersprach mit Recht: In der Theorie kommen Begriffe für Dinge vor, die sich jeder Beobachtung entziehen; beliebig dünne Lichtstrahlen zum Beispiel.

Sollen wir stattdessen die Schlussrichtung umkehren, also aus der Theorie die Daten herleiten? In der Tat lassen sich aus geschickt zusammengeschmiedeten theoretischen Sätzen rein logisch Vorhersagen über Beobachtbares ableiten, und die kann man testen. Doch was haben wir davon, wenn solche Vorhersagen eintreffen? Für Zwecke des Lebens eine Menge; unser Maschinenpark funktioniert immer besser, und wir steigern das Bruttosozialprodukt.

Aber für prinzipielle, erkenntnistheoretische Zwecke ist dadurch wenig gewonnen. Denn die Theorie, von der wir ausgegangen sind, ist das Produkt menschlicher Phantasie. Wir haben sie erfunden. Vielleicht haben wir sie gut erfunden, vielleicht mit viel Glück – aber noch so gut erfunden bleibt erfunden. Wir wollten wissen, was die Welt im Innersten zusammenhält!

Wenn feststünde, dass am Ende unserer naturwissenschaftlichen Bemühungen nur eine einzige Theorie im Rennen bleiben kann, wäre alles in Ordnung. Wir würden dem Siegerpferd objektive Orden verleihen und den Einfluss der Phantasie auf den Ausgang der Sache flugs vergessen; historisch interessant, systematisch irrelevant.

Anders stünde es, wenn am Ende aller Bemühungen mehrere genuin verschiedene Theorien durchs Ziel galoppierten. Dass es so kommen könnte, legen die Ergebnisse aus den ersten drei Teilen meiner Untersuchung nahe. Beweisen können sie das nicht; aber widerlegt werden kann es auch nicht. Wie ich ausführlich darlegen werde, bleibt die Frage offen.

Daher tun wir gut daran zu überlegen, was so schlimm daran wäre, wenn wir den fast schon metaphysischen Realismus jener Wissenschaftsverehrer und Goethe-Gegner fallenließen, denen zufolge es *eine* eindeutige, wahre und objektive Wahrheit über *die* Wirklichkeit geben soll. Müssten wir ohne Hoffnung auf so etwas in der ewigen Finsternis der Unwissenheit herumtappen?

Vielleicht nicht; vielleicht gibt es sie nicht, diese objektive Wirklichkeit, die angeblich die Strippen aller sichtbaren Marionetten zieht. Wenn es sie nicht gäbe und wenn es auch die Strippen nicht gäbe, dann wären wir vielleicht frei in der Wahl unserer Theorie. Oder doch freier als laut demjenigen realistisch-szientistischen Weltbild, das unser gegenwärtiges Denken beherrscht – und uns möglicherweise nicht guttut. Es ist ein einengendes Weltbild.

Bevor es mit meiner Untersuchung so richtig losgegangen ist, mag alles das vage klingen; Wortgeklingel aus dem Elfenbeinturm. Aber urteilen Sie nicht zu früh. Ich werde erheblichen Aufwand treiben, um das humanistische Bild der Naturwissenschaft, das ich anbieten will, in einen soliden Rahmen zu spannen. An Respekt vor naturwissenschaftlicher, experimenteller Empirie wird es nicht mangeln. Und wenn es gerade diese Empirie ist, die das objektivistische Bild von naturwissenschaftlichen Theorien zerfleddert, soll's mir recht sein. Freie Fahrt für freie Freunde des Experiments!

Kapitel I.2.
Ein beleuchtetes Prisma in der Dunkelkammer: Newton entdeckt die Heterogenität des Sonnenlichts

Newtons optische Arbeit im Überblick

§ I.2.1. Newtons bahnbrechende Theorie über das Licht und die Farben besagt: Weißes Sonnenlicht ist heterogen, und zwar eine Mischung aus Lichtstrahlen verschiedener Farben mit unterschiedlichen Brechungseigenschaften.

Bevor ich Newtons Theorie im Detail entfalte, möchte ich Ihnen das allereinfachste Experiment vorführen, das für sie spricht. Dieses Experiment werde ich als Grundexperiment bezeichnen. Auch Newton hat das Experiment für grundlegend gehalten, jedenfalls aus didaktischer Perspektive; er stellte es an den Anfang seiner ersten Veröffentlichung über das Licht und die Farben.[4] Diese Veröffentlichung ist ein kurzer Aufsatz, der am 19. Februar 1672 in den Papieren der *Royal Society* erschien, einer zwölf Jahre vorher gegründeten Vereinigung britischer Naturforscher.

Zwar brachte Newton später in derselben Veröffentlichung ein komplizierteres Experiment, dem er anders als dem Grundexperiment durchschlagende Beweiskraft zugeschrieben hat: das berühmte und berüchtigte *experimentum crucis*. Doch da es schwerer zu verstehen ist, werde ich Newtons Beispiel folgen und es später behandeln – erheblich ausführlicher, als er für nötig gehalten hat (Kapitel I.4 und I.5).

Mehr als drei Jahrzehnte nach seiner ersten Veröffentlichung präsentierte Newton zugunsten seiner Theorie weit mehr Experimente – im ersten Buch seiner monumentalen Monographie namens *Opticks* (1704). Doch auch hier steht das Grundexperiment (das dort als drittes Experiment bezeichnet wird) vor dem *experimentum crucis* (dort unter der Nummer 6, ohne den lateinischen Ehrentitel). Und diese beiden Experimente spielen in den *Opticks* eine ähnliche Rolle wie in Newtons erster Veröffentlichung.

Konstante Grundlinien

§ I.2.2. Um keine falschen Erwartungen zu wecken, möchte ich eine kurze Bemerkung zu meiner Vorgehensweise einschalten. Natürlich hat Newton seine Position im Lauf der Jahrzehnte hie und da geändert; die Details dieser Änderungen sind ein gefundenes Fressen für Ideengeschichtler. Ich habe mich entschlossen, eine Analyse vorzulegen, die nicht zuallererst nach Änderungen forscht; ich will die konstanten, plausiblen Grundlinien herausarbeiten, denen Newton jahrzehntelang gefolgt ist.

Ob meine zeitübergeifende Herangehensweise Erfolg verspricht und gerechtfertigt ist oder nicht, sollte man nicht allein mit Blick auf exegetische Details durchdenken. Denn ich unterwerfe mich einem anderen Erfolgskriterium: Ich will versuchen, eine systematisch stimmige, attraktive Rekonstruktion der Ideen Newtons zum Licht und zu den Farben auszuarbeiten.

§ I.2.3. An einem schönen Sonnentag schließt Newton alle Türen und Fensterläden eines nach Süden gelegenen Zimmers, löscht sämtliche Lichter und bohrt in einen der Fensterläden ein winziges kreisrundes Loch (von gut 0,6 cm Durchmesser). Durch dieses Loch wirft u. a. die Sonne ihr Licht in Newtons dunkle Kammer; sie zeichnet ein rundes weißes Bild auf den Boden der Dunkelkammer, das je nach Sonnenstand verschieden stark verzerrt ist. (Das Bild böte einen unverzerrten Kreis, wenn es von Newton auf einem Schirm aufgefangen würde, der senkrecht zum Strahlengang der Sonne steht; in allen anderen Fällen malt die Sonne eine Ellipse auf den Boden oder den Auffangschirm.)

Vorbereitung des newtonischen Grundexperiments

Durch das Loch der Kammer Newtons fällt nicht nur Licht, das direkt von der Sonne herkommt. Auch der blaue Himmel, die gepflegten Parkbäume vorm Fenster und das rote Ziegeldach des Hauses gegenüber, alle diese Gegenstände hinterlassen ihre Lichtspuren in der Kammer: kopfüber und in Form verzerrter Bilder, die zwar im Vergleich zum Sonnenbild weniger leuchtstark sind und daher weniger ins Auge springen, sich aber bei genauem Hinsehen gut ausmachen lassen. Wir haben es mit einer Lochkamera-Abbildung der Szenerie vorm Fenster zu tun; mit einer Vorform der modernen Fotografie. Und das Loch im Fensterladen funktioniert wie die Blende einer Kamera: je kleiner das Loch, d. h. je weiter die Blende zugedreht ist, desto schärfer (aber dunkler) das Bild. Perfekt scharfe Bilder wird man in der Lochkamera nicht erreichen. Siehe Abb. I.2.3.

§ I.2.4. Newton konzentriert sich nur aufs Sonnenbild und ignoriert den Rest des abgebildeten Idylls. Mit Recht, denn die Leuchtkraft des Sonnenbilds übersteigt die der anderen Bilder um ein Vielfaches – so sehr, dass man die anderen Bilder in Gedanken schwärzen kann. Sie repräsentieren den dunklen Hintergrund für die sonnige Hauptfigur der Szenerie.

Lochkammer mit Prisma

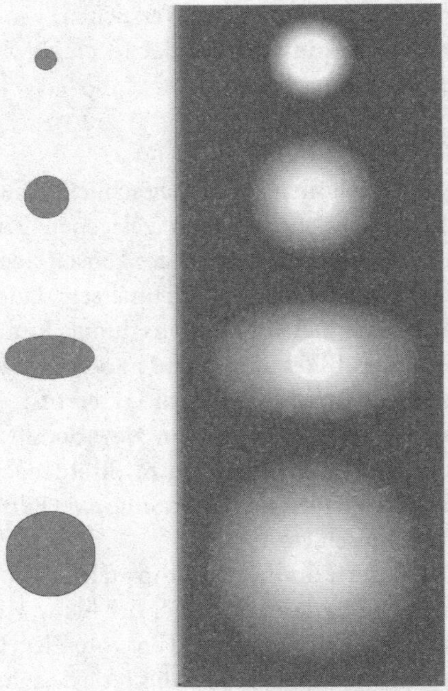

Abb. I.2.3 **Sonnenbildchen bei verschieden schmalen Löchern in der Lochkamera.** Die Sonne scheint durch ein kleines Loch in eine dunkle Kammer. Was sieht man dann auf einem weit entfernten Schirm, der senkrecht zum hereinfallenden Licht steht? Ein helles Bild der Sonne mit unscharfen Rändern. **Links** in der Abbildung finden Sie vier verschiedene Fensterladenlöcher (Blendenöffnungen); **rechts** sehen Sie, wie sich Größe und Form dieser Löcher aufs Lochkamera-Bild ein und derselben bildgebenden kreisförmigen Lichtquelle auswirken, in unserem Fall der Sonne: Je kleiner das Fensterladenloch, desto schmaler die unscharfen Ränder der Bildfigur. Interessant ist der Fall eines ellipsenförmigen Fensterladenlochs (**3. Zeile**). In Ost/West-Richtung sind die unscharfen Zonen des Bildes doppelt so breit wie in Nord/Süd-Richtung. Daher kann man sagen, dass sich Größe und Form des Fensterladenlochs immer in der Gestalt der unscharfen Bildzonen widerspiegeln. Und je größer das Loch, desto unschärfer das Sonnenbild. Alle acht Bilder verstehen sich als vertikaler Querschnitt und zeigen also die Blendenöffnung bzw. den Auffangschirm in einer Draufsicht. Wir haben in unseren Bildern rechts nicht berücksichtigt, dass sich in der Lochkammer die gesamte Umwelt vorm Fenster abbildet, wenn auch schwächer als die Sonne. [Graphik von Matthias Herder.]

Nun bringt Newton unmittelbar hinter dem Fensterladenloch ein Glasprisma an. Gemäß Brechungsgesetz (s. u.) ändert das Prisma die Richtung der hindurchreisenden Lichtstrahlen und bricht sie nach oben; nun landet das Sonnenbild an der gegenüberliegenden Wand, knapp sieben Meter hinter dem Prisma. Diese Versuchssituation ist in Farbtafel 01 oben wiedergegeben, die auf eine Skizze Newtons zurückgeht.

Bevor ich die überraschende Beobachtung beschreibe, die Newton in seiner dunklen Kammer gemacht hat und die einen Anhaltspunkt zugunsten seiner Theorie lieferte, möchte ich kurz das Brechungsgesetz erläutern, das ich soeben erwähnt habe und das zu Newtons Zeit bereits verstanden war. Wer sich damit auskennt, kann die kommenden drei Paragraphen überspringen und die Lektüre bei § I.2.8 fortsetzen.

Vertiefungsmöglichkeit. Ich rechne die alten Zahlenangaben grob ins metrische System um und führe hier an zwei Beispielen (aus den vorigen beiden Paragraphen) ein für allemal vor, welchen Regeln ich dabei folge. Erstens gab Newton den Durchmesser des Fensterladenlochs mit einem Viertelzoll an.[5] Ein Zoll ist ungefähr 2,54 cm lang.[6] Mithin betrug der Durchmesser des Fensterladenlochs rein rechnerisch 0,635 cm. Newton hat diesen Durchmesser ganz sicher nicht bis auf tausendstel Zentimeter gemessen; daher habe ich den Durchmesser auf gut 0,6 cm gerundet. Zweites Beispiel: Das aufgefangene Spektrum war laut Newton zweiundzwanzig Fuß vom Prisma entfernt.[7] Da ein Fuß zwölf Zoll umfasst,[8] wären das 670,56 cm, also knapp sieben Meter. Diese groben Längenangaben genügen für meine Zwecke, solange keine exakten Rechnungen nachzuvollziehen sind. Die genaue Länge des Zolls schwankte von Gegend zu Gegend und von Zeitraum zu Zeitraum.[9] Das metrische System mit dem genormten Pariser Urmeter entstand erst Jahrzehnte nach Newtons Tod.[10] Es setzte sich auf den britischen Inseln später durch als auf dem Festland.

§ I.2.5. Lichtbrechungen waren zu Newtons Zeit wohlbekannt. Von Brechung bzw. Refraktion sprechen wir, weil dieser Effekt daran schuld ist, dass z. B. Schilfgräser in einem See aussehen, als wären sie geknickt oder gebrochen, und zwar genau an der Seeoberfläche (an der Grenze zwischen Wasser und Luft). Brechungsgesetz

Welchen Regeln das Licht bei solchen Brechungen folgt, beschreibt das Brechungsgesetz. Es besagt (in qualitativer, grober Sprechweise):

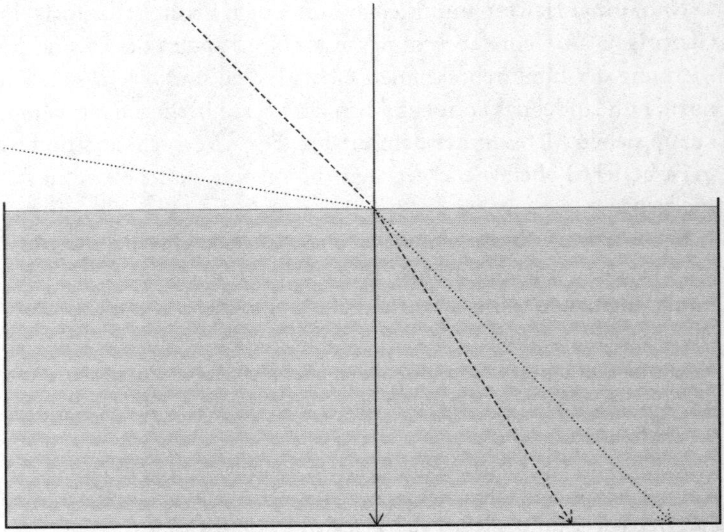

Abb. I.2.5 **Lichtbrechung an einer Wasseroberfläche.** Der **gepunktet** eingezeichnete Lichtstrahl trifft von links sehr flach auf die Wasseroberfläche, wird hin zum Lot gebrochen und ändert seine Reiserichtung besonders stark. Der **gestrichelt** eingezeichnete Lichtstrahl trifft weniger flach aufs Wasser; er wird ebenfalls zum Lot hin gebrochen, ändert seine Reiserichtung aber weniger stark. Der **durchgezogene** Lichtstrahl trifft senkrecht aufs Wasser; er ändert seine Reiserichtung am allerwenigsten – gar nicht. [Winkelgetreue Abbildung mit der Brechzahl für Wasser von Matthias Herder.]

Wenn Lichtstrahlen eine Grenze z. B. zwischen Luft und Glas oder zwischen Luft und Wasser passieren, so werden sie vom geradlinigen Weg abgelenkt, gebrochen, refrangiert. Beim Übergang von einem optisch dünnen Medium (z. B. Luft) in ein optisch dichteres Medium (z. B. Wasser oder Glas) werden die Lichtstrahlen zum Lot hin gebrochen (also näher hin zu einer gedachten Linie, die senkrecht auf der Wasser- oder Glasoberfläche steht).

Lichtstrahlen, die z. B. flach von oben auf eine Wasseroberfläche auftreffen, reisen demzufolge steiler nach unten weiter; bei besonders flach auftreffenden Lichtstrahlen zeigt sich dieser Effekt besonders deutlich (Abb. I.2.5, gepunktete Linie). Je steiler die Lichtstrah-

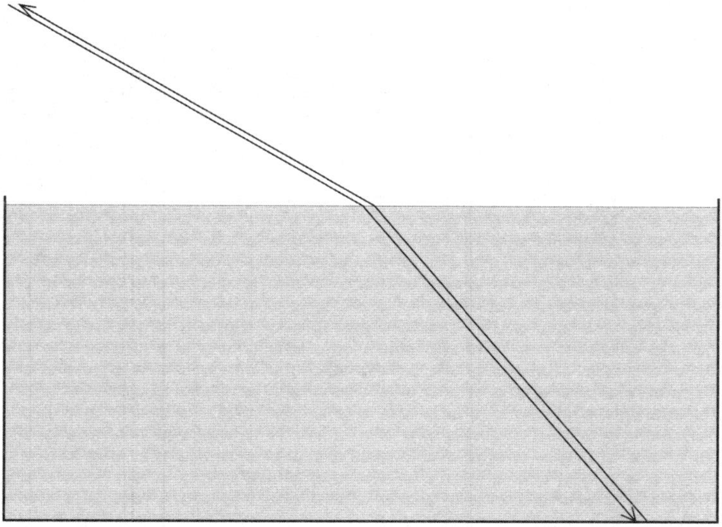

Abb. I.2.6a **Lichtbrechung im Vorwärts- und im Rückwärtsgang.** Die Geometrie eines gebrochenen Lichtstrahls hängt nicht von der Reiserichtung ab. Der **rechts unten** entspringende Lichtstrahl (der vom Boden des Aquariums ausgeht) wird beim Übergang ins *weniger dichte* Medium vom Lot weg gebrochen; er reist auf demselben Pfad wie sein gegenläufiger Kollege (von **links oben**). Die Reisen der beiden unterscheiden sich nur in der Richtung. Deckungsgleiche Pfade sind in der Abbildung durch eng parallel geführte Pfade angedeutet. [Winkelgetreue Graphik von Matthias Herder.]

len auf die Wasseroberfläche auftreffen, desto geringer der Effekt (Abb. I.2.5, gestrichelte Linie). Und im Extremfall eines senkrecht auftreffenden Lichtstrahls verschwindet der Effekt ganz – kein Wunder: Da sich der Lichtstrahl schon auf dem Lot vorwärtsbewegt, kann er nicht mehr zum Lot hin gebrochen werden (Abb. I.2.5, durchgezogene Linie).

Wie stark der Effekt ausfällt, hängt also vom Einfallswinkel ab. Zudem hängt es von den Materialeigenschaften der beiden Medien ab. Das alles lässt sich quantifizieren. Für unsere Zwecke genügt jedoch die qualitative Fassung des Brechungsgesetzes, die ich skizziert habe.

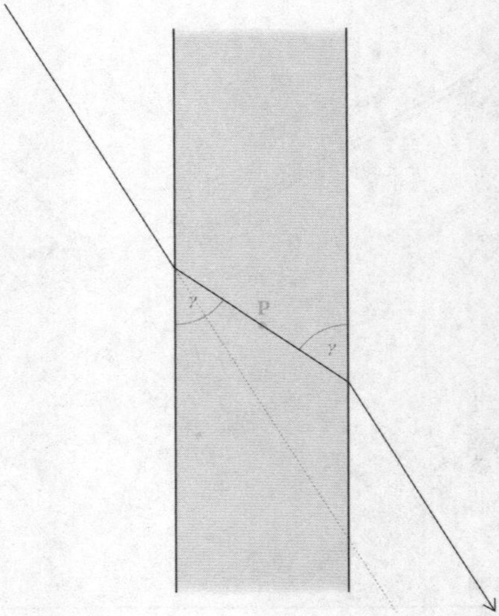

Abb. I.2.6b **Lichtbrechung an einer Fensterscheibe.** Bei zweifacher Brechung an planparallelen Mediengrenzen wie z. B. einer Fensterscheibe heben sich die beiden Richtungsänderungen gegenseitig auf; am Ende reist der Lichtstrahl in der ursprünglichen Richtung weiter (nur parallel nach oben verschoben, im Vergleich zur gestrichelt angedeuteten Fortsetzung des nicht gebrochenen Strahls). Der Grund: Der Lichtstrahl *im Innern der Fensterscheibe* bildet links und rechts zu den Medieninnengrenzen identische Winkel γ (sogenannte Z-Winkel). Da es auf die Reiserichtung nicht ankommt, muss die Situation jenseits der linken Mediengrenze mit derjenigen jenseits der rechten Mediengrenze übereinstimmen. Es herrscht Punktsymmetrie, und zwar zu einem Punkt P auf dem Lichtpfad, der exakt in der Mitte der Fensterscheibe liegt. [Winkelgetreue Graphik von Matthias Herder für eine Brechzahl von n = 1,5.]

Rückwärtsbrechung; doppelte Brechung

§ I.2.6. Was geschieht, wenn der Lichtstrahl nicht vom dünnen ins dichte Medium eintritt (wie bislang immer), sondern vom dichten ins dünne? Dann drehen sich die Verhältnisse um, die ich eben beschrieben habe; dann werden die Lichtstrahlen also vom Lot *weg* gebrochen.

Das kann man sich so zurechtlegen. Wenn ein Lichtstrahl von A über eine Grenze B nach C reist (und dabei vom geraden Weg ab-

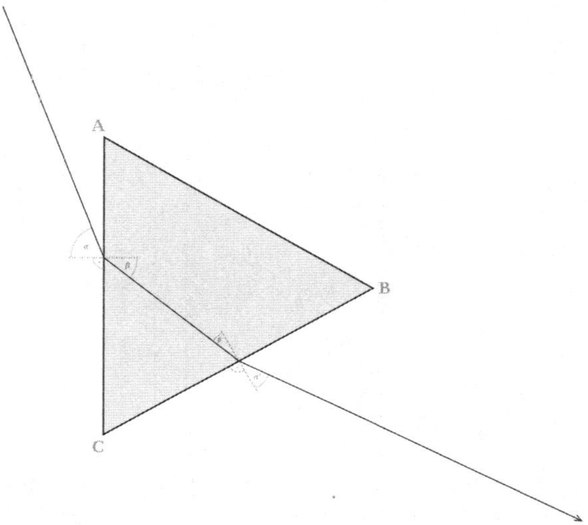

Abb. I.2.7a **Lichtbrechung am Prisma.** Ein Lichtstrahl trifft von links oben aufs Prisma und wird an *beiden* Mediengrenzen AC und BC nach links vom Weg abgelenkt: Bei der ersten Brechung hin zum gepunktet angedeuteten Lot, bei der zweiten Brechung vom gestrichelt angedeuteten Lot fort. Zusammengenommen führen die beiden Effekte dazu, dass man mit einem Prisma förmlich um die Ecke gucken kann – vor allem bei Prismen aus Glas mit extrem hoher Brechzahl. [Winkelgetreue Graphik von Matthias Herder für eine Brechzahl von n = 1,5.]

kommt, durch Knick in B), dann muss seine Rückreise auf genau demselben Pfad verlaufen: von C über B nach A (siehe Abb. I.2.6a). Die Reiserichtung eines Lichtstrahls (vorwärts oder rückwärts) spielt für den zurückgelegten Pfad keine Rolle.[11] Oder hochgestochen formuliert: Das Brechungsgesetz ist zeitsymmetrisch, es zeichnet keine Zeitrichtung aus.

Wenn nun ein Lichtstrahl erst in einen Glaskörper eintritt und dann wieder austritt, so erleidet er demzufolge *zwei* Brechungen – je eine bei jedem Grenzübergang. Sofern die beiden Grenzen parallel zueinander verlaufen wie im Fall einer Fensterscheibe, heben sich die beiden Richtungsänderungen auf. Daher behindern uns Fensterscheiben nicht beim Blick ins Freie. Die Welt draußen sieht durchs

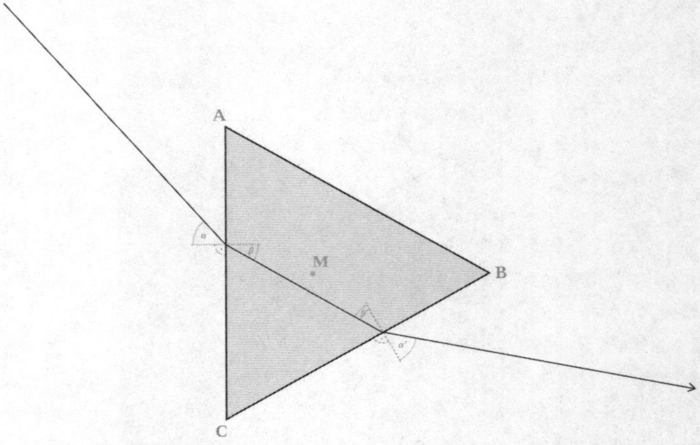

Abb. I.2.7b **Strahlengang im symmetrisch ausgerichteten Prisma.** Wer das Prisma ABC um seine Achse in M rotieren lässt, kann mit etwas Geduld eine besondere Position finden, in der die doppelte Refraktion insgesamt minimal wird. Das ist dann der Fall, wenn Eintritts- und Austrittswinkel des Lichtstrahls identisch sind; dann gilt $\alpha = \alpha'$ und $\beta = \beta'$. Bei dieser besonderen Ausrichtung des Prismas herrscht Symmetrie entlang der Linie CM; und im Innern des Primas verläuft der Lichtstrahl parallel zu dessen Grundfläche AB. [Winkelgetreue Graphik von Matthias Herder für eine Brechzahl von 1,5.]

Fenster genauso aus wie bei geöffnetem Fenster; sie erscheint zwar leicht verschoben, aber das fällt uns nicht weiter auf (Abb. I.2.6b).

Prisma

§ I.2.7. Wenn die Grenzflächen des brechenden Glaskörpers nicht parallel zueinander stehen, sondern wie in Newtons Prisma einen Winkel von z. B. 60 Grad bilden, dann addieren sich die beiden Brechungen (Abb. I.2.7a). Daher kann man mit Prismen um die Ecke schauen. Damit wir mit den Richtungen nicht durcheinanderkommen, habe ich mich zu einer Normierung entschlossen, die für die gesamte Untersuchung gelten soll (wenn nicht ausdrücklich anders erwähnt): In den Experimenten, die ich diskutieren werde, ist das Prisma *immer* so ausgerichtet, dass es das Licht nach oben vom Weg ablenkt. Newton hat meistens so experimentiert; diese Ausrichtung hat den Vorteil, dass schräg vom Himmel eintreffende Lichtstrahlen ungefähr horizontal weiterreisen und bequem z. B. an der gegenüberliegenden Wand studiert werden können.

Wer ein brechendes Prisma langsam um seine Achse dreht, findet mit etwas Geduld eine spezielle Position, in der sich das gesehene Bild am wenigsten verschiebt, die Brechung also besonders gering ausfällt. Das ist dann der Fall, wenn man das Prisma so ausrichtet, dass das Licht im selben Winkel aus dem Prisma heraustritt, in dem es ins Prisma eingetreten ist. Dass genau dann die prismatische Brechung am schwächsten ausfallen muss, kann man sich mit Hilfe eines kleinen Beweises klarmachen, den ich Ihnen erspare.[12] In diesem extremen Fall zeigt der Strahlengang eine schöne Symmetrie, siehe Abb. I.2.7b. Innerhalb des Prismas läuft das Licht parallel zu dessen Grundfläche; daher geschieht an beiden Grenzflächen exakt dasselbe. Das ist die Situation, mit der Newton in seinen prismatischen Experimenten am liebsten gearbeitet hat.[13]

Überraschende Beobachtung

§ I.2.8. Zurück in Newtons Dunkelkammer. Newton hat sein Prisma hinter dem Fensterladenloch so ausgerichtet, dass das Sonnenlicht besonders wenig vom geraden Weg abgelenkt wird, und zwar nach oben. Es landet auf der gegenüberliegenden Wand – statt auf dem Fußboden, wo es ohne Refraktion ankommen müsste. Auf der Wand beobachtet Newton zweierlei: zwei Anhaltspunkte zugunsten seiner Theorie. Der aufgefangene Lichtfleck ist erstens nicht weiß, sondern regenbogenbunt, und zweitens nicht rund, sondern fünfmal so hoch wie breit, siehe Farbtafel 01 unten. Am oberen Ende ist dieser Farbstreifen blau, am unteren Ende rot; dazwischen zeigen sich allerlei andere Farben, hier nenne ich insgesamt fünf:

Blau
Dunkeltürkis
Grün
Dunkelgelb
Rot.

Der Einfachheit halber werde ich ab jetzt von Türkis und Gelb reden, also nicht immer wiederholen, dass diese beiden Farben in Newtons Spektrum deutlich dunkler wirken, als wir sie sonst kennen; auf diese Nuancen werde ich erst im TEIL II zurückkommen.[14]

Streng genommen scheinen im Spektrum mehr als die fünf Farben auf, die ich erwähnt habe. Newton redete oft von fünf oder sieben spektralen Farben. In seiner ersten Veröffentlichung hob er fünf Farben kursiv hervor

Rot, Gelb, Grün, Blau, Violett-Purpur,

fügte ohne Hervorhebung zwei weitere Farben hinzu (Orange, Indigo) und redete unmittelbar danach von beliebig vielen Zwischentönen.[15] All diese Zwischentöne erwähnte Newton nicht immer; und aus gutem Grund – es verschlänge zu viel Platz.

Zur Farbterminologie. Weitere Fundstellen für Newtons schwankenden Gebrauch der Farbwörter bieten Newton [LOOL]:50/1 und Newton [O]:79 (= Book I, Part II, Proposition II). Wie sich Newtons Farbterminologie im Laufe der Jahre entwickelt hat, zeichnet Shapiro nach.[16] Da es für den Großteil der newtonischen Theorie weder auf die genaue Zahl der Farben ankommt noch auf ihre genaue farbliche Anmutung und da Newtons Farbterminologie im Lauf der Jahre schwankte, habe ich mich entschlossen, schon hier im TEIL I dieselben Farbwörter zu benutzen, die ich auch später einsetzen werde. Meine Terminologie folgt der erwähnten newtonischen Farbreihe *Rot, Gelb, Grün, Blau, Violett-Purpur* in den ersten drei Gliedern; doch anstelle des newtonischen Blaus rede ich von Türkis (weil jenes Blau einen Zug ins Grünliche hat); und anstelle des newtonischen Violett-Purpurs rede ich von Blau – einem dunklen Blau (das allerdings am äußersten Rande des Spektrums ins Violette tendiert). Von Unterschieden in der Redeweise hängt nichts ab.

Offenbar hat Newton auch aus Opportunismus nicht immer darauf bestanden, dass laut seiner Theorie beliebig viele grundlegende Farben existieren. Er wollte den *drei* Grundfarben auf der Palette der Maler näherkommen, als es mit *unendlich* vielen Grundfarben möglich wäre.[17]

* * *

Vertiefungsmöglichkeit. Ich will kurz eine Komplikation streifen, die für Newton peinlich sein könnte. Sie betrifft seine Beobachtung des Spektrums auf dem Schirm: Laut Newton ist das Spektrum an den langen Seiten gerade und an den schmalen Enden von Halbkreisen begrenzt.[18] Beides ist im 20. Jahrhundert von Fachkundigen bestritten worden: Die geraden Begrenzungslinien werden angezweifelt bei Lohne [EC]:172/3. Kritik an den Halbkreisen bei Lohne [EC]:171/2, Laymon [NECL]:54–56, Kuhn [NOP]:34/5, Feyerabend [PE]/I:30/1. Kuhn und Feyerabend berücksichtigen nicht ausdrücklich, dass Newton seine Beobachtung der Halbkreise in der ersten Veröffentlichung (anders als in den *Opticks*) als unsicher hinstellte (Newton [LoMI]:3076). Es würde mich zu weitab führen, auf alle diese Details einzugehen.

Newton rechnet, staunt und versteht

§ I.2.9. Durch sorgfältige Messung und Berechnung stellte Newton fest: Die Breite des aufgefangenen Farbstreifens entspricht den Erwartungen. Rechnerisch ergibt sie sich (per Brechungsgesetz) aus dem Abstand der Wand vom Prisma, aus dem Radius des Fensterladenlochs, aus dem Winkel, der die scheinbare Größe der Sonnenscheibe am Himmel bemisst, und aus dem Einfallswinkel des Sonnenlichts ins Prisma; das Ergebnis der Rechnung passt zur beobachteten Breite des Farbstreifens.[19]

Mehr noch, angesichts dieser und einiger weiterer Rechnungen kam Newton zu dem Ergebnis, dass sich die Länge des Bildes nicht von dessen Breite unterscheiden dürfte. Er erwartete ein halbwegs kreisförmiges Bild der Sonne, war also überrascht von dessen Länge – und von dessen Farbigkeit.

Wenn man sich den buntgefärbten, langen Streifen nun der Reihe nach zusammengesetzt denkt, und zwar als Übereinander aus einem blauen, einem türkisen, einem grünen, einem gelben und einem roten Farbfleck, dann drängt sich die Vermutung auf, dass verschiedenfarbige Lichtstrahlen das Prisma in leicht unterschiedlicher Richtung verlassen haben müssen. Demzufolge fand im Grundexperiment eine Zerlegung des weißen Lichts statt – eine Weißanalyse: Das Prisma zerlegte den farblosen Lichtstrahl (aus dem Fensterladenloch) in verschiedenfarbige Lichtstrahlen, indem es dessen blauen Anteil stärker vom Weg nach oben abgelenkt hat als den türkisen, den türkisen stärker als den grünen usw.

Wenn das stimmt, dann ist das weiße Licht der Sonne eine Mischung verschiedenfarbiger Lichtstrahlen, die auf dem Weg durchs Prisma verschieden stark gebrochen werden.

Newton ging noch einen Schritt weiter und behauptete (im Jargon der newtonischen Optik): Jeder Lichtsorte einer Farbe kommt eine eigene *Refrangibilität* zu – ein eigenes Maß dafür, wie stark die Brechung für Lichtstrahlen dieser Farbe ausfällt; das Sonnenlicht besteht also aus verschiedenfarbigen und zugleich divers refrangiblen Lichtstrahlen. So jedenfalls vervollständigte Newton die Vermutung, die sich ihm angesichts des Grundexperiments aufdrängte.

Zur Terminologie. Den Begriff der Refrangibilität definierte Newton [O]:6 (= Book I, Part I, Definition II). Dass Newton verschieden große Grade an Refrangibilität zuließ, zeigt der zweite Satz seiner Definition. Man könnte das englische Original (»refrangibility«) durch »Brechbarkeit« übersetzen (so in Abendroths Übersetzung, siehe Newton [OAüS]:5). Doch da dies ein besonders hässliches Wort ist, habe ich mich für das latinisierte Fremdwort entschieden. Goethe übersetzte Newtons Begriff genauso (Goethe [ETN], vor § 24), aber nicht ohne scharfe Kritik an dem Begriff (Goethe [ETN]:§ 26/7).

Beweisen

§ I.2.10. Wie dargetan gelangte Newton angesichts der überraschenden *Anhaltspunkte* aus seinem Grundexperiment zu weitreichenden theoretischen *Vermutungen*. Um die Theorie besser *abzusichern*, hat Newton weitere Experimente aufgeboten; zwei davon werden Sie im kommenden Kapitel kennenlernen.

Aber Newton wollte mehr als das; und er konnte mehr. Ich werde zeigen, dass Newton recht gehabt hat, als er sagte: Die Zusammensetzung des weißen Sonnenlichts aus verschiedenen Lichtstrahlen lässt sich *empirisch beweisen*; sie ist mehr als eine aus Anhaltspunkten abgesicherte Vermutung – mehr als bloße Hypothese. In Newtons Worten aus dem Jahr 1672:

> Ich bin auf die von mir vorgelegte Theorie *nicht* dadurch gestoßen, *dass ich gefolgert habe, es müsse sich so verhalten, weil es sich nicht anders verhalten könne*. Ich habe also nicht bloß aus einer Widerlegung entgegengesetzter Annahmen auf meine Theorie geschlossen. Vielmehr habe ich sie *positiv und direkt aus Experimenten abgeleitet*.[20]

Daran hat Newton sein Leben lang festgehalten. So eröffnete er zweiundreißig Jahre später das erste Buch seiner *Opticks* mit einem Paukenschlag:

> Ich verfolge mit diesem Buch nicht das Ziel, die Eigenschaften des Lichts durch Hypothesen zu erklären, sondern sie anzugeben sowie durch *vernünftige Argumentation* und Experimente zu *beweisen*.[21]

Auf diesen Anspruch werde ich in den späteren Teilen meiner Untersuchung kritisch zurückkommen; doch am Ende des augenblicklichen TEILS I werde ich Newtons Anspruch weitgehend recht geben. Ich werde ihm stärker recht geben als fast alle Interpreten. Ich behaupte nämlich, dass sich Newtons Theorie direkt aus Beobachtungen ableiten lässt – und zwar schon aus den Beobachtungen, die ein einziges raffiniertes Experiment liefert: sein *experimentum crucis* (Kapitel I.4 und I.5).

Literaturbelege. In der Sekundärliteratur wird Newtons Beweisanspruch von fast keinem Interpreten ernst genommen oder verteidigt, wie Timm Lampert mit Recht beklagt. Er führt u. a. folgende Rekonstruktionen an, die er allesamt zu schwach findet: Sabra [ToL]:249–250 und Thompson [CV]:8/9.[22] In diese defaitistische Reihe gehört auch die neueste Monographie zu Newtons Methodologie, siehe Ducheyne [MBoN]:179, 186–200 (insbes. 196), 219–222. Lamperts Rekonstruktion durchbricht den Defaitismus (Lampert [NvG]:270–275; Lampert [zWF]:90–95, 99–109). Sie gleicht in vielen Aspekten der Rekonstruktion, die ich im Kapitel I.5 vorschlagen werde.

* * *

§ I.2.11. In den kommenden vier Paragraphen möchte ich das Augenmerk von Lesern, die es genau wissen wollen, auf einige Details bei der Ausrichtung des Prismas lenken. Warum hat Newton das Prisma symmetrisch ausgerichtet – also so, dass die Lichtstrahlen im selben Winkel ins Prisma eintreten, in dem sie auch wieder aus dem Prisma austreten?

Schwierigkeiten mit der Symmetrie

Folgende Antwort drängt sich auf: Bei symmetrischer Ausrichtung des Prismas fällt die Refraktion kleiner aus als bei allen anderen Ausrichtungen; wenn Newton selbst dann keine kreisrunden Sonnenbilder auffangen kann, dann ist diese Beobachtung besonders überraschend. Grob ist diese Antwort korrekt; aber es lohnt sich, sie zu präzisieren. Bei genauer Betrachtung zeigt sich, dass schon die Frage zu ungenau war, mit der ich diesen Paragraphen eingeleitet habe. Sie ist aus zwei Gründen ungenau.

Erster Grund: Nach allem, was bislang herausgekommen ist, kann man das Prisma gar nicht symmetrisch ausrichten. Denn wenn Newton recht hat, wenn also den verschiedenfarbigen Lichtarten, die in einem weißen Lichtstrahl verborgen sind, auch unterschiedliche Refrangibilitäten zukommen, dann kann man das Prisma immer nur für *eine* Lichtart so ausrichten, dass eben diese Lichtart im selben Winkel ins Prisma eintritt, in dem sie aus dem Prisma austritt.

Wenn einem das z. B. für die (roten) Lichtstrahlen kleinstmöglicher Refrangibilität gelungen ist, dann wird irgendein stärker refrangibler (z. B. blauer) Lichtstrahl zwar im selben Winkel ins Prisma eintreten wie seine schwächeren Kollegen; doch aufgrund seiner stärkeren Refrangibilität wird er weiter vom Weg abgelenkt als sie; er kommt also auf einem weniger flachen Pfad aus dem Prisma heraus und verfehlt damit die Bedingung, wonach Einfalls- und Ausfallswinkel gleich groß sein müssen, siehe Farbtafel 03.

Noch aus einem zweiten Grund lässt sich die Symmetriebedingung nicht quer durch die Bank einhalten. Mit diesem zweiten Grund werde ich den kommenden Paragraphen anfangen lassen.

Spektrum ganz unten

§ I.2.12. Wer wie Newton sein Prisma symmetrisch ausrichtet, also Einfalls- und Ausfallswinkel des durchreisenden Lichts gleichsetzt, dem kann dies immer nur für eine der Lichtsorten des Sonnenlichts gelingen, etwa für rotes Licht. Schuld daran ist die *diverse* Refrangibilität gemäß Newtons Theorie, wie wir gesehen haben.

Aber die symmetrische Ausrichtung lässt sich noch aus einem zweiten Grund nicht fürs gesamte Sonnenlicht durchhalten: Da die Sonne keine punktförmige Lichtquelle bildet, treffen ihre Strahlen nicht *exakt* im selben Winkel aufs Prisma. Manche ihrer Strahlen treffen das Prisma in etwas flacherem Winkel als andere, werden also stärker vom Weg abgelenkt. Einfalls- und Ausfallswinkel können mithin nur für Lichtstrahlen aus einer einzigen Richtung identisch sein. Ich werde annehmen, Newton habe sein Prisma so ausgerichtet, dass diese Bedingung für Lichtstrahlen *aus der Mitte* der Sonnenscheibe erfüllt ist. Siehe Abb. I.2.12.

Ich hätte die symmetrische Ausrichtung z. B. auch für Lichtstrahlen vom Rand der Sonnenscheibe ansetzen können; dadurch würde sich nur am Wortlaut meiner Argumente etwas ändern, nicht an den Argumenten selbst. Nichtsdestoweniger ist die Annahme, mit der ich arbeiten werde, am natürlichsten.[23]

Spricht das nun dafür, auch in Sachen Refrangibilität den Mittelweg einzuschlagen? D. h. spricht es dafür anzunehmen, Newton habe sein Prisma so ausgerichtet, dass genau die mittelstark refrangiblen – grünen – Lichtstrahlen (aus der Mitte der Sonnenscheibe, wie gehabt) im selben Winkel aufs Prisma auftreffen, in dem sie wieder herauskommen? Auf den ersten Blick schon.[24] Auf den zweiten Blick ist es besser, für Symmetrie bei den am wenigsten refrangiblen – roten – Lichtstrahlen zu sorgen. Das will ich kurz begründen.

Wie vorhin skizziert, fällt die prismatische Wegablenkung bei symmetrischer Ausrichtung des Prismas am geringsten aus (§ I.2.7); jedes gebrochene

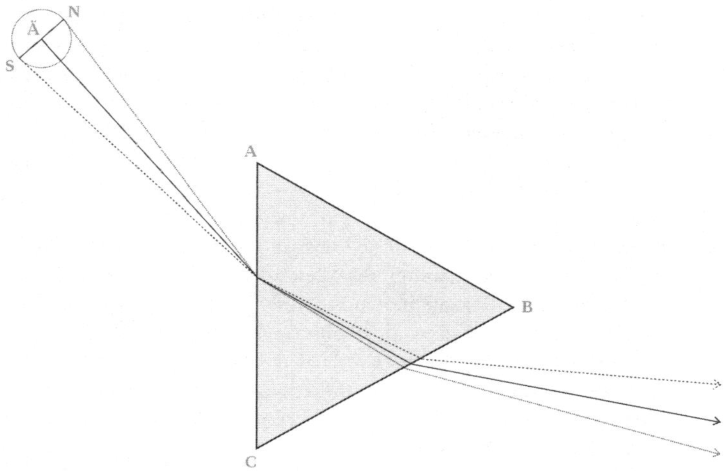

Abb. I.2.12 **Symmetrischer Strahlengang im Prisma nur für Strahlen aus der Mitte der Sonnenscheibe.** Nicht alle Lichtstrahlen von der Sonnenscheibe reisen symmetrisch durchs Prisma. In der Abbildung ist das Prisma so ausgerichtet, dass nur der (durchgezogene) Strahl (aus dem äquatorialen Mittelpunkt Ä der Sonnenscheibe) parallel zur Grundfläche AB des Prismas verläuft. Die (gepunkteten und gestrichelten) Strahlen vom Nordpol N bzw. Südpol S der Sonne verfehlen die Symmetriebedingung; sie werden beide stärker gebrochen als der Strahl vom Scheibenmittelpunkt. Denn: Nur bei symmetrischer Ausrichtung des Prismas erleiden gebrochene Lichtstrahlen die geringste Gesamtrefraktion, siehe § I.2.7. [Graphik von Matthias Herder; der scheinbare Sonnenwinkel, den die Sonnenscheibe am Himmel tatsächlich einnimmt, ist für die Abbildung erheblich übertrieben worden, abgesehen davon bietet die Abbildung realistische Winkel mit einer Brechzahl von 1,5.]

Bild landet dann am *tiefstmöglichen* Punkt der gegenüberliegenden Dunkelkammerwand. Vorhin war von diverser Refrangibilität noch nicht die Rede. Wenn wir sie nun ins Spiel bringen, so wird deutlich: Das Spektrum landet genau dann möglichst weit unten auf der Dunkelkammerwand, wenn wir die unterste – rote – Kante des Spektrums möglichst wenig nach oben brechen (indem wir also genau fürs rote Licht Symmetrie herstellen). Wer das Prisma so ausrichtet, hat eine einzigartige Konfiguration erreicht: Durch jede noch so kleine Prismendrehung wird das Spektrum nach oben wandern.

Höchst erstaunt

§ I.2.13. Am Ende des vorigen Paragraphen habe ich immer noch nicht die Frage beantwortet, die ich davor aufgeworfen hatte (§ I.2.11): Warum lenkte Newton sein Prisma so aus, dass Einfalls- und Ausfallswinkel übereinstimmen? Er tat das deshalb, weil er sich angesichts der vielen verschiedenen Möglichkeiten, das Prisma auszurichten, für einen herausgehobenen Fall interessierte – für den Fall, in dem das Sonnenlicht so wenig wie möglich vom geraden Weg abgelenkt wird. Wie Newton mit Hilfe einer nicht ganz unkomplizierten Rechnung nachwies, müsste in dieser Situation das prismatische Bild der Sonne kreisrund sein – falls allen Sonnenlichtstrahlen gleich große Refrangibilität zukäme. Wenn sich das Spektrum aber bei symmetrischer Prismenposition immer noch fünfmal so hoch wie breit entfaltet, dann ist etwas wirklich Überraschendes zu sehen, das jeden Sachkundigen zum Staunen bringen muss. Der Überraschungseffekt hängt von der Glaubwürdigkeit der Rechnung ab, die ich eben erwähnt habe. Diese Rechnung wäre noch viel komplizierter als sowieso schon, wenn Newton die Sonnenstrahlen nicht symmetrisch durchs Prisma hätte laufen lassen.[25]

Komplikationen

§ I.2.14. Um der Einfachheit willen habe ich es so dargestellt, als wäre – nach prismatischer Refraktion und bei senkrecht aufgestelltem Schirm – wirklich ein kreisrundes Sonnenbild zu erwarten, wenn allen Lichtstrahlen der Sonne ein und dieselbe Refrangibilität zukäme. Ganz korrekt ist das nicht. Wer berücksichtigt, dass die Sonnenlichtstrahlen nicht völlig parallel aufs Prisma auftreffen, wird (unter der Annahme konstanter Refrangibilität) kein Kreisbild, sondern ein ovales Bild erwarten – selbst bei optimaler Ausrichtung von Prisma und Auffangschirm (Lohne [NPoS]:396/7; so andeutungsweise schon Mollweide [TbC]:250, siehe auch Mollweide [DNPQ]:XIII). Lohne distanziert sich von den Berechnungen aus Newtons posthum veröffenlichten Optik-Vorlesungen, aber ohne Seitenangabe. Lohnes Kritik passt auf Newton [LOOL]:52–61. Newtons Rechnungen und Beweise dort sind komplexer, als ich hier darstellen möchte. In seinen Veröffentlichungen hat es sich Newton in dieser Hinsicht einfacher gemacht.[26]

* * *

Datierungen

§ I.2.15. Ich möchte noch ein weiteres Detail erwähnen, auf dem ein Teil des Überraschungseffekts beruht: Die überraschend starke Abweichung des Spektrums von der Kreisform lässt sich nicht als Ellipse wegerklären, wie wir sie von schrägen Kegelschnitten gewohnt sind. Denn Newton schrieb ausdrücklich, dass das prismatisch gebrochene Licht *senkrecht* auf die gegenüberliegende Wand auftraf. Lakonisch heißt es dazu in Newtons erster Veröffentlichung:

Und die Strahlen fielen senkrecht auf die Wand.[27]

Nehmen wir einmal an, Newton habe hier buchstäblich die Wahrheit gesagt, d. h. nehmen wir an, dass eines Tages die Lichtstrahlen tatsächlich senkrecht auf die Rückwand seiner Dunkelkammer gefallen seien. Unter dieser Annahme ließe sich aus den anderen Angaben Newtons eindeutig rekonstruieren, bei welchem Sonnenstand (also wann) das fragliche Experiment stattgefunden hat – falls die genaue Lage der Dunkelkammer Newtons bekannt wäre.[28] Mills ist den Indizien nachgegangen und hat im Rahmen plausibler Fehlertoleranzen berechnet, dass Newton sein Grundexperiment entweder zwischen 26. März und 9. April oder zwischen 14. und 28. August durchgeführt hat, laut damaligem Kalender.[29] Vermutlich fand das Experiment Jahre vor der ersten Veröffentlichung statt. Newton beschrieb es wohl zum ersten Mal im Jahr 1665 oder 1666.[30] Wie dem auch sei, das Experiment wurde am 27. April 1676 unter Zeugen aufgeführt. Den Originalbeleg dafür liefert Birch [HoRS]/III:313/4.[31]

Newtons allererste Veröffentlichung beruht auf seinem Brief vom 6. 2. 1672 an Henry Oldenburg, den Präsidenten der *Royal Society*.[32] Der Brief wurde zwei Tage später vor der *Royal Society* verlesen.[33] Kurz darauf erschien er mit folgendem Datum:

February 19. 1671/72.[34]

Was bedeutet diese seltsame Jahresangabe? Sie beruht auf einer historischen Kuriosität. Seit der zweiten Hälfte des 12. Jahrhunderts begann das Jahr in England am 25. März, also an Mariae Verkündigung.[35] Nachdem im 16. Jahrhundert auf dem Festland der gregorianische Kalender eingeführt wurde und dort das Jahr schon am 1. Januar anfing, bürgerte es sich in England nach und nach ein, *für alle Daten zwischen festländischem und britischem Jahresbeginn* sicherheitshalber beide Jahreszahlen anzugeben. Nach britischer Zählung erschien Newtons Theorie also im Jahr 1671, nach festländischer – und heutiger – Zählung im Jahr 1672.[36]

Kapitel I.3. Newtons subjektive Experimente – und zwei genauere Blicke auf Newtons Theorie

Mehr Experimente

§ I.3.1. Bis hierher haben Sie ein einziges Experiment kennengelernt, das erste Indizien für Newtons Theorie liefert. Newton hat eine fast unüberschaubare Serie weiterer Experimente beschrieben, die allesamt zu seiner Theorie passen. Einige dieser Experimente sollen im augenblicklichen Kapitel zur Sprache kommen – bevor ich in den folgenden beiden Kapiteln das wichtigste, berühmteste, schärfste Experiment aus dem newtonischen Schatz vorführe und analysiere, das *experimentum crucis*.

Mit den Experimenten, die ich jetzt schon behandeln werde, verfolge ich zwei Zwecke. Einerseits möchte ich den Schwierigkeitsgrad der Experimente nur langsam ansteigen lassen. Wer die Vorschule des augenblicklichen Kapitels durchlaufen hat, wird dem *experimentum crucis* furchtlos und ohne Verwirrung ins Auge blicken – wenigstens hoffe ich das. (Einige der jetzt bevorstehenden Experimente können Sie sogar bequem zu Hause durchführen, so einfach sind sie.)

Andererseits möchte ich mit den Experimenten des augenblicklichen Kapitels einem Vorurteil das Wasser abgraben, das den Streit um Goethe und Newton überwuchert, aber nur oberflächlich wurzelt. Es lautet: Newton war Physiker und hat in der Optik objektiv experimentiert – Goethe war Poet und hat subjektiv experimentiert; und weil Physik auf objektives Wissen zielt, brauchen wir uns um Goethes Kritik an Newtons physikalischer Optik nicht zu scheren.[37]

Das Vorurteil wurzelt im oberflächlichen Gebrauch eines Begriffspaars – und in oberflächlicher Kenntnis der newtonischen Experimente. Diese beiden Diagnosen will ich in den kommenden Paragraphen begründen.

Was heißt *objektiv*?

§ I.3.2. Die Physik zielt auf Objektivität: Dieser schöne Satz ist uns im vorigen Paragraphen über den Weg gelaufen. Doch nur so im Vorübergehen lässt sich damit kein Staat machen. Seit geraumer Zeit streiten sich die Wissenschaftsphilosophen nicht nur darüber, ob der Satz zutrifft – sie streiten zuallererst darüber, was er bedeuten soll. Ich werde mich an beiden Streitigkeiten beteiligen, aber erst im TEIL IV.

Einstweilen genügt es festzuhalten: Wo in der Optik zwischen objektiven und subjektiven Experimenten unterschieden wird, geht es um ein anderes Thema. Es hat mit Wissenschaftsphilosophie nichts zu tun, gar nichts. Denn in der Optik dient der Unterschied nur der groben Klassifikation von Experimenten – ohne jedes Werturteil.

Man könnte den Unterschied anders auf den Punkt bringen als mit Hilfe des Begriffspaars *subjektiv/objektiv*. Man könnte treffender unterscheiden zwischen denjenigen Experimenten, in deren Aufbau der Experimentierende *eingebunden*, und denjenigen, von deren Aufbau er *abgelöst* ist – kürzer: zwischen eingebundenen *versus* abgelösten Experimenten.[38] In der Sache würde sich dadurch nichts ändern, und vielleicht auch deshalb hat sich der Vorschlag einer solchen klärenden Sprachreform nicht durchsetzen wollen. Hätte sich die Reform durchgesetzt, so ließe sich das Vorurteil (vom bloß subjektiven Forscher Goethe) nicht einmal formulieren, das ich im vorigen Paragraphen erwähnt habe; das Vorurteil beruht also nur auf Zufälligkeiten der Wortwahl und ist schon deshalb haltlos.

Wie auch immer wir den Unterschied benennen – hier ist er: Manche optischen Versuchsergebnisse können von mehreren Experimentatoren gleichzeitig registriert werden; z. B. fangen wir bestimmte Lichteffekte *an einer Wand oder einem Schirm* auf, wo wir sie gemeinsam in Augenschein nehmen. Das sind die objektiven Experimente; Newtons Grundexperiment bietet ein Beispiel dafür. Eine ganze Schulklasse kann sich in der Dunkelkammer versammeln, und alle Schüler werden dort ein und denselben langgezogenen bunten Farbstreifen sehen.

Anders bei den sogenannten subjektiven Experimenten: Hier spielen sich die Versuchsergebnisse nicht draußen in der Welt ab, sondern *im Auge* des Experimentators – in seinem Auge, nicht etwa in seinem Geist! Genauer gesagt auf der Netzhaut seines Auges. Die Netzhaut tritt hier an die Stelle des Auffangschirms, und weil die Netzhaut privat ist, nicht öffentlich, kann jeder einzelne Ausgang eines subjektiven Experiments (im Normalfall) immer nur von *einem* Experimentator registriert werden: vom Besitzer der Netzhaut. (Im

Normalfall, denn selbstverständlich könnten viele Sinnesphysiologen die Ereignisse auf der Netzhaut des Experimentierenden unter die Lupe nehmen.)

Worauf alles das hinausläuft, werde ich in den kommenden Paragraphen dartun (nach der Beschwichtigung einiger philosophischer Verwirrungen im Kleingedruckten).

Verwirrungsmöglichkeit. In der Philosophie können Wörter wie *objektiv* und *subjektiv* scheinbar dem verwirrend nahekommen, was ich eben skizziert habe: Objektiv wäre alles, was sich draußen in der Welt lokalisieren lässt (in der Außenwelt); subjektiv alles, was sich im Subjekt abspielt, in dessen Innenwelt. Doch aufgepasst: Das Auge, die Netzhaut, sogar das Gehirn gehören laut dieser Redeweise nicht ins Subjekt – sie sind Bestandteile seiner Außenwelt (wenn auch Bestandteile, die mit ihm inniger zusammenhängen als der Schirm der Dunkelkammer). Hier sind vier andere Ausdrücke fürs Subjekt (in jener philosophischen Bedeutung des Begriffs): Geist, Seele, Bewusstsein, Ich. Mit nichts von alledem hat der Unterschied zwischen subjektiven und objektiven Experimenten zu tun. – Man mag einwenden, dass am Ende jedes (optische) Experiment subjektiv sei, denn stets stehe am Ende des Experiments der (visuelle) Sinneseindruck des Experimentators; auch Newtons Grundexperiment könne ohne Gebrauch der Netzhaut nicht zum Erfolg führen. Natürlich nicht, aber *so* ist die Sache nicht gemeint. Wie sie gemeint ist, sehen Sie in den kommenden Paragraphen.

Das subjektive Grundexperiment

§ I.3.3. Legen Sie bei gutem Tageslicht einen kleinen weißen Papierkreis auf einen schwarzen Karton, etwa so wie in Abb. I.3.3. Der Kreis vertritt die Sonne, die in die Dunkelkammer scheint – sein Licht scheint in Ihr Auge: in eine kleine, aber feine Dunkelkammer. Auf der Netzhaut zeichnet sich (wie wir wissen) ein scharfes Bild des Kreises ab – so wie auf der Rückwand in Newtons Dunkelkammer das Bild der Sonne.

Jetzt halten Sie ein Prisma vors Auge und blicken hindurch auf den weißen Kreis. Wegen der ungewohnten Richtungsänderung des durchtretenden Lichts ist es anfangs nicht leicht, den Kreis zu erwischen. Sie können das Prisma zuerst auf den Kreis legen wie ein Dach aufs Haus und ihn durch eine der Dachschrägen betrachten (als läge er auf dem Dachboden). Nun heben Sie das Prisma leicht an, ohne den Kreis aus den Augen zu verlieren. Führen Sie das Prisma zu einem Ihrer Augen, und behalten Sie den (sich seltsam än-

Abb. I.3.3 **Experimentiervorlage fürs subjektive Grundexperiment.** Legen Sie bei guter Beleuchtung ein Glasprisma wie ein Hausdach auf diese Abbildung; der Dachgiebel soll querstehen, also parallel zur unteren Kante der Buchseite. Jetzt schauen Sie durchs Prisma (durch die Ihnen zugewandte Dachseite) auf den weißen Fleck und führen das Prisma langsam zu Ihrem Auge, ohne den Fleck aus den Augen zu verlieren. Seine oberen und unteren Grenzen werden sich allmählich verfärben. Wenn Sie das Prisma vor Ihrem Auge nach vorn oder hinten rotieren lassen (um seine horizontale Achse) und einen geeigneten Abstand von der Experimentiervorlage wählen, so sehen Sie das newtonische Vollspektrum aus den Farben Rot/Gelb/Grün/Türkis/Blau, dargestellt in Farbtafel 01 unten. Bei anderen Abständen sehen Sie andere Entwicklungsstufen des newtonischen Spektrums mit weniger Farben. [Graphik Benjamin Marschall.]

dernden) Kreis im Blick. Hierfür werden Sie mit dem Prisma einen Bogen beschreiben müssen, keinen geraden Weg – wegen der Winkelabhängigkeit im Brechungsgesetz; doch auch ohne Kopfzerbrechen hat man den Bogen schnell raus.

Sobald das Prisma wie gewünscht vor Ihrem Auge steht, drehen Sie es um seine Achse, bis das Bild des Kreises am wenigsten verschwimmt. Selbst in dieser optimalen Position sehen Sie keinen weißen Kreis in schwarzer Umgebung, sondern ein regenbogenbuntes Oval mit den bekannten Farben

Blau
Türkis
Grün
Gelb
Rot.

Ob diese Reihe von oben nach unten verläuft oder von links nach rechts, hängt davon ab, in welche Richtung der brechende Winkel Ihres Prismas zeigt. Hiervon hängt es auch ab, ob Sie die Reihe in der üblichen Reihenfolge sehen oder rückwärts (Details gleich im Kleingedruckten).

Komplikation. Die Reihenfolge der Farben im subjektiven Experiment bietet immer wieder Anlass zu Verwirrungen. Angenommen, die Grundfläche des Prismas im subjektiven Experiment zeigt nach oben, der brechende Winkel nach unten (so wie vorhin im objektiven Experiment, siehe Farbtafel 01 oben). Nehmen wir auch noch an, der Papierkreis hängt vor den Augen des Beobachters an der Wand. Dann zeigen sich die Farben in folgender Reihenfolge

Rot
Gelb
Grün
Türkis
Blau –

also kopfüber (im Vergleich zum objektiven Experiment). Obendrein erscheint das gesamte Bild an der Wand nicht nach oben versetzt, sondern nach unten. Wie kommt diese Umkehrung dessen zustande, was wir aus dem Grundexperiment gewohnt sind? Sie kommt dadurch zustande, dass das Licht aus dem weißen Papierkreis beim Weg durchs Prisma zwar (wie gehabt) nach oben vom Weg abgelenkt wird, also steiler ins Auge gelangt als ohne Refraktion. Doch der Betrachter lokalisiert das so entstehende Bild instinktiv dort, wo es wäre, wenn er geradeaus schaute; und weil das Licht des

Papierkreises zu ihm steil nach oben gelangt, schaut er diesem Licht *nach unten entgegen* – er kann nicht umhin, das Bild unterhalb des Papierkreises zu lokalisieren. In Wahrheit ist unterhalb des Papierkreises kein buntes Bild an der Wand; es befindet sich dort nur virtuell.

Damit ist erklärt, warum das virtuelle Bild im subjektiven Experiment nach unten zu wandern scheint. Wieso dreht sich aber auch die Farbenreihe um? Einfach: Weil der blaue Teil des Lichts aus dem weißen Papierkreis (wie gehabt) am stärksten vom Weg abgelenkt wird. Es gelangt also am steilsten ins Auge des Betrachters und erzeugt ein virtuelles Bild, das besonders weit unten zu liegen scheint. Entsprechend für die anderen Farben.

Vergleich der beiden Experimente

§ I.3.4. Was ergibt sich aus dem Experiment, das Sie eben wie beim Trockenschwimmen kennengelernt haben und hoffentlich demnächst selber ausprobieren? Fast dasselbe wie vorhin aus Newtons objektiver Version des Grundexperiments. Damals sah der Experimentierende die bunten Bestandteile des Lichts, die von der weißen Sonne ausgingen; jetzt sieht er die bunten Bestandteile des Lichts, die vom weißen Papierkreis abstrahlen. Das objektive Experiment sprach für die Heterogenität des weißen Sonnenlichts; das subjektive Experiment spricht für die Heterogenität des papiernen Weiß. (Und wenn man voraussetzen darf, dass der Papierkreis letztlich Sonnenlicht zurückwirft, so ergibt sich über diesen Zwischenschritt ebenfalls die Heterogenität des weißen Sonnenlichts; nachts hingegen ergäbe sich die Heterogenität des Lampenlichts in Ihrer Stube.)

In der Tat, das subjektive Grundexperiment ähnelt seinem objektiven Gegenstück in vielen Details. Wer dem weißen Fleck die richtige Größe gibt und sich dann mit Prisma vorm Auge im richtigen Abstand aufbaut, kann dieselben Farben und dieselben Größenverhältnisse beobachten wie in Newtons Dunkelkammer. Das Auge des Experimentators ist eine Art Dunkelkammer. Die Pupille entspricht dem Fensterladenloch, die Netzhaut dem Auffangschirm.

Natürlich gibt es Unterschiede. Im Auge steckt eine Linse, die in Newtons objektivem Grundexperiment fehlt. Und das Prisma steht im subjektiven Experiment *vor* der Dunkelkammeröffnung (vor der Pupille), im objektiven Experiment dahinter. (Dieser letzte Unterschied lässt sich beheben. Newtons Grundexperiment funktioniert ohne Verluste, wenn man das Prisma außen anbringt.)

Newton begann auf subjektiven Pfaden

§ I.3.5. Warum heißt das neue Experiment subjektiv? Weil Ihr Auge ein wesentlicher Bestandteil des Experiments ist; auf Ihrer Netzhaut wird das Versuchsergebnis aufgefangen, nicht etwa auf einem Schirm außerhalb Ihres Auges. Anders gewendet: Ihr Auge ist in den Versuch selber eingebunden (und das legt denn auch jene andere Terminologie nahe, die sich gleichwohl nicht durchgesetzt hat, § I.3.2).

Zugegeben, einige Nachteile hat das subjektive Grundexperiment im Vergleich zum objektiven Grundexperiment aus dem vorigen Kapitel. Es hat aber auch einige Vorteile. Die Vor- und Nachteile werde ich im kommenden Paragraphen aufzeigen. Doch bevor ich das tue, will ich zu meiner Pointe kommen:

Newton selber hat subjektive Experimente durchgeführt, die dem eben beschriebenen stark ähneln – und zwar Jahre vor dem objektiven Grundexperiment. Und weil Newton sein ganzes Leben hindurch eine lange Reihe weiterer subjektiver Experimente im Angebot hatte, kann am Vorurteil gegen den subjektiv experimentierenden Poeten aus Weimar nichts dran sein, der angeblich nur mit misslichen Methoden gegen den objektiv experimentierenden Physiker aus Cambridge vorzugehen trachtete.[39] Zwar hat auch Goethe subjektive optische Experimente beschrieben (neben vielen objektiven Experimenten). *Aber darin folgte er dem Vorbild Newtons.* Beide saßen im selben subjektiven Boot – genauer gesagt im selben subjektiv/objektiven Boot. Wer etwas gegen Goethes Newton-Kritik vorbringen will, muss also genauer hinsehen.

Textbelege. Dass Newton mit subjektiven Experimenten angefangen hat, ist in der Newton-Forschung wohlbekannt.[40] Er beschrieb die ersten subjektiven Experimente schon in seinem zweiten Notizbuch, als er noch daran glaubte, die chromatische Aberration (die störenden Farbeffekte im Fernrohr) durch besseren Linsenschliff beseitigen zu können – also wohl zwischen August 1664 und Ende 1665.[41] Er hat das in einer eigenen Skizze festgehalten, siehe Abb. I.3.5a. Wie die Abbildung zeigt, betrachtete Newton durchs Prisma keinen weißen Fleck in schwarzer Umgebung, sondern eine Vorlage, die zur Hälfte so, zur Hälfte anders gefärbt war, also z. B. halb schwarz, halb weiß (Abb. I.3.5b und Abb. I.3.5c). Und so sah er nicht das volle Farbenspektrum, sondern nur Ausschnitte daraus, die sogenannten Kantenspektren, die später von Goethe prominent gemacht worden sind (siehe Farbtafel 02 links und Mitte).

In seiner ersten Veröffentlichung hat Newton den subjektiven Experimenten keinen prominenten Auftritt zugestanden – obwohl sie früher da waren. Fast will es so scheinen, als hätte er sie mit voller Absicht von der Bühne verscheucht. (Ein einziges Experiment aus dem Aufsatz passt eher in die subjektive als in die objektive Schublade; es ist aber kein typisch subjektives Experiment und spielt nur eine Nebenrolle in der Argumentation, siehe Newton [LoMI]:3084, Punkt 11.) Dass Newton hier sehr bewusst vorgegangen ist, zeigt sich auch beim Blick auf seine Erzählung von der Entdeckung der Theorie – er stellte es so hin, als habe er eines schönen Tages im Jahr 1666 aus dem Blauen heraus mit dem Grundexperiment losgelegt (Newton [LoMI]:3075/6). Dass dies den wissenschaftsgeschichtlichen Fakten nicht entspricht, betont Lohne (Lohne [IN]:131).

Falls Newton mit diesen Schachzügen eine ausgeklügelte Strategie verfolgt haben sollte, so hat er sie später aufgegeben. Die *Opticks* beginnen mit einem subjektiven Experiment (Newton [O]:17/8 (= Book I, Part I, Proposition I, Experiment 1)). Und in eines derjenigen Experimente, mit deren Hilfe sich Newtons Theorie zuguterletzt durchsetzte, muss der Experimentator ebenfalls seine Netzhaut einbinden.[42]

Um nicht missverstanden zu werden: Ob Newton selber seinen Schatz an Experimenten (einerlei unter welchen Etiketten) in eine subjektive und eine

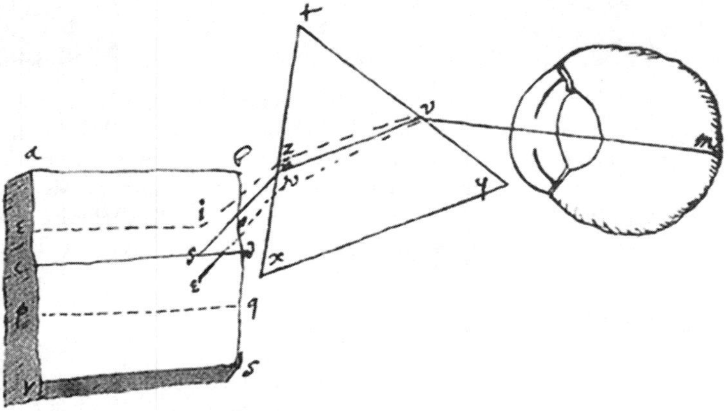

Abb. I.3.5a **Newtons erstes subjektives Experiment.** Hier blickt Newton durchs Prisma auf eine z. B. halb weiße, halb schwarze Vorlage und beobachtet die farblichen Veränderungen, die sich an der Grenze zeigen. Wie Newtons Vorlage genau ausgesehen haben könnte, sehen Sie in den nächsten Abbildungen. [Das Original stammt aus Newton [oC]/1:122ʳ.]

Abb. I.3.5b **Experimentiervorlage für Newtons erstes subjektives Experiment.** Schauen Sie durchs Prisma (genau wie in der vorletzten Abbildung), und zwar auf die Grenze zwischen Schwarz und Weiß. Dann sehen Sie, wie sich zwischen diese unbunten Grenzfarben die kalten Farben Türkis und Blau schieben; die gesamte Farbenfolge Weiß/Türkis/Blau/Schwarz bezeichne ich als kaltes Kantenspektrum, dargestellt in Farbtafel 02 links. [Graphik Benjamin Marschall.]

objektive Gruppe unterteilt hat, ist nicht dokumentiert. Soweit ich sehe, hat er dafür keine eigene Terminologie entwickelt. Sie stammt von Goethe.[43] Der schoss damit ein Eigentor, wie die Vorurteile zeigen, mit denen seine Farbforschung seither zu kämpfen hat.[44]

Wie dem auch sei – die Gemeinsamkeiten zwischen Newton und Goethe werden in folgendem Textstück entstellt, das ich nur als ein Beispiel für viele ähnliche Darstellungen aus unserer Zeit herausgreife:

Abb. I.3.5c **Experimentiervorlage für Newtons erstes subjektives Experiment, gedreht.** Wer die vorige Experimentiervorlage um 180 Grad dreht und wieder durchs Prisma auf die Grenze zwischen Schwarz und Weiß blickt, sieht diesmal zwischen den unbunten Grenzfarben zwei warme Farben: Rot und Gelb; die gesamte Farbenfolge Schwarz/Rot/Gelb/Weiß bezeichne ich als warmes Kantenspektrum, dargestellt in Farbtafel 02 Mitte. [Graphik Benjamin Marschall.]

Wo NEWTON das Prisma ins Licht hielt und das Spektrum auf einer Wand betrachtete, hielt GOETHE das Prisma vor sein Auge und betrachtete die entstehenden Farberscheinungen. Der Unterschied ist eklatant: NEWTON beobachtete die Phänomene gleichsam von *außen*, GOETHE hingegen war nicht neutraler Beobachter, er war wesentlicher Teil des Experiments.[45]

Vor- und Nachteile

§ I.3.6. Das subjektive Experiment hat den Vorzug, dass es sich ohne großen Aufwand durchführen lässt. Weder müssen Sie Ihre Fensterläden ruinieren, noch brauchen Sie einen langen Raum mit Südfenster und weißer Rückwand; drehbare Halterungen fürs Prisma sind ebenfalls überflüssig. Das subjektive Grundexperiment funktioniert sogar im Freien bei wolkenbedecktem Himmel. Schieben Sie alle diese Vorzüge nicht leichtfertig beseite; ein allzeit gut reproduzierbares Experiment ist viel wert.

Doch die Vorzüge haben einen Preis: Wer das newtonische Spektrum im Auge auffängt, kann es nicht leicht vermessen. Zwar können Sie *abschätzen*, wievielmal länger das Spektrum im Verhältnis zu seiner Breite erscheint. Aber zu genauen Zahlen werden Sie es so nicht bringen. Und wenn die Sinnesphysiologen von vorhin (§ I.3.2) das spektrale Bild auf Ihrer Netzhaut vermessen sollen, schnellt der Aufwand in die Höhe – u. a. weil die Netzhaut gekrümmt ist.

Ein anderer Nachteil des subjektiven Experiments hängt damit zusammen, dass man mit dem Spektrum auf Ihrer Netzhaut optisch kaum weiterexperimentieren kann. Anders mit dem Spektrum auf einem Schirm: Man kann Teile daraus ausschneiden, kann das ganze Spektrum oder seine Teile abermals durchs Prisma schicken oder durch eine Linse usw. Ich werde auf diese Vielfalt zurückkommen.

Doch die Bescheidenheit bei denkbaren *Fortsetzungen* des subjektiven Experiments wird durch reiche Vielfalt bei seinem *Auftakt* ausgeglichen. Bedenken Sie: Form, Größe oder Farbe der Sonne am Himmel können wir Sterbliche kaum ändern; das objektive Grundexperiment und die Vielfalt seiner möglichen Fortsetzungen beginnt zunächst einmal immer bei der Sonne am Himmel. Anders im subjektiven Experiment, in dem sich jede gewünschte Änderung des Vorbildes leicht durchführen lässt – vom Schachbrettmuster bis zum blauen Kreis in gelber Umgebung sind der Experimentierlust keine Grenzen gesetzt.[46]

Es bringt uns nicht weiter, die beiden Experimentierformen gegeneinander auszuspielen. Subjektive und objektive Experimente nehmen beide einen berechtigten Platz in der optischen Wissenschaft ein. Und so muss es uns nicht wundern, dass auch Newton beide Arten des Experimentierens eingesetzt hat – genau wie Goethe.

Mehr noch, wie ich im nächsten Paragraphen anhand der Weißsynthese vorführen will, können in ein und demselben Experiment objektive und subjektive Elemente zusammenkommen. Das Experiment stammt von Newton, beginnt objektiv und endet subjektiv; in solchen Fällen redet man von einem objektiv/subjektiv *gekoppelten* Experiment.[47]

Gegenprobe Weißsynthese

§ I.3.7. Wenn weißes Licht aus den bunten Farben des Newtonspektrums bestehen soll, müssten sich diese Farben wieder so zusammenbringen lassen, dass Weiß entsteht. Zu Newtons Weißanalyse aus dem Grundexperiment müsste es eine Weißsynthese geben. Wie in einer Gegenprobe müsste die Weißsynthese alle Effekte der Weißanalyse rückgängig machen. In der Tat hat es diese Gegenprobe früh gegeben.

Schon in seiner ersten Veröffentlichung hat Newton eine – objektive – Weißsynthese beschrieben. Sie hat einige Nachteile, auf die ich hier nicht eingehen will.[48] Newton fügte in den *Opticks* bessere Experimente zur Weißsynthese hinzu; das einfachste davon möchte ich jetzt erläutern.[49] Die Grundidee ist ebenso schlicht wie bestechend: Für die Pfade des Lichts bei prismatischer Brechung kommt es nicht darauf an, ob sich das Licht auf ihnen vorwärts oder rückwärts bewegt (§ I.2.6); daher lassen sich die bunten Lichtstrahlen des Spektrums, die vom Schirm zurückgeworfen werden, mit Hilfe eines zweiten Prismas wieder zusammenbringen – wenn dieses zweite Prisma dieselben Eigenschaften hat und genauso ausgerichtet ist wie das erste, analysierende Prisma. Das zweite Prisma abc müsste also z. B. parallel unter dem ersten Prisma ABC angebracht werden, siehe Abb. I.3.7.

Nun wäre es keine gute Idee, hinter dem zweiten, synthetisierenden Prisma einen Schirm aufzubauen, um dort die weiße Synthese der zurückreisenden bunten Lichter aufzufangen. Denn deren weiße Mischung wäre viel zu schwach und höbe sich kaum von ihrer Umgebung ab. (Bedenken Sie, dass nur ein winziger Teil der bunten Lichter des Spektrums PT direkt zum Prisma abc gelangt; die meisten anderen dieser Lichter spritzen in der Dunkelkammer irgendwoanders hin – *diffuse Reflexion* heißt das in der Fachsprache der Physiker.)

Genau deshalb ist es nötig, das Experiment subjektiv abzuschließen statt objektiv. Endstation Netzhaut: Wenn wir das erwartete Syntheseprodukt direkt ins Auge hineinprojizieren, wird der sonst zu schwache Effekt sichtbar; unsere Augen sind gottseidank extrem empfindlich für allerfeinste Nuancen. Der Betrachter schaut also durchs Prisma abc auf das Spektrum PT, das vom Prisma ABC auf den Schirm geworfen wurde. Was sieht er? Ein schön sauberes weißes Bild der Sonne.

(Dieses Sonnenbild scheint freilich nicht am Ort PT zu liegen; es ist ein virtuelles Bild S, das der Betrachter auf der geraden Verlängerung seiner Sichtachse wahrzunehmen meint. Denn instinktiv sieht er nicht, dass sein Blick an den Grenzflächen des Prismas abc zweimal vom geraden Weg abgelenkt wird; vergl. § I.3.3k.)

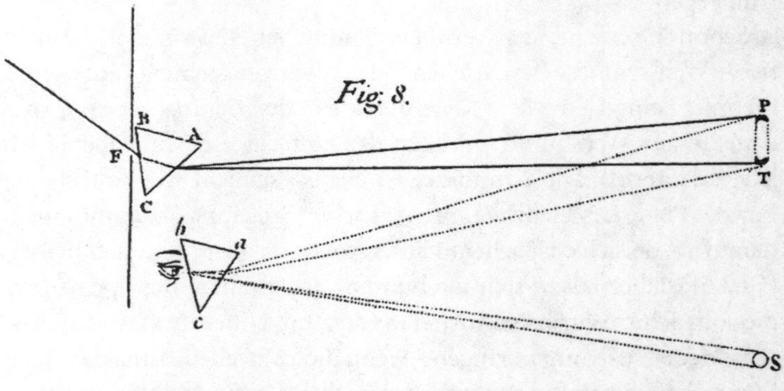

Abb. I.3.7 **Newtons subjektive Weißsynthese.** Der Betrachter blickt durchs Prisma abc auf das Spektrum PT (das vom Prisma ABC wie gehabt auf einen Schirm geworfen wurde). Die von PT zurückreisenden Strahlen werden im Prisma abc auf dieselbe Weise gebrochen wie in ABC, nur rückwärts. Sie vereinigen sich also im Auge des Betrachters, und so entsteht für ihn ein virtuelles Bild der Sonne in S – es scheint dort zu liegen, wo der ungehinderte Blick des Betrachters hinführen würde. [Die Abbildung heißt bei Newton »*Fig. 8*«; sie findet sich auf der Tafel »LIB. I. Par. II. TAB. II« und bezieht sich auf Newton [O]:91 (= Book I, Part II, Proposition V, Theorem IV, Experiment 11). Sie wurde von Matthias Herder gedreht, um sie an die hier üblichen Richtungen anzupassen; dadurch erklärt sich auch die ungewöhnliche Benennung der Ecken des Prismas gegen den Uhrzeigersinn – wie bei allen Abbildungen, deren Orientierung wir umgedreht haben.]

§ I.3.8. Die beiden subjektiven Experimente, die ich Ihnen in diesem Kapitel vorgeführt habe, sollen als warnendes Beispiel dienen. Newton hat sich auf viele weitere subjektive Experimente gestützt. *Fazit, Vorschau*

Alle diese subjektiven Experimente bieten respektable Naturwissenschaft. Erkenntnistheoretisch stehen sie keinen Deut schlechter da als Newtons objektives Grundexperiment. Sie erfordern genauso viel Sorgfalt wie beim objektiven Experimentieren; und sie lassen sich ebenso gut reproduzieren. Kurzum, ihr subjektiver Name bringt keinen Subjektivismus mit sich – *nomen non est omen.*

Durchschlagende Beweiskraft (zugunsten der Theorie Newtons) hatte keines der bislang betrachteten Experimente, einerlei ob subjektiv oder objektiv. Im kommenden Kapitel werde ich Ihnen ein Experiment zeigen, das in dieser Hinsicht kräftiger ist; es ist ein objektives Experiment, doch nicht daraus erwächst ihm seine Beweiskraft. Bevor ich das Experiment vorstelle, möchte ich im vorliegenden Kapitel noch einen etwas genaueren Blick auf Newtons Theorie werfen.

§ I.3.9. Newtons Theorie enthält mindestens zwei Teile, denen der unbefangene Laie nicht gleichermaßen schnell Glauben schenken wird. Der eine Theorieteil handelt von Farben und ist auf den ersten Blick nicht sonderlich glaubwürdig (dazu binnen kurzem). Der andere – zunächst glaubwürdigere – Theorieteil hat mit Farben nichts zu tun und redet nur von geometrisch zu bestimmenden Eigenschaften des Lichts: *Zwei Kernsätze*

(R) Weißes Sonnenlicht ist eine heterogene Mischung aus Lichtstrahlen, die bei ihrer Reise durchs Prisma unterschiedlich weit vom geraden Weg abkommen.[50]

Das hat mit Farben nichts zu tun. Selbst Farbenblinde hätten keine Schwierigkeiten, dem newtonischen Grundexperiment Anhaltspunkte zugunsten von (R) zu entnehmen.[51] Verhielten sich die Lichtstrahlen der Sonne einheitlicher, als Theorieteil (R) zulässt, so müssten sie bei prismatischer Brechung allesamt gleich stark vom geraden Weg abgelenkt werden, und so müsste sich auf Newtons Schirm ein halbwegs rundes Sonnenbild blicken lassen (§ I.2.9). Aber das hinter dem Prisma aufgefangene Sonnenbild ist ca. fünfmal so hoch wie breit. Diese rein geometrische Formverzerrung wird selbst derjenige erkennen, der überhaupt keine bunten Farben voneinander unterscheiden kann und die gesamte Welt in Grautönen sieht.

Diverse Refrangibilität

§ I.3.10. Um langatmige Formulierungen zu vermeiden, rede ich wie Newton von der *Refrangibilität* eines Lichtstrahls. Sie bezeichnet, wie gesagt, das Ausmaß der Wegablenkung, die der Lichtstrahl bei prismatischer Brechung erfährt (§ I.2.9). In dieser Redeweise und angesichts des Grundexperiments sind manche Lichtstrahlen stärker refrangibel als andere; sie werden beim Weg durchs Prisma stärker gebrochen als ihre Kameraden. Das genau besagt der schon auf den ersten Blick glaubwürdigere Theorieteil, der sich demzufolge auch so fassen lässt:

(R) Weißes Sonnenlicht ist eine heterogene Mischung aus divers refrangiblen Lichtstrahlen.

Im Vorübergehen will ich Sprachkritikern Tribut zollen, die schon vorhin einwenden wollten, dass jede Mischung heterogen sein muss – was bringt also die doppelte Redeweise von heterogenen Mischungen? Inhaltlich bringt die Verdoppelung wenig ein. Zwar können wir davon reden, dass z. B. eine Stahlkocherin reinen Stahl mit reinem Stahl gemischt hat – dann wäre ihr Mischungsergebnis homogen, nicht heterogen. Aber wem diese Redeweise inhaltlich unplausibel vorkommt, der kann immer noch aus stilistischen Gründen von *heterogenen* Mischungen reden (ähnlich wie vom *leeren* Vakuum oder vom *ganzen* Weltall). Newton jedenfalls formulierte so.[52]

Der farbbezogene Theorieteil

§ I.3.11. Selbst wer völlig farbenblind ist, kann den Teil (R) der Theorie Newtons empirisch nachvollziehen. Dasselbe gilt nicht vom anderen Teil der newtonischen Theorie. Der handelt von Farben und lautet so:

(F) Weißes Sonnenlicht ist eine heterogene Mischung aus *verschiedenfarbigen* Lichtstrahlen.[53]

Wer die gesamte Welt in Grautönen sieht, kann dem Grundexperiment keine Anhaltspunkte zugunsten von (F) entnehmen. Für die

Glaubwürdigkeit von (F) kommt es darauf an, die regenbogenbunten Farben des aufgefangenen Lichtspektrums zu erkennen. Kein Problem für die meisten von uns.

Trotzdem habe ich vorhin angedeutet, dass der farbbezogene Theorieteil (F) dem unbefangenen Laien weniger schnell einleuchten dürfte als der farbenfreie Theorieteil (R). Warum? Weil es *seltsam* ist zu hören, dass im weißen Sonnenlicht allerlei bunte Farben stecken sollen. Wenn sie darin stecken – weshalb sieht weißes Sonnenlicht dann nicht bunt aus, sondern weiß? So mag man verwirrt fragen. Die Verwirrung führt in die Philosophie. Sie führt zu so kniffligen Fragen wie diesen: Was sind Farben? Sind Farben in der Welt? Oder nur in unserem Kopf, will sagen, in unserem Bewusstsein? Gäbe es sie auch dann, wenn es keine Augenwesen gäbe? Hat es Sinn, von einer Farbe zu reden, die man nicht sehen kann? Usw.

Literaturhinweise. Die Philosophie der Farbe lässt sich schwer überschauen. Wer sich für ihre Themen interessiert, findet mehr als genug abstraktes Material zum Kopfzerbrechen in Cohen [RR], Hardin [CfP], Maund [C], Dorsch [NF], Byrne et al (eds) [RoC]/1.[54] Weniger scholastisch, aber erst recht verwirrend sind Wittgensteins wunderschöne *Bemerkungen über die Farben* (Wittgenstein [BüF]).

§ I.3.12. Ich schreibe hier kein Buch über die Philosophie der Farben, kein Buch über deren Ontologie, Metaphysik oder über die Sprachphilosophie der Farbwörter. Mein Buch handelt von der *Wissenschafts*philosophie einiger Farb*experimente.* Wie Sie sehen werden, brauche ich keine der Fragen zu beantworten, die am Ende des vorigen Paragraphen für Verwirrung gesorgt haben. Ich werde zwar Arbeitsdefinitionen für den Begriff der Farbe heranziehen, aber ohne philosophische Hintergedanken. So werde ich einen Lichtstrahl oder ein Lichtbündel ganz zwanglos *rot* nennen, wenn dieses Licht ein weißes Papier unter normalen Bedingungen rot erscheinen lässt. Man kann lange darüber philosophieren, was z.B. mit normalen Bedingungen und rotem Erscheinen gemeint ist. Aber ich glaube, wir verstehen einander. (Oder?) Wenn ich nicht irre, kann ich meinen Gedankengang mit so ziemlich jeder Farbphilosophie kombinieren, die auf dem Markt angeboten wird und nicht völlig verrückt ist.

Philosophie der Farbe?

Im Augenblick reicht es festzuhalten: Der farbbezogene Teil (F) aus Newtons Theorie ist geeignet, philosophische Verwirrung zu stiften. Das spürt auch der unvoreingenommene Laie. Er hat Schwierigkeiten, (F) zu glauben, weil – intuitiv betrachtet – Sonnenlicht weiß ist und einfarbig, nicht bunt oder mehrfarbig, und weil darüber hinaus unklar ist, was es heißen soll, dass etwas Weißes in Wirklichkeit bunt sei.

Damit will ich nicht sagen, dass ich (F) für falsch halte; das Gegenteil ist der Fall. Ich wollte nur die Anstrengungen herausstreichen, die es uns kostet, an (F) zu glauben. Anders beim unfarbigen Theorieteil (R). Er bürdet dem Laien keine vergleichbaren Schwierigkeiten auf:

(R) Weißes Sonnenlicht ist eine heterogene Mischung aus divers refrangiblen Lichtstrahlen.

Denn Refrangibilität – Stärke der Wegablenkung bei prismatischer Brechung – ist ein Fachbegriff, der keine intuitiven Assoziationen mit sich bringt. Der unvoreingenommene Laie hat in Sachen Refrangibilität keine Vormeinungen über das weiße Sonnenlicht. Und wo keine Vormeinungen zu überwinden sind, fällt der Glaube an naturwissenschaftliche Resultate leicht.

Schnelle Erfolge bei Refrangibilität

§ I.3.13. Ich habe in den vorigen beiden Paragraphen einen unvoreingenommenen Laien ins Spiel gebracht, um das Glaubwürdigkeitsgefälle zwischen den beiden Teilen (R) und (F) der newtonischen Theorie zu dramatisieren. Der aufgewiesene Trend bestätigt sich beim Blick in die Wissenschaftsgeschichte. Jedenfalls hat das Alan Shapiro behauptet – einer der besten Kenner der newtonischen Optik und ihrer Rezeptionsgeschichte.[55] Laut Shapiro hatte Newton vergleichsweise leichtes Spiel beim Versuch, den unfarbigen Teil (R) seiner Theorie durchzusetzen:

(R) Weißes Sonnenlicht ist eine heterogene Mischung aus divers refrangiblen Lichtstrahlen.

So wie dies dem Laien von vorhin glaubwürdiger vorkam als der farbbezogene Rest der Theorie, so haben sich auch Newtons Zeitgenossen vergleichsweise schnell von (R) überzeugen lassen. Dabei half die Beweiskraft eines einzigen Experiments: des berühmten *ex-*

perimentum crucis.[56] Ich werde es im kommenden Kapitel ausführlich darstellen. Sobald Newtons Zeitgenossen das Experiment verstanden hatten, rannte er mit dem farblosen Teil (R) seiner Theorie überall in Europa offene Türen ein, und zwar aus Gründen, die nicht nur mit Empirie zu tun hatten.[57] Shapiro nennt u. a. folgende Gründe: Der Theorieteil ließ sich mathematisch präzise fassen, insbesondere bot er passende Erweiterungen der geometrischen Optik; er verhieß ein tieferes Verständnis technischer Probleme, z. B. beim Bau von Teleskopen; zudem besaß er hohe Erklärungskraft.[58] Nicht nur empirische Daten sprachen also für Newtons Theorieteil (R), sondern auch theoretische und sogar technologische Momente.

Vertiefungsmöglichkeiten. Einige der Gründe für die Durchsetzung von (R) waren zweischneidig. So weckte es laut Shapiro zunächst den Widerstand der konservativen Newton-Gegner, dass dessen Behauptung (R) nicht in allen Punkten mit der schon ausgearbeiteten geometrischen Optik übereinstimmte (sondern über sie hinausging), siehe Shapiro [GAoN]:80, 131. Erst mit einem gewissen historischen Abstand kann man offenbar deutlicher sehen, was als Erweiterung einer Theorie zählt und was als Angriff; Newtons Theorie *verfeinerte* das Brechungsgesetz, wie wir jetzt wissen. – Und das, was Newton über die Teleskope behauptet hat, sollten wir unter systematischem Blickwinkel nicht als Erfolg werten. Newton ließ sich öffentlich zu der Behauptung verleiten, dass es aussichtslos sei zu versuchen, die störenden chromatischen Aberrationen beim Linsenteleskop zu vermindern (Newton [LoMI]:3079/80 und Newton [O]:54–57 (= Book I, Part I, Proposition VII)). Wie sich später zeigen sollte, stimmte diese technische Behauptung nicht (§ II.1.3). Newton hat sich allerdings stellenweise vorsichtiger ausgedrückt und sich nicht völlig apodiktisch gegen die Perfektionierung von Refraktionsteleskopen ausgesprochen.[59] Im Entwurf zu dieser veröffentlichten Aussage äußerte sich Newton sogar wesentlich konkreter und optimistischer.[60] Laut Turnbull spielte Newton mit derartigen Gedanken schon Jahre vor seiner ersten Veröffentlichung.[61]

§ I.3.14. Im vorigen Paragraphen habe ich in aller Kürze den beeindruckenden Siegeszug nachgezeichnet, der Newton beim refraktionsbezogenen Teil (R) seiner Theorie beschieden war. Ganz anders stand es beim farbbezogenen Theorieteil:

Lange Mühen bei Farben

(F) Weißes Sonnenlicht ist eine heterogene Mischung aus *verschiedenfarbigen* Lichtstrahlen.

Dieser Theorieteil ist nicht nur dem Laien von vorhin, sondern auch Newtons Zeitgenossen dubios vorgekommen. Erst lange nachdem sie sich an die diverse Refrangibilität des Sonnenlichts gewöhnt hatten, nachdem sie also die Einheitlichkeit dieses Lichts in *einer* – geometrisch fassbaren – Hinsicht preisgegeben hatten, konnten sie sich der radikaleren Idee öffnen, der zufolge Sonnenlicht auch farblich heterogen ist.[62]

Das war ein gradueller Prozess, der auf dem Festland nicht so schnell voranschritt wie auf den Britischen Inseln.[63] Ein Vorzug der Gesamttheorie Newtons lag in ihrer großen Geschlossenheit; doch bevor sich Newtons Zeitgenossen davon beeindrucken lassen konnten, mussten sie die Theorie verstehen; und das dauerte.[64] Zudem mussten Newtons Zeitgenossen bestimmte Experimente, die für die kontroverseren Teile der Theorie sprechen, zur Kenntnis nehmen und durchschauen. Den Abschluss dieses Prozesses bildete laut Shapiro im Jahr 1714 die öffentliche Aufführung eines grandiosen Experiments durch den britischen Physiker John Theophilus Desaguliers, einem Schüler und Verbündeten Newtons. Das Experiment besteht aus lauter newtonischen Bestandteilen, beginnt objektiv und endet subjektiv, auf der Netzhaut des Experimentators.[65] Wir haben also wieder ein objektiv/subjektiv gekoppeltes Experiment (genau wie vorhin bei Newtons Weißsynthese, § I.3.7).

Ich will nicht bestreiten, dass die historische Entwicklung *de facto* so abgelaufen ist, wie Shapiro sie in mühevoller Kleinarbeit vorführt. Doch unter systematischen Gesichtspunkten sollte man in die entgegengesetzte Richtung gehen.[66] Es lässt sich dreierlei zeigen: Erstens liefert Newtons *experimentum crucis* Beobachtungen, die genauso für (F) wie für (R) sprechen. Zweitens hat das Experiment von Desaguliers nicht nur mit (F) zu tun, sondern auch mit (R), und zwar beidemal nur unter Gesichtspunkten der Idealisierung. Drittens: Wäre Desaguliers' Experiment gescheitert, so hätte dies Newtons Theorie nicht widerlegt.

Belege. Shapiro verknüpft Newtons *experimentum crucis* mit dem Theorieteil (R) in Shapiro [GAoN]:77, 79, 108. Mit dem farbbezogenen Theorieteil (F) verknüpft Shapiro das Experiment von Desaguliers in Shapiro [GAoN]:106. Etwas genauer: Wie Shapiro darlegt, spricht Desaguliers' Experiment auf indirektem Weg für die farbige Behauptung (F). Direkt spricht das Experiment dafür, dass sich – homogene – Lichtstrahlen durch Brechung in ihrer Farbe nicht ändern lassen (Shapiro [GAoN]:108). Und das wiederum spricht für (F), also dafür, dass die verschiedenen Farben schon vor der prismatischen Brechung im Sonnenlicht steckten (Shapiro [GAoN]: 106).

§ I.3.15. Wenn meine letzten Behauptungen stimmen, lief die historische Entwicklung nicht ganz rational ab. Newton hätte unter rationalen Gesichtspunkten deutlicher und früher triumphieren müssen, als es *de facto* der Fall war. Sein *experimentum crucis* ist weit stärker, als man seinerzeit bemerkt hat. Es ist stärker, als man heute meint. Ja, es ist sogar doppelt so stark, wie Newton zuweilen selber geglaubt hat! In einigen frühen Briefen erhob Newton den Anspruch, mit Hilfe des Experiments locker die Hälfte seiner Theorie beweisen zu können; doch spätestens am Ende seines Lebens dehnte er den Anspruch auf die gesamte Theorie aus.[67] *Damit* hatte er recht.[68]

Nicht ganz rational

Das augenblickliche Kapitel möchte ich mit einem knappen Blick auf diejenigen Farbtheorien abschließen, gegen die sich Newton wehren musste. Sie werden heute unter dem gleichmacherischen Etikett Modifikationstheorie in einen Topf geworfen. Ich will andeuten, warum es sich für meine Zwecke nicht lohnt, sie gründlicher zu durchdenken. Wer sich nicht für die Geschichte überholter Ideen interessiert, kann den Rest dieses Kapitels überspringen.

* * *

§ I.3.16. Ob sich eine Theorie durchsetzt, hängt nicht nur von ihrer Überzeugungskraft ab, also nicht nur davon, wie gut sie die Phänomene aus ihrem Anwendungsbereich zu erklären weiß. Es hängt auch davon ab, gegen welche Alternativen sie sich durchsetzen muss.

Was macht die Konkurrenz?

Das lässt sich gut am Fall der newtonischen Optik illustrieren. Ihr refraktionsbezogener Teil (R) musste sich nicht eigens gegenüber irgendwelchen Alternativ-Theorien behaupten. Die drastischen Formverzerrungen des Sonnenbildes, die Newton in seiner Dunkelkammer sah, waren vor ihm niemandem so sehr aufgefallen, dass eine eigene Theorie dazu gefordert gewesen wäre. Auch das erklärt, warum Newton mit dem Theorieteil (R) offene Türen einrannte.

Anders beim Thema der Farbe. Mit seinem Theorieteil (F) wollte Newton eine *grundlegende* Erklärung der Farbentstehung liefern. Doch wie die Farben entstehen, darüber gab es seit der Antike viele verschiedene Vorstellungen. Es wäre ein aussichtsloses Unterfangen gewesen, die konkurrierenden Vorstellungen einzeln zu entkräften. So nimmt es nicht wunder, dass sich Newton kaum darauf einlassen mochte, die Theorien seiner Gegner auch nur zur Kenntnis zu nehmen.[69] Stattdessen versuchte er einen positiven Beweis der eigenen Theorie. Das Kalkül hinter diesem kühnen Schachzug lässt sich leicht nachvollziehen: Sobald die eigene Theorie zu den Farben bewiesen ist, werden die Details bei der Konkurrenz irrelevant.

Der entscheidende Unterschied

§ I.3.17. Gleichwohl sollten wir wenigstens eine grobe Vorstellung davon gewinnen, worin sich Newtons Farbtheorie von ihren Konkurrentinnen unterschied. Laut Newton gehören die Farben unzertrennlich und unveränderlich zu den Lichtstrahlen, mit deren Hilfe sie z. B. in unsere Augen gelangen. Was auch immer ein Lichtstrahl sein mag, seine Farbe haftet wesentlich am jeweiligen Lichtstrahl und kann ihm nicht genommen werden. Und selbst wenn wir die Farbe eines Lichtstrahls nicht sehen, weil sie im Gewirr andersfarbiger Lichtstrahlen untergeht (wie etwa im scheinbaren Weiß des Sonnenlichts), bleibt sie am Lichtstrahl haften und kommt sofort wieder zum Vorschein, sobald der Lichtstrahl dem Gewirr seiner Geschwister entrinnt. Einmal rot, immer rot – so könnte man diese Lehre auf den Punkt bringen.

Newtons Lehre von der Unveränderlichkeit der Farben des Lichts widersprach offenbar einem weitgespannten Konsens unter seinen Vorgängern und Zeitgenossen: Sie hielten die Farben für flüchtiger; sie meinten, dass sich die Farben ändern lassen – und zwar nicht bloß in dem trivialen Sinne, in dem ich mein blaues Fahrrad rot lackieren kann, sondern in einem tieferen, grundlegenderen Sinn. Wie ist das zu verstehen? Ungefähr so: Was auch immer *letzten Endes* die Farben trägt (Lichtstrahlen, Lichtteilchen usw.), es kann so verändert werden, dass ihm eine andere Farbe zukommt. Die Farbe der grundlegenden Farbenträger lässt sich demzufolge *modifizieren* – so wie sich etwa die Geschwindigkeit eines Elektrons ändern lässt, nicht aber seine Ladung.

§ I.3.18. Im letzten Paragraphen ist ganz zuletzt das Fremdwort gefallen, unter dem die optische Konkurrenz zu Newton heutzutage versammelt wird – wir reden von Modifikationstheorien, im Plural. Modifikationstheorien?

Die Bezeichnung führt aus zwei Gründen in die Irre. Einerseits macht es den meisten Sichtweisen der Konkurrenz zu viel Ehre, sie als *Theorien* zu bezeichnen.[70] Oft handelt es sich nur um unsystematisch zusammengeballte Vorstellungen, Metaphern und Assoziationen, und nicht im entferntesten um das, was wir heute als systematische Theorie gelten lassen; in Thomas Kuhns Redeweise erreichten sie nicht das Stadium ausgereifter Naturwissenschaft.[71]

Andererseits legt der Name *Modifikations*theorien die falsche Annahme nahe, dass alle diese Theorien oder Sichtweisen einen gemeinsamen Kern hätten, die Idee *der* Farbmodifikation. Doch vermutlich hätten die Verfechter der Theorien, gegen die sich Newton behaupten musste, über die Zumutung gestaunt, unter ein und derselben Flagge segeln zu sollen. Aus ihrer Sicht dürften die Unterschiede zwischen den einheitlich beflaggten Segelschiffen kaum kleiner gewesen sein als die Unterschiede ausgerechnet zu Newtons Theorie.

Erst aus heutiger Sicht mag man das anders sehen. Das hat auch damit zu tun, dass wir Newtons Theorie für weit überlegen halten; so überlegen, dass es sich gar nicht mehr lohnt, auf die feinen Unterschiede zwischen ihren Konkurrentinnen zu achten.

Vielleicht ist das unfair; doch auf die feinen Unterschiede zwischen den Modifikationstheorien kommt es für meine Zwecke nicht an. Ich interpretiere Newton so, dass er zuallererst seine eigene Theorie beweisen wollte *und konnte* – statt die Theorien seiner Gegner zu widerlegen. Diese kühne Linie hat Newton zwar nicht überall durchgehalten.[72] Aber das *experimentum crucis* belastete er nicht mit der Aufgabe, irgendwelche Modifikationstheorien direkt zu widerlegen. Falls seine Schlüsse aus diesem Experiment korrekt sind, werden dadurch alle Modifikationstheorien auf einen Schlag widerlegt, ohne Rücksicht auf Details. Denn sie alle widersprechen Newtons Resultaten.

Belege. Mit meiner Nonchalance gegenüber den Modifikationstheorien befinde ich mich in guter Gesellschaft, siehe z. B. Kuhn [NOP]:31, Shapiro [GAoN]:98, Westfall [NHCo]:48. Ausführlichere Diskussionen dieser Theorien finden sich bei Shapiro [NDoL]:197–202, Shapiro [KO]: section 4.1 sowie Nakajima [TKoM]:262–273 *et passim* und Zemplén [HoVC]:203–212 *et passim*.

Kapitel I.4.
Newtons *experimentum crucis*

Hypothesen reichen nicht

§ I.4.1. Newtons Grundexperiment, das Sie ganz am Anfang kennengelernt haben, legt Newtons Theorie nahe; und die subjektiven Experimente aus dem vorigen Kapitel passen gut zu ihr. Alle bisher betrachteten Experimente liefern Indizien, die in ein und dieselbe Richtung weisen – Indizien, aber keinen Beweis. Jetzt soll es um ein Experiment gehen, dem Newton höhere Beweiskraft zugetraut hat: um das *experimentum crucis*.

Newton war stolz auf das Experiment. In seiner ersten Veröffentlichung und in zahllosen Briefen während der unmittelbar folgenden Jahre strich er wieder und wieder heraus, dass sich seine Theorie (in wesentlichen Teilen) aus dem *experimentum crucis* beweisen lässt; der Beweis liefert laut Newton mehr als eine bloße Hypothese. Worauf läuft dieser Unterschied hinaus? Anders als beweisbare Sätze werden Hypothesen postuliert, d. h. erfunden, um Beobachtungen systematisch zu erklären; sie werden nicht unmittelbar aus den Beobachtungen abgelesen oder abgeleitet (und zwar weder induktiv noch deduktiv).

Wer z. B. irgendwelche beobachtbaren Phänomene dadurch erklärt, dass Licht aus unsichtbar winzigen Teilchen besteht, der geht über das hinaus, was man sehen kann. Wie lässt sich eine solche hypothetische Erklärung rechtfertigen? Erstens dadurch, dass sie das

Erklärte (nebst anderer, neuer Phänomene) beobachtungsgetreu abzuleiten erlaubt, dass sie also – im Jargon der Philosophie – »die Phänomene rettet«.[73] Und zweitens lässt sie sich dadurch rechtfertigen, dass sie die beobachtbaren Phänomene mehr oder minder gut verständlich macht. (Zum Beispiel dadurch, dass sie eine einfache, einheitliche Erklärung für allerlei Phänomene liefert, die auf den ersten Blick nicht viel miteinander zu tun haben.)

Das bedeutet: Sobald jemand mit einer konkurrierenden Erklärung aufwartet, die ebenfalls zu den Phänomenen passt, ist ein *Vergleich* zwischen den beiden hypothetischen Erklärungen erforderlich. Ein Anhänger der ursprünglichen Erklärung muss sich mit der Konkurrenz auseinandersetzen und Mängel aufzeigen; er muss z. B. sagen, dass die neue Erklärung weniger einfach ist als die seine. Er muss also sagen, dass seine Erklärung gilt, weil die des Gegners schlechter ist.

Und dieses Spiel geht jedesmal von vorne los, sobald die nächste hypothetische Erklärung auf den Tisch kommt. Da die menschliche Erfindungskraft unermesslich ist, kann man sich nie auf den Lorbeeren des Erreichten ausruhen; der Streit kann jederzeit wieder aufflammen.

Zur logischen Terminologie. Die sogenannten *deduktiven* Schlüsse oder Beweise holen aus den Voraussetzungen (den Prämissen) nicht mehr heraus, als in ihnen steckt, z. B.:

(1) Sokrates ist ein Mensch (1. Prämisse).
(2) Alle Menschen sind sterblich (2. Prämisse).
(3) Also ist Sokrates sterblich (deduktive Konklusion aus (1) und (2)).

Solche Schlüsse sind bombensicher. Wer dagegen z. B. aus einer endlichen Anzahl von Beobachtungen auf einen allgemeinen Satz schließen will (der immer gelten soll), geht über die Voraussetzungen hinaus und riskiert was. Er riskiert einen *induktiven* Schluss:

(1) Vorgestern hat sich weißes Licht beim Weg durchs Prisma farblich aufgefächert (1. Prämisse).
(2) Gestern hat sich weißes Licht beim Weg durchs Prisma farblich aufgefächert (2. Prämisse).
(3) Heute hat sich weißes Licht beim Weg durchs Prisma farblich aufgefächert (3. Prämisse).
(4) Also fächert sich weißes Licht beim Weg durchs Prisma immer farblich auf (induktive Konklusion aus (1), (2) und (3)).

Je nach Lage der Dinge sind solche Schlüsse mehr oder minder riskant. (Wer solche Schlüsse immer ablehnt, gibt sich dadurch als Induktionsskeptiker zu erkennen; auf diese philosophische Position, die in der naturwissenschaftlichen Forschung keine Rolle spielt, brauche ich hier nicht einzugehen.) – Beachten Sie, dass sich Aussagen über unsichtbar winzige Lichtteilchen weder deduktiv noch induktiv aus Beobachtungen schließen lassen. Man postuliert solche theoretischen Aussagen, um *aus ihnen* neue Beobachtungsaussagen zu deduzieren. Treffen diese zu, so gilt das Postulierte als mehr oder minder gut bestätigt; es ist umso besser bestätigt, je attraktiver, einfacher, verständlicher die theoretischen Prognosen und Erklärungen des Beobachteten ausfallen. Ist eine Theorie in diesem Sinne besonders gut bestätigt, so kann man sagen, dass sie per *Abduktion* aus den Beobachtungen erschlossen wurde; oft spricht man auch vom Schluss auf die beste Erklärung oder von der hypothetisch-deduktiven Methode.[74] Solche Schlüsse sind im Normalfall riskanter als induktive Schlüsse.

Ein stolzer Anspruch

§ I.4.2. Im vorigen Paragraphen habe ich umrissen, wie Wissenschaft abliefe, wenn sie sich mit Hypothesen zur Erklärung der Phänomene begnügte. Dabei kam eine Skizze der naturwissenschaftlichen Methode heraus, die sich auch heute noch großer Beliebtheit erfreut. Newton wollte mehr als das. Er wollte definitive Ergebnisse:

> Kaum ein Naturforscher wird damit rechnen, dass die Wissenschaft der Farben mathematisch wird, und trotzdem wage ich zu behaupten, dass wir in ihr ebenso viel Gewissheit erreichen können wie in jedem anderen Teil der Optik [so wie beispielsweise in der geometrischen Optik – O. M.]. Denn was ich über die Farben sagen werde, bietet keine Hypothese, *sondern die allerstrengste Schlussfolgerung; was ich sagen werde, beruht nicht etwa auf der Vermutung, es müsse so sein, weil es nicht anders sein könne oder weil es allen Phänomenen gerecht werde* (dem Lieblingsthema der Philosophen). Nein, meine Lehre ergibt sich aus Experimenten, durch direkte Schlussfolgerung und ohne den Hauch eines Zweifels.[75]

Diese Aussage war kein Ausreißer.[76] In der Tat, Newton glaubte, dass das *experimentum crucis* den Ausgangspunkt für einen direkten Schluss bietet; die Beobachtungen aus dem Experiment führen laut Newton zu einem Beweis der Theorie – ohne erfundene Hypothesen, ohne Vergleiche mit Hypothesen der Konkurrenz, ohne Abwägerei.

Das ist ein ungeheurer Anspruch: aus heutiger Sicht genauso wie aus Sicht der Newton-Zeit. Bei seinen Zeitgenossen, insbesondere bei den Mitgliedern der *Royal Society,* stand Newton mit diesem Anspruch zunächst alleine da.[77] Was der Anspruch genau bedeutet, was z. B. direkte Beweise sind, will ich nicht abstrakt klären. Man lernt das besser am Beispiel. Newtons *experimentum crucis* liefert ein perfektes Beispiel, das ich in einer ausführlichen Fallstudie entfalten will. Im augenblicklichen Kapitel werde ich das Experiment beschreiben. Und wie ich im nächsten Kapitel zeigen möchte, haben Newton und seine Anhänger zu Recht geglaubt, dass das Experiment überwältigende, direkte Evidenz für den farbenfreien, refraktionsbezogenen Lehrsatz (R) der Theorie liefert. (Im Kleingedruckten am Ende dieses TEILS I werde ich skizzieren, wie sich Newtons Beweis auf den Rest der Theorie ausdehnen lässt, insbesondere auf Satz (F), siehe § I.5.17.)

Mit Farben, mit Strahlen

§ I.4.3. Zunächst werde ich das *experimentum crucis* Schritt für Schritt entfalten und jeden einzelnen Schritt immer gleich unter dem Blickwinkel der newtonischen Theorie kommentieren. Das Experiment ist recht kompliziert und verlangt allerlei Vorbereitungen. Seine entscheidenden Wendepunkte werden erst in § I.4.7 und in § I.4.8 zutage treten.

Der Verständlichkeit halber habe ich mich entschieden, die Diskussion an zwei neuralgischen Stellen zu vereinfachen. Erstens: Bis auf weiteres werde ich Newton folgen und unkritisch von Lichtstrahlen reden. Später werde ich auf die Probleme zurückkommen, die damit einhergehen (§ I.5.3, § I.5.4, § II.3.5). Die Rede von Lichtstrahlen drängt sich intuitiv auf. Ich werde mir diese Strahlenintuition zunächst zunutze machen – nur um der Einfachheit willen.

Meine zweite Vereinfachung hängt damit zusammen, dass Newton in seiner Beschreibung des Experiments aus dem Jahr 1672 keinerlei Farben erwähnt hat; ihm war das wichtig.[78] Das gesamte Experiment könnte erfolgreich von einem völlig farbenblinden Physiker durchgeführt werden. Ich werde trotzdem Farben ins Spiel bringen, weil man dadurch besser versteht, was in dem Experiment vor sich geht. Das ist bloß ein didaktisches Mittel der Darstellung, kein wesentlicher Zug des Experiments selbst.

Die farbige Redeweise ist für Augenmenschen nicht nur einprägsamer als ihr geometrisches Gegenstück; sie hat noch einen anderen Vorteil: Ob z. B. der am stärksten abgelenkte – blaue – Pol des Spektrums oben oder unten, rechts oder links aufgefangen wird, hängt von der Ausrichtung des Prismas ab. Dieser Pol findet sich etwa oben, wenn der brechende Winkel des Prismas ABC nach unten zeigt, wie bislang immer angenommen (siehe Farbtafel 01 oben und Abb. I.4.3). Doch wie der Experimentierende das Prisma ausrichtet, ist seine Entscheidung. Nur wer diese willkürliche Entscheidung des

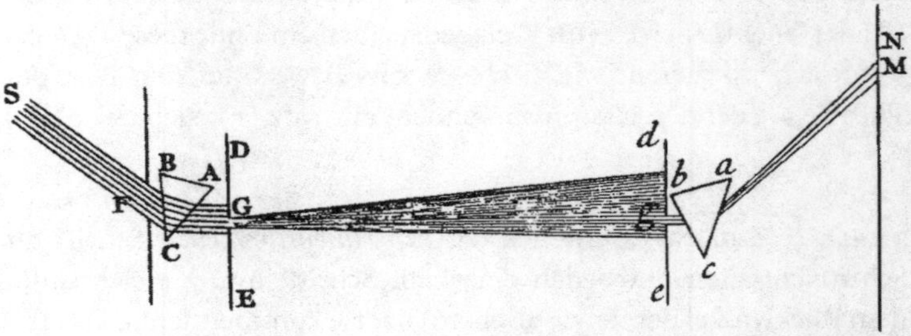

Abb. I.4.3 **Newtons *experimentum crucis* (1704).** Durch ein breites Fensterladenloch F fällt das Licht der Sonne S aufs Prisma ABC und wird dabei in verschiedene Richtungen gebrochen. (Newtons Abbildung ist an dieser Stelle etwas ungenau und zeigt *parallele* Strahlen zwischen AC und DGE.) Durchs kleine Loch G der Blende DGE können die Lichtstrahlen (je nach Farbe) jeweils nur in einer eigenen Richtung weiterreisen; blaue Strahlen reisen schräg nach oben weiter, rote schräg nach unten. Durch das Blendenloch g der Blende dge gelangen Lichtstrahlen nur noch in einer einzigen Richtung (die von den beiden winzigen Löchern G und g definiert wird). Das bedeutet: Deren Eintrittswinkel ins Prisma abc ist konstant. Durch Rotation des ersten Prismas ABC kann Newton verschiedene Teile des Spektrums durch g aufs zweite Prisma abc fallen lassen. Lässt er die refrangibelsten (blauen) Strahlen hindurchfallen, so treffen sie in N auf den Schirm; lässt er die am wenigsten refrangiblen (roten) Strahlen hindurchfallen, treffen sie weiter unten in M auf den Schirm. Das Ausmaß der zweiten Wegablenkung hängt also nicht vom Eintrittswinkel ins Prisma abc ab; es hängt nur vom Ausmaß der ersten Wegablenkung (an ABC) ab. [Seitenvertauschte Darstellung von Matthias Herder nach Newtons »*Fig 18*« aus »LIB. I. TAB. IV. Par. I«, die zu Newton [O]:31–33 (= Book I, Part I, Proposition II, Experiment 6) gehört.]

Experimentierenden im Kopf behält, kann geometrischen Angaben wie *oben, unten, links* oder *rechts* entnehmen, von welchem Pol des Spektrums gerade die Rede ist. Wem dagegen der fragliche Pol des Spektrums farbig beschrieben wird, der braucht sich um die zufällige Ausrichtung des Prismas nicht weiter zu scheren. Blau ist z. B. stets derjenige Teil des newtonischen Spektrums, der am stärksten vom geraden Weg abgekommen ist, ganz gleichgültig in welcher Richtung dies geschah. (Zwar könnte man ebenso gut von demjenigen Teil des Spektrums reden, der am stärksten gebrochen wurde – aber die farbige Redeweise bietet weniger Umschweife.)

Textbelege. Newton beschrieb das Experiment in seiner ersten Veröffentlichung.[79] Dort kommt kein einziges Farbwort vor – die Versuchsbeschreibung ist sehr knapp. Das Experiment taucht ausführlicher in den *Opticks* auf, wenn auch ohne den lateinischen Ehrentitel oder dessen englische Übersetzung.[80] Hier verwendete Newton an einer einzigen Stelle zwei Farbwörter:

> [...] das blaue Ende des Bildes [...] das rote Ende dieses Bildes.[81]

Das könnte man durchaus so deuten, als habe Newton diese Wörter nur eingesetzt, um die geometrisch auseinanderliegenden Enden des Spektrums zu bezeichnen – genau so, wie ich es nun tun werde.

Der Beginn des *experimentum crucis*

§ I.4.4. Betrachten Sie erneut die Abb. I.4.3. Newton schickte wie gehabt Sonnenlicht durchs Prisma ABC, baute aber – anders als im Grundexperiment aus Kapitel I.2 – *unmittelbar hinter diesem Prisma* einen Schirm ED auf.

Was sieht man dort? Kein Regenbogenspektrum, sondern nur einen weißen Fleck mit farbigen Rändern (Farbtafel 02 rechts). Ich will kurz erklären, warum sich diese Beobachtung (die Newton bei seiner Beschreibung des Experiments nirgends erwähnt hat) gut mit Newtons Theorie vereinbaren lässt.

Laut Theorie können sich die verschiedenfarbigen (und divers refrangiblen) Lichtstrahlen unmittelbar hinter dem Prisma ABC noch nicht weit genug voneinander entfernt haben, um auf dem Schirm ED ein farbiges (und in die Höhe gedehntes) Spektrum zu hinterlassen. Allenfalls an den äußeren Enden des dort aufgefangenen Bildes werden sich Farben zeigen: oben auf dem Schirm ein türkis-blauer Farbenstreifen (da dorthin nur noch die stärker refrangiblen Lichtstrahlen gelangen, ohne von den schwach refrangiblen Lichtstrahlen überlagert werden zu können); und am unteren Ende des Bildes auf dem Schirm ED wird sich ein gelb-roter Farbstreifen zeigen (da dorthin nur die schwach refrangiblen Lichtstrahlen gelangen können, ohne Störung durch die stärker refrangiblen Strahlen).

Kurzum, der größte Teil des Bildes auf dem Schirm ED ist weiß; und in seiner Mitte versammeln sich laut Newtons Theorie verschiedenfarbige Strahlen mit je eigener Flugrichtung, wie Sie der Farbtafel 04 entnehmen können:

(i) Lichtstrahlen, die eher vom oberen A-Ende des Prismas herkommen (schwach refrangible, rote Strahlen),
(ii) Lichtstrahlen, die eher aus der Mitte des Prismas herkommen (mittelmäßig refrangible, grüne Strahlen), und
(iii) Lichtstrahlen, die eher vom unteren C-Ende des Prismas herkommen (stark refrangible, blaue Strahlen).

Zudem versammeln sich dort in der Mitte des Schirms ED Lichtstrahlen aller erdenklichen Gradabstufungen (von den dazwischenliegenden Punkten auf dem Prisma).

Obwohl diese Mischung so weiß aussieht wie jedes weiße Papier im Sonnenschein, waltet in ihr eine verborgene Ordnung. Man könnte die Mischung als vorsortiertes Weiß bezeichnen. Im kommenden Paragraphen werde ich zeigen, wie man die verborgene Ordnung aus dem vorsortierten Weiß hervorlocken und sichtbar machen kann.

Textbelege. Dass die breite Mitte des Bildes auf dem Schirm ED weiß ist, hat Newton in seiner Darstellung aus dem Jahr 1672 verschwiegen. Und die weiße Mitte kam in Newtons *Opticks* erst spät auf die Tagesordnung.[82] Beiläufig erwähnte Newton sie bereits früher in den *Opticks*, sogar unmittelbar vor der dortigen Version des *experimentum crucis.*[83] Aber eben nur beiläufig; er nahm es hin, dass ein eiliger Leser die Komplikation übersieht. Goethe hat sich darüber geärgert.[84]

Ein Loch im Schirm

§ I.4.5. Die weiße Zone auf dem Schirm ED bietet eine besondere Art von Weiß – vorsortiertes Weiß. Mit diesem Weiß experimentierte Newton. Er hat in die Mitte des Schirms ED ein winziges Loch G gebohrt; dessen Durchmesser betrug ein Drittel Zoll, knapp

0,8 cm.[85] Nur Strahlen aus dem eben erwähnten weißen Lichtgemisch können durch das Loch hindurch, und zwar je nach Farbe in unterschiedlicher Richtung. In hinreichender Entfernung hinter dem Loch werden sich alle diese Lichtstrahlen weit genug voneinander entfernt haben, ohne sich in die Quere kommen zu können; und so muss dort die verborgene Ordnung des vorsortierten Weiß sichtbar werden – das jedenfalls lässt Newtons Theorie erwarten.

Diese Erwartung bestätigt der weitere Verlauf des Experiments: Zwölf Fuß (gut dreieinhalb Meter) hinter dem Schirm ED bringt Newton einen zweiten Schirm ed an. Auf dem zweiten Schirm zeigt sich das bereits bekannte newtonische Farbenspektrum in seiner vollen Pracht: ganz oben Blau, dann Türkis, Grün, Gelb und zuletzt unten Rot – mit beliebig vielen Zwischenstufen. Und seine Länge übersteigt seine Breite wieder um ein Vielfaches.

Bis zum zweiten Schirm ed ähnelt Newtons *experimentum crucis* stark dem Grundexperiment, das wir im vorletzten Kapitel betrachtet haben. Fast könnte man sagen, dass das Grundexperiment als Bestandteil im *experimentum crucis* enthalten ist. Zwar zwingt Newton diesmal das Licht durch ein winziges Loch unmittelbar *hinter* dem Prisma; anders als im Grundexperiment, wo das Licht *vor* dem Prisma durch ein Loch hindurch musste: durch das Loch im Fensterladen. Aber dieser Unterschied in der Versuchsanordnung fördert keine unterschiedlichen Spektren zutage und bringt keine wesentlichen theoretischen Unterschiede mit sich: Bis zum Schirm ed sind die beiden Experimente so gut wie gleichwertig.

Vertiefungsmöglichkeit. Bei geeigneten Abmessungen spielt es fürs Newtonspektrum keine Rolle, ob man (wie im Grundexperiment) die Blende vor oder hinter dem Prisma anbringt.[86] Dass Grundexperiment und Auftakt des *experimentum crucis* verwandt sind, zeigt Newtons ausführlichere Darstellung in den *Opticks.* Dort verwies Newton zurück auf das dritte Experiment, also auf den dortigen Nachfolger des Grundexperiments aus dem Jahr 1672 (Newton [O]:32, 21–24 (= Book I, Part I, Proposition II, Experimente 6 und 3)). Trotzdem unterscheidet sich das dritte Experiment vom Auftakt des sechsten Experiments in einigen feinen Details, auf die ich hier nicht eingehen möchte.

Bewegungen im Dunkeln (der Kern des Experiments)

§ I.4.6. In den vorigen Paragraphen habe ich die Vorbereitungen des Experiments geschildert. Jetzt kommt Bewegung in die Dunkelkammer, jetzt beginnt das Experiment selbst. Newton dreht das Prisma ABC langsam um seine Achse vor und zurück. Was beobachtet er? Auf dem ersten Schirm ED wandert das überwiegend weiße Bild (mit seinem türkis-blauen bzw. gelb-roten Ende) auf und ab. Doch solange Newton das Prisma nicht zu stark dreht, solange also durchs Loch G im ersten Schirm ED immer noch ein Ausschnitt der weißen Mitte des Bildes hindurchkommt, solange lässt sich auf dem zweiten Schirm ed immer noch das gesamte Farbspektrum sehen. Es wandert dort allerdings im Gleichklang mit der Prismendrehung ebenfalls auf und ab.

Jetzt bohrt Newton auch in den zweiten Schirm ein winziges Loch g; es hat denselben Durchmesser wie das Loch G im ersten Schirm. Durch dieses Loch kann immer nur ein winziger Ausschnitt des kompletten Lichtspektrums hindurch, und zwar je nach Drehung des Prismas ABC manchmal der Anteil, den das Prisma besonders stark von seinem Weg abgelenkt hat, manchmal der Anteil mit besonders schwacher und manchmal der mit mittlerer Wegablenkung.
Korrektur eines Details. Nehmen wir an, Newton habe das Prisma ABC zu Beginn des Experiments so gedreht, dass die blauen Lichtstrahlen in dem Winkel ins Prisma eintreten, in dem sie es auch wieder verlassen. Dann wandert das Spektrum auf dem Schirm ed *nach oben*, sobald Newton das Prisma in *irgendeine* Richtung um seine Achse rotieren lässt (§ I.2.12). Das Spektrum wandert dann also nicht auf *und ab*. Daher sollte man das Loch g im Schirm ed am besten so anbringen, dass es allen Teilen des Spektrums die Chance auf Durchreise bietet; das Loch könnte zu Beginn des Experiments im oberen Ende des Spektrums auf dem Schirm ed liegen.

Das zweite Prisma (Versuchsergebnisse)

§ I.4.7. Was geschieht jeweils mit den ausgesonderten Lichtstrahlen, wenn sie *noch einmal* durch ein Prisma gesandt werden? Um das zu untersuchen, bringt Newton hinter dem zweiten Loch g ein zweites Prisma abc an. Und er fängt das Licht, das durch dieses Prisma gelangt, in gewisser Entfernung auf einem Schirm NM auf, um es dort zu betrachten.

Hier die Ergebnisse des raffinierten Experiments: Lichtstrahlen, deren Richtung sich beim Weg durchs erste Prisma am stärksten geändert hat, ändern ihre Richtung beim Weg durchs zweite Prisma abermals am stärksten; und Lichtstrahlen, deren Richtung sich beim Weg durchs erste Prisma am wenigsten geändert hat, ändern ihre Richtung beim Weg durchs zweite Prisma wiederum am wenigsten; entsprechend für Lichtstrahlen, deren Refrangibilität (beim Weg durchs erste Prisma) zwischen den beiden Extremen gelegen hat. Siehe Abb. I.4.7.

Was genau beweisen diese Ergebnisse? Und inwiefern beweisen sie, dass weißes Sonnenlicht aus Lichtstrahlen mit unterschiedlichen Brechungseigenschaften besteht? Darüber verlor Newton wenig Worte:

> Da sich die Ankunftsorte [auf dem hinteren Auffangschirm – O. M.] änderten, war eines klar: Wenn das Licht eher von demjenigen Ende des Bildes herkam, in dessen Richtung das erste Prisma die Lichtstrahlen brach, so wurde es im zweiten Prisma erheblich weiter vom Weg abgelenkt als dann, wenn das Licht vom entgegengesetzten Ende des Bildes herkam. Damit stand die wahre Ursache der Länge dieses Bildes fest: Licht besteht aus unterschiedlich refrangiblen Strahlen; sie werden – unabhängig vom Eintrittswinkel – je nach ihrem Refrangibilitätsgrad zu verschiedenen Stellen der Wand hin abgelenkt.[87]

Das war das gesamte Argument, das Newton aufbot, um seine Konklusion zu erreichen. Die Logik des Arguments ist alles andere als klar. Ich möchte im kommenden Kapitel eine rationale Rekonstruktion dessen anbieten, wie Newton argumentiert haben *könnte.* Newton zuliebe will ich die Folgerungen aus seinem Experiment so überzeugend wie möglich machen; mir kommt es dabei stärker auf Überzeugungskraft an als auf historische Detailtreue.

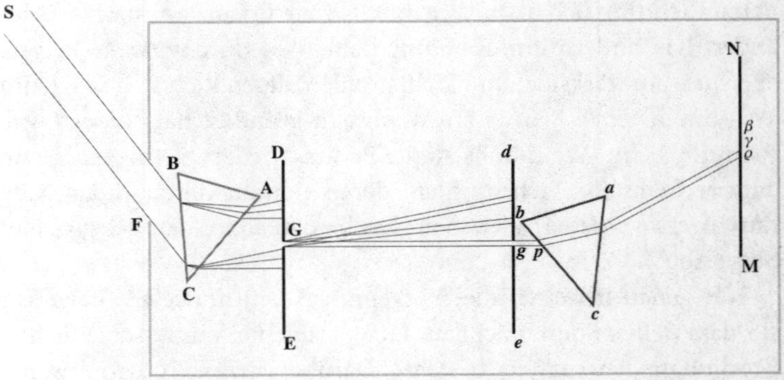
S
N
β
γ
ϱ
D
d
B
A
a
F
G
b
g
p
M
C
c
E
e

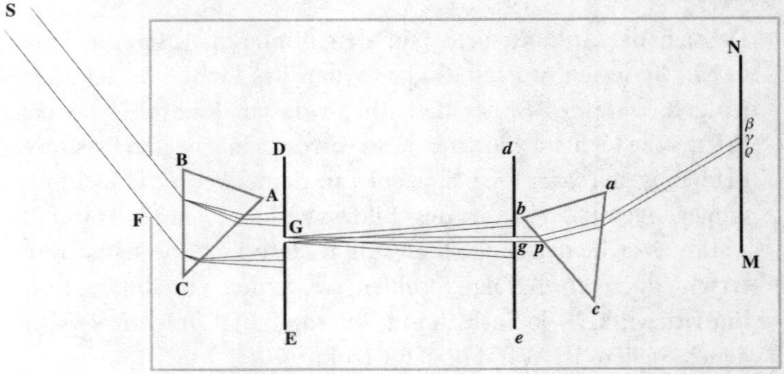
S
N
β
γ
ϱ
D
d
B
A
a
F
G
b
g
p
M
C
c
E
e

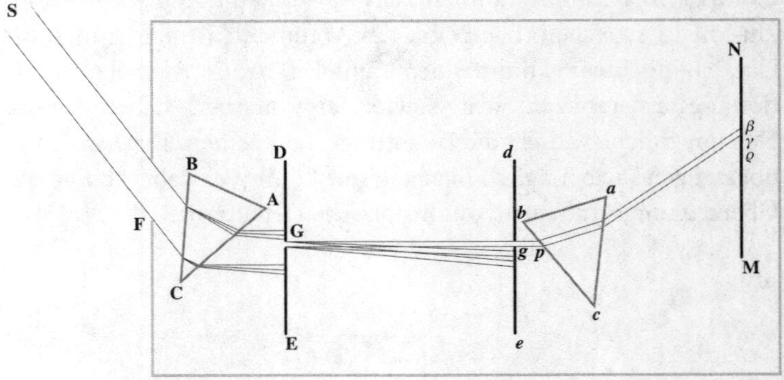
S
N
β
γ
ϱ
D
d
B
A
a
F
G
b
g
p
M
C
c
E
e

Abb. I.4.7 **Strahlengang im *experimentum crucis* vor und nach der Drehung des Prismas.** Newton dreht das Prisma ABC um seine Achse. **Obere Abbildung:** Das Prisma ABC ist so gedreht, dass genau die – bei erster Refraktion am wenigsten weit gebrochenen – roten – Lichtstrahlen durchs Blendenloch g weiterreisen können; nach Refraktion am zweiten Prisma abc treffen sie im Punkt ρ auf den Schirm NM, d. h. besonders weit unten. Sie werden also auch bei der zweiten Refraktion am wenigsten weit gebrochen. Das zeigt der Vergleich mit der **mittleren Abbildung:** Hier ist das Prisma so gedreht, dass die an ABC mittelstark refrangiblen – grünen – Strahlen durchs Blendenloch g hindurchkommen; sie treffen im (mittleren) Punkt γ auf dem Schirm NM ein, sind also auch bei zweiter Refraktion refrangibler als die roten Strahlen. Dieser Trend setzt sich in der **unteren Abbildung** fort: Blaue Lichtstrahlen, die sich nach Refraktion an ABC besonders weit oben im Spektrum finden, reisen durch g zum Prisma abc und werden dort abermals besonders weit vom Weg abgelenkt, zum (obersten) Punkt β. [Graphik von Matthias Herder in Anlehnung an »Lösung 2« in Lampert [zWF]:113; um der Deutlichkeit willen haben wir die Refraktionsunterschiede erheblich übertrieben.]

Kapitel I.5.
Farblose Schlüsse aus dem Experiment

Diverse Refraktion trotz Gleichheit der Winkel

§ I.5.1. Welche Schlüsse können wir aus dem Experiment ziehen, das ich im vorigen Kapitel beschrieben habe? Ich werde mich auf Schlüsse und Beobachtungen beschränken, die sich ein Farbenblinder erarbeiten könnte. Darin folge ich Newton, der das *experimentum crucis* zuallererst zugunsten des farbenfreien Teils (R) seiner Theorie ins Feld geführt hat. Ich beginne mit dieser Schlussfolgerung:

(R_1) Verschiedene Lichtstrahlen können selbst dann beim Weg durchs Prisma verschieden stark vom Weg abgelenkt werden, wenn sie in ein und demselben Winkel ins Prisma eintreten.

Wieso ergibt sich das aus dem Experiment? Einfach: Bevor das Licht durchs zweite Prisma abc hindurchreisen kann, muss es zwei Löcher, G und g, passieren. Da die Löcher klein sind und weit auseinanderliegen, tritt nur Licht mit – nahezu – konstantem Einfallswinkel in das zweite Prisma abc ein.[88] Und bei ein und demselben Einfallswinkel beobachtet der Experimentator immer noch verschieden starke Refraktionen, je nachdem, welchen Ausschnitt des (von ABC aufgefächerten) Spektrums er durch abc hindurchschickt.

Das ist ein wasserdichter Schluss. Dieser Schluss ändert natürlich nichts daran, dass außerhalb des *experimentum crucis* ein und derselbe Lichtstrahl am Prisma unterschiedlich starke Wegablenkungen erfahren kann, je nachdem, in welchem Winkel er ins Prisma eintritt; wie der Ausfallswinkel an einem brechenden Medium vom Einfallswinkel abhängt, beschreibt das Brechungsgesetz, das zu Newtons Zeit wohlbekannt war und keine Rücksicht auf verschiedenfarbige Lichtsorten nahm (siehe § I.2.5). Eine Pointe der Entdeckung Newtons liegt darin, dass dieses Gesetz verallgemeinert werden muss; das verallgemeinerte Brechungsgesetz enthält einen farbabhängigen Parameter, der dafür sorgt, dass blaue Lichtstrahlen – in Abhängigkeit vom Einfallswinkel – stets stärker gebrochen werden als z. B. rote.

Aus eins mach zwei

§ I.5.2. Ich komme jetzt zur nächsten Schlussfolgerung, die Newton aus seinem *experimentum crucis* ziehen kann. Er hatte beobachtet: Lichtstrahlen, die nach der Brechung am ersten Prisma besonders weit vom Weg abgekommen waren, taten dies auch nach Brechung am zweiten Prisma. Genauso bei den am wenigsten und bei den mittelstark gebrochenen Lichtstrahlen. Also gilt:

(R_2) Die Refrangibilität eines *einmal* prismatisch gebrochenen Lichtstrahls bleibt bei Brechung *durch ein zweites Prisma* der Tendenz nach erhalten.

Ich möchte kurz eine Voraussetzung streifen, die in diese Schlussfolgerung hineinspielt und auf die ich im Lauf meiner Untersuchung mehrmals zurückkommen werde. Diese Voraussetzung, die Newton unschuldig gefunden haben dürfte, lautet: Das, was die beiden Löcher G und g durchquert, nachdem es aus dem ersten Prisma herauskommt, ist ein Lichtstrahl *und war bereits vor seinem Weg durchs erste Prisma ein Lichtstrahl* – ein und derselbe Lichtstrahl.

Wie Sie sehen werden, ist die Rede von Lichtstrahlen alles andere als unschuldig. Sie ist theoretisch aufgeladen und setzt eine Menge voraus. Ich möchte Ihnen im nächsten Paragraphen einen ersten Eindruck von den Schwierigkeiten geben, die da lauern. Um der Deutlichkeit willen werde ich ein extremes Gedankenspiel aufziehen. Das Gedankenspiel ist verrückt, aber logisch möglich. Es zeigt eine logische Lücke auf – von der sich allerdings kein vernünftiger Naturforscher beeindrucken lassen wird.

black box anstelle des Prismas

§ I.5.3. Stellen Sie sich vor, anstelle des ersten Prismas stünde eine Maschine, deren Inneres wir nicht sehen können – eine Art *black box*. Darin stecken einige lichtempfindliche Sensoren, die das hereinkommende Licht registrieren und dabei absorbieren. Diese Sensoren triggern die Schalter einiger hochmoderner Lampen, die wiederum verschiedenfarbiges Licht in unterschiedlichen Richtungen aus der *black box* aussenden, und zwar je nachdem, welche Lichtsorten die lichtempfindlichen Sensoren registriert haben.

Auf diese Weise lässt sich die Funktionsweise eines hausbackenen Prismas genau nachahmen, und zwar ohne dass aus der nachahmenden *black box* diejenigen Lichtstrahlen herauskämen, die wir in sie hineinschicken. Denn die eintretenden Lichtstrahlen werden absorbiert – sie lösen lediglich die Emission neuer Lichtstrahlen aus. Und wenn die Identität der Lichtstrahlen (die Newton für seinen Schluss voraussetzt) von irgendeinem optischen Gerät unterbrochen werden kann, ohne dass dabei Newtons Beobachtungen zerstört werden, dann muss Newton sicherstellen, dass sein Prisma anders funktioniert als jene *black box*.

Könnte man der Schwierigkeit nicht dadurch entrinnen, dass man das Prisma genauer untersucht? Könnte man nicht prüfen, ob darin irgendwelche Schalter und Lampen stecken oder nicht?

Nun können wir in ein Prisma aus Glas nicht hineingreifen. Aber das macht nichts, denn die newtonischen Experimente lassen sich auch mit Wasserprismen durchführen. Das sind Hohlkörper aus Glas in Prismenform, die man mit Wasser füllt und dann genauso einsetzt wie Glasprismen, siehe Abb. I.5.3. In der Tat, man kann im Wasser nach Lampen und lichtempfindlichen Schaltern suchen, z. B. mit einem Sieb. Aber dadurch hat man nicht ausgeschlossen, dass in den Prismen *winzig kleine* Lampen und lichtemp-

Abb. I.5.3 **Goethes Wasserprisma.** Ein hohles Prisma von 34 cm Höhe, das mit Wasser gefüllt wird. [Klassik Stiftung Weimar/Herzogin Anna Amalia Bibliothek, Inventar Nr.: GNF 0089.]

findliche Schalter stecken. Wenn es sie gäbe, so müssten sie direkt an den beiden Grenzflächen des Prismas wirken, durch die das Licht angeblich hindurchdringt. Das ist eine verrückte Idee; aber woher wissen Sie, dass sie nicht stimmt? Bedenken Sie, dass Naturwissenschaftler Jahrhunderte nach Newton einen ganzen Zoo winziger, unsichtbarer Teilchen mit den seltsamsten Eigenschaften postuliert haben.[89]

Die problematische Rede von Lichtstrahlen

§ I.5.4. Mit dem Gedankenspiel aus dem vorigen Paragraphen will ich sagen, dass wir folgende Frage kaum ohne theoretische Tiefenanalyse des optischen Instruments beantworten können, mit dem wir es zu tun haben: Lässt das fragliche Instrument Lichtstrahlen (in ihrer durchgehenden Existenz) unangetastet? Tastet es sie jedenfalls dann nicht an, wenn es sich nach außen genauso verhält wie Newtons Prismen, wenn es also denselben optischen Input mit genau demselben Output beantwortet wie die Prismen?

Newton unterzog seine Prismen keiner Tiefenanalyse. Das hätte er aber tun müssen, wenn er aus dem *experimentum crucis* die folgende Behauptung hätte deduzieren wollen:

(R_2) Die Refrangibilität *eines* einmal prismatisch gebrochenen *Lichtstrahls* bleibt bei Brechung durch ein zweites Prisma der Tendenz nach erhalten.

Denn woher soll man wissen, dass Newtons Prismen nicht wie die erdachte *black box* funktionieren? Sollten sie so funktionieren, so wäre die hervorgehobene Rede von *einem* Lichtstrahl – von ein und demselben Lichtstrahl – hinfällig, und damit fiele die Schlussfolgerung (R_2) in sich zusammen. Dann fiele übrigens auch die Schlussfolgerung (R_1) in sich zusammen:

(R_1) Verschiedene Lichtstrahlen können selbst dann beim Weg durchs Prisma verschieden stark vom Weg abgelenkt werden, wenn sie in ein und demselben Winkel ins Prisma eintreten.

Denn auch in dieser Schlussfolgerung setzen wir versteckt voraus, dass Lichtstrahlen fortexistieren, nachdem sie auf ein Prisma treffen.

Ich habe die Schwierigkeit so präsentiert, als entspringe sie einem bloß theoretischen Gedankenspiel. Einstweilen spricht nichts dafür und alles dagegen, dass Prismen so funktionieren wie die erdachte *black box*; ohne jeden empirischen Anhaltspunkt läuft der *black-box*-Einwand auf etwas hinaus, das Newton verachtete: auf fingierte Hypothesen.[90] Er wandte sich zwar nicht generell gegen Hypothesen; aber er empfand es als Zumutung, wenn jemand einer empirisch gut bestätigten Generalisierung *nur* mit Hilfe frei erfundener Hypothesen zu widersprechen wagte, statt experimentell.[91]

Alles auf den ersten Blick sehr vernünftig – doch im TEIL II wird sich herausstellen: Es gibt gute empirische Gründe, die unkritische Rede von Lichtstrahlen anzuzweifeln, die ihre Identität angeblich durch die Zeit hindurch bewahren können und die angeblich das Geschehen in Newtons Experiment bestimmen. Einstweilen halte ich nur fest: Wer auf Existenz und Konstanz von Lichtstrahlen baut, setzt etwas voraus, was bis auf weiteres nicht bewiesen ist. Nichtsdestoweniger leuchtet die Voraussetzung ein – jedenfalls so lange, wie ihre Alternativen nicht überzeugender wirken als meine Geschichte von der *black box*.

Tendenzen der Refrangibilität

§ I.5.5. Nach dem kleinen Ausflug in die Gefilde theoretischer Spekulation möchte ich auf einen Charakterzug der Schlussfolgerung (R_2) aufmerksam machen, der weniger schrill wirkt und auf der Tatsache beruht, dass wir es mit einem echten Experiment zu tun haben. In der Schlussfolgerung taucht ein schwammiger Ausdruck auf, den ich jetzt hervorhebe:

(R_2) Die Refrangibilität eines einmal prismatisch gebrochenen Lichtstrahls bleibt bei Brechung durch ein zweites Prisma *der Tendenz nach* erhalten.

Hier ist vage von *Tendenzen* der Refrangibilität die Rede. Damit ist die Schlussfolgerung schwächer als das, worauf man hoffen müsste, wenn man exaktere Resultate anstrebte:

(R_2)* *Das genaue Ausmaß der Refrangibilität* eines einmal prismatisch gebrochenen Lichtstrahls bleibt bei Brechung durch ein zweites Prisma *exakt* erhalten.

So viel Präzision gibt das Experiment nicht her. Es liefert allenfalls komparative Beobachtungen, zum Beispiel: Dieser Lichtstrahl wird beim Weg durch die zwei Prismen beidemal *stärker* vom Weg abgelenkt als jener Lichtstrahl.[92] Und da sich strenggenommen im echten Experiment keine (infinitesimal dünnen) Licht*strahlen* zeigen, sondern nur Licht*bündel*, sollte man die tatsächlich erwiesenen Beobachtungsresultate besser so formulieren:

(R_2)′ Wenn beim Weg durchs erste Prisma ein Lichtbündel X stärker vom Weg abgelenkt wird als ein Lichtbündel Y, dann wird X auch beim Weg durchs zweite Prisma stärker vom Weg abgelenkt als Y.

Auf welche Weise sich die Präzision der Versuchsergebnisse und der Schlussfolgerungen erhöhen lässt, wäre ein Thema für weitergehende Untersuchungen. Wie ich meine, kommt an dieser Stelle das Experiment von Desaguliers ins Spiel (§ I.3.14). Hier werde ich mich mit tendenziellen Schlussfolgerungen wie (R_2)′ begnügen und deren exaktere Gegenstücke wie (R_2)* bloß hinter den Kulissen mitlaufen lassen. Nur die tendenziellen und schwächeren Schlussfolgerungen ergeben sich direkt aus dem Experiment.

Vertiefungsmöglichkeit. Dass man – genau wie Newton es vorführte – grobe, *komparative* Beobachtungen anstellen muss, bevor man die zugehörigen physikalischen Größen exakt *quantitativ* messen kann, gilt fast überall in der

Physik.[93] In ähnlichem Geiste weist Lampert darauf hin, dass einer der Vorzüge der newtonischen Methode darin besteht, auf graduelle Unterschiede angewendet werden zu können (siehe Lampert [zWF]:93).

§ I.5.6. Wie Sie im vorigen Paragraphen gesehen haben, gibt das Experiment nicht mehr her als Aussagen wie (R_2) bzw. (R_2)′, in denen von *Tendenzen* der Refrangibilität die Rede ist. Meine nächste Schlussfolgerung redet daher ebenfalls nur von Tendenzen und ist in dieser Hinsicht so schwach wie (R_2). In anderer Hinsicht ist sie etwas gewagter: — Launen der Natur?

(R_3) Die Refrangibilität eines einmal prismatisch gebrochenen Lichtstrahls bleibt bei *allen* weiteren Brechungen der Tendenz nach erhalten.

Zugegeben, diese Folgerung ergibt sich aus Newtons Experiment nicht in aller Allgemeinheit. Denn in dem Experiment kommen nur zwei Prismen vor, dort finden also nicht viele Brechungen statt. Dennoch ist die zweite Folgerung auch in ihrer Allgemeinheit vernünftig. Es wäre kein verheißungsvoller Spielzug, aus dem Blauen heraus darauf zu setzen, dass sich die Refrangibilität – das Ausmaß der Richtungsablenkung – beim Weg durch ein drittes Prisma plötzlich gravierend ändern könnte. So launisch gebärdet sich die Natur nicht.

Dass sich die Natur nicht allüberall launisch gebärdet, müssen wir voraussetzen, wenn wir Naturwissenschaft betreiben wollen.[94] Diese Voraussetzung ist bei den prismatischen Phänomenen sogar empirisch gut abgestützt, wie ich im kommenden Paragraphen kurz illustrieren werde.

§ I.5.7. Newton kannte eine Reihe von Experimenten, die bestätigen: Wenn man mehr als zwei (material- und formgleiche) Prismen auf gleichartige Weise hintereinanderschaltet, so sorgen die späteren Prismen niemals für Überraschungen.[95] — Eins, zwei, drei, viele Prismen

In Newtons fünftem Experiment aus den *Opticks* kamen z. B. ursprünglich nur zwei Prismen vor, deren Achsen kreuzweise zueinander standen, siehe Abb. I.5.7a. Das längliche, bunte Bild der Sonne, das sich nach Refraktion am ersten Prisma zeigte, blieb bei der zwei-

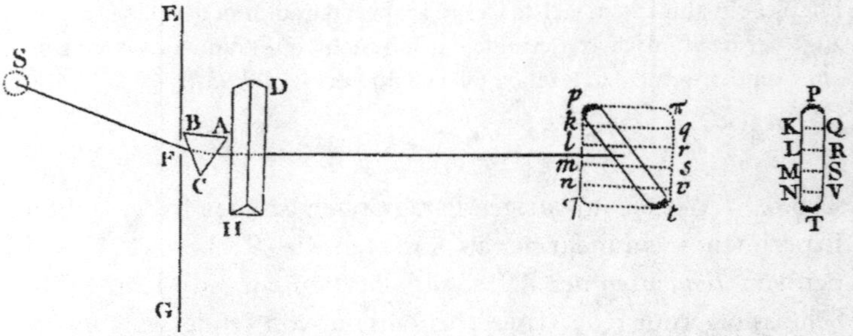

Abb. I.5.7a **Newtons Kreuzprismen-Experiment.** Dies Experiment geht durch eine einzige Abänderung aus Newtons Grundexperiment hervor; ohne Prisma DH wären beide Experimente identisch, und so ergäbe sich auf der Dunkelkammerwand (**ganz rechts**) das bekannte vertikale Spektrum (oben in KPQ blau und unten in NTV rot, hier mit drei angedeuteten Feldern für die Zwischenfarben). Nun bringt Newton überkreuz ein zweites Prisma DH an, dessen Achse senkrecht zu der von ABC steht. Für sich allein würde es die Lichtstrahlen nach links brechen (so hat Newton es ausgerichtet). Was tun beide Prismen zusammen? Sie erzeugen ein schmales diagonales Spektrum auf der Dunkelkammerwand: Dessen blaues Ende liegt bei pk, und dessen rotes Ende liegt *schräg* nach unten *rechts* versetzt bei vt. Die beiden überkreuzten Prismen erzeugen nicht etwa ein breites Spektrum p π t τ. Newton schließt: Eine zweite Refraktion behandelt die bunten Lichtstrahlen nicht einzeln so wie die erste Refraktion den weißen Lichtstrahl; infolge der zweiten Refraktion spreizen sich einzelne Lichtstrahlen nicht abermals auf. Vielmehr werden die zunächst am stärksten (nach oben) gebrochenen Strahlen nun wieder am stärksten gebrochen (diesmal nach links); und entsprechend mit den anderen Strahlen. Weder Newtons Zeichnung noch sein Argument kann voll und ganz überzeugen. In der Zeichnung sind zwei Blickwinkel vermischt: links eine Draufsicht aufs Experiment (parallel zur Fensterwand), rechts eine Sicht auf die Dunkelkammerrückwand, mit dem Fenster im Rücken). Nur wer die Abbildung zu deuten versteht, kann ihr entnehmen, worauf Newton hinauswill. Schwerer wiegt die mangelnde Überzeugungskraft seiner Argumentation. Das Prisma DH ist zu nah am Prisma ABC aufgebaut und operiert nicht im voll entfalteten Spektrum. Dadurch müsste Newton komplizierter argumentieren, als er's für nötig hält. [Die Abbildung heißt bei Newton »*Fig. 14*«; sie findet sich auf der Tafel »LIB. I. TAB. III. Par. I« und bezieht sich auf Newton [O]:25–29 (= Book I, Part I, Proposition II, Experiment 5). Seitenvertauschte Darstellung von Matthias Herder.]

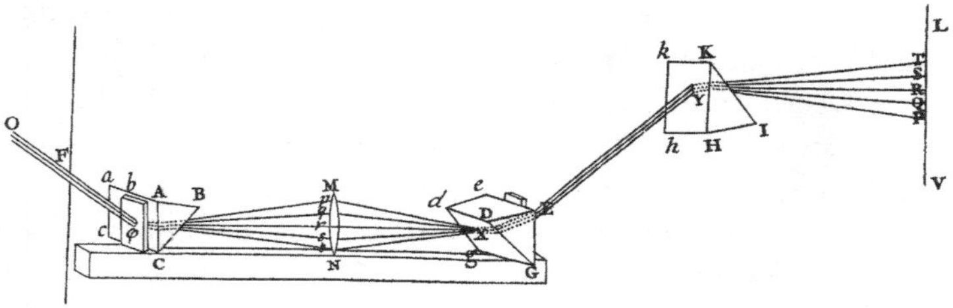

Abb. I.5.7b **Newtons Weißsynthese (1704).** Das Licht der Sonne O (**ganz links**) reist durchs Fensterladenloch F und wird vom Prisma ABCabc in seine diversen Bestandteile zerlegt. Eine Linse MN bündelt diese diversen Lichtstrahlen wieder zusammen, und ein zweites Prisma DEGdeg macht alle optischen Ereignisse des ersten Prismas rückgängig, so dass ein weißer Strahl von (annähernd) parallelem Licht rechts aus dem Prisma wieder austritt. Bis hierhin ist das Experiment perfekt symmetrisch; in der Linse MN steht die Symmetrieachse. Um zu beweisen, dass der neu entstandene Lichtstrahl dem ursprünglichen Sonnenlichtstrahl in nichts nachsteht, macht Newton die Probe aufs Exempel: Er schickt den wiederhergestellten Lichtstrahl durch ein drittes Prisma HIKhk und fängt auf dem Schirm LV **ganz rechts** im Bild das gewohnte newtonische Spektrum auf. [Die Abbildung heißt bei Newton »*Fig. 16*«; sie findet sich auf der Tafel »LIB. I. Par. II.TAB. IV« und bezieht sich auf Newton [O]:117–119 (= Book I, Part II, Proposition XI, Problem VI). Seitenvertauschte Darstellung von Matthias Herder.]

ten Refraktion alles in allem unverändert und richtete sich nur anders aus (es stand nicht mehr senkrecht auf dem Schirm, sondern diagonal). So weit ist dies ein Experiment mit recht wenigen Prismen, genau wie im *experimentum crucis*. Aber dann probierte Newton das Experiment mit drei, ja sogar vier Prismen aus, und jedesmal entsprach das aufgefangene bunte Bild den farblichen und geometrischen Erwartungen – wieder änderte es nur seine Ausrichtung.[96]

Genauso bei einem schönen newtonischen Experiment zur Weißsynthese (siehe Abb. I.5.7b). Hier zerlegte Newton mit einem *ersten* Prisma paralleles weißes Licht zunächst in seine bunten Bestandteile, führte diese mit Hilfe einer Linse wieder zusammen, stellte mit einem *zweiten* Prisma erneut paralleles weißes Licht her, das er mit einem *dritten* Prisma abermals in seine bunten Bestandteile zerlegte. So könnte es immer weitergehen: Weißanalyse – Weißsynthese – Weißanalyse – Weißsynthese – Weißanalyse ...

Hilfe im Hintergrund

§ I.5.8. Wie im vorigen Paragraphen herausgekommen ist, konnte Newton im Lichte einiger Experimente getrost darauf setzen, dass keine Überraschungen zu befürchten sind, wenn man die Zahl geeignet angebrachter Prismen erhöht. Diese zusätzlichen Experimente unterstützen also die Beweiskraft des *experimentum crucis*.

Wäre es daher ein Fehler zu behaupten, dass das *experimentum crucis* für sich alleine stark genug ist, um die Behauptung (R_3) zu beweisen? Die Frage greift zu kurz, da sie uns nur die Wahl zwischen Ja und Nein bietet. Differenzierter und vernünftiger wäre es, sich die Sache so zurechtzulegen: Im Hintergrund *helfen* dem Beweis optische Erfahrungen aus allerlei anderen Experimenten, die *den Rahmen* dessen abstecken, was man zu erwarten hat.[97]

Dieser Sichtweise zufolge vermindert sich die Beweiskraft des *experimentum crucis* nur unwesentlich. Wenn nötig, hätte Newton die fraglichen Befürchtungen auch im Rahmen des *experimentum crucis* abwehren können. Im Prinzip hätte er die auf dem Schirm NM eintreffenden Lichtstrahlen ein weiteres Mal unter geeigneten Bedingungen prismatisch brechen können, um die Folgerung (R_3) abzustützen, die ich zur Erinnerung noch einmal wiedergebe:

(R_3) Die Refrangibilität eines einmal prismatisch gebrochenen Lichtstrahls bleibt bei *allen* weiteren Brechungen der Tendenz nach erhalten.

Vertiefungsmöglichkeit. Newton hat sich bereits in jungen Jahren davon überzeugt, dass auch nach mehrfachen prismatischen Brechungen nichts Unerwartetes geschieht (Newton [OO]:454–457). Kurz darauf in diesem Text kehrte er zwar wieder zur zweifachen Brechung zurück; aber das dürfte in erster Linie praktische Gründe gehabt haben. Immerhin experimentierte Newton mit dem Licht der Sonne. Da die Sonne am Himmel keinen Augenblick stillsteht, musste er seine optischen Apparate immer wieder nachjustieren.[98] Unter solchen Bedingungen wird man die Anzahl der Prismen nicht ohne Not vermehren.

Anzahl der Prismen ist gleichgültig

§ I.5.9. Betrachten wir nun die nächste Folgerung, die Newton aus seinem *experimentum crucis* ziehen kann:

(R_4) Einem Lichtstrahl kommt jeweils (der Tendenz nach) eine konstante Refrangibilität zu, unabhängig davon, durch wie viele Prismen er nacheinander geschickt wird.

Im Vergleich zur Folgerung (R_3) geht die Folgerung (R_4) noch in entgegengesetzter Richtung über das hinaus, was das Experiment streng genommen zeigt: Um (R_3) in aller Allgemeinheit zu folgern, mussten wir annehmen, dass sich die Refrangibilität eines Lichtstrahls nicht ändert, wenn wir die Zahl der Prismen *erhöhen*, durch die er geschickt wird. Jetzt müssen wir zusätzlich annehmen, dass sie sich auch nicht ändert, wenn wir die Zahl der Prismen *verringern*.

Das gilt laut (R_4) bis hin zu einem entarteten Extremfall. Seine konstante Refrangibilität kommt dem Lichtstrahl sogar dann zu, wenn er durch gar kein Prisma geschickt wird. Und das ist genau das Ergebnis, auf das ich es abgesehen habe:

(R_5) Die Refrangibilität eines noch *keinmal* prismatisch gebrochenen Lichtstrahls bleibt bei späterer prismatischer Brechung der Tendenz nach erhalten.

Zugestanden, man kann diesen zusätzlichen Sachverhalt nicht logisch zwingend beweisen – so wenig, wie man logisch zwingend beweisen kann, dass ein Zuckerstückchen schon wasserlöslich war, bevor es ins Wasser geworfen wurde und sich darin aufgelöst hat. Trotzdem ist der Schluss vernünftig, und zwar in beiden Fällen. Er beruht beidemal auf tiefliegenden Annahmen, auf die wir uns stützen und stützen müssen, wenn wir die Natur empirisch untersuchen wollen. Er beruht insbesondere auf der Annahme von Naturkonstanz.[99]

Angewandt auf unseren Fall, sagt diese Annahme: Wenn einem Lichtstrahl vor dem Weg durchs zweite Prisma dieselbe Refrangibilität zukam wie nach dem Weg durchs zweite Prisma, dann spricht alles dafür, dass diesem Lichtstrahl dieselbe Refrangibilität auch schon *vor dem Weg durchs erste Prisma* zukam. (Und das setzt wiederum voraus, dass es den fraglichen Lichtstrahl – mit seiner ihm innewohnenden Refrangibilität – bereits vor dem Weg durchs erste Prisma *gegeben* haben muss, § I.5.4.)

Vertiefungsmöglichkeit. Wer gemäß (R_5) auf Verhältnisse vor dem ersten Prisma schließt, riskiert viel – jedenfalls viel mehr als mit dem ganzen Rest der Schlusskette. Hat Newton einen solchen Schluss gewagt? Ja; zumindest hat er bei etwas anderen Themen strukturgleiche Schlüsse ins Spiel gebracht (Newton [OO]:504). Das passt zu meiner augenblicklichen Rekonstruktion – obwohl ich mit ihr nicht in erster Linie auf exegetische Genauigkeit abziele, sondern auf systematische Überzeugungskraft.

Am Ziel

§ I.5.10. Mit dem Ergebnis aus dem vorigen Paragraphen ist die Schlusskette komplett, die ich zugunsten Newtons aus dem *experimentum crucis* herausgeholt habe. Denn in dem Experiment lassen sich nach prismatischer Brechung Lichtstrahlen blicken, die verschieden stark von ihrem Weg durchs erste Prisma abgelenkt werden; manche werden dabei besonders kräftig von ihrem Weg abgelenkt, haben also laut (R_5) schon vorm Durchgang durchs erste Prisma eine hohe Refrangibilität – anderen kommt von Anbeginn besonders geringe Refrangibilität zu, da sie nur schwach von ihrem Weg durchs erste Prisma abgelenkt werden.

Wenn diese unterschiedlichen Refrangibilitäten bereits vor den optischen Ereignissen beim ersten Prisma da waren (wie (R_5) sagt), dann kann Sonnenlicht nicht homogen sein. Vielmehr ergibt sich aus (R_1) und (R_5) der farbenfreie Teil der newtonischen Theorie:

(R) Weißes Sonnenlicht ist eine heterogene Mischung aus divers refrangiblen Lichtstrahlen.

Vertiefungsmöglichkeit. Vielleicht wollen wir einem Experiment nicht schon dann den lateinischen Ehrentitel eines *experimentum crucis* zubilligen, wenn es – im Falle eines positiven Ausgangs – einen definitiven Beweis *für* die erwünschte Theorie liefert. Vielleicht müssen wir zusätzlich verlangen, dass sein negativer Ausgang *gegen* die Theorie spräche. Dass Newtons Experiment auch diese Bedingung erfüllt, liegt auf der Hand. Nehmen wir z. B. folgende Beobachtung an (die nicht stattgefunden hat): Lichtstrahlen, die beim Weg durchs erste Prisma besonders *weit* von ihrem Weg abkommen, würden am zweiten Prisma besonders *wenig* gebrochen. Dann wäre (R_2) falsch, und die hier vorgeführte Schlusskette bliebe schon im Ansatz stecken. Könnte (R) nicht trotzdem stimmen, selbst wenn sich der bisherige Schluss hin zu (R) in Luft auflöste? Nein, denn die angenommene Beobachtung spräche dagegen, einem Lichtstrahl überhaupt so etwas wie eine ihm innewohnende Refrangibilität zuzuschreiben; nicht einmal eine *Tendenz* der Refrangibilität käme ihm zu.

Einmal ist keinmal

§ I.5.11. Die Schlusskette, die ich mit Newtons Experiment verknüpft habe, bestand aus fünf Gliedern. Das entscheidende Verbindungsstück dieser Kette beruhte darauf, dass die genaue Anzahl der prismatischen Brechungen nichts wesentliches an den Eigenschaften der betroffenen Lichtstrahlen ändert. Was einmal passiert, das passiert zweimal; und einmal ist keinmal.

Um diese letzte Pointe (aus dem Schatz deutscher Lebensweisheiten) zu erreichen, brauche ich mich strenggenommen nicht auf Schlüsse darüber festzulegen, was bei Erhöhung der Prismenzahl passiert. Es scheint stattdessen etwas auszureichen, was man Rückwärtsinduktion nennen könnte. Die zusätzlichen Schlüsse sind willkommen, da sie plausibel sind und das Endergebnis (R_5) als harmlosen Spezialfall einer allgemeineren Gesetzmäßigkeit anzusehen helfen.

Aber vielleicht war diese induktive Plansoll-Übererfüllung nicht nötig? Vielleicht habe ich zu viel in Annahmen über Naturkonstanz investiert und hätte dasselbe Endergebnis billiger haben können? Warum man das vermuten könnte, werde ich im kommenden Paragraphen dartun.

§ I.5.12. Hier ist eine verwirrende Überlegung, die zu einfach klingt, um wahr zu sein. Sie beginnt mit der Feststellung, dass Refrangibilität so wie Wasserlöslichkeit ein Dispositionsbegriff ist. Ein Zuckerstückchen ist wasserlöslich, hat die Disposition der Wasserlöslichkeit. Solange das Zuckerstückchen in der trockenen Zuckerdose ruht, sieht man ihm seine Disposition der Wasserlöslichkeit nicht an; die Disposition ist nicht aktualisiert, sie schläft gleichsam. Erst wenn das Zuckerstückchen in (ungesättigtes) Wasser geworfen wird, wacht die Disposition auf. Aber das Zuckerstückchen hat die Disposition der Wasserlöslichkeit selbst dann, wenn es nie in Berührung mit Wasser gerät, z. B. wenn es am Ende seiner Lebenszeit verbrennt. Kurzum, Dispositionsbegriffe sind so *definiert*, dass sie dem fraglichen Gegenstand auch schon zukommen, bevor die Disposition aktualisiert wird. Verwirrend

Ich komme jetzt zur Pointe der verwirrenden Überlegung, die ich angekündigt habe. Sie lautet: Dass ein Zuckerstückchen bereits vor seiner Auflösung im Wasser wasserlöslich war (§ I.5.9), ergibt sich nicht aus angeblich tiefen Prinzipien der Naturkonstanz, sondern von selbst und ohne Tiefsinn aus der Definition des Begriffs der Wasserlöslichkeit. Vielleicht genauso beim Begriff der Refrangibilität? Wäre das richtig, brauchten wir uns um den Schluss auf (R_5) keine Sorgen zu machen.

Vertiefungsmöglichkeit. Refrangibilität ist eine logisch komplexere Disposition als Wasserlöslichkeit. Denn Wasserlöslichkeit ist eine Frage von *Ja oder Nein*, Refrangibilität eine Frage des Ausmaßes. Ein Lichtstrahl kann so und so stark refrangibel sein, etwa doppelt so refrangibel wie ein anderer. Technisch gesprochen, lässt sich dieser Begriff in einen Größenbegriff überführen, so wie Länge oder Gewicht. Beim Begriff der Wasserlöslichkeit ist dagegen so viel Aufwand nicht nötig. Dieser Unterschied ist für meine Zwecke nicht wichtig.

Gibt es Lichtstrahlen?

§ I.5.13. Die Überlegung aus dem vorigen Paragraphen wirkt zu billig. Doch fällt es schwer zu sagen, woher dieses Unbehagen rührt und wie berechtigt es ist. Wer hier klarer sehen will, der muss sich – vermute ich – auf eine detaillierte Analyse der Dispositionsbegriffe festlegen.[100] Darüber streiten sich die Philosophen seit langem; ja sie sind sich nicht einmal sicher, ob es Dispositionen überhaupt gibt oder ob die Rede von ihnen vielleicht sinnloses Gewäsch ist.[101] Ich will das nur kurz antippen, da ich den Weg zu anderen Fragen freischaufeln möchte.

Hier ist eine Vermutung, die das Unbehagen erklären könnte und die in wissenschaftsphilosophische Untiefen führt: Beim newtonischen Schluss von (R_4) zu (R_5) und (R) geht es nicht nur darum, ob die *Disposition* der Refrangibilität schon vor den optischen Ereignissen beim ersten Prisma da war, sondern um eine weit radikalere Frage – um die Frage, ob der *Träger* dieser Disposition schon vor den optischen Ereignissen beim ersten Prisma da war.

Woher wissen wir, dass es den (vielleicht so oder so refrangiblen) Lichtstrahl überhaupt gibt bzw. gegeben hat? Bedenken Sie, dass die Refrangibilität als *exaktes Ausmaß* der Wegablenkung definiert ist. Ihr Träger muss also ebenfalls exakte Ansprüche erfüllen; er muss entweder beliebig dünn sein oder jedenfalls perfekt homogen. Gibt es so etwas? Hier haben wir ein wissenschaftsphilosophisches Rätsel, das sich beim wasserlöslichen Zuckerstückchen nicht stellt. (Gewiss gab es das Zuckerstückchen, bevor es ins Wasser geworfen wurde!)

Ich werde das Rätsel, das meiner Ansicht nach mit dem Problem theoretischer Terme zu tun hat, später von einem ungewöhnlichen Standpunkt aus anpacken – nämlich informiert durch Goethes beste Experimente (Kapitel II.2 bis II.5). Aber noch ist es nicht so weit. Wir sollten bis auf weiteres voraussetzen, dass es Lichtstrahlen gibt; Newton und seine Zeitgenossen setzten das gleichfalls voraus.

Vertiefungsmöglichkeit. Lampert (der Newtons Beweisansprüche verteidigt) gibt überraschenderweise zu, dass Newtons Lichtstrahlen nur theoretische Entitäten sind (Lampert [zWF]:91/2). Offenbar meint Lampert, dass theoretische Ausdrücke und deren Beobachtungsferne den newtonischen Beweis- und Eindeutigkeitsansprüchen keinen Abbruch tun müssen. Mich überrascht das deshalb, weil man seit Duhem und Quine auf die Beobachtungsferne theoretischer Ausdrücke hinzuweisen pflegt, um für die Unterbestimmtheit der Theorie durch ihre Beobachtungsdaten zu plädieren (siehe z. B. Quine [oEES]:313). Diese Unterbestimmtheit ist keine hypothetische Gefahr, die nur auf dem abstrakten Papier der Wissenschaftsphilosophie droht. Sie bedroht ausgerechnet Newtons Theorie und dessen Beweisansprüche, wegen der eben schon erwähnten Experimente Goethes, die ich im kommenden TEIL II meiner Untersuchung vorführen will. Welche philosophischen Schlüsse aus der Bedrohung zu ziehen sind, werde ich im TEIL IV dartun.

§ I.5.14. Es war ein langer Weg von den Beobachtungen aus Newtons *experimentum crucis* zum refraktionsbezogenen Teil (R) seiner Theorie. Hier zeige ich noch einmal die wichtigsten Schritte dieses Wegs: Fazit

(R_1) Verschiedene Lichtstrahlen können selbst dann beim Weg durchs Prisma verschieden stark vom Weg abgelenkt werden, wenn sie in ein und demselben Winkel ins Prisma eintreten [aus Beobachtung].

(R_2) Die Refrangibilität eines einmal prismatisch gebrochenen Lichtstrahls bleibt bei Brechung durch ein zweites Prisma der Tendenz nach erhalten [aus Beobachtung].

(R_3) Die Refrangibilität eines einmal prismatisch gebrochenen Lichtstrahls bleibt bei allen weiteren Brechungen der Tendenz nach erhalten [aus (R_2) plus Naturkonstanz].

(R_4) Einem Lichtstrahl kommt jeweils (der Tendenz nach) eine konstante Refrangibilität zu, unabhängig davon, durch wie viele

Prismen er nacheinander geschickt wird [aus (R_3) plus Naturkonstanz inkl. Rückwärtsinduktion].

(R_5) Die Refrangibilität eines noch keinmal prismatisch gebrochenen Lichtstrahls bleibt bei späterer prismatischer Brechung der Tendenz nach erhalten [Spezialfall von (R_4)].

(R) Weißes Sonnenlicht ist eine heterogene Mischung aus divers refrangiblen Lichtstrahlen [aus (R_1), (R_5)].

Ich behaupte nicht, dass dies im Detail den Beweis wiedergibt, den Newton im Auge hatte (ohne ihn jemals Schritt für Schritt entfaltet zu haben). Ich behaupte nur: So oder so ähnlich hätte Newton argumentieren können und dürfen. Es ist ein plausibler Beweis. Dass er im Sinne der Logik nicht deduktiv lückenlos ist, habe ich zugegeben. Um den Beweis abzudichten, musste ich mich auf Naturkonstanz berufen – und auf die Existenz von Lichtstrahlen. Diese Voraussetzungen werden in meiner Untersuchung noch mehrmals in den Vordergrund treten (siehe insbes. § IV.1.10 und § II.3.5).

* * *

Schneller schließen?

§ I.5.15. Meine fünfgliedrige Schlusskette ist länger als der Schluss, den Shapiro in seiner Rekonstruktion nahelegt, aber einfacher als der Schluss, den Lampert rekonstruiert. Um meinen Schluss zu verteidigen, werde ich mich jetzt von beiden Autoren abgrenzen. Die Folgerung (R_1) aus dem Experiment erwähnt auch Shapiro, aber für ihn ist die Sache damit bereits erledigt. Shapiro schreibt:

> Wäre der Einfallswinkel nicht konstant gewesen, hätte Newton nicht so ohne weiteres behaupten können, *dass die Ursache* für die unterschiedliche Brechung der verschiedenen Strahlen *irgendeine dem Licht innewohnende Eigenschaft ist*; er hätte eine komplizierte Serie von Messungen und Rechnungen durchführen müssen. Kein Zweifel: Das wäre für die Begründung seiner Behauptung weder überzeugend noch genau genug gewesen.[102]

Das besagt nur, welchen Fehler Newton vermeiden musste, um seine im Zitat kursiv gesetzte Behauptung nicht sofort preisgeben zu müssen; es besagt überhaupt nichts *zugunsten* dieser Behauptung, die dem farbfreien Theorieteil (R) entspricht. – Abgesehen davon lässt sich die Folgerung (R_1) auch aus einfacheren Experimenten ableiten, etwa durch unwesentliche Verfeinerung des Grundexperiments, das wir im Kapitel I.2 betrachtet haben. Hierzu muss das Loch im Fensterladen denselben Durchmesser bekommen wie die

Blendenlöcher G und g, und der Fensterladen muss zwölf Fuß (gut dreieinhalb Meter) dick sein, so groß wie der Abstand zwischen G und g. Zudem muss dieses (extrem lange) Fensterladenloch in die richtige Richtung zeigen (zur Sonne) und innen schwarz ausgemalt sein. Anstelle des langen Fensterladenlochs hätte Newton dieselben Verhältnisse in der Dunkelkammer aufbauen können; das Fensterladenloch hätte denselben Durchmesser wie G, ein Schirm mit Loch g würde zwölf Fuß hinter dem Fensterladenloch aufgebaut, dahinter stünde das Prisma.[103] Wenn alle diese Bedingungen erfüllt sind, trifft Sonnenlicht in (nahezu) ein und demselben Winkel aufs Prisma (und schlägt gemäß Newtons Theorie trotzdem hinter diesem Prisma unterschiedliche Wege ein). Um die Unabhängigkeit der Refrangibilität vom Einfallswinkel nachzuweisen, reicht also bei geeignetem Versuchsaufbau ein einziges Prisma. Das bedeutet: Wir sind gut beraten, aus dem *experimentum crucis* mehr Beobachtungen herauszuholen, als Satz (R_1) beschreibt.

* * *

§ I.5.16. Um Newton zu verteidigen, habe ich für den Übergang von (R_3) über (R_4) nach (R_5) eine Annahme über Naturkonstanz ins Spiel gebracht. Ohne Zusatzannahmen konnte Newton sicher nicht zum Ziel kommen. In meinen Augen riskiert man mit Naturkonstanz besonders wenig, da sie eine Bedingung der Möglichkeit experimenteller Naturwissenschaft darstellt. Meine Rekonstruktion des newtonischen Beweises ist in dieser Hinsicht etwas sparsamer als die Rekonstruktion, die Lampert vorschlägt und die mit der meinen verwandt ist. Dass Lamperts Rekonstruktion in ähnlichen Bahnen verläuft wie meine, zeigt folgender Satz: Kausalschlüsse

> Die Gegner Newtons müssen indessen Alternativursachen für die Brechungen im 1. Prisma gegenüber der im 2. Prisma postulieren, für die es keinen Anhaltspunkt gibt.[104]

Doch während ich mich auf grundlegende Annahmen über Naturkonstanz stütze, beruft sich Lampert auf grundlegende Annahmen über Kausalität.[105] Obwohl beides miteinander zusammenhängt, spielt sich Kausalität in tieferen theoretischen Schichten unseres naturwissenschaftlichen Weltbilds ab als Naturkonstanz; Naturkonstanz lässt sich leichter auf der Ebene des Beobachtbaren dingfest machen als Kausalität.

Lampert behauptet, dass in seiner Rekonstruktion nur Prinzipien des kausalen Schließens vorkommen, die sich bei Newton wiederfinden lassen. Er identifiziert in dessen Schriften zwei solcher Prinzipien:

(i) Verschiedene Wirkungen müssen auf unterschiedliche Ursachen zurückgehen.[106]

(ii) Wenn sich in zweierlei Abläufen dieselben Wirkungen zeigen und

> wenn im ersten Ablauf *mit Ausnahme eines einzigen Faktors* alle potentiell relevanten Kausalfaktoren genau denen aus dem zweiten Ablauf gleichen, dann gehen die Wirkungen der beiden Abläufe auf dieselben Ursachen zurück.[107]

Fürs Prinzip (ii) beruft sich Lampert auf Newtons zweite Regel der Naturforschung.[108] Man kann darüber streiten, ob Newton dort – in den *regulae* – wirklich genau so etwas wie (ii) eingesetzt hat. Bei Newton klingt das Prinzip vage, und Lampert holt aus ein paar Worten, die ich hervorhebe, recht viele Details heraus:

> 2. Regel. *Soweit möglich*, soll man daher gleichartigen Wirkungen dieselben Ursachen zuschreiben.[109]

Zudem treibt Lampert hohen formalen Aufwand, bevor er das Prinzip auf Newtons Experiment anwenden kann. Es ist schwer zu sagen, wie weit sich Newtons Regeln der Naturforschung (die *regulae*) dazu eignen, seine hypothesenfreie Beweisstrategie in der Optik zu rekonstruieren; sie stehen im Kontext der newtonischen Mechanik. Zwar lieferte Newton bei der zweiten Regel auch Beispiele, die mit Optik zu tun haben, aber das diente dort nur der Illustration.[110] Abgesehen davon hat Newton die Regeln in der ersten Auflage der *principia* (1687) noch als Hypothesen bezeichnet.[111] Daher kann er sie seinerzeit und vorher kaum dazu benutzt haben, um in der Optik ohne Hypothesen voranzukommen.

Wer in dieser Angelegenheit weiterkommen wollte, müsste mehr leisten, als mir hier möglich ist. Unter anderem müssten die tatsächlichen Beweisstrategien der newtonischen Mechanik mit denen aus seiner Optik verglichen werden.[112] Zudem wäre Newtons Gebrauch des kausalen Vokabulars zu analysieren. Wo Newton am Ende der *Opticks* auf Einfachheit und Gleichförmigkeit der Natur zielte, da formulierte er diese Prinzipien, ohne ausdrücklich auf Ursachen zu sprechen zu kommen.[113]

Trotz aller Unterschiede im Detail folgen Lamperts und meine Rekonstruktion derselben Grundidee: Erstens nehmen wir Newtons Anspruch ernst, wonach sich die Theorie direkt aus den Experimenten erschließen lassen soll; zweitens sehen wir erhebliches Beweispotential in Newtons *experimentum crucis*; drittens stopfen wir deduktive Lücken in den resultierenden Beweisen, indem wir uns auf grundlegende Annahmen darüber berufen, wie Naturwissenschaft funktioniert – bzw. wie sie funktionieren muss, *wenn* sie funktioniert. So schreibt Lampert Newton einen Rückgriff auf Bedingungen der Möglichkeit von Naturwissenschaft zu.[114] Das lässt sich mit seinerzeit unveröffentlichten Aussagen Newtons gut belegen.[115]

* * *

§ I.5.17. Soweit ich weiß, bin ich der einzige Interpret Newtons, der dessen Behauptung zustimmt, dass sich aus dem *experimentum crucis* die *gesamte* Theorie ableiten lässt (§ I.3.15). Bislang habe ich nur den Beweis des Lehrsatzes (R) aufgezeigt. Das reicht zwar für die Zwecke meiner Untersuchung; dennoch will ich kurz skizzieren, wie einfach Newton den Beweis hätte ausdehnen können. Beweis der ganzen Theorie

Für den Lehrsatz (R) hat Newton hinter *beiden* Prismen (ABC und abc) aufs Ausmaß der Wegablenkung geachtet. Das ist die *erste* Möglichkeit; sie liefert den Satz (R), wie gehabt:

(R) Weißes Sonnenlicht ist eine heterogene Mischung aus divers refrangiblen Lichtstrahlen.

Nun hätte er *zweitens* genauso gut hinter dem Prisma ABC auf die Farbe und hinter dem Prisma abc aufs Ausmaß der Wegablenkung achten können; daraus ergibt sich (nach demselben Schema über fünf Schritte wie bei (R)) dieser Lehrsatz:

(F↓R) Farbunterschiede ziehen stets Unterschiede der Refrangibilität nach sich.

Drittens hätte er – umgekehrt – hinter dem Prisma ABC aufs Ausmaß der Wegablenkung und hinter dem Prisma abc auf die Farbe achten können; daraus ergibt sich (wieder nach demselben Schema) dieser Lehrsatz:

(R↓F) Unterschiede der Refrangibilität ziehen stets Farbunterschiede nach sich.

Und *viertens* hätte Newton hinter beiden Prismen auf die Farbe achten können; daraus ergibt sich (nach demselben Schema) dieser Lehrsatz:

(F) Weißes Sonnenlicht ist eine heterogene Mischung aus verschiedenfarbigen Lichtstrahlen.

Die Einzelheiten dieser dreifachen Wiederholung des Beweises werde ich bei anderer Gelegenheit durchdeklinieren; dabei sind eine Reihe von Schwierigkeiten zu überwinden. Nichtsdestoweniger ist aus kombinatorischen Gründen klar, dass die Sache funktionieren muss; das zeigt folgende Tabelle:

Beobachtung hinter 1. Prisma	**Beobachtung hinter 2. Prisma**	**Resultierender Lehrsatz**
Refraktion	Refraktion	(R)
Farbe	Refraktion	(F↓R)
Refraktion	Farbe	(R↓F)
Farbe	Farbe	(F)

Teil II

Goethes Theorem: Die verlorene Unschuld der Finsternis

Kapitel II.1.
Goethe protestiert

Rückblick auf Newtons Triumphe

§ II.1.1. Die intelligenteste Kritik an Newtons Optik stammt von Goethe; sie ist bis heute von nahezu allen Kommentatoren unterschätzt, ja belächelt worden. Ich möchte den einschlägigen Verdammungsurteilen Goethes in optischen Angelegenheiten entgegentreten. Dass das nicht einfach wird, folgt aus den Ergebnissen, die ich im TEIL I erreicht habe und an die ich kurz erinnern möchte:

Bislang habe ich mich vehement auf die Seite Newtons gestellt und für folgende These plädiert: Newtons optische Experimente liefern einen durchschlagenden Beweis für seine optische Theorie. Schon aus seinem wichtigsten Experiment – dem *experimentum crucis* – lässt sich ableiten, dass weißes Sonnenlicht aus Lichtern verschiedener Refrangibilität und Farbe besteht und dass jeder Spektralfarbe ein eigener Grad an Refrangibilität entspricht.

Der Beweis aus dem Experiment war zwar nicht im Sinne der Logik zwingend. Wer sich z. B. mit den Spielregeln der Naturwissenschaft nicht abfinden mag und stattdessen skeptizistische Spiegelgefechte führen will; wer etwa glaubt, dass die Natur kapriziös ist und morgen nach anderen Regeln spielt als heute: den kann man rational nicht dazu zwingen, Newtons Theorie mitzumachen.

Das bringt kein Manko für Newtons hochgesteckte Ambitionen mit sich. Ihm war es nicht darum zu tun, philosophische Nörgler zu überzeugen, sondern seine Kollegen aus der empirischen Naturforschung. Diese Naturforscher setzten genau wie Newton voraus, dass sich die Natur alles in allem konstant nach Regeln verhält, nicht chaotisch, und dass es legitim ist, zu idealisieren sowie aus endlich vielen Einzelbeobachtungen auf eine allgemeine Theorie zu schließen. Solche Voraussetzungen sind den Naturforschern in Fleisch und Blut übergegangen. Üblicherweise machen sie kein Aufhebens um diese Voraussetzungen; sie benutzen sie einfach.

Hundert Jahre Einhelligkeit

§ II.1.2. Nachdem sich Newtons Theorie zu Beginn des 18. Jahrhunderts durchgesetzt hatte, wagte hundert Jahre lang kein respektabler Physiker, an ihr zu rütteln. (Versprengte französische Ausnahmen führe ich im Kleingedruckten auf.)

Zugegeben, es gab Debatten über die Natur des Lichts. Man stritt darüber, ob Licht aus Wellen oder aus Teilchen besteht. Doch obwohl Newton eher an Lichtteilchen (Korpuskel) geglaubt hatte als an Lichtwellen, hatte er sorgsam darauf geachtet, sich in dieser hypothetischen Angelegenheit nicht festzulegen. Seine Theorie besagt: Einerlei, aus welchen hypothetischen Entitäten Sonnenlicht besteht – es besteht jedenfalls aus divers refrangiblen und verschiedenfarbigen Entitäten.[116]

Und Newton hatte Glück, dass er sich in dieser theoretischen Angelegenheit zurückgehalten hatte. Im Jahr 1802 trat Thomas Young auf den Plan und bot mit seinem Doppelspalt-Experiment starke empirische Gründe zugunsten von Lichtwellen.[117] Der newtonischen Theorie von der diversen Refrangibilität des Lichts konnte das keinen Abbruch tun. Sie saß so fest im Sattel wie eh und je.[118]

Literaturbelege. Wenige französische Ausnahmen bestätigen die Regel, wonach kein Physiker aus der einhelligen Befürwortung der newtonischen Optik ausgeschert sei.[119] So wehrten sich im Jahr 1784 die Physiker Étienne Claude de Marivetz und Louis Jacques Goussier im vierten Band ihrer monumentalen *Physique du monde* gegen Newton.[120] Mitte des 18. Jahrhunderts reihte sich der Anatomie-Zeichner und Pionier der Farbdruckerei Jacques Gautier d'Agoty unter die Newton-Gegner ein.[121] Und der Jesuit Louis-Bertrand Castel wurde trotz seiner Gegnerschaft zu Newton sogar in die *Royal Society* aufgenommen.[122] Es ist interessant, dass die genannten Autoren ihren Protest in erster Linie gegen die newtonische Theorie der *Farben* richteten. – Dass es im 18. Jahrhundert viel respektablen Widerstand gegen Newtons Korpuskel-Hypothese gab, steht auf einem anderen Blatt.[123]

Linsen ohne Aberration

§ II.1.3. Ebenso wenig wie durch den Doppelspaltversuch wurde Newtons Theorie durch die Tatsache unterminiert, dass sauber funktionierende Linsenteleskope gebaut werden konnten. Zwar hatte Newton seit der ersten Veröffentlichung behauptet, dass die Entwicklung solcher Teleskope zum Scheitern verurteilt sei.[124] Für diese Behauptung schien seine Theorie zu sprechen: Anders als im Fall von Hohlspiegeln beruht die Funktion von Linsen auf Lichtbrechung; und wenn mit jeder Brechung weißen Lichts notwendig dessen farbige Auffächerung einhergeht, dann kann man Linsen so fein schleifen, wie man will – stets werden z. B. Bilder weißer Schachfiguren (vor schwarzem Hintergrund) beim Weg durch die Linse oder durch irgendwelche anderen Glaskörper bunte Ränder bekommen und ihre exakten Grenzen verlieren. Denn Linsen und beliebige andere Glaskörper verhalten sich in dieser Hinsicht nicht anders als Prismen. (Siehe Farbtafel 05.) Das Problem betrifft sämtliche Sachen, die heterogenes Licht zurückwerfen oder selber heterogen leuchten – also unter gewöhnlichen Bedingungen so gut wie alles.

Doch Newtons öffentliche Behauptungen gegen Linsenteleskope waren vorschnell; ich habe das bereits gestreift (§ I.3.13k). Newton hatte übersehen, dass es verschiedene Glassorten gibt mit unterschiedlichen optischen Materialeigenschaften.[125] Ein Prisma aus Flintglas zieht z. B. das Sonnenspektrum fast dreimal weiter auseinander als ein Prisma aus Kronglas (wenn der brechende Winkel beider Prismen gleich ist und eher klein). Daher kann man die störenden Farbränder beseitigen, indem man im Teleskop verschiedene Glassorten schlau kombiniert.[126] Kurzum, Newton lag mit seinem Verdikt gegen die Linsenteleskope falsch. Doch da die postnewtonianischen, farbsauberen Linsenteleskope auf dem schlauen Einsatz der newtonischen Theorie beruhten, nicht auf ihrer Verletzung, saß die Theorie am Ende noch fester im Sattel als zuvor.

Vertiefungsmöglichkeit. Mit etwas Glück hätte Newton die Fehlprognose vermeiden können. Er nahm es z. B. nicht ernst, als Streitigkeiten mit den Lütticher Jesuiten darüber ausbrachen, um wie viel das Sonnenspektrum länger ist als breit; weil er nicht mit unterschiedlichen Materialeigenschaften verschiedener Glassorten rechnete, glaubte er, dass Lucas nicht sorgfältig genug gemessen oder das Prisma falsch aufgebaut oder dessen brechenden Winkel nicht hinreichend genau bestimmt hätte.[127] Zudem hat Newton das Ausmaß der chromatischen Aberration offenbar übertrieben (Lohne [NPoS]:398). Wie dem auch sei, Newton hatte sehr wohl mit dem Plan geliebäugelt, Linsen verschiedener Medien hintereinanderzuschalten, den Plan aber nicht weiterverfolgt (§ I.3.13k). – Newton hat offenbar die unterschiedlichen Dispersionseigenschaften verschiedener *Medien* (Glas, Wasser, Bergkristall) gekannt, dabei aber übersehen, dass es verschiedene *Gläser* mit unterschiedlichen Dispersionseigenschaften gibt. In der Tat hätten wir ohne Newtons Theorie vermutlich keine Linsenteleskope und Mikroskope, wie wir sie heute kennen.[128]

Auftritt des Dichters

§ II.1.4. Nie und nimmer könnte es einen Grund geben, die newtonische Optik zu verwerfen – das dachten die allermeisten Physiker im 19. Jahrhundert, wie in den vorigen Paragraphen skizziert.

Man soll nie *nie* sagen. Diese Binsenweisheit hat sich während des 20. Jahrhundert in den Köpfen von Wissenschaftlern und Wissenschaftsphilosophen festgesetzt, und zwar ausgerechnet wegen des Schicksals einer anderen Theorie Newtons: seiner Mechanik. Diese schöne Schwester der newtonischen Optik hielt man im 19. Jahrhundert für unschlagbar; mehr noch als die newtonische Optik bot sie *das* Paradebeispiel für endgültige Physik. Dann kamen Relativitätstheorie und Quantenphysik – mit einem Mal war Newtons Mechanik widerlegt. Sie galt nur noch ungefähr, als Grenzfall bei kleinen Geschwindigkeiten und mittelgroßen Objekten.[129]

An die Lektion aus dieser Geschichte haben wir uns inzwischen gewöhnt: Gleichgültig, wie lange eine sorgfältig geprüfte empirische Theorie bereits vorliegt – weder müssen ihre Grundbegriffe der Weisheit letzter Schluss sein, noch kann man darauf bauen, dass sie für immer empirisch unangefochten bleiben wird. Jederzeit kann eine wissenschaftliche Revolution losbrechen.[130]

An diesen Gedanken, den man je nach Temperament beunruhigend oder beglückend finden kann, haben *wir* uns gewöhnt; den Denkern des 19. Jahrhunderts war er fremd. Einzig und allein dem berühmtesten deutschen Dichter jener Zeit war der Gedanke nicht fremd. Johann Wolfgang von Goethe glaubte nicht nur an die prinzipielle Möglichkeit einer wissenschaftlichen Revolution – er glaubte an ihre Notwendigkeit.[131] Ja, er selber wollte die Revolution anzetteln: eine wissenschaftliche Revolution gegen die newtonische Optik, deren Tage er gezählt sah. Er schrieb:

> Unter den Arbeiten die mich jetzt am meisten interessiren, ist eine neue Theorie des Lichts, des Schattens und der Farben [...] Wenn ich mich nicht betrüge, so muß sie mancherlei Revolutionen sowohl in der Naturlehre als in der Kunst hervorbringen.[132]

Das war Goethes voller Ernst; nicht viel später legte er seine ersten Veröffentlichungen gegen Newton vor, die *Beyträge zur Optik*.[133] Und nachdem diese auf Widerstand gestoßen waren, nahm er mehrere neue Anläufe, bis er nach fast zwanzig Jahren harter Arbeit seine *Farbenlehre* herausbrachte. Auch danach hielt er keine Ruhe und gab bis ans Ende seines Lebens den Revoluzzer in Sachen Farben und Licht – ohne damit durchzudringen.

Tausend Seiten gegen Newton

§ II.1.5. Goethes umfangreichste Schrift, die tausendseitige *Farbenlehre* aus dem Jahr 1810, bietet eine Generalattacke auf Newtons *Opticks*. Sie besteht aus drei Teilen. In ihrem didaktischen Teil beschrieb Goethe (unter dem Titel *Entwurf einer Farbenlehre*) eine unermessliche Vielfalt von Farbphänomenen und Farbexperimenten.[134] Schon dadurch hoffte er, Newtons Theorie zu erschüttern, die sich – wie Goethe meinte – nur auf eine einseitige Auswahl der Farbphänomene stützte. Im polemischen Teil übersetzte Goethe (unter dem Titel *Enthüllung der Theorie Newtons*) wichtige Teile des ersten Buchs von Newtons *Opticks* ins Deutsche, um seine eigene Kritik immer gleich an Ort und Stelle anbringen zu können, zum Teil schon mitten im Satz.[135] Und im historischen Teil stellte Goethe (unter dem Titel *Materialien zur Geschichte der Farbenlehre*) die Wissenschaftsgeschichte des Denkens über die Farben dar – von der Antike bis zum Beginn des 19. Jahrhunderts.[136] Hier lobte er die vielen Vorläufer seiner eigenen Theorie und beschrieb indigniert, welche dubiosen Machtmittel die Newtonianer eingesetzt hatten, um ihre Theorie durchzuboxen.

Während sich Physiker über alles das empören, während Liebhaber der Dichtung Goethes die Sache lieber auf sich beruhen lassen wollen, und während Psychoanalytiker dem Farbenforscher Goethe eine ernste Psychose andichten, hat Goethe seine *Farbenlehre* für wichtiger gehalten als ein halbes Dutzend Trauerspiele.[137]

Vertiefungsmöglichkeit. Vielleicht kann man dies Bonmot anders deuten, als es gemeinhin geschieht; vielleicht braucht man Goethe keine Blindheit gegenüber den eigenen Schwächen und Stärken vorzuwerfen. Er verglich die *Farbenlehre* nicht mit seinen schon geschriebenen Trauerspielen, sondern mit denen, die er anstelle der *Farbenlehre* hätte schreiben können. Vielleicht verspürte er sowieso keine Neigung, weitere Trauerspiele zu verfassen. Wie man weiß, passte unverschuldete, unauflösbare Tragik weder zu Goethes Vorlieben noch zu seinem Charakter und auch nicht zu seinem Weltbild. Abgesehen davon hatte er möglicherweise jene Werke aus seinem Œuvre für den Vergleich im Sinn, die heute keiner mehr kennt, die sich auf dem Theater nicht durchgesetzt haben und das vielleicht mit Recht nicht; er hat nicht ausdrücklich vom *Faust* geredet. Doch mit dieser Deutungsmöglichkeit will ich mich nicht aufhalten; Literaturkritik muss ich aus dem Spiel lassen.

Keine Beweise

§ II.1.6. Goethe war nicht verrückt.[138] Zwar hatte er einen ästhetischen, ja moralischen Widerwillen gegen Newtons Experimente mit weißem und buntem Licht; er fand es unfair, wie Newton die Natur auf die Folter gespannt hatte.[139] Aber er leugnete nicht die unbestreitbaren Beobachtungen, die man mit dem kühlen Blick des empirischen Naturwissenschaftlers machen kann.[140]

Er bestritt lediglich ihre Beweiskraft; darauf werde ich ausführlich zurückkommen. Und obwohl er sich genau wie Newton auch für die Farben der Maler interessierte, für Farben, die an den Gegenständen kleben, nahm er in erster Linie vergänglichere Farben in den Blick: Himmelsblau, Abendrot, Feuerschein, farbige Nachbilder, bunte Schatten, Regenbögen – und die bunten Phänomene, die sich mit Hilfe von Glas- oder Wasserprismen hervorzaubern lassen und die gleich wieder vom Schirm verschwinden, wenn man die Prismen nur leicht dreht oder wenn die Sonne weiterwandert. Ich werde mich auf die prismatischen Spektren konzentrieren und den ganzen farbenfrohen Rest weitgehend ausklammern. Goethes Farbenforschung steht und fällt mit dem, was er sich am Prisma erarbeitet hat.

Belege. Zu Himmelsblau und Abendrot siehe Goethe [EF]:§ 153–§ 155; zum Kerzenlicht siehe Goethe [EF]:§ 159; zu farbigen Nachbildern siehe Goethe [EF]:§ 47–§ 60; zu bunten Schatten siehe Goethe [EF]:§ 62–§ 79; zu Regenbögen siehe Goethe [EF]:§ 387, § 814; zu den prismatischen Farbphänomenen siehe Goethe [EF]:§ 197–§ 247 sowie Goethe [ETN]:§ 24–§ 29, § 34–§ 680. Obwohl Goethe viel, viel mehr Farbphänomene behandelt hat, als ich hier aufzählen kann und will, zeigt meine Aufstellung einen eindeutigen Trend: Er hat die prismatischen Farberscheinungen für eminent wichtig gehalten. Dass er ein anderes Thema bearbeitet habe als Newton, wird man also kaum behaupten dürfen, um für einen Kompromiss zu sorgen. (Verfechtern dieser irrigen Behauptung werde ich später noch mehrmals entgegentreten, siehe § III.1.2–§ III.1.6 und § III.3.14.)

§ II.1.7. Goethes Kritik an Newton hat Licht- und Schattenseiten. Weder ist alles, was Goethe vorbrachte, blanker Unsinn – noch lag er in allem richtig.[141] Ich werde mich genau wie im TEIL I auf die Stärken meines Gewährsmanns konzentrieren. Was beim größten britischen Physiker recht war, muss beim größten deutschen Dichter billig sein. Nachdem ich Newton so stark gemacht habe wie möglich, werde ich jetzt seinen schärfsten Kritiker so stark machen wie möglich. Mit der Spannung, die sich zwischen diesen beiden Teilen meines Buchs auftut, werde ich mich erst im letzten Teil auseinandersetzen; ganz auflösen werde ich sie nicht. Wie in der Einleitung angekündigt, werde ich mich nicht dafür aussprechen, von Newtons Theorie abzurücken; auf der Sachebene können wir an seinen Einsichten festhalten. Doch werde ich Goethe darin recht geben, dass Newtons Theorie zu wünschen übrig lässt – erstens verdient sie keinen Alleinvertretungsanspruch angeblich objektiver Fakten, zweitens hat sie einen handfesten Nachteil (von dem wir allerdings bis heute nicht sagen können, wie er sich beheben lässt).

Leser ohne roten Faden …

Meiner Ansicht nach steckt in Goethes vielgestaltiger *Farbenlehre* ein extrem scharfsinniges Theorem. Ich finde es so wichtig, dass ich es nach Goethe benannt und in die Überschrift dieses TEILS II aufgenommen habe. Es lautet: *Jede newtonische Errungenschaft hat ein gleichwertiges Gegenstück, in dem die Rollen von Licht und Dunkel genau vertauscht sind.*

Das Theorem ist von den meisten Zeitgenossen Goethes sowie von allen späteren Kommentatoren übersehen worden – und zwar von Verächtern und Fans der *Farbenlehre* gleichermaßen.[142] Dafür gibt es zwei Gründe. Der eine: Da Goethe seine Betrachtungen lose aneinandergereiht hat, verliert selbst der aufmerksamste Leser schnell den roten Faden, lässt sich auf Nebengeleise locken, verpasst des Pudels Kern. Man könnte auch behaupten, dass Goethe seine Gedanken gegen Newton nicht optimal präsentiert hat (mehr dazu in § II.2.10). Drei Bände mit tausend Seiten waren vielleicht zu viel des Guten.

… Leser ohne Lust auf Prismen

§ II.1.8. Es gibt aber noch einen anderen Grund dafür, dass sich bislang fast niemand auf Goethes Theorem konzentriert hat (also auf das, worin ich die wichtigste Errungenschaft der *Farbenlehre* sehe). Dies ist ein Grund, den man nicht Goethe vorwerfen kann, wohl aber seinen Lesern. Goethe flehte seine Leser an, die wichtigsten Experimente, auf die es ihm ankam, nachzubauen und seine Beobachtungen mit eigenen Augen nachzuvollziehen.[143] Aus diesem Grunde ließ er aufwendige Farbtafeln drucken, die als Teil des experimentellen Apparates mit der *Farbenlehre* geliefert wurden.[144] Ähnlich schon zwei Jahrzehnte früher bei den *Beyträgen zur Optik*: Damals ließ er die Vorlagen zur prismatischen Betrachtung in einer Spielkartenfabrik herstellen.[145]

Fast kein Leser ist Goethes Bitte gefolgt; fast keiner hatte Lust oder Zeit, sich ein Prisma zu besorgen. Goethe hatte das geahnt und wollte daher ursprünglich sogar mehrere kleine Glasprismen mitliefern lassen – eine Art Experimentierkasten, sehr modern.[146] Dass es dazu aufgrund von Lieferschwierigkeiten nicht gekommen ist und dass daher fast kein Leser Prismen in die Hand nahm, ist nicht Goethes Schuld.

Auch wenn das nicht Goethes Schuld ist, erklärt es, warum vielen die Stärken der *Farbenlehre* entgangen sind. So steht hinter Goethes Theorem ein höchst überraschendes Experiment. Wer das Experiment nicht mit eigenen Augen angeschaut hat, wird es unterschätzen oder ignorieren. Er könnte sogar glauben, dass Goethe gelogen oder falsch beobachtet hat. Mir jedenfalls ist es so gegangen, als ich bei Goethe zum ersten Mal von dem Experiment las. Ich rückte von meiner ignoranten Haltung erst ab, nachdem ich mein altes Fernglas aufgeschraubt, ein Prisma herausgenommen und mich überzeugt hatte, dass Goethes Beobachtungen stimmen. Auf einen Schlag war ich fasziniert. Ich bin gespannt, ob es Ihnen ähnlich gehen wird.

Vertiefungsmöglichkeit. Vermutlich haben neun von zehn der Autoren, die über Goethes *Farbenlehre* schreiben, keines der Experimente gesehen, auf die es Goethe ankam. Ein besonders prominentes Beispiel bietet Carl Friedrich von Weizsäcker, Spitzenphysiker und Autor eines Aufsatzes, der erstaunlicherweise als Nachwort zu den *Naturwissenschaftlichen Schriften* in die *Hamburger Ausgabe* aufgenommen worden ist.[147] Er hat sich später freimütig dazu bekannt, Goethes Naturwissenschaft nie genau studiert zu haben.[148] Dass er dessen Experimente nicht zur Kenntnis genommen hat, geht implizit aus Weizsäckers Nachwort hervor. (Ich werde darauf zurückkommen, sobald ich genug Material beisammen habe, um belegen zu können, inwiefern dem nonchalanten Weizsäcker etwas Wichtiges entgangen ist, siehe § III.3.6k.)

Experimentelle Überraschung

§ II.1.9. Ich werde das soeben erwähnte Experiment jetzt nur skizzieren (um es im kommenden Kapitel ausführlich zu entfalten). Goethe baute Newtons Grundexperiment getreu nach, machte alles genau wie Newton – mit einer Ausnahme: Er vertauschte im Experiment die Rollen von Licht und Finsternis. Wo bei Newton weißes Licht durchs Prisma gefallen war, ließ Goethe einen *schwarzen Schatten* durchs Prisma fallen.

Was sieht man dann? Etwas Überraschendes (Farbtafel 06 links). Wieder fächert sich ein Spektrum auf, *aber das neue Spektrum ist das glatte Gegenteil des newtonischen Spektrums.* Es ist dessen Farbnegativ, sein Komplement. Statt in vielen Worten zu erklären, was Komplementärfarben sind, verweise ich auf Farbtafel 06 rechts. Dort sehen Sie unten das rote Ende des newtonischen Spektrums; und gegenüber sehen Sie dessen Komplementärfarbe: Türkis. Mehr noch, zu *jeder* newtonischen Farbnuance sehen Sie auf derselben Höhe rechts gegenüber deren Komplementärfarbe.

Angesichts des neuen Experiments und seines Ergebnisses könnte man auf die Idee kommen, dass nicht weißes Licht, sondern *Dunkelheit* aus Strahlen unterschiedlicher Farbe und diverser Refrangibilität besteht. Diese Idee ist auf den ersten Blick verrückt; auf den zweiten Blick hat sie's in sich.

Eine Paradoxie?

§ II.1.10. Goethe hat nicht geglaubt, dass sich Newtons Theorie mit Hilfe des raffiniert abgewandelten Experiments (oder mit Hilfe anderer Experimente) widerlegen lasse. Hören wir, was Goethe an herausgehobener Stelle über den Status seines Protests gegen Newtons Ergebnisse zu sagen hatte:

> Wir bilden uns also keinesweges ein, zu beweisen, daß Newton unrecht habe.[149]

Diese Aussage hängt zwar unmittelbar nur mit Goethes Widerspruch gegen Newtons erste Proposition zusammen (wonach Lichtern verschiedener Farbe auch unterschiedliche Refrangibilitäten zukommen). Die Aussage kann aber als Ankündigung einer generellen Zurückhaltung verstanden werden, die Goethe um der Kürze willen nicht jedesmal aufs Neue aussprechen wollte. Denn er hielt seine Überlegungen im Umfeld des Zitats bewusst allgemein. Sie stehen unter der Überschrift »Beweis durch Experimente« und beginnen so:

> Wir möchten nicht gern gleich von Anfang unsre Leser durch irgend eine Paradoxie scheu machen, wir können uns aber doch nicht enthalten, zu behaupten, daß sich durch Erfahrungen und Versuche eigentlich nichts beweisen läßt.[150]

Status oder Inhalt?

§ II.1.11. Im Lichte dessen, was ich im TEIL I herausgearbeitet habe, zielte Goethes Newton-Kritik also nicht zuallererst auf inhaltliche Resultate aus Newtons Optik wie etwa:

(R) Weißes Sonnenlicht ist eine heterogene Mischung aus divers refrangiblen Lichtstrahlen.

(F) Weißes Sonnenlicht ist eine heterogene Mischung aus verschiedenfarbigen Lichtstrahlen.

Vielmehr zielte Goethes Kritik auf Newtons Behauptungen zum erkenntnistheoretischen Status seiner Optik, also auf Behauptungen höherer Stufe. Um solche Behauptungen von ihren inhaltlichen Gegenstücken zu unterscheiden, setze ich ihre Namen in eckige Klammern (und mit tiefgestellter Schrift gebe ich an, worauf sich der erhobene Beweisanspruch stützt, etwa »exp« für Experimente). Goethe protestierte gegen folgende Beweismeldungen Newtons:

[R_{exp}] Die prismatischen Experimente liefern einen rational überwältigenden Beweis für den Teil (R) der newtonischen Theorie.

[F_{exp}] Die prismatischen Experimente liefern einen rational überwältigenden Beweis für den Teil (F) der newtonischen Theorie.

Allein mit seinem Protest gegen *erkenntnistheoretische* Behauptungen wie [R_{exp}], [F_{exp}] usw. hat sich Goethe noch nicht darauf verpflichtet, die *Inhalte* der newtonischen Optik wie (R), (F) usw. abzulehnen. Wer bestreitet, dass die Anklage mit ihrer Beweisführung gegen den Gärtner Erfolg hat, kann trotzdem der Meinung sein, dass der Gärtner der Mörder war. Und wer bestreitet, dass die prismatischen Experimente die Heterogenität des weißen Lichts beweisen, kann trotzdem an die Heterogenität glauben und also Newtons Behauptungen (R) und (F) beipflichten.

In dieser Richtung könnte man jedenfalls einen guten Kompromiss zwischen Newton und Goethe vermuten: Goethe triumphiert auf der erkenntnistheoretischen Ebene, Newton auf der optischen. Der Tendenz nach wird meine Untersuchung zwar dorthin laufen. Aber ganz so einfach wird es nicht gehen, und zwar aus drei Gründen nicht. Sie sind Thema des nächsten Paragraphen.

Drei Gegengründe

§ II.1.12. Dreierlei spricht dagegen, Newton ohne lange Debatte auf der optisch-inhaltlichen Ebene und Goethe auf der erkenntnistheoretischen Ebene triumphieren zu lassen.

Erstens wollte Goethe die Theorie Newtons ganz aus der Welt schaffen und durch seine eigene Lehre ersetzen, auch auf der inhaltlichen Ebene.[151] Dem werde ich dadurch Rechnung tragen, dass ich einer entscheidenden experimentellen Einsicht Goethes bis in die letzten Verästelungen folge und ihm in allen diesen Verästelungen recht gebe. Das wird zwar – genau wie Goethe gesagt hat – nicht auf eine Widerlegung der Theorie Newtons hinauslaufen, wohl aber auf ihre Erschütterung; und wie in der Einleitung angedeutet, werde ich das von Goethe entdeckte Experiment heranziehen, um zu zeigen, dass Newtons Theorie an einer ganz bestimmten Stelle zu wünschen übrig lässt (ohne dass ich sagen könnte, wie wir das beheben sollen).

Zweitens habe ich im TEIL I vehement für Newtons erkenntnistheoretische Behauptungen im Stil von [R_{exp}] plädiert – ich werde zumindest erklären müssen, wo im damaligen Plädoyer der Fehler steckte. Schwer ist das nicht. Wie Sie sich vielleicht erinnern, konnte die damalige Überlegung nur den überzeugen, der die Existenz von Lichtstrahlen voraussetzt (§ I.5.3, § I.5.4). Genau diese Voraussetzung kann man nun mit Goethes Hilfe *experimentell* angreifen – wenn auch nicht widerlegen (§ II.3.5). Goethes Angriff bietet keinen zwingenden Grund, die Überlegungen aus TEIL I über den Haufen zu werfen; gleichwohl zeigt er einen Weg auf, wie man alle damaligen Überlegungen experimentell kontern kann. Bevor Goethe mit seinem experimentellen Angriff auf die Lichtstrahlen ankam, wäre Kritik an den Lichtstrahlen nichts anderes gewesen als haltloser Skeptizismus. Nach Goethes Angriff war diese wohlfeile Ausrede keinen Pfifferling mehr wert – das hat nur niemand gemerkt.

Dritter Gegengrund: Der anvisierte Kompromiss droht Goethes Einsichten zu trivialisieren. Dazu könnte eine ungünstige Interpretation des letzten Goethe-Zitats verleiten, das ich noch einmal wiederholen möchte:

> Wir möchten nicht gern gleich von Anfang unsre Leser durch irgend eine Paradoxie scheu machen, wir können uns aber doch nicht enthalten, zu behaupten, daß sich durch Erfahrungen und Versuche eigentlich nichts *beweisen* läßt.[152]

In der Tat, man könnte auf den Gedanken kommen, dass Goethe mit dem Begriff des Beweises besonders strenge Anforderungen verknüpft hätte, die sich sowieso nicht erfüllen lassen. Dann wäre sein Protest gegen Newton banal; er beruhte auf einem Streit um Worte – oder auf bloß skeptizistischen Erwägungen.

Dieser Verdacht ist unbegründet, denn Goethe blieb nicht nörgelnd auf dem Diwan sitzen; er rief nicht einfach ohne jedes Risiko: *Non sequitur!* Vielmehr sprang er auf und fing selber zu experimentieren an. Wie wichtig ihm das war, zeigt die Fortsetzung des letzten Zitats:

> Die Phänomene lassen sich sehr genau beobachten, die Versuche lassen sich reinlich anstellen, man kann Erfahrungen und Versuche in einer gewissen Ordnung aufführen.[153]

Genau das hat Goethe gemacht. Er beschrieb in seiner *Farbenlehre* eine beeindruckende Vielzahl von Experimenten, die er allesamt selber durchgeführt hat. Ihm lag diese Vermannigfaltigung der Erfahrungen am Herzen. Sie diente ihm zum Schutz vor einseitigen theoretischen Behauptungen – zum Schutz vor der Theorie Newtons. Dass Goethe die Erfahrungen und Versuche nicht wahl- und ziellos vermehrt hat, sondern mit systematischem Blick fürs Wesentliche, werden Sie gleich sehen.[154] Das wichtigste seiner Experimente ist die Hauptattraktion des kommenden Kapitels.

Vertiefungsmöglichkeit. Der Ausdruck »vermannigfaltigen« taucht immer wieder auf; siehe z.B. Goethe [EF]:§ 355, § 830; Goethe [ETN]:§ 21, § 56, § 70, § 135, § 168, § 193; Goethe [MzGF]:251, 379, 392, 423.[155] Mehr zu diesem Begriff und zu seinen Wurzeln bei den französischen Enzyklopädisten bringt Steinle [GMEF]:109–112. – An vielen Stellen der *Farbenlehre* lässt sich sehen, dass Goethe tatsächlich die Erfahrungen und Experimente vermannigfachte, auch dort, wo der Ausdruck nicht ausdrücklich vorkommt (z.B. Goethe [ETN]:§ 45, § 272, § 274, § 529–§ 530, § 533).

Kapitel II.2. Zwei Vollspektren: Goethe vertauscht die Rollen von Licht und Finsternis

Es werde Finsternis

§ II.2.1. Goethes neues Experiment, das ich im vorigen Kapitel skizziert habe, gehört zum Überraschendsten, Faszinierendsten und Scharfsinnigsten in der gesamten *Farbenlehre*. In dem Experiment drehen sich die Farb- und Helligkeitsverhältnisse aus Newtons Grundexperiment genau um, verkehren sich in ihr Gegenteil: Aus Licht wird Finsternis (und umgekehrt), und aus jeder bunten Farbe wird ihre Komplementärfarbe.

Erinnern wir uns zunächst an *Newtons* Grundexperiment (Kapitel I.2, Farbtafel 01). Newton schickte das Sonnenlicht durch ein enges Loch ins Dunkle und ließ es von dort durchs Prisma weiterlaufen (das im Dunkeln stand und nur an einer kreisrunden Stelle vom Sonnenlicht beleuchtet wurde). Am anderen Ende der Dunkelkammer fing Newton das gebrochene Licht wieder auf und beobachtete sein Vollspektrum aus folgenden Farben

Blau
Dunkeltürkis
Grün
Dunkelgelb
Rot.

So weit Newton. Goethe dreht den Spieß um und vertauscht *am Prisma* die Rollen von weißem Licht und dunkler Finsternis. Daher werde ich sein Experiment als umgedrehtes Grundexperiment bezeichnen. Überall, wo bislang aufs Prisma Sonnenlicht traf, soll das Prisma jetzt unbeleuchtet bleiben; und überall, wo das Prisma im Dunkeln lag, soll es jetzt von Sonnenlicht getroffen werden. Wie das zu bewerkstelligen ist, werde ich im kommenden Paragraphen erklären.

Textbelege. Für die bevorstehende Überlegung siehe Goethe [EF]:§ 331/2, § 214/5; Goethe [EzGF]:68/9, 86; Goethe [ETN]:§ 132, § 506; Goethe [MzGF]:420. Goethe behandelte das Experiment zum ersten Mal in den *Beyträgen zur Optik*, siehe Goethe [BzO]/1:§ 45/6, § 67. Vorläufer des Experiments aus der Newton-Zeit nebst Newtons Antworten darauf gebe ich im Kleingedruckten am Ende des kommenden Kapitels wieder, siehe § II.3.16–§ II.3.19.

Das umgedrehte Grundexperiment

§ II.2.2. Was muss man genau tun, um Newtons Grundexperiment umzudrehen? Was Goethe darüber zu sagen wusste, ist tief im Innern der *Farbenlehre* versteckt. Prominente Leser wie Heisenberg, Born und Weizsäcker haben die Versuchsanleitung offenbar nicht bemerkt.[156] Das könnte der Grund dafür sein, dass sie sich nicht mit diesem Strang der *Farbenlehre* auseinandergesetzt oder gar angefreundet haben. Um dem entgegenzutreten, will ich Goethes Versuchsanleitung besonders herausstreichen:

> Wenn nun die [...] Versuche gewöhnlich nur mit dem leuchtenden Sonnenbilde gemacht wurden, so ist ein [...] Versuch mit einem dunklen Bilde bisher fast gar nicht vorgekommen. Wir haben hierzu aber auch eine bequeme Vorrichtung angegeben. Jenes große Wasserprisma nämlich stelle man in die Sonne und klebe auf die äußere oder innere Seite eine runde Pappenscheibe.[157]

Wenn am Prisma hinter dem Fenster genau dort Sonnenlicht anlangen soll, wo bei Newton keines anlangt, dann behindert uns offenbar Newtons Blende – das Fensterladenloch ist zu eng. Wir reißen also den Fensterladen auf und stellen ein großes Wasserprisma ins volle Licht (wie es auch von Newton benutzt wurde, siehe Abb. I.5.3). Jetzt ist das Prisma vollständig ausgeleuchtet. Das aber ist zu viel des Guten; wir wollen etwas weniger Licht. Wir wollen auf dem Prisma dort kein Licht, wo bei Newton welches ankam. Das war eine kleine kreisrunde Zone (ungefähr so groß wie das Fensterladenloch). Dorthin kleben wir einen schwarzen Pappkreis, dessen Größe das newtonische Fensterladenloch genau ausfüllen würde.

Wir könnten den Pappkreis ebenso gut auf die Fensterscheibe kleben oder am Fenster irgendeinen anderen Schattenwerfer oder Schattensteg installieren. Wichtig ist nur, dass sich Fensterladenloch und Schattenwerfer geometrisch genau entsprechen; dann verwandelt sich Newtons *Loch*kamera in eine *Steg*kamera mit gleichen Abmessungen. (Das Wort »Steg« hat sich in Fachkreisen als kurzer Ausdruck für den Schattenwerfer eingebürgert. So ein Steg kann rund, quadratisch oder rechteckig sein.)

Den Rest des newtonischen Grundexperiments lassen wir unverändert: Das Prisma bleibt an Ort und Stelle; es soll genauso ausgerichtet werden wie bislang. Zudem schauen wir wieder genau auf die gegenüberliegende Wand, um das Ergebnis des umgedrehten Grundexperiments zu betrachten. Falls wir in Newtons Grundexperiment einen Auffangschirm benutzt haben anstelle der Dunkelkammerwand, so soll dieser Schirm bleiben, wo er war. Was dort zu sehen ist, werde ich im kommenden Paragraphen beschreiben.

Vertiefungsmöglichkeit. Goethe ließ im letzten Zitat eine entscheidende Frage offen. Er stellte den altbekannten Versuchen mit dem leuchtenden Sonnenbild einen »Versuch mit einem dunklen Bilde« gegenüber. Dieser Versuch lief darauf hinaus, eine runde Pappscheibe aufs Prisma zu kleben – so Goethe im Zitat. Man könnte das so verstehen, als ob im neuen Versuch ein schattiges *Bild dieser Pappscheibe* an die Stelle des leuchtenden Sonnenbildes getreten wäre. Doch das wäre ein Missverständnis. Vielmehr erzeugte und zerlegte Goethe im neuen Versuch ein *dunkles* Bild der *Sonnenscheibe*![158] Um es zu wiederholen, die Pappscheibe diente (noch ohne Prisma) der Erzeugung dieses *dunklen* Sonnenbildes – so wie das pappscheibengroße Fensterladenloch der Erzeugung eines hellen Sonnenbildes diente. Darin lag die Pointe des mitternächtlichen Versuchs, von dem ich im Vorwort auf S. 18 berichtet habe; es hat mich Jahre gekostet, das zu verstehen.

Hier nur ein flinker Wink: Wenn wir vom altbekannten Versuch zum neuen Versuch übergehen, und zwar beidemal noch ohne Prisma, so lassen wir diejenigen Lichtstrahlen in die Kammer herein, die wir vorher (durch den Fensterladen) abgefangen haben – und fangen diejenigen Lichtstrahlen ab, die wir vorher (durchs Fensterladenloch) hereingelassen haben. Dadurch drehen wir das ursprüngliche Sonnenbild um; wir ziehen gleichsam

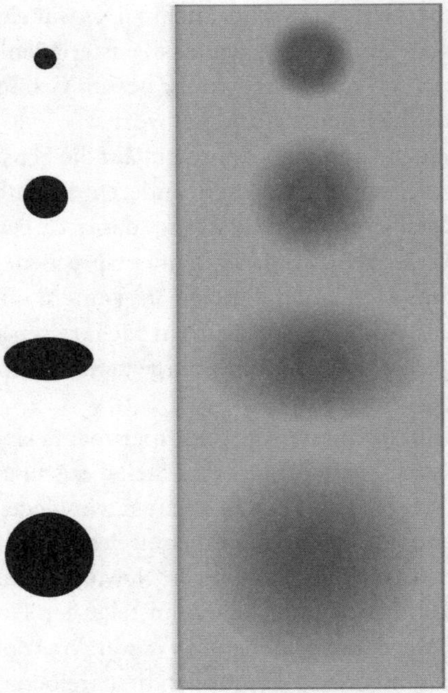

Abb. II.2.2 **Dunkle Bilder der Sonne in der Stegkamera.** Nicht nur in der klassischen Lochkamera kann man Bilder der Sonne auffangen (Abb. I.2.3). Wenn man das kleine Blendenloch durch einen ebenso großen Schattenwerfer oder Steg ersetzt, entstehen ebenfalls Bilder der Sonne – in der Stegkamera. **Links in der Abbildung** sehen Sie die Formen von vier verschiedenen Schattenwerfern (Stegen); schneiden Sie einen dieser Kreise oder Ellipsen aus und kleben Sie ihn auf ein Bullauge von ca. 12 cm Durchmesser. Wenn Sie dann in Ihrer Schiffskabine weit genug zurückgehen (weit hinter den Kernschatten der Pappe) und den entstehenden Schatten auf einem Schirm auffangen, dann erblicken Sie ein *abgedunkeltes* Bild der Sonne. **Rechts in der Abbildung** sehen Sie, wie sich Größe und Form dieser Stege aufs dunkle Stegkamera-Bild der Sonne auswirken: Je kleiner der Steg, desto schmaler die unscharfen Ränder der Bildfigur. Interessant ist der Fall eines ellipsenförmigen Stegs (**3. Zeile**). In Ost/West-Richtung sind die unscharfen Zonen des dunklen Bildes doppelt so breit wie in Nord/Süd-Richtung. Daher kann man sagen, dass sich Größe und Form des Stegs immer in der Gestalt der unscharfen Bildzonen widerspiegeln. Alle acht Bilder verstehen sich als vertikaler Querschnitt und zeigen also die Stegkammerwand bzw. den Auffangschirm in einer Draufsicht. [Graphik von Matthias Herder.]

von der neutralen weißen Wand das helle Sonnenbild ab und bekommen dessen Negativ: ein dunkles Bild der *Sonne* (siehe Abb. II.2.2). Es ist nicht so einfach, das objektiv zu realisieren (also mit objektivem bunten Sonnenbild auf einem Schirm, statt – wie im subjektiven Experiment – auf der Netzhaut). Um das Versuchsergebnis sichtbar hervortreten zu lassen, muss man geeignete Helligkeitswerte realisieren, und das bereitet Schwierigkeiten (vergl. § II.3.4). Meines Wissens waren Kirschmann und Barthel die ersten Autoren im 20. Jahrhundert, denen es im Gefolge Goethes gelungen ist, das Grundexperiment objektiv umzudrehen.[159]

Helles Versuchsergebnis

§ II.2.3. Wer Newtons Grundexperiment im Detail so umdreht wie im vorigen Paragraphen verlangt, der wird genau dort, wo sich bislang immer das newtonische Spektrum zeigte, sein purpurnes Wunder erleben. Genau dort zeigt sich ein anderes Spektrum – genauso groß, genauso leuchtend, genauso farbenprächtig, genauso differenziert wie bei Newton, aber mit *völlig* anderen Farben (siehe abermals Farbtafel 06 links). Ich bezeichne es als umgekehrtes Vollspektrum bzw. als Goethes Vollspektrum; hier seine wichtigsten Farben

Gelb
Hellrot
Purpur
Hellblau
Türkis.

Wie hängen die beiden Spektren zusammen? Das wird vielleicht deutlicher, wenn wir sie in einem Schema gegenüberstellen (siehe erneut Farbtafel 06 rechts):

NEWTONSPEKTRUM	GOETHESPEKTRUM
Blau	*Gelb*
Dunkeltürkis	Hellrot
Grün	*Purpur*
Dunkelgelb	Hellblau
Rot	*Türkis*

Zwischen den hier kursiv hervorgehobenen Farben (die man als Grundfarben bezeichnen könnte) finden sich bestimmte Zwischentöne, die bei Newton dunkel sind (Dunkeltürkis, Dunkelgelb) und bei Goethe hell (Hellrot, Hellblau).

Dass in Newtons Experiment mehr Dunkelheit herrscht als in Goethes, braucht uns nicht zu wundern. Newton schickte einen kleinen Lichtstrahl durchs Prisma, umgeben von viel Schatten – Goethe schickte viel Licht hindurch, das einen kleinen Schatten umspielte. Das passt gut zum Titel meines Buchs: Mehr Licht.

Der Mangel an Helligkeit springt bei Newtons Farben ins Auge. So sind die drei newtonischen Grundfarben ihrer ganzen Natur nach dunkler als die Gegenstücke aus Goethes Experiment: Blau, Grün und Rot sind eher dunkle Farben – Gelb und Türkis eher helle Farben. (Wie steht es in dieser Hinsicht mit dem Purpur? Unter dieser Farbe stellt sich jeder etwas anderes vor – vom würdigen Farbton der Bischofsmäntel bis zur patentierten Markenfarbe eines großen deutschen Telekommunikationsunternehmens. Die Rede von einer Natur des Purpurs bringt also nicht viel. Wie dem auch sei, jedenfalls bietet die Mitte aus Goethes Spektrum ein helles Purpur.)

Halten wir ein erstes Vergleichsergebnis fest: Newtons Spektrum ist dunkel, Goethes hell. Im bevorstehenden Paragraphen will ich auf einen anderen Unterschied zu sprechen kommen, der sich unabhängig von Helligkeitsdifferenzen dingfest machen lässt – und überraschender ist.

Farbvergleich in Paaren

§ II.2.4. Sehen wir nun von den Helligkeitsunterschieden der beiden Spektren ab, die ich im vorigen Paragraphen hervorgehoben habe; achten wir stattdessen nur auf die Farben selbst! Dann vereinfacht sich das Schema so:

NEWTON	GOETHE
Blau	**Gelb**
Türkis	**Rot**
Grün	Purpur
Gelb	*Blau*
Rot	*Türkis*

Unter dieser Vereinfachung wird deutlich, dass Goethes Spektrum zum größten Teil aus newtonischen Farbenpaaren zusammengesetzt ist. Das obere Farbenpaar Newtons

Blau
Türkis

kommt bei Goethe unten vor; und das untere Farbenpaar Newtons

Gelb
Rot

kommt bei Goethe oben vor.

Dieser kreuzweise Tausch der äußeren Farbenpaare zieht einen wichtigen Unterschied inmitten der beiden Spektren nach sich. Bei Newton findet sich die mittlere Farbe zwischen Türkis und Gelb wieder; und diese mittlere Farbe sieht aus wie deren Mischungsergebnis: *Grün*.

Goethes mittlere Farbe findet sich dagegen zwischen Rot und Blau wieder, und sie sieht *purpurn* aus – wie eine Mischung aus Rot und Blau.

Zur Farbterminologie. Ob man die mittlere Farbe aus Goethes Spektrum Purpur, Magenta, Pink oder Hellviolett nennt, ist eine Frage der Wortwahl. Keines dieser vier Wörter ist ideal. Für mein Sprachgefühl sieht die fragliche Farbe um eine Nuance bläulicher aus als Pink oder Magenta; sie sieht rötlicher und heller aus als Purpur; und weniger bläulich als Violett. Da die Wörter »Magenta« und »Pink« unschön klingen und da »Purpur« ein besonders herrliches Wort ist, werde ich konsequent bei diesem Wort bleiben. Goethe nennt die fragliche Farbe manchmal Purpur, manchmal Pfirsichblüt (Goethe [EF]:§ 273, § 282) und manchmal (etwas irreführend):

> *prächtig reines Rot* […], das wir oft mit dem Namen Purpur bezeichnet haben.[160]

Purpur §II.2.5. Am Ende des vorigen Paragraphen ist vielleicht die größte Farbüberraschung aus Goethes Spektrum zutage getreten. Goethes Spektrum zeigt in der Mitte eine völlig neue Farbe, die in Newtons Spektrum nirgends vorkommt: Purpur.[161] Das war ausgerechnet Goethes Lieblingsfarbe.

Er schrieb:

> Hier tritt denn endlich der Purpur hervor [...] Diese *vornehmste* Farbe [...] fehlt dem Newton, wie er selbst gesteht, in seinem Spektrum ganz.[162]

Kann man sich diese Farbe von Newtons Spektrum her verständlich machen? Ja. Es ist diejenige Farbe, die sich ergeben müsste, wenn man die äußeren Enden des newtonischen Spektrums (Blau, Rot) in Gedanken zusammenbiegt und den dort entstehenden Farbsprung durch eine Misch- oder Zwischenfarbe abmildert (siehe Farbtafel 07 oben).

Man hat uns im Gymnasium beigebracht, dass dieser Farbe kein reines Licht entspricht. Das newtonische Spektrum geht, so die Doktrin, am oberen Ende in den Bereich unsichtbarer Ultraviolett-Strahlung über – und am unteren Ende in den Bereich unsichtbarer Infrarot-Strahlung. Je weiter oben Licht im Spektrum (aus Newtons Grundexperiment) angesiedelt ist, desto kürzer ist seine Wellenlänge. Blau und Violett haben demzufolge die kürzeste Wellenlänge im Spektrum des sichtbaren Lichts, Rot die größte Wellenlänge. Und also kann es keine Wellenlänge geben, deren Licht physikalisch sowohl nah am blauen als auch nah am roten Ende des Spektrums liegt. Die Enden des newtonischen Spektrums lassen sich nur gedanklich als verwandt auffassen, nicht physikalisch. Rein physikalisch gibt es kein homogenes Purpur. Purpur entsteht immer nur durch Mischungen anderer Lichtsorten, und der reine Eindruck von dieser Farbe existiert bloß in unserem Bewusstsein.

Zur Farbterminologie. Ich bleibe konsequent bei der im TEIL I eingeführten Farbterminologie und bezeichne das oberste Ende des Newtonspektrums als blau, obwohl es ganz am Ende ins Violette tendiert (§I.2.8k).

§ II.2.6. Der vorige Paragraph ging mit einem hochtheoretischen Angriff aufs Purpur zu Ende. Da war von Wellenlängen, Infrarot- und UV-Licht die Rede. Alle diese Konzepte beruhen letzten Endes auf Newtons Theorie; sie beruhen auf der Annahme, dass Newtons Spektrum einen grundlegenden Zug der Natur zeigt. Auf Newtons Schultern

Recht verstanden läuft der Angriff also auf folgende Diagnose hinaus: *Wenn* man neuere naturwissenschaftliche Errungenschaften voraussetzen darf, die auf Newtons Theorie aufbauen, dann hat Goethe in der purpurnen Mitte seines Spektrums keine reine, primäre Farberscheinung entdeckt, sondern irgendeine gemischte, sekundäre.

Goethe hätte sich gegen diese Diagnose gewehrt. Er glaubte der newtonischen Theorie kein Wort. Erst recht hätte er nichts geglaubt, was auf dieser Theorie aufbaut. Abgesehen davon konnte zu seiner Zeit von Wellenlängen, elektromagnetischer Strahlung usw. keine Rede sein. (Nur Infrarot- und UV-Strahlen waren kurz vor Erscheinen der *Farbenlehre* entdeckt worden – ich komme auf dieses Thema noch zurück. Goethe kannte die zugehörigen Experimente, ohne die theoretischen Schlüsse mitzumachen, die damals daraus von *einigen* Physikern gezogen wurden; selbst der Entdecker der Wirkungen des UV-Lichts – Johann Ritter – hat die heute geläufigen Schlüsse genau *nicht* gezogen, § III.2.8k.)

§ II.2.7. Wer die beiden Experimente (Newtons Grundexperiment und dessen Umkehrung à la Goethe) ohne theoretisches Vorurteil betrachtet, der wird sie – rein empirisch – gleichwertig nennen müssen. Es stimmt, Goethes Spektrum lässt sich außen durch kreuzweise Vertauschung je zweier newtonischer Farbpaare verständlich machen (§ II.2.4) und innen als purpurne Mischung der dort aneinanderstoßenden Newtonfarben Blau und Rot (§ II.2.5), und zwar insgesamt (besonders bei den Zwischentönen) als Aufhellung im Vergleich zum newtonischen Spektrum (§ II.2.3; Farbtafel 07 oben). Die purpurgrüne Gleichberechtigung

Aber nehmen wir einmal an, das Goethespektrum wäre als erstes entdeckt worden. Dann könnten wir sagen, dass die newtonischen Farben insgesamt durch *Abdunklung* der Goethefarben entstanden seien; dass sich Newtons Spektrum (noch ohne die Mitte) durch kreuzweise Vertauschung je zweier goetheanischer Farbpaare verständlich machen lasse; und schließlich, dass die grüne Mitte im Newtonspektrum aus den dort aneinanderstoßenden Goethefarben Türkis und Gelb gemischt worden sei, also als reine Farbe nur in unserem Bewusstsein existiere (siehe Farbtafel 07 unten).

Rein empirisch sind beide Herleitungen gleichberechtigt. Ohne theoretisches Vorurteil gibt es – bis auf weiteres jedenfalls – nicht den geringsten Grund, Newtons Experiment wichtiger oder grundlegender oder aussagekräftiger zu finden als Goethes Umkehrung dieses Experiments.

Wie eng die beiden Phänomene zusammenhängen, hat Goethe in zwei Tafeln mit völlig identischer Geometrie dargestellt, siehe Farbtafel 08 und 09. (Die beiden Vollspektren, von denen gerade die Rede ist, sind dort dargestellt, wo Goethe gestrichelte Ellipsen angedeutet hat.) Er kommentierte die Gleichheit der Tafeln schwungvoll und siegesgewiss:

> Dieses Spektrum über ein dunkles Bild hervorgebracht, ist eben so gut ein Spektrum als jenes über das helle Bild hervorgebrachte; beide müssen immer neben einander gehalten, parallelisiert und zusammen erwähnt werden, wenn man sichs klar machen will, worauf es ankommt. Diese beiden Tafeln, neben einander gestellt, recht betrachtet, recht bedacht und die Formel des verrückten Bildes dabei im rechten Sinne ausgesprochen, müssen den einseitigen Newtonischen Poltergeist auf immerdar verscheuchen.[163]

Heterogenität der Finsternis

§ II.2.8. Was in diesem Kapitel bislang herausgekommen ist, lässt sich so auf den Punkt bringen. Mit seinem neuartigen Experiment konnte Goethe ein genauso beeindruckendes Spektrum erzeugen wie Newton mit seinem Grundexperiment. Die beiden Experimente unterscheiden sich nicht formal oder strukturell, sondern nur farblich und mit Blick auf Hell/Dunkel-Unterschiede. Goethe hat in seinem neuartigen Experiment am Prisma die Rollen von Licht und Finsternis aus Newtons Grundexperiment vertauscht – durch diesen

Tausch ändern sich nur die Farben des Versuchsergebnisses, sonst nichts.

Diese optische Symmetrie zwischen den beiden Experimenten hat eine verblüffende Konsequenz. Wer sich in seiner optischen Theorie noch nicht festgelegt hat und nun angesichts *eines* dieser Experimente erste theoretische Gehversuche unternimmt, der kann sich aussuchen, bei welchem Experiment er anzufangen wünscht.[164] Newton fing bei seinem Grundexperiment an und fand, dass dieses Experiment folgende Behauptungen nahelegt (nicht etwa beweist; § I.2.1):

(R) Weißes Sonnenlicht ist eine heterogene Mischung aus divers refrangiblen Lichtstrahlen.

(F) Weißes Sonnenlicht ist eine heterogene Mischung aus verschiedenfarbigen Lichtstrahlen.

Das ist die Theorie von der Heterogenität des Sonnenlichts; in Farbtafel 10 habe ich schematisch illustriert, wie diese Theorie von Newtons Grundexperiment nahegelegt wird.

Wer dagegen mit Goethes umgedrehtem Grundexperiment anfängt, kann genauso gut zu der Ansicht gelangen, dass die Heterogenität der *Finsternis* naheliegt; das illustriert Farbtafel 11, die derselben Logik folgt wie die vorige Farbtafel, nur mit anderem Farbmaterial. Demzufolge fiel im umgedrehten Grundexperiment ein Schatten durchs Prisma, und dieser Schatten wurde vom Prisma in seine heterogenen Teile zerlegt – in divers refrangible und verschiedenfarbige Finsternisstrahlen:

($\overline{R}$) Schwarzer Schatten ist eine heterogene Mischung aus divers refrangiblen Finsternisstrahlen.

($\overline{F}$) Schwarzer Schatten ist eine heterogene Mischung aus verschiedenfarbigen Finsternisstrahlen.

Kurzum, wenn Newtons Experiment eine Weißanalyse mit sich brachte, kann man genauso gut sagen, dass Goethes Experiment eine *Schwarz*analyse mit sich brachte.

§ II.2.9. Die neue Theorie aus dem vorigen Paragraphen ist nicht nur auf den ersten Blick eine extravagante, geradezu verrückte Lehre, gegen die sich tausenderlei Einwände aufdrängen. Ich werde

Nicht in eigener Sache

die wichtigsten davon in den kommenden Kapiteln vorbringen – und entkräften. Doch bevor ich das tue, will ich betonen: Goethe vertrat diese extravagante Theorie nicht in eigener Sache. Vielmehr wollte er unseren instinktiven Widerstand gegen die Heterogenität der Finsternis flugs in Widerstand gegen Newtons Heterogenität des Lichts ummünzen:

> Diese Phänomene [aus Newtons Grundexperiment und dessen Umkehrung – O. M.] gingen mir also völlig parallel. *Was bei Erklärung des einen recht war, schien bei dem andern billig;* und ich machte daher die Folgerung, daß wenn die [newtonische – O. M.] Schule behaupten könne, das weiße Bild auf schwarzem Grunde werde durch die Brechung in Farben aufgelöst, getrennt, zerstreut, sie eben so gut sagen könne und müsse, *daß das schwarze Bild durch Brechung gleichfalls aufgelöst, gespalten, zerstreut werde.*[165]

Dass Goethe hier zunächst von völlig parallelen Phänomenen redete, zeigt die empirische Seite seines Theorems; doch weiter hinten im Zitat tritt die theoretische Seite von Goethes Theorem in den Vordergrund. Wegen der Symmetrie in den Phänomenen kann jede Behauptung aus Newtons Theorie sofort durch die entsprechend umgedrehte Behauptung gekontert werden. Für Goethe waren *beide* Theorien extravagant und gleichermaßen unglaubwürdig. Der einzige Unterschied: An Newtons Heterogenität des Lichts haben wir uns seit langem gewöhnt, während die Heterogenität der Finsternis ein ungewöhnlicher, neuer Gedanke ist.

Indem Goethe *beide* Theorien ablehnte, suchte er nach einer Theorie, die zwischen deren Extravaganzen und Exzessen vermitteln sollte; er zielte auf eine Theorie, die der Symmetrie zwischen den beiden Experimenten gerecht werden sollte – eine bipolare Theorie der gleichberechtigten kausalen Rolle von Licht *und* Finsternis. Diesen ersehnten goldenen Mittelweg hat er nicht gefunden. Das bedeutet aber nicht, dass die Suche danach ein irrationales, unwissenschaftliches Unterfangen gewesen wäre. Anders als oft gesagt wird, wurde sie nicht von metaphysischen Vorurteilen zugunsten irgendeiner ominösen Polarität angefeuert.[166] Vielmehr wurzelte Goethes Polarität in handgreiflichen Experimenten, die ich ins Zentrum meines Buchs rücke. Und um in dieser Sache keine misslichen Assoziationen aufkommen zu lassen, rede ich lieber von Symmetrie als von Polarität.[167]

Vertiefungsmöglichkeit. So etwas wie die Lehre von der Heterogenität der Finsternis ist meines Wissens ernsthaft nur von einem einzigen Naturforscher vertreten worden, und zwar von Joseph Reade, einem schottischen Augenarzt, der im Jahr 1816 immerhin Präsident der *Royal Physical Society of Edinburgh* war.[168] Seine Theorie des schwarzen Lichts unterscheidet sich in einigen Gesichtspunkten von der Heterogenität der Finsternis, wie ich sie hier ausarbeite. Goethe ließ die Abschrift eines Reade-Aufsatzes erstellen.[169] Er bot sie Seebeck an (der sie offenbar nicht haben wollte) und schickte sie dann spottend an Schopenhauer.[170] Ohne Reades Arbeiten zu nennen, hat der norwegische Publizist André Bjerke unter Berufung auf Goethe eine Theorie von der Heterogenität der Finsternis skizziert (Bjerke [NBzG]:32, 65–66, 85–88). Er redete vom »Dunkel-Strahl« (Bjerke [NBzG]:47), verfocht die Theorie aber weder in eigenem noch in Goethes Namen (Bjerke [NBzG]:32).

* * *

Suchspiel in der *Farbenlehre*

§ II.2.10. Im vorigen Kapitel (§ II.1.7) habe ich behauptet, dass Goethes wichtigste Einsicht unter vielen tausend Details seiner *Farbenlehre* versteckt ist und deswegen nicht hinreichend beachtet wurde. Jetzt kann ich genauer darlegen, welche Ungeschicklichkeiten sich Goethe in dieser Sache zuschulden kommen ließ. Er drehte in der *Farbenlehre* zuallererst subjektive Experimente um.[171] Wie er dabei vorging, zeigt Abb. II.2.10. Wohl weil das einfacher war (§ I.1.10k, § I.3.6), findet sich dieses subjektive Umkehrungs-Experiment viel weiter vorn in der *Farbenlehre* als dessen objektives Gegenstück, das ich in § II.2.2 zitiert habe. Was früher kommt, findet offenbar größere Beachtung, und so konnte der missliche Eindruck entstehen, dass Goethe das Experiment nur subjektiv umzudrehen wusste. Doch wie gesagt hat er das Grundexperiment Newtons sehr wohl objektiv umgedreht (sogar mit variablem Abstand zwischen Schirm und Prisma, siehe Goethe [EzGF]:63, 68/9 sowie meine Farbtafel 09).

Nur: Goethe hat sich zu den objektiven Umkehrungs-Experimenten nicht überall mit der wünschenswerten Deutlichkeit geäußert. So redete er bei Erklärung seiner fünften Tafel von einem Glasquader und dann von einem Glasprisma,

> welches oben dergestalt zugedeckt ist, daß das Sonnenbild nur in der Mitte der Fläche durchfallen kann.[172]

Hier hat er also auf dem Prisma eine Lochblende angebracht; das entspricht Newtons Grundexperiment. Bei der sechsten Tafel drehte Goethe die Beleuchtungsverhältnisse *in der Abbildung graphisch* um; aber *im Begleittext*

Abb. II.2.10 **Experimentiervorlage fürs umgekehrte subjektive Grundexperiment.** Statt den ganzen Himmel umzukehren und ein schwarzes Loch vor sonnenhell gleißendem Himmel prismatisch zu untersuchen, hat Goethe das newtonische Grundexperiment zuerst subjektiv umgedreht. Damit ist er *nicht* von Newtons experimentellen Standards abgewichen; er machte alles genau wie im subjektiven Grundexperiment (siehe Abb. I.3.3). Der einzige Unterschied betrifft die Vorlage; sie ist jetzt dort weiß, wo sie bei Newton schwarz war, und umgekehrt. [Graphik von Benjamin Marschall.]

schrieb er nicht, wie das anzustellen ist. Er redete nur von einem »völlig gleichen dunklen Bild« (Goethe [EzGF]:68). Es hätte manchen Lesern (mich eingeschlossen) geholfen, wenn er an dieser Stelle auf den oben zitierten Paragraphen und dessen Umgebung verwiesen hätte.[173]

Es gibt noch einen weiteren Grund dafür, dass das umgekehrte Experiment – einerlei ob in seiner subjektiven oder objektiven Fassung – von vielen Lesern der *Farbenlehre* übersehen oder unterschätzt worden ist: Goethe präsentierte es dort *nach* den Kantenspektren (siehe dazu Goethe [EF]: § 197–§ 213; § 309–§ 329; siehe auch Farbtafel 02 links und Farbtafel 02 Mitte). Die Kantenspektren waren ihm für seine eigene Lehre wichtiger, und daher räumte er ihnen mehr Platz ein. So versteckte er seine schärfste Waffe und wiegte Leute vom Schlage eines Max Born in falscher Sicherheit (Born [BzF]:37). Auch Physiker der Goethe-Zeit wie Parrot und Pfaff arbeiteten sich gegen Goethe nicht an der wichtigsten Stelle ab (siehe § III.3.6). Sogar einem so profunden Kenner der Farbenschriften Goethes wie Helbig ist der entscheidende Schachzug Goethes offenbar entgangen (Helbig [NO]:230–252).

Zwei Fehler in den *Beyträgen zur Optik*

§ II.2.11. In den *Beyträgen zur Optik* wählte Goethe die entgegengesetzte Reihenfolge, stellte also zunächst das umgekehrte Spektrum in den Mittelpunkt.[174] Erst danach wartete er mit den Kantenspektren auf.[175] Aber diese bessere Reihenfolge nützte ihm auch nichts, weil er dort einen gravierenden und einen taktischen Fehler machte.

Der taktische Fehler: Er begnügte sich mit den subjektiven Versionen der Umkehrung; offenbar hatte er sich deren objektive Version noch nicht erarbeitet.

Der gravierende Fehler: Er stellte es so hin, als *widerlege* das umgekehrte Spektrum die Theorie Newtons.[176] Offenbar wusste er's damals noch nicht besser. Diesen gravierenden Fehler hat der erste Rezensent der *Beyträge zur Optik* sogleich aufgespießt.[177] Goethe hat schnell gelernt, den Fehler zu vermeiden; das zeigt seine erste Fassung des Aufsatzes »Der Versuch als Vermittler von Subjekt und Objekt« aus dem Jahr 1792.[178] Dieser Aufsatz erschien zwar erst im Jahr 1823, aber schon in der *Farbenlehre* hat Goethe die Sache glasklar richtiggestellt (zitiert in § II.1.10). Doch da war's zu spät. Keiner hat Goethes Selbstkorrektur bemerkt. Das zeigt sich z. B. in den damaligen Reaktionen auf die *Farbenlehre*.[179] Es zeigt sich aber auch in allerneuesten literaturwissenschaftlichen Forschungsbeiträgen.[180] Vielleicht hätte Goethe gut daran getan, den Fehler ausdrücklich als Fehler zu bezeichnen – statt nur auf dessen Wiederholung zu verzichten.

Kapitel II.3.
Theoretische Einwände gegen die Heterogenität der Finsternis

Rückblick

§ II.3.1. Im vorigen Kapitel haben Sie einen experimentellen Anhaltspunkt (keinen Beweis) zugunsten einer extravaganten Theorie kennengelernt. Der experimentelle Anhaltspunkt stammt von Goethe und beruht auf der exakten Umkehrung des newtonischen Grundexperiments. Goethe drehte die Versuchsbedingungen optisch um (indem er am Prisma Helligkeit und Dunkelheit austauschte), die Natur beantwortete dies durch optische Umkehrung der Farben *und nur der Farben* im Versuchsergebnis. Anstelle der newtonischen Spektralfarben

Blau
Dunkeltürkis
Grün
Dunkelgelb
Rot

fanden sich in Goethes Experiment die Gegenteile dieser Farben – ihre Komplementärfarben

Gelb
Hellrot
Purpur
Hellblau
Türkis.

Dass Finsternis aus allen diesen Farben besteht, das war die extravagante Theorie, die Goethes neues Experiment nahelegte. Was ist von dieser Theorie zu halten? Was spricht gegen sie?

Im vorliegenden Kapitel werde ich theoretische Einwände gegen die Heterogenität der Finsternis aufwerfen und entkräften, im nächsten Kapitel experimentelle Einwände. (Erst dort werde ich mehr Experimente betrachten als Newtons Grundexperiment und dessen Umkehrung durch Goethe.)

Können wir die Heterogenität der Finsternis schon dadurch aus dem Spiel werfen, dass wir scharf über die beiden Grundexperimente und die beiden konkurrierenden Theorien nachdenken? Nein. Wie ich jetzt zeigen will, werden wir den faulen Zauber durch theoretische Überlegungen alleine nicht los. Die Übung dient auch einem positiven Zweck. Ich will deutlicher herausarbeiten, wie die Theorie von der Heterogenität der Finsternis funktioniert. Das wiederum wird unser Verständnis der newtonischen Heterogenität des weißen Sonnenlichts vertiefen.

Eine neue Kausalbehauptung bei Newton

§ II.3.2. Der erste Einwand gegen die unorthodoxe Theorie von der Heterogenität der Finsternis besagt, dass Finsternis (anders als Licht) nicht durch Prismen gesandt werden kann; nur Lichtstrahlen bewegen sich im Raume.

Wenn man die überkommene Theorie der optischen Phänomene voraussetzt, ist das richtig. Aber bedenken Sie: Als Newton auf den Plan trat, musste er sich u. a. mit denjenigen Modifikationstheorien herumschlagen, denen zufolge sich die bunten Farben aus dem Zusammenwirken von Licht und Finsternis erklären lassen (§ I.3.16–§ I.3.18). Seinerzeit war es alles andere als klar, dass Finsternis keinen eigenen Kausalfaktor in der Optik darstellt, sondern nur die Abwesenheit optischer Kausalfaktoren.

Newton setzte das im Hintergrund voraus; er hat es nirgendwo eigens begründet. Damit sind wir auf einen neuen Bestandteil der newtonischen Theorie gestoßen, dem ich bislang keine Aufmerksamkeit geschenkt habe:

(K) Schwarze Schatten, Finsternis, Dunkelheit usw. stellen keinen eigenen optischen Kausalfaktor dar; sie entstehen durch Abwesenheit optischer Wirkkräfte (durch Abwesenheit von Lichtstrahlen).

Angesichts der Behauptung (K) sollten optische Experimente am besten in der Dunkelkammer stattfinden, da sich nur so unerwünschte Störeinflüsse kleinhalten lassen. Diese Maxime hat Newton an vielen Stellen hervorgehoben; begründet hat er sie nicht.[181] Das lässt darauf schließen, dass er sie und den dahintersteckenden Satz (K) für selbstverständlich hielt. Goethe hat sich darüber geärgert. Er hat meines Wissens als erster darauf aufmerksam gemacht, dass die newtonische Ausschaltung von Störeinflüssen gemäß (K) keineswegs so nebensächlich ist, wie sie bei Newton daherkommt.[182] Sie beruht auf einer *Entscheidung* Newtons und ist nicht von der Natur vorgegeben.[183]

Kausale Gegenbehauptung

§ II.3.3. Im vorigen Paragraphen habe ich herausgearbeitet, dass in Newtons Theorie und in seiner experimentellen Praxis eine bestimmte Annahme darüber versteckt ist, was als optischer Kausalfaktor gilt und wie sich demzufolge unerwünschte Störfaktoren ausschalten lassen. Was aber, wenn diese Annahme (K) falsch wäre und ihr Gegenteil stimmte? Dann wäre alles Weiße optisch wirkungslos:

($\overline{\text{K}}$) Sonnenlicht, farblose Helligkeit, Weiß usw. stellen keinen eigenen optischen Kausalfaktor dar; sie entstehen durch Abwesenheit optischer Wirkkräfte (durch Abwesenheit von Finsternisstrahlen).

Diese unorthodoxe Behauptung steckt in der neuartigen Theorie von der Heterogenität der Finsternis. Sie legt es nahe, fürs optisch ungestörte Experimentieren darauf zu achten, möglichst im Hellen zu experimentieren. Und in der Tat: So muss man es machen, wenn man behaupten will, dass im umgekehrten Grundexperiment ein schmaler Schattenstrahl durchs Prisma fällt, sonst nichts. Denn beim umgekehrten Grundexperiment hat Goethe das Prisma in weiß gleißender Helligkeit aufgebaut – um frei von sonstigen dunklen Störeinflüssen nur den Weg eines einzigen Schattenstrahls durchs Prisma verfolgen zu können.

Vertiefungsmöglichkeit. Angesichts von ($\overline{\text{K}}$) hätte Goethe vermutlich (wegen seiner Abneigung gegenüber Finsternis und seiner Freude am Licht) die These von der Heterogenität der Finsternis noch heftiger abgelehnt als die These von der Heterogenität des Lichts. Das legt z. B. folgende Äußerung nahe:

> Newton […] steht in so hohem Ruf, daß der ungeschickteste Irrtum: nämlich das *klare, reine, ewig ungetrübte Licht* sei aus *dunklen* Lichtern zusammengesetzt, bis auf den heutigen Tag sich erhalten hat.[184]

Goethe wäre wohl im Karree gesprungen, wenn ihm ein Verfechter der Heterogenität der Finsternis bedeutet hätte, dass das klare, reine, ewig ungetrübte Licht gar nichts sei. Um es zu wiederholen: Goethe hat die Heterogenität der Finsternis *nicht* in eigener Sache verfochten, sondern er setzte sie als Waffe gegen Newton und dessen Erkenntnisansprüche ein (§ II.2.9).

§ II.3.4. Denken wir den Gedanken aus dem vorigen Paragraphen konsequent zu Ende. Wenn das Gesagte stimmt, dann darf ein Anhänger der Heterogenität der Finsternis nicht in der Dunkelkammer experimentieren. Er muss ins Helle treten; er muss seine Experimente in einer *Lichtkammer* aufbauen. Nur dort kann er ungestört einzelne Schattenstrahlen verfolgen, optisch analysieren und testen. Zahme Xenie

Dass die Dunkelkammer nicht immer der optimale Ort fürs optische Experiment ist, hat Goethe wieder und wieder hervorgehoben. Ihm war diese Sache so wichtig, dass er sogar in einem seiner Gedichte vor der Dunkelkammer warnte:

Freunde, flieht die dunkle Kammer
Wo man euch das Licht verzwickt,
Und mit kümmerlichstem Jammer
Sich verschrobnen Bilden bückt [...][185]

Goethe ist oft so verstanden worden, als plädiere er für romantische, alternative, technikfeindliche, qualitative Naturwissenschaft und gegen Laborwissenschaft.[186] Zum Teil klingt diese zahme Xenie auch so; das zeigt ihre zweite Strophe:

Wenn der Blick an heitern Tagen
Sich zur Himmelsbläue lenkt,
Beim Siroc der Sonnenwagen
Purpurroth sich niedersenkt,
Da gebt der Natur die Ehre,
Froh, an Aug' und Herz gesund,
Und erkennt der Farbenlehre
Allgemeinen ewigen Grund.

Doch hinter dem Beginn der ersten Strophe steckt mehr als romantische Schwärmerei. Die Gründe, die Goethe zu seiner Warnung vor der Dunkelkammer bewogen haben, lassen sich auch für eingefleischte Laborwissenschaftler stark machen. Goethe warnte vor der *Dunkelheit* in der Kammer Newtons und vor der einseitigen Diät an experimentellen Befunden, die dort herrscht – gegen Kammern schlechthin (Labore) musste Goethe nichts einwenden.[187] Seine *Farbenlehre* legt es nahe zu fragen, welche experimentellen Befunde sich z. B. in einer gleichmäßig hellen Kammer ergeben. Ich werde darauf zurückkommen (§ II.5.18). Abgesehen davon hat sich Goethe schon im Jägerhaus, wo er von 1789 bis 1792 lebte, eine Dunkelkammer eingerichtet und oft darin experimentiert.[188] Und am Fensterladen seines späteren Arbeitszimmers (Frauenplan 1, 99423 Weimar) kann man noch heute die fast 10 cm große Blendenöffnung sehen, durch die Goethe das südliche Licht zum prismatischen Experimentieren ins Dunkle ließ.[189]

Literaturbelege. Als einige Skandinavier im Kreis um den Publizisten André Bjerke anfingen, Goethes Umkehrung des Grundexperiments zu studieren, und dies Manöver auf weitere optische Experimente auszudehnen versuchten, stießen sie zunächst auf unüberwindliche Hindernisse. Sie hatten Goethes verstreute Hinweise überlesen, dass man im Hellen statt im Dunklen experimentieren muss. Aber kurz bevor sie klein beigaben, hat Bjerke doch noch die entscheidende Einsicht Goethes aus einer Andeutung herausgelesen, die sich im historischen Teil der *Farbenlehre* versteckt.[190] Nichtsdestoweniger hängen Goethes Warnungen vor der Dunkelkammer nicht ausschließlich mit der Umkehrungsidee zusammen. So sprach sich Goethe in späteren Jahren auch bei den entoptischen Farben (d. h. den Interferenzfarben des polarisierten Lichts) für Experimente außerhalb der Dunkelkammer und ohne winzige Blenden aus.[191] Und auch in diesem Zusammenhang ergaben sich experimentelle Erfolge: Nur durch vergrößerte Blendenöffnungen scheint Seebeck seine entscheidende Entdeckung der fraglichen Farberscheinungen gelungen zu sein.[192]

Was sind Finsternisstrahlen?

§ II.3.5. Ich habe in diesem Kapitel oft von Finsternis- oder Schattenstrahlen geredet. Was soll das sein?[193]

Gegenfrage: Was sollen Lichtstrahlen sein? Wer hat je einen Lichtstrahl gesehen? Schon die Rede von Lichtstrahlen ist hypothetisch. Goethe schrieb dazu:

> Nachdem die Wirkungen des Lichts, zur Bequemlichkeit der Demonstration, auf ideale Linien zurückgeführt, unter Linien vorgestellt und solche angenommene Lichtlinien *Strahlen* genannt worden; so ist in der Lehre vom Licht und den Farben dadurch eine große Verwirrung entstanden, daß man diese abstrakten Geistesprodukte als wirklich existierende physische Wesen ansah.[194]

Hier hat Goethe einen wunden Punkt bei Newton berührt, von dem schon mehrfach die Rede war. Um seine Beweise abzusichern, musste Newton voraussetzen, dass es Lichtstrahlen gibt (§ I.5.4, § I.5.13). Diese Voraussetzung steckt voller Idealisierungen. Doch selbst wer gegen Idealisierungen beliebig dünner *Strahlen* nichts einzuwenden hat, kann sich gegen *Licht*strahlen aussprechen. Denn Newtons Voraussetzung steckt auch noch voller Annahmen darüber, was als *Ausgangsmaterial* für die Idealisierung genommen werden soll. Wieso gerade Licht und keine Finsternis? Wieso Lichtbündel und keine Schatten?

Kein Zweifel: Wenn man will, kann man dem Bild, das sich unserem Auge darbietet, Finsternisstrahlen entnehmen. Unmittelbar zu beobachten ist weder das eine noch das andere.[195] Ebenso wenig lässt sich das eine oder das andere direkt empirisch widerlegen.

Sehen kann man nur (in zwei Dimensionen ausgedehnte) Flecke: weiße, rote, gelbe Flecke genauso wie schwarze Flecke. Diese Flecke *kann* man – muss man aber nicht – mit Hilfe von Lichtstrahlen theoretisch erklären (wobei man schwarze Flecke durch Abwesenheit von Lichtstrahlen erklären wird). Man kann die weißen, roten, gelben und schwarzen Flecken aber auch mit Hilfe von Finsternisstrahlen erklären. In diesem Fall wird man weiße Flecken durch Abwesenheit von Finsternisstrahlen erklären. Und wenn wir die Ansicht eines Zebras in die Lochkamera projizieren, so sehen wir das Bild eines Tiers mit schwarzen Streifen. Liegt es nicht nahe, die dort aufgefangenen schwarzen Streifen als Wirkung von Finsternisstrahlen aufzufassen, die durch die Öffnung der Lochkamera gelangt sind?

Vertiefungsmöglichkeit. Aus heutiger Sicht sind Finsternisstrahlen starker Tobak. Nichtsdestoweniger hat sich Newton dieser Idee kurz angenommen. Er glaubte, sie leicht aus dem Spiel werfen zu können:

> Man braucht nicht länger darüber zu diskutieren, ob es in der Dunkelheit Farben gibt.[196]

Doch diesen Satz schloss Newton aus seiner *Theorie*; ihm ist entgangen, dass er ihn bei der experimentellen Begründung der Theorie *voraussetzen* musste – ein Teufelskreis.

§ II.3.6. Was ich im vorigen Paragraphen so leichthin zugunsten der Finsternisstrahlen gesagt habe, lässt sich folgendermaßen kritisieren. In Newtons Experimenten wird mit Licht experimentiert; dort wird Licht gebrochen, aufgefangen, gebündelt, manipuliert usw. Dass der Gegenstand all dieser Handlungen existiert, wird man angesichts der Experimente kaum leugnen. Licht und nicht Finsternis bietet also das Ausgangsmaterial für die idealisierende Rede von Strahlen.

Weiß ist am Zug

In der Tat, mit etwas Mühe kann man einen Weg finden, wie sich Newtons Idealisierungen bis hin zum Lichtstrahl begründen lassen: durch gedankliche Extrapolation der Erfolge aus dem *experimentum crucis.* Schon Newton und seine Zeitgenossen kannten weitere Experimente mit immer enger abgezirkelten Lichtbündeln, an denen sich diese Extrapolationen bewahrheiteten.[197] Der Trend immer akkuraterer Beobachtungen, der sich hier beim Übergang vom einen zum nächsten Experiment ergibt, lässt sich gedanklich bis ins Ideal hinein fortschreiben. Und die Erfolge, die dabei erzielt wurden, sprachen eindeutig für die Annahme unveränderlicher Lichtstrahlen.

Schwarz ist am Zug

§ II.3.7. Die Kritik aus dem vorigen Paragraphen klingt gut. Doch sie taugt nichts; sie scheitert an Goethes Theorem. Mit diesem Theorem im Rücken behaupte ich: Alle Experimente, auf denen die Kritik beruht, haben ein umgekehrtes Gegenstück. Es gibt ein *experimentum crucis*, in dem sich Schatten so verhalten wie das Licht in Newtons *experimentum crucis.* Und genauso gibt es ein finsteres Gegenstück zu den akkurateren Nachfolge-Experimenten, die ich erwähnt habe. Mehr noch, jedes newtonische Experiment hat ein komplementäres Gegenstück! *Wenn* diese Behauptungen aus Goethes Theorem stimmen, dann ist die Rede von Finsternisstrahlen genauso respektabel wie die von Lichtstrahlen. *Dass* sie stimmen, werde ich in den kommenden beiden Kapiteln plausibel zu machen versuchen (und im Anhang zum Kapitel II.5 beweisen).

Damit ist klar, wie ich auf die Frage antworte, die seit Beginn des vorigen Paragraphen auf dem Tisch liegt: Was sind Finsternisstrahlen? Meine Antwort kann und wird darauf hinauslaufen, alle weißen Schachzüge zugunsten der Lichtstrahlen sogleich mit schwarzen Schachzügen zugunsten von Finsternisstrahlen zu kontern. Newtons theoretische Schachzüge werden theoretisch gekontert; seine experimentellen Schachzüge experimentell.

Vertiefungsmöglichkeit. Nehmen wir an, Weiß ist am Zug und sagt:

> DEFIN. I. Unter Lichtstrahlen verstehe ich die kleinsten Teile des Lichts, und zwar sowohl diejenigen, die einander auf demselben Pfad folgen, als auch diejenigen, die gleichzeitig auf verschiedenen Pfaden laufen.[198]

Danach ist Schwarz am Zug und sagt:

> DEFIN. I. Unter Finsternisstrahlen verstehe ich die kleinsten Teile des Schattens, und zwar sowohl diejenigen, die einander auf demselben Pfad folgen, als auch diejenigen, die gleichzeitig auf verschiedenen Pfaden laufen.

Diese Übung kann man bei anderen Aussagen Newtons über das Licht und seine Strahlen wiederholen. Bjerke hat die Übung publik gemacht, siehe Bjerke [NBzG]:85–88.

§ II.3.8. Der nächste Einwand gegen die Heterogenität der Finsternis wird uns bis zum Ende dieses Kapitels auf Trab halten. Er macht darauf aufmerksam, dass die neue Theorie überflüssig ist: Um das Goethespektrum zu erklären (das sich im umgedrehten Grundexperiment zeigt), genügt Newtons Heterogenität des Lichts. Denn für den Effekt sind die am Schattenwerfer *vorbeireisenden* Lichtstrahlen verantwortlich (nicht der Schatten, der durchs Prisma fällt). Diese vorbeireisenden Lichtstrahlen haben verschiedene Farben und werden auf dem Weg durchs Prisma verschieden stark gebrochen. So treffen an verschiedenen Punkten des Schirms ganz unterschiedliche Farbkombinationen aufeinander; und deren Überlagerung liefert genau das neu beobachtete Spektrum

Newtons Erklärung des Goethespektrums

Gelb
Hellrot
Purpur
Hellblau
Türkis.

So weit beruht der Einwand auf einem ungedeckten Scheck: auf dem Versprechen einer Erklärung, die allererst durchbuchstabiert werden muss. Im nächsten Paragraphen möchte ich den ersten Schritt dieser Erklärung im Detail durchgehen. Sie ist in den wesentlichen Zügen von Newton vorweggenommen worden. (Newtons Erklärung gebe ich im Kleingedruckten am Ende dieses Kapitels wieder, siehe § II.3.17, § II.3.19.)

Purpur à la Newton

§ II.3.9. Betrachten Sie z. B. einen weißen Lichtstrahl, der ein gutes Stück unterhalb des Schattenwerfers entlangkam (Farbtafel 12, linkes Bild, unterste Farbenzeile). Seine blaue Komponente wird um fünf Einheiten nach oben gebrochen, also am stärksten; ein grauer Pfeil deutet an, wo dies Blau im Refraktionsergebnis ankommt (rechtes Bild, linke Farbenspalte, fünfte Zeile von unten). Die andersfarbigen Komponenten dieses Lichtstrahls werden vom Prisma weniger stark nach oben abgelenkt als seine blaue Komponente und müssen daher dessen Ankunftsort auf dem Schirm verfehlen. Trotzdem kommen dort in der fünften Zeile von unten weitere gebrochene Lichtstrahlen an, wie die grauen Pfeile zeigen: z. B. die dunkeltürkise Komponente eines Lichtstrahls, der direkt unter dem Schattenwerfer zum Prisma kam (also weniger weit unten als der zuerst betrachtete blaue Lichtstrahl). Diese dunkeltürkise Komponente braucht beim Weg durchs Prisma nicht so stark vom Weg abgelenkt zu werden, um genau an Ort und Stelle aufzutreffen. Denn nach Newton wird dunkeltürkises Licht weniger stark als blaues Licht beim Weg durchs Prisma abgelenkt.

Käme nun grünes Licht direkt durch den Schattenwerfer hindurch, so träfe dieses grüne Licht gleichfalls am fraglichen Schirmpunkt auf; es würde noch weniger weit nach oben vom Weg abgelenkt werden als die weiter unten entlangreisenden – und stärker abgelenkten – dunkeltürkisen bzw. blauen Lichtstrahlen. Aber durch den Schattenwerfer kommt überhaupt kein Licht hindurch, also auch kein grünes Licht (Farbtafel 12, linkes Bild, dritte Zeile).

Erreicht also nur blaues und dunkeltürkises Licht den betrachteten Schirmpunkt? Nein. Denn bislang habe ich nur Lichtstrahlen besprochen, die *unter* dem Schattenwerfer zum Prisma reisen. Direkt oberhalb des Schattenwerfers kommt aber ein Lichtstrahl mit einer dunkelgelben Komponente zum Prisma, die noch weniger stark nach oben abgelenkt wird als die zuvor erwähnten Lichter, und die daher gleichfalls an Ort und Stelle ins Ziel geht (Farbtafel 12, rechtes Bild, vierte Farbenspalte). Und noch weiter oben dringt sogar rotes Licht ins Prisma ein und gelangt an den fraglichen Schirmpunkt (Farbtafel 12, rechtes Bild, fünfte Farbenspalte).

Damit ist die Geschichte für den betrachteten Schirmpunkt komplett. Alle übrigen farbigen Lichtstrahlen, die am Schattenwerfer vorbeikommen, werden auf ihrem Weg durchs Prisma entweder nicht weit genug abgelenkt, um den besagten Schirmpunkt zu erreichen – oder sie schießen über dieses Ziel hinaus. Aus Newtons Spektrum sind also alle Farben außer Grün an der fraglichen Stelle ins Ziel gelangt. Und wenn sich dort demzufolge Lichtstrahlen mit den Farben

Blau
Dunkeltürkis
– [Grün fehlt]
Dunkelgelb
Rot

übereinanderlagern, dann entsteht: Purpur. (Siehe Farbtafel 12, Spalte ganz rechts, 5. Zeile von unten.) Das ist diejenige Farbe, die sich aus der Mischung aller newtonischen Farben ohne Grün ergibt (sozusagen Weiß minus Grün); es ist die Komplementärfarbe zu Grün.

§ II.3.10. So weit die newtonische Erklärung der purpurnen Mitte des Spektrums, das wir im umgedrehten Grundexperiment à la Goethe zu sehen bekommen. Für die anderen Farben jenes Spektrums lassen sich gleichgebaute Erklärungen angeben. So treffen ein kleines Stück über dem eben durchdeklinierten Schirmpunkt alle Farben außer Dunkeltürkis ein. (Dunkeltürkis würde diesen benachbarten Schirmpunkt nur erreichen, wenn er direkt vom Schattenwerfer herkäme; doch der Schattenwerfer ist schwarz und unterbricht jedwedes Licht, auch das dunkeltürkise Licht.) Wenn man nun alle newtonischen Farben außer Dunkeltürkis übereinanderlegt Und so weiter

Blau
– [Dunkeltürkis fehlt]
Grün
Dunkelgelb
Rot,

so ergibt sich: Hellrot. Und in der Tat sieht man in unserem Experiment unmittelbar über der purpurnen Mitte einen hellroten Fleck.

Fazit: Es scheint zu stimmen, dass Newton jede einzelne Farbe aus dem neuen Spektrum

Gelb
Hellrot
Purpur
Hellblau
Türkis

als komplizierte Überlagerung verschiedenfarbiger Lichtstrahlen erklären kann – als Überlagerung von Lichtstrahlen, die am Schattenwerfer vorbei ins Prisma gelangen. Denn was ich fürs Purpur und Hellrot durchgespielt habe, funktioniert genauso für die anderen Farben des umgekehrten Spektrums, siehe Farbtafel 12.

Kurzum, Newtons Hypothese von der Heterogenität des weißen Lichts ist stark genug, um mit dem neuen Spektrum fertig zu werden. Das neue Spektrum verlangt nicht nach einer extravaganten neuen Theorie; es verlangt nicht nach der Theorie von der Heterogenität der Finsternis. Und das scheint zu bedeuten, dass die neue Theorie überflüssig ist: So lautet jedenfalls der Einwand, dessen Darstellung ich hiermit abschließe.

Suboptimale Antwort

§ II.3.11. Was ich in den vorigen Paragraphen als newtonische Erklärung des umgekehrten Spektrums entfaltet habe, war Goethe im großen und ganzen bekannt. Er wischte solche Erklärungen mit grandioser Geste vom Tisch:

> Die Nachwelt wird mit Erstaunen ein solches Musterstück betrachten, wie gegen das Ende des achtzehnten Jahrhunderts in den Naturwissenschaften auf eine Weise verfahren worden, deren sich das dunkelste Mönchtum und eine sich selbst verwirrende Scholastik nicht zu schämen hätte.[199]

Ihm kam die newtonische Erklärung des neuen Spektrums zu verzwickt vor, um zu überzeugen. Er polemisierte und machte sich nicht die Mühe, den Gegner mit dessen eigenen Waffen zu schlagen. Damit will ich sagen, dass Goethe dem Einwand gründlicher hätte begegnen können, als er's für nötig gehalten hat. Er hat zwar wieder und wieder darauf hingewiesen, dass die prismatischen Farben aus dem umgedrehten Spektrum genauso behandelt werden sollten wie Newtons prismatische Farben.[200] Aber in unserem augenblicklichen Zusammenhang hat er es versäumt, der Parallele zwischen den beiden Fällen weit genug zu folgen.

Um dem zuletzt entfalteten Einwand gegen die Heterogenität der Finsternis zu begegnen, hätte Goethe ihn einfach vom Kopf auf die Füße stellen und gegen Newtons Heterogenität des Lichts ins Feld führen können. Er hätte sagen können, dass Newtons Hypothese von der Heterogenität des Lichts überflüssig ist, weil sich das newtonische Spektrum

Blau
Dunkeltürkis
Grün
Dunkelgelb
Rot,

das sich im ursprünglichen Experiment (bei viel Dunkelheit und wenig Helligkeit) zeigt, auch anders erklären lässt als bei Newton. Das newtonische Spektrum lässt sich unorthodox erklären – als komplizierte Überlagerung von *Finsternis*strahlen, die aus der *schwarzen Umgebung* des Fensterladenlochs herkommen.[201] Das illustriere ich mit Hilfe von Farbtafel 13. Sie zeigt dieselbe Struktur wie die vorige Farbtafel, enthält aber andere Farbwerte – nämlich die Farben aus der unorthodoxen Theorie. Details im kommenden Paragraphen.

Details der Retourkutsche

§ II.3.12. Einen bestimmten Schirmpunkt (rechts in Farbtafel 13, fünfte Zeile von unten) erreichen einerseits die stärker von ihrem Weg abgelenkten gelben und hellroten Finsternisstrahlen (die unter dem Fensterladenloch aus der dunklen Wand der Kammer herauskommen), andererseits die viel weniger weit vom Weg abgelenkten hellblauen und türkisen Finsternisstrahlen (die oberhalb des Fensterladenlochs aus der dunklen Wand herauskommen). Um das nachzuvollziehen, habe ich exemplarisch den Weg eines roten und den eines blauen Finsternisstrahls grau hervorgehoben. Verfehlt wird der fragliche Schirmpunkt nur von den purpurnen Finsternisstrahlen, die stärker als die hellblauen und türkisen, aber weniger stark als die gelben und hellroten Finsternisstrahlen vom Weg abgelenkt werden und die deshalb fehlen, weil sie genau aus dem weiß scheinenden Fensterladenloch herkommen müssten, um an der besagten Stelle auf dem Schirm aufzutreffen. (Doch wie gesagt kommen gemäß ($\overline{\text{K}}$) aus dem weiß scheinenden Fensterladenloch überhaupt keine Strahlen heraus, § II.3.3.) Und aus der Überlagerung der Finsternisstrahlen

Gelb
Hellrot
– [Purpur fehlt]
Hellblau
Türkis

ergibt sich der Farbeindruck, den wir in der Mitte des newtonischen Spektrums finden: Grün.

Diese unorthodoxe Erklärung der grünen Mitte des – ursprünglich entdeckten – newtonischen Farbspektrums beruht voll und ganz auf der Hypothese von der Heterogenität der Finsternis. Die unorthodoxe Erklärung funktioniert genauso gut und folgt demselben Muster wie die newtonische Erklärung des – später entdeckten – komplementären Farbspektrums. Und nach diesem Muster lassen sich natürlich auch die anderen Farben des newtonischen Spektrums auf die Hypothese von der Heterogenität der Finsternis zurückführen. (Siehe Farbtafel 13.)

Vertiefungsmöglichkeit. Wer mit mehr als fünf Farben des Komplementärspektrums arbeiten will, kann die unorthodoxe Erklärung des Grüns entsprechend ausbauen; wer mit weniger Farben arbeiten will, etwa mit dreien, kann die Erklärung entsprechend kürzen. Im zuletzt genannten Fall gelangt man zu den sogenannten subtraktiven Mischungsregeln, die vom Dreifarbendruck her bekannt sind. Ganz genauso brauchen wir uns bei der newtonischen Erklärung des Komplementärspektrums (§ II.3.8–§ II.3.10) nicht auf *fünf* Farben festzulegen. Auch hier kann man mit weniger Farben arbeiten, etwa mit dreien. In diesem Fall gelangt man zu den sogenannten additiven RGB-Mischungsregeln, die von den Röhrenmonitoren her bekannt sind. Siehe Farbtafel 14 oben.

Orthodoxes und Unorthodoxes im Vergleich

§ II.3.13. Die Theorie von der Heterogenität der Finsternis und die hierauf aufbauenden unorthodoxen Erklärungen (die ich im vorigen Paragraphen skizziert habe) bieten das exakte Spiegelbild der newtonischen Theorie von der Heterogenität des Lichts und der darauf aufbauenden Erklärungen (§ II.3.8–§ II.3.10). Die Newtonianer halten das Spektrum

Blau
Dunkeltürkis
Grün
Dunkelgelb
Rot

für grundlegend, leiten aus ihm die Heterogenität des weißen Lichts ab und behaupten:

(R↕F) Auf dem Weg durchs Prisma werden blaue Lichtstrahlen stärker als dunkeltürkise, diese wiederum stärker als grüne, diese wiederum stärker als dunkelgelbe und diese schließlich stärker als rote Lichtstrahlen gebrochen (Farbtafel 10).

Hieraus und aus bestimmten Annahmen über die Ergebnisse der Überlagerung verschiedenfarbiger Lichtstrahlen (§ II.3.9, § II.3.10) erklären die Newtonianer das neuartige Spektrum

Gelb
Hellrot
Purpur
Hellblau
Türkis,

das sich im umgedrehten Grundexperiment zeigt (Farbtafel 12). Ihre unorthodoxen Gegner gehen umgekehrt vor, halten das zuletzt erwähnte Spektrum für grundlegend, leiten aus ihm die Heterogenität der Finsternis ab und behaupten:

$(\overline{R\updownarrow F})$ Auf dem Weg durchs Prisma werden gelbe Finsternisstrahlen stärker als hellrote, diese wiederum stärker als purpurne, diese wiederum stärker als hellblaue und diese schließlich stärker als türkise Lichtstrahlen gebrochen (Farbtafel 11).

Hieraus und aus bestimmten Annahmen über die Ergebnisse der Überlagerung verschiedenfarbiger Finsternisstrahlen (§ II.3.12) erklären die Newton-Gegner das altbekannte Spektrum

Blau
Dunkeltürkis
Grün
Dunkelgelb
Rot,

das sich in Newtons Grundexperiment zeigt (Farbtafel 13).

Spiegelbilder

§ II.3.14. Beide Erklärungen (orthodox und unorthodox) haben exakt dieselbe Struktur; sie passen gleich gut zu den zwei Versuchsergebnissen; sie liefern dieselbe Erklärungsleistung und sind in sich gleichermaßen überzeugend. Die eine Erklärung ist das Spiegelbild der anderen – und die andere das Spiegelbild der einen. Welche der beiden Erklärungen bietet denn nun das Original, welche bloß ihr Echo? Welche Erklärung sagt, wie es bei den prismatischen Versuchen *wirklich* zugeht? Bis auf weiteres wissen wir's nicht; bis auf weiteres steht es unentschieden.

Nun hatten wir im gegenwärtigen Kapitel nur zwei Experimente im Blick: Newtons Grundexperiment und dessen Umkehrung à la Goethe. Ist es wirklich so erstaunlich, wenn auf dieser kargen empirischen Grundlage ein Unentschieden herauskommt? Wird sich das Bild nicht im Lichte weiterer Experimente drastisch ändern? Diese Hoffnung werde ich im kommenden Kapitel enttäuschen; im übernächsten Kapitel werde ich sie zertrümmern.

* * *

Newton über Freiheit von Störeinflüssen

§ II.3.15. Explizit hat Newton keinen Satz wie (K) aus § II.3.2 in seine Theorie aufgenommen; z. B. kommt (K) nicht unter den Propositionen der *Opticks* vor. Dass Newton implizit mit einem Satz wie (K) gearbeitet hat, lässt sich leicht belegen. Newton hat sorgsam alle seine (undurchsichtigen) Ausrüstungsgegenstände geschwärzt: schwarz angemalt, mit schwarzem Samt beklebt usw. Er schrieb:

> Man muss den Raum *sehr dunkel* machen; sonst wird sich Streulicht mit der Farbe vermischen, sie stören und abschwächen.[202]

Was das heißt, sagte Newton weit deutlicher in den *Opticks*, in denen er schon beim ersten Experiment und ein für allemal alles Erdenkliche geschwärzt hat.[203] Er tat dies, weil er meinte, dass Schwärze und Finsternis so viel bedeuteten wie abwesendes Licht – nur im Finstern ist laut Newton sichergestellt, dass kein störendes Streulicht die Experimente behindert oder verfälscht.

Offenbar war sich Newton in dieser Hinsicht keiner versteckten Annahme bewusst. Zu Beginn des zweiten Teils des ersten Buchs der *Opticks* widersprach er zwar den Modifikationstheorien seiner Gegner, denen zufolge Schatten*grenzen* eine entscheidende Rolle bei der Produktion prismatischer Farben zukommt.[204] Doch die überzeugenden Experimente, die Newton dafür aufgeboten hat, fanden allesamt im Dunkeln statt.[205] Die Schlüsse aus ihnen setzen also eine Behauptung wie (K) voraus. – Um Missverständnissen vorzubeugen: Nicht alle Anhänger der Modifikationstheorien hielten Dunkelheit für eine eigene Wirkkraft; Descartes hat das z. B. nicht getan; für ihn war Finsternis nichts anderes als die Abwesenheit von Licht (siehe Buchwald [DEJp]:12n28).

* * *

Das erste umgedrehte Experiment

§ II.3.16. Die frühesten umgedrehten Versionen des newtonischen Grundexperiments, die ich gefunden habe, stehen in zwei Briefen des Jesuiten Lucas, die an Oldenburg gerichtet waren, den Präsidenten der *Royal Society*. Beide Versionen sind subjektive Experimente. Die erste Version des umgedrehten Experiments findet sich in einem Brief vom 17. 5. 1676 (datiert nach kontinentaler Kalenderkonvention auf den 27. 5. 1676), der am 8. 6. 1767 vor der *Royal Society* verlesen und dann auch in deren Papieren veröffentlicht wurde.[206] Dort vertauschte Lucas die Rollen von Licht und Finsternis – nach einigen Vorbereitungen (die ich mit wiedergebe). Die Abbildung, auf die sich Lucas bezog, finden Sie in Abb. II.3.16. Er schrieb:

> Ich befestigte einen sehr weißen Papierkreis (mit einem Durchmesser von ca. einem Zoll [2,5 cm]) an den Fensterläden und betrachtete ihn durchs Prisma. Es ergab sich ein farbiges Bild auf meiner Netzhaut, das fast genauso aussah wie das farbige Bild, das ich vorher direkt aus dem Sonnenlicht erzeugt und an die Wand geworfen hatte. Das bunte Bild vom Papierkreis kam ans bunte Sonnenbild farblich dann besonders nahe heran, wenn der Papierkreis gleichmäßig gut beleuchtet war […] Durch den neuen Versuchsaufbau ließ sich das farbige Spektrum besser untersuchen als das Sonnenspektrum, und so hoffte ich, in der fraglichen Angelegenheit weiterzukommen. [7°] Um meine frühere Vermutung weiterzuverfolgen [wonach nicht allein das direkte Sonnenlicht, sondern auch andere Lichtstrahlen das Spektrum beeinflussen – O. M.], befestigte ich zunächst mein Prisma in einer stabilen Position. Dann ließ ich das Papier *C* von unten immer näher an den Papierkreis *abd* herankommen. Als es noch

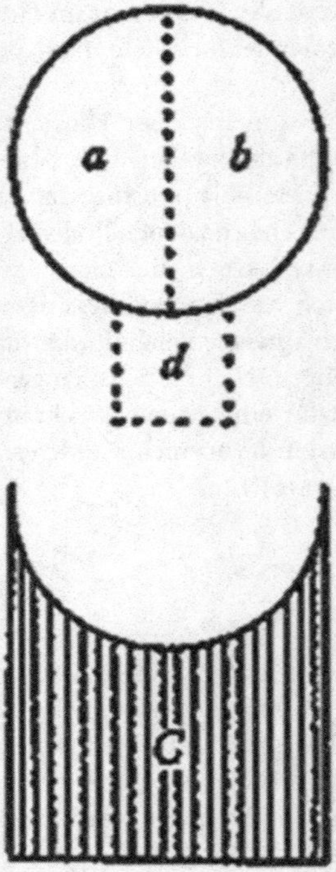

Abb. II.3.16 **Ein Experiment des Jesuiten Lucas (1676).** Originalskizze aus einem Brief des Jesuiten Lucas für Newton. Sie gehört zur ersten jemals veröffentlichten Serie von Experimenten, in denen die Hell/Dunkel-Symmetrie aufscheint; es handelt sich um subjektive Experimente. Am Ende dieser Serie brachte Lucas einen weißen Papierkreis ba mit einer Lasche d so am halb geöffneten Doppelfensterladen an, dass der eine Halbkreis vor dem geschlossenen und wohl dunkel bemalten Fensterladen hing, der andere Halbkreis dagegen im offenen Fenster. Der eine Halbkreis wirkte also wie ein helles Vorbild vor dunklem Hintergrund (beleuchtet vom Streulicht im Zimmer), der andere Halbkreis dagegen wie ein dunkles Vorbild vor noch viel hellerem, himmlischem Hintergrund. Diese Konfiguration betrachtete Lucas durchs Prisma. Also sah er gleichzeitig auf der einen Seite das Newtonspektrum und daneben auf der anderen Seite dessen umgekehrtes Gegenstück. (Das Ergebnis sah also ungefähr so aus, wie Farbtafel 06 rechts zeigt.) Der untere Teil C dieser Abbildung hängt mit anderen Experimenten aus der Serie zusammen, die Lucas durchführte. [Graphik aus Lucas, Brief an Oldenburg vom 17. 5. 1676 (siehe Turnbull (ed) [CoIN]/II:11).]

> weit vom Kreis entfernt war, schien bei *d* (unten am Kreis *abd*) Blau auf und oben bei *C* Rot. Und an die Stelle beider Farben trat in dem Augenblick Weiß, in dem das Papier *C* und der Kreis *abd* aneinanderstießen.[207] Als nächstes nahm ich den Kreis von den Fensterläden fort und brachte ihn am offenen Fenster an; er wurde nur von der Papierlasche *d* gehalten. *Zu meinem Erstaunen vertauschten daraufhin alle Farben ihre Plätze: Das Rot erschien nun unten und das Blau oben;* die dazwischenliegenden Farben ließen sich kaum erkennen [...] Zuletzt schloss ich einen der beiden Fensterläden und brachte den Papierkreis so an, dass seine rechte Hälfte *b* am Fensterladen befestigt war, während sich seine linke Häfte *c* im Freien befand. Nun zeigte der Halbkreis *a* oben blaue und unten rote Grenzen, beim rechten Halbkreis *b* war es hingegen genau andersherum.[208]

Diese Versuche haben meines Wissens in der Literatur nicht die erforderliche Aufmerksamkeit gefunden.[209] Das mag an mehreren Gründen liegen. Einerseits zogen andere Versuche das Interesse der Kommentatoren auf sich.[210] Andererseits sind die meiner Ansicht nach entscheidenden Versuche in einer längeren Versuchsreihe versteckt; zudem ist nicht leicht zu verstehen, was Lucas genau gemacht hat. Vor der Nummer [7°], die der Herausgeber offenbar im Einklang mit Lucas' Zählung ergänzt hat,[211] beschrieb Lucas den Übergang vom objektiven zum subjektiven Experiment.

Als nächstes fasste Lucas – ohne das ausdrücklich zu sagen – zwei Spektren ins Auge: ein Spektrum, das vom Kreis abd herrührt, und ein anderes, das vom Papier C herrührt. Ihn interessierte der untere blaue Pol des einen Spektrums und der obere rote Pol des anderen, siehe Abb. II.3.16. Wenn das Papier immer näher an den Kreis herankommt, treten die beiden Pole irgendwann übereinander und löschen sich aus; das Ergebnis ist Weiß.

Die bisher betrachteten Experimente aus Lucas' Brief dienten zum Aufwärmen. Jetzt wird's spannend. Lucas betrachtete seinen Papierkreis als nächstes nicht mehr vorm dunklen Hintergrund der Fensterläden, sondern vor dem viel helleren Hintergrund des Tageslichts. Offenbar verwandelte sich der Papierkreis dadurch in einen Schattenwerfer – damit sind wir genau bei dem Experiment, das Goethe am meisten interessierte.

§ II.3.17. Der Brief, aus dem ich im vorigen Paragraphen zitiert habe, ging über Oldenburg an Newton und wurde von Newton in mehreren Briefen beantwortet.[212] Newton erklärte die Farben des umgekehrten Experiments wie folgt – und verwies dabei u. a. (genau wie ich soeben auch) auf Helligkeitsunterschiede: *Newtons Antwort*

> Ihr vierter Einwand [...] beruht darauf, dass Sie eines nicht beachtet haben: In Ihrem ersten Fall kommt von Ihren Papierkreisen stärkeres Licht als von den Fensterläden; in Ihrem zweiten Fall kommt von den Papier-

> kreisen schwächeres Licht als von draußen. Wenn nun verschieden starke Lichter aneinander angrenzen, dann entstehen die Farben immer aus dem stärkeren Licht; denn das schwächere Licht ist im Vergleich zum stärkeren nicht mehr als ein Schatten. Hätten Sie das berücksichtigt, dann wäre Ihnen klargeworden, dass die Reihenfolge der Farben davon abhängen muss, wo das stärkere und wo das schwächere Licht wirkt; und dann hätten sie auch nicht darüber gestaunt, dass sich die Reihenfolge der Farben ändert, sobald die Rollen des stärkeren und des schwächeren Lichts miteinander vertauscht werden. Sie haben über ein Naturphänomen gestaunt, das so einfach ist wie jedes andere.[213]

Newton stellte also zunächst fest, dass im Zweifelsfall bei prismatischen Erklärungen immer diejenigen weißen Lichtstrahlen zu berücksichtigen sind, die am hellsten leuchten; und dann erklärte er die Farben des umgekehrten Experiments (ohne ins Detail zu gehen) aus dem Licht, das am Papierkreis vorbei ins Prisma gerät und dort nach den orthodoxen Regeln gebrochen wird. Damit gab er im Kern die Erklärung, die ich in § II.3.8 bis § II.3.10 ausgearbeitet habe. (Mit Details brauchte sich Newton auch deshalb nicht abzuplagen, weil Lucas noch keine purpurne Mitte des umgekehrten Spektrums aufgeboten hatte, also noch keine ungewohnten Spektralfarben.)

Das zweite umgedrehte Experiment

§ II.3.18. Lucas hat noch eine zweite Version des umgedrehten Grundexperiments vorgeschlagen; sie findet sich in einem Lucas-Brief an die *Royal Society* vom Oktober 1676.[214] Anders als der vorige Brief und entgegen Lucas' Erwartungen wurde der neue Brief nicht mehr in den Papieren der *Royal Society* veröffentlicht.[215] Newtons Exemplar dieses Briefes ging offenbar bei einem Brand in seinem Arbeitszimmer verloren.[216] So sandte Lucas *via* Hooke eine leicht überarbeitete Abschrift an Newton, datiert auf den Februar 1677/8. Aus dieser Abschrift zitiere ich das Entscheidende:

> Ich komme jetzt zu meinem nächsten Experiment gegen das *experimentum crucis.* Damit beabsichtige ich zu zeigen: Nicht nur die gelben, sondern auch die roten Strahlen können genauso stark gebrochen werden wie die blauen, und zwar sogar bei gleichem Einfallswinkel; daraus ergibt sich, dass verschiedenfarbige Strahlen nicht verschieden refrangibel sind, wie Mr Newton mit Hilfe seines *experimentum crucis* zu zeigen beansprucht. Ich schnitt 2 Kreise aus, deren Durchmesser etwa einen Zoll [2,5 cm] betrug; der eine Kreis war sehr schwarz, der andere sehr weiß. Den ersten Kreis befestigte ich an einer sehr weißen Wand, den zweiten an derselben Wand, aber auf einem schwarzen Tuch, dessen Fläche etwa einem Quadratfuß entsprach [knapp 1000 cm²]. Beide Kreise hingen so nah wie möglich nebeneinander, und zwar auf derselben Höhe (etwa an-

derthalb Yard [140 cm] über dem Boden). Ich betrachtete beide Kreise zugleich durchs Prisma, und zwar aus einer Entfernung von 15 oder 16 Fuß [knapp 5 m] und an einem klaren Tag, doch nicht im Sonnenlicht. (Ich hatte das Prisma so ausgerichtet, dass sich die Kreise auf dem Boden zu befinden schienen.) Jedesmal zeigten sich folgende Versuchsergebnisse. 1. Das Gelb am unteren Rand des schwarzen Kreises war genauso lang wie das Blau des weißen Kreises – sogar dann, wenn das vom weißen Kreis herkommende Spektrum die größtmögliche Länge aufwies. 2. Das Rot am unteren Ende des weißen Kreises war genauso lang wie das Blau am unteren Ende des schwarzen Kreises. Aus diesem Experiment ergibt sich offenbar zweierlei: 1. Was auch immer der Grund für die seltsamen Phänomene im *experimentum crucis* sein mögen, ihre wahre Ursache kann nicht in einem intrinsischen Refrangibilitäts-Unterschied verschiedenfarbiger Strahlen bestehen. Was Mr Newton mit Hilfe des *experimentum crucis* vorgibt gezeigt zu haben, kann also nicht stimmen. Denn mein Experiment zeigt ganz klar, dass die gegensätzlichsten Farben (das sind gemäß Mr Newtons Theorie: Rot und Blau) bei gleichem Einfallswinkel immer noch dieselbe Refrangibilität aufweisen können. 2. Angenommen, dass die Luft (oder der Äther) aus der Umgebung der Sonne genauso viele Male heller als die Sonnenscheibe wäre, wie die weiße Wand heller ist als der schwarze Kreis: Dann hätten wir vielleicht immer noch ein Spektrum mit umgekehrten Farben; und das Gelb dieses umgekehrten Spektrums wäre so lang wie das Blau unseres tatsächlichen Spektrums.[217]

Was Lucas zum Schluss (bei der zweiten Folgerung) in die Luft warf, ist sensationell und kühn; er stellte sich vor, wie die Spektren aussähen, wenn der Himmel heller wäre als die Sonne. Erst heute ist klar, wie hellsichtig Lucas gewesen ist (§ II.5.18). Bei seinen Farbbeobachtungen war er dagegen weniger hellsichtig. Er hatte offenbar noch nicht die optimale Form der Umkehrungs-Experimente gefunden. Wieder erwähnte Lucas mit keinem Wort die purpurne Mitte, die sich im umgekehrten Spektrum zeigt – jedenfalls bei geschickter Wahl der Kreisgröße. Zudem beschrieb Lucas mit dem Farbwort »violet« zwei Farbeindrücke, die sich bei optimierten Experimenten deutlich unterscheiden lassen: einerseits den Farbeindruck, der sich bei stärkster Refraktion im Newton-Experiment zeigt (in meiner Terminologie: Blau), andererseits den Farbeindruck, der sich bei schwächster Refraktion im umgekehrten Experiment zeigt (in meiner Terminologie: Türkis). Aber immerhin: Anders als im vorigen Experiment vertauschte Lucas diesmal die Rollen von Hell und Dunkel konsequent; jetzt setzte er einen *schwarzen* Kreis vor weißem Hintergrund ein, nicht mehr nur einen weißen Kreis vor noch hellerem Hintergrund.[218] Reicht das, um Newtons Schlüsse aus dem *experimentum crucis* anzugreifen? Keineswegs, meinte Newton; warum nicht, werde ich im kommenden Paragraphen dartun.

Newtons Erwiderung

§ II.3.19. Der Brief, aus dem ich im vorigen Paragraphen zitiert habe, wurde von Newton ebenfalls am 5. 3. 1677/8 beantwortet:

> Ihr nächster Einwand betrifft die schwarzen und weißen Papierkreise. Hier begründen Sie die Gleichheit der Refrangibilität wieder dadurch, dass die fraglichen Effekte an derselben Stelle entstehen. Dabei vergessen Sie, dass das Licht nicht beidemal im selben Winkel ins Prisma tritt. Sie meinen offenbar, dass die beiden Fälle in folgender Hinsicht gleich liegen: So wie die durch den weißen Kreis auf dem schwarzen Tuch hervorgebrachten Farben letztlich vom Licht des weißen Kreises herrühren, so rühren auch die durch den schwarzen Kreis auf der weißen Wand hervorgebrachten angeblich vom Licht des schwarzen Kreises her. Aber das ist falsch. Im zweiten Fall rühren die Farben von denjenigen Teilen der weißen Wand her, die ober- und unterhalb des Kreises liegen. Denn nehmen Sie an, dass der Kreis so schwarz ist, wie er sein muss (oder dass er von einem dunklen Loch gebildet wird). Dann kann keine Rede davon sein, dass er Licht aller dieser Farben entsendet; denn dann entsendet er überhaupt kein sichtbares Licht. Die vom [Experiment mit dem – O. M.] schwarzen Kreis herrührenden Farben leuchten genauso stark wie die vom [Experiment mit dem – O. M.] weißen Kreis herrührenden; sie leuchten sogar noch stärker, wenn man sie aus großer Entfernung durch ein stark brechendes Prisma betrachtet. Nun wollen Sie diesen Einwand als Beweis nutzen, wie Sie immer wieder sagen. Das können Sie also nur, wenn Sie beweisen, dass ein schwarzer Kreis mehr Licht aussendet als ein weißer. Denn auf dieser Behauptung beruht Ihr Beweis.[219]

Newton wirkt hier betriebsblind. Wer der von Lucas nahegelegten Alternativ-Erklärung folgen will, wird nicht behaupten, dass vom schwarzen Kreis *Licht*strahlen ausgehen; er wird behaupten, dass von ihm *Finsternis*strahlen ausgehen. Und gegen diese Behauptung ist Newtons Erwiderung machtlos.

Die eben zitierte Erklärung taucht in den *Opticks* wieder auf. Newton erklärte dort zuerst die weiße Mitte, die sich unmittelbar hinter dem Prisma zeigt (Newton [O]:102 (= Book I, Part II, Proposition VIII)). Danach lieferte er – ohne Lucas zu erwähnen – eine erstaunlich symmetrische Beschreibung der Phänomene, denen er jedoch keine symmetrische Erklärung angedeihen ließ:

> Wer durchs Prisma auf einen weißen Gegenstand in schwarzer oder dunkler Umgebung blickt, sieht an den Rändern Farben. Das geschieht wieder aus demselben Grund, wie jeder einsehen wird, der darüber nachdenkt. *Wenn aber ein schwarzer Gegenstand von einem weißen umgeben ist, so erscheinen die Farben (beim Blick durchs Prisma) in umgekehrter Reihenfolge. Sie beruhen auf dem Licht des weißen Gegenstandes, das sich ins Gebiet des schwarzen ausbreitet.*[220]

Hat sich Newton wirklich nicht gefragt, ob diese Erklärung vielleicht genauso gut mit umgekehrten Vorzeichen funktionieren würde? Beiläufig: Genau wie Lucas erwähnte auch Newton keine purpurne Mittelfarbe im umgekehrten Spektrum. (Hat er sie auch nicht gesehen? Kaum zu glauben. Dafür spricht aber, dass er es so hinstellte, als drehte sich im umgekehrten Experiment die Reihenfolge der Farben um. Das ist ein Beobachtungsfehler, siehe § II.2.4, § II.2.5.)

§ II.3.20. Falls Lucas auf Newtons abschließenden Brief geantwortet hat, ist seine Antwort offenbar nicht erhalten.[221] Die newtonische Erklärung, die ich im vorigen Paragraphen wiedergegeben habe, wurde von den Rezensenten der *Beyträge zur Optik* Goethes wiederholt – und dann im Detail ausgebaut.[222] Das war eine recht verwirrende Angelegenheit, und Goethe machte sich die Mühe, diese Erklärung in einer seiner Farbtafeln Farbe für Farbe durchzudeklinieren.[223] Das hätte er kaum tun können, wenn er diese Erklärung nicht verstanden hätte. Goethe sagte dazu:

Goethes Kommentar

> 600. [...] Der Rezensent unserer Beiträge in der Jenaischen Literaturzeitung hat die nämliche Bemühung wegen Verrückung eines dunklen Bildes übernommen. Weil aber eine solche Buchstabenkrämerei nicht von jedem an und durch geschaut werden kann; so haben wir unsere neunte und zehnte Tafel einer anschaulichen Darstellung gewidmet, wo man die prismatischen Farbensysteme teils zusammen, teils in Divisionen und Detachements, en échelon hinter einander als farbige Quadrate vertikal aufmarschieren sieht, da man sie denn horizontal mit den Augen sogleich zusammensummieren und die lächerlichen Resultate, welche nach Newton und seiner Schule auf diese Weise entspringen sollen, mit bloßem Geradsinn beurteilen kann.
>
> 601. Wir haben auf denselbigen Tafeln noch andere solche Farbenreihen aufgeführt, um zugleich des wunderlichen Wünsch seltsame Reduktion der prismatischen Farbenerscheinung deutlich zu machen, der, um die Newtonische Darstellung zu retten, dieselbe epitomisiert, und mit der wunderlichsten Intrige, indem er das Geschäft zu vereinfachen glaubte, noch mehr verunnaturt hat.
>
> 602. Wir versparen das Weitere hierüber bis zur Erklärung der Tafeln, da es uns denn mit Gunst unserer Leser wohl erlaubt sein wird, uns über diese Gegner und Halbgegner sowohl als ihren Meister, zur Entschädigung für so viele Mühe, billigermaßen lustig zu machen.[224]

Die Polemik, die Goethe hier ankündigte und die zu kurz greift, habe ich in § II.3.11 bereits wiedergegeben und um eine stärkere Antwort ergänzt: Statt über die orthodoxe Antwort zu lachen, kann man sie umkehren.

Kapitel II.4. Experimentelle Einwände gegen die Heterogenität der Finsternis?

Zwei Symmetrien

§ II.4.1. Im vorletzten Kapitel tat sich eine farbliche Symmetrie oder Dualität oder Komplementarität zwischen zwei Experimenten auf (zwischen Newtons Grundexperiment und Goethes Umkehrung dieses Experiments). Im vorigen Kapitel sprang der Funke dieser Symmetrie (oder Dualität oder Komplementarität) vom Reich der Experimente jäh aufs Reich der Theorien und Erklärungen über; dadurch kam es zu einem unentschiedenen Spielstand zwischen Newtons Anhängern und deren unorthodoxen Gegnern (den Anhängern der Heterogenität der Finsternis).

Lässt sich das Unentschieden in der Verlängerung überwinden, also durch neue Experimente? Das ist die Leitfrage des augenblicklichen Kapitels. Sie läuft darauf hinaus zu fragen, ob sich die Symmetrie der bisher betrachteten Experimente bei anderen Experimenten durchbrechen lässt. Dass dem nicht so ist, werde ich anhand einiger ausgewählter Experimente nachweisen. Ich beginne mit einem Experiment, das ausdrücklich ersonnen worden ist, um der Heterogenität der Finsternis ein Ende zu bereiten. Es stammt von meinem langjährigen Mitarbeiter, dem amerikanischen Wissenschaftsphilosophen Eric Oberheim.[225]

Alles weiß, alles schwarz?

§ II.4.2. Goethes komplementäres Spektrum scheint auf, wenn wir einen lichtumfluteten Schatten durchs Prisma fallen lassen. Laut herrschender Meinung stecken die entstehenden Farben nur scheinbar im Schatten, da sie in Wirklichkeit aus dessen lichtheller heterogener Umgebung kommen. (Dass diese Erklärung für sich allein nur zum Unentschieden reicht, weil sie umgedreht werden kann, habe ich am Ende des vorigen Kapitels begründet.)

Um empirisch zu zeigen, dass im Schatten keinerlei Farbspektrum steckt, könnte man zunächst auf die Idee kommen, jedwedes Licht aus dem Experiment fernzuhalten; man müsste also nur Schatten durchs Prisma fallen lassen, und zwar in kompletter Dunkelheit. Dann wird man keine Farben sehen. Widerlegt das die Heterogenität der Finsternis? Keineswegs, und zwar aus einem Grund, den Goethe am Ende der *Farbenlehre* mit bewundernswerter Klarheit herausgestrichen hat. Wer den Spieß abermals umdreht und ausschließlich weißes Licht durchs Prisma fallen lässt, in komplett heller Umgebung, frei von Schatten und Dunkelheit, der wird ebenfalls keine Farben sehen. Warum nicht, sagt uns Newtons Theorie. In diesem Fall sortiert zwar das Prisma die eintreffenden Lichtstrahlen (indem es den stärker refrangiblen Strahlen einen anderen Weg aufprägt als ihren schwächer refrangiblen Kollegen). Doch diese innere Ordnung des gebrochenen Sonnenlichts bleibt unsichtbar; an jedem Punkt hinter dem Prisma treffen Lichtstrahlen aller Refrangibilität ein (nur eben aus unterschiedlichen Richtungen), und da sie sich allesamt überlagern, bleibt das Ergebnis weiß.

Das bedeutet: Nur wer an geeigneter Stelle Finsternis in Newtons Grundexperiment hineinbringt, wird dessen Spektrum sehen. Goethe beschrieb das so:

> Eben befand ich mich *in einem völlig geweißten Zimmer*; ich erwartete, als ich das Prisma vor die Augen nahm, eingedenk der Newtonischen Theorie, die ganze weiße Wand nach verschiedenen Stufen gefärbt, das von da ins Auge zurückkehrende Licht in so viel farbige Lichter zersplittert zu sehen.
>
> Aber wie verwundert war ich, *als die durchs Prisma angeschaute weiße Wand nach wie vor weiß blieb, daß nur da, wo ein Dunkles dran stieß, sich eine mehr oder weniger entschiedene Farbe zeigte,* daß zuletzt die Fensterstäbe am allerlebhaftesten farbig erschienen, indessen am lichtgrauen Himmel draußen keine Spur von Färbung zu sehen war. Es bedurfte keiner langen Überlegung, so erkannte ich, *daß eine Grenze notwendig sei, um Farben hervorzubringen.*[226]

Über diese Sätze aus der »Confession des Verfassers« ist viel gespottet worden.[227] In der Tat irrte Goethe *ganz zu Beginn seiner Farbforschung*, als er meinte, dass Newtons Theorie vorhersage, die weiße Wand müsse durchs Prisma farbig erscheinen. Aber das ändert nichts an folgender Tatsache (der auch die Anhänger Newtons zustimmen): Es gibt keine *durch und durch* weiße Ausgangssituation, deren prismatische Zerlegung zu bunten Ergebnissen führt. In jedem Experiment, das für Newtons Heterogenität des weißen Lichts sprechen soll, kommt irgendwo Dunkelheit vor.

Nur: Was bei dieser Theorie recht ist, muss bei der Heterogenität der Finsternis billig sein. Man darf dort kein durch und durch finsteres Experiment mit bunten Ergebnissen verlangen – kein Experiment, in dem nur Schatten in dunkler Umgebung durchs Prisma fällt und sonst nichts. (Und die unorthodoxe Erklärung dafür, dass so ein Experiment nicht bunt ausgeht, funktioniert nach denselben Spielregeln wie ihr newtonisches Gegenstück, das ich vor dem Goethe-Zitat erklärt habe.)

Vertiefungsmöglichkeit. Wer prismatische Farben erzeugen will, muss beim Experimentieren Licht *und* Finsternis ins Spiel bringen. Zwar werden beide Theorien (von der Heterogenität des Lichts bzw. der Finsternis) mit dieser Tatsache fertig. Aber das heißt nicht, dass dies die einzigen Theorien wären, die sich angesichts dessen aufdrängen. In Goethes eigener Theorie z. B. spielt weder Licht noch Finsternis den Solopart; laut Goethe müssen diese beiden Faktoren (oder Pole) zusammenwirken, wenn Farben entstehen sollen.[228] Es ist nicht leicht zu verstehen, auf welche Weise Goethe die Details dieser Idee fassen wollte; wie in der Einleitung angekündigt, will ich mich an dieser Front nicht abkämpfen. Denn eines steht fest: Selbst wenn Goethes eigene Lehre unverständlich oder falsch ist, selbst dann kann er damit recht haben, dass eine *völlig* plausible Theorie beiden Faktoren gleichviel Gewicht zusprechen sollte (§ I.1.14–§ I.1.15; § IV.8.8–§ IV.8.10).

Oberheims grünes Experiment

§ II.4.3. Ganz ohne Licht lässt sich der durchs Prisma fallende Schatten aus Goethes umgedrehtem Grundexperiment nicht analysieren; so viel hat sich im vorigen Paragraphen herausgestellt. Das bedeutet nicht, dass man den Schatten ausgerechnet in einer weißen – also orthodox gesprochen: heterogenen – Umgebung durchs Prisma schicken müsste (wie in Goethes Grundexperiment aus Kapitel II.2). Daher schlägt Eric Oberheim vor, den Schattenwerfer in einer *homogen* leuchtenden Umgebung aufzubauen: z. B. in einer Umgebung, deren einzige Lichtquelle homogenes *grünes* Licht ausstrahlt. (Es spielt für die weiteren Überlegungen keine Rolle, ob wir homogenes grünes Licht verwenden oder irgendeine andere homogene Lichtsorte, etwa blaues oder rotes homogenes Licht.)

Eric Oberheims Idee läuft auf folgendes Experiment hinaus: Wir erzeugen mit einer starken Lampe paralleles grünes Licht, das die Rolle des Sonnenlichts aus dem bisherigen Experiment übernehmen soll. Um Störeinflüsse von außen zu vermeiden, hängen wir die grüne Sonne in einer abgedunkelten Turnhalle ans Trapez. In die Turnhalle bauen wir ein eigenes abgeschlossenes Zimmer von der Größe der newtonischen Experimentierkammer. Die grüne Sonne scheint aufs Fenster dieser Kammer und flutet an einem Schattenwerfer vorbei, den wir auf der Fensterscheibe angebracht haben. Den entstehenden Schatten lassen wir durchs Prisma fallen und fangen das refrangierte Resultat in geeigneter Entfernung auf, etwa auf einem weißen Schirm. Was erwarten Sie zu sehen? Diese Frage führt uns in den kommenden Paragraphen.

Die newtonische Prognose für das Experiment

§ II.4.4. Bevor wir in Eric Oberheims Experiment das Prisma hinter den Schattenwerfer setzen, wird sich auf dem Schirm ein schwarzer Schatten in grün beleuchteter Umgebung zeigen. Was passiert, wenn wir diesem Bild ein Prisma in den Weg stellen? Die Antwort liegt auf der Hand: Auch dann sehen wir auf dem Schirm einen schwarzen Fleck vor grün erscheinendem Hintergrund (und zwar verschoben gemäß Brechungsgesetz).

Diese Beobachtung wird jedenfalls von Newtons Theorie vorausgesagt. Laut Newton werden im augenblicklichen Experiment alle grünen Lichtstrahlen bei ihrem Weg durchs Prisma gleich stark gebrochen und ändern dabei ihre Farbe nicht; der schwarze Schatten ist optisch unwirksam, bringt also keine Lichtstrahlen mit sich. Dort, wo sein Bild auf dem Schirm hingehört, spielen sich keine optischen Prozesse ab, und das dortige Fehlen solcher Kausalprozesse führt zu einem schwarzen Fleck auf dem Schirm (siehe Farbtafel 14 unten).

Ich will nicht bestreiten, dass das Experiment zu der Beobachtung führt, die Newtons Theorie verlangt – obwohl ich es nicht selber ausprobiert habe und obwohl es zu Newtons oder Goethes Zeit nicht hätte ausprobiert werden können. Damals konnte man nicht *genug* homogenes Licht einer Farbe produzieren; die Produktion einer kleinen Menge dieses kostbaren Lichts war schon schwer genug.[229]

Es ist einerlei, was damals ging und was nicht – heutzutage müsste sich auf dem Schirm ein schwarzer Fleck vor grünem Hintergrund zeigen. Klarerweise brauche ich diesen Versuchsausgang nicht zu bestreiten, da ich nicht behaupte, dass Newtons empirische Prognosen falsch sind; ich behaupte nur, dass diese Prognosen genauso gut zur unorthodoxen Lehre von der Heterogenität der Finsternis passen.

Eric Oberheim sieht das anders. Seiner Ansicht nach passt das augenblickliche Experiment nicht zur unorthodoxen Lehre, und zwar aus folgendem Grund: In Goethes ursprünglichem Experiment (Kapitel II.2) hatten wir noch die Wahl, ob wir die Farbenvielfalt des neuen Spektrums lieber auf den Schatten zurückführen wollten, der durchs Prisma fällt, oder auf das am Schattenwerfer vorbeiflutende Sonnenlicht. Im augenblicklichen Experiment ist das offenbar anders. *Wenn* in der Finsternis, die vom Schattenwerfer ausgeht, wirklich alle Farben des komplementären Spektrums stecken sollten, dann müssten sie auch diesmal zum Vorschein kommen.

Im Experiment zeigt sich aber kein buntes Spektrum – sondern nur das Grün, das schon ohne Prisma zu sehen ist. Mithin lässt sich (so Eric Oberheims Ergebnis) die Heterogenität der Finsternis empirisch widerlegen.

Unorthodoxe Erklärung

§ II.4.5. Ich halte die Konklusion aus dem vorigen Paragraphen für voreilig. Um das zu begründen, möchte ich vorführen, wie sich das Experiment mit Hilfe der Heterogenität der Finsternis erklären lässt. Laut den Anhängern dieser Theorie ist Newtons angeblich homogenes grünes Licht in Wirklichkeit eine heterogene Mischung aus Finsternisstrahlen folgender Farben (§ II.3.12)

Gelb
Hellrot
– [Purpur fehlt]
Hellblau
Türkis.

Diese Finsternisstrahlen sind divers refrangibel (wobei die gelben Finsternisstrahlen am weitesten von ihrem Weg durchs Prisma abgelenkt werden und die türkisen am wenigsten weit, siehe ($\overline{\text{R}\updownarrow\text{F}}$) in § II.3.13). Der Schattenwerfer sendet einerseits ebenfalls alle diese

Finsternisstrahlen aus *und andererseits purpurne Finsternisstrahlen* (die im heterogenen Grün ganz fehlen).

Zusammengenommen trifft also aufs Prisma eine optische Konfiguration, die *überall* aus gelben, hellroten, hellblauen und türkisen Finsternisstrahlen besteht und an einer *einzigen* Stelle (dort, wo der Schattenwerfer hinreicht) auch noch aus purpurnen.

Da beim Weg durchs Prisma keine Finsternisstrahlen verlorengehen und da sie nur von ihrem Weg abgelenkt werden, nicht aber ihre Farbe ändern, werden auf dem Schirm überall gelbe, hellrote, hellblaue und türkise Finsternisstrahlen ankommen; und an genau eine Stelle werden zusätzlich die purpurnen Strahlen gelangen. Genau an dieser Stelle wird sich ein schwarzer Fleck zeigen, denn hier und nur hier sind alle finsteren Bestandteile der Schwärze versammelt (nämlich gelbe, hellrote, hellblaue, türkise *und purpurne* Finsternisstrahlen); an allen anderen Stellen des Schirms treffen lediglich gelbe, hellrote, hellblaue und türkise Finsternisstrahlen auf – und deren optische Summe liefert das Grün, das der Betrachter in der Umgebung des schwarzen Flecks auch tatsächlich wahrnimmt. (Siehe Farbtafel 15.)

Damit ist die unorthodoxe Erklärung des Phänomens vollständig. Auch im Rahmen der Theorie von der Heterogenität der Finsternis lässt sich Eric Oberheims Experiment erklären.

Zweierlei Begriffe von Homogenität

§ II.4.6. Die unorthodoxe Erklärung aus dem vorigen Paragraphen funktioniert nur, wenn es erlaubt ist zu behaupten, dass das homogene grüne Licht aus dem Experiment in Wirklichkeit heterogen ist (und zwar eine heterogene Mischung aller nicht-purpurnen Finsternisstrahlen). – Lässt sich nicht objektiv feststellen, welche Farben heterogen sind und welche homogen? Nein; denn welches Testverfahren man akzeptiert, hängt davon ab, ob man der newtonischen Orthodoxie anhängt oder der unorthodoxen Sicht der Dinge, die durch Goethes Intervention ins Spiel kam. Hier ist der newtonische Test für Homogenität:

(H) Eine Farberscheinung heißt [orthodox] homogen, wenn ihre Elemente *in finsterer Umgebung (z. B. in einer Dunkelkammer)* beim Weg durchs Prisma stets gleich stark gebrochen werden und sich dabei nicht geometrisch auffächern.

Ein Anhänger der unorthodoxen Heterogenität der Finsternis wird Newtons Testverfahren tendenziös finden. Er weigert sich zu glauben, dass die Finsternis in der Dunkelkammer keine eigenen optischen Prozesse auslöst (siehe ($\overline{\text{K}}$) in § II.3.3). Dennoch könnte er Newtons Test durchführen und vielleicht (im Fall des verlangten Testausgangs) von »*scheinbarer* Homogenität à la Newton« oder von »*orthodoxer* Homogenität« reden – daher mein eckig eingeklammerter Zusatz in (H).

Doch in den Augen der notorischen Newton-Gegner funktioniert das Testkriterium für die *wahre* Homogenität genau entgegengesetzt:

($\overline{\text{H}}$) Eine Farberscheinung heißt [unorthodox] homogen, wenn ihre Elemente *in einer gleichmäßig weißen Umgebung (z. B. in gleichmäßigem Streulicht)* beim Weg durchs Prisma stets gleich stark gebrochen werden und sich dabei nicht geometrisch auffächern.

Es liegt auf der Hand, dass alle orthodox homogenen Erscheinungen unorthodox heterogen sind (und dass umgekehrt alle unorthodox homogenen Erscheinungen orthodox heterogen sind). Vielleicht müsste ich die im vorigen Paragraphen erwähnte Mischung als »*unorthodox* heterogenes Grün« bezeichnen; um der Kürze willen habe ich das hier kursiv gesetzte Epitheton weggelassen (und werde auch weiter so verfahren, wo klar ist, welcher Homogenitätsbegriff gerade zur Debatte steht).

Belege und Vertiefungsmöglichkeit. In Newtons Definition der Homogenität steht nicht ausdrücklich, dass der Test im Dunkeln stattfinden muss.[230] Er dürfte es für selbstverständlich gehalten haben. Dass er's so gemeint hat, geht aus seinen späteren Homogenitätstests hervor, die allesamt in der Dunkelkammer stattfanden (Newton [O]:48/9 (= Book I, Part I, Proposition V, Experiment 12–14)).

Da beide Seiten trotz ihres Streits dieselben Experimente ausführen können und dabei genau gleiche Farben und Formen beobachten werden, können den unorthodoxen Homogenitätstest auch Newtonianer durchführen. Ihre Theorie impliziert, dass orthodox homogenes Grün den Test ($\overline{\text{H}}$) nicht besteht. Denn wenn wir orthodox homogenes Grün in einer (orthodox heterogenen) weißen Umgebung durchs Prisma senden, dann sorgt diese weiße Umgebung (laut Newton) für die Auffächerung des aufgefangenen Bildes. – Um Missverständnissen vorzubeugen: Homogene Erscheinungen (einerlei ob orthodox oder unorthodox) kommen selten vor; keine Erscheinung ist sowohl orthodox als auch unorthodox homogen. Erscheinungen können hingegen sowohl orthodox als auch unorthodox heterogen sein. Beweis: Übung für den Leser.

Prismatisch äquivalent

§ II.4.7. Oberheims Plan, eine experimentelle Entscheidung für Newtons Theorie und gegen die Heterogenität der Finsternis zu erzwingen, ist nicht deshalb gescheitert, weil das anvisierte Experiment anders ausgegangen wäre als gedacht. Der Plan ist deshalb gescheitert, weil sich der newtonisch erwartete Versuchsausgang auch unorthodox erklären ließ. Angesichts dieser Situation drängt sich eine Vermutung auf. Sie lautet: Welche Experimente auch immer die Newtonianer aufbieten, stets kann ihr unorthodoxer Gegner die Sache in seine Sicht der Dinge übertragen und mit Hilfe heterogener Finsternisstrahlen erklären.

Für die Vermutung spricht ein charakteristischer Zug aller Überlegungen, die ich bislang im TEIL II durchgespielt habe: In allen Experimenten kommen Licht *und Finsternis* vor. (Warum man auf keinen der beiden Faktoren verzichten kann, habe ich in § II.4.2 erklärt.) Da kann man sich wie Newton aufs Licht konzentrieren und die Finsternis ignorieren – man kann es aber ebenso gut umgekehrt anpacken und das Licht ignorieren, während man sich auf die Finsternis konzentriert. Was ist im Vordergrund, was im Hintergrund? Die Antwort auf diese Frage hängt offenbar von uns ab, nicht von der Natur der Dinge – wie bei einem Kippbild (siehe Abb. II.4.7).

Sollte sich die Vermutung bestätigen, so wäre ich am Ziel. Ich will nämlich behaupten, dass die beiden Theorien prismatisch äquivalent sind: Beide Theorien passen gleich gut zu *allen* prismatischen Experimenten. Wie kann man das nachweisen?

Der Nachweis beruht auf zwei einander ergänzenden Denkfiguren. Einerseits beruht er auf der *unorthodoxen Erklärung* weiterer prismatischer Phänomene, die bislang immer nur im Rahmen der newtonischen Orthodoxie erklärt worden sind. Andererseits beruht er auf der *komplementären Vermehrung* der Phänomene: Zu jedem scheinbar für Newtons Theorie sprechenden Phänomen wäre ein komplementäres Phänomen anzugeben, das dessen Farbnegativ bildet und daher genauso deutlich für die unorthodoxe Theorie spricht

Abb. II.4.7 **Kippbild.** Wer zwischen Heterogenität der Finsternis und des Lichts entscheiden will, der muss willkürlich festlegen, was als wirkungsloser Hintergrund des optischen Geschehens zählen soll: Dunkelheit oder Helligkeit? Der Übergang von der einen Theorie zur anderen bringt eine Art Gestaltwechsel mit sich, wie er aus der Wahrnehmungspsychologie bekannt ist. Unsere Abbildung zeigt ein Kippbild mit hell/dunklem Gestaltwechsel: Anhänger der Finsternis sehen einen Saxophonspieler, Anhänger des Lichts ein Frauengesicht. [Mit freundlicher Genehmigung von Roger Shepard; entnommen aus Shepard [EA]:88.]

wie das ursprüngliche Phänomen für Newtons Theorie.[231] Wie Sie sehen, weist Goethes Theorem eine theoretische und eine empirische Seite auf; es sind zwei Seiten einer Medaille.

Vertiefungsmöglichkeit. Es ist eine *empirische* Frage, ob sich ein gegebenes newtonisches Experiment in sein komplementäres Gegenstück überführen lässt. Das bedeutet, dass die Hypothese von der Heterogenität der Finsternis weitere Forschungen anzuregen vermag. Wie Sie sehen werden, hat sie zur Entdeckung neuer Phänomene geführt, die von Optikern mit orthodoxen

Forschungsprogrammen nicht entdeckt worden sind.[232] Was auch immer man über die *Wahrheit* der unorthodoxen Hypothese denken mag – es lässt sich nicht bestreiten, dass sie eine *fruchtbare* Hypothese ist. Insofern hat Heisenberg unrecht, wenn er sagt, dass Goethes Einsichten kaum zur Vorhersage neuer Beobachtungen führten (Heisenberg [GNFi]:57).

Weißsynthese, Schwarzsynthese

§ II.4.8. Um die beiden Denkfiguren zunächst grob zu illustrieren, möchte ich ein Experiment zur Weißsynthese heranziehen. Es gibt schon bei Newton mehrere Weißsynthesen (§ I.3.7, § I.5.7). Ich werde mich auf die in meinen Augen optimale Version konzentrieren, die Newtons Schüler Desaguliers publizierte und die ich im TEIL I bereits gestreift habe (vergl. die newtonische Vorläuferin dieser Weißsynthese in Abb. I.3.7).

Das Experiment liefert die Gegenprobe zu Newtons Grundexperiment. Dort hatte Newton die verschiedenfarbigen Lichter aus dem weißen Licht der Sonne hervorgelockt, und zwar durch Brechung am Prisma; Desaguliers mischte alle diese Lichter wieder zusammen, so dass ein weißer Farbeindruck entstand. Dies erreichte er dadurch, dass er das Spektrum genau durch dasselbe Prisma betrachtete, das es erzeugt hat; er verfolgte die vom regenbogenbunt beleuchteten Auffangschirm zum Prisma reflektierten Lichtstrahlen also auf ihrem *Rück*weg, und auf diesem Rückweg werden sie wieder auf einen schmalen Punkt hin zusammengebracht, der auf der Netzhaut des Betrachters liegt und ihm einen weißen Farbeindruck verschafft.

In der Tat, wenn man Weiß aus allen Regenbogenfarben zurückgewinnen kann, dann muss Weiß doch wohl aus Lichtern aller dieser Farben bestehen. Da haben wir ein weiteres prismatisches Experiment, das beim ersten Hinsehen für Newtons Heterogenität des weißen Lichts spricht. Angesichts meiner beiden Denkfiguren wird sich dieser Eindruck verflüchtigen: Ich werde die Umkehrung des Experiments aufbieten (die Schwarzsynthese) und im Anschluss daran die unorthodoxe Erklärung der Weißsynthese ins Visier nehmen.

Bei der Weißsynthese wird ein im Dunkeln aufgefächertes prismatisches Farbspektrum

Blau
Türkis
Grün
Gelb
Rot

mit Hilfe erneuter Brechung (durchs selbe Prisma, aber in entgegengesetzter Reiserichtung) wieder so zusammengebündelt, dass man im Auge einen weißen Lichtfleck auffängt. Die Schwarzsynthese funktioniert genau umgekehrt. Hier erzeugen wir einen schwarzen Fleck durch Bündelung eines im Hellen aufgefächerten komplementären Farbspektrums

Gelb
Rot
Purpur
Blau
Türkis.

Wenn die Weißsynthese für die Heterogenität des Lichts spricht, so spricht die Schwarzsynthese für die Heterogenität der Finsternis.

Newton prognostiziert Schwarzsynthese

§ II.4.9. Die im vorigen Paragraphen anvisierte Überlegung zugunsten der Heterogenität der Finsternis kann nur überzeugen, wenn die Schwarzsynthese wirklich funktioniert. Aber interessanterweise brauchen wir nicht in der Welt nachzusehen, ob das beschriebene umgedrehte Experiment den gewünschten schwarzen Fleck zutage fördert. Das tut es zwar (§ II.4.13), aber darauf kommt es nicht an. *Denn Newtons Theorie verlangt diesen Ausgang des Experiments.* Warum das so ist, will ich hier nur knapp andeuten. Die purpurne Mitte des zusammenzubündelnden komplementären Spektrums

Gelb
Rot
Purpur
Blau
Türkis

existiert laut Newton nicht als eigene Lichtsorte (§ II.2.5). Vielmehr ist sie ein heterogenes Gemisch aus folgenden Lichtern des Newtonspektrums (§ II.3.9)

Blau
Türkis
– [Grün fehlt]
Gelb
Rot.

Demzufolge stoßen im scheinbar einheitlichen Purpur zwei Gruppen von Lichtstrahlen aufeinander, die laut Newton nicht zusammengehören und die bei erneuter Brechung (auf dem Rückweg hin zur Netzhaut des Betrachters) weit auseinandergerissen werden: einerseits Blau und Türkis (stark refrangibel), andererseits Gelb und Rot (schwach refrangibel). Dadurch tut sich eine lichtlose Lücke im aufgefangenen Bild auf. Und Bildportionen ohne jedes Licht sind schwarz.

Wenn das richtig ist, dann fordert Newtons Theorie Phänomene, die sich zwar à la Newton erklären lassen, die aber genauso deutlich für die Heterogenität der Finsternis sprechen. Mehr noch, wir haben nun sogar einen Ansatzpunkt für die andere Denkfigur (aus § II.4.7), auf die ich meine Behauptung der prismatischen Gleichwertigkeit der beiden Theorien stützen kann. Denn wer die newtonische Erklärung der Schwarzsynthese Wort für Wort in ihr komplementäres Gegenstück überträgt, der erhält daraus die unorthodoxe Erklärung der newtonischen Weißsynthese. (Mehr dazu in § II.5.17.)

Das alles bedeutet, dass man die Weißsynthese nicht mit Newtons Heterogenität des weißen Lichts zu verheiraten braucht; die Weißsynthese passt genauso gut zur Heterogenität der Finsternis. Beide Theorien sind immer noch prismatisch gleichwertig, zumindest gleichwertig mit Blick auf alle Experimente, die wir betrachtet haben.

Zwischenergebnis

§ II.4.10. Wo stehen wir? Seit Beginn des TEILS II habe ich mich mit Goethes genialer Idee auseinandergesetzt, die Rollen von Licht und Finsternis zu vertauschen. Die davon angeregten Experimente sprechen zwar nicht gegen Newtons Theorie:

(R) Weißes Sonnenlicht ist eine heterogene Mischung aus divers refrangiblen Lichtstrahlen.

(F) Weißes Sonnenlicht ist eine heterogene Mischung aus verschiedenfarbigen Lichtstrahlen.

Denn diese Theorie kann alle neuen Versuchsergebnisse erklären (§ II.3.11, § II.3.12, § II.4.8). Aber sie sprechen gegen die Beweisansprüche, die Newton zusammen mit seiner Theorie erhoben hat:

[R_{exp}] Die prismatischen Experimente liefern einen rational überwältigenden Beweis für den Teil (R) der newtonischen Theorie, dem zufolge weißes Sonnenlicht aus divers refrangiblen Lichtstrahlen besteht.

[F_{exp}] Die prismatischen Experimente liefern einen rational überwältigenden Beweis für den Teil (F) der newtonischen Theorie, dem zufolge weißes Sonnenlicht aus verschiedenfarbigen Lichtstrahlen besteht.

Die neuen Experimente sprechen deshalb gegen diese erkenntnistheoretischen Behauptungen, weil sie ebenso gut eine unorthodoxe Theorie nahelegen und weil sich bislang keine experimentelle Entscheidung zwischen Newtons Heterogenität des weißen Sonnenlichts (gemäß (R), (F)) und dem unorthodoxen Gegenteil hat erzwingen lassen:

($\overline{R}$) Schwarzer Schatten ist eine heterogene Mischung aus divers refrangiblen Finsternisstrahlen.

($\overline{F}$) Schwarzer Schatten ist eine heterogene Mischung aus verschiedenfarbigen Finsternisstrahlen.

Diese Theorie verträgt sich mit den zuletzt betrachteten Experimenten nicht besser und nicht schlechter als Newtons Theorie. Es steht immer noch unentschieden.

Ein einziges Experiment zählt

§ II.4.11. Was ich im vorigen Paragraphen zusammengefasst habe, genügt nicht, um eingefleischte Newtonianer zu schockieren; sie werden den erkenntnistheoretischen Triumphmeldungen Newtons weiter applaudieren. Immerhin habe ich Newton im TEIL I nicht anhand irgendwelcher Experimente triumphieren lassen, sondern anhand eines ausgesuchten Experiments: anhand seines *experimentum crucis*.

Damals sind zwei erkenntnistheoretische Behauptungen herausgekommen, die sehr stark sind und die ich noch nicht gekontert habe:

[R_{ec}] Newtons *experimentum crucis* liefert einen rational überwältigenden Beweis für den Teil (R) der newtonischen Theorie, wonach weißes Sonnenlicht aus divers refrangiblen Lichtstrahlen besteht.

[F_{ec}] Newtons *experimentum crucis* liefert einen rational überwältigenden Beweis für den Teil (F) der newtonischen Theorie, wonach weißes Sonnenlicht aus verschiedenfarbigen Lichtstrahlen besteht.

Entweder sind diese Behauptungen falsch, oder aber Goethe gewinnt seine erkenntnistheoretische Sache gegen Newton doch nicht. Ich werde mich für Goethe aussprechen – und zwar, ohne meine Argumente aus TEIL I zurückzunehmen.

Ich bleibe also dabei, dass Newton mit seinem *experimentum crucis* zu Recht triumphierte. Doch werde ich im Detail zeigen, wie es Goethe hätte gelingen können, diesen newtonischen Triumph noch zu übertrumpfen. Im kommenden Paragraphen will ich grob skizzieren, welchen Trumpf Goethe in der Hinterhand hatte.

Goethes Trumpf

§ II.4.12. Goethes Trumpf hat mit der Lücke in Newtons Beweis zu tun, die ich im TEIL I mehrfach erwähnt, aber mangels empirischer Anhaltspunkte immer wieder an die Seite gestellt habe. Damals wirkte diese Lücke wie ein philosophisches Hirngespinst – aus notorischem Widerspruchsgeist geboren und empirisch fruchtlos. Erst im Lichte der komplementären *Experimente*, die Goethe entdeckt hat, verwandelt sich Newtons zunächst rational überwältigender Beweis in einen Fehlschluss. Ob ein Beweis korrekt ist oder nicht, ob in ihm Lücken klaffen oder nicht, kann also von der experimentellen Gesamtsituation abhängen.

Die Beweislücke, von der ich spreche, tat sich bislang nur abstrakt bei denjenigen Schritten des Arguments auf, bei denen Newton die durchgehende Existenz von Lichtstrahlen voraussetzen musste. Nur notorische Nörgler und verquaste Querulanten würden diese Voraussetzung bestreiten; so schien es bislang. Denn obwohl Newton sie weder empirisch noch apriori beweisen konnte, waren ihre Alternativen allesamt haltlos. Erinnern Sie sich nur an kleine lichtsensitive Schalterchen und raffinierte Lämpchen überall im Prisma (§ I.5.3, § I.5.4).

Jetzt habe ich mit Goethes Hilfe einen weit radikaleren Zweifel an der durchgehenden Existenz von Lichtstrahlen aufgeworfen: den Zweifel daran, ob es überhaupt Lichtstrahlen gibt – und nicht vielleicht stattdessen Finsternisstrahlen. Dieser Zweifel entspringt keiner skeptizistischen Laune; er ist nicht auf dem Diwan ausgeheckt worden. Vielmehr hat Goethe diesen Zweifel nur in die Welt gebracht, weil er sich angesichts gewisser überraschender Experimente aufdrängte.

Können wir diesen berechtigten Zweifel ausnutzen, um die bislang bloß hypothetisch konstatierte Lücke in der newtonischen Beweiskette experimentell aufzuwerten? Wenn das gelingen soll, so müssen wir die Heldin aus TEIL II (die Heterogenität der Finsternis) mit dem Helden aus TEIL I konfrontieren – mit dem *experimentum crucis*. Das ist mein Thema fürs kommende Kapitel. Zugegebenermaßen wird die Angelegenheit dort ein wenig verzwickt. Wer mir und Goethe sowieso glaubt, dass Newtons *experimentum crucis* am Ende nach demselben symmetrischen Schema behandelt werden kann wie die bislang betrachteten Experimente, möge das Kapitel überspringen. Darin liegt kein hohes Risiko; denn es lässt sich streng beweisen, dass *beliebige* optische Experimente umgekehrt werden können, siehe § II.5.21–§ II.5.32; angesichts dieses Beweises werden die unorthodoxen Details zum *experimentum crucis* weniger wichtig. Dennoch durfte das Kapitel nicht ungeschrieben bleiben. Wie die Details aussehen müssten, war jahrhundertelang unklar: hohe Zeit, diesen misslichen Stand der Dinge zu beheben. Das tun u. a. die vielen Abbildungen zum nächsten Kapitel; wenn Sie besser aus Bildern als aus Texten lernen, können Sie den entscheidenden Gedankengang dort nachvollziehen, siehe Farbtafel 16 bis Farbtafel 27.

* * *

Empirische Realisierung der Schwarzsynthese

§ II.4.13. Ich habe in § II.4.9 gezeigt, dass Newtons Theorie die Schwarzsynthese prognostiziert. Damit ist folgende Frage noch nicht beantwortet: Lässt sich die Schwarzsynthese empirisch realisieren?

Wäre dies nicht der Fall, so spräche das zwar nicht unbedingt gegen meine These von der prismatischen Äquivalenz der beiden konkurrierenden Theorien aus § II.4.7. Denn dann könnte man immer noch sagen, dass der Misserfolg bei der Schwarzsynthese *sowohl* gegen die Heterogenität der Finsternis spricht *als auch* gegen Newtons Theorie, die ebenfalls eine Schwarzsynthese vorhersagt (§ II.4.9). Auch dann stünde es unentschieden zwischen beiden Konkurrentinnen.

Aber auf diese Art von Unentschieden brauche ich mich nicht zurückzuziehen. Denn der Wiener Maler Ingo Nussbaumer hat im Jahr 2008 eine elegante Version der Schwarzsynthese veröffentlicht (Nussbaumer [zF]:105, 129 (Tafel XVII-4), 158/9, 188). Sie ist die exakte Umkehrung der Weißsynthese, die ich oben beschrieben habe (§ II.4.8). Ich diskutiere Nussbaumers Schwarzsynthese in O. M. [FK]:164/5 und demnächst weit ausführlicher in O. M. [ZSUF], 13. Kapitel. – Die erste Schwarzsynthese hat Reade im Jahr 1816 publiziert.[233] Meines Wissens hat sie keine weitere Beachtung gefunden.

Kapitel II.5. Unorthodoxe Blicke auf Newtons *experimentum crucis*

Eine Frage und drei mögliche Antworten

§ II.5.1. Kommt die unorthodoxe Theorie von der Heterogenität der Finsternis irgendwie mit Newtons *experimentum crucis* zurecht, mit seinem allerwichtigsten Beweismittel?

Falls sie gut damit zurechtkommt, könnte das auf dreierlei Weise geschehen. Erstens könnte uns rein empirisch die Umkehrung des newtonischen *experimentum crucis* gelingen. Dann gibt es zu jedem angeblichen Beweis, der sich aus Newtons Experiment zugunsten von (R) und (F) führen lässt, einen gleichgebauten Beweis zugunsten der unorthodoxen Behauptungen ($\overline{\text{R}}$) und ($\overline{\text{F}}$).

Für die zweite Möglichkeit würde man auf dasselbe Ziel zusteuern, allerdings theoretisch, nicht empirisch: Wir könnten mit Hilfe der gewohnten newtonischen Theorie zeigen, dass Newtons *experimentum crucis* ein umgedrehtes Gegenstück haben muss. Das wäre analog zum Übergang von Weiß- zur Schwarzsynthese (§ II.4.9).

Drittens schließlich könnten wir es schaffen, Newtons *experimentum crucis* unorthodox zu erklären – als kompliziertes Ereignis, in dem sich keine vereinzelten Lichtstrahlen durch Löcher und Prismen bewegen, sondern sehr, sehr viele Finsternisstrahlen.

Wer diese dritte Möglichkeit ausarbeiten und Newtons Experiment unorthodox durchdeklinieren will, muss sich tief in die immer noch ungewohnte Lehre von den Finsternisstrahlen einarbeiten. Bedenken Sie: Newton und seine Gefolgsleute bauen das Experiment im Dunkeln auf; da werden von allen Ecken und Enden der Kammer lauter verschiedene Finsternisstrahlen herumschwirren! Weil es Erkenntnisgewinne verspricht, besonders knifflige Schwierigkeiten zu überwinden, habe ich mich hier für diese dritte Möglichkeit entschieden.

Sollte ich dabei Erfolg haben, so lieferte das sofort eine Reiseroute für den zweiten Weg; durch Vertauschung der relevanten Wörter ginge die unorthodoxe Erklärung des *experimentum crucis* automatisch in eine orthodoxe Erklärung des umgedrehten *experimentum crucis* über, genauer gesagt: in dessen Prognose. Denn damit wäre auch gezeigt, wie eine empirische Realisierung des umgedrehten *experimentum crucis* aussehen müsste. Wenn ich z. B. den Ausdruck »emittierter schwarzer Finsternisstrahl« (aus der unorthodoxen Erklärung) durch den orthodoxen Ausdruck »emittierter weißer Lichtstrahl« ersetze und eine derartige Ersetzung für alle Elemente aus der unorthodoxen Erklärung vornehme, dann habe ich dem Wortlaut nach eine orthodoxe Erklärung eines neuen Experiments erzeugt – eines Experiments, dessen Struktur mit der Struktur des newtonischen *experimentum crucis* übereinstimmt, dessen Helligkeits- und Farbverhältnisse aber genau umgedreht sind. Wer dieses umgedrehte Experiment realisieren will, muss überall weiße Lampen aufbauen, wo im ursprünglichen *experimentum crucis* Dunkelheit waltet. Newtons Dunkelkammer muss z. B. in eine Lichtkammer verwandelt werden. Mehr dazu am Ende dieses Kapitels (§ II.5.18).

In der Zone ohne Finsternis …

§ II.5.2. Ich lade Sie jetzt zu einer Zeitreise ein, die alles ändern könnte – zurück ins Cambridge des Jahrs 1672. Wir schauen Newton bei seinem wichtigsten Experiment über die Schulter und suchen nach einer Alternativerklärung. Das *experimentum crucis* aus Kapitel I.4 soll nun mit Finsternisstrahlen erklärt werden (statt mit Lichtstrahlen wie in Kapitel I.5). Die Hauptschwierigkeit dieses Planes liegt darin, dass das Experiment in der Dunkelkammer stattfindet und dass dort in allen Richtungen diverse Finsternisstrahlen herumschwirren; nicht einfach, sie alle im Blick zu behalten. Um die Angelegenheit etwas zu vereinfachen, möchte ich nur drei Arten von Finsternisstrahlen betrachten: gelbe, purpurne und türkise. Was ich für diese Strahlen sagen werde, lässt sich mit etwas Fleiß und ohne prinzipielle Probleme auf alle anderen Farben übertragen, die in Goethes Spektrum auch sonst noch vorkommen – z. B. auf die hellroten und hellblauen Finsternisstrahlen. (Vergl. § II.3.12k.)

Konzentrieren wir uns zunächst auf den ersten Auffangschirm ED hinter dem ersten Prisma ABC, siehe Abb. I.4.3. Dort, wo Newton später das Loch G in den Schirm bohren wird, liegt das Zentrum einer Zone, die in Newtons Experiment weiß erscheint (und nur am Rande farbige Säume enthält, nämlich oben bläuliche und unten rötliche). Dass diese Zone weiß ist, bedeutet unter unorthodoxen Vorzeichen: Dorthin gelangen keine Finsternisstrahlen. Stimmt das? Es stimmt nicht; jedenfalls nicht ganz. Warum es nicht ganz stimmt und warum das nicht schadet, will ich in den kommenden Paragraphen erklären.

… kommen trotzdem Finsternisstrahlen an

§ II.5.3. Der gesamte Schirm ED wird von Finsternisstrahlen getroffen (auch dort, wo er weiß sein soll). Denn er ist in Newtons *Dunkelkammer* aufgebaut, und von den Wänden dieser Kammer werden in alle Richtungen Finsternisstrahlen ausgesandt – gelbe, purpurne und türkise. So senden die Fensterladenrückseiten (ebenso wie die Wand darum herum) von oben, unten, links und rechts allerlei heterogene Strahlen auf den Schirm ED; nämlich all diejenigen Finsternisstrahlen, die ungehindert am Prisma ABC vorbeikommen können. Diese Finsternisstrahlen treffen allerdings nicht annähernd senkrecht auf die Schirmmitte, sondern recht schräg. Siehe Farbtafel 16.

Gelangen denn auch senkrechte oder annähernd senkrechte Finsternisstrahlen zur Schirmmitte, also dorthin, wo später das Loch G zu bohren ist? Nein; jedenfalls dann nicht, wenn wir Schirm und Prisma so ausrichten, wie Newton es bei prismatischen Experimenten zu tun pflegte. Das will ich im nächsten Paragraphen erklären.

Eine horizontale Reise unter orthodoxer Betrachtung

§ II.5.4. Erinnern wir uns, wie die Angelegenheit unter orthodoxen Vorzeichen zu sehen wäre. Newton richtete das Prisma symmetrisch aus, also so, dass die Sonnenlichtstrahlen im selben Winkel aufs Prisma treffen (in BC), in dem sie das Prisma nach Refraktion auch wieder verlassen (in AC), siehe § I.2.7; der Einfachheit halber wollen wir annehmen, dass diese Lichtstrahlen nach Refraktion horizontal durch die Dunkelkammer reisen, also parallel zum Kammerboden.

(Die Sonne müsste dafür in einem ganz bestimmten Winkel am Himmel stehen. Wir dürfen das annehmen, weil davon nichts wesentliches abhängt; es vereinfacht die Darstellung, wenn man von horizontalen Strahlen reden kann.)

Da Newton seinen Schirm vertikal aufstellt, hat er dafür gesorgt, dass die refrangierten Lichtstrahlen diesen Schirm senkrecht treffen. Das ist zumindest grob richtig. Genau stimmt es nicht, und zwar aus zwei Gründen, die unterschiedlich viel Gewicht haben:

Erstens nimmt die Sonnenscheibe am Himmel durchschnittlich einen Winkel von 32 Bogenminuten ein; sie entsendet also ihr Licht in leicht unterschiedlicher Richtung. Es weicht, sagen wir, um jeweils maximal sechzehn Bogenminuten nach oben bzw. unten von der exakt waagerechten Bewegungsrichtung ab – und diese Spreizung des Sonnenlichts setzt sich auch nach der prismatischen Refraktion fort.

Diesen Effekt können wir vernachlässigen, weil er von einem *zweiten* Effekt ca. ums Fünffache übertroffen wird. Denn laut orthodoxer Sicht der Dinge sind die verschiedenfarbigen Strahlen des Sonnenlichts divers refrangibel, sie treten also nicht allesamt exakt im selben Winkel aus dem Prisma heraus (und zwar selbst dann nicht, wenn sie im selben Winkel aufs Prisma auftreffen). Vielmehr unterscheidet sich der Austrittswinkel derjenigen Lichtstrahlen, die am stärksten refrangibel sind, vom Austrittswinkel ihrer schwächsten Kollegen erheblich, und zwar um ca. 150 Bogenminuten. (Diese Zahl hängt von der Glassorte ab; zudem gilt sie nur dann, wenn das Prisma symmetrisch ausgerichtet ist, wie in § I.2.7 erklärt.)

So weit die orthodoxe Sicht der Dinge. Bevor ich sie in ihr Gegenstück übertrage, möchte ich kurz an eine strukturell-geometrische

Gemeinsamkeit der beiden Sichtweisen erinnern: Zu jeder homogenen Lichtstrahlensorte mit der ihr eigenen Refrangibilität (aus der orthodoxen Sichtweise) gibt es eine genauso refrangible Sorte von Finsternisstrahlen. (Gelbe Finsternisstrahlen sind z. B. genauso refrangibel wie blaue Lichtstrahlen.)

Dasselbe unorthodox

§ II.5.5. Die Geschichte aus dem vorigen Paragraphen klingt unter unorthodoxen Vorzeichen wie folgt. Genau aus Richtung der Sonne (und nur aus dieser Richtung) kommen *keine* Finsternisstrahlen durchs Fensterladenloch F, die auf die Prismenfläche BC so auftreffen könnten, dass sie das Prisma im gleichen Winkel auch wieder verlassen und dann horizontal weiterreisen. Mithin fehlen auf der Mitte des Schirms ED senkrecht auftreffende Finsternisstrahlen aller *couleur*. Auch dies ist nur grob richtig. Denn es fehlen an Ort und Stelle nicht nur die *exakt* senkrecht ankommenden Finsternisstrahlen (aller *couleur*), sondern auch diejenigen, die nur fast senkrecht am Schirm ankommen. Es fehlen also (innerhalb einer gewissen Bandbreite von ca. 150 + 32 Bogenminuten, § II.5.4) die horizontalen Finsternisstrahlen.

In Farbtafel 17 oben haben wir fehlende Finsternisstrahlen durch Minuszeichen in der fehlenden Farbe angedeutet. Wer das Gewusel dieser fehlenden Strahlen für die drei Hauptfarben (Gelb, Purpur und Türkis) nachvollziehen möchte, der betrachte als Beispiel Farbtafel 17 unten – dort ist die Sache für die mittelrefrangiblen Purpurstrahlen durchdekliniert (so wie in Farbtafel 18 oben für türkise Finsternisstrahlen).

Ich behaupte: Alle diese fehlenden (horizontalen oder fast horizontalen) Finsternisstrahlen sind dafür verantwortlich, dass uns die Schirmmitte weiß erscheint. Der weiße Eindruck der Schirmmitte beruht also nicht auf völliger Abwesenheit dort eintreffender Finsternisstrahlen – sondern auf Abwesenheit aller Finsternisstrahlen *aus einer besonders prominenten Richtung*. (Genauer gesagt: aus einer Bandbreite von Richtungen im Umfeld der Horizontalen.)

Rein weiß oder fast weiß?

§ II.5.6. Zuletzt ist herausgekommen, dass in der Mitte des Schirms ED Finsternisstrahlen aus fast allen Richtungen ankommen, nur nicht (grob) aus der Horizontalen. Da werden Sie fragen: Wieso soll das weiß aussehen? Lief die Lehre von der Heterogenität der Finsternis nicht u. a. darauf hinaus, dass jedwedes Weiß als *völlige* Abwesenheit optischer Kausalfaktoren zu interpretieren sei? Zugegeben, vorhin habe ich (im Rahmen der Heterogenität der Finsternis) etwas behauptet, das man so hätte verstehen können, wie ich es jetzt hervorhebe:

($\overline{\text{K}}$)* Sonnenlicht, farblose Helligkeit, Weiß usw. stellen keinen eigenen optischen Kausalfaktor dar; sie entstehen durch *völlige* Abwesenheit optischer Wirkkräfte, durch Abwesenheit von Finsternisstrahlen. (Vergl. ($\overline{\text{K}}$) in § II.3.3.)

Das kursiv gesetzte Wort tauchte zwar vorhin in ($\overline{\text{K}}$) nicht auf; aber vorhin kam es darauf nicht an. Wie dem auch sei, streng genommen wäre es übertrieben und ganz unrealistisch, jedwedes Weiß als völlige Abwesenheit von Finsternisstrahlen zu deuten. Bedenken Sie: Es gibt Weiß und Weiß – perfektes Weiß und weniger perfektes Weiß. *Fast* perfektes Weiß bietet bei strahlendem Wetter mittags der Blick auf frischen Schnee; von dort kommen fast überhaupt keine Finsternisstrahlen. Newtons weiße Zone in der Mitte seines Auffangschirms sieht wesentlich dunkler aus als Schnee in der Sonne. Also spricht alles dafür zu sagen: Dort versammeln sich einige Finsternisstrahlen – aber eben nicht viele; jene aus (mehr oder minder) horizontaler Richtung fehlen. Dass sie fehlen, macht sich unserem Auge bemerkbar, vor allem im Vergleich zu anderen Flächen in der Dunkelkammer, auf denen sich Finsternisstrahlen aus allen Richtungen versammeln, auch aus horizontaler Richtung. Es kommt unseren Augen also auf den *Unterschied* zwischen solchen Flächen und Newtons Schirm an.

(Und je mehr Finsternisstrahlen sich auf dem Schirm versammelten, desto dunkler erschiene das dortige Weiß; erst weißgrau, dann grau und schließlich schwarz – dann nämlich, wenn wir die Sonne ganz abdeckten, also vor ihr einen großen Schattengeber aufbauten, aus dem die ehedem fehlenden Finsternisstrahlen herausträten.)

Aus allen diesen Gründen ist es attraktiver, die Bedingung ($\overline{\text{K}}$) schwächer zu verstehen, sie also anstelle von ($\overline{\text{K}}$)* so zu deuten:

$(\overline{\mathrm{K}})'$ Sonnenlicht, farblose Helligkeit, Weiß usw. stellen keinen eigenen optischen Kausalfaktor dar; sie entstehen durch *mehr oder minder vollständige* Abwesenheit optischer Wirkkräfte, d.h. durch eine im Vergleich zur Umgebung verringerte Zahl an Finsternisstrahlen.

Komplikation. Nach einem Einwand von Astrid Schomäcker und Christian Beer muss ich die Verhältnisse am Schirm noch etwas genauer auseinandersetzen. Im Haupttext begnüge ich mich damit zu fragen, welche Finsternisstrahlen am Schirm *ankommen.* Doch damit ist die Geschichte nicht zu Ende; immerhin wird der Schirm zuguterletzt von der Experimentatorin betrachtet. Was sie zu sehen bekommt, beruht *zum Teil* auf Finsternisstrahlen, die sich am Schirm versammelt haben und von dort in alle Richtungen zurückgeworfen werden, also auch in ihr Auge. Weil nun der Schirm in der Dunkelkammer liegt, wird er nicht nur Finsternisstrahlen zurückwerfen, die ihn von woandersher treffen; *er wird auch selber als Finsternisquelle wirken.* Und das könnte vielleicht (so der Einwand, um den es jetzt kurz gehen soll) meinen Gedankengang in Schwierigkeiten bringen. – Die Sorge ist unbegründet. Ich kann diese zusätzlichen Strahlen problemlos in die Geschichte einbauen. Sie erreichen (zusätzlich zu den von mir sonst noch betrachteten Finsternistrahlen) alle Stellen der Netzhaut, und zwar überall in gleicher Menge. Dadurch ändert sich nichts an der Unterrepräsentation einiger Strahlen an einigen gesehenen Stellen. – Überblenden die zusätzlichen Finsternisstrahlen vielleicht den ganzen Rest? Nein; insofern die Fläche des Schirms nur einen Bruchteil der Fläche aller Dunkelkammerwände ausmacht, bestimmen die zusätzlichen Finsternisstrahlen das Gesamtgeschehen nur unwesentlich. Ich werde sie daher nicht weiter berücksichtigen. – Wer das Ergebnis des *experimentum crucis* nicht objektiv auf einem Schirm auffängt, sondern gleich subjektiv mit dem Auge registriert, braucht sich um die Komplikation ohnehin nicht zu kümmern.

§ II.5.7. Wenn Sie die Überlegung aus dem vorigen Paragraphen immer noch als Trick empfinden, will ich Sie auf die umgekehrte Überlegung aus orthodoxer Sicht aufmerksam machen. Frage: Beruht Schwarz immer auf *vollständiger* Abwesenheit von Lichtstrahlen? Keineswegs! *Perfekt* schwarze Oberflächen haben unsere Farbtechniker noch nicht erzeugt. Man nähert sich an dieses Ideal bloß mehr oder weniger gut an – ein spannender Wettlauf mit immer neuen Weltrekorden.

Rein schwarz oder fast schwarz?

Nichtsdestoweniger begegnen uns von Zeit zu Zeit allerlei Gegenstände und Lebewesen, die keine rekordverdächtigen Oberflächen aufweisen und die wir auch bei bestem Wetter schwarz nennen, ohne zu zögern: Kohlen, Raben, Schornsteinfeger.

Zwar reflektieren diese schönen Gegenstände und Lebewesen allerlei Licht, doch das tut ihrer Schwärze keinen Abbruch.[234] Wenn das stimmt, dann gilt Satz (K) unter orthodoxen Vorzeichen nur ungefähr, nicht strikt:

(K)′ Schwarze Schatten, Finsternis, Dunkelheit usw. stellen keinen eigenen optischen Kausalfaktor dar; sie entstehen durch *mehr oder minder vollständige* Abwesenheit optischer Wirkkräfte, d. h. durch im Vergleich zur Umgebung verringerte Zahl an Lichtstrahlen. (Vergl. (K) in § II.3.2.)

Da ist es nur recht und billig, wenn wir nicht darauf bestehen, dass dessen unorthodoxes Gegenstück strikt gelten soll.

Vertiefungsmöglichkeit. Dass Schwarz nicht immer dunkel ist, hat der Maler Pierre Soulage schon als Kind prägnant auf den Punkt gebracht: Er bemalte Papier mit schwarzer Tinte und sagte, er male Schnee.[235] In vielen seiner späteren Bilder hat er diese Antwort systematisch ausgearbeitet; er experimentierte ausführlich mit den reflektierenden Eigenschaften von glänzendem Schwarz.[236] Zwar bedeutet das, dass er mit physikalisch suboptimalem Schwarz gearbeitet hat. Aber jedes real existierende Schwarz ist suboptimal. Die Jagd nach perfekt schwarzen Oberflächen wird nie zum Ziel führen. Solche Oberflächen müssten alles eintreffende Licht schlucken, hätten also eine Absorptionsquote von hundert Prozent. Davon sind wir nicht nur weit entfernt; *volle* hundert Prozent sind unerreichbar. Immer wieder werden die letzten Weltrekorde überboten. Bis zum Jahr 2007 hielt Richard Brown mit seinem Material *Super Black* den Weltrekord; er lag bei einer Absorptionsquote von 99,6 Prozent.[237] Künstler wie Frederic de Wilde haben solche Oberflächen für ihre Arbeit eingesetzt. Bald darauf hat die Forschergruppe um Shawn-Yu Lin einen neuen Rekord aufgestellt, mit einer Oberfläche voller Kohlenstoffnanoröhren, die eine Absorptionsquote von 99,955 Prozent erreicht.[238] Die Jagd nach neuen Rekorden geht weiter. (Und vergessen Sie nicht die Schwarzkörperstrahlung: Körper, deren Temperatur über dem absoluten Nullpunkt liegt, mögen so schwarz aussehen, wie sie wollen, stets emittieren sie elektromagnetische Strahlung, also auch Licht; siehe z. B. Hecht [O]:941. Auch an den absoluten Nullpunkt unserer Temperaturskala werden wir nie herankommen; mehr dazu in § III.5.2k.) – Umgekehrt treffen wir niemals ein hundertprozentiges (d. h. völlig ungetrübtes) Weiß an, wie schon Lichtenberg festgehalten hat.[239] Bedenken Sie zweierlei. Erstens:

Wenn wir alle Lichtsorten aus dem sichtbaren Spektrum wohlbalanciert mischen, dabei aber zuwenig Lichtstärke zusammenbringen, dann entsteht kein Weiß, sondern ein Grau; nun regeln wir die Lichtstärken der beteiligten Strahlen langsam nach oben – ab wann, genau, nennen wir das Resultat Weiß? Zweitens: Wenn Sie nur eine einzige Lichtsorte, z. B. spektrales Grün, mit extrem hoher Lichtstärke auf einen Schirm projizieren, sieht das Resultat ebenfalls weiß aus. Warum? Weil uns zu viel grünes Licht blendet.[240] – Kurzum, mit vollem Recht betonte Goethe, dass sich alle unsere Farbbeobachtungen in einem Mittelfeld bewegen müssen, in dem es weder zu hell noch zu dunkel ist (Goethe [PF]:188).

Das Loch in Newtons erstem Schirm

§ II.5.8. In den vorigen Paragraphen habe ich auf unorthodoxe Weise erklärt, warum die Mitte des ersten Auffangschirms ED aus Newtons *experimentum crucis* weiß erscheint. Dorthin kommen zwar allerlei diffuse Finsternisstrahlen (z. B. von den Dunkelkammerwänden), aber eben keine aus der prominentesten – mehr oder minder horizontalen – Richtung.

Jetzt bohrt Newton ins Zentrum des Schirms ED ein kleines Loch G (Abb. I.4.3); es ist viel kleiner als die weiß erscheinende Zone auf dem Schirm und liegt je nach Ausrichtung des Prismas im oberen, unteren oder mittleren Bereich dieser Zone. (Sobald Newton sein Prisma ABC rotieren lässt und dabei das Bild auf dem Schirm ED auf und nieder wandert, findet sich das Loch G in anderen Bereichen der weißen Zone, manchmal z. B. in ihrer Mitte, manchmal sogar an ihrem unteren Ende.)

Blicken wir nun auf den zweiten Schirm ed, insbesondere auf diejenige Stelle, an der Newton später sein zweites Loch g bohren wird. (Siehe Farbtafel 18 unten.) Welche Finsternisstrahlen kommen dort an? Ziemlich viele; genau wie vorhin. Zum Beispiel treffen auch dort allerlei Finsternisstrahlen auf, die von den Dunkelkammerwänden ausgehen. Zudem treffen dort Finsternisstrahlen auf, die von der – dunklen – Rückseite des Schirms ED stammen. Kommen am fraglichen Platz g auch senkrechte Finsternisstrahlen an? Diese Frage werde ich im übernächsten Paragraphen beantworten. Im bevorstehenden Paragraphen werde ich die Antwort vorbereiten, indem ich Sie an die orthodoxe Sicht der Dinge erinnere.

Orthodoxe Zwischenüberlegung

§ II.5.9. Bevor Newton sein erstes Prisma ABC rotieren lässt, hat er es symmetrisch ausgerichtet – also so, dass (bei orthodoxer Betrachtung) das Sonnenlicht im selben Winkel aufs Prisma auftrifft, in dem es das Prisma auch wieder verlässt (§ II.5.4). Diese Bedingung kann genauer formuliert werden.[241] Um eine konkrete Situation vor Augen zu haben, möchte ich annehmen, dass die gebrochenen Sonnenlichtstrahlen horizontal durch die Dunkelkammer weiterreisen (also parallel zum Kammerboden).

Nun können nach Brechung am Prisma ABC nicht *alle* Sonnenlichtstrahlen parallel zum Kammerboden weiterreisen. Selbst wenn die Mitte der Sonnenscheibe paralleles Licht entsendet, werden infolge der diversen Refrangibilität à la Newton manche Lichtstrahlen stärker vom Weg abgelenkt als andere. Wie ich ab jetzt annehmen werde, hat Newton das Prisma so gedreht, dass die stärkstrefrangiblen – blauen – Lichtstrahlen das Prisma ABC genau in horizontaler Richtung verlassen; alle anderen Lichtstrahlen werden im Vergleich dazu schräg nach unten weiterreisen: die grünen Lichtstrahlen leicht abfallend, die roten stärker. (Siehe Farbtafel 19. Wer sehr genau hinschaut, wird sehen, dass das Prisma ABC im Vergleich zu den vorigen Abbildungen etwas gedreht ist – daher reisen *ab jetzt* die stärkstrefrangiblen Strahlen parallel zum Kammerboden, nicht mehr die mittelstark refrangiblen.)

Das bedeutet: Auf dem zweiten Schirm ed kommen im Punkt g (dort, wo Newton auf derselben Höhe wie G sein zweites Loch g in den Schirm gebohrt hat) nur noch blaue Lichtstrahlen an. Sie haben einen langen Weg zurückgelegt: von der Sonne *via* Fensterladenloch F ins Prisma ABC und von dort (nach zweimaliger – exakt symmetrischer – Brechung) parallel zum Kammerboden bis hin zum Punkt g (und schließlich durchs zweite Prisma abc auf den Schirm NM in β).

In den nächsten Paragraphen werde ich die eben durchgespielte newtonische Überlegung in ihr unorthodoxes Gegenteil verkehren.

Gelb = Blau

§ II.5.10. Unter den Vorzeichen der Theorie von der Heterogenität der Finsternis verhalten sich gelbe Finsternisstrahlen so wie blaue Lichtstrahlen laut Newton – jedenfalls mit Blick auf Refrangibilität.

Denn in beiden Theorien gibt es maximal refrangible Strahlen; laut Newton sind das die blauen Lichtstrahlen, laut seinen unorthodoxen Gegnern sind es die gelben Finsternisstrahlen (§ II.5.4).

Die orthodoxe Überlegung aus dem vorigen Paragraphen, die mit blauem Licht zu tun hatte, hat also ein unorthodoxes Gegenstück mit gelber Finsternis. Auf dem Pfad, auf dem im vorigen Paragraphen blaue Lichtstrahlen entlanggereist sind, *könnten* also im Prinzip genauso gut gelbe Finsternisstrahlen entlangreisen.

Aber genau das tun sie nicht. Denn um auf demselben Pfad reisen zu können, müssten sie von der Sonne herkommen. Und unter unorthodoxer Betrachtung entsendet ausgerechnet die Sonne keine Finsternisstrahlen (also auch keine gelben).

Purpurne Finsternis auf der Rückreise

§ II.5.11. Halten wir das Ergebnis aus dem vorigen Paragraphen fest: Im Punkt g können keine gelben Finsternisstrahlen exakt *senkrecht* auf den zweiten Auffangschirm auftreffen; aus allen anderen Richtungen dagegen schon (§ II.5.8). Siehe Farbtafel 20.

Können denn im Punkt g andere Finsternisstrahlen senkrecht ankommen? Allerdings. Ich will das anhand der purpurnen Finsternisstrahlen demonstrieren.

Da die orthodoxen Refraktionsgesetze unabhängig von der Bewegungsrichtung gelten, also dem Licht vorwärts und rückwärts genau dieselben Wege erlauben (§ I.2.6), werde ich davon ausgehen, dass die unorthodoxen Gesetze dieselbe zeitliche Symmetrie aufweisen.

Betrachten wir in Farbtafel 21 oben rein hypothetisch einen purpurnen Finsternisstrahl, der horizontal vom Punkt g des zweiten Auffangschirms ed *zurück*reist. Er gelangt durchs Loch G des ersten Schirms auf die Prismenfläche AC und wird dort durchschnittlich stark gebrochen (also schwächer, als gelbe Finsternisstrahlen gebrochen würden); auch an der Prismenfläche BC wird er nur durchschnittlich gebrochen. Vielleicht schafft er's gerade noch durchs Fensterladenloch F, aber jedenfalls wird er nicht bis zur Sonne gelangen; denn dieser Pfad war genau den maximal refrangiblen Strahlen vorbehalten (§ II.5.10). Kurzum, der purpurne Finsternisstrahl verfehlt die Sonne, fliegt unter ihr hinfort und verliert sich in den dunklen Tiefen des Weltalls.

Komplikation. Was geschieht, falls es der rückwärtsreisende purpurne Finsternisstrahl nicht einmal durchs Fensterladenloch F schafft, anders als eben angenommen? Auch dann endet er im Finstern; nicht in den finsteren Tiefen des Weltalls, sondern an der schwarzen Wand der Dunkelkammer.

Dasselbe vorwärts

§ II.5.12. So weit im Rückwärtsgang die Geschichte vom Purpur. Jetzt dasselbe vorwärts. Aus den dunklen Tiefen des Weltalls reisen purpurne Finsternisstrahlen direkt unter der Sonne entlang bis hin zum Fensterladenloch F, werden zweimal gebrochen (durchschnittlich stark) und kommen genau senkrecht im Punkt g an; wie behauptet.

Genauso macht man sich klar, dass in g auch türkise Finsternisstrahlen senkrecht auftreffen. (So wie die eben verfolgten purpurnen Finsternisstrahlen kommen auch sie aus der finsteren Tiefe des Weltalls, doch anders als diese verfehlen sie die Sonne nicht knapp, sondern reisen in größerem Abstand unter ihr hindurch. Ihre Refrangibilität ist am kleinsten, siehe Farbtafel 21 unten.)

Soeben hat sich ergeben: Senkrecht erreichen den fraglichen Punkt g alle Finsternisstrahlen außer den gelben (Farbtafel 22). Vorher habe ich festgestellt: In *nicht-senkrechtem* Winkel erreichen den fraglichen Punkt alle Finsternisstrahlen, auch die gelben (§ II.5.8). Zusammengenommen bedeutet das: An Ort und Stelle sind genau die gelben Finsternisstrahlen aus der prominentesten Richtung *unterrepräsentiert.*

Was sieht man in einem Punkt g, an dem alle Arten von Finsternisstrahlen ankommen, nur nicht (aus der prominentesten Richtung) die gelben? Was sieht man bei Unterrepräsentation gelber Finsternisstrahlen? Man sieht die Komplementärfarbe zu Gelb: Blau.

Dieser Gedankengang lässt sich leicht so abändern, dass er auch für einen Punkt knapp unterhalb von g gilt. Dort werden nicht die überdurchschnittlich refrangiblen – gelben – Finsternisstrahlen aus horizontaler Richtung fehlen, sondern die bloß durchschnittlich refrangiblen – purpurnen – Finsternisstrahlen aus leicht absteigender Richtung. (Denn wer deren Weg hypothetisch zurückverfolgt, wird genau in der Sonne enden; auf diesem Pfad kann also kein purpurner Finsternisstrahl am zweiten Schirm unterhalb von g eintreffen.)

Resultat: Unterhalb von g sind purpurne Finsternisstrahlen aus einer Richtung unterrepräsentiert, wir sehen dort das Komplement von Purpur – einen grünen Fleck, siehe Farbtafel 23. Genauso noch weiter unterhalb von g: Unterrepräsentierte türkise Finsternisstrahlen aus stärker abfallender Richtung führen dort zu einem roten Fleck.

Damit sind die drei Hauptfarben Blau, Grün und Rot aus dem Newtonspektrum auf dem Schirm ed unorthodox erklärt; und es ist klar, dass dieselbe Erklärung auch für die Zwischentöne aus jenem Spektrum funktioniert (also z. B. auch für Türkis und Gelb).

Vertiefungsmöglichkeit. Dass nicht nur die *völlige* Abwesenheit gelber Finsternisstrahlen blaue Farbeindrücke erzeugt (wie noch in § II.3.12 nahegelegt), sondern auch ihre Unterrepräsentation (z. B. aus einer Richtung), liegt im Lichte der Überlegung aus § II.5.6 nahe. Dort führte nicht nur die völlige Abwesenheit, sondern schon – im Vergleich zur Umgebung – eine *Verringerung* aller Finsternisstrahlen (z. B. aus einer Richtung) zu einem weißen Farbeindruck. Warum? Wie gesagt deshalb, weil unser Auge sehr sensibel auf Unterschiede zwischen etwas Gesehenem und dessen Umgebung reagiert. Genauso jetzt wieder: Nirgends auf dem Schirm außer im Punkt g fehlen die gelben Finsternisstrahlen aus einer Richtung; also bemerken wir diese Unterrepräsentation, indem wir die Umgebung mit dem Punkt g vergleichen. Auch in der orthodoxen Sicht der Dinge pflegt man darauf hinzuweisen, wie stark die Farbwahrnehmung vom Abgleich mit der Umgebung geprägt wird; etwa bei der Farbkonstanzleistung, mit deren Hilfe uns ein und derselbe Gegenstand (trotz unterschiedlicher Beleuchtungen) konstant gefärbt erscheint.[242] – Ganz analog zu meiner Redeweise von *unterrepräsentierten* Strahlensorten redete Newton hie und da von *vorherrschenden* Strahlensorten; er hätte sie auch *überrepräsentiert* nennen können.[243]

Vergleich der beiden Schirme

§ II.5.13. Um den Gedankengang aus den vorigen Paragraphen in einer Gesamtschau zusammenzubringen, will ich die Situation auf den beiden Schirmen vergleichen.

In einer relativ breiten Zone rund ums Loch G des ersten Schirms ED fehlen Finsternisstrahlen (aller *couleur*) aus grob senkrechter Richtung; diesen Mangel an Finsternis nehmen wir weiß wahr.

Anders auf dem zweiten Schirm ed. Dort fehlen in einem relativ kleinen Punkt g in *exakt* horizontaler Richtung nur die gelben Finsternisstrahlen (denn dort kommen horizontal immer noch sowohl purpurne als auch türkise Finsternisstrahlen an, siehe Farbtafel 23).

Den in g resultierenden Mangel an senkrecht eintreffenden gelben Finsternisstrahlen nehmen wir blau wahr. Analog für die anderen Farben auf Newtons zweitem Schirm. Ein bisschen unterhalb von g treffen in leicht absteigender Richtung alle Finsternisstrahlen ein außer den purpurnen (Resultat: Grün); weiter unterhalb von g in stark absteigender Richtung alle Finsternisstrahlen außer den türkisen (Resultat: Rot). Siehe Farbtafel 24 oben. Wenn Sie das Gewusel der verschiedenfarbigen und nach dem Prisma ABC in unterschiedlichen Richtungen reisenden Minuszeichen auseinanderdividieren wollen, werfen Sie einen Blick auf Farbtafel 24 unten und 25 oben.

Komplikation. Dass auf dem zweiten Schirm im Punkt g nur die gelben Finsternisstrahlen aus *exakt* senkrechter Richtung fehlen, ist übertrieben. Immerhin nimmt die Sonne am Himmel einen Winkel von 32 Bogenminuten ein (§ II.5.4); es fehlen also von dort Finsternisstrahlen innerhalb einer gewissen Bandbreite. Dass die Richtung der fehlenden Finsternisstrahlen innerhalb einer gewissen Bandbreite schwankt, setzt sich durch die gesamte optische Konfiguration fort bis hin zum Punkt g auf dem Schirm ed; auch dort fehlen gelbe Finsternisstrahlen aus Richtungen innerhalb einer gewissen Bandbreite. – Schadet diese Ungenauigkeit etwa meiner Behauptung, dass sich die optischen Situationen auf den beiden Schirmen unterscheiden? Nein. In einer relativ breiten Zone auf dem ersten Schirm ED fehlen *alle* Arten von Finsternisstrahlen aus grob horizontaler Richtung (innerhalb einer gewissen Bandbreite); hingegen fehlen auf dem zweiten Schirm in g aus grob horizontaler Richtung nur die gelben Finsternisstrahlen.

Hinter dem Loch im zweiten Schirm

§ II.5.14. Wie die unorthodoxe Erklärung hinter dem zweiten Schirm ed weitergeht, ist nach dem Gesagten nicht mehr schwer zu sehen. Siehe Farbtafel 26. Im Punkt g hat Newton vorhin einen blauen Farbfleck aufgefangen; dort versammeln sich aus horizontaler Richtung alle Finsternisstrahlen mit Ausnahme der gelben. Jetzt bohrt Newton an diesem blauen Punkt ein kleines Loch g in den Schirm und stellt hinter dem Schirm sein zweites Prisma abc auf. Wiederum treffen in horizontaler Richtung alle Finsternisstrahlen mit Ausnahme der gelben aufs Prisma abc.

Die Wege dieser horizontalen Finsternisstrahlen scheiden sich allerdings bei der Weiterreise durchs Prisma; die purpurnen Finsternisstrahlen werden zweimal mittelstark vom Weg abgelenkt, kommen also eher steil aus dem Prisma heraus und enden in π; die türkisen Finsternisstrahlen werden zweimal unterdurchschnittlich stark vom Weg abgelenkt, kommen also nicht ganz so steil aus dem Prisma heraus und enden in τ. Und da in der horizontalen Reisegruppe genau die gelben Strahlen fehlten, setzt sich ihr Fehlen auf dem obersten Pfad auch hinter dem zweiten Prisma fort. Dieser oberste Pfad (über dem purpurnen und dem türkisen) bleibt gelbfrei und endet im Punkt β auf dem letzten Auffangschirm NM des Experiments.

Was erwarten Sie dort zu sehen? Wegen gelber Abwesenheit aus *einer* Richtung, d. h. wegen gelber Unterrepräsentation, sagt die unorthodoxe Theorie voraus, dass sich dort das Komplement von Gelb blicken lassen muss. Und genauso verhält es sich auch in Newtons *experimentum crucis*.

Beachten Sie: Unterrepräsentiert sind die gelben Finsternisstrahlen nur im Punkt β. Schon etwas darunter kommen gelbe Finsternisstrahlen aus allen Richtungen an; auch parallel zu der einen Richtung, aus der sie in β fehlen. Um das einzusehen, braucht man in Gedanken nur den Rückweg gelber Finsternisstrahlen z. B. von π aus durchzuspielen. Parallel zu dem (durch gelbe Minuszeichen angedeuteten) gelbfreien Pfad führt von π ein Weg zur Rückseite ac des Prismas, dieser Weg wird im Innern des Prismas abc weiter parallel zum darüberlaufenden gelbfreien Pfad laufen und diese Parallelität auch nach der Brechung an bc nicht einbüßen: Er endet auf der Rückseite der Blende egd, etwas unterhalb des Blendenlochs g. So weit der Rückweg; in der uns interessierenden Richtung ist der Weg gelber Finsternisstrahlen bis hin zu π deckungsgleich, und dort reisen in der Tat gelbe Finsternisstrahlen entlang, emittiert von der dunklen Rückseite der Blende.

In π kommen übrigens auch gelbe Finsternisstrahlen an, die zwischen NM und ac auf dem purpur eingezeichneten Pfad verlaufen. Auch dies ergibt sich aus der Betrachtung ihres Rückwegs: Da sie stärker refrangibel sind als die purpurnen Strahlen, werden sie in ac weiter nach oben vom Weg abgelenkt als ihre purpurnen Kollegen, genauso danach an bc; sie landen also über dem Blendenloch g in egd. Und auf dem Hinweg kommen auch von dort gelbe Finsternisstrahlen.

Ebenso macht man sich klar, dass in π aus derselben Richtung türkise Finsternisstrahlen ankommen (wieder von der Rückseite der Blende egd; in Farbtafel 26 nicht eingezeichnet). Und weil in π sogar purpurne Finsternisstrahlen ankommen, nämlich letztlich aus den Tiefen des Weltalls (eingezeichnet), haben wir in π ein ausgewogenes Gemisch von Finsternisstrahlen aus dieser einen Richtung. Dass dort auch aus allen anderen Richtungen sämtliche Arten von Finsternisstrahlen ankommen, steht fest. Daher sieht der Schirm bei π insgesamt schwarz aus.

Drehung des ersten Prismas

§ II.5.15. Nun kommt wieder Bewegung in die Dunkelkammer. Newton dreht das erste Prisma ABC um seine Achse. Nehmen wir z. B. an, er richtet die Sache so ein, dass sich im Punkt g auf dem zweiten Schirm ed nicht mehr der blaue Farbfleck zeigt, sondern der grüne. Wir drehen das Prisma also wieder in die Position zurück, in der es am Anfang dieses Kapitels stand (bis zum § II.5.8 und bis einschließlich zur Farbtafel 18).

Der blaue Farbfleck ist wegen der Rotation des Prismas ein bisschen nach oben gewandert, und zwar gleichgültig, in welcher Richtung Newton das Prisma rotieren lässt. Bedenken Sie, dass das Prisma vor der Rotation für blaues Licht symmetrisch ausgerichtet war und dass dieses Licht daher für blaue Verhältnisse am wenigsten weit refrangiert worden war. In welcher Richtung auch immer man diesen Extrempunkt verlässt, stets wandert der blaue Bereich des Spektrums nach oben und wird dabei von den anderen Spektralfarben verfolgt (§ I.4.6k, § II.5.9).

Infolge der Rotation verläuft zwischen den Löchern g und G ein horizontaler Pfad, auf dem nun nicht mehr die gelben Finsternisstrahlen fehlen, sondern die (schwächer refrangiblen) purpurnen Finsternisstrahlen. Diesen purpurfreien Pfad verfolgen wir auf seinem Weg durchs Loch g und durchs zweite Prisma abc, wie gehabt. (Siehe Farbtafel 27; siehe auch Abb. I.4.7, zweites Bild.)

Lässt sich der purpurfreie Pfad vielleicht ebenfalls bis zum Punkt β verfolgen? Keineswegs. Zwar schneidet der purpurfreie Pfad die Prismenfläche bc an derselben Stelle und im selben Winkel wie vorher der gelbfreie Pfad. (Unter orthodoxer Betrachtung war das eine der Pointen des *experimentum crucis*, § I.5.1.) Doch da auf dem purpurfreien Pfad andere Finsternisstrahlen entlangreisen als auf dem gelbfreien Pfad von vorher, also Finsternisstrahlen anderer Refrangibilität, scheiden sich die Pfade schon nach der ersten Refraktion (an der Prismenfläche bc); und dann noch stärker nach der zweiten Refraktion (an der Prismenfläche ac).

Positiv gewendet: Der purpurfreie Pfad endet nicht im Punkt β, sondern etwas darunter, im Punkt γ. Um das zu begründen, genügt es, in Gedanken kontrafaktisch anzunehmen, dass auf der Horizontalen zwischen den beiden Löchern doch purpurne Finsternisstrahlen entlangkämen. Sie träfen kurz hinter dem Loch g aufs Prisma abc und würden dort (zweimal) durchschnittlich stark nach oben gebrochen; sie müssten also unterhalb des Punktes β auf dem Schirm NM ankommen (denn dieser Punkt ist das Reiseziel *maximal* refrangibler Finsternisstrahlen).

Diese kontrafaktische Überlegung zeigt: Wenn zwischen den beiden Löchern G und g horizontale Finsternisstrahlen purpurner Farbe entlangreisten, so kämen sie genau in γ an; da aber auf dieser Horizontalen keine Finsternisstrahlen purpurner Farbe entlangreisen, kommen *de facto* auf dem kontrafaktischen Reiseweg keine purpurnen Finsternisstrahlen an. Im Punkt γ fehlen sie also aus genau einer Richtung. Diese Unterrepräsentation purpurner Finsternisstrahlen in γ führt dort zu einem grünen Farbeindruck.

Und damit ist die unorthodoxe Erklärung des newtonischen *experimentum crucis* komplett: In der Ausgangsposition des Prismas ABC führte *maximale* Refraktion an diesem Prisma – nach nochmaliger Refraktion am Prisma abc – zu (blauen) Farbeffekten an irgendeinem Punkt β. Und nach Rotation des Prismas ABC gelangten die *mittleren* – bei erster Brechung durchschnittlich vom Weg abgelenkten – grünen Portionen des Spektrums zum zweiten Prisma abc und finden sich nach dortiger Refraktion wiederum *weiter unten* auf dem Auffangschirm: in γ, unterhalb von β. Es ist klar, dass sich dieser Trend bei noch stärkerer Drehung des Prismas ABC fortsetzt und dass dann noch weiter unten im Punkt ρ (unterhalb von γ) die türkisen Finsternisstrahlen unterrepräsentiert sein werden – Ergebnis: Rot.

Am Ziel

§ II.5.16. Im letzten Paragraphen habe ich das Beweisziel erreicht, das ich mir gesteckt hatte: Newtons *experimentum crucis* erzwingt nicht seine Theorie von der Heterogenität des weißen Sonnenlichts. Das Experiment lässt sich ebenso gut mit Hilfe der Heterogenität der Finsternis erklären. Welche Erklärung man bevorzugt, hängt davon ab, ob man an Licht- oder an Finsternisstrahlen glaubt.

Woran man da glauben soll, ist aus heutiger Sicht sonnenklar. Zu Goethes Zeit war das alles andere als klar, und zu Newtons Zeit war es erst recht nicht klar. Damals glaubten viele daran, dass für die Entstehung bunter Farben Licht und Finsternis zusammenspielen müssen (§ I.3.17–§ I.3.18). Auch Goethe glaubte an zwei solche Pole.

Zugegebenermaßen hat damals fast keiner *nur* auf Finsternis gesetzt.[244] Ich wollte lediglich zeigen, dass man das hätte tun dürfen – genau mit demselben Recht, mit dem Newton nur auf Licht hat setzen dürfen. Auf Goethes zweipolige Sicht werde ich nicht eingehen, wie gehabt und wie in der Einleitung angekündigt.

Kurz vor Abschluss dieses Kapitels möchte ich noch einen naheliegenden Einwand beantworten. Er lautet: Ist die in diesem Kapitel erarbeitete Alternativ-Erklärung nicht heillos kompliziert? Zeigt nicht der aberwitzige Aufwand, den ich treiben musste, die Absurdität des ganzen Unterfangens? – Schön wär's. Wie Sie gleich sehen werden, gibt es ein umgedrehtes *experimentum crucis*. Und wer dieses Experiment orthodox erklären will, muss exakt denselben aberwitzigen Aufwand treiben.[245] Nein, Fragen der Einfachheit entscheiden nicht zwischen Newtons Theorie und ihrer unorthodoxen Alternative.

Das umgestülpte *experimentum crucis*

§ II.5.17. Im Vorübergehen möchte ich kurz erwähnen, dass die unorthodoxe Erklärung des wichtigsten newtonischen Experiments reiche Ernte nach sich zieht. Denn wie eingangs in diesem Kapitel dargetan, lässt sie sich (durch systematische Vertauschung der Farb- und Helligkeitswörter) in die newtonische Prognose eines spektakulären Experiments verwandeln. Newtons Theorie sagt voraus, dass sich sein *experimentum crucis* umkehren lässt. Wer das im Detail ausarbeiten will, muss meinen Gedankengang ab § II.5.2 abschreiben und dabei die Wörter aus der linken Spalte meiner Tabelle durch deren rechte Gegenstücke austauschen:

Begriffe aus der unorthodoxen Erklärung des *experimentum crucis*	**Begriffe aus der orthodoxen Prognose des umgekehrten *experimentum crucis***
Phänomenologische Begriffe	
Blau	Gelb
Türkis	Rot
Grün	Purpur
Gelb	Blau
Rot	Türkis
Stärker refrangibel	Stärker refrangibel
Durchschnittlich refrangibel	Durchschnittlich refrangibel
Maximal refrangibel	Maximal refrangibel
Minimal refrangibel	Minimal refrangibel
Dunkel	Hell
Schwarzer Schatten	Weißes Licht
Hinreichend homogenes Schattenbündel	Hinreichend homogenes Lichtbündel
Störender Streuschatten	Störendes Streulicht
Theoretische Begriffe	
Finsternisstrahl	Lichtstrahl
Heterogene Finsternis	Heterogenes Licht
Homogenes Schattenbündel	Homogenes Lichtbündel
Kausal wirksamer optischer Faktor	Kausal wirksamer optischer Faktor
Unterrepräsentation blauer Finsternisstrahlen	Unterrepräsentation gelber Lichtstrahlen
Experimentelle Begriffe	
Prisma	Prisma
Spiegel	Spiegel
Lochblende	Lochblende
Blende mit schwarz erscheinenden Backen	Blende mit weiß erscheinenden Backen

Diese Tabelle bietet die Grundlage für einen Algorithmus. Man nehme meine unorthodoxe Erklärung des newtonischen *experimentum crucis* und ersetze alle Wörter, die in der linken Spalte der Tabelle vorkommen, durch ihre rechten Gegenstücke. Nach Durchführung dieser Ersetzungen bekommt man Beschreibung und theoretische Analyse eines neuen Experiments – des umgedrehten *experimentum crucis*. Der entstehende Text enthält lauter Sätze, die im Rahmen der Theorie Newtons gültig sind. Das bedeutet: Newtons Theorie prognostiziert, dass es ein umgedrehtes *experimentum crucis* geben muss! (Und klarerweise kann man den Algorithmus auf jedes beliebige Experiment anwenden; jedes unorthodox erklärte Experiment Newtons liefert automatisch ein neues komplementäres Experiment.)

Freunde, flieht die dunkle Kammer

§ II.5.18. Das umgedrehte *experimentum crucis* darf nicht in einer Dunkelkammer stattfinden; es muss in einer Streulichtkammer aufgebaut werden. Hier gibt es (unter unorthodoxer Betrachtung) keine störenden Streuschatten. Orthodox gesagt: Die Wände der Streulichtkammer strahlen in alle Richtungen gleichmäßig weißes Licht ab. Zudem darf im umgedrehten Experiment keine Sonne vorkommen; idealerweise muss der ganze Himmel umgedreht werden. Wir brauchen also einen gleißend hellen Himmel mit einer finsteren Unsonne; schon Lucas war das in Umrissen klar, wie Goethe mit sichtlicher Freude und mit Recht festhielt.[246]

Für die Umkehrung irgendeines optischen Experiments von Newton genügt es im Normalfall nicht, am Eingang der Dunkelkammer eine Lochblende durch einen Schattenwerfer zu ersetzen. Das funktioniert zwar ganz gut bei Newtons Grundexperiment, aber bei den meisten Experimenten muss man die Helligkeitsverhältnisse am *gesamten* Himmel umdrehen ebenso wie in der *ganzen* Experimentierkammer.

Das gilt auch fürs *experimentum crucis*. Matthias Rang und ich haben dessen Umkehrung anderswo ausführlich beschrieben, und mein Mitstreiter hat sogar eine erste experimentelle Realisierung nachgewiesen, die mit künstlichem Licht (und mittels einer Spiegelspaltblende) einen Umbau des gesamten Himmels simuliert.[247]

Beiläufig: Goethe hatte die Umkehrung des *experimentum crucis* geahnt, ohne die Details ausarbeiten zu können. Er schrieb:

> Zu völliger Überzeugung mache man den Versuch mit einem dunklen Bilde. Bei demselben ist der gelbe Saum vorstrebend

> und der blaue Rand zurückbleibend. Alles, was bisher vom violetten Teile prädiziert worden, gilt nunmehr vom gelben, was vom gelbroten gesagt worden, gilt vom blauen. Wer dieses mit Augen gesehen und recht erwogen hat, dem wird nun wohl die vermeinte Bedeutsamkeit dieses Hauptversuches wie ein Nebel verschwinden. Wir wollen auf unsrer zwölften Tafel, und bei Erläuterung derselben noch alles nachholen, was zu mehrerer Deutlichkeit nötig scheinen möchte; so wie wir auch den zu diesem Versuche nötigen Apparat noch besonders beschreiben werden.[248]

Goethe bluffte hier – und kündigte eine Tafel an, die er nie geliefert hat. Kein Wunder: Die Tafel hätte der Struktur nach so verzwickt werden müssen wie der Gedankengang aus dem vorliegenden Kapitel. Matthias Herder hat mir zwei Tafeln gezeichnet, auf denen zu sehen ist, was Goethe ungefähr hätte abliefern müssen.[249]

Belege. Während der Tagung *experimentum lucis* an der Humboldt-Universität zu Berlin hat Matthias Rang am 21. 9. 2010 weitere Varianten eines umgekehrten *experimentum crucis* gezeigt; genauer gesagt wurde dort sogar das entscheidende Experiment von Desaguliers umgedreht (§ I.3.14). – Die Umkehrung des *experimentum crucis* wurde meines Wissens zum ersten Mal von der skandinavischen Forschergruppe um Bjerke angesteuert, von der ich im Vorwort berichtet habe. Schon im Jahr 1961 beschrieb Bjerke zwar – sehr knapp – eine umgedrehte Fassung des Experiments, ließ aber offen, ob dies bloß eine theoretische Idee ist oder ob sie sich empirisch realisieren lässt.[250] Dass es funktionieren muss, wurde ein Jahrzehnt später von Holtsmark theoretisch aufgezeigt.[251] Im Jahr 1976 packte Sällström die empirische Realisierung dieses Gedankenexperiments an, und ihm gelang es, seinen Kollegen am physikalischen Institut der Stockholmer Universität einen (im Weißen) unzerlegbaren Purpurstrahl vorzuführen. Es folgten weitere Aufführungen dieses Experiments, so z. B. im Jahr 1985 in einem Kurs für Physiklehrer, an dem auch Holtsmark teilnahm. Im Jahr 2008 schließlich wurde das Experiment gefilmt; dieser spektakuläre Experimentalfilm ist im Jahr 2010 veröffentlicht worden.[252] Unabhängig hiervon hat Ingo Nussbaumer am 17. 6. 2009 in meinem wissenschaftsphilosophischen Kolloquium an der Humboldt-Universität eine subjektiv/objektiv gekoppelte Umkehrung des *experimentum crucis* gezeigt. Auf die vielen diffizilen Unterschiede zwischen allen diesen Annäherungen ans umgekehrte *experimentum crucis* kann ich hier nicht eingehen.

Goethes Theorem

§ II.5.19. Bis auf weiteres ist die farbliche Symmetrie unter den optischen Phänomenen unangetastet. Denn was ich fürs *experimentum crucis* im Detail vorgeführt habe, gilt allgemein: Jedes newtonische Experiment (etwa aus den *Opticks*) hat einen umgedrehten Doppelgänger, dessen geometrische Struktur dem Original exakt gleicht und dessen Farben (einschließlich Weiß und Schwarz, Helligkeit und Finsternis) die Komplemente aus dem Original sind. Das jedenfalls besagt Goethes Theorem. Der Beweis des Theorems findet sich im Anhang am Ende dieses Kapitels (§ II.5.22–§ II.5.31).

Nach den eben vorgeführten Regeln lassen sich zum Beispiel die Experimente von Newton und Desaguliers umdrehen, auf die ich in § II.3.6 angespielt habe und mit deren Hilfe sich die idealisierende Rede von Lichtstrahlen empirisch approximieren lässt. Damit kann ich eine Lücke in meinem Gedankengang stopfen, die vorhin aufgerissen ist (§ II.3.5, § II.3.6). Damals musste ich mich mit der Frage herumschlagen: Was sind Finsternisstrahlen? Ich habe geantwortet, dass sie formal dasselbe sind wie Lichtstrahlen, allerdings aus anderem Ausgangsmaterial extrahiert.

Diese Antwort war zunächst ein ungedeckter Scheck. Streng genommen hätte ich in den letzten Kapiteln weder von Finsternis*strahlen* reden sollen noch von eindeutigen Refrangibilitäten oder konstanten Farben dieser Strahlen, sondern nur von Finsternis*bündeln* mit gewissen *Tendenzen* der Refrangibilität und Farbe.

Aber der Scheck platzt nicht. Alle ungenauen Beobachtungen und Aussagen, die ich gerade aufgezählt habe, lassen sich nach denselben Regeln formal zum selben Ideal hin extrapolieren wie vorhin bei Newtons Lichtstrahlen. Warum? Weil auch die experimentellen Grundlagen der newtonischen Approximation komplementäre Gegenstücke haben. Das bedeutet: Die Rede von Finsternisstrahlen ist nicht minder respektabel als die von Lichtstrahlen. Gibt es Finsternisquellen? So will es also scheinen, und zwar zunächst aus rein *theoretischen* Erwägungen. Aber es kommt noch besser: Im Kapitel III.5 werde ich sogar ein modernes *Experiment* beschreiben, das für die Annahme von Finsternisquellen spricht.

§ II.5.20. Zum Abschluss des Kapitels will ich auf ein weiteres Einsatzgebiet der Tabelle aus § II.5.17 aufmerksam machen. Stellen Sie sich vor, dass jemand einen Beweis vorschlägt, der sich auf die Beobachtungen aus Newtons *experimentum crucis* stützt und z. B. zu Newtons diverser Refrangibilität führt. Dann kann man diesen Beweis mit Hilfe der Tabelle Wort für Wort umbauen; der so entstehende Beweis stützt sich auf die Beobachtungen im umgedrehten *experimentum crucis* und führt zum unorthodoxen Gegenstück der newtonischen diversen Refrangibilität. Und um die Existenz eines solchen Beweises zu begründen, brauche ich auf kein einziges Detail des newtonischen Originalbeweises einzugehen. Ergebnis: *Wenn* es einen Beweis à la Newton gibt, dann auch einen Beweis des Gegenteils.[253] Und das spricht gegen den newtonischen Beweis, ganz gleichgültig, wie er im Detail aussehen mag. Kurzum: Die newtonische Theorie unterminiert *beliebige* Beweisansprüche, die man zusammen mit ihr erheben könnte. Dass dies der *Wahrheit* der newtonischen Theorie keinen Abbruch tun muss, liegt auf der Hand; aber es ruiniert ihren Alleinvertretungsanspruch.

Argumente stur nach Tabelle umdrehen

Vertiefungsmöglichkeit. Newton weigerte sich, rein hypothetische Alternativen zu seiner Theorie auch nur in Betracht zu ziehen. So schrieb er in seiner vierten Regel der Naturforschung:

> Was man in der Experimentalphysik per Induktion aus Erscheinungen gewonnen hat, muss man bis auf weiteres entweder für völlig oder für nahezu wahr halten, und zwar ungeachtet aller Gegenhypothesen. Sobald nun andersartige Erscheinungen auftreten, müssen die induktiv gewonnenen Sätze entweder genauer gefasst oder mit Ausnahmen versehen werden.
>
> Nur mit dieser Regel können wir bloße Hypothesen daran hindern, jeden beliebigen Induktionsschluss zu zerstören.[254]

Mit dieser Regel hätte Newton die Heterogenität der Finsternis so lange in den Wind schlagen können, wie diese Hypothese ohne empirische Belege dasteht. Doch in dem Augenblick, in dem sie durchs umgedrehte *experimentum crucis* mit genauso vielen empirischen Belegen ausgestattet wird wie ihr orthodoxes Gegenstück, reicht Newtons vierte Regel nicht mehr aus, um die unerwünschte Alternativ-Theorie loszuwerden.

* * *

Brandes' Kritik an Goethe

§ II.5.21. Wenn die optischen Experimente und Phänomene tatsächlich von der erläuterten Symmetrie zwischen Helligkeit und Dunkelheit beherrscht werden, dann eignet sich nicht nur Newtons Theorie für deren Erklärung, sondern auch die unorthodoxe Gegentheorie. Nun hat der Mathematiker und Astronom Brandes noch zu Lebzeiten gegen Goethes Theorie eingewendet:

> Man hat seit langer Zeit denen, die das Copernicanische Weltsystem und die Newton'schen Attractionsgesetze nicht als richtig anerkennen wollen, nichts anders entgegen zu setzen nöthig gefunden, als daß alle Erscheinungen am Himmel sich nach diesem Systeme und nach diesen Attractionsgesetzen voraus berechnen lassen, und daß man nur denen Gehör zu geben brauche, die entweder in diesen Rechnungen Fehler und in ihren Resultaten Abweichungen von der Erfahrung nachweisen, *oder eine neue Theorie, eben so geeignet zur pünctlichen Vorausberechnung, und eben so vollkommen mit den Erscheinungen zusammenstimmend aufstellen.* Eben so, glaube ich, kann man sagen: da die Lehre, daß die verschiedenfarbigen Lichtstrahlen aus dem weißen Lichtstrahle entstehen und ungleiche Brechbarkeit besitzen, zur Berechnung der Fernröhre mit so entschiedenem Glücke angewandt ist, da DOLLOND und FRAUNHOFER, unstreitig die größten Künstler, die man in Beziehung auf diesen Gegenstand nennen kann, in ihr die Grundlage der Kunst, farbenlose Bilder in den Fernröhren zu erhalten, fanden, und sich ihrer zu genauen rechnenden Bestimmungen bedient haben, die mit der Erfahrung in vollkommener Uebereinstimmung sind: so hat man nur nöthig, diejenigen Einwürfe zu berücksichtigen, die in diesen Rechnungen Fehler aufdecken, *und nur diejenigen neuen Theorien können hoffen, einst die Stelle der Newton'schen einzunehmen, die eben so die Grundlage zur Berechnung achromatischer Fernröhre abgeben können.* VON GÖTHE's Theorie wird auf diesen Ruhm, daß man mit ihrer Hülfe achromatische Fernröhre berechnen könne, gewiß nie Anspruch machen.[255]

Es mag sein und ich stimme zu, dass Goethes *eigene,* bipolare Theorie den im letzten Satz genannten Anspruch nie wird einlösen können. Aber die (von Goethe nur zum Zweck des Arguments eingeführte) Theorie der Heterogenität der Finsternis erhebt diesen Anspruch, und sie kann ihn einlösen. Brandes kannte Goethes *Farbenlehre* sehr genau; wieso ist ihm die Bedeutung der Symmetrie nicht aufgefallen, die Goethe entdeckt hat?

* * *

Anhang:
Goethes Theorem und dessen Beweis

§ II.5.22. In diesem Anhang zum TEIL II will ich einen Satz beweisen, den ich als Goethes Theorem von der experimentellen Hell/Dunkel-Symmetrie bezeichne. Goethe hat einen ähnlichen Satz mit an Sicherheit grenzender Wahrscheinlichkeit für korrekt gehalten, konnte ihn aber nicht beweisen und wollte das wohl auch nicht. Der Satz gilt unter den Voraussetzungen einer newtonischen Theorie und besagt: Zum Beweis des Theorems

(*) Im Rahmen der geometrischen Optik gibt es zu jedem optischen Experiment à la Newton mit Prismen, Linsen, Blenden, Spiegeln, Absorptionsflächen, Auffangschirmen und beliebigen Lichtquellen (wie Sonnen oder auch Lampen) mindestens ein komplementäres Gegenstück.

Ich rede von Experimenten *à la Newton*, weil ich voraussetzen will, dass sowohl die Löcher in den benutzten Blenden als auch die Zahl der eingesetzten Photonen groß genug sind, um Experimente aus dem Anwendungsbereich der Theorie Newtons zu liefern. In heutiger Sprechweise befinden wir uns also im Bereich der geometrischen Optik, genau wie im Satz (*) eingangs formuliert.[256]

§ II.5.23. Wie sich im Verlauf meiner Überlegung ergeben wird, waren die bislang erörterten Umkehrungen irgendwelcher Experimente *strenggenommen* keine echten Umkehrungen. Vielmehr bieten sie mehr oder minder gelungene Approximationen dessen, was man im strengen Sinne von einer vollwertigen Umkehrung verlangen sollte. Und so läuft eine der Aufgaben für diesen Anhang darauf hinaus, den Begriff der optischen Umkehrung zu schärfen – im Jargon der Philosophen: zu explizieren.[257] Explikation

Goethe hatte einen unscharfen Begriff der Umkehrungsidee und zu wenig halbwegs funktionierende Beispiele dafür. Ich suche nach den gemeinsamen Charakteristika seiner Beispiele und derjenigen Beispiele, die ich im TEIL II hinzugefügt habe. Dabei werde ich mich nicht darum scheren, ob sich optische Umkehrungen (im strengen Sinne) mit Newtons, Goethes oder unseren heutigen Mitteln realisieren lassen. Mir genügt es zu zeigen: Alle optischen Experimente lassen sich *im Prinzip* umkehren. Und da ich dies nicht empirisch zeigen kann, werde ich es theoretisch ableiten – aus der Theorie der geometrischen Optik, deren Grundzüge wir Newton verdanken.

Vorschau auf die Grundidee

§ II.5.24. Ich werde Ihnen einen naheliegenden, vereinfachten Zugang zu einem newtonisch organisierten Raum voller Lichtstrahlen anbieten: *Solange sich kein homogener Lichtstrahl (durch partielle Transmission) aufspaltet,* lässt sich das optische Geschehen im Stil Newtons besonders einfach formalisieren – wie in einem Computer-Algorithmus. Ohne Aufspaltungen können wir jeden homogenen Lichtstrahl Schritt für Schritt durch den Raum des Experiments verfolgen, im Zickzack. Um den Lichtstrahl zu charakterisieren, brauchen wir nur seinen Ausgangspunkt p_1 (in einer Lampe) anzugeben und dann der Reihe nach diejenigen Punkte aufzuzählen, an denen er sich *nicht* gradlinig fortpflanzt:

$$p_1, p_2, \ldots, p_n.$$

Das optische Geschehen (Spiegelung, Brechung usw.) spielt sich also genau an den Ecken der Zickzacklinie ab, auf der unser Strahl entlangläuft – bis er (im letzten Punkt p_n) absorbiert wird.

Selbstverständlich kennen wir einen solchen Lichtstrahl erst dann vollständig, wenn wir, abgesehen von seinem Pfad, wissen, wie lichtstark er ist und welche Wellenlänge λ (bzw. Farbe oder Refrangibilität) ihm zukommt. Aber (und das ist die Pointe meines versprochenen Beweises) in einem gegebenen Arrangement von Prismen, Linsen, Blenden, Spiegeln usw. würden sich auf dem Pfad

$$p_1, p_2, \ldots, p_n,$$

auch *beliebig verstärkte oder abgeschwächte* Lichtstrahlen (mit ein und derselben Wellenlänge λ) fortpflanzen. Und daher können wir irgendein gegebenes Experiment dadurch optisch umkehren, dass wir die Lichtpfade unangetastet lassen und auf ihnen genau *entgegengesetzte* Intensitäten entlanglaufen lassen.

Entgegengesetzt – was soll das heißen? Etwa dies: Auf den Pfaden, auf denen ursprünglich maximale Lichtintensität irgendeiner Wellenlänge entlanglief, soll nach Umkehrung nur noch minimale Lichtintensität *derselben* Wellenlänge entlanglaufen; und auf den Pfaden, auf denen ursprünglich minimale Lichtintensität irgendeiner Wellenlänge entlanglief, soll nach Umkehrung maximale Lichtintensität derselben Wellenlänge entlanglaufen; und entsprechend für Strahlen mit Intensitäten zwischen den Extremen.

Dunkelheit

§ II.5.25. Die Hauptschwierigkeit für den zuletzt skizzierten Plan wird darin bestehen, sich klarzumachen, wie man beim Umkehren mit Dunkelheit umgehen muss. Ich werde Dunkelheit als eine spezielle Art von Lichtstrahlen behandeln, als Lichtstrahlen mit verschwindender Lichtstärke (bzw. Beleuchtungsdichte). Das liegt im Rahmen der geometrischen Optik à la Newton nahe.

Wohlgemerkt: Diese speziellen, absonderlichen Lichtstrahlen fallen nicht unter den unorthodoxen Begriff des Finsternisstrahls aus der Theorie von der Heterogenität der Finsternis (Kapitel II.2). Vielmehr bieten sie den Grenzfall eines völlig orthodoxen Lichtstrahls (fester Wellenlänge) bei immer weiter absinkender Lichtenergie. Man könnte sie als Nullstrahlen bezeichnen.

Was wäre also zu tun, um Dunkelheit umzukehren? Einfach: Man müsste auf den ursprünglich dunkel gebliebenen Pfaden nun (für die Umkehrung) maximale Lichtstärke (bzw. Beleuchtungsdichte) entlangschicken. D.h. ursprünglich schwarze Flächen des Ausgangsexperiments müssen systematisch durch maximal angeschaltete Lampen ersetzt werden.

Zu zeigen ist, warum sich der Versuchsleiterin das Versuchsergebnis des so umgedrehten Experiments nicht anders darbietet als ein *Nachbild* dessen, was sie im ursprünglichen Experiment gesehen hat. Denn das genau ist die Erfolgsbedingung, die jemand erfüllen muss, der ein Experiment umzudrehen wünscht.

§ II.5.26. Um die Umkehrung newtonischer Experimente im Detail zu klären, muss man erheblichen Schreibaufwand treiben. Goethes Theorem soll ja für beliebige Experimente gelten. Schon um das Theorem sauber zu formulieren, braucht man einen allgemeinen Formalismus, mit dem sich jedes Experiment aus der geometrischen Optik einheitlich darstellen lässt. Wie dieser Formalismus aufzubauen ist, will ich jetzt in vier Schritten skizzieren. Vier Aufgaben

Im *ersten* Schritt geht es um die rein geometrische Anordnung der optischen Apparate und optischen Medien des Experiments (bzw. die Anordnung der einzelnen Raumpunkte, in denen diese Apparate liegen). Im *zweiten* Schritt geht es um die Materialien, aus denen die fraglichen Apparate und Medien bestehen, insbesondere deren Brechzahlen. Im *dritten* Schritt ist die Beleuchtung zu charakterisieren, die von der Versuchsleiterin zu Beginn eines Versuchsdurchgangs angeschaltet wird.

Mit den ersten drei Schritten sind sämtliche *Anfangsbedingungen* des Experiments fixiert. Im letzten Schritt geht es – *viertens* – um die vollständige Charakterisierung des Versuchs*durchlaufs*; dort gewinnen wir eine vollständige Übersicht aller Lichtstrahlen, die sich im Raum des Experiments finden, nachdem die Beleuchtung angeschaltet wurde; das liefert uns das Versuchsergebnis des fraglichen Experiments.

Schritt 1: Geometrie der Apparate

§ II.5.27. Als erstes also zur geometrischen Anordnung der optischen Apparate des Experiments. Wir betrachten einen dreidimensionalen Raum Ω, der zum größten Teil durchsichtig ist. Optisch homogene, perfekt durchsichtige Medien (wie Vakuum, ideales Glas, perfekt saubere Luft, idealisiertes Wasser) behindern Lichtstrahlen nicht bei deren gradliniger Ausbreitung; sie werden hier als optisch unwirksam bezeichnet. Die Raumpunkte q_i im Innern eines jeden homogenen Mediums (die also nicht zu dessen Grenzen gehören) bilden insgesamt die Menge U der optisch unwirksamen, durchsichtigen Raumpunkte:

$$q_i \in U \subset \Omega.$$

Solange sich Lichtstrahlen nur durch U bewegen, erleiden sie keine Störungen, keine Richtungsänderungen und idealerweise keine Verluste. Teile der Menge U bilden demzufolge die vorhin nicht erwähnten Strecken *zwischen* den Ecken der Zickzacklinie, die ich eingangs als Lichtpfad bezeichnet habe:

$$p_1, p_2, \ldots, p_n \text{ mit } p_i \notin U.$$

Nur Punkte aus Ω, die nicht zu U gehören, bestimmen das optische Geschehen im Experiment; es sind die optisch wirksamen Punkte aus der Menge:

$$O \subset \Omega \setminus U.$$

Ich betrachte vier Arten optisch wirksamer Punkte $p_i \in O$; und zwar Punkte, in denen Lichtstrahlen refrangiert werden (Menge R), gespiegelt werden (Menge S), absorbiert werden (Menge A) oder von einer Lichtquelle ausgesandt werden (Menge L):

$$O = R \cup S \cup A \cup L \subset \Omega.$$

Hier einige Charakteristika der vier Mengen optisch wirksamer Punkte:

R: Die Menge R besteht aus Refraktionspunkten, an denen jeweils eine idealerweise scharfe Grenze zwischen zwei verschieden dichten, optisch homogenen Medien liegt. Es spielt fürs weitere keine Rolle, ob im Experiment Prismen, Linsen oder andere durchsichtige Körper eingesetzt werden. Wir brauchen nur zu berücksichtigen: Während sich Lichtstrahlen idealerweise ungehindert durchs Innere etwa eines Glaskörpers $K \subset U$ bewegen, erfahren sie genau an seinen Grenzpunkten $p \in R \subset O$ wohldefinierte Richtungsänderungen.

S: Die Menge S besteht aus Punkten, an denen jeweils ein perfekter Spiegel realisiert ist (der jeden auftreffenden Lichtstrahl ohne Verluste nach dem Reflexionsgesetz zurückwirft).

A: Die Menge A besteht aus Punkten, an denen Licht voll und ganz absorbiert wird.

L: Die Menge L besteht aus Punkten, an denen jeweils eine punktförmige Lichtquelle realisiert ist (die z. B. ihr Licht gleichmäßig in alle Richtungen aussendet). Wiederum der Einfachheit halber will ich annehmen, dass jede Lichtquelle alle Lichtstrahlen absorbiert, die bei ihr ankommen; d. h. $L \subset A$.

Da das Experiment endlich groß ist, können wir es ohne Beschränkung der Allgemeinheit in eine Kugel einbetten, deren Innenseiten völlig schwarz sind (also zur Menge A gehören). Unser Raum Ω enthält demzufolge außerhalb dieser Kugel keine optisch wirksamen Punkte, die uns interessieren müssten. Die Kugel bildet die Grenzen einer – möglicherweise gigantischen – Dunkelkammer, in der sich das weitere Geschehen abspielt. (Da ich die Absorptionspunkte später mit den Punkten der Lampen identifizieren werde, kann ich – genau genommen – zulassen, dass die einbettende Kugel entweder aus schwarzen oder aus leuchtenden Punkten besteht.)

Damit ist der erste Schritt komplett, mit dem ich die Anordnung der optischen Apparate eines newtonischen Experiments rein geometrisch charakterisieren wollte.

Schritt 2: Material

§ II.5.28. Die rein geometrische *Struktur* irgendeines newtonischen Versuchsaufbaus ist durch R, A, S, L eindeutig bestimmt. Als zweites fixieren wir die *Material*eigenschaften der optischen Apparate und Medien. Hier geht es hauptsächlich um die Brechzahlen der im Experiment verwendeten optischen Medien. In einer weniger idealisierten Fassung meines Modells wären weitere Materialeigenschaften zu berücksichtigen – beispielsweise Reflexionsgrad und Reflexionsgüte von Spiegeloberflächen.

Ich kann von den Details absehen; sobald alle Materialeigenschaften M vorliegen, sind Form und Materie, Struktur und Material des Versuchsaufbaus gegeben. Und laut Newtons Theorie ist dadurch auch determiniert, was in dem Experiment geschieht, wenn man die Lampen anschaltet.

Der Einfachheit halber werde ich idealisierend annehmen, dass die optisch unwirksamen Punkte keinerlei Licht absorbieren, dass die Absorptionspunkte sämtliches Licht absorbieren und dass die Spiegelpunkte alles auftreffende Licht zu hundert Prozent reflektieren, und zwar völlig präzise nach dem Reflexionsgesetz.

Nachdem ich im ersten Schritt die geometrische Anordnung des Experiments und im zweiten Schritt dessen Materialien festgelegt habe, komme ich zum dritten Schritt, mit dem ein newtonisches Experiment zu charakterisieren ist. Nun geht es darum, mehr über die Lampen zu sagen; die Versuchsleiterin wird diese Lampen zu Beginn ihres Experiments hochfahren. Sobald sie das getan hat, können wir das von diesen Lampen entsandte Licht quantitativ erfassen – vollständig.

Schritt 3: Angeschaltete Lampen

§ II.5.29. Ich will sämtliche Lichtstrahlen angeben, die von den angeschalteten Lampen ausgehen, und zwar einzeln für jede Lampe. Um das zu tun, muss ich ein wenig ausholen. Einerseits muss ich die Strahlen*arten* charakterisieren, die sie entsenden kann; andererseits muss ich die *Richtungen* charakterisieren, in die unsere Lampe ihre Strahlen schickt; und schließlich muss ich eine standardisierte Methode finden, um die *Stärke* der jeweiligen Strahlen zu quantifizieren.

Zunächst zu den Strahlen*arten*; in Newtons Theorie kommt jeder Strahlenart eine eigene Farbe und ein eigenes Refraktionsverhalten zu – heute erfassen wir denselben Sachverhalt mit Hilfe von Wellenlängen, und dieser Redeweise möchte ich folgen. Newton kannte keine Wellenlängen. Wer ihm enger auf den Fersen bleiben will, kann anstelle der Wellenlängen immer mit wohldefinierten Refraktionseigenschaften des fraglichen Lichts arbeiten (z. B. mit Refrangibilität, siehe § I.2.9).

Als nächstes muss ich die *Richtungen der Lichtstrahlen* fixieren, die unsere Lampe entsendet. Dafür sind formale Vorbereitungen nötig, insbesondere die Definition einer Sichtbarkeitsfunktion. Nehmen wir an, Sie wollen von jedem optisch wirksamen Punkt wissen: Welche anderen optisch wirksamen Punkte können von ihm aus schnurstracks – ohne jeden optischen Zwischenfall – erreicht werden? Welche Punkte kann man von ihm aus ungestört sehen? Diese Fragen beantwortet die Erreichbarkeits- oder Sichtbarkeitsfunktion Φ. Sie liefert für jeden Punkt $p \in O$ eine Menge $\Phi(p) \subset O$, in der genau diejenigen Punkte p' versammelt sind, die sich von p aus ohne optischen Zwischenfall erreichen lassen:

> $p' \in \Phi(p)$ gelte definitionsgemäß genau dann, wenn es eine gerade Verbindungslinie zwischen p und $p' \in O$ gibt, die nur durch optisch unwirksame Raumpunkte $q_i \in U$ führt; die Verbindungslinien zwischen p und jedem $p' \in \Phi(p)$ sind also gradlinige Pfade, auf denen Lichtstrahlen ungehindert vorwärtskommen können.

Diese Funktion können wir benutzen, um das gesamte Licht zu charakterisieren, das irgendeine angeschaltete Lampe $p_1 \in L$ in den Raum Ω entsendet. Wie die angeschaltete Lampe im Experiment leuchtet, ist vollständig gegeben, wenn wir für jeden von ihr ungehindert erreichbaren Raumpunkt $p' \in \Phi(p_1)$ und für jede Wellenlänge sagen, wie viel Licht dieser Wellenlänge die Lampe in Richtung des fraglichen Punkts p' entsendet. Diese Lichtmenge werde ich im kommenden Paragraphen für jede Wellenlänge und jede Richtung mit Hilfe der Beleuchtungsdichte quantifizieren.

Schritt 4: Sämtliche Lichtstrahlen

§ II.5.30. Jetzt soll die Aktivität einer angeschalteten Lampe p_1 vollständig charakterisiert werden. Wir geben für jede Wellenlänge λ aus dem sichtbaren Teil des Spektrums und für jeden von p_1 aus beleuchtbaren Punkt $p' \in$

$\Phi(p_1)$ die in dessen Richtung entsendete Beleuchtungsdichte an. Das leistet diese Funktion:

$K(\lambda, p_1, p') \geq 0$ cd/m².

Wenn ich den Grenzfall einer verschwindenden Beleuchtungsdichte von 0 cd/m² ausdrücklich im Spiel lasse, so trage ich damit einer einfachen Möglichkeit Rechnung: Vielleicht leuchtet die Lampe nicht mit Licht jeder Wellenlänge λ des sichtbaren Spektrums; und vielleicht schickt sie ihr Licht nicht in Richtung jedes von ihr aus sichtbaren Punkts $p' \in \Phi(p_1)$. Ja, vielleicht schaltet die Versuchsleiterin sogar die fragliche Lampe für ihr Experiment überhaupt nicht an.

Sobald wir für sämtliche Lampen $p_i \in L$ die Funktion K kennen, wissen wir alles über die Anfangsbeleuchtung des newtonischen Experiments. Damit wäre der dritte Schritt der Charakterisierung des Experiments komplett; seine Anfangsbedingungen liegen vollständig vor.

Wir wissen damit zwar noch nicht, wie das Experiment weitergeht; wir wissen also noch nicht, auf welchen Pfaden die von den Lampen entsandten Lichtstrahlen zuguterletzt durch den Raum Ω laufen werden – aber wir kennen die Anfänge aller diese Pfade von jeder Lampe bis zum jeweils ersten Knick.

Wie sich alle diese Anfänge nach dem Erstknick durch den Raum des Experiments fortpflanzen, darüber gibt die idealisierte Fassung der newtonischen Theorie Auskunft. Für uns ist nur eine einzige Sache von Bedeutung: Im Rahmen der Vereinfachungen, mit denen ich hier arbeite, wird jeder bislang charakterisierte Lichtstrahl am ersten getroffenen optisch wirksamen Punkt p_2 lediglich seine Richtung ändern, seine Wellenlänge und Beleuchtungsdichte aber beibehalten. Er wird also zum nächsten optisch wirksamen Punkt p_3 weiterreisen, von dort zu p_4 usw., bis er schließlich absorbiert wird und seine Reise beendet. Am Ziel seiner Reise hatte er also immer noch dieselbe Wellenlänge und Beleuchtungsdichte wie zu Beginn. Kein Licht geht unterwegs verloren.

Jeder Lichtstrahl der Wellenlänge λ ist also durch seinen Zickzack-Pfad im Raum Ω:

$p_1, p_2, p_3, p_4, p_5 \ldots,$

geometrisch bestimmt sowie physikalisch durch seine auf diesem Pfad konstante Beleuchtungsdichte K.

§ II.5.31. Nun können wir die absorbierenden Punkte des Experiments als Null-Lampen auffassen, als eine besondere Art von Lichtquellen. Auch weil ich auf diese Vereinfachung zusteuern wollte, habe ich eingangs festgelegt, dass Lichtquellen alles Licht absorbieren, das bei ihnen ankommt. Wenn nun umgekehrt jeder Absorptionspunkt eine bestimmte Art von

Quod Erat Demonstrandum

Lampe darstellt, kann ich von nun an die Menge der Absorptionspunkte A mit der Menge der Lampen L identifizieren. Dass sich punktförmige Lampen und schwarze Punkte voneinander unterscheiden, hängt demzufolge nur davon ab, wie viel Licht sie emittieren. Zu den bislang betrachteten Lichtpfaden, auf denen im Experiment tatsächlich Licht entlangreist, kommen nun also noch die entarteten Lichtpfade mit einer Leuchtdichte von 0 cd/m^2 hinzu. Damit ist der Versuchsdurchlauf eines beliebigen newtonischen Experiments komplett gegeben.

Nach allen diesen Vorbereitungen geht es jetzt blitzschnell: Im Raum unseres newtonischen Experiments läuft mindestens ein Lichtstrahl mit maximaler Beleuchtungsdichte K_{max}. Um das Experiment umzudrehen, regeln wir also alle bislang wirkungslosen Null-Lampen – die Absoptionspunkte des Experiments – auf diese maximale Beleuchtung hoch; die bisher maximal leuchtenden Lampen schalten wir aus. Und auch im Fall nicht-extrem beleuchteter Pfadanfänge sorgen wir für komplementäre Verhältnisse:

$K^*(\lambda, p_1, p_2) := K_{max} - K(\lambda, p_1, p_2)$

für alle Wellenlängen λ mit $390\ \text{nm} \leq \lambda \leq 770\ \text{nm}$.

Auf den ersten Pfadabschnitten eines jeden Lichtstrahls herrscht also im neuen Experiment Komplementarität zum alten Experiment. (Die Summe der beiden Experimente ist auf jedem Pfadbeginn genau gleich groß; also ist das eine Experiment jedenfalls bei den Anfangsbedingungen gleichsam das Negativ des anderen.) Da sich nun auf den späteren Pfadabschnitten der Lichtstrahlen weder Wellenlänge noch Beleuchtungsdichte ändern, gilt die obige Bedingung im gesamten Raum des Experiments:

$K^*(\lambda, p_i, p_j) = K_{max} - K(\lambda, p_i, p_j)$

für alle Wellenlängen λ mit $390\ \text{nm} \leq \lambda \leq 770\ \text{nm}$ und für alle $p_i, p_j \in \Omega$.

Das heißt, wo auch immer die Experimentatorin ihre punktförmige Pupille p_i und einen Netzhautpunkt p_j positioniert, stets wird dort im neuen Experiment genau das Licht ankommen, das im ursprünglichen Experiment fehlte; daher sieht sie im neuen Experiment ein komplementäres Bild dessen, was ihr Versuchsergebnis im ursprünglichen Experiment gewesen ist, Q. E. D.[258]

Teil III

Die Macht des Zufalls: Newton triumphiert bei Farbe, Licht *und* Finsternis

Kapitel III.1.
Goethes Pech ist Newtons Glück

§ III.1.1. Im TEIL I bin ich zu Ergebnissen gelangt, die schwerlich zu den Ergebnissen des TEILS II passen. Das ist nicht überraschend. Während ich im TEIL I darauf abzielte, Newton so stark zu machen wie möglich, verfolgte ich im TEIL II dasselbe Ziel bei Goethe, Newtons schärfstem Gegner. Wer hat denn nun recht? Beide. Diese Antwort muss ich entfalten und begründen; dem widmet sich der Rest meiner Untersuchung. Paradox?

Wie können meine zwei Helden recht haben, wenn ihre Positionen einander widersprechen? Um mein Plädoyer für Goethe und Newton vom Ruch des Paradoxen zu befreien, möchte ich nicht einfach behaupten: Es haben deshalb beide recht, weil sie nicht vom selben Thema reden. Solche Versöhnungsversuche sind verbreitet, vor allem unter Anhängern der modernen Naturwissenschaft, die es gut mit Goethe meinen. Zwei dieser Versuche möchte ich zunächst exemplarisch zurückweisen (§ III.1.2–§ III.1.7).

Sie übertreiben es mit der Harmoniesucht. Ich werde stattdessen den Streit der beiden Parteien weitertreiben, ohne ihn aufzulösen; insbesondere werde ich im TEIL IV zeigen, wie gut Goethe in diesem Streit dasteht, und zwar auch und gerade im Lichte moderner Wissenschaftsphilosophie. Das ist angesichts der tatsächlichen Wirkungsgeschichte seiner *Farbenlehre* überraschend; sie gilt als grandioser Fehlschlag. Um mit dieser Tatsache fertigzuwerden, möchte ich hier im TEIL III auf die vielen verschiedenen Zufälle zu sprechen kommen, die daran schuld sind. Meine These lautet: Wenn einige Ereignisse zufällig anders ausgegangen wären, so hätte Goethes *Farbenlehre* heute einen besseren Ruf.

Dagegen könnte man einwenden: Was soll diese hypothetische Betrachtung! Wenn wiederum einige andere Zufallsereignisse anders ausgegangen wären, so hätte Goethes *Farbenlehre* heute einen noch viel schlechteren Ruf.[259] Das stimmt zwar; man kann sich die Welt der Zufälle immer so zurechtbiegen, wie es einem gefällt. Aber ich bringe den Zufall nicht ins Spiel, weil ich mich mit Goethes Pech nicht abfinden mag und lieber von einer schönen neuen Welt der Wissenschaft träumen will. Vielmehr möchte ich zeigen, dass die negative Wirkungsgeschichte seiner *Farbenlehre* keinen Siegeszug der Vernunft darstellt. Um das zu begründen, genügt der Verweis auf die Zufälle, die Goethe geschadet haben. Die Vernunft schreitet immer in ihre eigene Richtung und lässt sich durch Zufall nie vom Weg abbringen.

Goethe als Physiker

§ III.1.2. Um die moderne Naturwissenschaft mit Goethes *Farbenlehre* zu versöhnen, sagen Wohlmeinende, dass sich Newton für die Farben des Lichts interessierte, Goethe aber für die Farben der Maler – hie der Naturwissenschaftler, da der poetische Kunstfreund, der Ästhet.[260] Dieser Versöhnungsversuch wird weder Goethe noch Newton gerecht.[261]

Zugegeben, Goethe hat sich auch deshalb mit den Farben auseinandergesetzt, weil er den Malern bei der Farbgebung ihrer Gemälde helfen wollte.[262] Aber er ist von diesem Ausgangspunkt bis in die Naturwissenschaft vorgedrungen, und das musste er auch. Immerhin malt der Maler nicht gegen die Gesetze der Naturwissenschaft, sondern in ihrem Rahmen. Jede seiner Farbmischungen folgt immer auch den naturwissenschaftlichen Gesetzen. Zwar kann ein Maler Bilder vom naturwissenschaftlich Unmöglichen malen, etwa einen Regenbogen mit Farben, die sich in der Natur nie und nimmer zeigen werden. Er kann ja auch geflügelte Pferde malen. Doch das ändert nichts daran, dass sich die visuellen Wirkungen seiner Pigmentmischungen nur im Einklang mit den Naturgesetzen entfalten können.

Goethe hilft den Farbmischern

§ III.1.3. Gerade weil Goethe danach trachtete, den Künstlern beim Farbenmischen beizuspringen, musste er sich bis in die Naturwissenschaft vortasten. Und in der Tat, seine naturwissenschaftlichen Erkenntnisse aus der *Farbenlehre* waren für die malenden Künstler hilfreicher als Newtons Erkenntnisse.[263]

Vielleicht ist es kein Zufall, dass Goethe in seiner optischen Arbeit ausgerechnet auf ein Farbspektrum u. a. aus Gelb, Purpur und Türkis stieß, deren (subtraktive) Mischungsregeln sich besser für die Palette der Maler und der Farbdrucker eignen als newtonische (additive) Mischungsregeln der spektralen Farben Rot, Grün und Blau. (Den Unterschied zwischen additiver und subtraktiver Farbmischung illustriert Farbtafel 14 oben.) Nun regieren die Mischungsregeln des Goethespektrums nicht nur im Reich der Pigmente; sie regieren auch im Reich spektral erzeugter Farben (sofern man sie im Hellen mischt). Immerhin hat Goethe die Farben des umgekehrten Spektrums und einige ihrer Mischungsregeln mit Hilfe von Prismen entdeckt. Das bedeutet: Goethe arbeitete sogar dort als Experimentalphysiker, wo er zu Resultaten gelangt ist, die den Malern helfen.

Newton als Helfer der Kunst

§ III.1.4. Wo Goethe den Künstlern bei Farb-, Licht- und Beleuchtungsproblemen zu helfen wusste, musste er sich in der aktuellen Physik seiner Zeit auskennen. Er kann also nicht bloß als Schöngeist ins Reich der Farben ausgeschwärmt sein. Mit diesem Ergebnis aus dem vorigen Paragraphen habe ich das weitverbreitete Vorurteil zur Hälfte entkräftet, wonach Goethe bei den Farben immer nur als künstlerischer Schöngeist und Newton immer nur mit naturwissenschaftlichen Zielen gearbeitet hätte. Jetzt soll es um die andere Hälfte dieses Vorurteils gehen.

Auch Newton hegte mehr als rein naturwissenschaftliche Ambitionen. Auch er wollte bei den Malern punkten; auch er interessierte sich für die Mischungsregeln auf der Palette und sogar für Regeln der Farbharmonie.[264] Dass sich das von ihm entdeckte Spektrum hierfür nicht gut eignete, war ihm offenbar bewusst; er hoffte auf Fortschritte in dieser Richtung.

Ironischerweise hat ihm ausgerechnet die Entwicklung der modernen Kunst doch noch in die Hände gespielt: Im 20. Jahrhundert traten Lichtkünstler (wie James Turrell und Olafur Eliasson) auf den Plan, die sich für ihre Kunst u. a. der newtonischen Mischungsregeln bedienten. Diese Entwicklung wäre ohne technischen Fortschritt auf dem Gebiet der künstlichen Beleuchtung kaum in Schwung gekommen; und dass sich die Beleuchtungstechnik verbessert hat, beruht auf naturwissenschaftlichen Fortschritten, die wiederum letztlich auf Newton zurückgehen.

Subjektiv, objektiv, sekundär, primär

§ III.1.5. Newton und Goethe wollten beide beides – sie wollten sowohl Naturwissenschaft treiben als auch den Künstlern beispringen. Wer die Ziele des einen auf Naturwissenschaft, die des anderen auf Kunst reduzieren wollte, nähme die weitgespannten Ambitionen beider Farbenforscher nicht ernst.

Nicht besser steht es mit einem anderen Versöhnungsversuch, der einem ähnlichen Strickmuster folgt: Innerhalb der Naturwissenschaft habe sich Newton nur für *physikalische* Optik interessiert, Goethe hingegen nur für *menschliche* Farbwahrnehmung, also für Sinnesphysiologie.[265]

Hinter solchen Versöhnungsversuchen steckt oft eine radikal reduzierte Vorstellung von Farben. Ihr zufolge gibt es keine Farben, jedenfalls nicht objektiv und im Sinne der Physik; Farben seien wesentlich subjektive Phänomene, sekundäre Qualitäten (im Gegensatz zu den primären Qualitäten wie Ausdehnung und Masse, oder gar Energie und Wellenlänge, mit denen allein sich die Physik zu befassen habe).

Objektiv *versus* subjektiv; primäre *versus* sekundäre Qualitäten: Dass hier jäh Begriffspaare ins Spiel kommen, die sich tiefsinnig anhören und schwer zu verstehen sind, sollten wir als Warnsignal werten – Achtung, hier versucht jemand zu philosophieren!

Philosophieren ist nicht verboten. Aber als Berufsphilosoph kann ich's mir nicht verkneifen, philosophierende Naturwissenschaftler und deren Verbündete zu warnen: Anders als vielleicht in den Naturwissenschaften gibt es in der Philosophie so gut wie keine unkontroversen Einsichten, die sich unter den Sachkundigen durchgesetzt hätten und auf die man sich dann sorglos berufen könnte. Das Gegenteil ist der Fall. Nicht nur sind die skizzierten philosophischen Thesen seit Jahrhunderten höchst umstritten, schlimmer noch: Nicht einmal ein einheitliches Verständnis der fraglichen Begriffspaare hat sich durchgesetzt; und ihre ideengeschichtliche Vergangenheit ist mehr als verworren.[266] Kein Wunder; Streit um Begriffe bildet einen Kern der Philosophie.

Kurzum, wer sich jener Thesen und Begriffe bedienen will, muss tief in die Philosophie einsteigen, mit ungewissen Aussichten auf bleibenden Ertrag.[267] Lassen wir das, und überlegen wir lieber, ob es stimmt, dass bei Goethe keine Physik und bei Newton keine Physiologie vorkommt. Es stimmt nicht, wie ich im nächsten Paragraphen dartun will.

§ III.1.6. An vielen Stellen seiner optischen Schriften redete Newton von *gesehenen* Farben.[268] Zwar kann man seine farbbezogene Rede oft als Abkürzung refraktionsbezogener Redeweisen interpretieren – also so, als ginge es um rein geometrisch festzustellende Eigenschaften gebrochener Lichtstrahlen.[269] Aber das funktioniert nicht immer. Es funktioniert z. B. nicht bei folgendem Schlüsselelement aus Newtons Theorie, das einen seiner Triumphe bildet:

Hie Physik, da Physiologie?

(R↕F) Jeder Farbe eines homogenen Lichtstrahls entspricht genau ein Grad an Refrangibilität, und jedem Grad an Refrangibilität entspricht genau eine homogene Farbe.[270]

Diese Äquivalenzthese verkäme zur Trivialität, wenn man *definierte*: »Farbe« = »Grad an Refrangibilität«. Eine solche Definition passt nicht zu Newtons experimenteller Arbeit und kommt in seiner Theorie auch nicht vor; er brachte empirische Belege zugunsten von (R↕F) und berief sich nicht einfach auf eine Definition des Wortes »Farbe«.

Während sich Newton also keineswegs aus der Physiologie des Farbensehens heraushielt, beschränkte sich auch Goethe nicht auf dieses Gebiet.[271] Nein, er stieß bis in die Gefilde der physikalischen Optik vor. Und feierte auch hier Erfolge. Beispielsweise lässt sich die Entdeckung des Goethespektrums ganz ohne Farbwörter beschreiben: Wer in Newtons Refraktionsexperimenten die Rollen von Licht und Finsternis vertauscht, bekommt ein zweites – helleres – Spektrum, dessen verschiedene Teile sich in allen geometrischen Hinsichten so verhalten wie Newtons Spektrum (§ II.2.3–§ II.2.4).

Natürlich kann man dies Spektrum wegerklären, indem man seine Bestandteile für physikalisch unrein erklärt (§ II.2.5, § II.3.8–§ II.3.10). Aber zu dieser physikalischen Erklärung wird man durch Goethes Entdeckung getrieben; sie kann daher nicht allein ins Reich der Sinnesphysiologie abgeschoben werden.

Pluralismus in Empirie und Erklärung

§ III.1.7. In den letzten fünf Paragraphen habe ich zu zeigen versucht: Man sollte Goethe und Newton besser nicht so interpretieren, als hätten sie unterschiedliche Themen bearbeitet – nur um beiden recht geben zu können.[272] Nein, sie haben sich auf ein und demselben weitgespannten Terrain bewegt (wenn auch mit teils verschiedenen Vorlieben).

Wie soll dann aber ein gleichzeitiges Plädoyer für Newton *und* Goethe funktionieren? Ich möchte es pluralistisch versuchen, und zwar auf mehreren Ebenen. Auf der *empirischen* Ebene ist die Sache noch besonders leicht. Im Gegensatz zu Erklärungen können empirische Phänomene einander nicht widersprechen. Somit haben Newton und Goethe auf der empirischen Ebene beide recht: weil es die von ihnen beschriebenen Phänomene gibt, weil also die Experimente so ausgehen, wie sie sagen.

So viel zum Pluralismus auf der empirischen Ebene, jetzt zur Ebene der *Erklärungen*. Dort haben deshalb beide recht, weil sich sowohl Newtons Erklärung als auch deren (von Goethe ins Spiel gebrachtes) Gegenstück dazu eignen, um die prismatischen Phänomene herzuleiten; das habe ich bereits demonstriert (siehe insbesondere Kapitel II.5): Die Heterogenität des Lichts und die der Finsternis sind empirisch genau gleich stark.

Auf den soeben betrachteten Ebenen (der empirischen und der explanatorischen) hat sich unter pluralistischen Vorzeichen noch nicht viel Neues getan. Spannend wird die Angelegenheit im nächsten Paragraphen, wo es um den Pluralismus von Beweisansprüchen geht.

Vertiefungsmöglichkeit. Ich habe im Haupttext behauptet, dass die optischen Experimente so ausgehen, wie Newton und Goethe sagen. Das war zu grob; vereinzelte Prognose- und Beobachtungsfehler sind offenbar beiden unterlaufen. Einige Fehler Goethes, die seinen Zeitgenossen aufgefallen sind, erwähne ich im übernächsten Kapitel (§ III.3.8–§ III.3.10). Zehe liefert in seinen Stellenkommentaren zum polemischen Teil der *Farbenlehre* eine Reihe weiterer Beispiele für Fehler, die Goethe unterlaufen sind (Zehe in Goethe [LA]/II.5A:235–395). Für Newton gibt es keine vergleichbar kleinteilige Fehlerliste, da dessen *Opticks* immer noch nicht mit Stellenkommentaren vorliegen. Doch auch er irrte hie und da. So werden ihm zu Recht Fehler bei der Beobachtung spektraler Mischungen vorgeworfen.[273] Zudem hat er sich – jedenfalls in den *Opticks* – zu falschen Behauptungen über farblose Refraktion an planparallelen Medien verleiten lassen.[274] Und er hat beim umgekehrten Spektrum nicht genau genug hingesehen (§ II.3.19). Schließlich ist das zweite Experiment aus den *Opticks* strittig.[275]

§ III.1.8. Nehmen wir an, es stimme, dass unsere zwei Erklärungen bei den prismatischen Phänomenen gleich gut funktionieren; nehmen wir also an, dass die Heterogenität des weißen Lichts prognostisch genauso gut funktioniert wie die der Finsternis. Dann scheint auf der Ebene der Beweise Newton nicht recht haben zu können. Denn er behauptete unter anderem (wie wir gesehen haben):

Pluralismus der Beweisansprüche

[R_{exp}] Die prismatischen Experimente liefern einen rational überwältigenden Beweis für den Teil (R) der newtonischen Theorie, dem zufolge weißes Sonnenlicht eine heterogene Mischung aus divers refrangiblen Lichtstrahlen ist (§ I.4.2).

Beweise müssen eindeutig ausgehen; sie überleben keinen gleichgestrickten Beweis des Gegenteils. Nun hat sich aber im Kapitel II.5 herausgestellt, dass sich aus jedem beliebigen newtonischen Beweis – mit Hilfe der unorthodoxen Redeweise, also durch Vertauschung von Wörtern – ein Beweis des glatten Gegenteils erzeugen lässt (§ II.5.17). Und das spricht gegen [R_{exp}].

Doch dieses negative Resultat entwertet nicht den Löwenanteil dessen, was im TEIL I herausgekommen ist. Schon dort musste bei aller Sympathie für Newton zugegeben werden, dass in seinem Beweis eine Lücke klafft (§ I.5.13). Newton brauchte die unbewiesene Voraussetzung, dass es Lichtstrahlen gibt und keine Finsternisstrahlen. Ein entscheidender Teil dieser Voraussetzung lässt sich auch so ausdrücken:

(K) Schwarze Schatten, Finsternis, Dunkelheit usw. stellen keinen eigenen optischen Kausalfaktor dar; sie entstehen durch Abwesenheit optischer Wirkkräfte, durch Abwesenheit von Lichtstrahlen (§ II.3.2).

Unter dieser Voraussetzung (die heute jedermann für wahr halten dürfte) funktioniert Newtons Beweis sehr wohl. Newton konnte also immerhin zu folgendem beweistheoretischen Triumph vordringen:

(K)→ $[R_{exp}]$ *Wenn* Finsternis keinen eigenen optischen Kausalfaktor darstellt, dann liefern die prismatischen Experimente einen rational überwältigenden Beweis für den Teil (R) der newtonischen Theorie, dem zufolge weißes Sonnenlicht eine heterogene Mischung aus divers refrangiblen Lichtstrahlen ist.

Unter der Voraussetzung (K) bekommt Newtons unorthodoxer Gegenspieler unrecht (den Goethe erfunden hat und der die Heterogenität der Finsternis beweisen will). Hat damit der Verfechter der Heterogenität der Finsternis auf ganzer Linie verloren? Nein. Wie ich zu zeigen versuchte, kann er sich auf das Gegenteil der eben herangezogenen Voraussetzung (K) berufen und kühn behaupten:

$(\overline{K})$ Sonnenlicht, farblose Helligkeit, Weiß usw. stellen keinen eigenen optischen Kausalfaktor dar; sie entstehen durch Abwesenheit optischer Wirkkräfte, durch Abwesenheit von Finsternisstrahlen (§ II.3.3).

Unter *diesen* Vorzeichen kann auch der Gegner Newtons einen beweistheoretischen Triumph verbuchen:

$(\overline{K})$→ $[\overline{R}_{exp}]$ Wenn weißes Licht keinen eigenen optischen Kausalfaktor darstellt, dann liefern die prismatischen Experimente einen rational überwältigenden Beweis für den Teil $(\overline{R})$ der Theorie, dem zufolge Dunkelheit eine heterogene Mischung aus divers refrangiblen Schattenstrahlen ist.

Ziel der Untersuchung

§ III.1.9. Wenn ich mit den Überlegungen des vorigen Paragraphen richtig liege, so spitzt sich der beweistheoretische Streit zwischen Goethe und Newton auf folgende Frage zu: Darf man voraussetzen, dass Finsternis keinen eigenen optischen Kausalfaktor darstellt? Kann man das beweisen?

Meine pluralistische Antwort wird lauten: ja und nein. Auch diese Antwort soll keinen echten Widerspruch mit sich bringen. *Im Rahmen der gegenwärtigen Naturwissenschaft und auf dem Boden unserer heutigen Technologie* spricht fast alles dagegen und fast nichts dafür, Finsternis als eigenen optischen Kausalfaktor anzuerkennen.[276]

Wer die heutige Naturwissenschaft einfach nur voraussetzt, braucht also über die Sache nicht weiter zu diskutieren. Doch ich möchte – angeregt durch Goethe – fragen, wie berechtigt unser Glaube an die augenblickliche Naturwissenschaft ist. Immerhin geht sie in ihren Grundzügen auf Newtons Arbeit zurück. Wer sich auf sie stützt, hat Newton beim Thema der Finsternis schon recht gegeben. Ich will aber zeigen, dass man das nicht tun muss. Wir könnten Newtons Theorie (oder ihre modernen Nachfolgerinnen) verwerfen – ohne uns eines schlimmeren Fehlers schuldig zu machen, als in Widerspruch zur gegenwärtigen Naturwissenschaft zu geraten.

Da werden Sie fragen: Ist das nicht der schlimmste Fehler, den man machen kann, wenn man an Wahrheit und Klarheit interessiert ist? Nein. Es ist zum Beispiel schlimmer, in Widerspruch zu naturwissenschaftlichen *Beobachtungen* zu geraten. Wenn wir aus Beobachtungen eindeutig eine – einzig richtige, objektiv gültige – Theorie ableiten könnten, dann zöge jeder Widerspruch gegen die so abgeleitete Theorie einen inakzeptablen Konflikt mit den Beobachtungen nach sich. Aber das Verhältnis zwischen Beobachtungen und Theorie ist weniger eng. Wie Sie im vorigen Paragraphen einmal mehr gesehen haben, konnte Newton keinen Beweis seiner Theorie liefern, ohne sich auf strittige Voraussetzungen zu stützen. Das lag nicht an den Besonderheiten meines Beispiels; vielmehr steckt darin eine allgemeine Lektion. Diese wissenschaftsphilosophische Lektion werde ich im TEIL IV ausführlich entfalten.

Insgesamt wird meine Untersuchung also kein eindeutiges Plädoyer für oder gegen die gegenwärtige Naturwissenschaft liefern. Ich werde mich als Pluralist geben und probehalber verschiedene andere Standpunkte einnehmen als den der gegenwärtigen Naturwissenschaft; nicht *in abstracto*, sondern konkret am Beispiel der optischen Auseinandersetzung zwischen Newton und Goethe. Natürlich bringt bereits dieser Pluralismus eine Kampfansage an die weitverbreitete Vergötterung der Naturwissenschaften mit sich. Und wie in der Einleitung angekündigt (§ I.1.14–§ I.1.15), werde ich darauf bestehen, dass Goethes Kritik bis heute nichts von ihrem Biss verloren hat: Unsere Optik spiegelt (genau wie Newtons Optik) die experimentelle Austauschbarkeit von Licht und Dunkel nicht wider; vielmehr behandelt sie symmetrische Phänomene asymmetrisch, verfehlt also ein respektables Desiderat. Wer dies Desiderat hochhält, muss keine

Antwort auf die Frage parat haben, wie es sich einlösen lässt. Wir können Goethes Kritik berechtigt finden, ohne uns auf seinen eigenen – verfehlten – Gegenentwurf einzulassen.

Vorschau auf Teil III

§ III.1.10. Um andere Standpunkte in attraktives Licht zu tauchen, werde ich im augenblicklichen Teil der Untersuchung begründen, dass der unbestrittene Triumph der newtonischen Theorie letztlich auf zwei Arten von Zufällen beruht – auf Zufällen der Wissenschaftsgeschichte und auf Zufällen der Beleuchtungsverhältnisse in unserem Universum (also auf Zufällen der physikalischen Anfangsbedingungen).

In den kommenden beiden Kapiteln werde ich zunächst auf die wissenschaftsgeschichtlichen Zufälle eingehen, denen es zu verdanken ist, dass sich Goethes Protest gegen Newton in der Fachwissenschaft nicht durchgesetzt hat. Die bisherige Geschichtsschreibung hat es sich in dieser Angelegenheit zu leicht gemacht. Ihr zufolge stieß Goethe mit seiner *Farbenlehre* sofort auf einhelligen, unüberwindlichen Widerstand aus der Fachwissenschaft.

Wäre das richtig, so hätten wir ein Indiz für die Unausweichlichkeit der weiteren optischen Forschung, die in newtonischen Bahnen fortschritt; denn es ist kaum vorstellbar, dass so gut wie alle Forscher jener Zeit falsch gelegen haben sollen.

Doch beim Abstieg in die Archive ergibt sich ein anderes Bild: Auf Goethes Seite stellten sich weit mehr Naturwissenschaftler von Rang als gemeinhin angenommen; und weit mehr namhafte Naturwissenschaftler als gemeinhin angenommen urteilten ambivalent oder unentschieden. Zudem waren die zahlreichen (wenn auch nicht einstimmigen) Stellungnahmen gegen Goethe alles andere als überzeugend. Aus allen diesen Tatsachen ergibt sich: Goethes Sicht der optischen Dinge hätte durchaus nachhaltigen Erfolg haben können (zumindest in denjenigen Kernstücken, auf die ich es im TEIL II zuallererst abgesehen hatte). Dass es anders gekommen ist, beruht auf einem gerüttelt Maß an Zufall.

Auch unabhängig von Wissenschaftsgeschichte funken Zufälle in unsere Angelegenheit hinein; selbst unter den Vorzeichen der tatsächlichen Wissenschaftsentwicklung sprechen keine sachlich zwingenden Gründe gegen die Heterogenität der Finsternis. Zwar werde ich im Kapitel III.4 darlegen, was die gegenwärtige Naturwissenschaft zur Finsternis zu sagen hat und inwiefern wir die Heterogenität der Finsternis laut der heutigen *Theorie* verwerfen sollten. Doch das ist weder überraschend noch sonderlich aussagekräftig. Es wäre überraschender und aussagekräftiger, wenn heutige *Beobachtungen oder Experimente* schlagend gegen die kausale Wirksamkeit der Finsternis sprächen. Dass das nicht der Fall ist, werde ich im Kapitel III.5 dartun.

Nur mit Hilfe pragmatischer Überlegungen lässt sich die Finsternis aus der Optik vertreiben. Und wie Sie sehen werden, hängen diese pragmatischen Überlegungen letztlich von einer Reihe physikalischer Zufälle ab. Es gibt viel mehr prismatische Farbspektren, als sich Newton hätte träumen lassen.[277] In unserem Universum sind sie selten – wegen bestimmter kontingenter Beleuchtungsverhältnisse, also wegen bestimmter Anfangsbedingungen, die man sich sogar im Rahmen der Gesetze unserer augenblicklichen physikalischen Theorie anders denken könnte.

Es beruht also auf den Zufälligkeiten unserer Welt, dass Newtons Spektrum als erstes entdeckt wurde. Wären die anderen Spektren (die erst vor kurzem entdeckt wurden) schon zu Newtons Tagen im Spiel gewesen – wer weiß, welche Physik wir dann hätten! Mehr noch: Käme Goethes Spektrum in unserem Universum häufiger vor, so hätte Newton seine optische Arbeit vermutlich daran hochgezogen – und wieder hätten wir dann vielleicht eine andere Physik bekommen.

Angenommen, Sie möchten möglichst schnell mit den eben angesprochenen systematischen Überlegungen und Experimenten über Farbe, Licht und Finsternis weiterkommen; angenommen, Sie interessieren sich nicht für die Zufälle der Ideen- und Wissenschaftsgeschichte, um deretwillen Goethes *Farbenlehre* am Ende beim naturwissenschaftlichen Publikum in einen so misslichen Ruf geriet: dann möchte ich Ihnen empfehlen, die kommenden beiden Kapitel zu überspringen und beim Kapitel III.4 wieder zu uns zu stoßen.

Natürlich verpassen Sie dann eine wissenschaftshistorische Pointe meiner Arbeit. Die frühe Rezeption der *Farbenlehre* ist bislang nirgends in der Literatur fair dargestellt worden. Meiner Ansicht nach lohnt es sich, das zu ändern. Es dient bestimmten philosophischen Zwecken, die im Kapitel IV.6 aufscheinen werden: Wenn sich Goethes Symmetrie-Theorem und die Theorie von der Heterogenität der Finsternis nur aufgrund historischer Zufälle nicht durchsetzen konnten, enthält die tatsächliche Wissenschaftsentwicklung keine rationalen Ressourcen, die gegen die unorthodoxe Theorie sprechen. Denn Vernunft und Zufall passen nicht zusammen.

Kapitel III.2.
Unterstützung für Goethe aus der Physik seiner Zeit

Arten der Reaktion auf die *Farbenlehre*

§ III.2.1. Wie haben die Fachwissenschaftler der Goethe-Zeit auf dessen *Farbenlehre* reagiert? Diese Frage ist für meine Zwecke zu allgemein. Die *Farbenlehre* enthält eine Reihe von Einsichten, die nichts mit Physik zu tun haben und denen damals ebenso wie heute viele Kommentatoren zugestimmt haben: Einsichten in die menschliche Farbwahrnehmung, in die Farbästhetik und in die Wissenschaftsgeschichte der Farbenforschung. Die Reaktionen hierauf kann ich ausblenden.[278]

Mir kommt es auf diejenigen fachwissenschaftlichen Reaktionen an, die Goethes Protest gegen Newtons Optik und gegen dessen Erkenntnisansprüche ausgelöst hat. Auch dieses Feld der Auseinandersetzung ist breit genug. Hier geht es einerseits um Reaktionen auf Goethes eigene Lehre von den prismatischen Farben, die schon im Kern antinewtonianisch ist. Andererseits geht es (unabhängig von Goethes eigener Lehre) um die Theorie von der Heterogenität der Finsternis, um die von Goethe entdeckte Hell/Dunkel-Symmetrie und um die erkenntnistheoretischen Schlüsse, die Goethe daraus gegen Newton ableitete.

Auf welche Weise hängen die zuletzt aufgezählten Themen zusammen, deren fachphysikalisches Echo ich untersuchen möchte? Sie sind hierarchisch gegliedert, wie ich im kommenden Paragraphen darstellen werde. Mit dem dortigen Schema will ich herausarbeiten, welche Reaktionen auf Goethes physikalische Optik für die Zwecke meiner Untersuchung besonders relevant sind.

Literaturverweise. Günther Schmid hat (fast) alle Reaktionen gesammelt, die Goethes *Farbenlehre* zu dessen Lebzeiten ausgelöst hat.[279] Nur ein geringer Teil dieser Reaktionen bezog sich *aus fachwissenschaftlicher Sicht* auf Goethes Newton-Kritik. Die Bearbeiter der Leopoldina-Ausgabe haben die Spreu vom Weizen getrennt: Die noch im Jahr 1810 *veröffentlichten* fachwissenschaftlichen Reaktionen auf optische und newtonkritische Aspekte der *Farbenlehre* haben Matthaei und Kuhn zusammengestellt.[280] Ihre Arbeit setzte Horst Zehe für die Zeit von 1811 bis zu Goethes Tod im Jahr 1832 fort.[281] Meines Wissens sind diese Reaktionen bislang nicht systematisch ausgewertet worden. *Unveröffentlichte* Reaktionen bis Ende 1810 bieten Matthaei und Kuhn.[282] Die Fortsetzung ab 1811 liefert Nickol.[283] Bedauerlicherweise haben die leopoldinischen Bearbeiter ihre Belegtexte gekürzt, und zwar nicht immer auf nachvollziehbare Weise. Daher werde ich die Originale zitieren, wo immer das möglich ist.

Hierarchie der Thesen

§ III.2.2. Wer Goethes eigener Lehre von den prismatischen Farben zustimmt, muss seiner erkenntnistheoretischen Newton-Kritik zustimmen (aber nicht umgekehrt). Wer wiederum dieser Newton-Kritik zustimmt, muss zugeben, dass die Heterogenität des weißen Lichts genauso gut oder genauso schlecht dasteht wie die Heterogenität der Finsternis. Und wer wiederum dieser Gleichberechtigungsthese zustimmt, muss Goethes Theorem von der Symmetrie zwischen Licht und Finsternis mitmachen (aber nicht umgekehrt). Schematisch lassen sich diese logischen Beziehungen so darstellen:

Goethes Erklärung der prismatischen Farben
↓
Goethes erkenntnistheoretische Kritik an Newtons Beweisansprüchen
↓
Goethes Behauptung der Gleichberechtigung (bzw. Äqui-Absurdität) zwischen Heterogenität des Lichts und Heterogenität der Finsternis
↓
Goethes Theorem von der experimentellen Symmetrie zwischen Licht und Finsternis

Das bedeutet: Selbst wenn sie sich nicht ausdrücklich dazu äußern, sind alle sachkundigen Anhänger der Physik aus Goethes *Farbenlehre* letztlich auch auf die Symmetrie festgelegt, die ich ins Zentrum meiner Untersuchung gerückt habe. Diese Symmetrie durchzieht wie ein roter Faden alle vier Posten meines Schemas. Besonders provokant kommt sie im vorletzten Posten des Schemas zum Vorschein. Anhänger der physikalischen Optik Goethes verfehlen deren Kern, wenn sie diese Gleichberechtigungsthese nicht mitmachen, zumindest implizit. Und auf jeden Fall müssen sie das Symmetrie-Theorem aus dem Feld darunter befürworten. Hier liegt Goethes größte Stärke; hier liegt die *raison d'être* seiner eigenen Lehre. Aber das Theorem bietet kein zwingendes Argument zugunsten dieser Lehre. Man kann dem Symmetrie-Theorem beipflichten, ohne sich auf die Eigenheiten der goetheanischen Lehre einzulassen; ja, man kann ihm beipflichten, ohne auch nur die leiseste Idee zu haben, wie eine befriedigende Theorie aussehen müsste, aus der sich das Symmetrie-Theorem nahtlos und direkt ergibt.

Sollte das alles stimmen, haben Goethes Kritiker leichtes Spiel, solange sie sich bloß dem obersten Posten meines Schemas widersetzen: Es ist besonders einfach, Goethes eigene Lehre anzugreifen – einfach, aber auch folgenlos. Denn dieser Angriff hat keine Auswirkungen auf die unteren Etagen des Schemas. Und wenn genau dort Goethes Stärken liegen, müsste sich die Auseinandersetzung um seine *Farbenlehre* auch dort abspielen.

Diese Auseinandersetzung hat nicht stattgefunden. Wie Sie im Kapitel III.3 sehen werden, wusste kein Kritiker Goethes irgendetwas Plausibles gegen dessen Symmetrie-Theorem vorzubringen. Dass sich das Theorem nicht durchsetzen konnte, beruht also nicht auf guten Argumenten.

Vorschau

§ III.2.3. In diesem und im kommenden Kapitel werde ich vorführen, wie vielstimmig das damalige fachwissenschaftliche Echo auf Goethes Newton-Kritik insgesamt gewesen ist. Mir kommt es zunächst auf die befürwortenden Stimmen an. Ihnen werde ich mich im augenblicklichen Kapitel widmen, um zu zeigen: Gerade weil Goethe eine ganze Reihe wissenschaftlich hochrangiger Anhänger und Kooperationspartner hatte, können Licht/Dunkel-Symmetrie und Heterogenität der Finsternis nicht leichthin abgetan werden. Dies waren Kernelemente seiner Newton-Kritik, die seinen zustimmenden Kooperationspartnern nicht entgangen sein können.

Wie ich im kommenden Kapitel zeigen möchte, haben sich im vielstimmigen Echo auf die *Farbenlehre* zahlreiche Gegner Goethes aus der damaligen Fachwissenschaft vernehmen lassen, darunter mindestens drei hochkarätige Naturwissenschaftler. Doch haben sie nicht an der Symmetrie zwischen Licht und Finsternis gerüttelt; sie haben sie einfach missachtet. Aus ihrem (teils treffenden) Widerspruch gegen andere Teile der *Farbenlehre* ergeben sich also keine schlagenden Argumente gegen die Symmetrie, die Goethe entdeckt hat.

Nach diesem Exkurs in die Wissenschaftsgeschichte werde ich (im Kapitel III.4) die Gründe durchgehen, die aus heutiger fachwissenschaftlicher Sicht gegen die Heterogenität der Finsternis sprechen. Sie können jedoch nur denjenigen überzeugen, der Newton in den Grundzügen recht gibt. Und wie Sie im Kapitel III.5 sehen werden, haben wir zur Zeit keine Experimente, mit deren Hilfe sich die Heterogenität der Finsternis zwingend aus dem Spiel werfen lässt.

Ein Dogma der Rezeptionsgeschichtler

§ III.2.4. *Von Anfang an brach die Fachphysik einhellig den Stab über Goethes Protest gegen Newtons Theorie vom Licht und den Farben (sowie über Goethes Gegenentwurf).* Hierin sind sich so gut wie alle Autoren einig, die sich mit Goethes *Farbenlehre* beschäftigt haben.[284] Sie irren. Unter den Rezeptionsgeschichtlern herrscht stärkere Einmütigkeit als unter den Physikern der Goethe-Zeit.

Der wissenschaftsgeschichtliche Irrtum hat viele Wurzeln, die ich nicht alle ausgraben möchte. Er wurzelt u. a. in Goethes eigenen Aussagen. So berichtete Goethe am Ende seiner *Farbenlehre* von Fortschritten und Rückschlägen seiner optischen Arbeiten:

> Unter den Gelehrten, die mir von ihrer Seite Beistand leisteten, zähle ich Anatomen, Chemiker, Literatoren, Philosophen, wie Loder, Sömmerring, Göttling, Wolf, Forster, Schelling; *hingegen keinen Physiker.*[285]

Das kommentieren die Herausgeber der Leopoldina-Ausgabe so:

kein Physiker: den aktiv zustimmenden Physiker Seebeck lernte Goethe erst 1806 kennen.[286]

Dieser lakonische Kommentar befremdet schon allein deshalb, weil Goethes Klage laut Leopoldina-Ausgabe aus dem Jahr 1809 stammt.[287] Das provoziert drei Fragen, auf die man im Kommentar vergeblich nach Antworten sucht. Erstens: Warum hat Goethe den Physiker-Freund Seebeck nicht erwähnt? Zweitens: Gefiel er sich in seiner Rolle als Buhmann der Physikerzunft? Drittens: Hat er die Namen weiterer Physiker weggelassen, von deren Mitarbeit er profitierte und deren Zuspruch ihn ermutigte?

Die ersten beiden Fragen führen ins Labyrinth biographischer Spekulation; das möchte ich hier auf sich beruhen lassen. Die dritte Frage werde ich in der ersten Hälfte dieses Kapitels positiv beantworten, durch Verweis auf Johann Wilhelm Ritter und dessen antinewtonianische Forschungen. Im Anschluss daran werde ich weitere Fachwissenschaftler nennen, die mit Goethe an einem Strang zogen.

Vertiefungsmöglichkeit. Hier nur eine Vermutung zur ersten Frage: Vielleicht hat Goethe Seebeck damals eher zu den Chemikern gezählt, vergl. Goethe [sVST]:25/6. Dort leitete Goethe in einen Aufsatz Seebecks ein, den er ganz am Ende seiner *Farbenlehre* veröffentlichte; siehe Seebeck [WFB]. Die Fächergrenzen waren seinerzeit unschärfer als heute, und an den Universitäten kristallisierten sich einzelne Disziplinen erst heraus.[288] Wie dem auch sei, selbst wenn Seebeck in Goethes Augen Chemiker war – warum hat er ihn nicht wenigstens bei dieser Disziplin aufgeführt?

Einmal ist keinmal?

§ III.2.5. Wie Sie im vorigen Paragraphen gesehen haben, verbreitete Goethe selber die Behauptung, dass ihm während der Arbeit an der *Farbenlehre* keine Physiker geholfen hätten. Kein Wunder, wenn ihm das fast jeder nachgebetet hat. Der Image-Schaden ist bis heute gewaltig – eine selbstinduzierte Groß-Katastrophe.[289]

Schlimmer noch, Goethe hat dasselbe Gerücht für die Zeit *nach* Erscheinen der *Farbenlehre* wiederholt. Laut Eckermann sagte er Ende 1823 über den feindseligen Empfang seiner *Farbenlehre* unter den Physikern:

> Die mathematische Gilde [der Physiker – O. M.] hat meinen Namen in der Wissenschaft so verdächtig zu machen gesucht, daß man sich scheut, ihn nur zu nennen.[290]

Und zwei Jahre vor seinem Tod:

> Die Irrtümer meiner Gegner [...] sind seit einem Jahrhundert zu allgemein verbreitet, als daß ich auf meinem einsamen Wege hoffen könnte, noch diesen oder jenen Gefährten zu finden. Ich werde allein bleiben! – Ich komme mir oft vor wie ein Mann in einem Schiffbruch, der ein Brett ergreift, das nur einen einzigen zu tragen imstande ist.[291]

Auch diese haltlosen Aussagen hat man Eckermanns Goethe aufs Wort geglaubt. In der sonst so kritischen Leopoldina-Ausgabe heißt es über die mangelnde Unterstützung aus der Physik:

> Und in der Tat gibt es außer Seebeck keinen einzigen respektablen Physiker, der sich Goethes Lehre von den *Physischen Farben* [...] zu eigen gemacht hätte.[292]

Das klingt wie die alte Lebensweisheit *Einmal ist keinmal*, und so ist es auch gemeint. Demzufolge kann eine einzige Ausnahme (namens Seebeck) kaum etwas gegen die eingangs angeführte Regel ausrichten (wonach die Physiker der Goethe-Zeit die optischen Arbeiten Goethes einhellig abgelehnt hätten).

Aber Goethe und seine defaitistischen Claqueure liegen falsch. Goethe erfuhr sowohl vor als auch nach Erscheinen der *Farbenlehre* bedeutende Unterstützung von Physikern, und zwar nicht von Randfiguren und Spinnern – sondern auch seitens der Crème de la Crème. Diese Behauptung will ich jetzt ausführlich begründen. Um den Gedankengang zuzuspitzen, möchte ich so tun, als ob es damals bereits den Nobelpreis für Physik gegeben hätte; ich werde potentielle Nobelpreisträger ausführlicher behandeln als ihre weniger bedeutenden Zeitgenossen.

§ III.2.6. Einer der brillantesten Naturwissenschaftler des frühen 19. Jahrhunderts war Johann Wilhelm Ritter. In unserer Zeit wäre ein Mann seines Schlages nobelpreiswürdig. Erstens gilt er als früher Spezialist der Elektrolyse; zweitens als Erfinder des Akkus; und drittens als Begründer der Elektrochemie.[293] Außerdem ist sein Name aus den Geschichtsbüchern der Physik nicht wegzudenken, weil er einen Effekt entdeckt hat, den wir heute als Nachweis des UV-Lichts bezeichnen.[294] Schon das allein hätte ihm den Stockholmer Preis Ritter eingetragen – wenn es diesen Preis damals schon gegeben hätte. (Der allererste Nobelpreis für Physik ging im Jahr 1901 an Röntgen, für dessen Entdeckung der Röntgenstrahlung; das ist elektromagnetische Strahlung, die noch jenseits des UV-Lichts liegt. Ritters Entdeckung ist vom gleichen Kaliber.)

Ritter selber ordnete seine Entdeckung in einen anderen theoretischen Rahmen ein, als wir es heute tun.[295] Auch wenn wir dies berücksichtigen, steht fest: Nachdem Herschel unterhalb vom roten Ende des Newtonspektrums das Infrarot-Licht entdeckt hatte, suchte Ritter oberhalb vom gegenüberliegenden Ende des Spektrums zielgerichtet nach messbaren Effekten – jenseits des newtonischen Blaus; und mit dieser Suche hatte er auf Anhieb Erfolg (einerlei, in welcher Theorie wir diesen Erfolg beschreiben).

Als Ritter am 22. Februar 1801 mittags um halb eins fündig wurde, und zwar in Jena, packte er seine Koffer und wanderte – nach Weimar, zu Goethe.[296] Gleich am Morgen des nächsten Tages sprach er am Frauenplan vor.[297] Schon zwei Tage später experimentierten die beiden und setzten ihr Fachgespräch beim Mittagessen fort.[298]

Dass Ritter unmittelbar nach seinem größten wissenschaftlichen Triumph (dessen Tragweite er sofort verstanden hatte) zu Goethe ging, ist bislang in der Literatur zu Goethes Naturwissenschaft nicht recht gewürdigt worden. Wie ich meine, ist der geschilderte Zeitablauf von größter Bedeutung. Mehr dazu im kommenden Paragraphen.

Literaturbelege. Soweit ich sehe, hat nur ein Ritter-Forscher den auffällig engen zeitlichen Zusammenhang zwischen Ritters Entdeckung und dem Besuch bei Goethe vermerkt, siehe Worbs [GSPJ]:199. Und in der Goethe-Forschung habe ich keinen Hinweis darauf gefunden; selbst den Argusaugen des sonst bestens informierten Kenners Helbig ist der Zusammenhang entgangen.[299] Die Leopoldina-Ausgabe bringt zwar dreimal Goethes datierte Tagebuchnotiz zu Ritters winterlichem Besuch, aber nirgends das Datum der Entdeckung Ritters.[300] Dieser blinde Fleck hat sich in der Goethe-Literatur gehalten. Auf der einschlägigen Zeittafel des Goethe-Handbuchs kommen die beiden Ereignisse unter dem Eintrag fürs Jahr 1801 vor; aber unverbunden.[301] Und weil dort zwar Ritters Besuch (linke Spalte), nicht aber seine Entdeckung (rechts) mit genauem Datum auftauchen, fehlt die entscheidende Information: Selbst dem aufmerksamsten Leser muss entgehen, wie eng beides zeitlich und wohl auch inhaltlich zusammenhängt. (Laut Wenzels Tabelle haben Ritter und Goethe an den beiden Tagen »gemeinsame optische und *galvanische* Versuche« durchgeführt.[302] Für galvanische Versuche bei diesem Treffen gibt es keinen Beleg, und alles spricht dagegen. Erstens hatte Goethe damals keine galvanischen Gerätschaften zu Hause.[303] Und zweitens ist es psychologisch unwahrscheinlich, dass sie nach Ritters allerneuester Entdeckung ausgerechnet den kalten Kaffee vom Vorjahr aufgewärmt haben sollen (§ III.2.7). Drittens wissen wir aus einem Brief Goethes, dass es bei den Experimenten u. a. um Herschels Entdeckung gegangen ist (§ III.2.9). Es wäre seltsam, wenn dabei Ritters eigene Entdeckung nicht durchgenommen worden wäre; sie beruhte, wie gesagt, auf einer Weiterführung der Entdeckung Herschels.)

§ III.2.7. Ritter hätte in der Universitätsstadt Jena viele Gesprächspartner mit seiner Entdeckung beeindrucken können. Dass er die Neuigkeit zuallererst Goethe mitteilte, scheint zu bedeuten: Er nahm Goethe als Naturwissenschaftler ernst – ernster womöglich als die Kollegen vor Ort.

Warum der Besuch bei Goethe? Zurück ins Jahr 1800

Die beiden hatten sich im Vorjahr genauer kennengelernt.[304] Goethe hatte sich von Ritter eine Reihe galvanischer Experimente zeigen lassen (bei denen man Muskelfasern und Nervenbahnen von Lebewesen elektrisch reizt). Und Goethe wird ihm von seinen optischen Bemühungen erzählt haben. Wir können Gift darauf nehmen, dass Goethe seinem jungen Gesprächspartner Details über die vielfältigen Symmetrien im Reich der Farben nahegebracht hat – über die Symmetrien zwischen den Komplementärfarben (etwa bei Nachbildern) und natürlich auch über die Symmetrie zwischen Licht und Finsternis in den prismatischen Experimenten.

Dafür gibt es ein starkes Indiz: Kurz nach dem ersten intensiven Gedankenaustausch beobachtete Ritter im kühnen Selbstversuch die Farbeindrücke, die sich bei elektrischer Reizung des Auges ergeben – und diese galvanischen Farbeindrücke zeigen dieselbe Symmetrie, die Goethe in anderen Farbversuchen aufgetan hatte.[305] Vor dem Austausch mit Goethe hatte Ritter bei seinen galvanischen Selbstversuchen am Auge immer nur auf helle und dunkle Seheindrücke geachtet.[306]

Schon die schöne Fortsetzung der Farbbeobachtungen Goethes in neue galvanische Bereiche hat Ritter offenbar zuallererst Goethe mitgeteilt. Beide zogen an einem Strang; beide fanden es vielversprechend, im Reich der Phänomene nach Symmetrien zu suchen, wie Sie im kommenden Paragraphen sehen werden.

Historisches Detail. Wie sich fast zwingend nachweisen lässt, entdeckte Ritter exakt zwischen seinen belegten frühesten beiden Treffen mit Goethe (im Herbst 1800) die galvanischen Farberlebnisse. Das ergibt sich durch Vergleich der Datierungen in Ritter [VBüG]/B2:298 (§ 22); Ritter [VBüG]/B2:291; Ritter [VGBn]/A:400. Ob Ritter damals seine Entdeckung sofort auch anderen Gesprächspartnern mitgeteilt hat, lässt sich wohl nicht mehr feststellen; viel Zeit blieb ihm dafür jedenfalls nicht, so eng gedrängt waren seine Arbeiten in jenen Tagen.

Symmetrien suchen!

§ III.2.8. Zurück zum UV-Licht. Ritters Suche nach messbaren Effekten oberhalb vom blauen Ende des Spektrums war nichts anderes als eine Suche nach Symmetrie. Herschel hatte am *einen* Ende des Spektrums mit dem Thermometer messbare Effekte festgestellt (im heute sogenannten Infrarot-Licht), ohne am gegenüberliegenden Ende fündig zu werden. Dass sich Ritter mit diesem Symmetriebruch nicht abfinden mochte, führte ihn zur Entdeckung dessen, was wir heute als UV-Licht bezeichnen.[307]

Und so brauchen wir uns nicht darüber zu wundern, dass Ritter mit seiner berühmtesten Entdeckung stehenden Fußes zu Goethe eilte. Er wollte ihm ein Ergebnis vorführen, das durch die gemeinsam geteilte Forschungsmethode zutage gekommen war – ein Ergebnis, das engstens mit Goethes spektralsymmetrischen Forschungsinteressen zusammenhing (mit Goethes Theorem); es handelte sich um ein Ergebnis mit Sonnenspektren, für die sich Ritter erst im Anschluss an die Gespräche mit Goethe experimentell zu interessieren begonnen hatte.

Wer sich in Ritters Darstellungen seiner Entdeckung vertieft, kommt aus dem Staunen kaum heraus. Was Ritter dort beschrieb, passt in vielen Einzelheiten zu Goethes prismatischen Experimenten. Ritters Experimente im Umfeld seiner Entdeckung *tragen die Handschrift Goethes.*[308] Diese Tatsache ist bislang in der Ritter-Forschung genauso übersehen worden wie in der Forschung zu Goethes Naturwissenschaft.

Vertiefungsmöglichkeit. Eine Reihe misslicher Faktoren sind dafür verantwortlich, dass Goethes Handschrift in Ritters Beiträgen (zu den Wirkungen des heute sogenannten UV-Lichts) bislang übersehen worden ist. Erstens Schutzinstinkte gegenüber Ritter: Ritter-Biographen wollen ihren Protagonisten gern vom Verdacht der Bündnistreue zu einem naturwissenschaftlichen Dilettanten freihalten.[309] Zweitens Vorurteile gegenüber Goethe: Wer von vornherein überzeugt ist, dass Goethes Physik nichts taugt, der wird in den Experimenten brillanter Physiker kaum nach Spuren Goethes suchen. Drittens Unkenntnis: Man muss Goethes Versuche aus der *Farbenlehre* im Detail kennen, um sie in Ritters Versuchsbeschreibungen wiederzuentdecken. Viertens falsche Fährten: Wer Ritter im modernen Sinne die Entdeckung des UV-Lichts zuschreibt, also die Entdeckung unsichtbarer Licht*strahlen*, der wird folgende Polemik Goethes als einen weiteren Beleg für dessen Unkenntnis theoretischer Physik werten und daraus schließen, dass Ritter und Goethe unmöglich gemeinsame Sache gemacht haben können:

> Nachdem die Wirkungen des Lichts, zur Bequemlichkeit der Demonstration, auf ideale Linien zurückgeführt, unter Linien vorgestellt und solche angenommene Lichtlinien Strahlen genannt worden; so ist in der Lehre vom Licht und den Farben dadurch eine große Verwirrung entstanden, daß man diese abstrakten Geistesprodukte als wirklich existierende physische Wesen ansah. Man hört nun bei Versuchen von gebrochnen Strahlen, von zurückgeworfnen, gebeugten, zerstreuten, gespaltnen; *ja zuletzt wollte man gar unsichtbare Strahlen beobachtet haben.*[310]

Das klingt wie ein unreflektierter Wutausbruch gegen Infrarot- und UV-Strahlen. Und es klingt so, als hätte Goethe nicht die leiseste Ahnung von den bahnbrechenden Experimenten Herschels und Ritters gehabt.[311] Doch in Wahrheit stand es anders. Einerseits wehrte sich Goethe gegen Newtons Rede von Licht*strahlen*; andererseits schloss sich Ritter dieser newtonischen Rede (und der dahinterstehenden newtonischen Theorie) genau nicht an.[312] Kurzum, nur wer Ritter anachronistisch deutet (als hätte er sich im Rahmen der heutigen Sichtweise bewegt), wer also Ritters tatsächliche Theoriebildung ignoriert, kann Goethes spitze Bemerkung aus meinem Zitat so deuten, als ziele sie gegen Ritter. Nein, sie zielte gegen Herschel, der in der Tat ganz newtonisch von unsichtbaren Strahlen jenseits des Rots geredet hatte.[313] Mit Unkenntnis der empirischen Fakten hat Goethes Protest nichts zu tun; er kannte Herschels Experimente sehr genau.[314] Ja, er hat sie selber nachvollzogen.[315] Dass er Herschels *Erklärung* ablehnte, ist nicht überraschend.[316]

Eine Sensation

§ III.2.9. Nach Ritters Besuch in Weimar schrieb Goethe seinem Besucher einen ausführlichen Brief, in dem er Herschels Experimente kommentierte, neue Experimente anregte und an einige der Themen erinnerte, die er mit Ritter besprochen hatte. Dieser Brief ist ein publikationsreifer Fachaufsatz, dem sogar zwei kolorierte Tafeln beigefügt waren.[317] Die Tafeln bieten frühe Vorläufer der Tafeln V und VI aus der *Farbenlehre*, in denen Goethe neun Jahre später die volle Symmetrie zwischen Newtons Versuchsaufbau und dessen Umkehrung bekannt gemacht hat. (Siehe Farbtafel 08 und 09.)

Als Ritter Goethe verließ, begab er sich für ca. vier Wochen auf Reisen.[318] Wohl kurz nach seiner Heimkehr legte er der *Jenaer Naturforschenden Gesellschaft* eine Abhandlung über seine Entdeckung vor.[319] Sie steckt voller Spuren von Goethes Einfluss.[320] Im Sommer desselben Jahrs begann er weitere systematische Versuchsreihen mit dem newtonischen Spektrum. Und da gelang ihm offenbar eine überraschende, ja sensationelle Entdeckung. An seinen Freund und Verleger Frommann schrieb er darüber:

> Das gute Wetter dieser Tage hat mir einige Freude gegeben. Ich habe schöne Dinge im Licht wieder entdeckt, u. binnen Jahr u. Tag kommt es wohl zu einem optischen Prachtwerk mit illustrirten Kupfern. Ich will aber zuvor wider etwas näher zur Sprache bringen; *eine Vereinigung in optischer Hinsicht mit Goethe. Newton ist nun wahrhaft gestürzt. Goethe's Behauptung ist richtig,* aber ihm liegts nicht, wie er sie beweißt, doch ist er der, der dies am ersten finden wird. Ich warte mit Ungeduld, daß er kommt, u. hoffe, es wird sich etwas schönes ergeben.[321]

Oft gab sich Ritter in seinen Briefen überschwenglich – passend zum romantischen Geschmack seiner Zeit. Hat er vielleicht im Überschwang der Gefühle übertrieben, als er die zitierten Zeilen schrieb? Eine Laune des Augenblicks? Ich glaube nicht. Drei Wochen später bestätigte er seinem Briefpartner die Sensation und sattelte noch eins drauf:

> Unzählige optische Versuche. Durch sie ist Newton wahrhaft widerlegt […] Goethe's […] Meinung ist bestätigt […] Denken Sie, daß alles durch *Erfahrung* geschah. Daß ich die Erfahrung gerettet habe gegen allerhand was man ihr anthat; u. gerade zu einer Zeit

ihr Freunde erwarb, wo schöne Speculationen leichter u. annehmlicher wurden.[322]

Vertiefungsmöglichkeit. Richters Edition der Ritter-Briefe kam heraus, als der zugehörige Band der Leopoldina-Ausgabe bereits ein Vierteljahrhundert alt war. Daher fehlen die beiden sensationellen Briefstellen in dieser Ausgabe dort, wo sie hingehören (siehe Goethe [LA]/II.3:137). Soweit ich sehe, wurde dies Manko auch in später erschienenen Bänden der Leopoldina-Ausgabe nicht behoben. Die fatale Folge: In der gesamten Leopoldina-Ausgabe ist das Verhältnis zwischen Goethes und Ritters optischer Forschung unterbelichtet.[323] Zudem sind in den einschlägigen Bänden (Goethe [LA]/I.3, Goethe [LA]/II.3, Goethe [LA]/II.4) die wichtigsten Puzzlestücke über viele verschiedene Stellen verstreut. Man vergleiche Goethe [GVBa] in Goethe [LA]/I.3:382/3 mit Ritter [GV] in Goethe [LA]/I.3:502/3 (dazu Matthaei und Kuhn in Goethe [LA]/II.3:422/3 sowie p. 355/6). Und man vergleiche Goethe, Brief an Ritter vom 7.3.1801 (siehe Goethe [LA]/I.3:245–248) mit Ritters Anmerkungen zu dem Brief in Goethe [LA]/II.3:278/9 (in der Ausgabe unkommentiert). Siehe auch Ritter [R] in Goethe [LA]/II.4:82–85 (dazu Matthaei und Kuhn in Goethe [LA]/II.4:85) sowie Goethe, Brief an Knebel vom 14.3.1806 (siehe Goethe [LA]/II.4:103; dazu irreführend Matthaei und Kuhn in Goethe [LA]/II.4:376) sowie Ritter, Brief an Jacobi vom 28.2.1808 (siehe Goethe [LA]/II.4:171). Nur mit großer Anstrengung kann man in diesem editorischen Durcheinander die Übersicht bewahren. Daher ist es zu begrüßen, dass die Leopoldina-Ausgabe noch um ein Gesamtregister ergänzt wird, das demnächst erscheinen soll.[324] Sobald dieser wohl letzte Band der Ausgabe vorliegt, kann man vielleicht anfangen, das Puzzle zusammenzusetzen; wenn ich recht sehe, dürften dabei viele weitere Belege für die äußerst enge Zusammenarbeit zwischen Goethe und Ritter ans Tageslicht kommen. – Die Herausgeber der früheren Bände scheinen selber den Überblick über ihre breit verstreuten Puzzleschätze verloren zu haben. Sonst hätten sie nicht nur Seebeck, sondern auch Ritter zu Goethes Kooperationspartnern hinzugezählt (Kuhn und Wolf in Goethe [LA]/II.6:564, zitiert in § III.2.4). Helbig ist einer der wenigen Goethe-Experten, die einer realistischen Einschätzung des Verhältnisses zwischen Goethe und Ritter nahekommen; während er Goethes Kenntnis der Experimente Ritters (und Herschels) fair wiedergibt, liegen Ritters antinewtonisches Forschungsprogramm und Goethes Anregungen dazu freilich jenseits des Rahmens seiner literaturwissenschaftlichen Schrift (Helbig [NO]:382–387).

Ritter, ein Phantast?

§ III.2.10. Die Briefe, aus denen ich im vorigen Paragraphen zitiert habe, schrieb einer der talentiertesten deutschen Experimentalphysiker jener Tage, und zwar auf dem Höhepunkt seiner Schaffenskraft und seines Ruhms.[325] Wir haben keinen Anlass, ihn der Phantasterei zu zeihen. Vielmehr spricht alles dafür, dass Ritter durch kongeniale Fortführung der optischen Arbeit Goethes auf starke empirische Evidenzen gegen Newton gestoßen war.

Umso bedauerlicher, dass Ritter seinem Briefpartner nicht mitteilte, welche Entdeckung er gemacht hatte. Es wäre eine reizvolle wissenschaftsgeschichtliche Aufgabe, Ritters umfangreiche Schriften durchzugehen, um mehr über die Entdeckung herauszufinden. Wenn ich recht sehe, gibt es in diesen Schriften eine Reihe von Indizien, in deren Licht sich seine Entdeckung möglicherweise eindeutig rekonstruieren lässt.[326] Sobald die Rekonstruktion erarbeitet wäre, könnte man die experimentelle Entdeckung Ritters zu replizieren versuchen, und im Erfolgsfall wäre ihr antinewtonisches Potential auszuloten.

Diese Aufgaben wurden bislang nicht angepackt. Nichtsdestoweniger können wir festhalten: Mindestens ein Top-Physiker hat mit Goethe in optischen Angelegenheiten an einem Strang gezogen. Gab es weitere Top-Physiker, die das taten? Ja; bevor ich darauf eingehe, will ich die Zufälle aufzählen, die dazu führten, dass Ritters antinewtonische Arbeit keine bleibenden Früchte trug.

Vertiefungsmöglichkeit. Worin bestand Ritters Entdeckung? Wie ich vermute, fand Ritter sämtliche Elemente des newtonischen Spektrums im prismatischen Bild *doppelt* vor, und diese Verdopplung ließ sich sowohl chemisch als auch optisch nachweisen.[327] Die verdoppelte Symmetrie passte nicht schlecht zu Goethes bipolarer Sicht der Kantenspektren und zu dessen Behauptung, dass die prismatischen Farben immer aus Hell/Dunkel-Grenzen entspringen. – Aus heutiger Sicht ist es ein Rätsel, woher die verdoppelten Farben gekommen sein sollen. Um das zu klären, müsste man Ritters Experimente originalgetreu zu wiederholen versuchen.

Zufälle

§ III.2.11. Ritters Experimente gegen Newton aus dem Sommer 1801 haben keine Geschichte geschrieben. Worin auch immer sie bestanden haben mögen: Heute kräht kein Hahn mehr nach ihnen. Woran liegt das?

Es könnte daran liegen, dass diese Experimente nichts taugten. Solange wir ihre Details nicht kennen, lässt sich diese Möglichkeit nicht ausräumen. Doch dagegen spricht eine Tatsache, die ich bereits mehrmals herausgestrichen habe: Ritter war nicht irgendwer; er war ein Experimentator, der kurz davor (mit derselben von Goethe inspirierten Methode) die Wirkungen des UV-Lichts entdeckt hatte – ein gewissenhafter Experimentator mit Fortune.

Wie ich vermute, waren keine sachlichen Gründe dafür verantwortlich, dass sich Ritters Forschungen gegen Newton nicht auf die weitere Entwicklung der Optik auswirkten; vielmehr lag es an einer Reihe von Zufällen. Einige von ihnen will ich jetzt durchgehen.

Während Ritter seine Experimente durchführte, war Goethe in Göttingen. Als er nach Weimar zurückkam und sich endlich mit Ritter traf, scheint es zum Streit gekommen zu sein. Worüber sie sich stritten, wissen wir nicht.[328] Der Streit dürfte mit derjenigen Entdeckung Ritters zusammengehangen haben, die in seinen Augen gegen Newton sprach und von der seine zitierten Briefe handelten (§ III.2.9). Vielleicht war Goethe mit Ritters Interpretationen und Schlüssen nicht einverstanden? Solange wir Ritters Entdeckung nicht kennen, ist es müßig, darüber zu spekulieren.

Wie wir wissen, ging es danach nicht weiter: Die beiden haben ihren engen wissenschaftlichen Austausch nach dem Streit nicht fortgeführt. Sie begegneten einander noch ein paarmal in Jena – dann wurde Ritter an die Bayerische Akademie der Wissenschaften nach München berufen.[329]

Aus der Ferne und über Nachrichten gemeinsamer Bekannter verfolgte jeder der beiden zwar die wissenschaftliche Aktivität des andern.[330] Aber sie haben ihre Kräfte nicht gebündelt. Und dass sie es nicht taten, war fatal sowohl für Ritters Entdeckung als auch für Goethes Newton-Kritik. Hätten sich die beiden seinerzeit nicht gestritten, und wäre Ritter in Goethes Umkreis geblieben, dann hätte Goethe einen hochkarätigen Physiker an seiner Seite gehabt; und auf seiner Seite. Unter anderem hätte sich Ritter dann wohl mit größerem Schwung auf die Fortsetzung und Publikation seiner antinewtonianischen Experimente gestürzt – statt sich anderen Themen zu widmen (bei denen er ebenfalls unorthodoxe und aus heutiger Sicht zweifelhafte Resultate erzielte, die aber nicht hierhergehören; § III.3.2).

Napoleons Schuld

§ III.2.12. Trotz der räumlichen Entfernung und der streitbedingten Entfremdung zwischen meinen beiden Protagonisten spielte Ritter sieben Jahre später offenbar mit dem Gedanken, die optische Zusammenarbeit mit Goethe wiederaufzunehmen. Nicht lange, bevor dessen *Farbenlehre* im Frühjahr 1810 erschien, veröffentlichte Ritter Ende 1808 eine lange Abhandlung über Experimente mit Lichtspektren. Ans Ende dieser Abhandlung stellte er Goethes Brief, den dieser (wie erwähnt) im Anschluss an Ritters ultravioletten Besuch in Weimar geschrieben hatte (§ III.2.9). Ritter fügte eine Anmerkung hinzu, in der es hieß:

> Der interessante Ausgang des dritten Versuchs des Hrn. Wünsch [...] macht es mir von mehreren Seiten zur Pflicht, den Lesern hier ein Schreiben des Hrn. G. R. von Göthe zu Weimar mitzutheilen, mit welchem er mich beehrte, ehe noch jemand in Deutschland Herschel's Versuche, soweit sie aus Gilbert's Annalen, B. VII. St. 2. eben bekannt geworden waren, einer strengen Wiederholung unterworfen hatte. *Man wird daraus ersehen, daß dieser, auch als Optiker wohl kaum noch ganz verstandene Mann,* nichts destoweniger schon 1801., und also gleich nach Lesung der Herschel'schen Aufsätze, für Versuche, wie Wünsch's dritter, genau denselben Ausgang vorhergesagt habe, den die erste öffentlich bekannt gewordene Anstellung derselben, oder eben Hrn. Wünsch's Versuch 3., mehr denn 6 Jahre später wirklich mit sich brachte. Und auch außerdem wird man mir für die Mittheilung jenes Schreibens danken, *da es zugleich des Verfassers* [i. e. Goethes – O. M.] *Gedanken über Licht und Farben überhaupt, auf eine Art enthält, die keine Dunkelheit mehr übrig läßt.* Daß ich übrigens selbige bis jetzt verschob, obgleich ich sonst die Erlaubniß dazu wohl immer gehabt hätte, kam einzig daher, daß mancherlei von einer Zeit zur andern mich hinderte, die vorgeschlagenen Versuche selbst mit der Genauigkeit anzustellen, die eine der Frage würdige Antwort schlechterdings erforderte.[331]

Ritter wusste, dass Goethes *Farbenlehre* bald erscheinen würde.[332] Und er ahnte, wie viel fachwissenschaftlicher Widerstand Goethe entgegenschlagen würde.[333]

Was ich eben zitiert habe, könnte unter diesen Umständen zweierlei bedeuten: Einerseits war Ritter willens, sein Gewicht als Akademie-Mitglied und Experimentalphysiker für Goethe in die Waagschale zu werfen; er bereitete der *Farbenlehre* schon vor ihrem Erscheinen den Boden, um Goethe beim Fachpublikum Gehör zu verschaffen. Andererseits lief sein Lob für Goethe im Kontext der eigenen Abhandlung auf den stillschweigenden Vorschlag hinaus, die unterbrochene Zusammenarbeit wiederaufzunehmen.

Napoleon hat Schuld, dass beides keine Früchte tragen konnte. Er hatte Europa mit einem Krieg überzogen, der alles durcheinanderwirbelte. Unter anderem waren die bayerischen Staatsfinanzen durch die Kriegsausgaben ruiniert – und Ritters Gehalt wurde weder voll noch regelmäßig ausgezahlt.[334] Der litt zwar stets unter Geldsorgen, aber jetzt wurde seine Lage immer ernster, auch gesundheitlich. Er hatte nichts mehr zu essen, trank zu viel, verwahrloste, starb.[335]

Halten wir fest: Ritter war dreiunddreißig Jahre alt und hatte viele hochfliegende Pläne, als ihm eine Reihe übler Zufälle jäh und für immer einen Strich durch die Rechnung machte. Er starb am 23. 1. 1810 – vier Monate, bevor die *Farbenlehre* erschienen ist. Goethes Farbforschung hatte ihren stärksten wissenschaftlichen Verbündeten verloren.

Vertiefungsmöglichkeit. Warum erwähnte Goethe am Ende der *Farbenlehre* nicht Ritter als einen seiner Kooperationspartner aus der Physik?[336] Hier eine Vermutung: Ritter hatte kurz zuvor sein Renommee durch nicht reproduzierbare Experimente verspielt (§ III.3.2), und vielleicht hat Goethe voller Vorsicht abwarten wollen, wie sich diese Affaire weiterentwickeln würde. Dafür spricht, dass Goethe kurz nach Ritters Tod mit Frommann und Seebeck sogar darüber geredet hat, ob Ritter sein experimentelles Tagebuch mit gefälschten Einträgen angereichert haben könnte (Goethe, Tagebuch zum 24. 2. 1810 (siehe Goethe [T]/IV.1:120)). Goethe registrierte sehr genau, wie schlecht Ritter posthum in der Presse behandelt wurde – und war davon angewidert (Goethe [LA]/II.1A:736).

§ III.2.13. Hätte Ritter länger leben und wirken können, so hätte er möglicherweise mit Goethes Methoden gegen Newton weitergekämpft. Er hätte seine Experimente vielleicht fortgeführt und die Chance gehabt, Schüler, Kollegen und Freunde mitzureißen. Kaum auszudenken: Vielleicht hätten sich wichtige Nachwirkungen der

Ritters Strahlkraft

Newton-Kritik Goethes weiterverbreitet, und zwar in der Physik selbst – wenn's keinen Napoleon gegeben hätte.

Wäre Ritter denn imstande gewesen, talentierte Schüler, Kollegen und Freunde auf seine Seite zu ziehen und zur Mitarbeit anzuregen? Ja; der Mann muss eine ungeheure Ausstrahlung gehabt haben. Mindestens zwei Spitzenwissenschaftler seiner Generation sind in ihrer Arbeit erheblich durch den Austausch mit Ritter geprägt worden: Ørsted (dazu gleich) und Seebeck (dazu im übernächsten Paragraphen). Es wären wohl mehr geworden, wenn Ritter länger gelebt hätte.

Ørsted

§ III.2.14. Der dänische Physiker Ørsted hätte ebenfalls einen Nobelpreis verdient: für seine aufsehenerregende Publikation zur Entdeckung der magnetischen Wirkungen des elektrischen Stroms. Ihm zu Ehren wurde die Einheit für magnetische Feldstärke »Ørsted« genannt (1 Oe = $1000/4\pi$ A/m). Der enge und innige Gedankenaustausch zwischen Ritter und Ørsted ist durch zig ausführliche Briefe Ritters an Ørsted belegt.[337] Ritter hielt Ørsted über seine eigenen Entdeckungen auf dem Laufenden, auch auf dem Gebiet der Optik. Da Ørsteds Forschungsinteressen in eine andere Richtung liefen, hat dieser Teil des Briefwechsels weder Newtons Sache schaden noch Goethes Sache nutzen können.

Nichtsdestoweniger lässt sich gut belegen, dass Ørsted damals dem Unterfangen Goethes mit erheblicher Sympathie gegenüberstand. Er gab eine Menge auf Ritters Urteil. Dessen Experimente zum Licht nannte er unendlich wichtig.[338] Kurz darauf trat er in Paris auf den Plan und fasste (ohne Angst um seinen Ruf) einige Ergebnisse Ritters auf Französisch zusammen – auch diejenigen, die mit Ritters experimentellem Angriff auf Newton zu tun hatten.[339] Zwar hatte Ritter die Sprengkraft der Experimente in seinem Text nicht eigens herausgestrichen.[340] Aber für Eingeweihte war Goethes Handschrift in diesen Experimenten deutlich zu erkennen. Und Ørsted wusste sehr genau, worauf er sich einließ. Denn er hatte Ritter noch am Tag von dessen Streit mit Goethe kennengelernt; Ritter muss ihm alles brühwarm erzählt haben.[341] Wie wir vermuten dürfen, hat Ørsted während seines Besuchs in Jena zumindest einige der

Experimente Ritters gesehen und sich erläutern lassen, wie sie zu Goethes Angriff auf Newton beitragen. Das dürfte erklären, warum Ritter in seinen Briefen an Ørsted nicht ausführlich auf diese Experimente eingegangen ist. Seine Formulierungen klingen so, als hätte es einen gemeinsamen Wissensschatz gegeben, vor dessen Hintergrund man sich umstandslos verstehen konnte.

Wie dem auch sei – dass Ørsted diese Experimente auf Französisch präsentierte, war ein eindeutiges Signal. Ørsted hat sich damals Goethes Newton-Kritik zu eigen gemacht, freilich in Ritters Fassung und in dessen Namen.

Vertiefungsmöglichkeit. Man könnte darüber streiten, wer der Autor dieses französischen Textes ist; Ørsted präsentierte *Ritters* Ergebnisse. In drei Bibliographien wird der Text an einer Stelle Ritter, an einer anderen Stelle dann auch noch Ørsted zugeschrieben, und zwar ohne Querverweis – so als gäbe es da zwei Texte, einen von Ritter, einen von Ørsted.[342] Wie Klengel darlegt, hat Ørsted die Darstellung Ritters sicherheitshalber von naturphilosophischen Überlegungen befreit, indem er z. B. auf den Begriff der Polarität verzichtete und stattdessen die Beschreibung der Versuche selbst in den Vordergrund rückte.[343] Mit Blick auf Ritters knappen Forschungsbericht gebe ich Klengel in dieser Diagnose recht.[344] Doch hat Klengel übersehen, dass sich Ørsted auf spätere Resultate Ritters stützte, die auch in Ritters eigener Darstellung frei von Naturphilosophie und vom ausdrücklichen Verweis auf Polarität gewesen sind.[345] – Bei seinem zweiten Deutschlandbesuch im Jahr 1812 schloss Ørsted Freundschaft mit Seebeck und Schweigger, die auf Goethes Seite standen und auf die ich zurückkommen werde (§ III.2.15–§ III.2.18; § III.2.20–§ III.2.21). Zehn Jahre später kooperierte er intensiv mit ihnen in Berlin.[346] Offenbar herrschte eine Art geistiger Anziehungskraft zwischen Top-Physikern, deren Forschungen gut zur optischen Forschung Goethes passten. Es wäre ein spannendes Vorhaben, dieser These nachzugehen. Wie ich vermute, hat sie nicht einfach nur mit Sympathien unter romantischen Naturwissenschaftlern zu tun. – Gleichwohl muss sich Ørsteds Meinung über Goethes Angriff auf Newton irgendwann nach seinem Gedankenaustausch mit Ritter gedreht haben (vermutlich nach dessen Tod). Goethe und Ørsted verstanden sich gut, als sie einander am 16. 12. 1822 in Weimar begegneten; davon haben beide später berichtet. Goethe erinnerte sich an einen erfreulichen Besuch mit *lebhaftem* »Gespräch über Physikalisches u.s.w.«[347] Ørsted beschrieb die Begegnung im Brief an seine Frau. Demzufolge war Goethe über die frische Entdeckung des Elektromagnetismus bestens unterrichtet und diskutierte mit Ørsted über geplante Experimente, die kurze Zeit später in Weimar stattfanden.[348] Zweimal in den Gesprächen kam die Rede auf Licht und Farben. Beim ersten Mal verpasste Ørsted die Gelegenheit, Goethe zu widersprechen.[349] Beim zweiten Mal, nach Komödie und Abendessen, scheint Goethe seinen Gast gezwungen zu haben, zu der Affäre Stellung zu nehmen; und der gab *contra*.[350] Goethe blieb freundlich und zog sich darauf zurück, dass es ihm weniger um Refraktion und Reflexion, sondern mehr um Farben zu tun sei. Ørsted gestand bei allem Widerspruch zu, dass die vorherrschende Theorie von den Farben noch unzureichend ausgearbeitet sei. Man trennte sich gütlich gegen Mitternacht und hoffte auf ein weiteres Treffen, das freilich nicht zustande kam. Goethe war im Gespräch unverbesserlich optimistisch gewesen und hatte gesagt, dass er Ørsted mit mehr Zeit sicher noch überzeugen werde – und obwohl Ørsted das zunächst anders sah, hielt Goethe daran später fest.[351] Das war nicht aus der Luft gegriffen: Laut Boisserée hatte Ørsted ihm kurz nach dem Besuch in Weimar gesagt, dass Goethe ihn »doch in seiner Ansicht über die Farbenlehre zum Wanken gebracht« habe (Boisserée, Brief an Goethe vom 14. 1. 1823 (siehe Boisserée (ed) [SB]/2:347)).

Seebeck

§ III.2.15. Seebeck ist der zweite Spitzenwissenschaftler, den Ritter stark beeinflusste.[352] Er gilt als Pionier der Thermoelektrizität; daher bezeichnet man den thermoelektrischen Effekt auch als Seebeck-Effekt.[353] Noch ein potentieller Nobelpreisträger? Vielleicht. Im Vergleich zu Ørsted und Ritter hat er wesentlich weniger publiziert. Gleichwohl lobte Ørsted die Experimente Seebecks über den grünen Klee und schrieb ihm die schönsten Entdeckungen zu, die seiner eigenen Entdeckung des Elektromagnetismus bislang entsprungen seien.[354]

Wie dem auch sei, Seebeck arbeitete bedächtiger, gründlicher und risikoscheuer als beispielsweise Ritter.[355] Man kann auch sagen, sein Stil war trocken.[356] Und dieser bedächtige Physiker stellte sich mit seinen Farbexperimenten voll auf Goethes Seite: zunächst (unter dem Einfluss Ritters) auf dem Gebiet der Sonnenspektren und deren chemischer Wirkungen – später dann (eigenständig) auf dem Gebiet des polarisierten Lichts, von dem Ritter noch nichts geahnt hatte.

Wie gehabt werde ich mich auf Refraktion und prismatische Spektren konzentrieren.[357] Das neu hinzukommende Thema der Polarisation werde ich nicht entfalten, sondern nur hie und da berühren.[358]

Auf beiden Gebieten (Refraktion und Polarisation) fand Seebeck experimentelle Belege, die gut zu Goethes *Farbenlehre* passten. Dass er dessen Behauptungen über die Symmetrie zwischen Hell und Dunkel zustimmte, gab er z. B. so zu Protokoll:

> 1. Die Farben sind Halblichter, Halbschatten, – sie sind *Ausgeburten von Licht und Schatten*, wie schon ältere Physiker sie richtig definirten, – Beobachtungen und Versuche, welche diese Thesis bestätigen, führe ich hier nicht an, sondern verweise, um überflüssige Wiederholungen zu vermeiden, auf Göthe's Farbenlehre I. Bandes I. Theil, wo sie vollständig zusammengestellt sind.[359]

Insgesamt bewegte sich Seebecks Farbforschung in dem Rahmen, den Goethe methodisch und theoretisch aufgespannt hatte.[360] Mehr noch, er bot Resultate, die in seinen Augen für Goethes bipolare Sicht auf die Farben sprachen.[361] Und Seebeck hat seine Meinung zugunsten Goethes Protest gegen Newton auch in seiner einzigen englischen Publikation kundgetan, also in der Höhle des Löwen.[362] Abgesehen von Seebecks Aufsätzen weisen in diese Richtung noch knapp vierzig Briefe, die er an Goethe schrieb.[363]

Seebeck und Ritter

§ III.2.16. Seebeck hatte sich nicht unter Goethes Schirmherrschaft in die prismatischen Experimente eingefuchst – sondern unter dem Einfluss Ritters. Der hatte Seebeck im Jahr 1803 in Jena kennengelernt und ihn in die prismatischen Experimente eingewiesen, die seiner Ansicht nach gegen Newton sprachen.[364] Als Seebeck drei Jahre später mit Goethe über optische Angelegenheiten zusammenzuarbeiten anfing, war Ritter bereits in München.

Obwohl sich Goethe und Seebeck schon früher begegnet waren, begann ihre intensive Zusammenarbeit erst im August 1806.[365] In den Jahren 1806 und 1807 trafen sie sich mehr als dreißig Mal zum Arbeiten.[366] Und in den beiden Jahren vor Seebecks Weggang aus Jena (1810) trafen sie sich mindestens fünfundfünfzig Mal.[367] Seebeck wiederholte für Goethe die prismatischen Experimente Ritters – und führte sie mit ganz erstaunlichen Resultaten weiter; ein Lebensalter später schrieb ihm der Fotografiehistoriker Eder sogar die Entdeckung der Farbfotografie zu.[368]

Ich kann darauf und auf die anderen prismatischen Experimente Seebecks nicht im Detail eingehen.[369] Jetzt nur so viel: Aus heutiger Sicht sind Seebecks prismatische Experimente schwer einzuordnen, und meines Wissens hat bislang niemand ernsthaft versucht, sie mit modernen Mitteln zu wiederholen oder zu analysieren. Schon zu Seebecks Zeit wurden diese Experimente nicht fortgeführt, und so brauchen wir uns nicht darüber zu wundern, dass auch ihre Spur im wissenschaftsgeschichtlichen Sande verläuft, genau wie die Spur der antinewtonianischen Experimente Ritters. (Es ist letztlich dieselbe Spur, die Ritter gelegt und die Seebeck erst verfolgt und dann ein Stück weitergetrieben hat.)

Zufälle § III.2.17. Seebecks prismatische Experimente haben so wenig Geschichte gemacht wie Ritters. Das bedeutet nicht, dass Seebeck geschlurt oder gelogen hätte; nein, zahllose Zeitgenossen haben Seebecks prismatische Experimente gesehen. Und Seebeck genoss einen exzellenten Ruf als Experimentator.[370]

Für eine seiner Entdeckungen (zum polarisierten Licht) heimste er sogar (zusammen mit dem späteren Newton-Biographen Brewster) einen wichtigen französischen Wissenschaftspreis ein.[371] Und er wurde (trotz seiner Unterstützung der *Farbenlehre* Goethes) im Jahr 1819 als Achtundvierzigjähriger in die Berliner Akademie der Wissenschaften aufgenommen.[372]

Kurzum, nach Ritters Tod hätte für Goethes Sache der experimentelle Beistand Seebecks entscheidend werden können. Doch in Goethes Kooperationen mit Top-Wissenschaftlern steckte der Wurm.[373] Wie es der Zufall wollte, konnte sich Seebeck bis zu seiner Aufnahme in die Berliner Akademie keine groß angelegten experimentellen Untersuchungen leisten. Er hätte vielleicht schon 1810 in die Akademie aufgenommen werden können; doch verfolgte er das nicht weiter, weil sie damals finanziell und apparativ ausgeblutet war – auch das nicht ohne Napoleons Schuld.[374] Erst ab 1819 verfügte Seebeck über genug Geld zum Experimentieren.[375] Aber da war es schon fast zu spät, wie Sie im kommenden Paragraphen sehen werden.

§ III.2.18. Dass Seebeck ab 1819 über akademische Ressourcen für die Forschung verfügte, konnte Goethes Sache nicht mehr groß nützen. In seinem Verhältnis zu Seebeck wartete noch mehr Pech auf Goethe: Zwar lieferte Seebeck gleich in seiner Antrittsvorlesung an der Akademie Experimente zugunsten der zentralen (symmetrischen) Einsichten aus der *Farbenlehre*.[376] Doch warum hat er die dort beschriebenen Versuchsergebnisse zuvor zehn Jahre lang in der Schublade ruhen lassen? Er war offenbar ein Zauderer.[377] Pech

Jedenfalls weilte Seebeck in Gedanken längst woanders. Kurz nach der Antrittsvorlesung widmete er dem Licht und den Farben nur noch einen geringen Teil seiner experimentellen Aufmerksamkeit; wie eingangs erwähnt, entdeckte er den thermoelektrischen Effekt und stürzte sich ab 1820 in Untersuchungen zum Elektromagnetismus.[378]

Drei Jahre später zog er sich eine Krankheit zu, von der er sich nie mehr ganz erholt hat und deretwegen er nicht mehr mit voller Kraft forschen konnte.[379] Er war sein Lebtag lang davon überzeugt, dass Goethe gegen Newton den Sieg verdiene.[380] Das war in seinem Umkreis bekannt.[381] Doch er kämpfte nicht dafür. Und da ihm das ritterliche Charisma abging, begeisterte er auch keine hochtalentierten Schüler oder Kollegen für das Forschungsprogramm, das Ritter und Goethe so hoffnungsfroh begonnen hatten und das Seebeck selber ein weites Stück vorangetrieben hat.[382]

Biographisches. Nur spekulative Biographen werden sich trauen zu erklären, warum sich Goethe und Seebeck in ihren letzten Lebensjahren voneinander wissenschaftlich entfremdet haben. Falsch ist die Behauptung, Seebeck habe auf seine alten Tage die unheilbaren Mängel der *Farbenlehre* erkannt – oder er habe unter dem Gruppendruck der Goethe-Gegner klein beigegeben.[383] Plausibler erscheint eine psychologische Hypothese, die Nielsen ausgearbeitet hat und die sich so zuspitzen lässt: Hegel ist Schuld.[384] Seebeck und Hegel waren ab 1803 (seit ihren gemeinsamen Tagen in Jena) eng miteinander befreundet gewesen.[385] Aus Gründen, die nicht hierher gehören, entzweiten sie sich nicht lange vor Seebecks Berufung nach Berlin.[386] Goethe scheint das nicht gewusst zu haben.[387] Nun hoffte Goethe, dass Seebeck in Berlin mit aller Macht für die *Farbenlehre* eintreten werde; und er ließ ihn das zu deutlich spüren.[388] Seebecks Zurückhaltung dürfte Goethe enttäuscht haben, und das wiederum wird Seebeck geahnt haben (so jedenfalls vermutet Nielsen). In dieser fragilen Lage kam Hegel nach Berlin und schwang sich zum Wortführer zugunsten der *Farbenlehre* auf. Pech für Goethe: Sein wichtigster lebender Verbündeter aus der Physik zog sich mehr und mehr zurück, weil er mit Hegel & Co weder gemeinsame Sache machen konnte noch wollte. – Nielsens Erzählung ist nicht unplausibel. Doch es bleibt dabei: Warum sich Seebecks und Goethes enge wissenschaftliche Freundschaft etwa ab 1820 abgekühlt hat, lässt sich wohl nicht mehr eindeutig ermitteln.[389]

Werneburg, Ficinus

§ III.2.19. Der vorletzte Paragraph klang pessimistischer aus als nötig: Seebecks Unterstützung für Goethe beeindruckte in der Tat keine *hochtalentierten* Nachwuchswissenschaftler – aber sie blieb nicht ganz folgenlos. In der dritten Garde ging die Geschichte noch eine Weile weiter. Unter Seebecks Einfluss begann sich der Mathematiker Werneburg für Goethes *Farbenlehre* zu interessieren. Kurz bevor er im Jahr 1818 als Professor an die Universität Jena berufen wurde, veröffentlichte er eine Monographie pro Goethe. Werneburg zielte darauf ab, Goethes Lehre mathematisch zu fassen – in einem Buch mit tausend Formeln und sieben Siegeln.[390] Ein anonymer Rezensent schrieb sogleich einen kurzen Verriss.[391] Etwas später erschien (ebenfalls anonym) eine ausführliche freundliche Rezension; sie enthält physikalische Argumente gegen den Verriss und ein Plädoyer zugunsten von Goethes *Farbenlehre.*[392] In der neueren Forschung sind Werneburgs Formeln weder rekonstruiert noch auf Stichhaltigkeit hin überprüft worden.[393]

Offenbar warb Werneburg durch seinen Unterricht an der Jenenser Universität weiter für die *Farbenlehre.* Einer seiner Freunde oder Schüler – der Physiker und Chemiker Heinrich David Ficinus – trieb die Sache weiter. Er hielt von 1820 an regelmäßig vor Dresdner Medizinstudenten Optik-Vorlesungen auf der Grundlage der *Farbenlehre* Goethes; sie wurden im Jahr 1828 als Lehrbuch veröffentlicht.[394]

Mehr noch, als Autor von Artikeln in Pierers weitverbreitetem *Anatomisch-physiologischen Realwörterbuch* verhalf Ficinus der *Farbenlehre* Goethes fast schon zum Status anerkannten Wissens – und zwar auch bei Goethes Angriff auf Newton, also außerhalb des Gebiets der physiologischen Farben.[395] Wie wichtig das für die Verbreitung der *Farbenlehre* war (oder hätte werden können), strich Schopenhauer in einem Brief an Goethe heraus.[396]

§ III.2.20. Nicht alle naturwissenschaftlichen Sympathisanten der *Farbenlehre* haben ihre Zustimmung in eigenständigen Veröffentlichungen signalisiert; teils äußerten sie sich außerhalb des Rampenlichts, aber nicht ganz privat. Schweigger

Das zeigt das Beispiel des einflussreichen Chemikers und Physikers Johann Schweigger, der mit dem elektromagnetischen Multiplikator ein frühes Strom-Messgerät erfunden hat.[397] Hätte es damals schon Nobelpreise für Physik gegeben, wäre er vermutlich knapp daran vorbeigeschrammt; oder er hätte sich den Preis mit Faraday teilen müssen. Schon im November 1820 hatte er genau dieselben Ideen formuliert, die wenig später von Faraday zur Konstruktion seines elektromagnetischen Rotationsapparats eingesetzt wurden – des ersten Vorläufers unserer Elektromotoren.[398]

Schweigger sympathisierte mit der *Farbenlehre*.[399] Ja, er unterstützte Goethes Angriff auf Newton. Beides verhehlte er nicht, auch nicht im Austausch mit Spitzenforschern wie dem Chemiker Johann Wolfgang Döbereiner (der immerhin dem modernen Periodensystem den Weg gebahnt hat). Was Schweigger an Döbereiner schrieb, leitete dieser sogleich an Goethe weiter:

> Ein soeben von Prof. Schweigger ankommender Brief bringt folgende Nachricht:
> »Eine soeben gestern von Seebeck gemachte Entdeckung [Farbenerscheinungen im Polarisationsapparat an rasch gekühlten Gläsern – Julius Schiff] *wird Herrn Geheimrat von Goethe sehr freuen. Von Newtons Farbentheorie kann nun nicht mehr die Sprache sein.* Seebeck schrieb mir sogleich nach der Entdeckung ein Billet; ich eilte zu ihm und war nicht bloß erfreut, sondern gerührt durch die Schönheit der neuen höchst wichtigen Erscheinung […]«[400]

Das ist ein schöner Beleg dafür, wie einig sich führende Naturwissenschaftler der Goethe-Zeit in ihrer Ablehnung *Newtons* sein konnten. Dass Schweigger so nicht nur hinter den Kulissen urteilte, sondern auch in aller Öffentlichkeit, werden Sie im kommenden Paragraphen sehen.

Biographisches. Schweigger hatte Goethe im August 1809 zum ersten Mal besucht.[401] Sie trafen sich wieder im Sommer 1810 in Karlsbad.[402] Kurz vorher hatte Goethe die *Farbenlehre* veröffentlicht, nach jahrzehntelanger Arbeit. Dass sie bei beiden Gelegenheiten auch über die Farben und das Licht geredet haben dürften, liegt auf der Hand. Schweigger stattete Goethe am 29. 10. 1816 in Weimar einen weiteren Besuch ab, es gab einige Begegnungen in Karlsbad im August 1818 und ein letztes Treffen im Oktober 1825.[403] Wir haben zahlreiche Belege dafür, wie viel Respekt Schweigger dem Dichter in physikalischen Fragen entbot.[404] Das beruhte auf Gegenseitigkeit.[405] Und es war sicher keine Schmeichelei, als Schweigger ihm zum 69. Geburtstag einen Polarisationsapparat für die Untersuchung der damals so genannten entoptischen Farben schenkte.[406] Zweieinhalb Jahre später erhielt Goethe eine weitere Sendung mit Apparaten Schweiggers.[407] Und Schweigger sandte Goethe regelmäßig die neuesten Hefte seines *Journals für Chemie und Physik*.[408]

Schweigger schweigt nicht

§ III.2.21. Ab 1811 gab Schweigger das *Journal für Chemie und Physik* heraus, das schnell in den Kreis der führenden Fachzeitschriften aufstieg. Hier erschien zwar auch ein Aufsatz Pfaffs gegen Goethe; aber in einer Anmerkung zu diesem Text distanzierte Schweigger sich von Pfaffs Missverständnissen der Theorie Goethes.[409] Das ist eines der Voten, die sich schwer mit ausdrücklichen Stellungnahmen zugunsten Goethes vergleichen lassen; die Distanzierung von Pfaff war ein deutliches, veröffentlichtes Signal zugunsten Goethes – mehr nicht.

Wäre das ein Einzelfall, so müssten wir vielleicht nicht allzu viel darauf geben. Aber wer das *Journal für Chemie und Physik* aufmerksam verfolgte, dem konnte nicht verborgen bleiben, wie stark Schweigger die *Farbenlehre* immer wieder durch herausgeberische Anmerkungen und Zusätze stützte.[410] So merkte Schweigger in einem Aufsatz von Seebeck an, dass dessen Beobachtungen einen wichtigen Lehrsatz aus Goethes *Farbenlehre* bestätigen.[411] In einem anderen seiner Zusätze schrieb er:

> Die Herren Gay-Lussac und Thenard berühren am Ende ihrer Abhandlung die wichtige Lehre von der Polarität des farbigen Lichtes und entgegengesetzter Wirkung des violetten und rothen Strahls; eine Lehre, die schon ein Jahr früher, als sie ihre Schrift herausgaben, in *Göthe's* Farbenlehre mit entschiedener Klarheit dargethan war […]
>
> […] wir wollen nun […] bei der merkwürdigen, in chemischer Hinsicht so interessanten, Farbenpolarität des Lichtes ein wenig

verweilen. *Göthe's* schon vorhin erwähnte Farbenlehre geht von diesem Gesichtspunkt aus.[412]

Was hier von Schweigger als Farbenpolarität bezeichnet wurde, ist dasselbe wie die Symmetrie komplementärer Farben, auf die ich mich im TEIL II konzentriert habe. Im Anschluss an die zitierten Sätze diskutierte Schweigger sein symmetrisches Thema auf eigene Faust, aber im Stil Goethes.[413]

Nach einer akribischen Aufstellung von Schmid ist Schweigger insgesamt neunmal durch herausgeberische Voten für Goethe in die Bresche gesprungen.[414] In der Summe dürfte das mehr wert sein als eine einzelne positive Rezension. Abgesehen davon bot Schweiggers Journal den Raum für weitere Texte von Goethe-Sympathisanten.[415] Auch außerhalb seines Journals hielt Schweigger mit seinem fast schon enthusiastischen Lob für Goethe nicht hinterm Berg.[416] Kein Zweifel, er sympathisierte mit Goethes Sache.

Belege. Schweigger brachte mehrere Abhandlungen heraus, an denen Goethe mitgewirkt oder für die er Anregungen gegeben hatte.[417] Schweiggers eigene herausgeberische Interventionen zugunsten Goethes sind teilweise kürzere Hinweise, teilweise umfangreiche Argumente. Sie summieren sich auf die Länge einer knappen Abhandlung. Abgesehen von den bereits zitierten Stellen nennt Schmid sieben Texte, die in der Leopoldina-Ausgabe fehlen (Goethe [LA]/II.5A, Goethe [LA]/II.5B) und die ich im Wissenschaftshistorischen Anhang A aufzähle. – Schweiggers Einsatz für Goethes *Farbenlehre* hatte Folgen. Unter seinem Einfluss sprach sich der Physiker und Meteorologe Ludwig Friedrich Kämtz (als frischgebackener Doktor der Universität Halle) zunächst für Goethe aus. Dessen Theorie verknüpfte Kämtz zum Abschluss seiner Dissertation mathematisch mit den jüngst entdeckten Interferenz-Prinzipien Fresnels.[418]

§ III.2.22. Wo stehen wir? Im Lauf dieses Kapitels habe ich Ihnen ausführlich den wichtigsten fachwissenschaftlichen Verbündeten des physikalischen Teils der *Farbenlehre* Goethes vorgestellt (Ritter) sowie knapper eine Reihe weiterer wichtiger Verbündeter. Abgesehen von Ritter und Ørsted (sowie vielleicht noch Seebeck nebst Schweigger) sind diese Unterstützer heute in der Wissenschaftsgeschichte unbekannt. Doch zu Goethes Zeiten genosssen sie hohes Renommee (mit Ausnahme Werneburgs). Ein Netzwerk

Es fällt auf, dass alle diese Unterstützer eine Art Netzwerk bildeten. Ritter beeinflusste Seebeck, dieser wiederum Werneburg, der dann Einfluss auf Ficinus ausübte; Ritter beeinflusste Ørsted, der sich mit Schweigger befreundete, der wiederum Kämtz beeinflusste.

Das Netzwerk war nicht sonderlich schlagkräftig. Sein Gründer und wichtigster Protagonist Ritter starb kurz vor Erscheinen der *Farbenlehre*. Die anderen Protagonisten sympathisierten zwar mehr oder minder mit Goethes Einsichten – taten aber nicht genug, um ihm zum Sieg zu verhelfen. Jeder von ihnen verfolgte auf anderen Gebieten seine eigenen Ziele, und so reichten die Kräfte zuguterletzt nicht für eine Revolution bei den Farben des Lichts und der Dunkelheit.

Editorisches Fehlurteil

§ III.2.23. Wie Sie im kommenden Kapitel sehen werden, scheiterte Goethes Revolutionsversuch auch deshalb, weil sich seine fachwissenschaftlichen Gegner extrem effektiv zusammengetan haben. Sie waren der Zahl nach doppelt so stark wie Goethes Verbündete, und sie waren schnell. Auch unter ihnen finden sich nobelpreiswürdige Physiker, von vergleichbarem Gewicht wie Ritter.

In der Tat, Goethe hat den Streit in der Fachwissenschaft verloren. Das ändert nichts daran, wie haltlos folgendes Urteil im Lichte der illustren Namen erscheinen muss, die ich im augenblicklichen Kapitel aufgeboten habe:

> Außer Goethes Freund Seebeck gab es wohl keinen Physiker, der seine Stimme zur Verteidigung der *Farbenlehre* erhoben hätte; als Beitrag zur physikalischen Optik ist sie vielmehr von fast allen heftig kritisiert worden.[419]

Bedenken Sie, von wem das Fehlurteil stammt – von einem der Herausgeber der Leopoldina-Ausgabe, der naturwissenschaftlichen Schriften Goethes.[420] Das muss insofern umso befremdlicher erscheinen, als in dieser akribischen Ausgabe alle Personen versammelt sind, auf deren Voten ich mich gestützt habe.[421] Sie sind in der Ausgabe gut versteckt, und wer sie finden will, muss sich durch eine ungeheure Masse an Materialien und Zeugnissen hindurchkämpfen. Ein wohlwollenderer Herausgeber hätte irgendwo eine faire Übersicht über Goethes Anhänger aus der Fachwissenschaft geliefert. Ins-

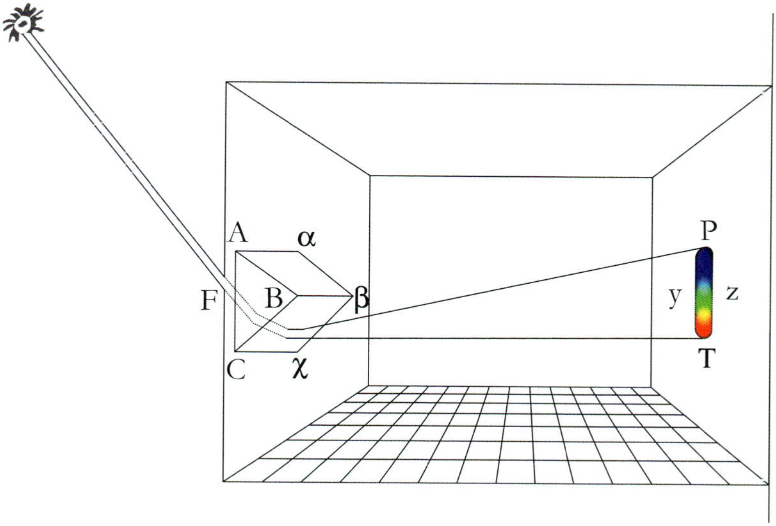

Farbtafel 01 **Newtons Grundexperiment.** Ein Sonnenstrahl wird durchs Fensterladenloch F in ein Glasprisma ABC αβχ geschickt; an beiden Grenzflächen des Prismas wird er gebrochen (refrangiert). Die beiden Brechungen führen zu einer erheblichen Ablenkung vom geraden Weg, und zwar nach oben, wobei der ursprünglich weiße Lichtstrahl in seine kunterbunten Bestandteile zerlegt wird: Auf der Rückwand der Dunkelkammer zeigt sich das newtonische Vollspektrum aus den dunklen Farben Blau/Türkis/Grün/Gelb/Rot. Das Spektrum ist ca. fünfmal so lang wie breit. *Siehe § I.2.4–§ I.2.9.*

Farbtafel 01 **Newtons Vollspektrum.** Dieses Spektrum bezeichne ich nur dann als *Voll*spektrum, wenn ich es ausdrücklich von anderen Spektren unterscheiden möchte, in denen weniger Farben vorkommen; solange es darauf nicht ankommt, rede ich oft einfach nur von Newtons Spektrum. Von oben nach unten sieht man Blau, Dunkeltürkis, Grün, Dunkelgelb, Rot, mit fließenden Übergängen. Insgesamt wirken die Farben vergleichsweise dunkel; das fällt besonders beim Gelb und Türkis auf. *Siehe § I.2.8.*

Farbtafel 02 links **Das kalte Kantenspektrum.** Dieses Spektrum aus den Farben Schwarz/Sattblau/Türkis/Weiß kann auf viele Weisen erzeugt werden. Wer z. B. von Newtons Grundexperiment ausgeht, muss den Fensterladen aufsperren und das Prisma so platzieren, dass seine obere Hälfte im Schatten des Fenstersturzes liegt, seine untere Hälfte dagegen von der Sonne beschienen wird. *Siehe § I.3.5.*

Farbtafel 02 Mitte **Das warme Kantenspektrum.** Wer dieses Kantenspektrum aus den Farben Weiß/Gelb/Sattrot/Schwarz erzeugen will, kann vom kühlen Kantenspektrum ausgehen; in diesem Fall muss man die Beleuchtungssituation vor dem Prisma um 180 Grad drehen. Ebenso gut kann man das Prisma um 180 Grad drehen, so dass die brechende Kante nach oben zeigt, statt wie bislang nach unten; in diesem Fall dreht sich die Reihenfolge der Farben um: Schwarz/Sattrot/Gelb/Weiß. *Siehe § I.3.5.*

Farbtafel 02 rechts **Kantenspektrenpaar.** Das Bild zeigt ein Spektrum mit den Farben Schwarz/Blau/Türkis/Weiß/Gelb/Rot/Schwarz, das auf viele Weisen erzeugt werden kann: z. B. in Newtons Grundexperiment bei Verringerung des Abstandes zwischen Prisma und Auffangschirm. *Siehe § I.4.4.*

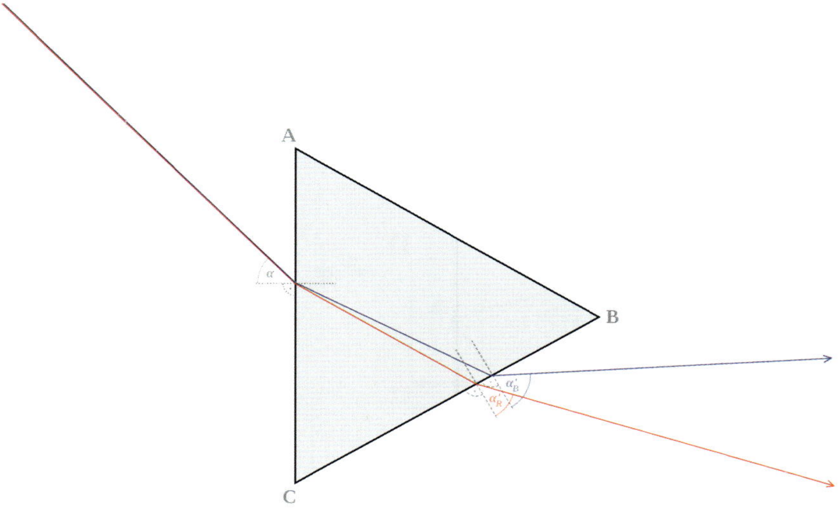

Farbtafel 03 **Blaue versus rote Strahlen im symmetrisch ausgerichteten Prisma**. Das – gleichschenklige – Prisma ABC ist für einen roten Lichtstrahl (kleinstmöglicher Refrangibilität) symmetrisch ausgerichtet; der rote Strahl läuft im Prisma parallel zur Grundfläche AB und tritt im selben Winkel $\alpha'_R = \alpha$ aus dem Prisma heraus, in dem er eingetreten ist. Diese Symmetrie-Bedingung verfehlt der stärker refrangible blaue Lichtstrahl, der zwar von links im selben Winkel α ins Prisma eintritt wie sein roter Kollege, aber stärker gebrochen wird, also weder parallel zur Grundfläche weiterläuft, noch im selben Winkel aus dem Prisma austritt; der Austrittswinkel ist größer geworden: $\alpha'_B > \alpha$. *Siehe § I.2.11.*

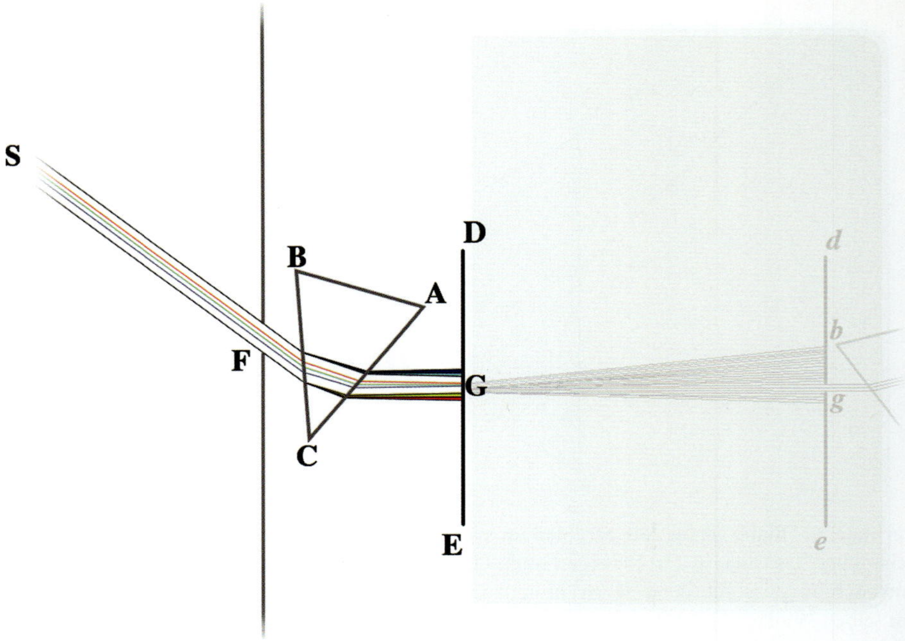

Farbtafel 04 **Vorsortiertes Weiß.** In diesem Ausschnitt aus Newtons *experimentum crucis* sehen Sie den Auftakt des Experiments. Da der Schirm ED nah am Prisma ABC aufgebaut ist, können sich die divers refrangiblen (und verschiedenfarbigen) Lichtstrahlen noch nicht weit genug voneinander entfernen, um auf ED ein volles Newtonspektrum zu zeichnen. Die Mitte bleibt weiß. Nur an den Rändern schaffen es die besonders stark bzw. schwach refrangiblen Strahlen, ihren andersfarbigen Kollegen zu entkommen. Daher zeigt sich hier das Kantenspektrenpaar (Farbtafel 02 rechts). Die weiße Mitte zwischen beiden Kantenspektren ist kein gewöhnliches Weiß; in diesem Weiß waltet eine versteckte innere Ordnung. Sein blauer Anteil kommt (wegen *diverser* Refraktion am Prisma) aus einer etwas anderen Richtung als dessen grüner Anteil. Das zeigt sich z. B. im Mittelpunkt G des Schirms ED, in dem wir exemplarisch drei ankommende Lichtstrahlen angedeutet haben, einen blauen, einen grünen und einen roten. *Siehe § I.4.4.*

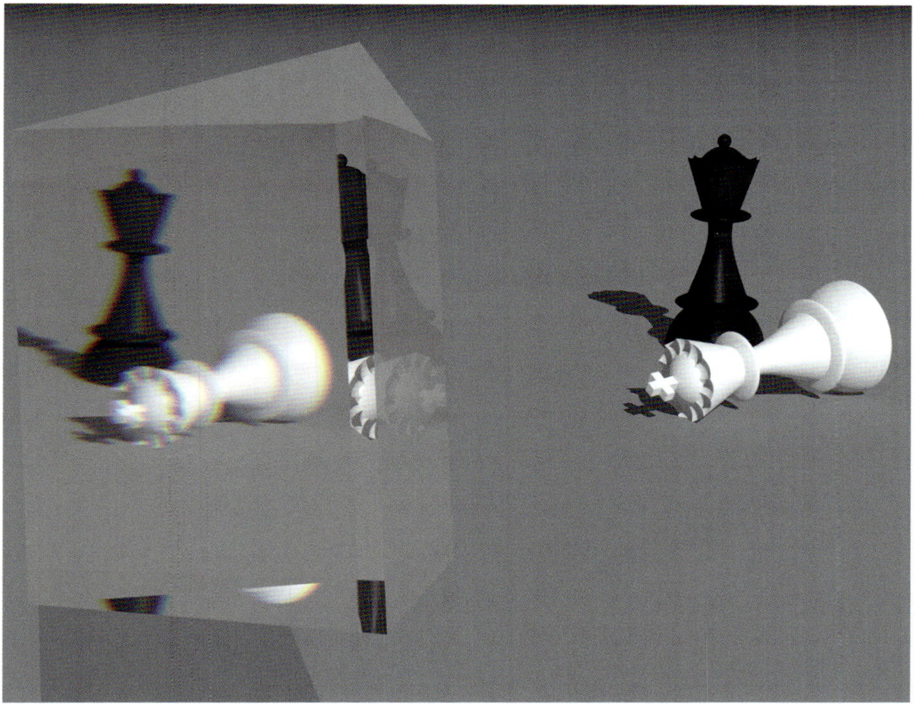

Farbtafel 05 **Bildverschmutzungen infolge chromatischer Aberration.** Hier blicken Sie durchs Prisma (links im Bild) auf die sauberen Schachfiguren (rechts). Wegen der Refraktion am Prisma können Sie sozusagen um die Ecke schauen. Im Prisma zeigen sich beide Schachfiguren in voller Größe – aber leider mit unscharfen Rändern. Schuld daran ist die chromatische Aberration: Das heterogene Licht, das von der weißen Königin und von der grauen Ebene durchs Prisma ins Auge reist, wird je nach Farbe verschieden weit gebrochen. Ein genauer Blick auf die unscharfen Figurgrenzen zeigt die türkis/blauen bzw. rot/gelben Farbsäume, die für den Effekt verantwortlich sind. (Die abgeschnittenen Figurfragmente, die sich rechts im Prisma zeigen, sind dagegen völlig scharf; sie beruhen auf Spiegelungen am Prisma.) Auch an jeder Linse aus homogenem Material lässt sich die chromatische Aberration beobachten. *Siehe § II.1.3.*

Farbtafel 06 **Goethes Vollspektrum.** Dieses umgekehrte Spektrum entsteht, wenn man in Newtons Grundexperiment anstelle des dünnen Lichtstrahls einen ebenso dünnen Schatten durchs Prisma fallen lässt und auf der gegenüberliegenden Wand auffängt. Seine Farben sind (von oben nach unten): Gelb, Hellrot, Purpur, Hellblau, Türkis. Insgesamt wirken diese Farben wesentlich heller als ihre Gegenstücke aus Newtons Vollspektrum. Für diese Abbildung war das Ausgangsbild nicht rund (wie bei der Sonnenscheibe), sondern ein schmaler horizontaler schwarzer Balken. *Siehe § II.1.9, § II.2.3.*

Farbtafel 06 **Newtons und Goethes Spektrum im Vergleich.** Jeder Farbe des einen Vollspektrums entspricht – auf gleicher Höhe im Bild – die jeweilige Komplementärfarbe des anderen Spektrums. *Siehe § II.1.9, § II.2.3.*

Farbtafel 07 **Phänomenologische Herleitung des Goethespektrums aus dem Newtonspektrum.** Die Farben aus Goethes Spektrum hängen mit denen Newtons wie durch einen kreuzweisen Tausch miteinander zusammen: Newtons unteres Farbenpaar Gelb/Rot taucht bei Goethe oben wieder auf, aber heller; und Newtons oberes Farbenpaar Blau/Türkis taucht bei Goethe unten wieder auf, und zwar ebenfalls heller. Beim kreuzweisen Tausch geht die grüne Mitte des Newtonspektrums verloren. Doch in der Mitte zeigt sich bei Goethe Purpur als Mischung aus Blau und Rot. *Siehe § II.2.5, § II.2.7.*

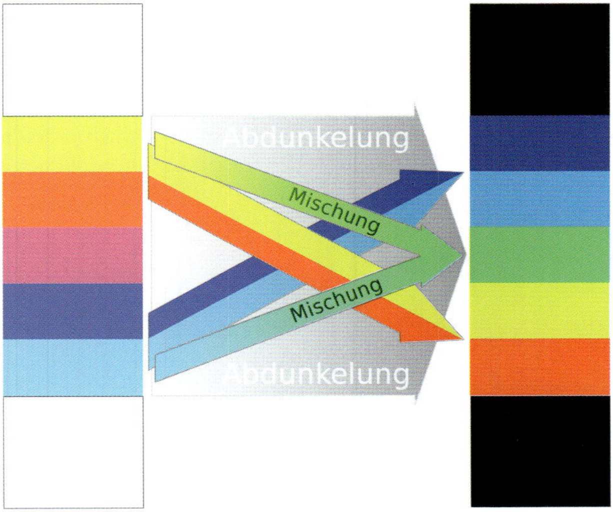

Farbtafel 07 **Phänomenologische Herleitung des Newtonspektrums aus dem Goethespektrum.** Der kreuzweise Tausch aus der vorigen Farbtafel kann ebenso gut umgedreht werden. Dann entsteht Newtons Spektrum überkreuz aus den äußeren Farbpaaren des Goethespektrums, die dabei abgedunkelt werden. Und die grüne Mitte des Newtonspektrums lässt sich als Zwischenfarbe der Außenfarben bei Goethe deuten, als Mischung aus Gelb und Türkis. *Siehe § II.2.7.*

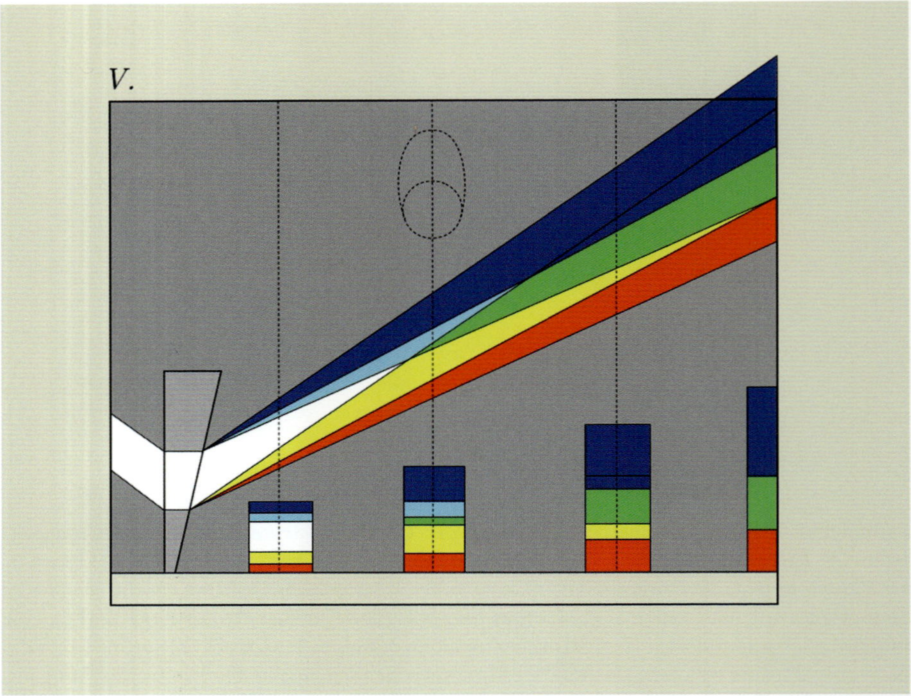

Farbtafel 08 **Entwicklung des Newtonspektrums bei variablem Abstand vom Prisma.** Die Tafel zeigt **oben** die Farbentwicklung nach prismatischer Brechung (in Abhängigkeit vom Abstand zwischen Prisma und Auffangschirm). **Unten** sind in vier Kästchen verschiedene Entwicklungsstufen der Spektren eingeblendet, die sich bei der entsprechenden Entfernung auffangen lassen. **Von links nach rechts** zeigen sich (in Draufsicht auf den Schirm): **Kantenspektrenpaar** (Blau/Türkis/Weiß/Gelb/Rot), **Vollspektrum** (Blau/Türkis/Grün/Gelb/Rot), **Schwundspektrum** (Blau/Grün/Gelb/Rot), **Endspektrum** (Blau/Grün/Rot). Selbstverständlich gehen diese spektralen Entwicklungsstufen kontinuierlich ineinander über; wie sie das tun, ergibt sich aus dem **oberen, größeren Teil der Tafel**. *Siehe § II.2.7 und § III.3.11–§ III.3.13.*

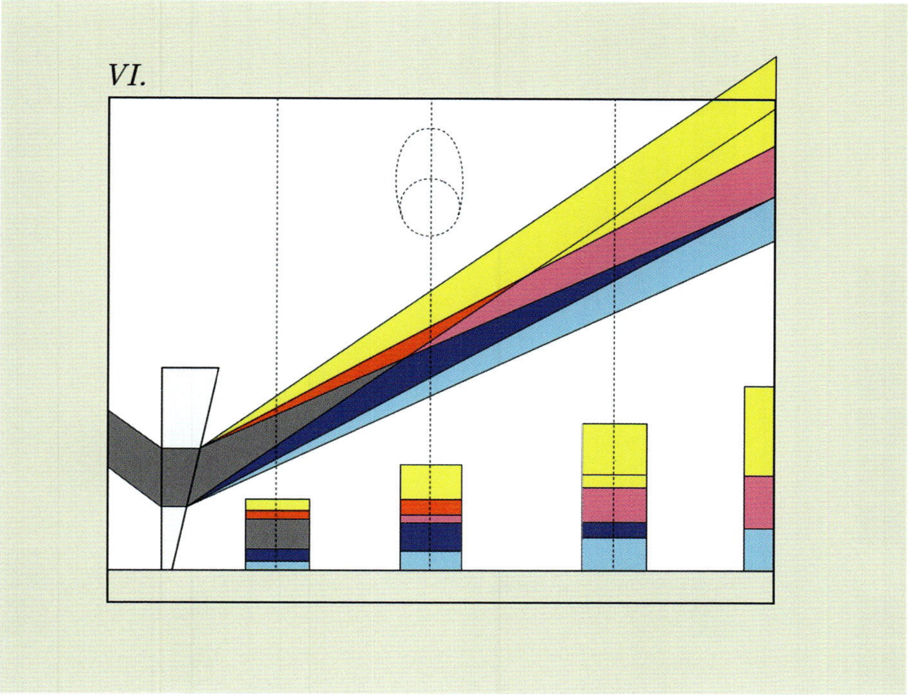

Farbtafel 09 **Entwicklung des Goethespektrums bei variablem Abstand vom Prisma.** Auf dieser Tafel präsentiert Goethe seine wichtigste Entdeckung: die Farbentwicklung im umgekehrten Experiment, also die farbige Entfaltung eines prismatisch gebrochenen Schattens bei wechselnden Abständen vom Prisma. Die Tafel ist deckungsgleich mit Goethes Tafel V, zeigt aber andere Farben (siehe Farbtafel 08). **Von links nach rechts** sehen Sie folgende Spektren: **umgekehrtes Kantenspektrenpaar** (darin oben das warme Kantenspektrum, unten das kalte); **umgekehrtes Vollspektrum** aus den fünf Farben Gelb/Rot/Purpur/Blau/Türkis (beim gestrichelt angedeuteten Oval); **umgekehrtes Schwundspektrum** (Gelb/Purpur/Blau/Türkis), **umgekehrtes Endspektrum** (Gelb/Purpur/Türkis). *Siehe § II.2.7, § II.2.10 und § III.3.11–§ III.3.13.*

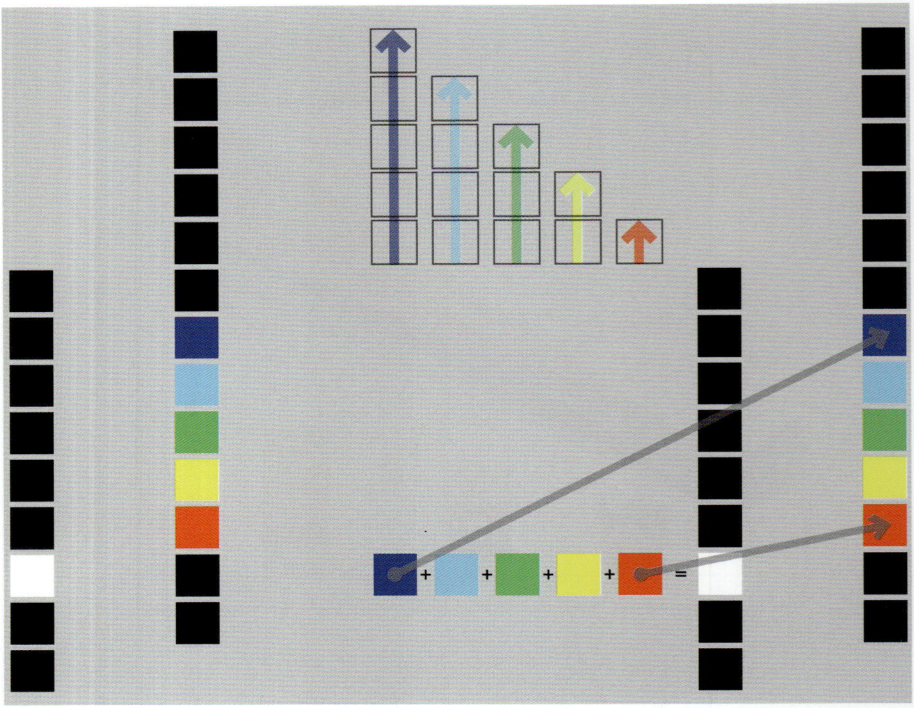

Farbtafel 10 **Die orthodoxe Erklärung des Newtonspektrums.** Hier sehen Sie **ganz links** die Beleuchtung des Prismas in Newtons Grundexperiment: Ein weißes Quadrat repräsentiert den Lichtstrahl; die schwarzen Quadrate symbolisieren Dunkelheit. **Rechts daneben** das Versuchsresultat: insgesamt fünf farbige Quadrate in den Farben des newtonischen Vollspektrums. In der **Mitte** sehen Sie Newtons Analyse der Beleuchtungskonfiguration: Das weiße Lichtquadrat ist die Summe aus fünf verschiedenfarbigen Lichtquadraten, über und unter denen keinerlei optische Kausalwirkungen vorliegen (grau angedeutet); dass die fünf farbigen Lichter vom Prisma – je nach Farbe – unterschiedlich weit abgelenkt werden, ist **in der Mitte oben** angedeutet: Das blaue Quadrat wird bei Refraktion z. B. um fünf Einheiten nach oben verschoben, das rote dagegen nur um eine Einheit. **Ganz rechts** sieht man, wie sich daraus das Spektrum verständlich machen lässt: Das blaue Quadrat kommt z. B. viel weiter oben an als das rote. *Siehe § II.2.8.*

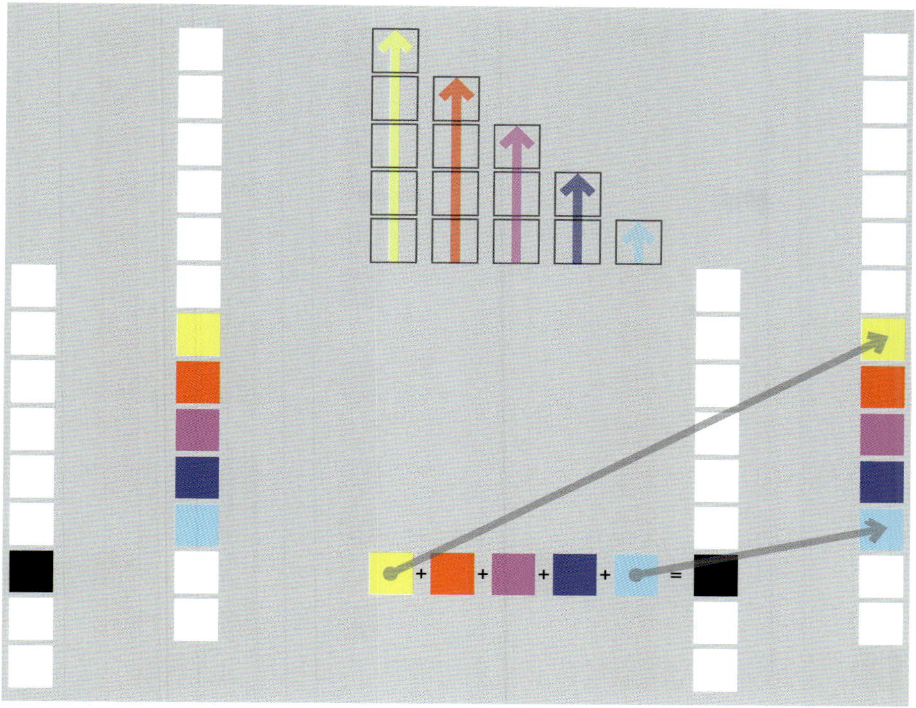

Farbtafel 11 **Die unorthodoxe Erklärung des Goethespektrums.** Wer sich noch nicht auf die newtonische Theorie festgelegt hat, kann Goethes umgekehrtes Grundexperiment durch folgende unorthodoxe Theorie erklären: Weißes Licht besteht aus gar nichts; Finsternis besteht aus den Farben Gelb, Rot, Purpur, Blau, Türkis; diese Finsternisstrahlen sind je nach Farbe divers refrangibel. Logik, Struktur und Geometrie der neuen Theorie sind exakte Abbilder der newtonischen Theorie – nur das Farbmaterial der neuen Theorie ist anders. *Siehe § II.2.8.*

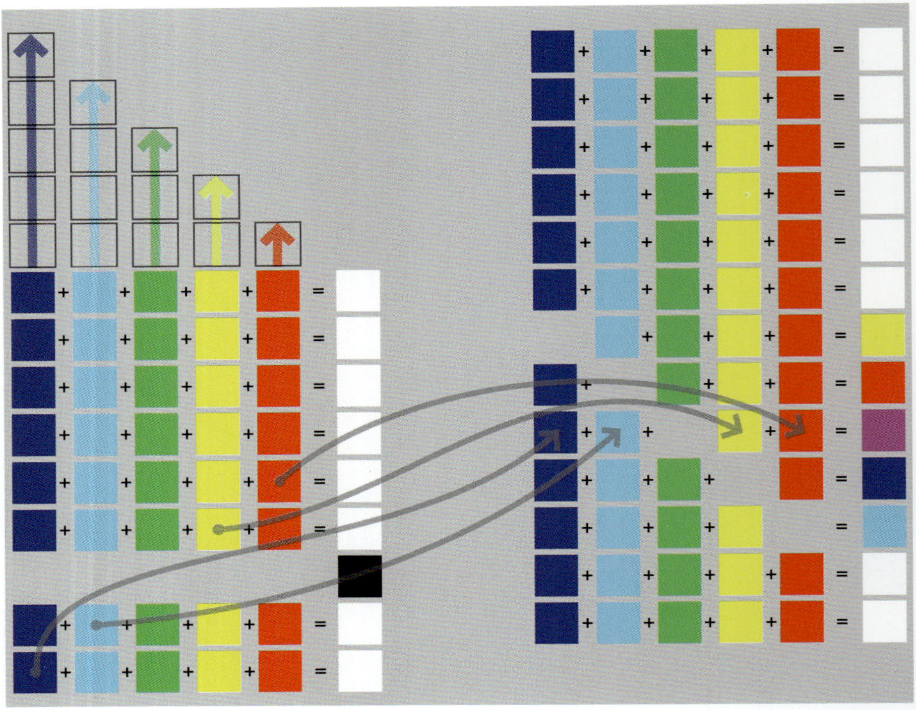

Farbtafel 12 **Die orthodoxe Erklärung des Goethespektrums.** Hier sehen Sie **links** die newtonische Analyse der Beleuchtungskonfiguration im umgekehrten Grundexperiment: Der durchs Prisma fallende Schatten (schwarzes Quadrat) besteht aus gar nichts; die ihn umgebende Helligkeit besteht aus Lichtern in den fünf Farben Blau, Türkis, Grün, Gelb und Rot. Die blauen Lichter wandern bei Refraktion z. B. um fünf Einheiten nach oben. Wer jedes der bunten Farbfelder nach dessen Reise durchs Prisma wiederfinden will, muss erheblichen Aufwand treiben; das Ergebnis ist **in der rechten Hälfte** festgehalten. Für vier Farbfelder haben wir jeweils ein Quadrat aus der Ausgangskonfiguration (**links**) in die Endkonfiguration (**rechts**) verfolgt. Sie landen allesamt auf gleicher Höhe (**5. Zeile von unten**). An dieser Stelle kann kein grünes Licht ankommen – dort treffen sich also sämtliche Farben außer Grün; das Mischungsergebnis aller dieser Farben ist dessen Komplement: Purpur. *Siehe § II.3.9–§ II.3.11.*

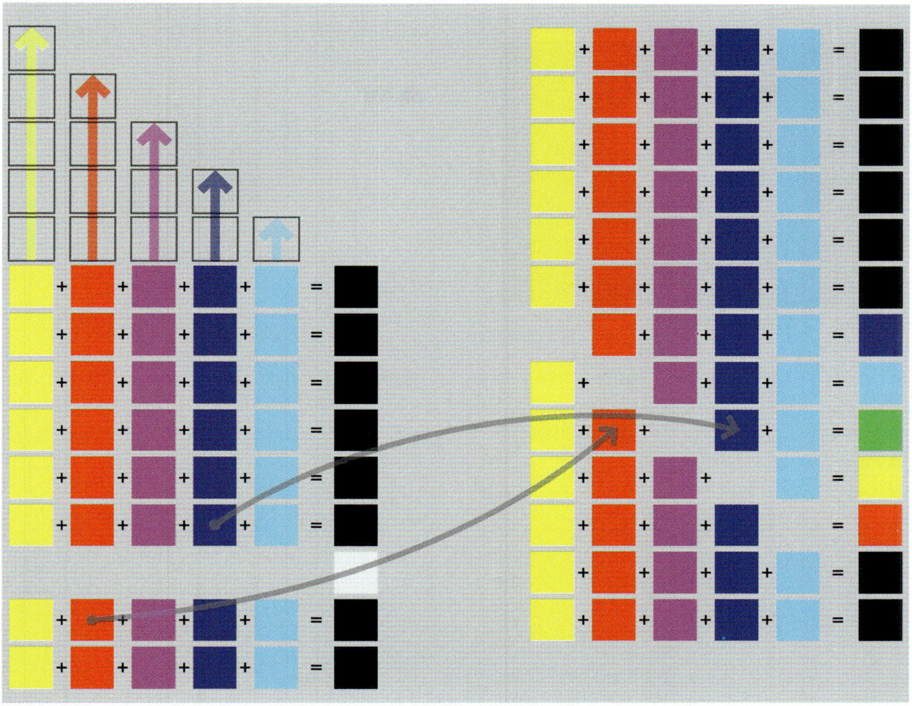

Farbtafel 13 **Die unorthodoxe Erklärung des Newtonspektrums.** Die orthodoxe Erklärung des Goethespektrums war kompliziert, aber unter newtonischen Vorzeichen völlig konsequent (Farbtafel 12). Ihre Logik lässt sich leicht umkehren. Demzufolge setzen sich nun nicht die weißen Licht-, sondern die schwarzen *Finsternis*quadrate aus fünf Farbfeldern zusammen, und zwar aus den Komplementärfarben der ursprünglichen Erklärung (also aus Gelb, Rot, *Purpur,* Blau, Türkis). Hier kommen zwar auch vier Farben der ursprünglichen Erklärung vor (alle außer Purpur), aber mit neuen Refrangibilitäten: Die Rolle des newtonischen blauen Lichts wird nun von dessen Komplement übernommen; d. h. nun kommt dem Gelb stärkste Refrangibilität zu. Wie exemplarisch durch zwei Pfeile von links nach rechts angedeutet ist, lässt sich in diesem Stil die grüne Mitte des Newtonspektrums erklären. *Siehe § II.3.12.*

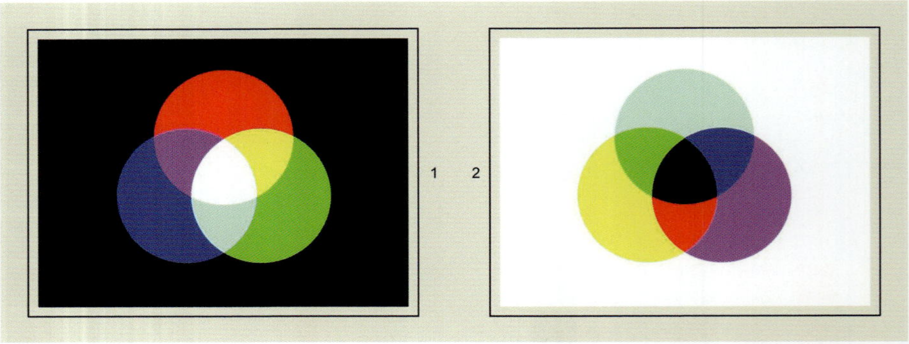

Farbtafel 14 **Additive und subtraktive Farbmischung. Links** sehen Sie die sog. additiven Mischungsregeln mit newtonischen Grundfarben (etwa für RGB-Monitore), **rechts** die sog. subtraktiven Mischungsregeln mit Goethes Grundfarben, auf denen der Dreifarbendruck beruht. *Siehe § II.3.12, § III.1.3.*

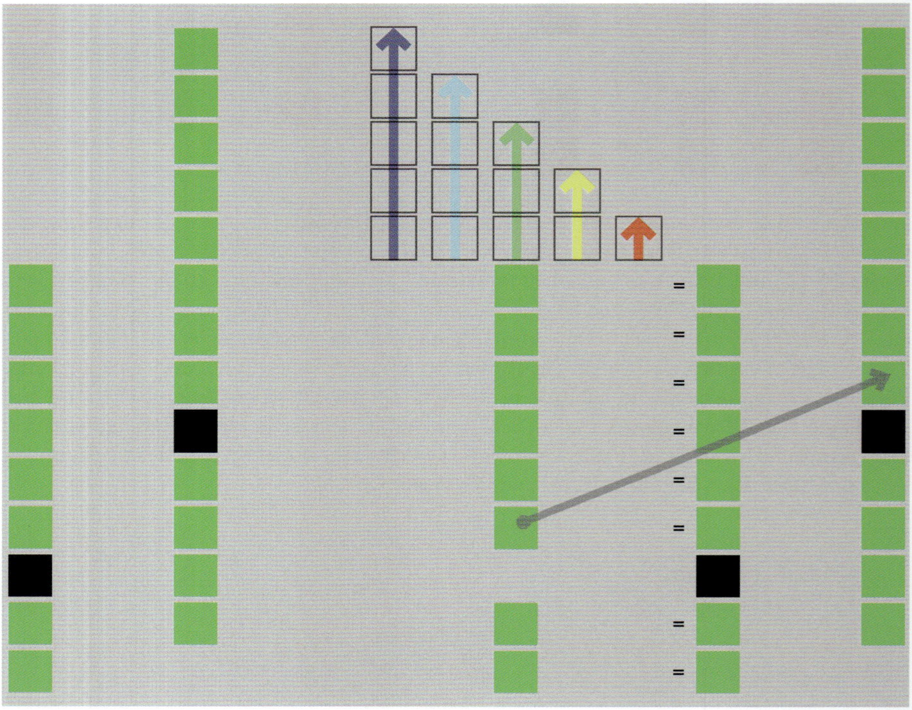

Farbtafel 14 **Die orthodoxe Prognose fürs Experiment von Eric Oberheim.** Wir lassen einen schmalen Schatten durchs Prisma fallen, der von homogenem grünem Licht umspielt wird **(ganz links). Rechts daneben** das Versuchsergebnis: Ein schwarzer Fleck in grüner Umgebung, um drei Einheiten nach oben verschoben. **Auf der rechten Hälfte der Graphik** sehen Sie die newtonische Analyse dieses Experiments: Eine Lücke im Grün bewegt sich im Gleichklang mit seiner grünen Umgebung nach oben. Auf der nächsten Farbtafel zeigen wir die unorthodoxe Erklärung desselben Sachverhalts. *Siehe § II.4.4.*

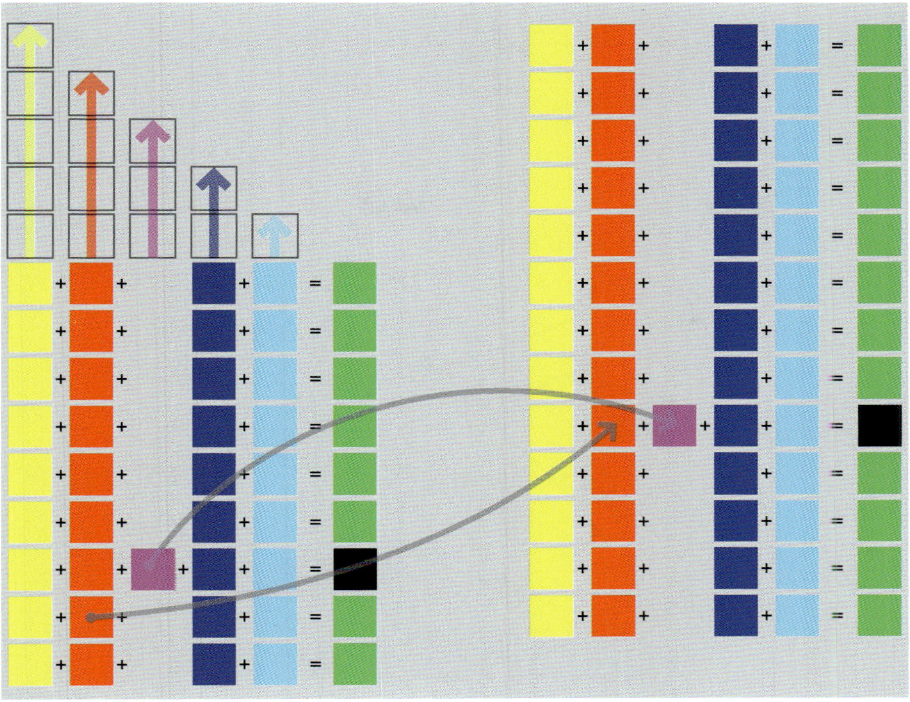

Farbtafel 15 **Die unorthodoxe Erklärung des Experiments von Eric Oberheim.** Laut Heterogenität der Finsternis gibt es kein homogenes Grün; grüne Farbeindrücke bestehen aus allen Finsternisstrahlen mit Ausnahme der purpurnen. Dadurch erklärt sich die grüne Umgebung des schwarzen Flecks im Ausgangsbild des Experiments (**linke Hälfte**). Zudem besteht der schwarze Fleck aus Strahlen aller Farben, einschließlich Purpur. **Rechte Hälfte:** Aus der diversen Refraktion der Ausgangskonfiguration ergibt sich das Versuchsergebnis. Dass sich die gelben, roten, blauen und türkisen Finsternisstrahlen verschieden weit nach oben bewegen, wird im Ergebnis nicht sichtbar, da von unten lückenlos immer neue Strahlen dieser Farbe nachrücken. Einzig augenfällig wird die Verschiebung des einen purpurnen Finsternisstrahls um drei Einheiten; da er sich also weiter oben mit all seinen andersfarbigen Kollegen vermengt, wandert der schwarze Fleck genauso weit nach oben. *Siehe § II.4.5.*

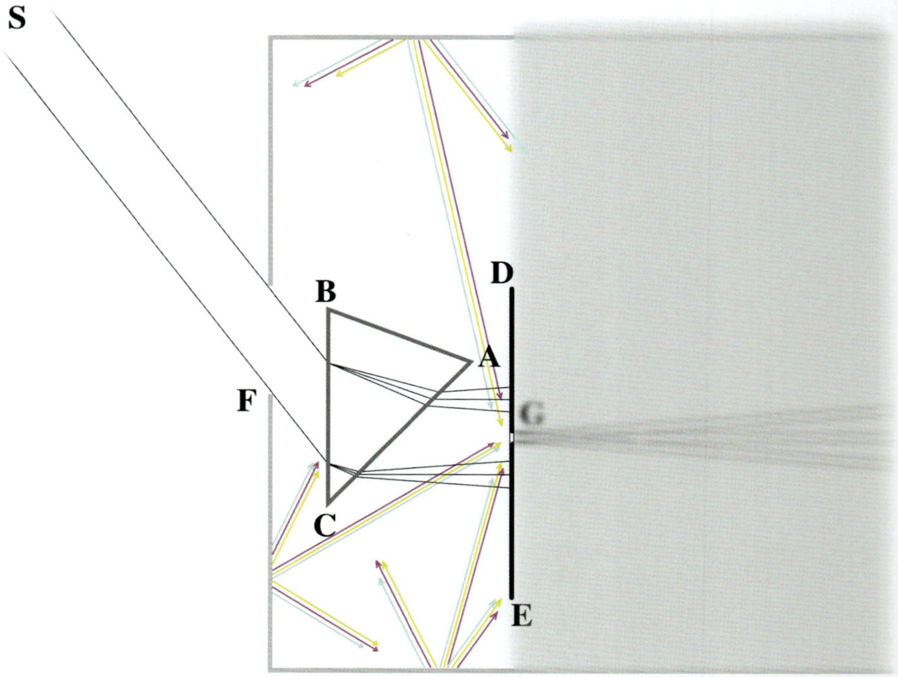

Farbtafel 16 **Schräge Finsternisstrahlen auf dem Weg zur Schirmmitte.** Laut Theorie von der Heterogenität der Finsternis entsenden alle Wände der Dunkelkammer gelbe, purpurne und türkise Finsternisstrahlen, und zwar in sämtliche Richtungen. Wir zeigen einen minimalen Anteil aus dieser bunten Vielfalt, um zu illustrieren: Auf dem Schirm ED kommen durchaus viele Finsternisstrahlen an – im Punkt G allerdings nur aus schräger Richtung. Senkrecht auftreffende Finsternisstrahlen kommen dort genau nicht an; sie müssten ja aus dem Prisma ABC herkommen und letztlich von der Sonne. Die Sonne entsendet aber keine Finsternisstrahlen. Ergebnis: In G sind Finsternisstrahlen aller *couleur* unterrepräsentiert. Daher rührt der dortige Eindruck von Weiß. *Siehe § II.5.3.*

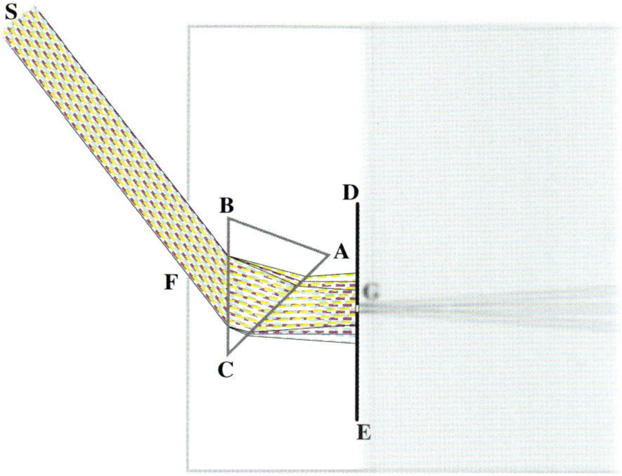

Farbtafel 17 **Fehlende Finsternisstrahlen auf dem ersten Schirm.** Es wäre verwirrend, sämtliche Finsternisstrahlen auf ihrem Weg zu verfolgen; die Dunkelkammer ist voll von ihnen. Stattdessen betrachten wir diejenigen Pfade, auf denen *keine* Finsternisstrahlen entlangkommen, etwa auf dem Weg von der Sonne S durchs Fensterladenloch F bis zum Prisma ABC. Dort fehlen alle Finsternisstrahlen; das ist durch entsprechend gefärbte Minuszeichen angedeutet. Bereits innerhalb des Prismas trennen sich diese finsternisfreien Pfade, je nachdem, welche Farben auf den fraglichen Pfaden jeweils fehlen: Gelbfreie Pfade kommen rechts aus dem Prisma etwas aufsteigend heraus, türkisfreie etwas absteigend, purpurfreie horizontal. Da der Schirm ED nah am Prisma liegt, gibt es in dessen Mitte eine breite Zone, wo (aus grob horizontaler Richtung) alle Finsternisstrahlen fehlen. *Siehe § II.5.5.*

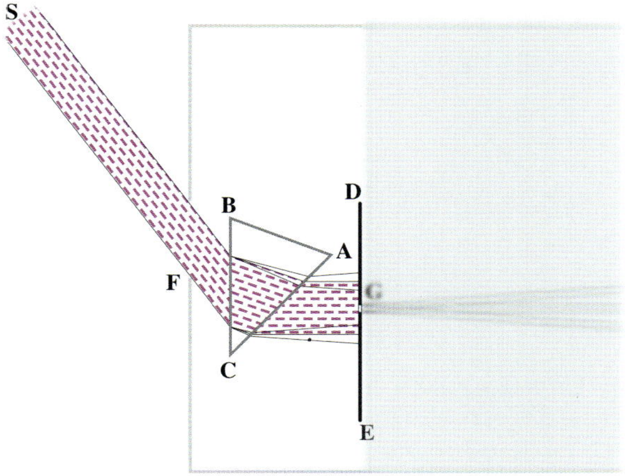

Farbtafel 17 **Fehlende purpurne Finsternisstrahlen auf dem ersten Schirm.** Überall in der Dunkelkammer schwirren purpurne Finsternisstrahlen herum, nur nicht auf den Pfaden, die hier mit purpurnen Minuszeichen dargestellt sind. Da purpurne Finsternisstrahlen mittelstark refrangibel sind, kann man sagen: Auch die Pfade, auf denen sie *fehlen*, beachten das für purpurne Finsternisstrahlen geltende Brechungsgesetz; eine Purpurlücke benimmt sich am Prisma geometrisch genauso wie ein purpurner Finsternisstrahl, wird also z. B. stärker gebrochen als türkise Finsternisstrahlen und -lücken, die in Farbtafel 18 oben abgebildet sind. *Siehe § II.5.5.*

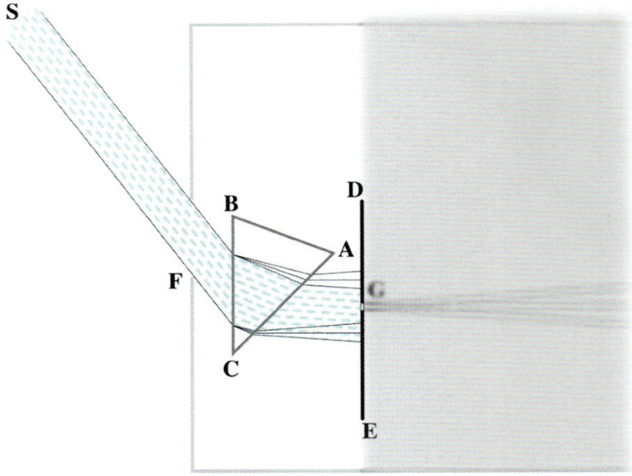

Farbtafel 18 **Fehlende türkise Finsternisstrahlen auf dem ersten Schirm.** Türkislücken verlaufen rechts vom Prisma in abfallender Richtung. *Siehe § II.5.5.*

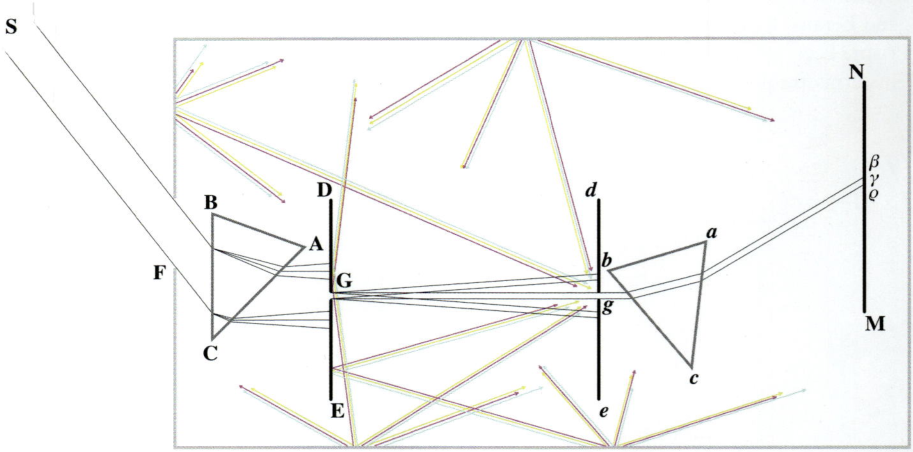

Farbtafel 18 **Schräge Finsternisstrahlen auf dem Weg zum zweiten Schirm.** In der Mitte des zweiten Schirms ed kommen aus vielen Richtungen Finsternisstrahlen an: eher schräge von der oberen und unteren Dunkelkammerwand, aber auch solche, die von der dunklen Rückseite der Blende EGD stammen. Ob ausgerechnet aus der Blendenöffnung G irgendwelche Finsternisstrahlen nach g gelangen, also horizontal, lässt sich nicht auf Anhieb sehen. Es hängt davon ab, was sich links von der Blende EGD abspielt und welche Finsternisstrahlen es durchs Loch G schaffen. Wir haben drei potentielle Pfade von G zum Schirm ed eingezeichnet; einen horizontalen (auf dem durchschnittlich refangible Strahlen entlangreisenden *könnten*), einen leicht auf- und einen leicht absteigenden Pfad (für besonders stark bzw. besonders schwach refrangible Finsternisstrahlen). Welche dieser Pfade genutzt werden und welche leer bleiben, hängt von der Ausrichtung des Prismas ABC ab. *Siehe § II.5.8.*

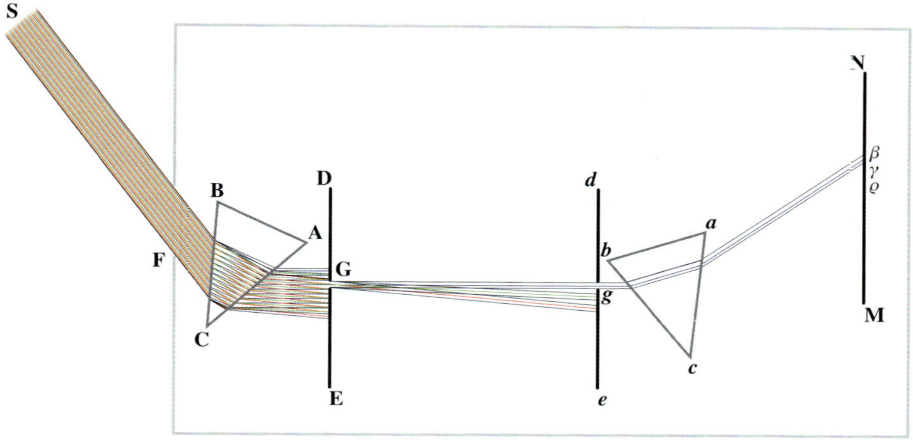

Farbtafel 19 **Blaue, grüne und rote Lichtstrahlen im *experimentum crucis.*** Diese Abbildung zeigt das weitere Geschehen im *experimentum crucis*, orthodox analysiert. Das Prisma ABC ist so ausgerichtet, dass einige blaue Lichtstrahlen durchs erste Blendenloch G horizontal zum zweiten Blendenloch g gelangen (um dann vom zweiten Prisma abc oben in β auf den Schirm NM gebrochen zu werden). Bei dieser Ausrichtung des Prismas ABC landen die grünen und roten Sonnenlichtstrahlen, die noch durch G reisen, unterhalb von g auf den Backen der Blende egd. (Wer das Gewimmel links im Bild immer noch verwirrend findet, konsultiere die Ausschnittsvergrößerung unten.) *Siehe § II.5.9.*

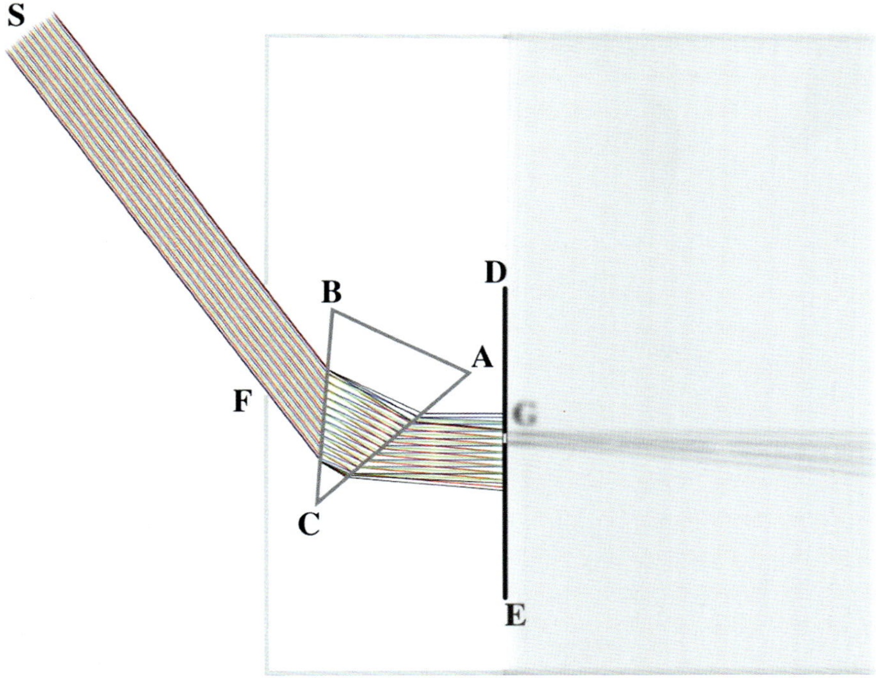

Farbtafel 19 **Ausschnittsvergrößerung der Abbildung oben.** *Siehe § I.4.4.*

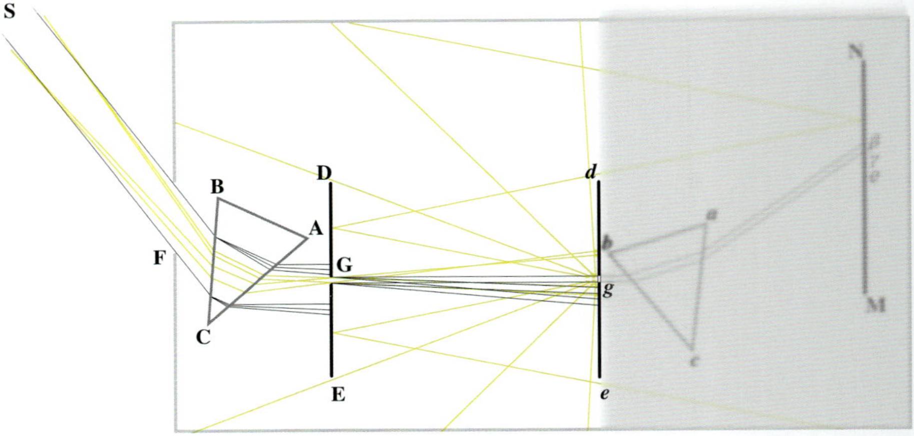

Farbtafel 20 **Gelbe Unterrepräsentation im blauen Fleck auf dem zweiten Schirm.** In g zeigt sich ein blauer Fleck. Wie lässt sich das unorthodox erklären? Wir müssen die Unterrepräsentation gelber Finsternisstrahlen am Ort g auf dem Schirm ed begründen. Nach g gelangen aus allen Richtungen gelbe Finsternisstrahlen, etwa von den Dunkelkammerwänden oder auch von der Rückseite der Blende ED. Aber in g kommen genau keine horizontalen gelben Finsternisstrahlen an. Zwar schaffen es einige gelbe Finsternisstrahlen, vom Prisma ABC aus durchs Loch G zu reisen; sie kommen letztlich aus den dunklen Tiefen des Weltalls (also genau nicht von der Sonnenscheibe S). Doch gerade weil sie nicht von S kommen, können sie nach dem Austritt aus ABC nicht horizontal weiterreisen; daher treffen sie nicht in g auf den Schirm ed, sondern (wie in der Farbtafel gezeigt) nur oberhalb davon, etwa auf Höhe der Prismenecke b. Ergebnis: In g fehlen gelbe Finsternisstrahlen aus genau einer Richtung. *Siehe § II.5.11.*

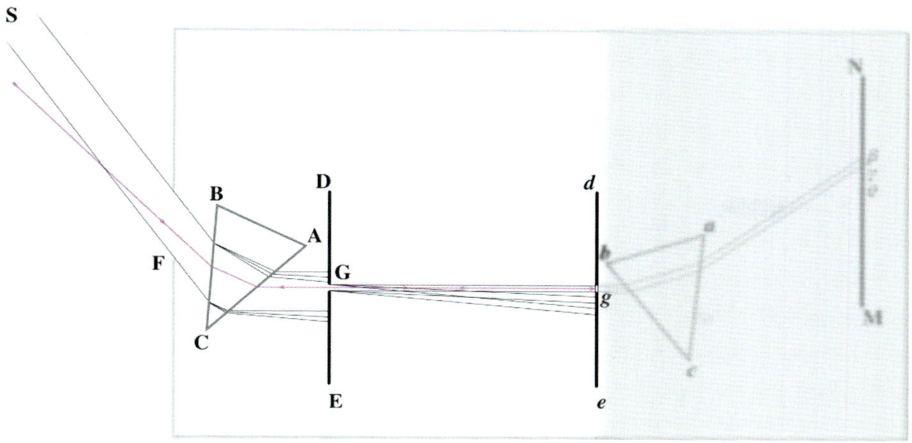

Farbtafel 21 **Purpurne Finsternisstrahlen im blauen Fleck.** Im Gegensatz zu den gelben Finsternisstrahlen kommen im Punkt g auf dem Schirm ed sehr wohl *horizontale* purpurne und türkise Finsternisstrahlen an. Damit z. B. ein purpurner Strahl aus horizontaler Richtung in g anlangt, muss er aus der Richtung von G kommen, also durchs Prisma ABC reisen. Wir haben exemplarisch einen solchen Finsternisstrahl dargestellt. Er kommt aus den finsteren Tiefen des Weltalls, von unterhalb der Sonne. Er schafft es (im Gegensatz zu den gelben Finsternisstrahlen) deshalb auf dem Pfad via F und ABC in der gewünschten Richtung durch G nach g, weil ihn das Prisma ABC weniger stark bricht als seine gelben Kameraden: Purpurne Finsternisstrahlen sind (laut Theorie der Heterogenität der Finsternis) schwächer refrangibel als gelbe. Dasselbe kann man sich anhand eines noch weniger refrangiblen türkisen Finsternisstrahls klarmachen, wie das Bild unten zeigt. *Siehe § II.5.11, § II.5.12.*

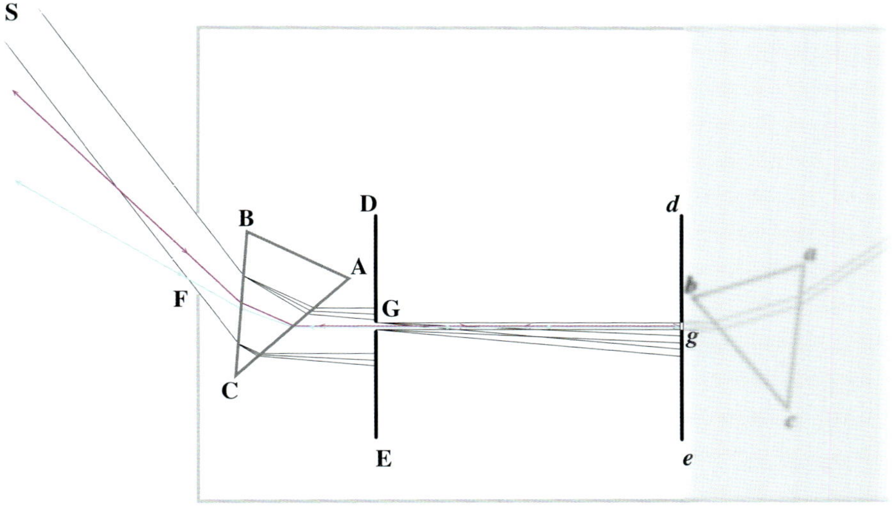

Farbtafel 21 **Purpurne und türkise Finsternisstrahlen im blauen Fleck.**

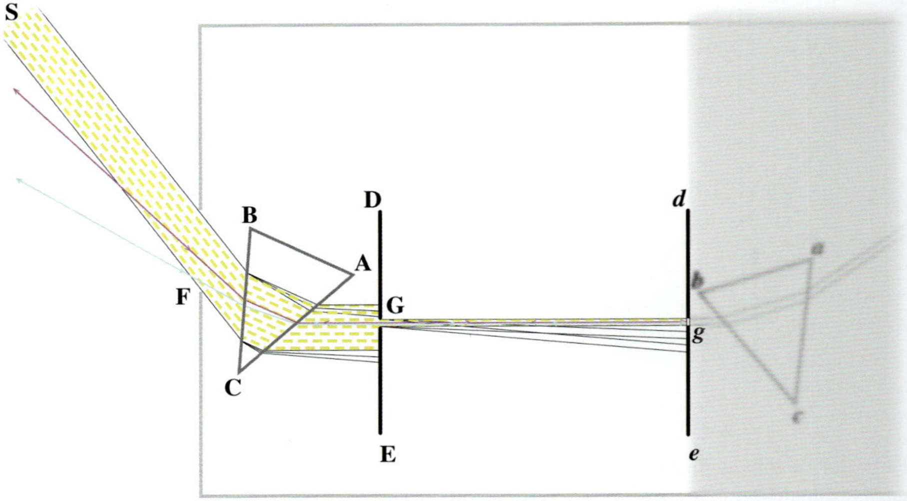

Farbtafel 22 **Unorthodoxe Erklärung des blauen Flecks auf dem zweiten Schirm.** Nehmen wir die Ergebnisse der vorigen drei Abbildungen zusammen! In g auf dem Schirm kommen aus horizontaler Richtung keine gelben Finsternisstrahlen an (angedeutet durch gelbe Minuszeichen für gelbfreie Pfade), wohl aber purpurne und türkise Finsternisstrahlen. In g sind also nur gelbe Finsternisstrahlen aus *einer* – horizontalen – Richtung unterrepräsentiert. Diese Unterrepräsentation gelber Finsternisstrahlen nehmen wir blau wahr. Das bedeutet: Um den blauen Fleck zu erklären, der sich im Experiment bei der fraglichen Ausrichtung des Prismas bei g zeigt, muss man nicht voraussetzen, dass die Sonne S blaue *Licht*strahlen via F und ABC und G nach g aussendet. Dasselbe Ergebnis lässt sich durch Unmengen gelber *Finsternisstrahl*en erklären, die von überall herkommen, nur nicht von der Sonne. *Siehe § II.5.12.*

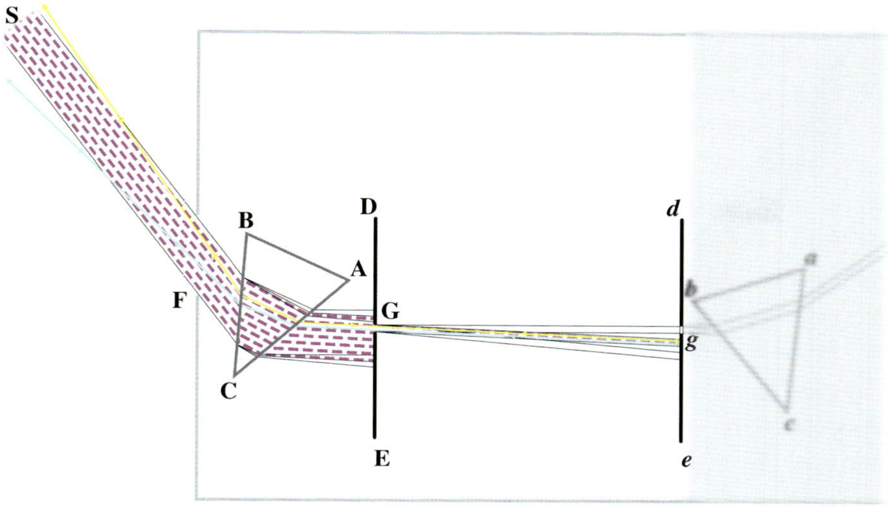

Farbtafel 23 **Unorthodoxe Erklärung des grünen Flecks auf dem zweiten Schirm.** Warum zeigt sich auf dem Schirm ed (*unter* dem unorthodox bereits hergeleiteten blauen Fleck in g) ein grüner Fleck? Aus einer leicht abfallenden Richtung zwischen G und g fehlen die – mittelrefrangiblen – purpurnen Finsternisstrahlen, nicht aber die gelben oder türkisen; erstere kommen von oberhalb, letztere von unterhalb der Sonnenscheibe aus dem Dunklen. Nur die mittelrefrangiblen Finsternisstrahlen fehlen auf diesem Pfad; denn genau die Sonnenscheibe S entsendet keine Finsternisstrahlen. Wenn nun knapp unter g die purpurnen Finsternisstrahlen unterrepräsentiert sind, so zeigt sich dort ein grüner Fleck. Es liegt auf der Hand, wie sich ganz analog begründen ließe, warum sich unterhalb dieses grünen Flecks ein roter Fleck auf dem Schirm ed zeigt: Unterrepräsentation türkiser Finsternisstrahlen aus *einer* (noch etwas stärker abfallenden) Richtung. *Siehe § II.5.12.*

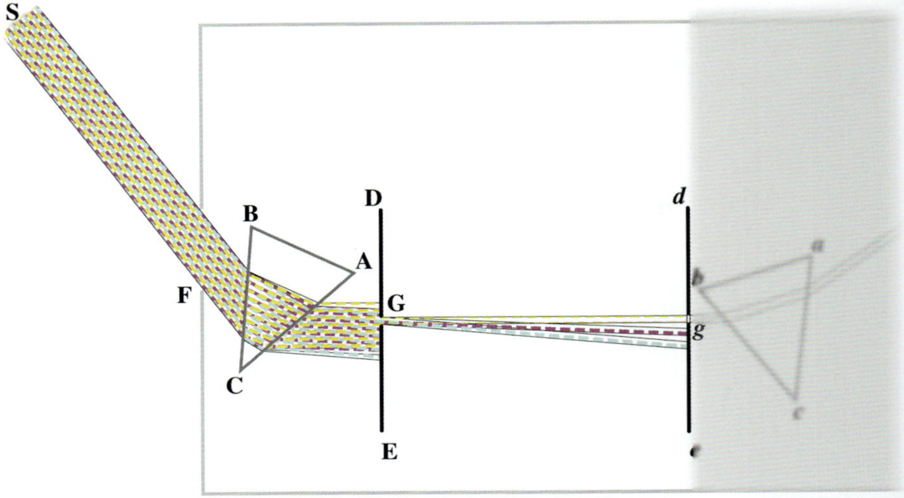

Farbtafel 24 **Pfade fehlender Finsternisstrahlen.** Hier sehen Sie die Pfade, auf denen Finsternisstrahlen fehlen (Minuszeichen). Tafel 24 setzt Farbtafel 17 oben fort und zeigt mit deren Mitteln das weitere Geschehen weiter innen in der Dunkelkammer. Wie in den vorigen beiden Farbtafeln begründet, lassen sich auf dem Schirm ed die Endpunkte dreier Pfade fehlender Finsternisstrahlen ausmachen: oben fehlen gelbe, darunter purpurne und unten türkise Finsternisstrahlen. Das Loch G der ersten Blende lässt sozusagen aus dem Gewirr fehlender Pfade (zwischen ABC und G) nur in je einer Richtung je einen Fehlpfad eigener Farbe hindurch. Die kommenden drei Farbtafeln zeigen das für jede einzelne Farbe, unten z. B. fürs fehlende Gelb. *Siehe § II.5.13.*

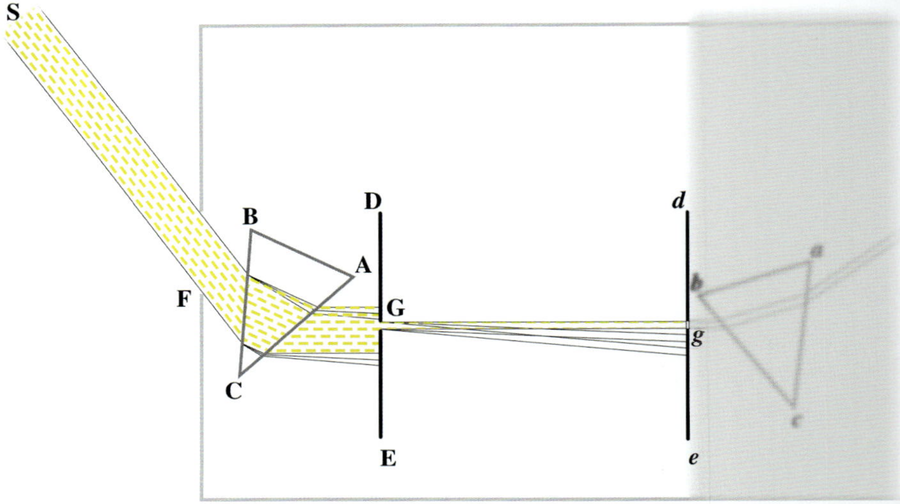

Farbtafel 24 **Pfade fehlender gelber Finsternisstrahlen.** Hier konzentrieren wir uns auf fehlende gelbe Finsternisstrahlen aus der vorigen Farbtafel. Sie allein werden durchs Loch g hindurchkommen, falls diese ontologisch dubiose Metapher erlaubt ist. *Siehe § II.5.13.*

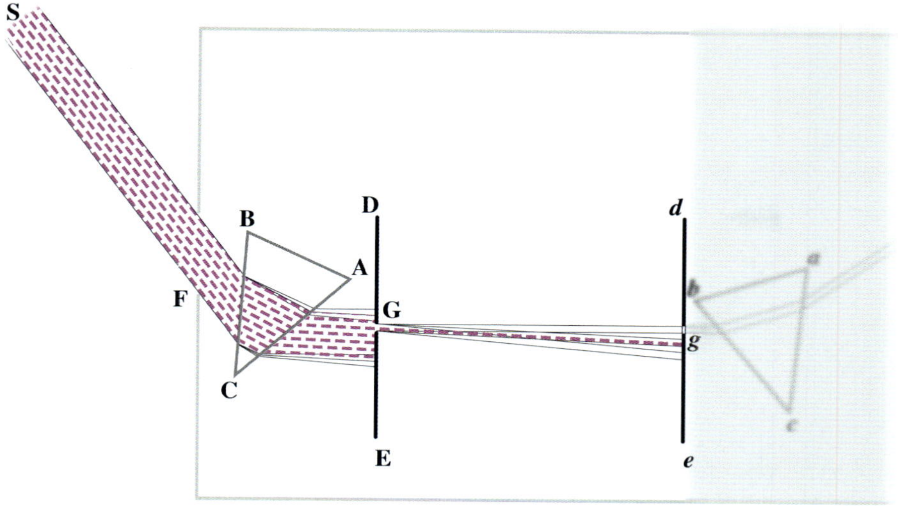

Farbtafel 25 **Pfade fehlender purpurner Finsternisstrahlen.** Hier sind die fehlenden purpurnen Finsternisstrahlen aus der vorletzten Farbtafel alleine dargestellt. Bei der augenblicklichen Ausrichtung des Prismas ABC können sie nicht durchs Loch g weiterverfolgt werden. Sie werden von den Blendenbacken der Blende egd unterbrochen. Was bedeutet diese gewagte Metapher? Was heißt es, *fehlende* Strahlen zu *unterbrechen*? Ist das nicht paradox? Nein; wer einen purpur*freien* Pfad über egd hinaus verlängert, zeichnet einen Pfad, auf dem purpurne Finsternisstrahlen entlangreisen, auf dem es mit der Purpurfreiheit also ein Ende hat. Wieso? Weil die *Rückseite* der Blende egd Finsternisstrahlen aller Farben in alle Richtungen aussendet, also auch purpurne auf den fraglichen Pfad. Klar ist aber auch: Sobald das Prisma ABC gedreht wird und der purpurfreie Pfad genau beim Loch g ankommt, wird er von der Blende edg nicht länger unterbrochen. Was das bedeutet, werden Sie in Farbtafel 27 sehen. *Siehe § II.5.13.*

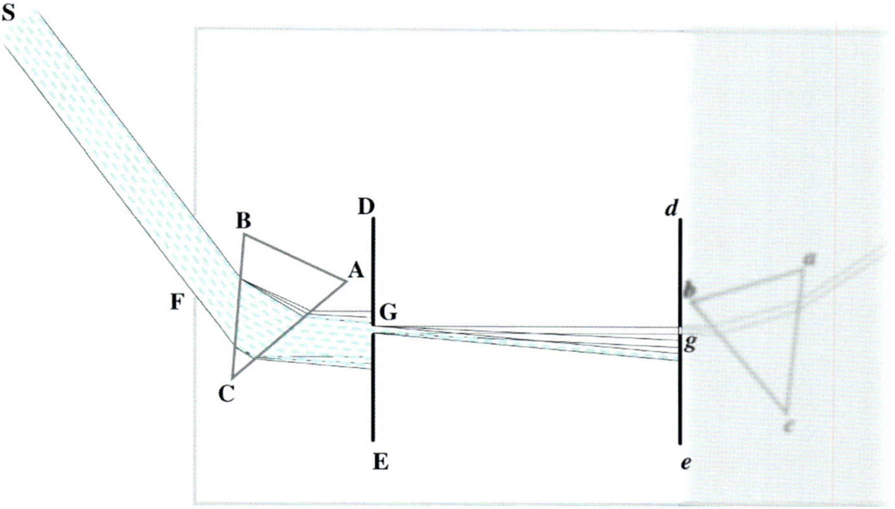

Farbtafel 25 **Pfade fehlender türkiser Finsternissstrahlen.** *Siehe II.5.13.*

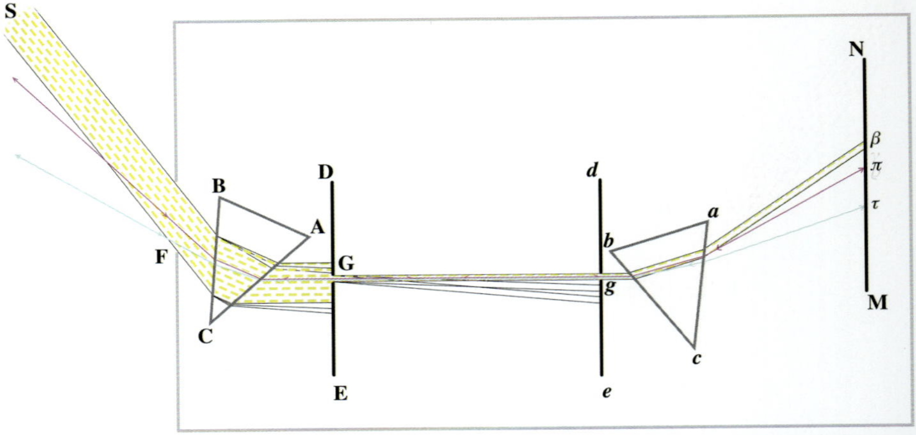

Farbtafel 26 **Versuchsergebnis auf dem letzten Schirm.** Der blaue Fleck auf dem Schirm MN in β entsteht wieder durch Unterrepräsentation gelber Finsternisstrahlen aus exakt einer Richtung, die durch Minuszeichen angedeutet sind. Dorthin gelangen andersfarbige Finsternisstrahlen aus allen Richtungen. In π haben wir sogar einen purpurnen Finsternisstrahl dargestellt, der zwischen G und g horizontal reiste, bevor er vom Prisma abc unter den gelbfreien Pfad gebrochen wurde. Genauso kommt in τ ein türkiser Finsternisstrahl an, der ebenfalls horizontal zwischen G und g reiste. Wohlgemerkt: Da in π und τ auch alle anderen Finsternisstrahlen ankommen, und zwar aus allen Richtungen, sieht man dort keine Farbe. Nur in β wird die schwarze Dunkelheit auf dem Schirm blau verdrängt. *Siehe § II.5.14.*

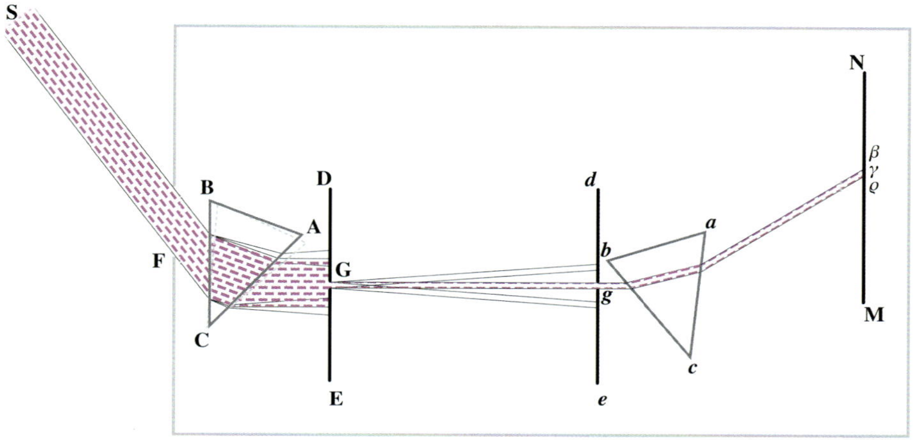

Farbtafel 27 **Versuchsergebnis auf dem letzten Schirm nach Drehung des Prismas.** Im Vergleich zur vorigen Farbtafel (gestrichelt angedeutet) haben wir das Prisma ABC etwas gegen den Uhrzeigersinn um seine Achse gedreht. Damit führt nicht länger ein gelbfreier Pfad zum Loch g, sondern ein purpurfreier. Das dortige Fehlen purpurner Finsternisstrahlen setzt sich nach denselben Regeln durchs Prisma abc bis zum Schirm NM fort – mit einem entscheidenden Unterschied: Weil (laut Heterogenität der Finsternis) purpurne Finsternisstrahlen weniger refrangibel sind als gelbe, muss auch die Purpurlücke auf dem Schirm NM weiter unten ankommen als zuvor die Gelblücke. Dort sehen wir jetzt in γ eine Unterrepräsentation purpurner Finsternisstrahlen; das dortige Ergebnis ist grün – unterhalb des blauen Flecks, der sich in β zeigte, bevor wir das Prisma ABC gedreht haben. *Siehe § II.5.15.*

Farbtafel 28 **Goethes Farbenkreis nach Matthaei.** Der erste seriöse Versuch einer Rekonstruktion des Goethe-Farbenkreises stammt von Rupprecht Matthaei aus dem Jahr 1933.[669] Matthaei hat darauf aufmerksam gemacht, dass Goethes Farbenkreis vermutlich aus Spektralfarben gewonnen wurde; immerhin finden sich in fast allen noch so verblichenen Tafeln aus der *Farbenlehre* im Farbenkreis dieselben Farben wieder, die Goethe zur Darstellung der Endspektren benutzt hat.[670] Matthaei war meines Wissens der erste, der die Farbenkreise in einer grauen Umgebung präsentiert hat; Goethes Farben kommen dadurch besonders prächtig zur Geltung. *Siehe § III.3.9.*

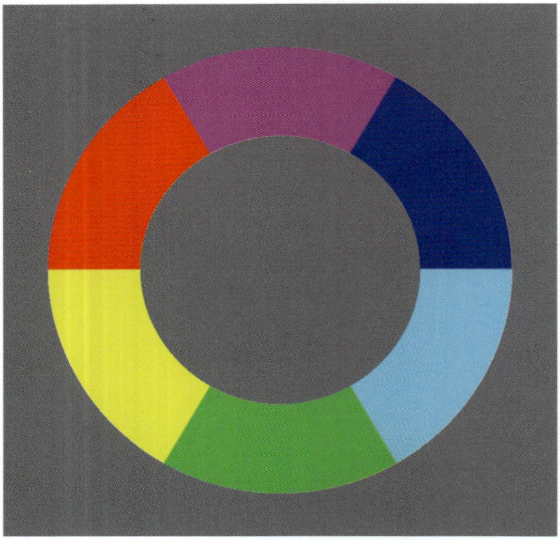

Farbtafel 28 **Goethes Farbenkreis nach Nussbaumer.** Hier stammen die Farben Blau, Türkis, Gelb und Rot aus dem kalten bzw. warmen Kantenspektrum, die Farben Grün und Purpur dem mittleren Feld der Endspektren (siehe Farbtafel 08 und Farbtafel 09). Da keines dieser sechs farbgebenden Felder im echten Spektrum einheitliche Farbtöne aufweist, hat Nussbaumer die sechs Farben mit dem Auge des Künstlers idealisiert. Nussbaumers neuer Kreis unterscheidet sich stark von den überkommenen Kreisen. Um den Unterschied auf den Punkt zu bringen, könnte man sagen: Goethes überlieferter Farbenkreis ergibt sich aus Nussbaumers Farbenkreis durch kleine Drehung im Uhrzeigersinn; Nussbaumers Gelb wandert also ein Stückchen ins Rot (wodurch Orange entsteht), sein Rot wandert zum Purpur (und übertüncht es fast ganz), sein Purpur wandert zum Blau (und färbt es leicht violett), sein Blau wandert ins Türkis (und verdunkelt es). *Siehe § III.3.9.*

Farbtafel 29 **Goethes Vorwegnahme der unordentlichen Spektren.** Newton hatte feingliedrige schwarze Insekten in homogenem Licht durchs Prisma betrachtet und keine Farb- oder Formveränderungen der Tierchen festgestellt. Fehlerhafterweise behauptete Goethe, dass sich diese experimentelle Situation mit den drucktechnischen Mitteln der damaligen Zeit realisieren lasse; und so platzierte er auf seiner zwölften Tafel Insektenbildchen in farbig bedruckte – aber physikalisch inhomogene – Felder. Deren prismatische Betrachtung lieferte *natürlich* unsaubere Bilder. Abgesehen von diesem Schlag ins Wasser bietet die Tafel Vorlagen für eine andere, aufschlussreichere Versuchsreihe – für die Betrachtung einfarbiger Kartensymbole vor andersfarbigem Hintergrund. Damit war der Weg für die Entdeckung der unordentlichen Spektren vorgezeichnet, obschon auch diese Versuche am Ende nicht mit gedruckten Tafeln zum Erfolg führen. Wir haben die Leuchtkraft von Goethes Farben gesteigert. Wer die Abbildung auf den Computerbildschirm bringt und durchs Prisma betrachtet, dem erscheint z. B. das grüne Treffzeichen vor purpurnem Grund (rechts in der Mitte) wie eines der unordentlichen Spektren, die Nussbaumer entdeckt hat. Doch da die Form des Treffzeichens etwas verwirrend ist, lässt sich auch dessen prismatisches Bild nicht gut überschauen. Hätte Goethe an dieser Stelle Karo statt Treff gespielt, ließe sich das unordentliche Spektrum (wegen übersichtlicherer Geometrie) noch besser erkennen. *Siehe § III.5.12.*

Farbtafel 30 **Vier Entwicklungsstufen eines unordentlichen Spektrums.** Hier zeigen wir die Farben, die sich per Prisma aus einem purpur/grün/purpurnem Kontrast (s. u.) hervorbringen lassen, und zwar bei wechselnden Abständen. Schematische Darstellung **von links nach rechts: Kantenspektrenpaar**, getrennt durch grüne Mitte (Rot/Gelb/Grün/Türkis/Blau); **Kantendoppelspektrum** (Rot/Gelb/Türkis/Blau); **Vollspektrum** (Rot/Gelb/Weiß/Türkis/Blau); **Endspektrum** (Rot/Weiß/Blau). *Siehe § III.5.12.*

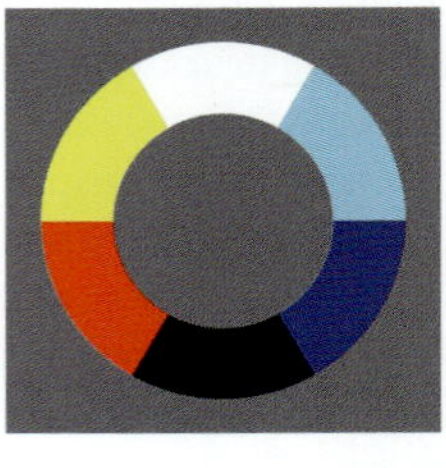

Farbtafel 30 links **Purpur/Grün/Purpur-Kontrast.** Dieser horizontale grüne Balken in purpurnem Umfeld bietet das Ausgangsbild für die prismatische Erzeugung der oben dargestellten Spektren. *Siehe § III.5.12.*

Farbtafel 30 rechts **Unordentlicher Farbenkreis.** So, wie man Newtons und Goethes Vollspektren in einem Farbenkreis übersichtlich darstellen kann (Farbtafel 28), so geht es auch mit den von Nussbaumer entdeckten Spektren. *Siehe § III.5.12.*

Farbtafel 31 **Vier Vollspektren.** Links Newtons und Goethes Vollspektren, daneben zwei ihrer unordentlichen Geschwister, die sich aus grün/purpurnen Ausgangsbildern ergeben. *Siehe § III.5.14.*

Farbtafel 32 **Acht verschiedene Farbmischungen.** Oben additive (**links**) bzw. sog. subtraktive Farbmischung (**rechts**). Je nach Farbe der Mischungsumgebung kommen noch sechs weitere Mischungsregeln hinzu. Paare komplementärer Situationen stehen einander in dieser Abbildung gegenüber. *Siehe § III.5.14.*

besondere das Verhältnis zwischen Ritter und Goethe wird in der Ausgabe nirgends angemessen gewürdigt.

Im kommenden Kapitel werde ich einige der Fachwissenschaftler besprechen, die sich negativ zur Newton-Kritik aus Goethes *Farbenlehre* geäußert haben und die in der Leopoldina-Ausgabe bestens repräsentiert sind. Einen tabellarischen Überblick über diese Autoren gebe ich im Wissenschaftshistorischen Anhang am Ende dieses Buchs; dort finden Sie auch Tabellen der ambivalenten und der positiven fachwissenschaftlichen Reaktionen auf die Physik in Goethes *Farbenlehre*.

Kapitel III.3. Physikalische Verrisse der *Farbenlehre*

Wahlergebnis bei der Crème de la Crème

§ III.3.1. Im vorigen Kapitel habe ich zweierlei zu zeigen versucht. Erstens: Goethe hatte zu Lebzeiten sogar unter Spitzenphysikern in optischen Fragen eine größere Zahl an Verbündeten als gemeinhin angenommen. Und zweitens: Es kamen eine Reihe ungünstiger Zufälle zusammen, die dafür sorgten, dass sich die Unterstützung aus der Fachwissenschaft für Goethe nicht stärker auszahlte. Anders gesagt, Goethe hatte Pech.

Vielleicht werden Sie einwenden: Da mit ihm nicht mehr Fachwissenschaftler verbündet waren als eine gute Handvoll, sollte man die überraschend hochkarätigen Voten zugunsten Goethes nicht überbewerten; ein paar Schwalben machen noch keinen Sommer. Wie stichhaltig ist dieser Einwand? Das hängt offenbar davon ab, wie viele Fachwissenschaftler sich *gegen* Goethe stellten, und wie viel deren Votum wert war. Nicht anders als im vorigen Kapitel werde ich zunächst wieder bei denjenigen Naturwissenschaftlern ansetzen, die aus heutiger Sicht hohes Renommee genießen, die also einen Nobelpreis verdient hätten.

Zwei eindeutige Nobelpreiskandidaten aus dem Ausland sprachen sich zu Goethes Lebzeiten in Rezensionen anonym, aber vehement gegen die Physik aus der *Farbenlehre* aus: im Jahr 1811 der Franzose Étienne Louis Malus, Entdecker der Polarisation des Lichts – und im Jahr 1814 der Brite Thomas Young, dem wir das wunderschöne Doppelspalt-Experiment verdanken.[422] Der aus heutiger Sicht wichtigste deutschsprachige Goethekritiker war Gustav Theodor Fechner. Er arbeitete zunächst als Physiker, wurde aber später auf dem völlig neuen Gebiet der Sinnesphysiologie berühmt, als einer der Namensgeber des Weber/Fechner-Gesetzes – ebenfalls nobelpreisverdächtig. Fechner schrieb keine Rezension über die *Farbenlehre*, sondern schaltete ein kurzes Kapitel gegen Goethe in ein Lehrbuch ein, das er aus dem Französischen übersetzt hatte.[423]

Kurzum, in der (aus heutiger Sicht) ersten Garde der zeitgenössischen Fachwissenschaft unterlag Goethe einigermaßen knapp: Ausdrücklich und dauerhaft für Goethe plädierten Ritter, Seebeck und Schweigger (maximal zwei Nobelpreise), zeitweise und indirekt tat es Ørsted (ein Nobelpreis). Gegen Goethe votierten drei klare Nobelpreiskandidaten (Malus, Young, Fechner).

Vertiefungsmöglichkeit. Wenn man bedenkt, dass indirekte Voten von begrenzter Dauer weniger zählen als ausdrücklich ausgearbeitete ohne Verfallsdatum, dann verschiebt sich das gewichtete Abstimmungsergebnis unter Top-Wissenschaftlern der damaligen Zeit zuungunsten Goethes: zwei zu drei. Und vergessen wir nicht: Weil Ritter bereits gestorben war, bevor die gesamte *Farbenlehre* erschien, kann man seine begeisterte Zustimmung nicht so ohne weiteres in der Stimmenauszählung mitrechnen. Vielleicht wiegt dieser Gesichtspunkt weniger schwer als etwas anderes: Da es mir nicht um Zustimmung oder Ablehnung zur gesamten *Farbenlehre* zu tun ist, sondern um Reaktionen auf die darin enthaltene Symmetrie zwischen Licht und Dunkelheit, könnte man Ritter doch wieder in die Abstimmung der Nobelpreisträger einbeziehen. Denn in Sachen Symmetrie zog er mit Goethe an einem Strang. Und diese Symmetrie kam im didaktischen Teil der *Farbenlehre* vor, den Goethe 1808 bereits separat herausgebracht hatte – und zwar *vor* Ritters veröffentlichter Intervention zugunsten Goethes (§ III.2.12).

Anachronismus und eine Eskapade

§ III.3.2. Dass ich im vorigen Paragraphen potentielle Nobelpreisträger gegeneinander ausgespielt habe, war ein Anachronismus – und das nicht nur deshalb, weil der erste Nobelpreis für Physik im Jahr 1901 vergeben wurde (ein Menschenalter nach Goethes Tod im Jahr 1832, dem Ende meines Berichtzeitraums). Es war auch insofern ein Anachronismus, als ich nur die Personen mitgerechnet habe, die aus heutiger Sicht naturwissenschaftliche Spitzenleistungen vollbracht haben. Mein Auszählungsergebnis muss nicht viel mit dem Renommee zu tun haben, das diese Leute bis 1832 genossen. Ritter zum Beispiel stand in seinen letzten beiden Lebensjahren vor einem selbstverschuldeten Scherbenhaufen. Fast ganz ruiniert hat er sich den Ruf durch seine Untersuchungen und anfänglichen Erfolgsmeldungen über Siderismus, zu Deutsch: Pendeln und Wünschelrutengängerei.[424]

Wer diese Eskapade richtig einschätzen will, sollte nicht aus den Augen verlieren, dass unser Misstrauen gegen solche Phänomene letztlich auf Empirie beruht.[425] Bevor man es nicht ausprobiert, kann man nicht wissen, ob Akkumulatoren und Wünschelruten funktionieren; Ritter hat beides ausprobiert, einmal mit und einmal ohne bleibenden Erfolg. Namhafte Zeitgenossen Ritters haben die Sache mit den Wünschelruten ernst genommen, auch namhafte Naturwissenschaftler wie der Physiker Ørsted und der Mineraloge Weiß.[426]

Doch Ritters Experimente mit Wünschelruten, Pendeln usw. haben sich nicht deutlich genug reproduzieren lassen. Zu diesem Schluss kam jedenfalls die Untersuchungskommission der Münchner Akademie, die sich der Sache im Jahr 1807 angenommen hatte.[427] Dass es so kommen würde, stand nicht von vornherein fest. Seinerzeit war es alles andere als verrückt, der Sache empirisch nachzugehen; Ritter war kein Okkultist.[428] Gerade angesichts der atemberaubenden elektrischen Entdeckungen jener Tage konnte man das Äußerste für möglich halten. Wer nichts wagt, gewinnt nichts – das gilt auch in der Naturwissenschaft.

Wie dem auch sei, die Affäre mit den Wünschelruten hat Ritters letzte zwei Lebensjahre überschattet und seinem Werk zunächst den Pfad zum verdienten Nachruhm verbaut. Aber am Ende entscheiden nicht die Irrtümer eines Physikers über dessen historische Bedeutung, sondern seine Triumphe. Sonst müssten wir Einstein vom Thron stoßen, wegen seines lebenslangen Protests gegen die beste empirische Theorie, die wir haben. (»Der liebe Gott würfelt nicht.«) Und Newtons Ruf litte unter der Tatsache, dass er sich lange und höchst intensiv, wenn auch ohne Veröffentlichungen, mit Alchimie abgegeben hat.[429]

Vertiefungsmöglichkeit. Zu Ritters posthumer Rehabilitierung haben maßgeblich der Physiologe Emil du Bois-Reymond und der Chemie-Nobelpreisträger Wilhelm Ostwald beigetragen.[430] Beide waren erklärte Gegner der *Farbenlehre* Goethes.[431] Ich erwähne das deshalb, weil in unserem Zusammenhang eine Rehabilitierung Ritters durch Goethe-Freunde nichts eintrüge.

Schnell wie die Feuerwehr

§ III.3.3. Obwohl ich im vorigen Paragraphen das – anachronistische – Abstimmungsergebnis unter potentiellen Nobelpreisträgern relativieren musste, steht fest: Dass sich die Physik und die Newton-Kritik aus Goethes *Farbenlehre* nicht durchsetzen konnten, lag nicht an einem überwältigenden Urteil unter den begabtesten Naturwissenschaftlern der damaligen Zeit. Denn in diesem illustren Personenkreis hat Goethe die Abstimmung nur knapp verloren. Wären ein paar zufällige Ereignisse etwas anders verlaufen, so hätte er die Abstimmung unter nobelpreiswürdigen Naturwissenschaftlern ebenso gut gewinnen können (wenn auch knapp). Das Abstimmungsergebnis bei den Genies bietet also keine *vernünftigen* Gründe gegen Goethes Theorem; vernünftige Gründe hängen nicht vom Zufall ab.

Es muss an etwas anderem als an berechtigter Kritik durch die Genies gelegen haben, dass Goethe sein Spiel auf dem Feld der Physik verloren hat. Woran aber? Ich behaupte: Es lag an dem atemberaubenden Tempo, in dem die zweite und dritte Garde der damaligen deutschen Fachwissenschaft vernichtende Rezensionen auf Goethe abfeuerte.

In der Leopoldina-Ausgabe sind alle diese Rezensionen (zusammen mit anderen Attacken auf Goethes Newton-Kritik) akribisch zusammengestellt worden. Zwanzig dieser fünfundzwanzig Voten (also 80 Prozent) sind in den ersten fünf Jahren nach Erscheinen der *Farbenlehre* herausgekommen, siehe die Tabelle im Wissenschaftshistorischen Anhang C am Ende meines Buchs.

Die negativen Voten tauchten zunächst in Rezensionen auf. Später sickerten sie in die Lehr- und Handbücher ein. Teilweise erschienen sie in Vorwörtern, teilweise *en passant* bei der eigentlichen naturwissenschaftlichen Arbeit. Und recht früh (im Jahr 1813) erschien eine zweihundert Seiten starke Monographie gegen Goethe – von einem Mann, der heute fast unbekannt ist: Christoph Heinrich Pfaff.[432] Weil seine Monographie damals auf breite Zustimmung stieß, werde ich ihm eine Handvoll Paragraphen widmen.

§ III.3.4. Pfaff war Kieler Professor für Medizin, Physik und Chemie. Er hatte seinerzeit einiges Renommee, das er aus heutiger Sicht vielleicht nicht ganz verdient hat. Neuerungen war er abhold. So widersetzte er sich nicht nur Goethes Angriffen auf Newtons Lehre, sondern auch den zukunftsweisenden Angriffen seiner Zeitgenossen auf die veraltete Lehre vom Phlogiston.[433]

Wer war und wie wirkte Pfaff?

Bevor er die erwähnte Monographie gegen Goethes *Farbenlehre* herausbrachte, verfasste Pfaff einen Fachaufsatz mit derselben Stoßrichtung.[434] Seine Monographie wurde in den Rezensionen dreier Physiker sogleich begeistert aufgegriffen.[435]

Man könnte diese Abfolge so deuten: Ein bestallter Physiker hat Goethes optische Behauptungen Zug um Zug entkräftet, und weil darauf von Kollegen nur Zustimmung kam, kein Widerspruch, war die Sache ein für allemal erledigt; hierzu passt die Tatsache, dass es auch von anderen Fachwissenschaftlern massive Kritik an Goethe gegeben hatte. Falls es sinnvoll wäre, veröffentlichte Stimmen zu Goethes *Farbenlehre* auszuzählen, wäre das Ergebnis der fachwissenschaftlichen Abstimmung bis Ende 1815 fatal für Goethe ausgegangen: 6 Ja-Stimmen, 20 Nein-Stimmen, 2 ambivalente Stimmen. (Um das Ergebnis nicht zu verzerren, habe ich Schweiggers zahllose Kurzvoten zugunsten Goethes nur als eine Stimme gewertet, vergl. § III.2.21.)

§ III.3.5. Nun verlief die tatsächliche Geschichte komplexer als soeben skizziert. Und sie endete nicht im Jahr 1815. Selbst *nachdem* innerhalb von fünf Jahren (wie gesagt) zwanzig ablehnende Urteile eingegangen waren, kamen bis zu Goethes Tod noch zwölf zustimmende Voten heraus und nur fünf Nein-Stimmen – sowie neun ambivalente Voten (die sich weder dem Lager der Gegner noch dem der Befürworter eindeutig zuordnen lassen).

Zahlenspiele?

Auf diesen Zahlen möchte ich nicht herumreiten. Zwar sollten wir meiner Ansicht nach Goethe keinen Wirklichkeitsverlust vorwerfen, bloß weil er bis zu seinem Tod unbeirrt daran festhielt, recht zu haben.[436] Er hatte einige ermutigende Anzeichen dafür.[437] Nachdem er den Kugelhagel der ersten fünf Jahre durchlitten hatte, hielten sich zustimmende Voten einerseits, ambivalente und ablehnende Voten andererseits die Waage. Aber mir ist etwas anderes wichtiger als der tatsächliche Verlauf. Ich möchte fragen: Wie vernünftig waren die Argumente der Kritiker Goethes?

Es würde meinen Rahmen sprengen, sie alle einzeln durchzugehen. Stattdessen möchte ich ein paar genauere Blicke auf Pfaffs Kritik werfen. Ihm kam eine Schlüsselrolle im damaligen Kampf zu.

Pfaff unterschätzt die Symmetrie

§ III.3.6. Um es vorwegzunehmen: Pfaff kritisierte Goethes *Farbenlehre* mit vollem Recht – jedenfalls in einer ganzen Reihe optischer Details. Doch verfehlt Pfaffs Kritik die wichtigste optische Einsicht, die ich Goethe zugeschrieben habe – sein Theorem. Was Pfaff zur experimentellen und explanatorischen Symmetrie zwischen Licht und Finsternis zu sagen hatte, greift zu kurz. Offenbar hat Pfaff (ebenso wie seine vielen Mitstreiter) nicht verstanden, wie scharf sie ins Fleisch der Beweise Newtons schneidet.

Diese Symmetrie rückte Pfaff nirgends ins Zentrum seiner Überlegungen; insgesamt sechsmal (wenn ich richtig zähle) ließ er sie kurz aufblitzen, nur um sich jedesmal sogleich mit anderen Fragen herumzuschlagen.[438] So beschrieb er völlig richtig, wie Goethe die Farben aus dem Zusammenspiel von Hellem und Dunklem erklärte – aber warum dies angesichts symmetrischer Experimente attraktiv erscheinen musste, würdigte er mit keinem Wort.[439] Weiter hinten stützte er sich nur auf den Scharfsinn eines Rezensenten, dem zufolge Finsternis aus Mangel an Licht wahrgenommen wird.[440] Dass man es auch umgekehrt formulieren kann, *ohne mit Beobachtungen in Widerspruch zu geraten*, hat er sich nicht klargemacht (§ II.3.3–§ II.3.4; Kapitel II.5). Und wo er ein Experiment mit Schattenwerfer beschrieb, begnügte er sich mit dem Hinweis, dass die dort aufscheinenden Farben (aus dem Goethespektrum) bestens mit

Newtons Theorie erklärt werden können.[441] Das läuft ins Leere, da Goethe nicht vorhatte, durch Experimente zu beweisen, dass Newtons Theorie falsch sei (§ II.1.10, § II.1.11, § II.2.9); vielmehr war es *Newton*, der Beweisansprüche erhob (§ I.2.10).

Bis hierher blieb Pfaff weit hinter den Standards zurück, die Goethe in Sachen Hell/Dunkel-Symmetrie gesetzt hatte. Nur an einer einzigen Stelle traf er in dieser Angelegenheit einen wunden Punkt bei Goethe. In diese Wunde werde ich im kommenden Paragraphen etwas Salz streuen.

Vertiefungsmöglichkeit. Anderen Physikern der Goethe-Zeit ist die Bedeutsamkeit der von Goethe entdeckten Symmetrie ebenfalls nicht aufgefallen. So schrieb Parrot:

> Goethe's System ist ein *bloßer* Dualismus.[442]

Das kann man auf zweierlei Weise verstehen. Vielleicht wollte Parrot mit dem Stichwort »Dualismus« nur darauf verweisen, dass bei Goethe *zwei* ursprüngliche optische Kräfte vorkommen (Licht und Finsternis), bei Newton dagegen unendlich viele. Das böte freilich ein Argument *zugunsten* Goethes, dessen Sicht der Dinge ontologisch sparsamer ist als Newtons.[443] Vielleicht bezog sich Parrot aber nur auf die Symmetrie in Goethes *Theorie*. Dann hätte er die Symmetrie in den *Experimenten* übersehen. Auf jeden Fall hat er deren Bedeutung unterschätzt. Nun spielen Dualitäten, Symmetrien usw. in der theoretischen Physik erst seit dem frühen 20. Jahrhundert die wichtige Rolle, an die wir uns gewöhnt haben.[444] Daher sollten wir es Goethes *Zeitgenossen* nicht vorwerfen, dass sie an dieser für Goethe wichtigsten Stelle nicht gut aufgepasst haben. Umso schärfer trifft der Vorwurf die Berühmtheiten aus der *modernen* Physik, die sich zu Goethes Newton-Kritik geäußert haben und die dessen Einsicht in die optische, *physikalische* Symmetrie mit keinem Wort erwähnten: Heisenberg, Born, Weizsäcker.[445] Physikern wie Heisenberg und Weizsäcker war der moderne Umgang mit Symmetrie nicht nur geläufig; er war ihnen ein Herzensanliegen. So schrieb Weizsäcker über seinen Freund Heisenberg, und zwar voller Zustimmung:

> Heisenberg bekennt sich ausdrücklich dazu, daß die Naturgesetze schön sind, und daß die Symmetrien eine Gestalt sind, in der sich die Schönheit der Gesetzmäßigkeiten der Natur begrifflich fassen läßt, begrifflich spiegelt.[446]

Ich finde es rätselhaft, wieso keiner der beiden Freunde an irgendeiner Stelle auf die Symmetrie reagiert hat, die Goethe entdeckt hatte.[447]

Goethe ertappt

§ III.3.7. Wie im vorigen Paragraphen dargetan, ging Pfaff zwar hie und da kurz auf die Hell/Dunkel-Symmetrie ein, die ich ins Zentrum meiner Betrachtung gestellt habe. Aber wo er das tat, da entging ihm die volle Bedeutung dieser Symmetrie. An meiner Diagnose ist nicht zu rütteln, trotz eines kleinen Erfolgs, den Pfaff gegen Goethe errang und der jetzt zur Sprache kommen soll. Wo Goethe geblufft hatte (§ II.5.18), da ertappte ihn Pfaff.

Erinnern wir uns: Goethe hatte keck (und ganz im Einklang mit seinem Theorem) behauptet, dass man Newtons *experimentum crucis* umdrehen könne; ein gelbrotes Strahlenbündel aus dem umgedrehten Experiment werde sich in allen refraktiven Eigenschaften genauso verhalten wie ein blaues aus Newtons Experiment.[448] Und er hatte eine Tafel versprochen, die in seinem Tafelteil fehlte und von ihm auch nie nachgeliefert wurde. Dazu sagte Pfaff:

> […] er ist uns aber die Kupfertafel und die Erläuterung derselben, auf welcher so ausserordentliche Erscheinungen dargestellt werden sollten, schuldig geblieben, und sollte sich ihm wirklich etwas von der Art dargeboten haben, so war es gewiss auch hier […] der erste Augenschein, bei welchem er stehen blieb; denn *überall und in allen Fällen wird ein rothes Bild, aber wohl gemerkt bei derselben Incidenz der Strahlen auf das Prisma, weniger verrückt als ein blaues* […][449]

Treffer, versenkt. Oder? Die Kupfertafel konnte Goethe nicht stechen lassen, weil ihm selber nicht klar genug vor Augen stand, was man alles anstellen muss, um Newtons *experimentum crucis* umzudrehen; er hat sein Theorem nicht in allen Verästelungen überblickt. Dass es gehen muss, war ihm intuitiv klar – aber erst zweihundert Jahre später sollte sich die Treffsicherheit seiner Intuitionen erweisen (§ II.5.18). Unabhängig davon hatte er sich die Umkehrungsidee besser zurechtgelegt als Pfaff. Der hatte sich nicht klargemacht, worauf es ankommen müsste: dass ein »rothes« bzw. gelbes Bild in *heller Umgebung* genauso weit vom Prisma gebrochen wird wie ein blaues in *dunkler Umgebung*. Er hatte nicht verstanden, warum Goethe sich weigerte, die Finsternis in der Dunkelkammer bei allen Experimenten hinzunehmen. Goethes Weigerung war kein gefühlsduseliger Protest gegen exakte Wissenschaft im Labor (§ II.3.4). Wie schwer es ist, die erforderliche Streulichtkammer zu verwirklichen oder auch nur theoretisch voll und ganz zu durchdringen, steht auf einem anderen Blatt; kein Wunder, dass Goethe keine Kupfertafel liefern konnte.

Vertiefungsmöglichkeit. Der Goethe-Herausgeber und Physiker Zehe kommentiert dessen Umkehrungsgedanken zum *experimentum crucis* voller Sarkasmus. Er hat sich keine große Mühe gegeben herauszufinden, wie das Experiment funktionieren muss.[450] Anders als Pfaff hätte er es sich mit etwas Wohlwollen gegenüber seinem Bezugsautor zurechtlegen können, denn den Herausgebern der Leopoldina-Ausgabe wird die einschlägige Literatur vorgelegen haben: Holtsmark [NECR] sowie Bjerke [NBzG]. (Dieweil Zehe und seine Kollegen laut ihren Literaturverzeichnissen keine der Schriften Holtsmarks im Karteikasten hatten, äußerte sich Zehe unterkomplex zu Bjerke, und zwar in Goethe [LA]/II.5A:269–270.)

Leidige Linsen

§ III.3.8. Pfaffs Kritik ging an Goethes wichtigster Einsicht vorbei; das habe ich in den vorigen beiden Paragraphen begründet. Dennoch hatte Pfaff in einigen Nebenpunkten recht. Einer davon soll jetzt knapp zur Sprache kommen, ein anderer im nächsten Paragraphen.

Um Pfaffs ersten berechtigten Kritikpunkt namhaft zu machen, muss ich kurz ausholen und auf Goethes unglückliche Präsentation seiner Hauptidee hinweisen. Wie oft genug betont, kam es Goethe wesentlich auf die refraktive Symmetrie zwischen Helligkeit und Finsternis an; hier liegt der Witz seines Theorems. Diese Symmetrie legte er im didaktischen Teil der *Farbenlehre* umständlich und viel zu spät dar. Deutlich scheint sie erst am Ende des Abschnitts XIV auf.[451] Dort entfaltete Goethe die doppelte Reihe aus Endspektrum, Schwundspektrum, Vollspektrum, Kantenspektrenpaar – einmal unter newtonischen Lichtbedingungen, einmal unter komplementären.[452] All diese Spektren lassen sich auf einen Blick aus Farbtafel 08 und 09 ablesen.

Im Abschnitt davor bot er die beiden prismatischen Kantenspektren auf (Farbtafel 02 links und Mitte), die er für grundlegender hielt, deren Symmetrie aber weniger schnell ins Auge springt.[453] Und noch einen Abschnitt früher diskutierte er die Farberscheinungen, die sich bei Brechung an Linsen zeigen.[454] Ausgerechnet die hierbei gewonnenen Einsichten verallgemeinerte Goethe, um sie dann auf prismatische Brechungen anzuwenden.[455]

Wie er meinte, kann man aus den Experimenten mit Linsen eine allgemeine Regel darüber ableiten, bei welchen Lichtbrechungen sich diese oder jene Farben blicken lassen. (Ich erspare Ihnen die Details der Regel; um sie darzulegen, müsste ich Sie zu tief ins lausige Labyrinth der linsigen Lehre Goethes locken.)

Goethes allgemeine Regel gilt ausgerechnet bei den Linsen nicht immer; wer die Linse in anderen Abständen aufstellt als Goethe, stößt schnell auf allerlei Ausnahmen. Pfaff ließ es sich daher nicht nehmen, Goethes Fehler durch klug ausgewählte Experimente aufzuspießen.[456]

Dieser berechtigte Angriff unterminiert Goethes eigene Lehre; doch er trifft nicht den Kern dessen, was Goethe gegen Newtons Theorie vorgebracht hat: die Hell/Dunkel-Symmetrie. (Sie gilt auch bei sämtlichen Experimenten mit Linsen.) Nichtsdestoweniger hat sich Goethe die Kalamität selber zuzuschreiben. Da sich Refraktionen an Linsen weniger leicht durchschauen lassen als an Prismen, hat Goethe seine Darstellung unnatürlich organisiert. Er hätte besser daran getan, die ihm so wichtigen symmetrischen Einsichten weiter vorn in der *Farbenlehre* herauszustreichen.

Es ist kein Wunder, dass sich seine naturwissenschaftlichen Kritiker an dem festbissen, was Goethe als erstes sagte – also an Goethes allzu allgemeiner Regel zur Farberscheinung hinter der Linse. Doch nachdem sie ihm dort mit vollem Recht die Leviten gelesen hatten, ging ihnen die Puste aus. Entweder drangen sie gar nicht mehr bis zum Höhepunkt von Goethes Newton-Kritik vor – oder ihnen entging der Witz der Sache.

Literaturbelege. Auf Goethes Fehler bei den Linsen wies als erster Mollweide hin, siehe Mollweide [TbC]:236/7. Ähnlich Poselger [FRdB]:135–142; Link in L. R. et al [TbC]:19; Kastner in Gren [GN]/B:447/8n (§ 737). Zehe analysiert das Problem und gibt Goethes Kritikern recht.[457] Seiner Ansicht nach scheitert Goethes gesamte Theorie an diesem Punkt.[458] Ganz anders sah es Seebeck, dessen Urteil Zehe schätzt.[459] Seebeck schrieb in einem Brief über Mollweides Rezension:

> Die Rezens in der Halleschen L Z […] habe ich genau durchgegangen und finde darin nichts, was sich nicht beantworten ließe.[460]

Es wäre eine spannende Aufgabe auszuloten, wie weit Seebeck damit recht hatte, insbesondere bei der Sache mit den Linsen. Seebeck war ein gründlicher Mann, der sich nicht leicht zu voreiligen Urteilen hinreißen ließ.

§ III.3.9. Es ist nicht zu leugnen: Goethes eigene Lehre hat an allerlei Ecken und Enden empirische Kritik erfahren.[461] Wie berechtigt und wie grundstürzend die Kritik war, lässt sich nicht immer leicht feststellen. Oft war sie empirisch akkurat, blieb aber an der Oberfläche.

Lila Himmel?

Dafür noch ein letztes Beispiel: Laut Goethes Lehre bietet sich uns am Himmel ein blauer Farbeindruck dar, wenn wir durch ein beleuchtetes trübes Medium (die Atmosphäre) ins Finsterne blicken; je durchsichtiger das trübe Medium wird, desto satter erscheint das Blau, bis hin zum Violett.[462] Sollte das stimmen, so müsste das Himmelsblau auf den höchsten Berggipfeln ins Violette tendieren; und das ist nicht der Fall, wie einige Kritiker bemerkt haben.[463]

Dies Problem lässt sich durch Änderung der Farbwerte beheben, ohne dass wir dabei Goethes Theorie groß zu verändern brauchen. Strukturell betrachtet ging es Goethe um diejenige Farbe, die in seinem Farbenkreis rechts oben ans Purpur grenzt (siehe Farbtafel 28 oben). Goethe redete mit Blick auf diese Seite des Farbenkreises (also rechts vom Purpur) oft vom Farbenpaar aus Blaurot und Blau bzw. aus Violett und Blau.[464] Das sind die Farben des kalten Kantenspektrums (siehe Farbtafel 02 links). In meiner Terminologie handelt es sich um das Farbenpaar aus Blau und Türkis; hätte sich Goethe dieser Farbterminologie bedient und seinen Farben auf jener Seite systematisch weniger Rot beigemengt, wäre das Problem verschwunden.[465] In der Tat kann der Himmel alle Farben von Türkis bis Dunkelblau annehmen.

Ich stehe mit der verwendeten Farbterminologie nicht allein; sie wurde von Nussbaumers sorgfältigen prismatischen Beobachtungen angeregt. Und an der fraglichen Stelle hat der Farbenkreis, den Nussbaumer Goethe zuschreibt, ein blaues Feld, kein violettes (siehe Farbtafel 28 unten).

Wie dem auch sei: Welche Himmelsfarbe sich den Gipfelstürmern im Himalaya darbietet, mag an Ort und Stelle von touristischer Bedeutung sein; es spielt keine systematische Rolle für die Frage, wie berechtigt Goethes Symmetrie-Theorem und damit seine Newton-Kritik gewesen ist.

Prognose- *versus* Beobachtungsfehler

§ III.3.10. In den vergangenen beiden Paragraphen habe ich Ihnen je ein Beispiel für berechtigte empirische Einzelkritik an Goethes Lehre vorgeführt – dafür, dass sich aus Goethes Lehre falsche Beobachtungssätze ableiten lassen. Man könnte die Liste dieser Prognosefehler vermehren, aber Sie werden es ahnen: Solche Beispiele sind schön und gut fürs Protokoll; für meine Zwecke bringt ihre Vermehrung wenig. Denn ich habe mich nicht darauf versteift, Goethe in allem recht zu geben (§ I.1.1, § I.1.13, § II.1.7). Mir geht es um Goethes wichtigste Einsicht: um sein Symmetrie-Theorem, das dem teils fatalen Schicksal anderer Einzelheiten seiner Lehre entgeht.

Prognosefehler sind *eine* Angelegenheit; sie entstehen, wenn sich aus einer Lehre oder Theorie eine falsche Beobachtungsbehauptung ableiten lässt. (Goethes Lehre führt offenbar zu ein paar Prognosefehlern, Newtons Theorie offenbar nicht so oft.) Eine andere Angelegenheit sind Beobachtungsfehler: Jemand behauptet geradeheraus (also ohne theoretischen Umweg), dass man unter den und den Umständen dies oder das sehen kann – und dann scheitert der Versuch, es nachzuvollziehen; mithin muss sich der erste Beobachter vertan haben.

Sind Goethe von seinen Kritikern sogar Beobachtungsfehler vorgeworfen worden? Ja. Zwar hat sich inzwischen auf breiter Front die Ansicht durchgesetzt, dass Goethe – auch und gerade im optischen Experiment – sorgfältig hingesehen hat.[466] Aber kurz nachdem die *Farbenlehre* erschienen war, herrschte darüber noch kein Konsens. So schrieb der erste Rezensent über Goethes Beobachtungen:

> Nun drang er tiefer ein, wiederholte die Experimente. (Dieses wird dem Autor kein Physiker auf's Wort glauben, und wird *zu Begründung seines Unglaubens sich auf die Kupfertafeln berufen.*)[467]

Bedauerlicherweise begnügte sich der anonyme Rezensent mit diesem allgemeinen Hinweis – ohne die seiner Ansicht nach fehlerhaften Tafeln namhaft zu machen. Finden sich in den Tafeln Indizien, die das Todesurteil rechtfertigen? Nein.

Statt alle Fehler und vermeintlichen Fehler einzeln durchzumustern, werde ich ausführlich auf die beiden Tafeln eingehen, die für meine Symmetrie-Zwecke am wichtigsten sind und die ich bereits mehrmals herangezogen habe: Tafeln V und VI. In ihnen spiegelt sich Goethes Theorem wider. Sie sind geometrisch deckungsgleich und farblich komplementär. (Siehe Farbtafel 08 und 09.) In den kommenden Paragraphen werde ich einige Ungereimtheiten in den Tafeln aufzeigen; wie sich herausstellen wird, berühren sie nicht die Hauptsache, auf die es mir ankommt.

§ III.3.11. Goethes Tafeln V und VI geben alles in allem korrekt wieder, was man in Newtons Grundexperiment (bzw. in dessen Umkehrung durch Goethe) bei variablen Abständen vom Prisma am Auffangschirm zu sehen bekommt. Nichtsdestoweniger laden auch diese beiden Tafeln an einigen Stellen zur Kritik ein.

Idealisierung in Tafeln V und VI

Erstens repräsentieren die Tafeln einen wichtigen Aspekt der Versuchsreihen nicht: Bei welchen Abständen zwischen Prisma und Schirm werden die langen Seiten der Spektren scharf abgebildet und bei welchen Abständen werden sie maximal unscharf?

Selbstverständlich ist es erlaubt, verschwommene Verhältnisse schärfer darzustellen, als sie erscheinen. Aber in den Tafeln geht ein wichtiger Unterschied verloren: Die schmalen *Enden* der Spektren sind immer unscharf, da sie sich allmählich im Finstern bzw. Hellen verlieren; doch dass die langen Seiten der Spektren bei sehr kleinen und sehr großen Abständen recht scharf erscheinen, bei mittelkleinen Abständen dagegen unscharf, zeigen die Tafeln nicht. Die langen Seiten der Spektren sind nur in den vier rechteckigen Farbmustern zu sehen, die Goethe an verschiedenen Schirmpositionen ins Bild eingebaut hat und die eine Draufsicht auf die Spektren bieten (keinen Querschnitt wie im restlichen Teil der Tafeln).

Nun entstehen in der Lochkamera (noch ohne Prisma) bei einem besonders ungünstigen Abstand beliebig unscharfe Bilder, die man als Verquirlung aus abzubildender Sonnenscheibe und Fensterladenloch auffassen kann; in dieser Position werden sich nie und nimmer so sauber begrenzte Spektren zeigen, wie sie in den Tafeln angedeutet sind. Goethe hat hier noch viel stärker idealisiert als sowieso schon; das ist zulässig, er wäre aber gut beraten gewesen, es ausdrücklich zu erwähnen.

Viereckige Sonnenscheibe

§ III.3.12. Mit der zuletzt erörterten Schwierigkeit hängt ein zweiter Makel der beiden Tafeln zusammen, der ernster erscheinen mag. Aus Goethes Tafel V zum Beispiel könnte man den Eindruck gewinnen, dass in der Dunkelkammer bei beliebigen Abständen stets ein (scharfes) Bild des Fensterladenlochs zu sehen ist; so jedenfalls lassen sich die vier *rechteckigen* Farbmuster deuten, von denen ich im vorigen Paragraphen geredet habe. In diesem Falle müsste das Fensterladenloch rechteckig oder quadratisch sein, nicht rund. Nur: Das Fensterladenloch wird lediglich bei *kleinen* Abständen zwischen Schirm und Prisma abgebildet; bei erhöhten Abständen wirkt die Sonnenscheibe als Bildgeberin, und die zieht keine rechteckigen Bilder nach sich, sondern abgerundete.

Dass Goethe das wusste, zeigt das gestrichelte Oval, das er in den Tafeln angebracht hat, bei newtonischen Abmessungen des Experiments. Und bei einem Verweis auf die Tafeln schrieb er ausdrücklich, dass er die Verrückung eines viereckigen Bildes *angenommen* hat; ob laut Annahme die Sonnenscheibe oder das Fensterladenloch oder beide viereckig waren, ließ er offen.[468] Doch an anderer Stelle betonte er, dass bei beliebigen Löchern immer ein *Sonnen*bildchen in die Dunkelkammer gelange.[469] Falls er den Ausdruck »Bild« einheitlich eingesetzt hat, läuft seine Annahme eines viereckigen Bildes also darauf hinaus, sich zum Zwecke der Illustration eine viereckige Sonnenscheibe am Himmel vorzustellen.[470] Das hätte er vielleicht klarer sagen sollen. Wir hätten also eine Abbildung vor uns, in der bei kleinen Abständen ein viereckiges Fensterladenloch abgebildet wird und bei großen Abständen eine quadratische Sonnenscheibe. Dass Goethe hier gleich doppelt von Newtons Versuchsaufbau (mit rundem Fensterladenloch und runder Sonnenscheibe) abwich, hätte er ruhig zu Protokoll geben können.

Eine viereckige Sonnenscheibe! Dass dies weiter von den Phänomenen entfernt ist, als man Goethe gewöhnlich zutraut, dürfte klar sein.[471] Er hat die tatsächlichen Verhältnisse energisch auf seine Zwecke hin zugeschnitten. Wie zuverlässig ist denn nun seine Tafel V? Bietet sie wirklich das, was man sähe, wenn eine viereckige Sonnenscheibe ihr Licht durchs viereckige Fensterladenloch sendete, das dann prismatisch aufgefächert würde? Und wenn ja, woher wollte Goethe das wissen?

Abb. III.3.12a **Quadratische Vorlage fürs subjektive Grundexperiment.** Eine quadratische Sonnenscheibe wäre *science fiction*. Zwar legen Goethes Versuchsergebnisse aus seiner Tafel V (hier Farbtafel 08) eine quadratisch scheinende Lichtquelle nahe, aber vermutlich hat er subjektiv experimentiert, um die dort dargestellten Verhältnisse sehen zu können. Das Versuchsergebnis finden Sie links in Farbtafel 01 unten. [Graphik: Benjamin Marschall.]

Vermutlich hat Goethe seine Beobachtungen für Tafel V einem subjektiven, keinem objektiven Experiment entnommen: einem Experiment mit quadratischem weißen Fleck auf schwarzem Hintergrund, das er aus verschiedenen Abständen durchs Prisma betrachtete; und für Tafel VI dürfte er ein schwarzes Quadrat vor weißem Hintergrund mit dem Prisma betrachtet haben; vielleicht waren es auch Rechtecke (Abb. III.3.12a, Abb. III.3.12b, Abb. III.3.12c, Abb. III.3.12d). Das passt freilich nicht zu seiner Erklärung der bei-

Abb. III.3.12b **Quadratische Vorlage fürs umgekehrte subjektive Grundexperiment.** Dies ist der einfachste Versuch, in dem Goethes Spektrum aufscheint, und zwar besonders übersichtlich. Die Vorlage ist das Gegenteil ihres Vorgängers aus der vorigen Abbildung (mit deren Hilfe sich Newtons Spektrum besonders übersichtlich erzeugen lässt). Legen Sie wieder Ihr Prisma wie ein Dach auf die Abbildung, und schauen Sie durch eine der Dachschrägen aufs kleine Quadrat in deren Mitte. Wenn Sie Ihr Prisma zum Auge führen und dabei das Quadrat im Auge behalten, erblicken Sie Goethes Spektrum. Es bietet exakt die komplementären Farben des Newtonspektrums, die Sie im subjektiven Experiment mit der vorigen Abbildung zu Gesicht bekommen, siehe Farbtafel 06 links. [Graphik: Benjamin Marschall.]

Abb. III.3.12c **Rechteckige Vorlage fürs subjektive Grundexperiment.** Die vorigen beiden Abbildungen laden zu unzähligen Variationen ein. Je nach Abmessung der prismatisch zu brechenden Figur verändern sich die aufgefangenen Farbfelder. Um zum Beispiel ein breiteres Newtonspektrum zu erzeugen, können wir die Vorlage entsprechend verbreitern. Hier schöpfen wir aus dem Vollen: Es zeigen sich dieselben Farben wie vorher, nur weniger eng begrenzt. [Graphik: Benjamin Marschall.]

den Tafeln, in der er von objektiven Experimenten schrieb.[472] Selbstverständlich wusste Goethe, wie eng die beiden Arten des Experimentierens zusammenhängen. Ja, er war stolz, dass ihm die Objektivierung seiner wichtigsten subjektiven Experimente gelungen war – mit Hilfe des großen Wasserprismas.[473]

Abb. III.3.12d **Rechteckige Vorlage fürs umgekehrte subjektive Grundexperiment.** Auch Goethes Spektrum lässt sich weniger beengt erzeugen, genau wie Newtons Spektrum aus der vorigen Vorlage fürs Prismatisieren. [Graphik: Benjamin Marschall.]

Noch mehr Kritik an den Tafeln

§ III.3.13. Vier weitere Kritikpunkte sind noch unerheblicher. Erstens gab Goethe (bei der angedeuteten Ellipse) die Größenverhältnisse des newtonischen Spektrums nicht so an, wie sie von Newton beobachtet worden waren; bei Newton war das Vollspektrum *fünfmal* so lang wie breit – in Goethes Tafel ist es nur *doppelt* so lang wie breit.[474] Wie gravierend ist diese Diskrepanz? Nicht sonderlich: Einerseits hat Goethe ein ganz anderes Prisma eingesetzt als Newton. Andererseits ließen sich Goethes Größenverhältnisse sogar mit Newtons Prisma erzeugen – wenn man ein geeignetes (unquadratisches) *Rechteck* anstelle der Sonnenscheibe einsetzt.

Zweitens zeigen die beiden Tafeln Prismen mit einem brechenden Winkel von nur 15°. Das ist extrem wenig: so wenig, dass selbst Prismen mit stärkstmöglicher Dispersion keine Vollspektren aus dem Licht der Sonnenscheibe hervorholen können – anders als in den Tafeln gezeigt. Dass die Größenverhältnisse hier nicht stimmen, muss man nicht überbewerten. Indem er extrem spitzwinklige Prismen darstellte, gewann Goethe auf den Tafeln Platz für die großflächige Darstellung der sich entfaltenden Spektren; auf sie kam es ihm an. Zudem wollte er durch die Übertreibung wohl herausstreichen, dass seine Prismen deutlich spitzere brechende Winkel hatten als Newtons.

Drittens zeichnete Goethe im Innern des Prismas keine Farben ein, obwohl sie dort bereits zart aufscheinen.[475] Goethe war sich dessen bewusst und ließ die innerprismatischen Farben nur um der Einfachheit willen fort.[476]

Viertens schließlich zeichnete Goethe bei beiden Tafeln jeweils in der linken Ecke Farbsäume ein, die sich zeigen, wenn man zwei rechtwinklige Prismen so aneinanderstellt, dass sie zusammen einen Glas*quader* mit planparallelen Außenflächen bilden.[477] Nun beobachten wir z. B. beim Blick durch planparallele Fensterscheiben keine farbigen Säume; und hier liegt dieselbe Geometrie vor wie bei den zwei zusammengestellten Prismen (die Strahlen verlaufen auf sog. Wechsel-Winkeln oder auch Z-Winkeln, siehe Abb. I.2.6b). Hat Goethe bei seiner Beobachtung Gespenster gesehen? Nein, denn die Farben werden erst bei hinreichend dicken Medien sichtbar.[478]

Vertiefungsmöglichkeit. Weil der Effekt sehr schwach ist, glaubt Nickol, dass Goethes Beobachtung durch Mängel in der Parallelität zustande gekommen sein könnte.[479] Nun setzte Goethe zum Teil sehr große Wasserprismen ein; ich bin nicht sicher, ob Nickol das berücksichtigt hat. Für Nickols Vermutung spricht ein winziger Fehler in Goethes Tafeln: Ihnen zufolge fächern sich die fraglichen Farben auf, treten also in *unterschiedlichen* Winkeln aus dem zweiten Prisma aus. Hätte Goethe die relevanten Flächen der beiden Prismen exakt planparallel aufgebaut, so träte das farbige Licht *ohne* Aufspreizung aus dem zweiten Prisma heraus – also anders, als die Tafeln es zeigen.

Übergreifende Spielarten der Kritik

§ III.3.14. Was ich in den letzten Paragraphen gegen die beiden Tafeln vorgebracht habe, mag ihren Wert schmälern; aber es hat mit deren wichtigster Leistung nichts zu tun. Sie illustrieren Goethes Theorem. D.h. sie machen eine farbige Symmetrie in den Brechungsphänomenen augenfällig, die in der Natur wirklich so vorkommt. Jedem erörterten Mangel der einen Tafel entspricht ein exakt gleichartiger Mangel der andern; die Mängel sind also ebenfalls symmetrisch. Dass Goethes Tafelpaar nicht der ganzen Komplexität der Phänomene gerecht wird, sollten wir ihm nicht vorwerfen. Denn dieser Vorwurf lässt sich gegen jede bildliche Darstellung naturwissenschaftlicher Phänomene erheben, ja, gegen jede Landkarte. Er lässt sich auch gegen Newtons Tafeln erheben. Lassen wir das.

Ich will nun noch zwei Spielarten der Kritik an Goethes antinewtonianischem Projekt antippen, die nichts mit Empirie zu tun haben und miteinander verwandt sind. Einerseits wurde Goethe ein Selbstmissverständnis vorgeworfen. Bei Lichte besehen, so der Vorwurf, bestehe kein Widerspruch zwischen Newtons *Opticks* und Goethes *Farbenlehre*. Newton habe Physik getrieben, Goethe irgendwas anderes, etwas Menschlicheres.

Diese Diagnose geht auf den Heidelberger Philosophen, Mathematiker und Physiker Jacob Friedrich Fries zurück.[480] Nach Goethes Tod hat sie sich immer weiter verbreitet.[481] Schon bei Fries ging sie mit versöhnlichen oder gönnerhaften Gesten einher, und das war stilbildend bis auf den heutigen Tag.

Gestik hin oder her, die Diagnose läuft auf ein Todesurteil für Goethes Projekt hinaus. Zwar kommen in der *Farbenlehre* viele Themen zur Sprache, die nicht in die Physik gehören. Aber die experimentelle Kritik an Newtons Schlüssen durchzieht die gesamte Schrift. Sind das etwa keine physikalischen Experimente, was Goethe dort beschreibt? Ist das umgekehrte Grundexperiment etwa kein physikalisches Experiment? Und ist die Theorie von der Heterogenität der Finsternis etwa keine physikalische Theorie? Wenn alle diese Dinge nicht in die Physik gehören, dann gehört weder Newtons Grundexperiment noch seine Theorie in die Physik.

Andererseits wurde Goethe vorgeworfen, Newtons Theorie nicht verstanden zu haben. Stimmt – aber nur bei unwesentlichen Details, insbesondere im polemischen Teil der *Farbenlehre*.[482] Alle inzwischen akribisch gesammelten Missverständnisse können nicht die wichtigste Einsicht treffen, die Goethe beim Studium der newtonischen Theorie gewonnen hat und die allen Anhängern Newtons entgangen ist: Dessen Theorie repräsentiert durch und durch symmetrische Phänomene asymmetrisch. Die Einsicht beruht auf Goethes Theorem. Sie blitzt an vielen Stellen im polemischen Teil der *Farbenlehre* auf. *Goethe hätte diese Einsicht nicht gewinnen können, wenn er Newtons Theorie fundamental missverstanden hätte.* Oder glauben Sie an Wunder?

Belege. Dass Goethe die Theorie Newtons nicht verstanden habe, behauptete Mollweide [TbC]:234, 250; siehe auch Mollweide [AaSH]:92/3, dazu Zehe in Goethe [LA]/II.5A:257/8. – Ein Vorwurf dieser Art kam besonders häufig vor: Goethe habe nicht verstanden, dass Newtons Theorie mit allen Experimenten Goethes bestens fertig werden könne.[483] Der Vorwurf greift nicht, siehe § III.3.6. Nichstdestoweniger hat er sich gehalten – auch deshalb, weil er in den einschlägigen Goethe-Ausgaben immer wieder vorkommt (z. B. Wankmüller [NzF]:619).

§ III.3.15. In den vorigen Paragraphen habe ich einige Beispiele für sachliche Einwände gegen Goethes *Farbenlehre* besprochen. Sie waren teilweise berechtigt, verfehlten aber den Kern der Sache. Weder unterminierten sie Goethes Theorem von der Hell/Dunkel-Symmetrie bei allen Brechungserscheinungen – noch die daraus folgende Kritik an Newtons Erkenntnisansprüchen. Und die Heterogenität der Finsternis, in der sich das Theorem und die daraus resultierende Newton-Kritik provokant herauskristallisieren, hatten Goethes Gegner nicht mit auf der Rechnung. Wenn ich nichts übersehen habe, finden sich also in der Diskussion der damaligen Fachwissenschaft keine argumentativen Ressourcen gegen diese unorthodoxe Alternative zu Newtons Theorie. Unsachliche Kritik

Selbstverständlich habe ich nicht die gesamte Kritik an der Physik der *Farbenlehre* dargestellt – sondern nur einige ihrer halbwegs überzeugenden Spielarten. Daneben gab es viel kritischen Unsinn gegen die *Farbenlehre*. Unter anderem wurde wieder und wieder Goethes Ruhm als Dichter ins Feld geführt; so als ob sich dichterische Phantasie nicht mit sauberer wissenschaftlicher Arbeit vertrüge. Das bezeichne ich als Poesievorwurf.[484] Es ist ein haltloser Vorwurf. Die

Stichhaltigkeit einer naturwissenschaftlichen Behauptung hängt weder im positiven noch im negativen davon ab, was ihr Verfechter außerhalb seiner naturwissenschaftlichen Arbeit leistet.

Ähnlich haltlos ist das, was ich als Idealismusvorwurf bezeichne: der Vorwurf, dass Goethes *Farbenlehre* unter den deutschen Idealisten und Naturphilosophen (Fichte, Schelling, Hegel) auf begeisterte Zustimmung stieß und dass deren naturwissenschaftliche Ahnungslosigkeit das gesamte Projekt diskreditiere. – Ganz falsch. Einerseits waren diese Philosophen alles andere als naturwissenschaftlich ahnungslos; sie kannten sich (eingewiesen durch Goethe) ausgezeichnet mit Newtons und Goethes Experimenten aus.[485] Es war Pech für Goethe, dass sie diese Kenntnisse in ihren Veröffentlichungen nicht durchblicken ließen und sich stattdessen gegen Newton grobschlächtig gegeben haben.[486] Und andererseits: Selbst wenn sie nicht den leisesten Schimmer von Optik gehabt und ihrem Goethe ohne jede Sachkenntnis applaudiert hätten – wieso sollte das Goethes Argumente schwächen? In der Naturwissenschaft gibt es keine Sippenhaft; und *mitgegangen, mitgefangen, mitgehangen* ist kein gültiger Grundsatz zur Prüfung naturwissenschaftlicher Argumente.

All das dürfte unstrittig sein; nichtsdestoweniger haben Poesie- und Idealismusvorwurf dem antinewtonianischen Projekt Goethes wohl stärker geschadet als die gesamte sachliche Kritik.

Kapitel III.4.
Was ist Finsternis aus Sicht der modernen Wissenschaft?

Es gibt Photonen

§ III.4.1. Ist Finsternis überhaupt etwas oder nicht vielmehr nichts? Zu Beginn dieses TEILS III habe ich daran erinnert, wie viel von dieser Frage abhängt (§ III.1.8). Von ihr hängt es unter anderem ab, wie ernst wir die Alternative zu Newtons Theorie nehmen müssen, die Goethe entdeckt hat. Anhänger jener unorthodoxen Theorie behaupten, dass Schatten, Dunkelheit und Finsternis genauso aus verschiedenfarbigen Strahlen zusammengesetzt sind wie laut Newton das weiße Licht der Sonne; und sie behaupten, dass weißes Licht nichts ist, nämlich die *Ab*wesenheit von Schattenstrahlen.

Wie Sie in den vorigen beiden Kapiteln sehen konnten, hat kein Physiker aus Goethes Zeit ernstzunehmende Argumente gegen die Heterogenität der Finsternis vorgebracht. Insbesondere Goethes Gegner waren blind für sein Theorem von der Symmetrie zwischen Licht und Finsternis. Sie ignorierten die Experimente, in denen diese Symmetrie aufschien – ebenso wie diejenigen Experimente, die Goethe im Namen der Symmetrie angeregt hatte, ohne sie schon durchführen zu können. Und so ist ihnen nicht aufgefallen, wie stark Newtons Beweise unter der Heterogenität der Finsternis leiden mussten.

Was ist von dieser unorthodoxen Idee aus Sicht der gegenwärtigen Physik zu halten? Gar nichts! Wie wir heute wissen, besteht weißes Licht aus vielen schnellen, winzigen Teilchen: aus Photonen; und Photonen verhalten sich unter gewissen Umständen wie Wellen.[487] Man kann ihnen eine Wellenlänge bzw. eine Frequenz zuordnen. Bei geeigneter Wellenlänge führt der Aufprall solcher Photonenstrahlen auf einem weißen Schirm zu sichtbaren Farbeffekten, und zwar je nach Wellenlänge zu verschiedenen: von Blau (450 nm ± 30 nm) über Grün (520 nm ± 40 nm) bis Rot (710 nm ± 80 nm).[488] Leitet man Photonenstrahlen aller Wellenlängen auf einen weißen Schirm, so wird er unbunt beleuchtet und erscheint heller weiß als ohne diese Beleuchtung.

Diese Sicht der Dinge hat sich in den verschiedensten Anwendungsbereichen bewährt. Zudem hängt sie innig mit anderen Teiltheorien unserer gegenwärtigen Physik zusammen, die sich ebenfalls in vielen verschiedenen Anwendungsbereichen bewährt haben: ein beeindruckendes Theoriengebäude.

In der gegenwärtigen Physik haben Finsternisstrahlen keinen Platz. Warum nicht? Weil es keine winzigen Teilchen gibt, aus denen sie zusammengesetzt sind. Zwar käme kein Physiker auf die Idee zu leugnen, dass schwarze Farbeindrücke auf ganz bestimmten physiologischen Prozessen beruhen, also mehr sind als nichts; aber an der physikalischen Nichtigkeit der Finsternis sind sie nicht bereit zu rütteln.[489]

Gibt es schwarze Teilchen?

§ III.4.2. Es wäre voreilig, die Diagnose vom Ende des vorigen Paragraphen so zu formulieren: Es gibt im subatomaren Bereich keine schwarzen Dunkelheitsteilchen. Das wäre selbst dann voreilig, wenn man im subatomaren Bereich die laxe Rede von wahrnehmbaren Eigenschaften durchgehen ließe. (Streng genommen haben einzelne Photonen keine Farbe; dennoch möchte ich ihnen um der Kürze willen Farben zuschreiben: So nenne ich ein Photon blau, wenn ein Strahl aus hinreichend vielen Photonen derselben Wellenlänge – unter normalen Wahrnehmungsbedingungen – auf einem weißen Schirm einen blauen Fleck erzeugt.)

Die eingangs formulierte Diagnose wäre deshalb voreilig, weil es sogar im Rahmen einer laxen Redeweise falsch wäre zu sagen, dass es *weiße* Lichtteilchen gibt. Es ist gerade eine Pointe der modernen Sichtweise, die auf Newton aufbaut, dass Photonen nie weiß sind, sondern wenn überhaupt mit visuellen Eigenschaften ausgestattet, dann rot, grün, blau usw.

Wenn es also im subatomaren Bereich weder schwarze noch weiße Teilchen gibt, dann sollte die anvisierte Diagnose besser so formuliert werden: Es gibt keine winzigen Teilchen diverser Farbe, aus denen sich Schatten, Dunkelheit und Finsternis zusammensetzen.

Auch das muss ich noch etwas genauer fassen. Immerhin behaupten die unorthodoxen Newton-Gegner, dass Finsternis u. a. aus gelben Strahlen besteht (§ II.3.1). Läge es da nicht nahe, wenn sie sich darauf beriefen, dass es laut gegenwärtiger Physik gelbe Photonen gibt? Könnten sie nicht einfach behaupten, dass Finsternisstrahlen unter anderem aus diesen gelben Photonen bestehen?

Nein. Denn sie könnten diese Behauptung nicht für alle Strahlenarten durchhalten, aus denen ihrer Ansicht nach Finsternis besteht; ihrer Ansicht nach besteht Finsternis u. a. aus purpurnen Strahlen – und laut gegenwärtiger Physik gibt es keine purpurnen Photonen. (Vergl. § II.2.5.)

Damit ist die Diagnose fast perfekt, nach der ich gesucht habe. In der gegenwärtigen Physik ist kein eigener Platz fürs Purpur vorgesehen; winzige purpurne Teilchen gehören nicht zu den Grundbausteinen unseres Universums.

Die Bausteine des Universums

§ III.4.3. Völlig befriedigend finde ich die Diagnose nicht, bei der ich im vorigen Paragraphen angekommen bin. Ihre Triftigkeit hängt von einem Kontrast ab: Während z. B. blaue, grüne, gelbe und rote Photonen zu den Grundbausteinen unseres Universums gehören, gilt nicht dasselbe von purpurnen »Photonen«. Anders gesagt existieren purpurne Effekte immer nur als Zusammensetzung – blaue, grüne oder rote Effekte existieren hingegen auch unzusammengesetzt.

Dieser Kontrast könnte dem wissenschaftlichen Fortschritt zum Opfer fallen (und zwar, ohne dass die Verfechter der Heterogenität der Finsternis plötzlich recht bekämen). Bedenken Sie: Was laut zukünftiger Physik zu den (unzusammengesetzten) Grundbausteinen des Universums zählen wird, können wir nicht sicher wissen. Und damit will ich nicht auf die – bloß skeptizistische – Möglichkeit hinaus, dass sich zuguterletzt alles als falsch herausstellen *könnte*, was wir uns bislang in unseren Theorien zurechtgelegt haben. Nein, mir geht es um weniger extreme Umschwünge, die der wissenschaftliche Fortschritt immer wieder mit sich bringt.

So galten zunächst Atome (im Gegensatz zu Molekülen) als unzusammengesetzt; dann deren Bestandteile: Elektronen, Protonen und Neutronen. Im Lauf der Jahre kamen zu diesen Elementarteilchen hunderte von Entitäten hinzu, der Teilchenzoo wuchs und wuchs.[490] Im heutigen Standardmodell gelten viele dieser Teilchen doch wieder als zusammengesetzt, sind also gerade keine unteilbaren Elementarteilchen. Gegenwärtig finden sich auf der elementaren Ebene je nach Zählweise (je nach Interpretation des Ausdrucks »elementar«) neun oder auch gut sechzig verschiedene Teilchen.[491]

Ob der Fortschritt in dieser Richtung weitergehen wird, kann man nicht wissen. Es könnte also sehr wohl sein, dass sich eines Tages auch die blauen, grünen und roten Photonen nicht im exquisiten Club der Grundbausteine werden behaupten können. Und so droht der scharfe Kontrast zwischen ihnen und den (jetzt schon aus dem Club ausgeschlossenen) purpurnen Elementen zu schwinden. Dieser Kontrast könnte selbst dann verschwinden, wenn der wissenschaftliche Fortschritt weiterhin in den gewohnten Bahnen weiterläuft, die von Newtons Optik vorgezeichnet wurden.

Demzufolge wäre es attraktiv, den anvisierten Kontrast neu zu fassen, ohne sich auf weitreichende Konzepte wie das von den Grundbausteinen des Universums stützen zu müssen. Dies werde ich im kommenden Paragraphen versuchen.

Kochrezept fürs Purpur

§ III.4.4. Selbst wenn blaue, grüne und rote Photonen zuguterletzt aus noch einfacheren Bausteinen bestehen sollten, werden sie sich aller Voraussicht nach gravierend von dem unterscheiden, worauf unsere Purpur-Wahrnehmungen beruhen. Warum, das zeigt ein neuer Blick auf die Kaskade von:

Molekülen, Atomen, Elementarteilchen,

die ich im vorigen Paragraphen aufgeboten habe. Zwar mussten die Physiker die Annahme preisgeben, dass Atome keine Bestandteile hätten. Aber das hat nichts am Unterschied zwischen Molekülen und Atomen geändert. In der Tat gelten seit Entdeckung der Elementarteilchen sowohl Moleküle als auch Atome als zusammengesetzt. Doch unterscheiden sie sich weiterhin darin, dass Atome einfacher sind als Moleküle; Moleküle bestehen immer noch aus Atomen – aber Atome bestehen nicht aus Molekülen.

Übertragen wir diesen Gedanken auf den Unterschied zwischen dem Purpur einerseits und blauen, grünen, roten Photonen andererseits. Gleichgültig, woraus blaue, grüne oder rote Photonen laut zukünftiger Physik bestehen, jedenfalls lässt sich aus ihnen das Purpur zusammensetzen.

Wie das? Hier ein Kochrezept. Man nehme eine gleichmäßig helle Kammer, in der aus allen Richtungen Photonen jeder Farbe herumschwirren, und zwar gleich verteilt. Das ist die Streulichtkammer, von der im Kapitel II.5 die Rede war. Jetzt definiere man in Gedanken irgendeinen Verbindungspfad vom einen zum anderen Ende der Kammer. Auf diesem Pfad soll ein Purpurstrahl realisiert werden. Schwer ist das nicht, zumindest im Prinzip: Man fange alle grünen Photonen ein, die sich auf diesem Pfad bewegen, und lasse alle anderen Photonen unangetastet; was auf dem Pfad übrig bleibt, wird unter geeigneten Bedingungen zuverlässig purpurne Farbflecke aufs weiße Papier zaubern.

Kurzum, purpurne Strahlen bestehen laut Kochrezept aus Photonenstrahlen jedweder Farbe mit Ausnahme der grünen. Und daraus ergibt sich, im erwünschten Komparativ, dass purpurne Strahlen komplizierter zusammengesetzt sind als z. B. rote Photonenstrahlen (gleichgültig, ob nach späterer Auffassung rote Photonen ihrerseits aus noch grundlegenderen Bestandteilen zusammengesetzt sind oder nicht).

Achtung: Dieser Kontrast hat nichts mit dem Kontrast zwischen Strahlen und den einzelnen Teilchen zu tun, aus denen sie bestehen. Wir könnten sogar so weit gehen, als einzelnes Purpur-Teilchen (als einzelnes Purpur-*Molekül* gleichsam) ein Ensemble aus je *einem* Photon jeder Wellenlänge mit genau einem fehlenden Grün-Photon aufzufassen.[492] Ein Purpur-Teilchen wäre also sozusagen ein Grünloch in einem sonst spektral kompletten (aber nicht mehrfach ausgestatteten) Photonenhaufen einheitlicher Bewegungsrichtung.

An dieser Stelle habe ich mich weit aus dem Fenster gelehnt. Ob sich der Gedanke physikalisch halten lässt, müssen die Physiker sagen. Ich überschaue nicht die Spielregeln, die man beachten muss, wenn man Antiteilchen zu postulieren wünscht. Gerade bei den Photonen scheint das schwerer zu sein als etwa bei Elektronen.[493] Zwar befinde ich mich als spekulierender Naturphilosoph in illustrer Gesellschaft. Aber da wir nicht mehr im 19. Jahrhundert leben, als naturphilosophische Spekulation erlaubt war, betone ich: Die Überlegung aus diesem Paragraphen ist als Anregung zum Weiterdenken gemeint; nicht als Behauptung mit geschulterten Begründungslasten.

§ III.4.5. Was ich in den vorigen Paragraphen skizziert habe, beruht auf den Errungenschaften und Kategorien der gegenwärtigen Physik. Ihr zufolge ist die Theorie von der Heterogenität der Finsternis haltlos, so viel steht fest. Hier gewinnt Newtons Team. Unfaires Heimspiel

Doch das war ein Heimspiel, dessen Ausgang uns kaum zu wundern braucht. Trotz mancherlei Korrekturen ist die gegenwärtige Physik eine Urenkelin der newtonischen Physik, auch der newtonischen Optik. Die entscheidende Botschaft Newtons (die Heterogenität des weißen Lichts) ist ohne Abstriche in die heutige Physik eingeflossen. Kein Wunder, wenn Newtons Team *unter deren Voraussetzung* als Sieger auftrumpfen kann.

Als sich Goethe gegen Newtons Theorie gewehrt hat, wollte er verhindern, dass die Physik dahin laufen würde, wo sie jetzt steht, jedenfalls mit Blick auf die Zusammensetzung des weißen Lichts. Von Photonen mit ihren seltsamen Welle/Teilchen-Eigenschaften konnte er zwar so wenig ahnen wie Newton. Aber wenn er geahnt hätte, dass Newtons Theorie am Ende mit Hilfe von Photonen diverser Wellenlänge reformuliert werden würde, so wäre er genau dagegen Sturm gelaufen. Und das bedeutet, dass Newton sein Spiel nicht auf neutralem Boden gewonnen hat.

Auf dem Boden der Physik der Goethe-Zeit oder gar der Newton-Zeit ist die Sache also weiterhin offen. Vielleicht werden Sie einwerfen: Was macht das schon? Warum sollen wir uns nicht auf das beste Wissen stützen, das wir haben – und zwar jetzt? Ist denn nicht unsere Physik, heute, der Physik vergangener Tage überlegen? Sieht man das nicht schon an unserer überlegenen Technologie?

Auch ich möchte diese Errungenschaften nicht missen. Nichtsdestoweniger möchte ich gern verstehen, wie es um die weitreichenden Erkenntnisansprüche bestellt ist, die unsere Physik erhebt. Ist sie die einzig mögliche Physik, die so viele Erfolge zu feiern weiß? Oder hätte es gleich gute Alternativen geben können? Hätte es z. B. eine Alternative geben können, in deren Rahmen die Heterogenität der Finsternis gilt?

Solche Fragen lassen sich nicht leicht beantworten. Sie führen tief in die Wissenschaftsphilosophie. Was heißt es, eine Theorie *genauso gut* zu nennen wie ihre Konkurrentin? Lässt sich die Gleichwertigkeit zweier Theorien allein durch Vergleich ihrer empirischen Beschreibungs- und Prognose-Erfolge herausfinden? Oder müssen wir in den Theorienvergleich – jenseits aller Empirie – zusätzliche Tugenden einbeziehen wie z. B. Einfachheit? Ich werde auf diese philosophischen Fragen ausführlich im TEIL IV zurückkommen.

Hier im TEIL III will ich anhand meines Optik-Beispiels als nächstes zeigen, dass bislang keine *rein* empirischen Gründe gegen die Heterogenität der Finsternis auf dem Tisch liegen.

Vertiefungsmöglichkeit. Ich habe eben gefragt: Ist unsere Physik die einzig mögliche Physik, die dermaßen viele Erfolge zu feiern weiß? Auf diese Frage könnten Physiker so antworten: Natürlich nicht, denn wir arbeiten fleißig an der Verbesserung und Fortentwicklung unserer Physik, und die dadurch entstehende Physik wird der heutigen Physik aller Voraussicht nach überlegen sein. – So war meine Frage nicht gemeint. Vielleicht hätte ich fragen sollen: Könnte es eine völlig andersartige Physik geben, die mindestens so gut ist wie die unsere? Auf diese Frage könnte man in Anlehnung an Kuhn (aber ohne akkurate Kuhn-Exegese) erwidern: Natürlich, denn sobald eine wissenschaftliche Revolution die heutige Physik fortfegt, wird das Ergebnis der Revolution völlig anders aussehen als die heutige Physik (z. B. eingekleidet in neuartige Begriffe, Kuhn [SoSR]). Und es ist sehr wohl denkbar, dass diese postrevolutionäre Physik am Ende empirisch besser dasteht als die gegenwärtige Physik. – So war meine Frage auch nicht gemeint. Wie war die Frage denn gemeint? Ungefähr so: Trotz aller revolutionärer Umbrüche hat sich Newtons Doktrin von der Heterogenität des Sonnenlichts bis heute im Kern gehalten und ist integraler Bestandteil der heutigen Gesamtphysik; nehmen wir einmal an, seinerzeit hätte sich stattdessen die Heterogenität der Finsternis durchgesetzt – *hätte sie sich dann ebenfalls im Kern bis heute halten können und in eine neuartige Gesamtphysik integrieren lassen? Und zwar bei ungefähr gleich großem empirischen Erfolg im Vergleich zur heutigen Gesamtphysik?* Ich komme auf diese Frage in Kapitel IV.6 zurück.

§ III.4.6. Hier ist ein Weg, mit der Herausforderung fertigzuwerden, die ich im vorigen Paragraphen lanciert habe. Man sollte sich nicht vage auf »die« Errungenschaften der modernen Physik berufen (die niemand bestreitet, vor allem im Vergleich zur Physik früherer Zeiten). Stattdessen sollte man Ross & Reiter nennen und auf diejenige *empirische* Evidenz zeigen, die gegen die Heterogenität der Finsternis spricht. *no reply*

Die Rede von Photonen (die ich vorhin aufgeboten habe) liefert für sich allein keine empirische Gegenevidenz; sie ist theoretisch aufgeladen. Oder haben Sie schon einmal ein Photon gesehen? Wie sah es denn aus? – Wer irgendwelchen Beobachtungen irgendeine Information über Photonen zu entnehmen wünscht, braucht dafür eine Theorie. Zwar hat sich die theoretische Rede von Photonen tausendfach in der Empirie bestätigt; trotzdem wäre es schön, mehr zu hören als diese pauschale Erfolgsmeldung. Mithin fragt sich: Gibt es Experimente, mit deren Hilfe sich die Heterogenität der Finsternis zielgenau widerlegen lässt? Und wenn ja, welches ist das einfachste dieser Experimente? Dazu hört man von heutigen Physikern nichts. Für den Physiker von heute stellt sich die Frage nicht. Die Forschungsfront läuft woandershin – nach vorne, nicht zurück.

Sehen wir genauer hin. Dass es auf meine Frage bislang keine Antwort gibt, könnte entweder daran liegen, dass die Sache trivial ist und der Mühe nicht lohnt. Wenn es sich so verhielte, dann müsste sich jeder Interessierte die Antwort selber zurechtlegen können. (Das werde ich im kommenden Kapitel versuchen; ohne Erfolg, wie sich zeigen wird.)

Oder aber es liegt an etwas anderem: Es gibt keine einfache Antwort, doch die umfassenden Erfolge der heutigen Naturwissenschaft sprechen so deutlich für die Gesamtheit dieser Naturwissenschaft, dass sich jeder Gedanke an eine unorthodoxe Alternative von selbst verbietet. (Auf diese Möglichkeit komme ich am Ende meiner Untersuchung zurück; ich werde zeigen, dass sich ihre Verfechter auf eine Weltanschauung stützen, die man nicht teilen muss, siehe Kapitel IV.7.)

Es gibt noch eine weitere Möglichkeit: Meine Frage lässt sich weder trivial beantworten noch erfordert sie so viel wie den pauschalen Verweis auf die empirischen Triumphe der augenblicklichen Naturwissenschaft. Vielmehr lässt sich (mindestens) ein anspruchsvolles Experiment gegen die Heterogenität der Finsternis finden – es hat nur bislang keiner versucht. Ich bin gespannt, ob sich das ändert.

Vertiefungsmöglichkeit. Einer meiner Leser, der Physiker und Philosoph Alexander Schreiber, hat bereits (kurz vor Redaktionsschluss für dieses Buch) einen Vorschlag für so ein anspruchsvolles Experiment ausgearbeitet. In seiner faszinierenden Masterarbeit erinnert er u. a. an ein klassisches Experiment zum Strahlungsdruck aus dem Jahr 1901.[494] Ein Strahl von Photonen trifft außen an einer engen Stelle auf eine verspiegelte Fläche, die drehbar aufgehängt ist (ähnlich wie eine Magnetnadel). Diese Fläche dreht sich infolge der punktuellen Beleuchtung so, als würde sie von lauter kleinen Kügelchen getroffen und als nähme sie deren Impuls auf. Das spricht offenbar dafür, dass Licht (anders als Dunkelheit) aus kleinen Kügelchen besteht. Wird die unorthodoxe Alternativ-Theorie von diesem Experiment direkt widerlegt? Anders als Alexander Schreiber beantworte ich diese Frage negativ. Denn im Rahmen der Alternativ-Theorie wird die verspiegelte Fläche anderswo von Dunkelheitsteilchen mit *negativem* Impuls getroffen. Möglicherweise sprechen Gesichtspunkte der Einfachheit gegen diese Sicht der Dinge; aber die reine Empirie tut es nicht. (Abgesehen davon lässt sich das Experiment aus heutiger Sicht nur mit Hilfe des Äquivalenzprinzips von Einstein deuten, setzt also hochstufige theoretische Annahmen voraus.) Ich werde bei anderer Gelegenheit auf die Überlegungen Alexander Schreibers zurückkommen. Sie verdienen mehr Aufmerksamkeit, als ich ihnen hier widmen kann.

Kapitel III.5.
Gibt es Finsternisquellen?

Der Lichtschalter

§ III.5.1. Woran liegt es, dass bislang kein Physiker ein Experiment durchgeführt hat, das die Heterogenität der Finsternis empirisch aus dem Spiel wirft? Im vorigen Kapitel habe ich u. a. vermutet, dass die Sache für Physiker zu banal ist, um deren Aufmerksamkeit zu erregen. Dann wäre es einfach, die Heterogenität der Finsternis empirisch zu widerlegen. Gehen wir dieser Erwartung einmal nach. Wie eingangs dargetan (§ III.1.8), würde es genügen, folgende Voraussetzung jener Theorie auszuschalten:

($\overline{\text{K}}$) Sonnenlicht, farblose Helligkeit, Weiß usw. stellen keinen eigenen optischen Kausalfaktor dar; sie entstehen durch Abwesenheit optischer Wirkkräfte (durch Abwesenheit von Finsternisstrahlen).

Wie widerlegt man diese Voraussetzung? Nichts leichter als das. Ich erhebe mich vom Diwan, gehe zum Lichtschalter, betätige ihn, und es wird Licht.

Zwar konnte man zu Newtons und Goethes Zeiten nicht so schnell so viel Helligkeit erzeugen wie ich in meinem kleinen Experiment. Aber schon damals konnte man Lichtquellen nach Belieben an- und ausmachen (Kerzen, Öllampen usw.).

»*Und* ausmachen«, habe ich eben unvorsichtigerweise gesagt. In der Tat, hier ist ein zweites Experiment: Ich erhebe mich abermals vom Diwan, gehe zum Lichtschalter, betätige ihn, und es wird finster.

Wodurch unterscheiden sich die beiden Experimente? Damals wie heute musste man Energie aufwenden, um es hell werden zu lassen. Hingegen braucht man keine Energie, um für Dunkelheit zu sorgen (abgesehen von der Mühe, die es zuweilen machen mag, sich vom Diwan zu erheben: eine Art Aktivierungsenergie im Sinne der Chemie). Wer es dunkel haben möchte, muss einfach nur den Energieverbrauch beenden, der mit der Lichterzeugung einhergeht. Kurzum, Finsternis entsteht durch Fortnahme von Energie, sie ist die Abwesenheit dieser Energie.

Helle Welt

§ III.5.2. Rein empirisch gibt es einerseits Experimente, in denen der Experimentator für Licht sorgt – andererseits Experimente, in denen er für Finsternis sorgt; soweit ist die Sache symmetrisch. Wer einen für unser Thema wesentlichen Unterschied zwischen beiden Arten von Experimenten dingfest machen will, wird sich auf den Energiebegriff berufen; das war der Vorschlag aus dem vorigen Paragraphen.

Nun ist der Energiebegriff, der die empirische Symmetrie beendet, theoretisch aufgeladen (wenn auch nicht so stark wie der Begriff des Photons). Er ist das Produkt einer theoretischen Entscheidung, die sich uns nur deshalb aufdrängt, weil in unserem Universum zufälligerweise bestimmte Bedingungen herrschen; es hätten auch andere Bedingungen herrschen können. Um das zu demonstrieren, schlage ich ein Gedankenexperiment vor, das ich vom Physiker Matthias Rang übernehme.[495] In unserem augenblicklichen Universum herrscht alles in allem viel Dunkelheit und wenig Helligkeit; daher kostet es Aufwand und Geld, die Helligkeit dorthin zu bringen, wo man ihrer bedarf.

Stellen Sie sich vor, es wäre umgekehrt. Stellen Sie sich vor, dass im Universum alles in allem mehr Helligkeit herrschte als Dunkelheit; es gäbe viel mehr Energie pro Volumeneinheit als in Wirklichkeit – u. a. viel zu viel Lichtenergie. Alle Oberflächen wären sehr heiß und strahlten Licht in alle erdenklichen Richtungen ab. Wir wären geblendet und müssten uns anstrengen, um etwas sehen zu können. In jener Welt müssten wir versuchen, Zonen des Schattens zu schaffen.

Wie aber? Es würde kaum hinreichen, zwischen uns und die blendenden Oberflächen irgendwelche undurchsichtigen Körper zu stellen; denn diese Körper wären selber so heiß, dass ihre Oberflächen viel Licht abstrahlen müssten. Das sagen jedenfalls unsere physikalischen Gesetze.[496] Sie regulieren ja nur die Form des Universums, nicht dessen Inhalt, also z. B. nicht dessen Energiemenge.

Was also hätten wir zu tun, um hinreichend viel Dunkelheit zu schaffen? Wir müssten zwischen uns und das Licht *kühle* Körper bringen. Und wenn im Universum so viel Licht- und Wärmeenergie vorherrschte, wie wir es uns jetzt vorstellen, dann müssten wir die schattenspendenden Körper abkühlen. *Das* würde Mühe und Geld kosten.

Daraus ergibt sich offenbar: Im erdachten Universum hätten wir vielleicht keinen Energiebegriff – wir hätten das Gegenteil, einen Begriff von Kühlmenge. Und Energie (im heute gebräuchlichen Sinne) wäre *Abwesenheit* von Kühlmenge. Das bedeutet, dass der Energiebegriff ein kontingentes Produkt der zufälligen Verhältnisse ist, die bei uns *de facto* herrschen. Unsere theoretische Entscheidung zugunsten dieses Begriffs spiegelt also nicht die Gesetzmäßigkeiten wider, die bei uns herrschen und die auch bei anderen Anfangsbedingungen herrschen würden.

Vertiefungsmöglichkeit. So, wie wir uns an einen asymmetrischen Begriff optischer Kausalfaktoren gewöhnt haben (wonach Dunkelheit keinen eigenen Wirkfaktor darstellt, sondern Abwesenheit von Licht bedeutet), so haben wir uns an einen asymmetrischen thermodynamischen Energiebegriff gewöhnt. Ihm zufolge ist Kälte kein eigener Wirkfaktor, sondern Abwesenheit von Wärme: Unsere Temperaturskala (in Kelvin) enthält als Minimum einen absoluten Nullpunkt, aber kein Maximum. Diese Asymmetrie war zu Newtons und Goethes Zeit noch nicht fest etabliert.[497] Sie könnte von Anhängern der Heterogenität der Finsternis angegriffen werden, und zwar in dem Augenblick, in dem optische und thermodynamische Phänomene durch eine einheitliche Theorie erklärt werden sollen. Ich kann die Details eines solchen grundstürzenden Angriffs hier nicht durchspielen. Jedenfalls steht fest: Nach unserer augenblicklichen Theorie muss man Energie aufwenden, wenn man einen Körper kühlen will. Genauer gesagt muss man dem zu kühlenden Körper Energie entziehen, und dieser Vorgang kostet selber wieder Energie. (Davon weiß jeder Kühlschrankbesitzer, der auf seine Stromrechnung achtet.) Und da der Kühlvorgang energetisch umso aufwendiger wird, je stärker wir uns dem absoluten Nullpunkt annähern, lässt sich im Rahmen unserer Physik zeigen, dass wir den absoluten Nullpunkt niemals erreichen werden.[498] Rein experimentell gibt es also keinen absoluten Nullpunkt; dies ist das Spiegelbild der Tatsache, dass wir (ebenfalls rein experimentell) auch keine maximale Wärme erreichen werden. Und so liegt es nahe zu überlegen, ob sich der asymmetrische Temperaturbegriff vielleicht durch (reziproke oder logarithmische Umskalierung) in einen symmetrischen oder in einen umgekehrt asymmetrischen Temperaturbegriff überführen lassen könnte. (Am Rande der Tagung *experimentum lucis* vom 19.–22. 9. 2010 an der Humboldt-Universität konnten sich die anwesenden Physiker nicht einigen, ob diese Überlegung funktioniert oder nicht.)

Was zu zeigen wäre

§ III.5.3. Im vorigen Paragraphen habe ich mich vom Energiebegriff, der theoretisch beladen ist und kontingente Verhältnisse widerspiegelt, dazu verleiten lassen, ein extremes Gedankenexperiment durchzuspielen. Damit wollte ich den energetischen und letztlich ökonomischen Unterschied zwischen licht- und schattenspendenden Experimenten umkehren, der in unserem Universum zufälligerweise herrscht.

Vielleicht war das alles zu spekulativ – und zu stark theoretisch aufgeladen. Immerhin waren keine abstrakten theoretischen Überlegungen verlangt, sondern ein konkretes Experiment; ich habe in § III.4.6 nach einem Experiment gefragt, das eindeutig beweist: Finsternis ist Abwesenheit von Licht.

Daher will ich neu ansetzen und an die Einsicht erinnern, von der das Gedankenexperiment provoziert wurde. Sie lautete: Es gibt Lichtquellen, aber keine Quellen der Dunkelheit. Diese Asymmetrie ist uns *aus unserem Alltag* wohlvertraut. Wer das mit Hilfe irgendwelcher ersonnenen Parallel-Universen unterminieren will, schlägt über die Stränge.

Doch das hilft den Gegnern der Finsternis nicht. Hinweise auf Finsternisquellen lassen sich auch in unserem Universum beobachten, wie ich jetzt darlegen will. Die fraglichen Beobachtungen legen die Rede von Finsternisquellen zwar nahe – aber sie zwingen uns diese Deutung nicht auf. Und wenn wir uns am Ende gegen diese unorthodoxe Deutung entscheiden, dann wieder nicht allein aufgrund zwingender empirischer Erwägungen, sondern aufgrund zufälliger Züge unseres Universums.

§ III.5.4. Was würden Sie als Dunkelheitsquelle gelten lassen? Einen schwarzen Fleck an der Wand? Wohl kaum. Warum aber nicht? Sie können nicht bestreiten, dass ein schwarzer Fleck den Raum insgesamt ein wenig dunkler macht. Vergrößern Sie den schwarzen Fleck nach und nach (bis schließlich alle Wände schwarz gestrichen sind), und der Raum wird Ihnen gravierend dunkler erscheinen als vor seiner Umdekoration. Testkriterium

Selbst wenn Sie das zugeben, werden Sie fragen: Breitet sich denn Dunkelheit (die von irgendwelchen schwarzen Flecken ausgehen soll) genauso aus wie z. B. das Licht einer Kerze oder einer Glühlampe? Man könnte die Frage aus zwei Gründen verneinen. Erstens wird ein dunkler Raum schlagartig hell, wenn darin auch nur eine einzige Kerze angezündet wird. Dagegen wird kein heller Raum schlagartig dunkel, wenn darin ein kerzenflammengroßer schwarzer Fleck an die Wand gemalt wird.

Diesen unbestreitbaren Unterschied sollte man nicht überbewerten. Er zeigt, dass uns unsere Lichtquellen stärker auffallen als unsere Dunkelheitsquellen. Das hat u. a. damit zu tun, dass es in unserem Universum alles in allem sowieso schon vergleichsweise dunkel ist. Der Himmel ist nicht von einer gigantischen Lichtquelle ausgefüllt, sondern nachts von unzähligen, aber klein erscheinenden Lichtquellen (den Sternen), und tagsüber von einer etwas größeren Lichtquelle (der Sonne). Angesichts der ewigen Naturgesetze sind das Petitessen, die auch anders liegen könnten. Als Gott sprach: Es werde *Licht*, hat sie offengelassen, wie viel Licht sie gefordert hat. Einzig und allein für uns führt die tatsächliche, zufällige Illumination des Himmels zu einem bedeutsam erscheinenden Gegensatz: Jede noch so bescheidene Aufhellung springt uns ins Auge. Eine bescheidene, punktuelle Abdunklung fällt dagegen kaum auf. Zufall!

Nach dieser Entkräftung des ersten Grundes komme ich zum zweiten Grund, der dagegen spricht, dass sich Dunkelheit so ausbreiten kann wie Licht: Das Licht einer Lampe können wir unterbrechen, indem wir ihm einen undurchdringlichen Gegenstand in den Weg stellen; so wird das Licht an seiner Weiterreise gehindert, wodurch der schwarze Schatten des fraglichen Gegenstandes entsteht. (Als *fehlendes* Licht, nicht als eigene Dunkelheitsquelle.) Hingegen können wir die Dunkelheit, die angeblich von einem schwarzen Fleck ausgeht, nicht auf gleiche Weise unterbrechen. Denn wenn wir einen undurchsichtigen Gegenstand in den Weg der sich angeblich ausbreitenden Dunkelheit setzen, so wird es hinter diesem Gegenstand weiterhin dunkel sein. Unterbräche der Gegenstand die Ausbreitung der Finsternis, so müsste sich das Fehlen dieser Finsternis an Ort und Stelle bemerkbar machen, und es müsste dort heller werden; *dort müsste sich so was wie ein weißer Schatten zeigen*. Das widerspricht jeder Alltagserfahrung. Es gibt nur schwarze Schatten, bestenfalls noch graue Halbschatten – aber weiße Schatten sind wie schwarze Milch: Phantasiegespinste der Dichter.

Vertiefungsmöglichkeit und Korrektur. Dass es nur schwarze oder graue Schatten gebe, widerspricht dem gehobenen Konversationswissen; immerhin ist Goethe dafür berühmt, die farbigen Schatten ins Zentrum der Aufmerksamkeit gerückt zu haben.[499] Leonardo da Vinci gilt als einer der Entdecker der farbigen Schatten.[500] Ob die farbigen Schatten nun vom menschlichen Wahrnehmungsapparat erzeugt werden oder ob sie unabhängig vom Menschen – sozusagen objektiv – bestehen, ist bis heute umstritten. Die Mehrheit der Forscher neigt zur ersten Sichtweise, aber es gibt Dissidenten.[501]

Eine weiße Projektion

§ III.5.5. Im vorigen Paragraphen ergab sich ein Testkriterium für Dunkelheitsquellen: So, wie Lichtquellen schwarze Schatten werfen, so müssten Dunkelheitsquellen weiße Schatten werfen – wenn es sie gäbe.

Es gibt sie. Jedenfalls gibt es weiße Schatten.[502] Einen solchen weißen Schatten haben die Physiker Matthias Rang und Johannes Grebe-Ellis im Jahr 2010 an der Humboldt-Universität zu Berlin vorgeführt. Von der Decke ihres Labors hing in Augenhöhe ein Würfel mit 30 cm Kantenlänge herab, genauer gesagt das Gerippe eines Würfels, dessen zwölf Kanten aus Aluminium-Vierkantstäben gebaut waren. Wer diesen hängenden Würfel mit einer punktförmigen Lichtquelle beleuchtet hätte, hätte an der gegenüberliegenden Wand eine schöne Projektion der Kanten des Würfels gesehen – seinen schwarzen Schatten.

Doch der Würfel wurde von einer querstehenden, 2 cm breiten und 1 m langen Leuchtstoffröhre in diffuses Licht getaucht; entspre-

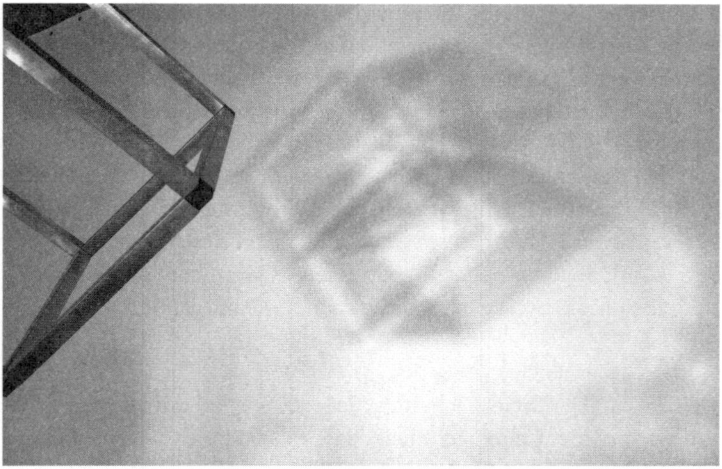

Abb. III.5.5 **Finsternisquelle mit weißen Schatten.** Ein Würfelgerippe aus Vierkantstäben hängt im Licht einer großflächigen Lichtquelle (die jenseits der linken Bildgrenze liegt). Zwischen der Lichtquelle und dem Würfel ist ein faustgroßer Schattengeber angebracht (ebenfalls jenseits der Bildgrenze). Auf der Projektionsfläche rechts erkennt man ein weißes – oder jedenfalls aufgehelltes – Bild des Würfelgerippes, dessen weißen Schatten. [Foto: Susanne Böttge; Versuchsaufbau von Matthias Rang in der Ausstellung *experimentum lucis* (Berlin, 2010). Siehe Kühl et al (eds) [EF]:126.]

chend diffus war sein Schatten auf der gegenüberliegenden Wand, nicht erkennbar als Bild eines Würfelgerippes.

Nun hielt jemand eine handgroße schwarze Pappe vor die lange, diffuse Lampe; die Pappe deckte einen Teil der Lampe ab. *Voilà*, im selben Augenblick zeigte sich auf der gegenüberliegenden Wand in aller Schärfe ein weißes Projektionsbild des Würfels – sein weißer Schatten offenbar; siehe Abb. III.5.5.

Die Probe aufs Exempel war verblüffend. Sie beruhte auf folgender Überlegung. Wenn das weiße Projektionsbild des Würfels tatsächlich durch Unterbrechung von Finsternisstrahlen entstanden sein soll, die von jener schwarzen Pappe ausgehen, dann müsste sich das Würfelbild hin- und herbewegen, sobald jemand die schwarze Pappe her- und hinbewegt. Und in der Tat, jede Bewegung der schwarzen Pappe wurde folgsam vom Würfelbild durch entgegengesetzte Bewegungen beantwortet; so wie wir's bei flackernden Kerzen, bewegten Taschenlampen usw. gewohnt sind.

Sprechen alle diese Beobachtungen nicht dafür, die schwarze Pappe als Dunkelheitsquelle anzusehen, deren Finsternisstrahlen von den Kanten des Würfels unterbrochen werden? Macht sich hier nicht eindeutig die fehlende Finsternis hinter dem Würfel bemerkbar, und zwar in Form eines weißen Bilds auf der gegenüberliegenden Wand? So kann man es beschreiben. Warum man es nicht so beschreiben muss, werde ich im kommenden Paragraphen dartun.

Orthodox wegerklärt

§ III.5.6. Der weiße Schatten, den ich soeben aufgeboten habe, zwingt uns nicht einzugestehen, dass es Finsternisquellen gibt. Er lässt sich auch mit Hilfe von Lichtquellen verständlich machen. Hier ist die orthodoxe Erklärung des Phänomens. Ich werde der Einfachheit halber annehmen, dass die diffus weiße Leuchtstoffröhre größer war als im tatsächlichen Experiment. Nehmen wir sogar an, dass sie eine ganze Wand des Experimentierzimmers einnimmt und dass sie die einzige Lichtquelle im Zimmer ist. (Das Experiment würde dadurch deutlicher, aber teurer.)

Bevor wir vor die diffus leuchtende Fläche eine kleine schwarze Pappe setzen, wird schon der hängende Würfel einen Teil des Lichts unserer Leuchtfläche absorbieren. Die gegenüberliegende Wand wird daher zwar dunkler, aber nur diffus. Betrachten wir einen der Punkte auf dieser Wand etwas genauer. Zwar kommen dorthin Lichtstrahlen von vielen Stellen der Leuchtfläche, aber nicht von allen. An unseren Wandpunkt können keine Lichtstrahlen von denjenigen Stellen der Leuchtfläche gelangen, die der Würfel abdeckt. Es fehlen dort also allerlei Lichtstrahlen, aber dieses Fehlen wird uns nicht auffallen, denn an allen anderen Wandpunkten steht es genauso. Überall fehlen gleichviele Lichtstrahlen (allerdings jedesmal andere; denn von jedem Wandpunkt aus sind jeweils verschiedene Stellen der Leuchtfläche durch den Würfel abgedeckt).

Jetzt nehmen wir den Würfel aus dem Raum heraus und bauen unmittelbar vor der Leuchtfläche die schwarze Pappe auf. Wieder wird die gegenüberliegende Wand etwas dunkler, aus demselben

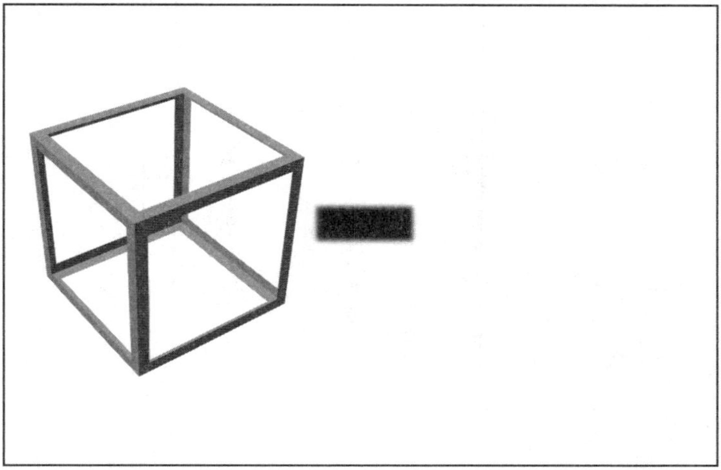

Abb. III.5.6a **Orthodoxe Erklärung eines weißen Schattens (Blick ins Dunkle).** Den gesamten Hintergrund des Bildes füllt eine gleichmäßig leuchtende weiße Lampe aus; unmittelbar davor sehen Sie ein schwarzes Papprechteck; weiter vorn wiederum hängt ein Würfel aus dunklen Vierkantstäben. Wenn Sie nun diese Konstellation von einem Standpunkt aus anschauen, wie ihn das Bild bietet, dann wird die schwarze Pappe nirgends vom Würfel verdeckt (anders als in der nächsten Abbildung). Deshalb erreicht Sie an dieser Stelle von der Lampe insgesamt weniger Licht als von einigen anderen Standpunkten aus (wie sie in der nächsten Abbildung gezeigt werden). Wodurch zeichnen sich die lichtärmeren Standpunkte ganz allgemein aus? Es sind genau diejenigen Standpunkte, die *nicht* auf Projektionslinien des Würfels liegen – wobei die Projektion bei der schwarzen Pappe beginnt. [Graphik von Benjamin Marschall nach einer Idee von Lukas Lewerentz.]

Grund wie eben: An jedem Wandpunkt fehlen genau die Lichtstrahlen, die unsere Pappe von dort aus unterbricht.

Was geschieht, wenn wir sowohl den Würfel als auch die Pappe an ihren angestammten Ort setzen? Insgesamt wird es auf unserer Wand noch dunkler, denn wir fangen noch mehr Lichtstrahlen unterwegs ab als in beiden zuvor einzeln betrachteten Situationen. Daher wird es viele Wandpunkte geben, an denen sich die beiden Effekte addieren (Abb. III.5.6a). Dort fehlen erstens die Lichtstrah-

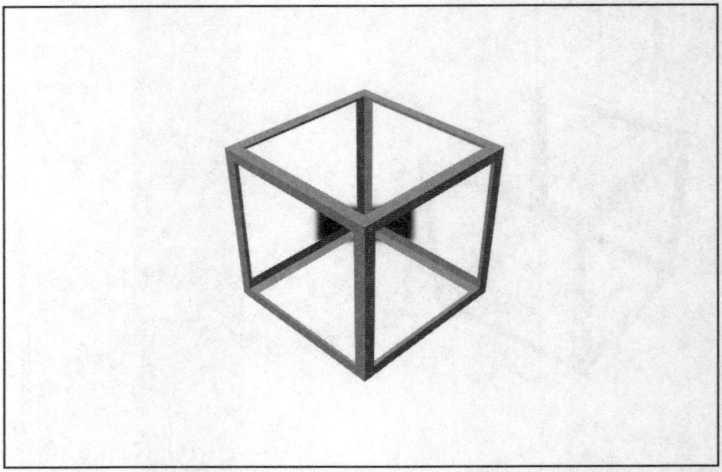

Abb. III.5.6b **Orthodoxe Erklärung eines weißen Schattens (Blick ins Helle).** Hier sind Sie (im Vergleich zur vorigen Abbildung) einen Schritt nach links getreten. Von diesem Standpunkt aus überdeckt der Würfel die schwarze Pappe teilweise; daher erreicht Sie nun mehr Licht als zuvor. Das könnte man quantifizieren: Insgesamt bietet die Fläche dieser Abbildung mehr weiße Stellen als die Fläche ihrer Vorgängerin. Und das ist überall dort so, wo man von Projektionslinien getroffen wird, die bei der schwarzen Pappe beginnen und deren Richtung vom Würfel bestimmt wird. (Im Idealfall wäre die Pappe punktförmig.) Und das ist genau der geometrische Grund dafür, warum die Rede von Finsternisstrahlen, Finsternisquellen und weißen Schatten bei diesem Experiment so naheliegt: Schwarze Schatten ergeben sich per Projektion eines undurchsichtigen Objekts mit Hilfe von Lichtstrahlen aus einer Lampe – *weiße* Schatten per Projektion eines undurchsichtigen Objekts mit Hilfe von Finsternisstrahlen aus einer Finsternisquelle. Wem das spanisch vorkommt, den möchte ich daran erinnern, dass die Rede von Lichtstrahlen letztlich nichts anderes ist als eine geometrische Fiktion – erfunden zum Zwecke der Konstruktion von Bildern. [Graphik von Benjamin Marschall nach einer Idee von Lukas Lewerentz.]

len, die der *Würfel* am Weiterkommen hindert, und zweitens zusätzlich diejenigen, die von der *Pappe* vom Weiterkommen abgehalten werden. Diese Wandpunkte sind gleichsam doppelt abgeschattet.

Aber nicht alle Wandpunkte sind in diesem Sinne doppelt abgeschattet! Es gibt nämlich einige ganz besondere Wandpunkte, deren Abschattung deshalb schwächer ausfällt, weil sich dort die Schatten beider Objekte in die Quere kommen. Nehmen wir beispielsweise einen Wandpunkt, von dem aus (durch unseren Würfel) nicht etwa die Leuchtfläche abgedeckt ist, sondern ein Teil der Pappe (der seinerseits schon die Leuchtfläche abdeckt). Dort fehlt insgesamt weniger Licht als an den Wandpunkten, wo sich die Schatten beider Objekte nicht in die Quere kommen, wo also beide Objekte gleichzeitig Licht von seinem Weg zur Wand abhalten (siehe Abb. III.5.6b).

Welche Wandpunkte sind demzufolge heller als der Rest der Wand? Diejenigen, die von gedachten Geraden getroffen werden, die ihrerseits sowohl durch die Würfelkanten als auch durch die Pappe verlaufen. Das sind die Punkte einer Projektion; projiziert werden dabei die Kanten des Würfels, und zwar von den »Strahlen«, die von der schwarzen Pappe ausgehen. Daher zeichnet die schwarze Pappe ein aufgehelltes Bild des Würfels auf die gegenüberliegende Wand.

Woher also kommt diese Helligkeit? Für orthodoxe Betrachter steht fest: Sie kommt von der diffusen Leuchtfläche – nicht etwa daher, dass der Würfel irgendwelche Finsternisstrahlen unterbricht (die angeblich von der schwarzen Pappe ausgehen).

Das Fehlen des Fehlens

§ III.5.7. Im vorigen Paragraphen habe ich eine komplizierte Geschichte erzählt, die den weißen Schatten des hängenden Würfels verständlich macht, ohne Zuflucht zu obskuren Finsternisstrahlen. Der weiße Schatten entsteht durchs passgenaue Fehlen des Fehlens von Lichtstrahlen. Der weiße Schatten ist gar nicht ganz weiß; er ist lediglich heller bzw. weniger dunkel als die insgesamt leicht abgeschattete Fläche, auf der er sich zeigt. Das betrachtete Experiment zwingt uns also nicht, Finsternisquellen anzunehmen.

Es zwingt uns nicht dazu, aber es legt dies zunächst einmal nahe.

Denn die unorthodoxe Erklärung des Experiments (mit Hilfe unterbrochener Finsternisstrahlen) ist einfacher als ihr orthodoxes Gegenstück, das ich mühsam durchdekliniert habe.

Man antworte darauf besser nicht, dass Einfachheit gleichgültig sei, jedenfalls in Fragen der Wissenschaft. Denn erstens waren sich die meisten Wissenschaftsphilosophen der letzten hundert Jahre darin einig, dass Einfachheit eine wichtige Rolle bei Entwicklung und Begründung naturwissenschaftlicher Theorien spielt, ja, spielen muss.

Und zweitens: Wer der Einfachheit abschwören möchte, lädt die Anhänger der Finsternis geradewegs dazu ein, alle *dunklen* Schatten durch das Fehlen des Fehlens von Finsternisstrahlen zu erklären. Was spricht dagegen? Abgesehen von liebgewordenen Gewohnheiten spricht dagegen zuallererst, dass wir uns nicht gern auf komplizierte Erklärungen einlassen möchten – vor allem dort nicht, wo sie sich vermeiden lassen.

Textbelege. Dass Einfachheit ein wichtiger Gesichtspunkt bei Begründung und Durchsetzung naturwissenschaftlicher Theorien ist, sagen viele Wissenschaftsphilosophen, z. B. Duhem [ZSPT]:290–293, Quine et al [WoB]:69–73. Die Gegenposition vertreten z. B. Bunge [MoS]:99–115 *et passim* und Popper [LF], Kapitel VII, insbes. § 41. Mehr zur Einfachheit im Kapitel IV.4.

Doppelt pragmatisch

§ III.5.8. Meine Frage war: Lässt sich die Heterogenität der Finsternis rein empirisch widerlegen? Herausgekommen ist eine negative Antwort. Die Heterogenität der Finsternis wäre widerlegt, wenn empirisch ausgeschlossen werden könnte, dass es Finsternisquellen gibt. Als wir so weit gekommen waren, habe ich Ihnen das Experiment der weißen Schatten präsentiert. Es lässt sich zwanglos mit Hilfe unterbrochener Finsternisstrahlen erklären; und nur mühsam findet man eine recht komplizierte Erklärung mit Hilfe (des fehlenden Fehlens) von Lichtstrahlen. Bis hierher geben also außerempirische Gesichtspunkte den Ausschlag – *zugunsten* von Finsternisquellen. Wie Sie gleich sehen werden, ist das aber nicht das Ende der Geschichte. Das Pendel wird gleich in die entgegengesetzte Richtung ausschlagen (und zwar abermals aufgrund außerempirischer Erwägungen).

Denken Sie nur an Experimente mit *schwarzen* Schatten. Dort steht es umgekehrt; dort bietet sich zwanglos die Erklärung mit Hilfe unterbrochener Lichtstrahlen an – und nur mit größter Gewalt fände man eine komplizierte Erklärung über Finsternisstrahlen. (Wie das? Lästig, aber banal: Man vertausche die relevanten Wörter aus der orthodoxen Erklärung in § III.5.6.)

Nun gibt es beide Phänomene: weiße Schatten und schwarze. Allerdings kommen in unserer Welt mehr schwarze als weiße Schatten vor. Das *müsste* nicht so sein (etwa dann nicht, wenn es fast keine punktförmigen Lichtquellen gäbe, sondern viel diffuses Licht). Aber es ist so – als Folge der Anfangsbedingungen. Daher werden wir nicht bereit sein, auf die orthodoxe Erklärung zu verzichten. Für sie sprechen nicht nur die heutige Physik und unsere Vorliebe fürs Althergebrachte, für sie spricht auch unsere Vorliebe für Einfachheit.

Alles in allem ist es also unvernünftig, nur an Finsternisstrahlen zu glauben und nicht an Lichtstrahlen; in unserer Welt jedenfalls. Damit haben wir zwar kein rein empirisches Argument gegen die Voraussetzung ($\overline{\text{K}}$), unter der sich die Heterogenität der Finsternis beweisen lässt:

($\overline{\text{K}}$) Sonnenlicht, farblose Helligkeit, Weiß usw. stellen keinen eigenen optischen Kausalfaktor dar; sie entstehen durch Abwesenheit optischer Wirkkräfte (durch Abwesenheit von Finsternisstrahlen).

Aber gegen diese Voraussetzung sprechen mindestens zwei Gesichtspunkte, die man *pragmatisch* nennen könnte – im Unterschied zu rein *empirischen* Gesichtspunkten. Erstens sprechen unsere Gewohnheiten aus Alltag und Physik gegen die Voraussetzung, und zweitens unser Sinn für Einfachheit. Da sich Gewohnheiten ändern können, messe ich dem ersten Gesichtspunkt nicht so viel Bedeutung bei wie dem zweiten.[503]

Nichtsdestoweniger liefert Einfachheit nur in *unserer* Welt Anhaltspunkte zugunsten der orthodoxen Sicht: Wie es sich trifft, ist unsere Welt eher dunkel als hell (§ III.5.3); zudem gibt es in ihr weniger diffuse Lichtquellen als punktförmige (oder doch eng abgezirkelte). Nur wegen beider Zufälle enthält sie mehr schwarze als weiße Schatten – nur deshalb fahren wir alles in allem schlechter, wenn wir auf ($\overline{\text{K}}$) setzen und weißes Licht als Nichts deklarieren.

Es mehren sich also die Anhaltspunkte dafür, dass das Schlagwort vom *Zufall* aus meiner Überschrift dieses TEILS III einen misslichen Zug der augenblicklichen Physik trifft: Zwar siegt die heutige Naturwissenschaft über die Dunkelheit, über ihre kausale Wirksamkeit und ihre Heterogenität. Aber dieser Sieg spiegelt nicht die Gesetzmäßigkeiten wider, die in unserem Universum immer herrschen, sondern nur die zufälligen Beleuchtungsverhältnisse, an die wir uns heutzutage gewöhnt haben. Es ist in doppelter Hinsicht ein zufälliger Sieg. Die Zufälle, auf denen er beruht, haben nicht allein mit irgendwelchen kontingenten Fakten der Menschheitsgeschichte zu tun (wie Napoleons Kriegen und deren Folgen für einige deutsche Wissenschaftler), sondern auch mit kontingenten Anfangsbedingungen (insbesondere der Beleuchtungsverhältnisse im Universum).

Ökumenische Lösung?

§ III.5.9. Bedeutet das Ergebnis des vorigen Paragraphen, dass Newton auf ganzer Linie gewonnen hat, wenn auch nur mit einer gehörigen Portion an Glück und Zufall? Keineswegs. Denn erstens ist die Alternative von der Heterogenität der Finsternis nicht empirisch widerlegt, sondern nur pragmatisch unattraktiv (d. h. unattraktiv angesichts unserer Gewohnheiten und Einfachheitsstandards). Damit hätte sich Newton nicht zufriedengegeben (§ I.4.2). Und zweitens muss mein pragmatisches Plädoyer gegen ($\overline{K}$) nicht automatisch auf ein Plädoyer zugunsten folgender newtonischer Gegenposition hinauslaufen:

(K) Schwarze Schatten, Finsternis, Dunkelheit usw. stellen keinen eigenen optischen Kausalfaktor dar; sie entstehen durch Abwesenheit optischer Wirkkräfte (durch Abwesenheit von Lichtstrahlen).

Wir müssen uns nicht zwischen (K) und ($\overline{K}$) entscheiden, nicht zwischen Licht und Finsternis. Wir *könnten* beide Faktoren als gleichberechtigte Kräfte der Optik ansehen.

Das hätte allerlei Vorteile, etwa bei der Erklärung von Schatten. Schwarze und graue Schatten könnten wir mit Hilfe unterbrochener Lichtstrahlen erklären, weiße Schatten mit Hilfe unterbrochener Finsternisstrahlen. Je nach Bedarf würden wir jedesmal bei der einfachsten Erklärung ankommen; öfter bei der orthodoxen Erklärung (weil in unserer Welt schwarze Schatten in der Mehrzahl sind), aber eben nicht immer. Genauso bei den Spektren: Beim Newtonspektrum könnten wir uns der Heterogenität des weißen Lichts bedienen, beim selteneren Goethespektrum ihres unorthodoxen Gegenstücks.

Die ökumenische Lösung hätte aber auch Nachteile.[504] Ihr zufolge gäbe es Lichtstrahlen *und* Finsternisstrahlen; vielleicht erscheint uns dieser – ontologische – Preis zu hoch. (Mehr zur ontologischen Sparsamkeit in § IV.4.5.)

Abgesehen davon ist es einfach, das Schlagwort von der Ökumene auszurufen; weniger einfach ist es durchzudeklinieren, worauf der Kompromiss hinauslaufen soll. Um die Vorzüge der Licht-Theorie mit denen der Finsternis-Theorie zu vereinigen, wäre ein völlig neuer Anlauf vonnöten. Goethe hat eine solche Vereinigung zwar bereits versucht, aber nicht erfolgreich; wie gehabt werde ich auf dieses Thema nicht eingehen – ich sehe keinen Weg, der hier Erfolge verspricht. Doch selbst wenn uns keine überzeugenden ökumenischen Vorschläge einfallen, kann die Ökumene immer noch ein attraktives Projekt bleiben. Was bis auf weiteres scheitert, muss nicht auf ewig scheitern. Daran werde ich im kommenden Paragraphen noch einmal erinnern.

Goethes berechtigtes Desiderat

§ III.5.10. Wie in der Einleitung skizziert, könnte Goethe an der augenblicklichen Front selbst dann recht behalten, wenn meine Untersuchung keinen überzeugenden Vorschlag dafür liefern sollte, wie eine symmetrische Optik zu fassen wäre (also eine Optik, der zufolge Licht und Finsternis gleichberechtigt wirken). Goethe behielte recht, weil er als erster den berechtigten Wunsch nach einer solchen Theorie geäußert hat (§ I.1.14–§ I.1.15). Mit der theoretischen Asymmetrie, die seit Newton in der Welt ist, mochte er sich angesichts der Symmetrie der optischen Phänomene nicht anfreunden. Diesen Gesichtspunkt der Überlegungen Goethes können wir plausibel finden, selbst wenn wir (noch) nicht wissen, wie er auszuarbeiten wäre; ich komme darauf zurück (§ IV.2.9k, § IV.8.8).

Es gibt noch einen dritten Grund, warum Newtons Partei nicht gewonnen hat, nachdem ich die unplausible Voraussetzung ($\overline{K}$) seiner unorthodoxen Gegner im Namen der Einfachheit zurückgewiesen habe. Er beruht auf einer neuen Serie überraschender Experimente, die der Maler Ingo Nussbaumer in den letzten Jahren angestellt hat. Auch ohne extravagante Annahmen zur Existenz von Finsternis kann man der newtonischen Theorie empirisch gleichberechtigte Alternativen gegenüberstellen; etwa die Lehre von der Heterogenität des Gelbs, Grüns oder Blaus.

Wie Sie sehen werden, lägen diese neuen Alternativen nahe, wenn das Universum anders beleuchtet wäre als *de facto*. Wenn der Himmel z. B. Tag und Nacht purpurn schiene, wenn also nicht Finsternis, sondern Purpur den Ton im Universum angäbe, dann läge die Heterogenität des Grüns nahe. Weil's im Universum zufälligerweise weniger farbenfroh zugeht (außer auf Erden in den Stunden der Dämmerung), verliert diese Alternative das Spiel; aus demselben Grund wurde sie erst vor kurzem entdeckt. Doch das ist wieder nur ein zufälliger Grund für den Sieg der Newtonianer. Die Einzelheiten der neuen Spektren werde ich zum kleingedruckten Abschluss dieses TEILS III dartun.[505]

* * *

Anhang:
Nussbaumers Entdeckung der unordentlichen Spektren

Eine farbwissenschaftliche Sensation

§ III.5.11. Ingo Nussbaumer hat im Jahr 1995 eine Reihe neuer prismatischer Farbphänomene entdeckt, die so sehr überraschen, dass sich die Frage nach einer Ordnung der Farbenwelt noch einmal neu stellt.[506] Newtons Spektrum bekommt abermals Konkurrenz, und diese Konkurrenz wirft einige Schatten auf die orthodoxe Theorie.

Auch die neuen empirischen Erkenntnisse, die ich gleich präsentieren werde, widerlegen weder Newtons Theorie noch deren moderne Nachfolger. Im Gegenteil, dem augenblicklichen Gedankengang kommt in nahezu allen Details dieselbe Struktur zu, die sich bislang gezeigt hat. Das bedeutet erstens: Alle neuen Experimente lassen sich mit Hilfe der herrschenden Lehre erklären; soweit die gute Nachricht für Newtons Gefolgsleute (§ III.5.16). Zweitens bedeutet es aber, dass die neuen Experimente *ebenso gut* für Alternativ-Theorien sprechen, die sich nicht mit Newtons Theorie vertragen (§ III.5.14). Das ist die frohe Nachricht für Goethes Gefolgsleute – genau wie Goethe wollen sie sich nicht dem Diktat der einen, objektiven Theorie beugen, die uns angeblich von der naturwissenschaftlichen Empirie aufgezwungen wird.[507]

Hier die leitende Idee der neuen Experimente. Nachdem Goethe in Newtons ursprünglichem Experiment die Rollen von Finsternis und weißem Licht vertauscht hat, gibt es zwei Spektren, die zunächst einmal (vor aller Theorie) gleichwertig sind. Newtons Spektrum beruht auf dem Schwarz/Weiß/Schwarz-Kontrast, Goethes Spektrum auf einem Weiß/Schwarz/Weiß-Kontrast. Nussbaumer wandelt auf Goethes Spuren und fragt: Wie ändern sich die Versuchsergebnisse, wenn wir (anstelle der unbunten Kontrastpaare aus Schwarz und Weiß) mit irgendwelchen bunten Kontrasten experimentieren?

Durch diese allgemeine Frage tut sich ein weites Feld für Experimente auf. Damit wir uns in der unabschaubaren Vielfalt der Ergebnisse nicht verlieren, werde ich mich auf die wichtigsten Experimente beschränken (die auch in Nussbaumers Arbeit einen besonderen Platz einnehmen): auf Experimente mit Kontrasten aus *Komplementär*farben. Das ist ein Spezialfall, in dem besonders aufregende und schöne Ergebnisse herauskommen.[508]

§ III.5.12. Was ergibt sich, wenn wir in den prismatischen Versuchen – anstelle von Schwarz und Weiß, Dunkelheit und Sonnenlicht – bunte Komplementärfarben einsetzen? Wie sieht z. B. ein Purpur/Grün/Purpur-Kontrast nach der Reise durchs Prisma aus? Neues Grundexperiment

Um den anvisierten Versuch vorzubereiten, erzeugt Nussbaumer eine schmale, grüne rechteckige Figur aus prismatischem Licht, die in ein breites Feld aus prismatischem Purpur eingebettet wird.[509] Er beginnt also nicht mit der newtonischen Ausgangssituation:

Schwarz
Weiß
Schwarz

sondern mit folgender Ausgangssituation:

Purpur
Grün
Purpur

Wer diese Konstellation durchs Prisma schickt, und zwar unter denselben Bedingungen, unter denen Newton in seinem ursprünglichen Experiment gearbeitet hatte, bekommt überraschenderweise ein neues Vollspektrum (Farbtafel 30, dritter Balken von links). Rein geometrisch gleicht es dem newtonischen Vollspektrum bis aufs Haar, doch seine Farben überraschen selbst gewiefte Fachleute. Daher kann man es mit Ingo Nussbaumer als *unordentliches* Vollspektrum bezeichnen:

EIN UNORDENTLICHES VOLLSPEKTRUM PURPUR/GRÜN/PURPUR
Rot
Gelb
Weiß
Türkis
Blau

Eingebettet ist dieses Spektrum in ein purpurnes Feld, das ich in meiner Übersicht weggelassen habe und nicht immer eigens erwähnen werde (so wie ich auch beim Newtonspektrum nicht immer eigens erwähnt habe, dass sich dessen blaues und rotes Ende außen im Schwarzen verlieren; dieses Schwarz wird nicht zum Newtonspektrum hinzugezählt).

Im neuen Spektrum begegnen uns einerseits altbekannte Spektralfarben, nämlich Rot, Gelb, Türkis und Blau. Andererseits taucht dort in der Mitte ganz deutlich eine neue Spektralfarbe auf, die wir bislang kaum als Spektralfarbe akzeptiert hätten: Weiß; ich habe das hervorgehoben.

Wie Nussbaumer nachgewiesen hat, können weiße und sogar schwarze Felder an die Stelle *jeder* Farbe aus Newtons Spektrum treten (je nachdem, welchen bunten Komplementärkontrast wir durchs Prisma senden, siehe §III.5.14). Die beiden unbunten Farben lassen sich nach genau denselben Spielregeln mischen, trennen, homogenisieren, synthetisieren und analysieren wie ihre bunten Kollegen bei Newton.

Heterogenität des Grüns

§III.5.13. Mit der letzten Feststellung habe ich angedeutet, auf welch ketzerische Gedanken uns die neuen Experimente bringen können. Das Ergebnis der Brechung eines purpur/grün/purpurnen Kontrasts bedeutet offenbar, dass wir eine Heterogenität des Grüns behaupten könnten:

(R)^G & (F)^G Grün ist heterogen und besteht aus roten, gelben, *weißen*, türkisen und blauen G-Strahlen (mit beliebig vielen Zwischenstufen).

Warum das? Die Logik entspricht der Logik aus Newtons ursprünglichem Experiment. Newton hat weißes Licht (vor schwarzer Umgebung) durchs Prisma gesandt, das sich spektral in seine Bestandteile auffächerte; Nussbaumer sendet grünes Licht (vor purpurner Umgebung) durchs Prisma – nach derselben Logik fächert es sich in seine divers refrangiblen Bestandteile auf. Dieser neuen Doktrin zufolge herrscht abermals eine Äquivalenz zwischen Farbe und Refrangibilität – aber schon wieder eine andere:

(R↕F)^G Jeder Farbe eines homogenen G-Strahls entspricht eine eigene Refrangibilität, d. h. ein eigenes Maß dafür, wie stark der fragliche G-Strahl beim Weg durchs Prisma abgelenkt wird: Die Refrangibilität roter G-Strahlen ist am größten, diejenige blauer G-Strahlen am geringsten.

Und so, wie laut Newton die Schwärze aus der Umgebung des weißen Lichts keinen eigenen optischen Kausalfaktor darstellt, so stünde es nach der neuen Doktrin mit dem Purpur:

(K)^G Purpur spielt bei den prismatischen Versuchen keine eigene Rolle (These der kausalen Unwirksamkeit des Gegenteils von Grün).

Newtons Grundexperiment lieferte nur einen Anhaltspunkt zugunsten seiner Theorie, keinen Beweis, wie ich ganz zu Beginn herausgestrichen habe (§ I.2.1). Analog auch hier: Das neue purpur/grün/purpurne Experiment liefert ebenfalls keinen Beweis (diesmal zugunsten der Heterogenität des Grüns), sondern wieder nur einen Anhaltspunkt. Doch wie sich zeigen lässt (§ III.5.16), gibt es auch ein *experimentum crucis* in einer purpurnen Kammer, und dem kommt dieselbe Beweiskraft zu, die Newtons *experimentum crucis* zukommt.

§ III.5.14. Zuletzt habe ich ein unordentliches Spektrum behandelt, das sich per Prisma aus einem grünen Streifen vor purpurnem Hintergrund hervorlocken lässt. Was ergibt sich, wenn man in Nussbaumers Experiment die Rollen von Purpur und Grün vertauscht? Auch Nussbaumer hat diese Frage gestellt. Er hat untersucht, was sich zeigt, wenn man folgende Konstellation durchs Prisma schickt

Aus drei mach acht

Grün
Purpur
Grün.

Dieses Manöver entspricht strukturell genau dem, was Goethe mit Newtons Experiment angestellt hat – Vertauschung von Hintergrund und Vordergrund (oder besser: von Bild- und Rahmenfarbe) in der experimentellen Ausgangssituation (Kapitel II.2). Wer das damalige Versuchsergebnis Goethes verinnerlicht hat, wird über das neue Versuchsergebnis kaum staunen. Hier wie da verwandelt sich jede Farbe des ursprünglichen Vollspektrums in ihr Gegenteil, in ihr Komplement; das zeigen die beiden rechten Spektren in Farbtafel 31. Hier ein schematischer Vergleich der bisherigen und der neuen Farben:

UNORDENTLICHES VOLLSPEKTRUM PURPUR/GRÜN/PURPUR	UNORDENTLICHES VOLLSPEKTRUM GRÜN/PURPUR/GRÜN
Rot	Türkis
Gelb	Blau
Weiß	Schwarz
Türkis	Rot
Blau	Gelb

Nach der inzwischen sattsam bekannten Logik legt das neue Versuchsergebnis (rechts in der Tabelle) wiederum eine neue Doktrin nahe – die Heterogenität des Purpurs. Ihr zufolge besteht Purpur aus divers refrangiblen Strahlen verschiedener Farbe ($(R)^P$ & $(F)^P$), während laut $(K)^P$ das Grün keinen optisch wirksamen Kausalfaktor darstellt. Und die zugehörige Äquivalenzthese $(R\updownarrow F)^P$ lässt sich mühelos aus der rechten Spalte ablesen.

Nussbaumer hat auch die anderen Paare von Komplementärfarben durchs Prisma gesandt. Dabei hat er vier weitere Spektren entdeckt:

UNORDENTLICHES VOLLSPEKTRUM ROT/TÜRKIS/ROT	UNORDENTLICHES VOLLSPEKTRUM TÜRKIS/ROT/TÜRKIS
Purpur	Grün
Weiß	Schwarz
Gelb	Blau
Grün	Purpur
Schwarz	Weiß

UNORDENTLICHES VOLLSPEKTRUM BLAU/GELB/BLAU	UNORDENTLICHES VOLLSPEKTRUM GELB/BLAU/GELB
Schwarz	Weiß
Grün	Purpur
Türkis	Rot
Weiß	Schwarz
Purpur	Grün

Alles das liefert das empirische Baumaterial für vier weitere Alternativ-Theorien zu Newtons Theorie:

Heterogenität des Türkis: $(R)^T$, $(F)^T$, $(R\updownarrow F)^T$, $(K)^T$.
Heterogenität des Rots: $(R)^R$, $(F)^R$, $(R\updownarrow F)^R$, $(K)^R$.
Heterogenität des Gelbs: $(R)^Y$, $(F)^Y$, $(R\updownarrow F)^Y$, $(K)^Y$.
Heterogenität des Blaus: $(R)^B$, $(F)^B$, $(R\updownarrow F)^B$, $(K)^B$.

Ohne viel Kopfzerbrechen kann man sich die hier nur benannten Sätze der fraglichen Theorien auf eigene Faust zusammenreimen; der Wahnsinn hat Methode. Und wer mitgezählt hat, weiß: Insgesamt existieren (einschließlich Newtons Theorie) mindestens acht genau gleich gebaute Theorien.

Um es zu wiederholen: Zwar widersprechen die neu formulierten *Theorien* eindeutig der newtonischen Theorie (ebenso wie deren modernen Nachfolgerinnen); aber die *Versuchsergebnisse* lassen sich allesamt newtonisch erklären (aus einer Verallgemeinerung des Goethe-Theorems, siehe § III.5.16). Schön – nur lassen sie sich genauso gut siebenfach anders erklären. Ich finde das philosophisch interessant. Noch interessanter ist etwas anderes: Nicht nur haben Newtons und Goethes Grundexperiment nun sechs unordentliche Verwandte, sondern dasselbe gilt ebenso fürs *experimentum crucis* wie für sämtliche andere Experimente mit Prismen, die wir von Newton und Goethe kennen (§ III.5.16). Zum Beispiel kann man den additiven RGB-Mischungsexperimenten Newtons insgesamt sieben Alternativen gegenüberstellen, siehe Farbtafel 32.

Wer sich in die vielfältigen Wechselbeziehungen vertieft, die zwischen den insgesamt acht Spektren und Theorien bestehen, kommt aus dem Staunen kaum heraus. Hier waltet eine mehrdimensionale hochsymmetrische Ordnung. Mehr dazu für Mathematiker und Physiker in den kommenden beiden Paragraphen.[510]

Gruppe $(S_2)^3$

§ III.5.15. Wir definieren eine Menge der acht Farben Rot, Grün, Blau, Türkis, Purpur, Gelb, Weiß und Schwarz, aus denen sämtliche Spektren bestehen können:

$F := \{R, G, B, T, P, Y, W, S\}$.

Die komplementäre Umkehrung, mit deren Hilfe Goethe alle newtonischen Errungenschaften zu verdoppeln wusste, kann als selbstinverse Permutation über F dargestellt werden:

$\pi_1 = (WS)\ (YB)\ (TR)\ (GP)$.

Ich wähle hier die zyklische Schreibweise für Permutationen; π_1 ergibt sich durch Hintereinanderschaltung von vier Farbtäuschen, technisch gesprochen als Produkt aus vier zwei-zyklischen Permutationen bzw. Transpositionen. Nun gibt es sechs weitere selbstinverse Permutationen über F, deren Anwendung auf Newtons Spektrum jeweils eines der von Nussbaumer entdeckten Spektren liefert. Hier ist eine von ihnen:

$\pi_2 = (WR)\ (BG)\ (TS)\ (YP)$.

Diese Permutation liefert uns ein Spektrum, das zur Heterogenität des Rots passt:

UNORDENTLICHES VOLLSPEKTRUM TÜRKIS/ROT/TÜRKIS
Grün
Schwarz
Blau
Purpur
Weiß

Andere Permutationen liefern andere Spektren. Betrachten Sie zum Beispiel:

$\pi_3 = (WB)\ (TP)\ (GR)\ (YS)$.

Angewandt auf Newtons Spektrum, liefert uns π_3 die Heterogenität des Blaus, also dies Spektrum:

UNORDENTLICHES VOLLSPEKTRUM GELB/BLAU/GELB
Weiß
Purpur
Rot
Schwarz
Grün

Jetzt kommt die gruppentheoretische Pointe: Schon durch Kombination der drei betrachteten Permutationen lassen sich sämtliche entdeckten Spektren erzeugen. Man braucht also nur drei Transformationen über der Menge der Farben zu kennen, um sämtliche existierenden Spektren zu erfassen.

In der Fachsprache der Mathematik bilden die drei hier dargestellten Permutationen eine Gruppe mit acht Elementen:

$(S_2)^3 = \{id; \pi_1; \pi_2; \pi_3; \pi_1 \cdot \pi_2; \pi_1 \cdot \pi_3; \pi_2 \cdot \pi_3; \pi_1 \cdot \pi_2 \cdot \pi_3\}.$

§ III.5.16. Woran liegt es, dass nicht nur die komplementäre Umkehrung à la Goethe zu respektablen Spektren führt, sondern auch die Permutationen, die ich im vorigen Paragraphen dargestellt habe? Und wie lässt sich zeigen, dass sich auf diese Weise nicht nur Newtons Grundexperiment unordentlich vermannigfachen lässt, sondern *alle* Experimente aus der geometrischen Optik? Beide Fragen lassen sich durch Verallgemeinerung von Goethes Theorem beantworten. Um das vorzubereiten, definiere ich nicht ohne Willkür drei Ausschnitte des Newtonspektrums so: Mehr Experimente

B: $= \{\lambda \mid 390\,\text{nm} \leq \lambda < 490\,\text{nm}\}$; Strahlen dieser Wellenlänge sehen der Tendenz nach *blau* aus.

G: $= \{\lambda \mid 490\,\text{nm} \leq \lambda < 600\,\text{nm}\}$; Strahlen dieser Wellenlänge sehen der Tendenz nach *grün* aus.

R: $= \{\lambda \mid 600\,\text{nm} \leq \lambda < 770\,\text{nm}\}$; Strahlen dieser Wellenlänge sehen der Tendenz nach *rot* aus.

Betrachten wir nun diejenige Permutation π_4, die Newtons Ausgangssituation (eines Schwarz/Weiß/Schwarz-Kontrasts) in eine der sechs Alternativ-Beleuchtungen am Prisma überführt, nämlich z. B. in den Kontrast Blau/Gelb/Blau:

$\pi_4 = \pi_1 \cdot \pi_3 = (WY)\ (BS)\ (TG)\ (RP).$

Um genauer herauszufinden, wie diese Permutation funktioniert, lasse ich sie einzeln auf Farben aus dem RGB-Mischungssystem los:

$\pi_4\,(W) = \pi_4\,(1R+1G+\mathbf{1B}) = 1R+1G+\mathbf{0B} = Y.$
$\pi_4\,(Y) = \pi_4\,(1R+1G+\mathbf{0B}) = 1R+1G+\mathbf{1B} = W.$
$\pi_4\,(B) = \pi_4\,(0R+0G+\mathbf{1B}) = 0R+0G+\mathbf{0B} = S.$
$\pi_4\,(S) = \pi_4\,(0R+0G+\mathbf{0B}) = 0R+0G+\mathbf{1B} = B.$
$\pi_4\,(T) = \pi_4\,(0R+1G+\mathbf{1B}) = 0R+1G+\mathbf{0B} = G.$
$\pi_4\,(G) = \pi_4\,(0R+1G+\mathbf{0B}) = 0R+1G+\mathbf{1B} = T.$
$\pi_4\,(R) = \pi_4\,(1R+0G+\mathbf{0B}) = 1R+0G+\mathbf{1B} = P.$
$\pi_4\,(P) = \pi_4\,(1R+0G+\mathbf{1B}) = 1R+0G+\mathbf{0B} = R.$

Aus dem Inneren dieser acht Gleichungsketten kann man ermessen, welchen optischen Algorithmus die Permutation π_4 durchführt; ich habe die entscheidende Komponente fett hervorgehoben. Die Permutation tastet den

Rot- und Grün-Anteil einer RGB-Farbe nicht an *und dreht ausschließlich ihren Blau-Anteil um.* Wo Blau vorkam (»1B«), fehlt Blau nach Anwendung der Permutation (»0B«); und wo Blau fehlte, wird es durch die Permutation in die entstehende Farbe eingebracht. Anders als bei der Umkehrungs-Permutation π_1 wird jetzt also nicht das *gesamte* Spektrum umgedreht, sondern nur *sein blauer Teil.*

In der Begrifflichkeit der Beleuchtungsdichten (aus dem Beweis für Goethes Theorem in § II.5.31) bedeutet dies:

$K^{neu}(\lambda, p_1, p_2) = K(\lambda, p_1, p_2)$ *für alle* $\lambda \notin B$.

$K^{neu}(\lambda, p_1, p_2) = 0\ cd/m^2$ für alle $\lambda \in B$ mit $K(\lambda, p_1, p_2) = K_{max}$.

$K^{neu}(\lambda, p_1, p_2) = K_{max}$ für alle $\lambda \in B$ mit $K(\lambda, p_1, p_2) = 0\ cd/m^2$.

Der ersten Bedingung dieser Festlegung zufolge verändert die neue Transformation außerhalb des blauen Bereichs nichts an der ursprünglichen Beleuchtungsdichte K. Die beiden anderen Bedingungen funktionieren genauso wie zuvor im Beweis des Theorems; was angeschaltet war, wird ausgeschaltet und umgekehrt.

Für den Beweis spielt es keine Rolle, ob *sämtliche* Wellenlängen komplementär umgedreht werden (wie per π_1 in § II.5.31) oder nur einige, etwa nur diejenigen aus dem blauen Teil des Spektrums (wie bei π_4). Nun liegt es auf der Hand, dass sich die teilweise – im Blauen stattfindende – Umkehrung der Beleuchtungsdichten ganz genauso durch jedes beliebige newtonische Experiment auf allen Lichtpfaden fortpflanzt wie die *vollständige* Umkehrung. Die durch K^{neu} beschriebene Änderung der Beleuchtung gilt nicht nur auf den Lichtpfaden bis zum ersten Knick in p_2, sondern für beliebige Pfadabschnitte von p_i zu p_j.

Das bedeutet: Wer das Licht der Lampen eines beliebigen newtonischen Experiments nicht *komplett* umkehrt (wie Goethe), sondern nur teilweise (wie Nussbaumer), dessen *Versuchsergebnisse* sind nicht komplett komplementär, sondern auch nur partiell komplementär. Da diese Betrachtung nicht vom gewählten Ausschnitt B des sichtbaren Spektrums abhängt, sondern für beliebige solche Ausschnitte funktioniert, gibt es nicht nur acht, sondern unendlich viele Sammlungen von optischen Experimenten und Theorien.

Teil IV

Philosophische Diagnose: Unterbestimmtheit

Kapitel IV.1.
experimentum crucis oder Unterbestimmtheit?

Rückblick; Leitfrage für den Rest

§ IV.1.1. Im TEIL I habe ich Newton verteidigt und dargelegt, dass man aus seinem *experimentum crucis* mehr herausholen kann, als er selber gemeint hat – seine gesamte Theorie folgt nahezu zwangsläufig aus diesem einen Experiment.

Im TEIL II habe ich Goethe verteidigt und dargelegt, wie man aus seiner Vermannigfaltigung der Phänomene mehr Munition gegen Newton gewinnen kann, als Goethe für nötig gehalten hat – es gibt (mindestens) eine Alternative zu Newtons Theorie, die ihrer Beweislogik folgt, aber ihrem Gehalt diametral widerspricht.

Im TEIL III habe ich der Schicksalsgöttin über die Schulter geschaut und herausgearbeitet, auf welche Zufälle es zurückzuführen ist, dass unser Denken über die Spektralfarben bis heute von Newtons Theorie geprägt wird. Newtons Sieg wirkt fast wie ein Hauptgewinn im Lotto: Einerseits gibt es zahllose Konkurrentinnen der newtonischen Theorie, die deren Beweislogik folgen, aber ihrem Gehalt widersprechen. Andererseits wurden sie erst entdeckt, lange nachdem Newtons Theorie schon fest im Sattel saß; dass sie so spät entdeckt wurden, lag an den zufälligen Beleuchtungsverhältnissen in unserem Universum. Und schließlich fanden die vernünftigen Argumente, die für die Gleichberechtigung aller dieser Theorien sprechen, bis heute zufälligerweise kein Gehör.

Im letzten Teil meiner Untersuchung möchte ich einen wissenschaftsphilosophischen Gedanken an die erzielten Resultate anknüpfen, der sich aufdrängt. Die zentrale Frage der Wissenschaftsphilosophie lautet: Wie hängen naturwissenschaftliche Empirie und Theorie zusammen, und wie sollten sie zusammenhängen? Bestimmen die Versuchsausgänge und Beobachtungen in einem Phänomenbereich eindeutig unsere Theorie, die dann zu Recht den Titel *der* einen, richtigen Theorie führen müsste?

Wie Sie gesehen haben, verfochten Newton und Goethe in aller Entschiedenheit konträre Ansichten zu diesem Thema; Newton plädierte am Beispiel der Optik für eindeutige Beweisbarkeit der Theorie, und Goethe widersprach. *Dieser* Streit dreht sich nicht um die optische Sache selbst; er spielt sich auf einer höheren Ebene ab: auf der Ebene von Erkenntnistheorie und Wissenschaftsphilosophie. Hier gewinnt Goethe, wie ich zeigen möchte. (Dass Goethes Protest gegen Newtons Theorie obendrein auch auf der Sachebene nicht ganz unberechtigt war, steht auf einem anderen Blatt; ich habe das in der Einleitung angedeutet und werde darauf im Ausblick zurückkommen.)

Unterbestimmtheit

§ IV.1.2. Aus gegenwärtiger Sicht der Wissenschaftsphilosophie bieten Newtons Beweisthese und Goethes Gegenthese Beispiele für denkbare Positionen in einem allgemeineren Streit: im Streit um die sogenannte Unterbestimmtheitsthese (»underdetermination thesis«). Der Name dieser These geht auf den amerikanischen Philosophen Quine zurück. Sie besagt, dass Theorien nicht eindeutig durch Empirie bestimmt sind, weder per Beweis noch sonstwie. Quine hat sich für diese These seit Mitte des vergangenen Jahrhunderts eingesetzt und viel Gewese darum gemacht. Andere Denker wie z. B. Duhem haben schon vor Quine ganz ähnliche Thesen verfochten, aber mit weniger Pomp.

Seit Quines Kampagne ist der Streit um solche Thesen erst richtig in Schwung gekommen. Er tobt bis auf den heutigen Tag. Wie sich in der philosophischen Debatte herausgestellt hat, muss man beim Streit über die Unterbestimmtheit von Theorien sorgfältig zwischen etlichen Positionen differenzieren. Aus diesen Differenzierungen, die so bezeichnend sind fürs philosophische Klima unserer Zeit, möchte ich für die Kontroverse zwischen Goethe und Newton Kapital schlagen. Meiner Ansicht nach kann uns die wissenschaftsphilosophische Positionsvielfalt der vergangenen fünfzig Jahre verstehen helfen, worum es in der philosophischen Kontroverse zwischen meinen beiden Heroen geht oder doch gehen sollte. Bislang steht sie uns nur in der vagen Fassung vor Augen, die ihr von Newton und Goethe gegeben worden ist. Worin die Kontroverse genau bestehen soll, muss aber noch geklärt werden. Einerseits droht beiden Streitparteien die Gefahr, in Belanglosigkeiten abzurutschen – andererseits droht beiden die Gefahr übertriebener Radikalität. Die zwei Gefahren sind Gegenstand dieses Kapitels; wie ich hier und in den folgenden Kapiteln zeigen will, lassen sie sich mit philosophischen Feindifferenzierungen bannen. Erst dadurch wird die Kontroverse richtig spannend.

Das ist aber nicht der einzige Gewinn, den ich mir davon verspreche, die neuere wissenschaftsphilosophische Debatte mit dem Konflikt zwischen Goethe und Newton zusammenzubringen. Nicht nur wirft sie frisches Licht auf diesen Konflikt – umgekehrt wird auch sie von dem Konflikt in neues Licht getaucht. Meiner Ansicht nach mangelt's ihr an gründlich ausgearbeiteten Beispielen. Dem abzuhelfen, ist eines der Ziele, die ich mit meiner Untersuchung verfolge. Der Konflikt zwischen Newton und Goethe eignet sich hierfür besonders gut. Ich habe ihn in den zurückliegenden Kapiteln von allen Seiten beleuchtet. Hat sich die Mühe gelohnt? Wenn ja, so müsste das, was dabei in Sachen Optik herausgekommen ist, konkretes Material für die Debatte über Unterbestimmtheit liefern; und dadurch würde das schwindelerregende Abstraktionsniveau dieser Debatte auf ein erträgliches Maß absinken.

§ IV.1.3. Nach nahezu einhelliger Meinung heutiger Kommentatoren war Newton bei weitem zu ehrgeizig, als er den wasserdichten Beweis seiner Theorie ausrief, und das auch noch auf Basis eines einzigen Experiments.[511] Im TEIL I habe ich versucht, Newton in dieser Sache so viel Schützenhilfe zu geben wie nur möglich; *ganz* gereicht hat das freilich nicht: Hinter Newtons Schlussfolgerungen aus dem *experimentum crucis* verbergen sich einige Voraussetzungen, die man bestreiten kann.

Wer war radikal, wer trivial?

Dass die Sache so ausgehen würde, dürfte die wenigsten überrascht haben. Der Widerspruch gegen eindeutige Beweisansprüche à la Newton versteht sich heute von selbst; er ist fast schon zum Gemeinplatz verkommen.

Doch wenn das alles wäre, müsste in Sachen *Goethe contra Newton* ein Gefühl von Verblüffung zurückbleiben. Immerhin hat sich nach

Newtons optischen Triumphen im 18. Jahrhundert als erster Goethe vorgewagt, um die newtonischen Beweisansprüche anzugreifen; dieser erkenntnistheoretische Strang durchzieht seine gesamte *Farbenlehre*. Muss es uns da nicht verblüffen, dass beim informierten Publikum trotzdem Goethe als Verlierer des Streits gilt und Newton als strahlender Sieger? Kann es denn stimmen, dass Goethes Protest nur auf belanglose Selbstverständlichkeiten hinausläuft, jedenfalls aus heutiger Sicht?

Um die Verblüffung loszuwerden, wird man vielleicht behaupten, dass die Informanten des Publikums ihren Goethe nicht gründlich genug gelesen hätten. Aber ich glaube, dass das nicht stimmt; oder jedenfalls nur zum Teil. Selbst vielen flinken Lesern der *Farbenlehre* dürfte aufgefallen sein, dass dort etwas extrem Radikales vor sich geht – und zwar nicht nur in Goethes eigenem Entwurf auf der Sachebene, sondern auch methodologisch, ja: philosophisch.

Und damit schlägt das Bild plötzlich um. Wer einen radikalen Goethe als Verlierer der Debatte ausruft und dessen Radikalität widersteht, sich also auf Newtons Seite schlägt, der bedarf keiner Kühnheit – ihm droht allenfalls die Gefahr, durch Gemeinplätze zu langweilen. Doch wie kann das sein? Verfechten jetzt also plötzlich diejenigen Gemeinplätze, die sich auf Newtons Seite wiederfinden? Habe ich den augenblicklichen Paragraphen nicht mit dem glatten Gegenteil dieser Diagnose angefangen?

Bevor ich die Frage im übernächsten Paragraphen beantworte, will ich einige weitere Gründe dafür durchgehen, dass Goethes *Farbenlehre* den Anschein von Radikalität bietet.

Vertiefungsmöglichkeit. Die in diesem Paragraphen diagnostizierte Verwirrung geistert durch die Literatur. So ist es Goethes Psychoanalytiker Eissler entgangen, dass sich Newton methodologisch viel weiter aus dem Fenster gelehnt hat, als im abgeklärten 20. Jahrhundert vernünftig schien; Eissler schreibt, vermeintlich *gegen* Goethe, dass die Naturwissenschaft *Hypothesen* und Theorien benötigt.[512] Dadurch bringt Eissler den gesamten Streit durcheinander. Denn Newton hätte das bestritten (§ I.4.2), wie Goethe mit Recht monierte (§ II.1.10, § III.3.6). Ich werde auf Eisslers Fehldiagnosen noch einmal zurückkommen (§ IV.7.3). Sie mögen psychoanalytisch versiert sein, sind aber philosophisch blind, will sagen: blind für die Vielfalt respektabler philosophischer Positionen.

Gründe für den Anschein von Radikalität

§ IV.1.4. Ich habe im vorigen Paragraphen einen einzigen Grund dafür genannt, dass Goethe-Leser die *Farbenlehre* verstörend radikal gefunden haben: seine Radikalität auf der erkenntnistheoretischen Ebene. Es mag weitere Gründe geben, ich nenne nur drei. Wie Sie sehen werden, fallen sie nicht groß ins Gewicht.

Erstens mag man Goethes Lehre auf der Sachebene radikal und verstörend finden, weil darin Konzepte vorkommen, die aus heutiger Sicht wenig Sinn haben – etwa das Konzept des Trüben. Ich lasse dieses Thema weiterhin aus dem Spiel (wie in der Einleitung angekündigt, § I.1.13) und behaupte: Selbst wenn Goethes eigene Lehre *sachlich* weniger verstörend wäre, bliebe bei vielen Lesern die *erkenntnistheoretische* Verstörung bestehen.

Zweitens mag man die Tatsache verstörend finden, dass sich ausgerechnet ein Dichter gegen den Konsens fast aller Physiker seiner Zeit gestemmt hat. Nun haben wir uns daran gewöhnt, strikt zwischen Kunst und Wissenschaft zu trennen; in Goethes Tagen war das keine Selbstverständlichkeit. Jedenfalls konnte ein und dieselbe Person auf beiden Feldern tätig sein. Und warum auch nicht?

Der dritte Grund hat mit Goethes polemischer Wortwahl zu tun, die sich meiner Ansicht nach am stärksten nicht im sog. polemischen Teil zeigt, sondern im sog. historischen Teil.[513] Wie sehr müssen wir uns von Goethes Wortwahl irritieren lassen? Bedenken Sie: Auch zu Newtons Zeiten sind wissenschaftliche Kontrahenten nicht immer so sachlich miteinander umgegangen, wie wir's in unserer abgeklärten Zeit gewohnt sind und richtig finden. Beispielsweise schrieb Newton am Ende seiner Auseinandersetzung mit Lucas:

> Sie wollen mir einen neuen Streit *aufnötigen*, indem Sie mich der *Rechthaberei* zeihen und indem Sie jetzt ausgerechnet Ihre neuen Einwände als das bezeichnen, worauf es Ihnen zuallererst ankommt usw. Ich habe Ihnen angeboten, von Ihren unzähligen Einwänden diejenigen beiden zu beantworten, die Sie für die besten halten; dies Angebot *verschmähen* Sie – als ob es *verboten* wäre (Ihr Ausdruck), wenn ich überhaupt nicht antwortete. Ist es denn normal, sich gegenseitig Debatten *aufzunötigen*? *Und bin ich verpflichtet, Sie zufriedenzustellen?* Offenbar reichte es Ihnen nicht, allerlei Einwände vorzubringen; nein, Sie mussten mich obendrein für meine angebliche Unfähigkeit *beschimpfen*, sie allesamt

> zu beantworten. Selber aus ihnen die besten auszusuchen, haben Sie sich offenbar nicht zugetraut. Woher wollen Sie denn wissen, dass ich Sie nicht *viel zu schwach* für eine Antwort finde? Nur um Ihre *Aufdringlichkeit* zu stillen, wollte ich mich auf einen oder zwei Ihrer Einwände konzentrieren. Warum kommen Sie überhaupt nicht auf die Idee, dass mich andere Pflichten davon abhalten, mich mit Ihnen herumzuschlagen? Es hat keinen Sinn, alles das noch weiter auseinanderzusetzen oder sich darüber zu streiten. Daher beschränke ich mich auf diese privatbrieflichen Andeutungen [...] Hoffentlich berücksichtigen Sie zukünftig, dass ich keine Lust darauf habe, mich mit Ihren Anliegen öffentlich auseinanderzusetzen; und bitte gehen Sie in Zukunft redlicher mit mir um.[514]

Zwar wurde dieser Brief damals nicht veröffentlicht; aber auch in Newtons frühen Publikationen finden sich ähnliche Entgleisungen. Huygens behandelte er wie einen ungezogenen Schuljungen.[515] Und er beleidigte seinen Gegner Hooke.[516] Sogar seine Komplimente trieften von Gift. Erst erwähnte er Hookes Verdienste in der optischen Forschung, um dann in vorgeschützter Bescheidenheit hinzuzufügen:

> Sollte ich weiter geblickt haben, dann nur, weil ich auf den Schultern von Riesen stand.[517]

Klingt nett, wurde oft zitiert, ist aber nicht die feine englische Art gewesen; Hooke war kleinwüchsig und hatte einen Buckel.[518] Einige Leser Newtons haben ihn angesichts solcher Verhaltensweisen sogar für geisteskrank erklärt.[519] Vielleicht hatte er sich in seinen Exzessen alchimistischer Experimente mit Quecksilber vergiftet.[520] Möglicherweise litt er auch an Depressionen.[521]

Doch zurück zu Goethe. Selbst wenn wir die schärfsten Formulierungen aus seiner *Farbenlehre* strichen, bliebe der Eindruck von Radikalität zurück. Laut meiner Diagnose liegt das zuguterletzt doch an der radikalen Wissenschaftsphilosophie und Erkenntnistheorie, die in der *Farbenlehre* steckt (genau wie in § IV.1.3 vermutet).

Ob ich hiermit richtig liege oder nicht – davon hängt für den Rest der Untersuchung nicht viel ab. Denn mit der Diagnose wollte ich die bevorstehenden Überlegungen motivieren, nicht begründen. Mir geht es weniger darum, was wirklich in der *Farbenlehre* steckt, als um das, was wir aus ihr lernen können.

§ IV.1.5. Wer erhob radikalere erkenntnistheoretische Ansprüche – Newton oder Goethe? Diese Verwirrung aus dem vorletzten Paragraphen beruht auf Grobheit. Die widerstreitenden Positionen müssen feiner differenziert werden, dann wird die Sache verständlich. Es bringt uns also nichts, Newton auf die Maximalposition und Goethe auf die Minimalposition festzunageln, wie ich sie in TEIL I und II aus den Schriften der beiden extrahiert habe. Zwar hat Newton wieder und wieder so etwas behauptet wie:

Bitte, differenzieren!

[R_{ec}] Das *experimentum crucis* liefert einen Beweis für den Teil (R) der newtonischen Theorie, dem zufolge weißes Sonnenlicht eine heterogene Mischung aus divers refrangiblen Lichtstrahlen ist (§ I.2.10).

Aber im Lichte heutiger Feinheiten wird seine Position weniger angreifbar, wenn wir ihm eine weniger radikale Position zuschreiben; das wäre dann auch die Position, die in den Augen der meisten den Sieg über Goethe davongetragen hat.

Analog (nur mit umgekehrten Vorzeichen) bei Goethe. In der Tat hat Goethe wieder und wieder so etwas behauptet wie:

[$\overline{R}_{ec}$] Das *experimentum crucis* liefert *keinen* Beweis für den Teil (R) der newtonischen Theorie.[522]

Wie bei Newton, so mit umgekehrten Vorzeichen bei Goethe. Im Lichte heutiger Feinheiten gewinnt sein Unterfangen an Brisanz, wenn wir darin eine radikalere Behauptung ausmachen (also den *Widerspruch* gegen eine weniger radikale Position). Wenn ich recht liege, versteckt sich diese Radikalität in Goethes *Farbenlehre* und ist von etlichen Lesern vage gespürt worden. Goethes radikale Position muss ans Tageslicht gezerrt werden. Das werde ich hier im TEIL IV anpacken. Erst wenn sie in voller Beleuchtung vor uns steht, können wir uns fragen, was von ihr zu halten ist.[523] Nach herrschender Meinung hat sie klar gegen die abgeschwächte Position verloren, die Newton zugeschrieben werden sollte. Doch ob die herrschende Meinung darin recht hat, ist in meinen Augen völlig offen (Kapitel IV.6).

Grundidee des weiteren Vorgehens

§ IV.1.6. Die im vorigen Paragraphen enthüllten Ziele meiner Untersuchung werde ich folgendermaßen ansteuern. Indem ich Newtons Position differenziert abschwäche und zugleich Goethes Position differenziert radikalisiere, soll der Streit zwischen meinen beiden Helden spannender werden.

Ein fair balancierter Kompromiss wird bei alledem nicht herauskommen. Zwar werde ich die Sache nicht bis zur Entscheidung vorantreiben (weil's uns in entscheidenden Fragen an Wissen mangelt und stets mangeln wird). Aber mein Gedankengang wird eher in radikale Richtungen fortschreiten; zugunsten eines Goethe, dessen Radikalität viele noch heute verstört.

Um Missverständnissen vorzubeugen, noch eine ausdrückliche Warnung, die für den gesamten Rest meiner Untersuchung gelten soll. Wenn ich von nun an die Position Newtons abmildere oder Goethes Position radikaler fasse und dabei allerlei heutige Differenzierungen ins Spiel bringe, so tue ich dies am Ende ohne exegetische Absichten und ohne exegetische Garantien. Vielmehr tue ich es deshalb, weil ich an der Sache selbst interessiert bin; was meine Gewährsleute in Wirklichkeit gedacht haben, ist demgegenüber weniger wichtig. So viel Anachronismus muss sein.

Zurück zur Crux

§ IV.1.7. Im Rest dieses Kapitels möchte ich einige Auffassungen dessen unterscheiden, was jemand leisten muss, der zugunsten seiner naturwissenschaftlichen Theorie ein *experimentum crucis* lancieren will.

Bislang habe ich den lateinischen Ausdruck *experimentum crucis* einfach nur als Namen eines ganz bestimmten Experiments eingesetzt (als Namen für Newtons prominentesten Versuch). Doch schwingen in dem Ausdruck allerlei erkenntnistheoretische Untertöne mit, und die müssen wir auseinanderhalten.

Einerseits kann man den Ausdruck normativ verstehen, andererseits deskriptiv. Unter normativen Vorzeichen liefert das fragliche Experiment rational überwältigende *Gründe* – unter deskriptiven Vorzeichen erweist es sich als durchschlagende (psychologische oder soziologische) *Ursache* für die tatsächliche Durchsetzung einer Theorie.

Auf das deskriptive Verständnis des Ausdrucks möchte ich nicht weiter eingehen. Wissenschaftsgeschichtler wie Shapiro widmen ihm den Großteil ihrer Aufmerksamkeit, wie ich gleich im Kleingedruckten belegen werde. Doch Newton beanspruchte mit seinem *experimentum crucis* mehr, als im richtigen ideengeschichtlichen Augenblick mit dem zufällig gerade psychologisch wirksamen Experiment aufwarten zu können. Er wollte seine Theorie unabhängig von ideengeschichtlichen Zusammenhängen *beweisen*, und das ist ein normativer Anspruch. Dieser Anspruch ist ein Thema für die Wissenschaftsphilosophie – und für den Rest meiner Untersuchung.

Textbeleg zum deskriptiven Verständnis des Ausdrucks »experimentum crucis«. Shapiro schreibt mit Blick auf ein bestimmtes Experiment von Desaguliers:

> Wie ich zeigen werde, führte die Herausforderung durch Leibniz *nur deshalb* zu einem *experimentum crucis*, weil die Ergebnisse aus Newtons einfachstem Experiment und ein wesentlicher Teil seiner Theorie – nämlich derjenige über die Refrangibilität – bereits akzeptiert waren.[524]

Dies ist eine wissenschaftsgeschichtliche Behauptung, keine normative. Shapiro legt Wert darauf, den lateinischen Ausdruck (bzw. dessen englische Übersetzung *crucial test* oder *crucial experiment*) als generellen Term aufzufassen, um ihm vom singulären Term »das *experimentum crucis* [des Isaac Newton]« abzugrenzen (vergl. Shapiro [GAoN]:75/6, 79, 107/8, 118/9). Auch der singuläre Term, der ein ganz bestimmtes Experiment bezeichnet, hat bei Shapiro deskriptive Konnotation, da man damit das fragliche Experiment selbst dann bezeichnen kann, wenn es im normativen Sinne kein beweislich gelungenes *experimentum crucis* sein sollte.

Naturforschung am Scheidewege

§ IV.1.8. Normativ betrachtet müsste ein *experimentum crucis* (im Falle seines günstigen Ausgangs) den entscheidenden Beweis zugunsten der Theorie liefern, um die es geht. Die gemeinte *crux* hat man sich vermutlich so vorzustellen wie eine Wegkreuzung oder Weggabelung; das Versuchsergebnis bietet dort einen Wegweiser. Sobald man ihn sieht, steht fest, in welcher der beiden Richtungen die Reise weitergehen soll.[525] Und so wie die endgültige Reiserichtung vor der Kreuzung noch offen war, so auch beim *experimentum crucis*: Vor dessen Durchführung muss das Schicksal der Theorie offen sein, und erst das Experiment entscheidet, ob die Theorie verworfen oder angenommen werden muss. Falls ein *experimentum crucis* misslingt, spricht es also gegen die Theorie, auf die der Experimentierende setzt; falls es gelingt, spricht es für sie. Das dürfte die Sichtweise sein, die Newton einnahm.

Es ist fast schon eine Binsenweisheit der Wissenschaftsphilosophie des 20. Jahrhunderts, dass Experimente falsifizierende Kräfte haben können.[526] Inwiefern ein Experiment (im Fall seines negativen Ausgangs) *gegen* die Theorie des Experimentierenden sprechen kann, ist also nicht schwer zu verstehen.

Natürlich kann das Experiment auch gegen irgendeine andere Theorie sprechen, etwa gegen die Theorie, die der schärfste Gegner des Experimentierenden verficht. Aber selbst wenn das Experiment gegen sie spricht, ist damit *für* die eigene Theorie nichts gewonnen.[527] Denn selbst dann könnten andere Alternativ-Theorien stimmen als diejenige, die das *experimentum crucis* aus dem Spiel geworfen hat. Und es gibt im Prinzip beliebig viele Alternativen zu einer Theorie.[528]

Das legt folgende Frage nahe: Wie soll ein *experimentum crucis* die positiven Leistungen erbringen, die Newton ihm zugetraut hat? Newton zufolge kommt dem Experiment positive Beweiskraft zu; die bloß negative Kraft der Widerlegung gegnerischer Theorien reichte ihm nicht. Wie schwer es ist, Newtons hohen Anspruch einzulösen, wird im kommenden Paragraphen zutage treten.

Drei Arten Logik

§ IV.1.9. Wie könnte ein positiver Beweis aussehen, den uns Newton mit seinem *experimentum crucis* verheißen hat? Ich habe das im Kapitel I.5 exemplarisch vorgeführt. Die Prämissen des Beweises kommen aus den Beobachtungen im Experiment, den Rest besorgt die Logik.

Welche Logik? An dieser Frage scheiden sich die Geister. Es gibt Logiken für deduktive, Logiken für induktive und Logiken für abduktive Schlüsse (§ I.4.1k). Deduktive Schlüsse führen zu Konklusionen, deren Gehalt nicht über den Gehalt der Prämissen hinausgeht. Die Konklusion eines induktiven Schlusses geht dagegen *quantitativ* über den Gehalt ihrer Prämissen hinaus (indem sie z. B. eine *immer* geltende Gesetzmäßigkeit formuliert, obwohl in den Prämissen nur *einige* Beobachtungen wiedergegeben sind). Und die

Konklusion eines abduktiven Schlusses geht *qualitativ* über den Gehalt ihrer Prämissen hinaus; genauer gesagt, sie verlässt den qualitativen Rahmen der Beobachtungen mit Hilfe neuer – theoretischer – Begriffe (indem sie z. B. von unbeobachtbar winzigen Dingen handelt, obwohl in den Prämissen nur beobachtbare Verhältnisse beschrieben sind).

Mit Meilenstiefeln habe ich eben ein weites Feld durchschritten, auf dem sich die Wissenschaftsphilosophen in den letzten hundert Jahren ausgetobt haben. Was haben sie dabei erreicht? Meiner Ansicht nach ist es fair zu sagen, dass uns weder die Schlussprinzipien der induktiven noch die der abduktiven Logik klar vor Augen stehen. Zu beidem gibt es viele raffinierte Vorschläge, doch weder hier noch dort fand sich so etwas wie ein Konsens in den Grundlinien. Anders bei der deduktiven Logik, die seit hundert Jahren gut durchschaut ist und geradezu banal wirkt.[529]

Warum deduktive Schlüsse aus Beobachtungen nicht reichen

§ IV.1.10. Wer heutzutage positive Schlüsse aus Experimenten und Beobachtungen ziehen will, so wie Newton es vorhatte, muss sich für eine Logik entscheiden, also sagen, ob er's mit deduktiver Schlichtheit halten will oder mit induktivem bzw. abduktivem Tiefsinn. Unter den verschiedenen Logiktypen nimmt die deduktive Logik eine Sonderstellung ein; allein sie kann als verstanden gelten – und als unkontrovers.

Rein deduktiv führt jedoch kein Weg von Experiment und Beobachtung zur Theorie; weder im Fall der Optik noch sonstwo. Warum nicht? Schon deshalb nicht, weil die Theorie auch in Zukunft gelten soll, die Beobachtungen aber nur bis zur Gegenwart reichen. Ich habe diesem Problem im TEIL I dadurch Rechnung zu tragen versucht, dass ich zusätzliche Prinzipien hinzugezogen habe wie z. B. das Prinzip von der Naturkonstanz (§ I.5.9).

Man kann das Prinzip entweder unter die Prämissen des anvisierten Beweises einreihen; dann bleibt der Beweis deduktiv (wird aber voraussetzungsreicher). Oder man rüstet die Beweislogik auf, indem man zu ihren deduktiven Schlussprinzipien ein weiteres Schlussprinzip hinzufügt; dann wird der Beweis induktiv (stützt sich aber weiterhin nur auf empirische Voraussetzungen). Beide Wege führen zum selben Ergebnis. Welchen Weg wir wählen, ist für meine Zwecke nicht wichtig. Ich werde den ersten Weg weiterverfolgen, weil ich es einfacher finde, im Rahmen des gut verstandenen deduktiven Modells vorzugehen. Wer den zweiten Weg vorzieht, kann alle meine Überlegungen in die von ihm bevorzugte Redeweise übersetzen. (Wie das zu bewerkstelligen ist, werde ich in § IV.1.12k illustrieren.)

Bedingungen der Möglichkeit empirischer Naturerkenntnis

§ IV.1.11. Was ich im vorigen Paragraphen am induktiven Prinzip der Naturkonstanz vorgeführt habe, funktioniert auch bei anderen Zusatzprinzipien, etwa bei abduktiven Prinzipien der Kausalität (wie z. B. »Keine Veränderung ohne Ursache«). Entweder werden die Zusatzprinzipien unter die Prämissen des gesuchten – dann deduktiven – Beweises eingereiht oder unter die Schlussprinzipien des – dann induktiven oder abduktiven – Beweises.

Nun könnte es so wirken, als hätte ich der Willkür Tür und Tor geöffnet. Habe ich einfach erlaubt, einen nicht funktionierenden deduktiven Schluss (von Beobachtungen zur Theorie) durch beliebige Zusätze zu reparieren?

Nein. Denn die Zusätze müssen einem scharfen Kriterium genügen; es müssen Zusätze sein, die von den Naturforschern nicht sinnvoll angegriffen werden können. Philosophen mögen sich über diese Prinzipien streiten; sie mögen darüber streiten, ob empirische Naturforschung möglich ist. Doch wer sich auf das Projekt der Naturwissenschaft einlässt, der wird nicht *in abstracto* darüber streiten, ob Experimente morgen noch so ausgehen werden wie gestern. Er wird höchstens *in concreto* über die Reproduzierbarkeit einzelner Experimente streiten, und dieser Streit hat nur im Rahmen von Naturkonstanz Sinn. Das Prinzip der Naturkonstanz genügt also dem Kriterium, und zwar gleichgültig, wie es zu formulieren ist (und gleichgültig, ob es zu den Prämissen des gesuchten Beweises gezählt wird oder zu den Schlussprinzipien).

§ IV.1.12. Erfüllen noch mehr Zusatzprinzipien das Kriterium aus dem vorigen Paragraphen? Gibt es also weitere Prinzipien, ohne die man gar nicht erst mit der Naturforschung anzufangen braucht? Und wenn ja: Welche Zusatzprinzipien wären das? Über diese Fragen brauche ich im Augenblick nicht zu entscheiden. Mir genügt es festzuhalten, dass ein *experimentum crucis* seine Beweislast nur im Verein mit solchen Zusatzprinzipien zu schultern braucht.

Mehr Ressourcen für Newtons Anhänger

Wir sollten also Newton und seinen Anhängern nicht folgende Eindeutigkeitsthese zuschreiben, die bei weitem zu radikal wäre:

$[R_{ec}]_1$ Die Beobachtungen im *experimentum crucis* bieten alle erforderlichen Prämissen für einen rein deduktiven Beweis zugunsten des Lehrsatzes (R) der newtonischen Theorie (wonach weißes Sonnenlicht eine heterogene Mischung aus divers refrangiblen Lichtstrahlen ist).

Stattdessen sollten wir ihnen alle zusätzlichen Ressourcen zugestehen, ohne die keine sinnvolle Naturwissenschaft möglich ist.[530] Das läuft auf folgende These hinaus:

$[R_{ec}]_2$ Die Beobachtungen im *experimentum crucis* bieten *einen Teil* der erforderlichen Prämissen für einen rein deduktiven Beweis zugunsten des Lehrsatzes (R) der newtonischen Theorie; abgesehen von diesen empirischen Prämissen fließen in den Beweis nur noch solche Prämissen ein, ohne die keine sinnvolle Naturwissenschaft möglich ist.

Mit dieser These ist Newtons Sache nicht von vornherein verloren. Die These ist weniger gewagt als ihre überzogene Vorläuferin. Viele Naturwissenschaftler dürften sie unterstützen. Und der Streit zwischen Newton und Goethe wird interessanter, wenn er sich um eine These wie $[R_{ec}]_2$ dreht. Goethes Protest gegen so eine These ist etwas gewagter als der billige Protest gegen eine These wie $[R_{ec}]_1$.

Damit haben Sie anhand eines ersten Beispiels die Richtung kennengelernt, in die ich meine weiteren Betrachtungen lenken werde: Durch differenzierte Abschwächung der erkenntnistheoretischen Position Newtons erhöhe ich die Chancen, dass Newton recht hat; und im selben Atemzug mache ich Goethes erkenntnistheoretischen Protest gewagter, nehme ihm also den Ruch der Banalität. Ich werde sehr weit in diese Richtung gehen – so weit, dass Goethes Sache in den Augen der meisten verloren scheint. Und dann werde ich tentativ dafür plädieren, dass Goethe trotzdem noch gewinnt. Beweisen werde ich es nicht; es ist eine Frage subjektiver Einschätzungen, die offenbleiben muss (siehe Kapitel IV.6 und IV.7).

Vertiefungsmöglichkeit. Ich habe in § IV.1.10 dargetan, dass ich im Rahmen der deduktiven Logik weitermachen und die zusätzlich nötigen Ressourcen einfach als zusätzliche Prämissen in die deduktiven Beweise eingemeinden will, um die es geht. Und ich habe behauptet, dass Anhänger einer induktiven oder abduktiven Logik ihre bevorzugte Redeweise beibehalten können, ohne sich aus meiner Überlegung verabschieden zu müssen. Um das plausibel zu machen, liefere ich hier die induktive und die abduktive Schwester der These $[R_{ec}]_2$:

$[R_{ec}]_2'$ Die Beobachtungen im *experimentum crucis* bieten *alle* erforderlichen Prämissen für einen induktiven Beweis zugunsten des Lehrsatzes (R) der newtonischen Theorie; als Schlussprinzipien dieses Beweises dürfen (neben den Regeln der deduktiven Logik) alle induktiven Regeln eingesetzt werden, ohne die keine sinnvolle Naturwissenschaft möglich ist (etwa die Regeln des Schlusses von vergangenen Beobachtungen auf zukünftige).

$[R_{ec}]_2''$ Die Beobachtungen im *experimentum crucis* bieten *alle* erforderlichen Prämissen für einen abduktiven Beweis zugunsten des Lehrsatzes (R) der newtonischen Theorie; als Schlussprinzipien dieses Beweises dürfen (neben den Regeln der deduktiven Logik) alle abduktiven Regeln eingesetzt werden, ohne die keine sinnvolle Naturwissenschaft möglich ist (etwa die Regeln des kausalen Schließens).

Wie man sieht, spielt es für unser Thema keine große Rolle, in welchem erkenntnistheoretischen Rahmen die fraglichen Thesen formuliert werden – bei hinreichender Flexibilität für den Wechsel zwischen Zusatz*prämissen* und Schluss*prinzipien*.

Mehr Experimente

§ IV.1.13. In den Augen vieler Naturwissenschaftler erscheint die Position immer noch zu ehrgeizig, die ich Newton und seinen Anhängern im vorigen Paragraphen empfohlen habe. Sie finden es gewagt, sich auf ein einziges Experiment zu stützen. Zwar bin ich Newton hierin mit meinen Überlegungen aus TEIL I beigesprungen. Aber vielleicht ist es besser, wenn wir uns vom Ehrgeiz des jungen Newton befreien und uns eher an seinen später erschienenen *Opticks* orientieren. Dort bot Newton für jeden Lehrsatz mehrere Experimente auf.[531] Das ist natürlich weniger gewagt:

$[R_{exp}]_2$ Die Beobachtungen *aus den prismatischen Experimenten* bieten einen Teil der erforderlichen Prämissen für einen rein deduktiven Beweis zugunsten des Lehrsatzes (R) der newtonischen Theorie; abgesehen von diesen empirischen Prämissen fließen in den Beweis nur noch solche Prämissen ein, ohne die keine sinnvolle Naturwissenschaft möglich ist.

Je mehr Beobachtungen, desto weniger gewagt der Schluss auf die Theorie. (Vergl. § IV.2.3.)

Folgerichtig protestierte Goethe nicht nur gegen die Beweiskraft des *experimentum crucis*, sondern gegen die Beweiskraft beliebiger *Serien* prismatischer Experimente, also gegen eine These wie $[R_{exp}]_2$.

Jetzt kann man deutlicher sehen, was ich gemeint habe, als ich sagte: Newtons erkenntnistheoretische Position muss Schritt für Schritt abgeschwächt und diejenige Goethes muss schrittweise verschärft werden, wenn der Streit zwischen beiden spannend werden soll. Wir sind (wie ich meine) bereits an einen Punkt gelangt, an dem die meisten Naturwissenschaftler und viele Wissenschaftsphilosophen Newton recht geben würden.[532]

Dennoch werde ich in derselben Richtung noch lange weitermachen. Im kommenden Paragraphen will ich die These aus dem newtonischen Lager abermals abschwächen. Damit möchte ich den Übergang in die neuere Wissenschaftsphilosophie vorbereiten. Ich werde Newton und seinen versprengten erkenntnistheoretischen Anhängern empfehlen, doch auf die Rede vom Beweisen zu verzichten. Einerlei ob man Beweise deduktiv, induktiv oder abduktiv führen will, und einerlei ob man sie durch Zusatzprämissen oder durch zusätzliche Schlussprinzipien flottmachen möchte: Wer auf *Beweise* seiner Theorie pocht, macht sich unnötig Feinde. Alles das, was in dieser Redeweise ausgedrückt werden kann, lässt sich auch mit weniger anstößigen Ausdrücken sagen.

Durch den Wechsel der Redeweise, den ich empfehlen werde, geht in der Sache nichts verloren (siehe z. B. § IV.4.2). Und der Gewinn des Wechsels ist groß: Wir gewinnen Anschluss an Redeweisen, die sich im 20. Jahrhundert eingebürgert haben, die in vielen, fein differenzierten Ausprägungen vorliegen und die sich hervorragend dazu eignen, den Streit zwischen Newton und Goethe neu zu fassen.

Hypothetisch deduktiv

§ IV.1.14. Vielen Naturwissenschaftlern ist es fremd, von Beobachtungen auf Theorien zu schließen. Sie haben ihren Popper gelesen und hängen der umgekehrten Schlussrichtung an, die ihnen weniger gewagt vorkommt. Bislang ging es um Schlüsse aus Beobachtungsdaten auf die Theorie – jetzt geht es um Beobachtungsimplikationen der Theorie, also umgekehrt um Schlüsse aus der Theorie auf Beobachtungssätze.

Vielleicht werden Sie fragen, was das bringen soll. Wie soll die naturwissenschaftliche Theoriebildung überhaupt in die Gänge kommen, wenn man nicht von den Daten ausgehen möchte, um auf eine eindeutig bestimmte Theorie zu schließen? Wie soll man aus Theorie Schlüsse ableiten – wenn noch nicht klar ist, aus welcher Theorie man die Schlüsse ableiten soll?

Hier eine verbreitete Antwort auf die berechtigten Fragen aus dem vorigen Absatz: Der Naturwissenschaftler *erfindet* eine Theorie, und zwar zunächst ohne jede Kontrolle der Daten, also rein hypothetisch. Dann leitet er aus der erfundenen Theorie Beobachtungsimplikationen ab (in anderer Beweisrichtung als Newton). Schließlich schaut er nach, ob die tatsächlichen Beobachtungen zu den Beobachtungsimplikationen der Theorie passen. Wenn sie nicht passen, verwirft er die Theorie und probiert es mit einer andern; wenn sie passen, bleibt er bis auf weiteres bei der Theorie. Sie gilt dann als empirisch adäquat.

Kein Zweifel, dieses logische Verhältnis zwischen Theorie und Daten verlangt weniger als ein Beweisverhältnis à la Newton. Es ist eher zu erwarten, dass Newtons Heterogenität des Sonnenlichts bloß zu den prismatischen Beobachtungen passt, und eher nicht zu erwarten, dass sie sich aus ihnen per Beweis ableiten lässt.

Zur Exegese. Die jetzt eingeführte Schluss*richtung* (von der Theorie zum Beobachtbaren) kam auch bei Newton zu ihrem Recht, unter der Überschrift der Synthesis. Newton setzte allerdings keine großen erkenntnistheoretischen Hoffnungen darauf (Newton [O]:263 (= Book III, Query 31)).

Newton wollte mehr

§ IV.1.15. Ich habe empfohlen, die Beweisrichtung umzukehren. Damit wollte ich Newtons erkenntnistheoretische These rein verbal in größere Nähe zu heute verbreiteten Redeweisen bringen. Aber ich schösse übers Ziel hinaus und schwächte Newtons erkenntnistheoretische Position bis zur Unkenntlichkeit ab, wenn ich ihm nur die These zuschriebe, dass sich seine optische Theorie logisch mit den Beobachtungen verträgt.

Newton wollte keine Alternativen neben seiner Theorie dulden.[533] Wer also die Beweisrichtung umkehrt, darf ihm nicht auch noch seine Eindeutigkeitsansprüche aus der Hand schlagen. Sie müssen ausdrücklich in Newtons These aufgenommen werden:

$[R_{exp}]_3$ Newtons diverse Refrangibilität des Sonnenlichts ist die *einzige* Theorie, die sich erstens mit den Beobachtungen aus den prismatischen Experimenten logisch verträgt und zweitens mit allen Prämissen, ohne die keine sinnvolle Naturwissenschaft möglich wäre (wie z. B. Naturkonstanz).

In den vorher aufgestellten Thesen habe ich diese Eindeutigkeit nicht ausdrücklich erwähnt. Das musste ich auch nicht. Denn wenn sich die newtonische Theorie per Beweis aus den Beobachtungen ableiten ließe, wäre ihre Eindeutigkeit automatisch gesichert; das Ergebnis eines korrekten Beweises duldet neben sich keine widerstreitenden Alternativen.

Bei umgekehrter Beweisrichtung sind zwar die Ergebnisse des Beweises ebenfalls eindeutig; die aus der Theorie abgeleiteten Beobachtungssätze dulden neben sich ebenfalls keine widerstreitenden Alternativen. Aber darum geht es nicht. Es geht darum, ob zu den empirisch gewonnenen Beobachtungssätzen andere Theorien passen könnten als die Theorie Newtons. Gibt es andere Theorien, aus denen sich dieselben Beobachtungssätze ableiten lassen? Newton und seine Anhänger bestreiten das; Goethe und seine Anhänger behaupten es. Auch in Newtons Tagen gab es diese ablehnende Reaktion auf dessen Beweis- und Eindeutigkeitsansprüche.[534]

Vertiefungsmöglichkeit. Wenn ich meine bevorstehende Untersuchung in die Redeweise der hypothetisch-deduktiven Methode einkleide, so werden dadurch zwar deren abduktive und induktive Gegenstücke von der Oberfläche verschwinden. Aber der Sache nach könnte ich die Untersuchung ebenso gut in abduktive oder induktive Gewänder stecken (siehe z. B. § IV.2.5k). Nur um der Einheitlichkeit willen habe ich mich für *eine* der möglichen Redeweisen entschieden – für diejenige, die meiner Ansicht nach am weitesten verbreitet ist. Dass von der Redeweise nicht viel abhängt, sagen z. B. Quine und Ullian:

> Induktion ist keine Alternative zur Hypothesenbildung; sie ist einer ihrer Spezialfälle.[535]

Quines Unterbestimmtheit

§ IV.1.16. Der amerikanische Logiker und Wissenschaftsphilosoph Quine hat sich zwar nirgends als Anhänger Goethes zu erkennen gegeben. Und wie Goethe hat er Aachen nie selbst besucht.[536] Doch lassen sich ideengeschichtliche Verbindungsfäden von Quines Unterbestimmtheit bis zurück zu Goethes *Farbenlehre* spinnen, wie ich im Kleingedruckten am Ende dieses Kapitels andeuten werde (§ IV.1.17). Wichtiger als das sind freilich die systematischen Verbindungen: Wie ich in späteren Kapiteln detailliert nachweisen will, hat sich Quine mit seiner These von der Unterbestimmtheit der Theorie durch die Daten *in abstracto* gegen Newtons Ansprüche auf Eindeutigkeit ausgesprochen. Hier eine erste vage Fassung seiner These:

[U] Zu jeder Theorie, die zu den beobachtbaren Daten passt, gibt es mindestens eine Alternativ-Theorie, die gleichermaßen zu den beobachtbaren Daten passt.

Quine hatte keine plausiblen Beispiele für seine These. Darüber ist oft geklagt worden.[537] Ich werde in den kommenden Kapiteln zeigen, dass seine These an Schärfe und Plausibilität gewinnt, wenn wir sie auf das Beispiel der Optik anwenden. Wie sich herausstellen wird, gibt es viele verschiedene Möglichkeiten, Quines These zu interpretieren. Und die Ergebnisse aus TEIL II und III werden mir dabei helfen, eine attraktive Interpretation der These auszuarbeiten.

* * *

Von Quines Unterbestimmtheit führt eine Spur bis zu Goethe

§ IV.1.17. Meines Wissens tauchen Ausdrücke wie »under-determination« zum ersten Mal auf in Quine [WO]:78; *locus classicus* ist Quine [oEES]. Siehe auch Quine [PoT]:96–101, Quine [TI]:1, Quine [oRfI]:178/9. Schon bevor Quine seine Unterbestimmtheitsthese formulierte, lag sie in der Luft; die Logischen Empiristen sind ihr immer wieder nahe gekommen, ohne davon jedoch so viel Aufhebens zu machen wie Quine.[538]

Es würde meinen Rahmen sprengen, die Traditionslinien und Brüche zwischen den Logischen Empiristen und Quine nachzuzeichnen. Daher beschränke ich mich auf den Hinweis, dass z. B. Otto Neurath sehr ähnliche Ideen zur Unterbestimmtheit verfochten hat wie Quine.[539] Und in einem seiner Beispiele beruft sich Neurath sogar ausdrücklich auf Goethes Protest gegen Newton.[540]

Goethes eigene Lehre von den Farben bietet nicht nur ein gutes *Beispiel* für Neuraths und Quines Unterbestimmtheitsideen; auch Goethes Selbstdiagnose zu seiner Lehre passt gut in diesen Rahmen. Selbstverständlich hat Goethe keine Unterbestimmtheitsthese in der Form vertreten, wie wir sie aus dem 20. Jahrhundert kennen. Aber er ist dem in eigener Redeweise nahegekommen. So schrieb er über denkbare Reaktionen auf die Lehre der Farben, die er verfochten hatte (und die er hier etwas irreführend als *Methode* bezeichnete):

> Der echte und aufrichtige Wissenschaftsfreund findet nun hier ein dreifach Geschäft: erstlich, zu untersuchen ob die Phänomene vollständig aufgezeichnet sind, und er wird das Fehlende nachbringen; sodann, ob ihm die Methode behage, nach welcher sie gereiht sind: ist diese seiner Denkart nicht gemäß, *so mag er nach einer andern die Erscheinungen umordnen* und wir wünschen ihm Glück dazu! Schließlich wird er aufmerken, in wiefern eine von uns neubeliebte Terminologie mit den Phänomenen übereinstimme, *und in wiefern eine gewisse theoretische Ansicht, ohne welche weder Benennung noch Methode denkbar ist,* naturgemäß erscheinen könne. Durch alles dieses würde er meinen Dank verdienen, aber nicht als Gegner auftreten.[541]

Das klingt verblüffend modern – jedenfalls in den Ohren derjenigen, die in aktueller Wissenschaftsphilosophie geschult sind: Einerseits ist hier die Rede von gleichberechtigten Alternativ-Theorien; andererseits von der Theoriebeladenheit jeder Beobachtungsbeschreibung. Im kommenden Paragraphen werde ich kurz untersuchen, woran es liegen mag, dass Goethes wissenschaftsphilosophische Einsichten so wenig Beachtung gefunden haben.

Wo bleibt die moderne Philosophie?

§ IV.1.18. Philosophen haben sich immer wieder erkenntnistheoretisch zugunsten Goethes *Farbenlehre* ausgesprochen. Noch zu Goethes Lebzeiten taten dies die klassischen deutschen Idealisten, von Fichte über Schelling und Schopenhauer bis zu Hegel (§ III.3.15). Hundert Jahre später taten es Denker, die man heute zur kontinentalen Tradition rechnen würde.[542] Weil's mir auf eine einzige Verbindung zwischen Goethe und der *aktuellen analytischen Wissenschaftsphilosophie* ankommt, kann ich darauf verzichten, allen anderen Verbindungslinien zwischen Goethe und den Philosophen nachzugehen.

Nun bin ich nicht der erste, der Goethe mit Hilfe analytischer Erkenntnis- und Wissenschaftstheorie zur Seite springt.[543] Nichtsdestoweniger ist dies Feld bislang in der Literatur nicht allzu intensiv beackert worden. Und es gibt meines Wissens in der neueren Literatur nur einen einzigen Versuch, aus Goethes *Farbenlehre* Kapital für Quines Unterbestimmtheitsthese zu schlagen. Er stammt von Marcum, bleibt aber auf halbem Weg stehen.[544]

Warum gibt es zu diesem Thema nicht viel mehr Literatur? Einerseits liegt es daran, dass Goethe außerhalb der Traditionslinien der modernen analytischen Philosophie liegt.[545] Andererseits liegt es daran, dass sich analytische Wissenschaftsphilosophen und germanistische Goethe-Forscher derzeit nicht viel zu sagen haben; die beiden Fächerkulturen sind einander fremd. Und schließlich liegt es an einem misslichen Zufall: Für die monumentale Leopoldina-Ausgabe, in der die gesamte Naturwissenschaft Goethes versammelt ist, hat kein Wissenschaftsphilosoph die optischen Schriften Goethes kommentiert. Zwar widmen sich drei gewichtige Kommentarbände ganz den systematischen Fragen, die Goethes *Farbenlehre* zur Physik aufwirft.[546] Sie beziehen sich sinnvollerweise zuallererst auf den polemischen Teil der *Farbenlehre*, wo es hauptsächlich um Physik in Aktion geht. Zunächst hat der Physiker und Wissenschaftshistoriker Horst Zehe diese Bände übernommen; den ersten dieser drei Bände hat er auch noch fertiggestellt.[547] Zum Auftakt dazu ließ er sogar kurz die Chance aufblitzen, dass auch die Erkenntnistheorie zu ihrem Recht kommen könnte:

> Wenn sich dabei die Anmerkungen und Erläuterungen fast ausschließlich mit der physikalischen Seite der Polemik befassen, so heißt das nicht, daß dem Bearbeiter der ebenso wichtige *erkenntnistheoretische* Aspekt des Streites verborgen geblieben wäre […] Im Erläuterungsband II 5B wird auch Gelegenheit sein, die Goethesche Farbenlehre noch einmal als ganze zu würdigen *und dabei auch auf ihre erkenntnistheoretischen Aspekte […] einzugehen.*[548]

Zehe plante offenbar einen Überblicksartikel zu den Fragen, denen mein Buch gewidmet ist: zum Verhältnis zwischen Goethes Wissenschaftsphilosophie und seinen Farbexperimenten. Doch er verließ die Goethe-Edition zugunsten der Schriften Lichtenbergs. Neuer Bearbeiter der noch fehlenden Kommentarbände wurde der Zahnarzt und Medizinhistoriker Thomas Nickol.[549] Er fühlte sich an Zehes erkenntnistheoretische Versprechen nicht gebunden und schrieb lapidar:

> Welchen Stellenwert hat Goethes *Farbenlehre* in der Naturwissenschaft und ihrer Geschichte? […] Wie ist sie hinsichtlich ihrer *erkenntnistheoretischen* Aspekte zu bewerten? – Zur Beantwortung dieser und anderer allgemeiner Fragen zur *Farbenlehre* versucht der vorliegende Band zwar beizutragen, kann sie aber nicht in Form einer zusammenfassenden Darstellung bieten. Horst Zehe, der sich die Aufgabe in seinem Plan für die Bearbeitung des Bandes LA II 5B gestellt hatte, vgl. LA II 5A, IX, ist 1997 zur Edition der naturwissenschaftlichen Schriften Lichtenbergs […] gewechselt. *Deshalb mußte das Konzept von LA II 5B geändert und der Sichtweise und den Möglichkeiten des jetzigen Bearbeiters angepaßt werden.*[550]

Bedauerlicherweise ist die erkenntnistheoretische Gesamtbewertung des Angriffs von Goethe auf Newtons Optik auch in den anderen, noch später herausgekommenen Kommentarbänden der Leopoldina-Ausgabe (zur Naturwissenschaft im allgemeinen) nicht mehr gewagt worden.[551] Das mag auch daran liegen, dass sich deren Bearbeiterin Jutta Eckle ausdrücklich größere Zurückhaltung in der Bewertung der Arbeit Goethes auferlegt hat als zwanzig Jahre vor ihr Horst Zehe.[552] – Um in meiner Kritik an der gesamten Ausgabe nicht missverstanden zu werden: Ohne diese Ausgabe hätte ich mein Buch nicht schreiben können. Und wenn in ihr die Stärken der *Farbenlehre* Goethes weniger zum Tragen kommen als viele ihrer Schwächen, so hat das eine Menge mit der wechselhaften Geschichte der Ausgabe zu tun. Welche gigantischen Schwierigkeiten während ihres Erscheinens zu überwinden waren, kann man heute kaum noch ermessen.[553]

Kapitel IV.2. Durch welche und wie viele Daten wären Theorien unterbestimmt?

Rückblick auf Newtons Erkenntnistheorie

§ IV.2.1. Wo stehen wir? Im vorigen Kapitel habe ich die Beweisambition Newtons in verschiedenen Fassungen dargeboten, und zwar unter systematischen Vorzeichen, also ohne eingehende Newton-Exegese. Es ergaben sich eine Reihe von Optionen absteigender Radikalität – je nachdem, wie stark das logische Verhältnis sein soll, das zwischen Daten und Theorie herrscht. Unabhängig von den Details hatten alle Fassungen eine Gemeinsamkeit: Newton zielte darauf ab, genau *eine* Theorie als einzig wahre Erklärung der optischen Phänomene auszuzeichnen, und zwar seine eigene. Zuletzt habe ich zwar empfohlen, die Rede vom *Beweis* der Theorie fahren zu lassen – aber daran, dass Newton auf Eindeutigkeit abzielte, wollte ich damit nicht rütteln.

Unabhängig von den exegetischen Details seiner Methode müssen wir ihm also folgende erkennntnistheoretische These zuschreiben:

$[R_{exp}]_3$ Die diverse Refrangibilität des Sonnenlichts ist die einzige Theorie, die sich *auf vernünftige Weise* mit den Beobachtungen aus den prismatischen Experimenten verträgt (also die einzige Theorie, die abgesehen vom empirischen Erfolg alle zusätzlichen Desiderate erfüllt, auf die es Newton ankam – von Einfachheit bis zur Naturkonstanz, von induktiver Allgemeinheit bis zur Freiheit von bloß unempirisch postulierten Hypothesen).

Diese These ist falsch, wie ich zeigen werde. Es gibt gleichberechtigte Alternativen zu Newtons Theorie des Lichts und der Farben.

Goethes und Quines Gegenthese

§ IV.2.2. Ich habe im vorigen Paragraphen zuletzt eine These formuliert, die zu vielen Aussagen Newtons gut passt. Goethe hat der These vehement widersprochen und folgende Gegenthese aufgestellt:

[$\overline{\mathrm{R}}_{\mathrm{exp}}$]$_3$ Newtons diverse Refrangibilität des Sonnenlichts ist *nicht* die einzige Theorie, die sich gut und vernünftig mit den Beobachtungen aus den prismatischen Experimenten verträgt.

Diese Gegenthese hat Goethe zwar zuallererst mit Blick auf Newtons Theorie verfochten; aber das war für ihn nur ein Beispiel, an dem sich eine allgemeinere erkenntnistheoretische These bewahrheitet – modern gesprochen, die These von der Unterbestimmtheit jedweder Theorie durch Daten. Im Schlussteil meiner Untersuchung wird immer wieder zum Vorschein kommen, wie treffend wir Goethe als frühen Verfechter dieser Unterbestimmtheitsthese Quines interpretieren können. Mehr noch, Quines These gewinnt durch die Hilfe Goethes an Kontur und Plausibilität. Wie sehr sie das nötig hat, kann man an folgender abstrakter Formulierung sehen, die ich Quine vorhin in den Mund gelegt habe, und die gut zu seinen eigenen Worten passt:

[U] Zu jeder allumfassenden Theorie, die zu allen beobachtbaren Daten passt, gibt es mindestens eine Alternativ-Theorie, die gleichermaßen gut zu allen beobachtbaren Daten passt.[554]

In den kommenden Kapiteln möchte ich detailliert vorführen, an welchen Stellschrauben man drehen sollte, um rationale Kontrolle über Quines These zu gewinnen und um ihre Brisanz für das Selbstverständnis der Naturwissenschaftler zu steigern. Die Wirkungen dieser Stellschrauben werde ich in den nächsten Paragraphen kurz skizzieren.

Daten- und Theorien-Stellschraube

§ IV.2.3. Mindestens drei Unterschiede zwischen Quines Unterbestimmtheitsthese [U] und Goethes Protest $[\overline{R}_{exp}]_3$ gegen Newtons Eindeutigkeitsthese springen ins Auge. Quine redet über andere Datenmengen als Goethe; er redet über andere Theorien; und er redet über ein anderes erkenntnistheoretisches Verhältnis zwischen beidem. Die Unterschiede mögen am Ende miteinander zusammenhängen, aber wir tun gut daran, sie analytisch voneinander zu unterscheiden. Sie kommen dadurch zustande, dass bei Quine bestimmte Stellschrauben anders adjustiert sind als bei Goethe.

Erstens ist die *Daten-Stellschraube* in Quines These [U] viel ehrgeiziger eingestellt als in Goethes These $[\overline{R}_{exp}]_3$. Goethe ging es um Daten aus einer *überschaubaren* Gruppe tatsächlich durchgeführter – prismatischer – Experimente und um deren mangelnde Kraft, die zugehörige Theorie zu fixieren. Quine geht es mit [U] hingegen um alle überhaupt beobachtbaren Daten, vielleicht sogar um Daten, die *de facto* nie erhoben werden! Klar ist: Je mehr Daten bei einer gegebenen Theorie im Spiel sind, desto größer die Chance dieser Daten, etwas Eindeutiges über die Wahrheit oder Falschheit der fraglichen Theorie auszusagen; und umso größer ist die Chance, dass die Daten genau eine Theorie auszeichnen. In dieser Hinsicht ist es riskanter, sich auf [U] festzulegen als auf Goethes These. (Im selben Atemzug nimmt bei Erhöhung der Datenmenge das Risiko der newtonischen Beweisthesen ab, denn die sind Spezialfälle von Eindeutigkeitsthesen, siehe § IV.1.12.) Auf welche Zwischenpositionen man die Daten-Stellschraube einstellen könnte, werde ich im augenblicklichen Kapitel dartun.

Zweitens ist die *Theorien-Stellschraube* in Quines These [U] viel weniger eng angezogen als in Goethes These, also weniger ehrgeizig, weniger radikal. Goethe ging es um Theorien mit begrenztem Geltungsanspruch (um Theorien der prismatischen Farbphänomene) – Quine geht es um Theorien mit allumfassendem Geltungsanspruch. Allumfassende Theorien müssen wahnsinnig viel behaupten; und je mehr sie behaupten, desto größer wird die Gefahr, dass das Behauptete nicht eindeutig bestimmt ist, sondern hier oder da Alternativen zulässt.[555] Der Verfechter einer Unterbestimmtheitsthese à la [U] hat also in dieser Hinsicht bessere Chancen, sein Spiel zu gewinnen; er behauptet im Vergleich zu $[\overline{R}_{exp}]_3$ nichts allzu Ehrgeiziges. Wer an dieser Stellschraube zu drehen wünscht, muss sich u. a. darüber Gedanken machen, von was für Theorien der Streit um die Unterbestimmtheit handelt. Die Frage werde ich im nächsten Kapitel aufgreifen.

Vertiefungsmöglichkeit. Quine bezieht sich mit seiner Unterbestimmtheitsthese auf riesige Theorien (wodurch seine Position weniger ehrgeizig wird als Goethes) und auf ungeheuer große Datenmengen (wodurch sie ehrgeiziger wird als Goethes). Die beiden Stellschrauben wirken in entgegengesetzter Richtung. Welche Stellschraube gibt insgesamt den Ausschlag? Ist [U] alles in allem ehrgeiziger, oder ist es $[\overline{R}_{exp}]_3$? Schwer zu sagen. Sonderlich wichtig ist die Frage nicht; mir geht es nur darum, den Spielraum auszuloten, den uns die entdeckten Stellschrauben bieten.

Tugend-Stellschraube

§ IV.2.4. Die dritte und letzte Stellschraube hat mit Tugenden von Theorien zu tun – genauer gesagt mit Tugenden, unter deren Banner wir mehr von einer Theorie verlangen, als bloß mit Daten, Beobachtungen und Experimenten übereinzustimmen. Ich nenne sie daher die *Tugend-Stellschraube.* In [U] versteckt sie sich hinter dem wertenden Ausdruck »gleichermaßen gut«, dem in $[\overline{R}_{exp}]_3$ die Rede vom Vernünftigen korrespondiert:

[U] Zu jeder allumfassenden Theorie, die zu allen beobachtbaren Daten passt, gibt es mindestens eine Alternativ-Theorie, die *gleichermaßen gut* zu allen beobachtbaren Daten passt.

$[\overline{R}_{exp}]_3$ Newtons diverse Refrangibilität des Sonnenlichts ist nicht die einzige Theorie, die sich *gut und vernünftig* mit den Beobachtungen aus den prismatischen Experimenten verträgt.

In beiden Thesen schimmern Bewertungsfragen durch, aber nicht sonderlich explizit; beidemal wird auf außerempirische Tugenden von Theorien angespielt: Was soll es heißen, dass sich die Alternativ-Theorie gleichermaßen *vernünftig* mit Versuchsergebnissen verträgt? Was soll es heißen, dass sie gleichermaßen *gut* zu allen beobachtbaren Daten passt? Soll sie gut *als Erklärung* passen – oder nur empirisch-quantitativ gut? Soll sie besonders einfach sein, besonders schön, besonders sparsam?

Alle diese Fragen werde ich ab dem übernächsten Kapitel anpacken. Klar ist: Je mehr Tugenden eine Theorie besitzt, desto schwerer fällt es irgendwelchen Alternativ-Theorien gleichzuziehen. Also riskieren die Anhänger von [U] und $[\overline{R}_{exp}]_3$ umso mehr, je stärkeres Gewicht sie auf die außerempirischen Tugenden von Theorien legen. *Klarstellung.* Es ist nicht leicht, die Tugend-Stellschraube in den Formulierungen der Autoren dingfest zu machen, die über Unterbestimmtheit schreiben. Einerseits lässt sich die Formulierung »gleichermaßen gut« in [U] sehr wohl unschuldig deuten, ohne jeden versteckten Bezug auf außerempirische Tugenden von Theorien. (Sie bedeutet dann so viel wie »ebenso«.) Andererseits verstecken viele Autoren die Tugend-Stellschraube auch hinter anderen Ausdrücken. So kann man in die Rede von zur Theorie *passenden* Daten entweder ein rein logisches Verhältnis der Kompatibilität hineinlesen – oder viel mehr (nämlich ein *gutes* Passen). Genauso bei der Rede von *erklärten* Daten oder *prognostizierten* Daten. Wer hier Tugenden ins Spiel bringt, würde z. B. eine Erklärung oder Prognose, in der zu viele *ad-hoc*-Annahmen vorkommen, nicht als genuine Erklärung oder Prognose durchgehen lassen. Kurz und gut, die Tugend-Stellschraube kann in vielerlei Gestalt auftauchen. Mir geht es im Augenblick nur darum, deutlich zu machen, dass es diese Stellschraube gibt. Wie wichtig Quine sie genommen hat, werde ich noch nachweisen (§ IV.4.4). Bergström ist einer der Autoren, die ihre Wirkung analysiert haben (allerdings mit Blick auf Thesen zu empirisch äquivalenten Theorien, siehe Bergström [UoPT]:98/9).

§ IV.2.5. In den vorigen Paragraphen habe ich drei Stellschrauben aufgezeigt, mit deren Hilfe sich die Radikalität einer Unterbestimmtheitsthese dosieren lässt: Daten-Stellschraube, Theorien-Stellschraube, Tugenden-Stellschraube.[556] Im Rest dieses Kapitels soll es ausschließlich um die Daten-Stellschraube gehen. Ich will mich also in folgender Formulierung der Unterbestimmtheitsthese nur auf das konzentrieren, was darin kursiv hervorgehoben ist: Daten der Theorie

[U] Wenn sich die Beobachtungsimplikationen einer Theorie mit *den Beobachtungsdaten* logisch vertragen, dann existieren Alternativ-Theorien, bei denen es genauso ist.

Welche Datenmenge ist für die Feststellung von Unterbestimmtheit einschlägig? Hier ist ein erster, bescheidener Versuch, die Frage zu beantworten: Wir brauchen nur Daten ins Auge zu fassen, die mit der fraglichen Theorie zu tun haben – die Daten der Theorie.

Es ist alles andere als klar, was zu den Daten einer Theorie gehören soll und was nicht. In der schwächsten Lesart könnten die Daten gemeint sein, auf die sich der Verfechter der Theorie bei ihrer Begründung beruft. Dieses Verständnis passt zu Newtons Vorgehen, der sich mit den Gegnern nur auf dem Felde messen wollte, das von den eigenen Experimenten abgesteckt war.[557]

Als Daten der newtonischen Heterogenität des Lichts könnten wir also zunächst die Beobachtungen aus dem *experimentum crucis* ansehen. Gibt es Alternativ-Theorien über das Licht und die Farben, die zu diesem Experiment ebenfalls passen? Ein Verfechter der Unterbestimmtheit wird damit rechnen und allgemein sagen:

[U_1] Wenn eine Theorie *aufgrund eines einzigen Experiments* gelten soll (weil die Theorie zum Versuchsergebnis passt), dann existieren Alternativ-Theorien, die im selben Sinn Geltung beanspruchen dürfen (die also auch zu diesem Versuchsergebnis passen).

Das ist keine sonderlich riskante Behauptung. Selten hat ein einziges Experiment so viel Aussagekraft, dass sich sein Ergebnis logisch nur mit einer einzigen Theorie verträgt (oder sie gar per Beweis logisch erzwingt). Selbst im Fall des besten Experiments, das Newton hatte, behält der Anhänger von [U_1] recht, jedenfalls mit Blick auf die Optik. Denn wie ich im Kapitel II.5 demonstriert habe, verträgt sich nicht nur die Heterogenität des Sonnenlichts, sondern auch die der Finsternis logisch mit Newtons *experimentum crucis*.

Mehr und mehr Daten

§ IV.2.6. Gewagter wird die Unterbestimmtheitsthese, sobald mehr Daten ins Spiel kommen.[558] So könnte man als Daten der newtonischen Theorie des Lichts und der Farben alle Beobachtungen auffassen, die Newton im ersten Buch seiner *Opticks* beschrieben hat. Halten wir die so entstandene These fest.

[U_2] Wenn sich eine Theorie mit den beobachteten und eigens dafür aufgebotenen Daten innerhalb eines Phänomenbereichs logisch verträgt, dann existieren Alternativ-Theorien, die sich mit denselben Daten logisch vertragen.

Auf mein optisches Beispiel trifft diese Unterbestimmtheitsthese zu. Wie ich im Kapitel II.5 dargetan habe, passen *alle* Brechungsexperimente, die Newton in den *Opticks* aufgeboten hat, sowohl zur Heterogenität des Lichts als auch zu ihrem unorthodoxen Gegenstück.

Nun ist es seltsam, zu den Daten einer Theorie nur diejenigen Daten zu zählen, auf die sich ihre Verfechter berufen. An dieser Stelle lag eine der Pointen Goethes; er klagte nicht darüber, dass Newtons *eigene* Beobachtungen nicht für dessen Theorie sprächen, sondern darüber, dass es andere Daten gebe, die für andere Theorien sprechen.[559]

Daher sollten wir besser alle Daten aus dem Phänomenbereich einbeziehen, über den die Theorie etwas sagt. Da dies weit mehr Daten sind, als in [U_1] und [U_2] vorkommen, und da eine Vermehrung von Daten auch eine Vermehrung von Information nach sich zieht, riskiert ein Verfechter der daraus resultierenden Unterbestimmtheitsthese mehr als bislang:

[U_3] Wenn sich die Beobachtungsimplikationen irgendeiner Theorie logisch mit den beobachteten Daten *ihres Phänomenbereichs* vertragen, dann existieren Alternativ-Theorien, für die beim selben Phänomenbereich dasselbe gilt.

Diese Lesart der Unterbestimmtheitsthese passt gut zu Goethes Methode. Er vermannigfaltigte die Phänomene der prismatischen Brechung und zeigte, dass der Phänomenbereich der newtonischen Theorie größer ist als gedacht. Zwar wurde Newtons Theorie auch mit den neuen Phänomenen fertig. Aber dass es Goethe gelang, in Begriffen der heterogenen Finsternis mindestens eine Alternativ-Theorie auf den Tisch zu legen, die sogar in diesem erweiterten Bereich mit Newtons Theorie konkurrieren kann, zeigt die Brisanz und Radikalität seiner Bemühungen.

Vertiefungsmöglichkeit. Was ist der Phänomenbereich einer Theorie? Ich verstehe darunter nicht etwa die Summe aller Beobachtungsimplikationen der Theorie. Vielmehr geht es mir ungefähr um dasselbe, was in der Stegmüller/Sneed-Schule als Menge der intendierten Anwendungen bezeichnet wird.[560] Newton intendierte, eine Theorie zu liefern, die auf alle optischen Brechungsexperimente zutreffen sollte. Daher bewegte sich Goethe so lange im Rahmen der newtonischen Intentionen, wie er andere Licht/Schatten-Konfigurationen durchs Prisma warf als Newton. Die dabei anfallenden Beobachtungsdaten gehören ebenfalls in den Phänomenbereich der newtonischen Theorie – und sie gehörten auch dann dazu, wenn die Theorie sie falsch beschriebe. (Goethes farbige Schatten gehören dagegen vermutlich nicht in deren Phänomenbereich; mehr zu den farbigen Schatten in § III.5.4k.)

Warum nur Daten der Theorie?

§ IV.2.7. Sollen wir den in diesem Kapitel eingeschlagenen Weg fortsetzen und den Kreis der Daten noch weiter ausdehnen, auf die sich Thesen von der theoretischen Unterbestimmtheit beziehen müssen? Dadurch würden diese Thesen noch radikaler: Je mehr Daten zu beachten sind, desto weniger Theorien werden mit diesen Daten kompatibel sein.

Wir könnten z. B. *alle erhobenen Daten* in den Blick nehmen und schauen, ob sie sich mit den fraglichen Theorien logisch vertragen. Vielleicht werden Sie fragen: Was soll das bringen? Wenn eine Theorie in ihren Beobachtungsimplikationen zur Wirklichkeit passt, dann gibt es *eo ipso* keine widersprechenden Daten.

Das ist zwar richtig. Aber in Formeln wie [U_3] werden die Daten nicht nur mit derjenigen Theorie ins Verhältnis gesetzt, mit der die Sache ihren Anfang nahm und die im Verdacht der Unterbestimmtheit steht. Die Daten werden auch mit der Alternativ-Theorie ins Verhältnis gesetzt. Und es könnte sein, dass diese Alternativ-Theorie zwar gut zu allen (tatsächlich beobachteten) Beobachtungsimplikationen der Ausgangstheorie passt, aber nicht zu anderen Daten – z. B. nicht zu einigen Daten, die der Ausgangstheorie nichts anhaben können.

Entstünde daraus ein interessanter Fall von Unterbestimmtheit? Keineswegs. Die beiden Theorien wären zwar *im Anwendungsbereich der ersten Theorie* empirisch äquivalent, aber die zweite Theorie ginge außerhalb dieses Anwendungsbereichs empirisch über die erste Theorie hinaus und wäre dort falsch.

Wenn es sich so verhielte wie eben ausgemalt, dann stünde uns die Wahl zwischen den beiden Theorien nicht offen. Wir müssten uns für die erste Theorie entscheiden; unsere Wahl für sie wäre nicht unterbestimmt. Um diesen Fall zu berücksichtigen, sollten wir die These [U_3] so verschärfen:

[U_4] Wenn sich die Beobachtungsimplikationen irgendeiner Theorie logisch *mit allen beobachteten Daten* vertragen, dann existieren Alternativ-Theorien, für die dasselbe gilt.

Auch so eine Art von Unterbestimmtheit bewahrheitet sich am Beispiel der Heterogenität der Finsternis. Da diese Theorie Wort für Wort das genaue Spiegelbild der Theorie Newtons bietet, muss die Menge ihrer Beobachtungsimplikationen der Form nach genauso aussehen wie im Fall der newtonischen Theorie. Sie kann also nicht mehr implizieren als diese.

Vertiefungsmöglichkeit. Um der Kürze willen habe ich das letzte Argument im Haupttext nicht komplett ausgeführt; das will ich hier nachholen. Zu zeigen ist, dass die Heterogenität der Finsternis mit allen beobachteten Phänomenen klarkommt, mit denen Newtons Theorie klarkommt. Es sei p irgendein Phänomen, dessen Prognose bzw. Erklärung sich aus Newtons Theorie (R) & (F) & ($R \updownarrow F$) & (K) durch einen logischen Schluss L(p) ergibt. Nun impliziert Goethes Theorem, dass auch das zu p komplementäre Phänomen $\overline{p}$ existieren muss und sich aus Newtons Theorie ableiten lassen muss; dessen Erklärung aus Newtons Theorie heiße $L(\overline{p})$. Nun vertausche man in diesem Beweis $L(\overline{p})$ die Ausdrücke für »Finsternis« und »weißes Licht« und ersetze alle darin auftauchenden Farbwörter durch die Namen der jeweiligen Komplementärfarben.[561] Dadurch entsteht eine Erklärung $\overline{L}(p)$, in dem das ursprüngliche Phänomen p unorthodox aus der Heterogenität der Finsternis ($\overline{R}$) & ($\overline{F}$) & ($\overline{R \updownarrow F}$) & ($\overline{K}$) abgeleitet wird. Also lässt sich jedes von Newtons Theorie implizierte Phänomen auch unorthodox ableiten. Dass sich jedes unorthodox implizierte Phänomen wiederum aus Newtons Theorie ableiten lässt, zeigt man genauso.

Ortstermine

§ IV.2.8. In den letzten Fassungen der Unterbestimmtheitsthese war immer von *tatsächlichen* Beobachtungsdaten die Rede, mit denen die fraglichen Theorien kompatibel sein sollen. Was ist damit gemeint? Auch an dieser Stelle können wir uns für unterschiedlich große Datenmengen entscheiden. Wieder gilt: Je mehr Daten wir zu den tatsächlichen Daten hinzunehmen, desto brisanter wird die resultierende Unterbestimmtheitsthese.

Schwächliche Fassungen der These entstehen dann, wenn wir nur diejenigen Daten im Blick haben, die bis zu einem gegebenen Zeitpunkt in der und der wissenschaftlichen Gemeinschaft tatsächlich erhoben worden sind. Das führt zu zeit- und ortsrelativen Versionen von Unterbestimmtheit:

[$U_{t,o}$] Wenn sich die Beobachtungsimplikationen irgendeiner Theorie logisch mit allen bis zur Zeit t erhobenen Beobachtungsdaten am Ort o vertragen, dann existieren Alternativ-Theorien, für die dasselbe gilt.

Je größer der Ort o der Beobachtungen und je später der Zeitpunkt t, bis zu dem Beobachtungen gesammelt worden sind, desto brisanter das Resultat. Es wäre vergleichsweise schwach, z. B. zu sagen: Mit den optischen Beobachtungen, die bis zur Zeit Goethes in Europa bekannt waren, ließ sich sowohl Newtons Theorie vereinbaren als auch die Theorie von der Heterogenität der Finsternis; das wäre eine Unterbestimmtheit [$U_{1810,\ Europa}$] relativ zum europäischen Beobachtungswissen bis zum Jahr 1810.

Wer wird sich heute von so einer Aussage beeindrucken lassen? Kaum jemand. Sie mag zwar einige amüsante wissenschaftsgeschichtliche Konsequenzen nach sich ziehen. Aber wenn das alles wäre, was von der Unterbestimmtheitsthese bei meinem Beispiel übrig bleibt, so würden die meisten Kommentatoren lachen und rufen: Weitere Experimente und Beobachtungen werden dem faulen Zauber der Unterbestimmtheit längst ein Ende bereitet haben.

Das scheint zwar nicht zu stimmen. Jedenfalls hat meine Suche nach solchen Experimenten und Beobachtungen bislang nichts zutage gefördert (§ III.4.6, Kapitel III.5). Falls ich nichts übersehen haben sollte, stünden wir damit (immer noch innerhalb der Lesarten der Form [$U_{t,\ o}$], mit denen ich mich gerade herumschlage) bei einer Unterbestimmtheit [$U_{2015,\ Erde}$] relativ zum weltweiten Beobachtungswissen bis zum Jahr 2015. Dieses Ergebnis wäre zwar ein bisschen aufregender als sein 1810er Vorläufer. Aber der Sache nach hätte sich nicht viel getan. Wer das neuere Ergebnis nicht ernst nehmen möchte, wird sich auf zukünftige Beobachtungen berufen und gelassen zur Tagesordnung übergehen.

Wäre das eine schlechte Form der Immunisierung? Wäre es schlechter Stil, sich auf zukünftige Beobachtungen zu berufen? In unserem Fall nicht unbedingt. Denn wer das täte, könnte sich auf eine plausible Überlegung stützen. Er könnte sagen: Bislang hat sich kein Experimentator ernsthaft darum bemüht, die Heterogenität der Finsternis (oder ihre bunten Bundesgenossinnen aus dem Kleingedruckten vom Ende des Kapitels III.5) empirisch zu widerlegen. Die Forschungsfront stand schon zu Goethes Zeiten in anderen Landen; und jetzt steht sie auf anderen Kontinenten (§ III.4.6). Es muss also keinen überraschen, dass noch keine Beobachtungen gegen den faulen Zauber gefunden worden sind.

Vertiefungsmöglichkeit. Eine Forschungsfront kommt nicht schon in die Welt, wenn nur ein einziger Forscher sie aufzubauen trachtet – so wie eine

Schwalbe keinen Sommer macht. Zwar hat zu Goethes Lebzeiten der Schotte Reade tatsächlich für die Heterogenität der Finsternis plädiert (§ II.2.9k); doch so weit ich sehe, ohne jede Resonanz.

§ IV.2.9. Treiben wir den Gedanken aus dem vorigen Paragraphen auf die Spitze. Selbst wenn die Menschheit bis zum Ende aller Tage *de facto* keine Beobachtungen machen sollte, die gegen die Heterogenität der Finsternis sprechen, brauchten Sie sich von der resultierenden Unterbestimmtheit nicht irre machen zu lassen und könnten weiter auf die prinzipielle Eindeutigkeit der wissenschaftlichen Entwicklung setzen. Warum das? Aus demselben Grund wie eben. Sie könnten sagen: Naturwissenschaftler werden bis ans Ende aller Tage andere Sorgen haben, als die Heterogenität der Finsternis empirisch zu widerlegen; doch *wenn* sie sich dafür interessierten, so fänden sie die empirische Widerlegung ganz sicher, und das genügt.

Bis in alle Ewigkeit

Mithin ist vielleicht nicht einmal folgende Fassung der Unterbestimmtheitsthese radikal genug:

[$U_\dagger$] Wenn sich die Beobachtungsimplikationen irgendeiner Theorie logisch mit allen bis in die fernste Zukunft und an beliebigen Orten erhobenen Beobachtungsdaten vertragen, dann existieren Alternativ-Theorien, für die dasselbe gilt.

Man könnte eine weitere Radikalisierung der Unterbestimmtheitsthese ins Spiel bringen, die etwa auch von prinzipiell *möglichen* Beobachtungsdaten handelt. Für den Philosophen mag diese Ausdehnung der These von Interesse sein. Doch angesichts des optischen Beispiels, um das es mir zu tun ist, schießt das übers Ziel hinaus. Ich für mein Teil möchte mich nämlich nicht unter allen Bedingungen mit der abgeklärten Reaktion auf Positionen wie [$U_\dagger$] abfinden, mit der ich den vorigen Paragraphen beendet und den augenblicklichen Paragraphen angefangen habe.

Ich denke, die meisten von uns wären überrascht, wenn sich herausstellte: Es ist jahrzehntelang kein einziges widerlegendes Experiment gegen die Lehre von der Heterogenität der Finsternis (oder ihrer bunten Bundesgenossinnen) entdeckt worden, obwohl sie unter Physikern und Farbforschern publik gemacht worden ist und obwohl immer wieder öffentlich nach Experimenten gefragt wurde, die dem faulen Zauber ein Ende bereiten.

Erst vor kurzer Zeit ist diese Frage in aller Öffentlichkeit von einigen Physikern, Wissenschaftsgeschichtlern, Künstlern und Philosophen aufgeworfen worden.[562] Bis auf weiteres ist die Ausrede aus dem vorigen Paragraphen noch eine gute Ausrede. Doch ihr Verfallsdatum wäre nach Jahrzehnten guter Propaganda (zugunsten der Heterogenität der Finsternis) klar überschritten. Was geschähe, wenn es uns gelänge, hinreichend viele Physiker auf die Suche nach dem Gegenexperiment auszusenden? Und was wäre, wenn keiner mit einem überzeugenden Experiment zurückkäme? *Dann* läge eine hinreichend interessante Form der Unterbestimmtheit vor. Wird es dazu kommen? Warten wir's ab. In der Zwischenzeit können wir die Unterbestimmtheitsthese aus einer anderen Richtung beleuchten – aus einer Richtung, die den Blick nicht auf Beobachtungen und Daten lenkt, sondern auf Theorien. Von was für Theorien redet die Unterbestimmtheitsthese? Auch hiervon hängt es ab, wie brisant die Unterbestimmtheitsthese ausfällt. Das ist mein Thema fürs nächste Kapitel.

Vertiefungsmöglichkeit. Im Gespräch hat mich Matthias Herder gefragt: Ist die innere Symmetrie der optischen Daten selber ein optisches Datum? – Ja, und zwar ein komplexes Datum. Meine Antwort provozierte Matthias Herder, folgende Frage anzuschließen: Ist Newtons Theorie mit jenem Symmetriedatum kompatibel? Allerdings. Die Theorie impliziert, dass es zu jedem Experiment ein komplementäres Gegenstück gibt (siehe den Beweis im Anhang zu Kapitel II.5). – Nichtsdestoweniger geht der Theorie selber die fragliche Symmetrie ab. Wer fordert, dass eine Theorie in ihrem Innern die Symmetrien der Phänomene sichtbar machen soll, der führt ein außerempirisches Zusatzkriterium für die Theorienwahl ein. Meiner Ansicht nach gehört es in den Bereich ästhetischer Tugenden von Theorien. (Es ähnelt dem Kriterium der Einfachheitsentsprechung, auf das ich in § IV.5.15 eingehen werde.)

Kapitel IV.3. Über die Größe von Theorien

Define your terms!

§ IV.3.1. Wer eine These der Unterbestimmtheit von Theorien lancieren will, muss einerseits sagen, von welchen und wie vielen Theorien die These handeln soll – andererseits scheint er sagen zu müssen, was Theorien sind. Die erste Frage ist Hauptgegenstand dieses Kapitels, die zweite werde ich stiefmütterlich behandeln. Das tue ich deshalb, weil ich mit Blick auf den Theorienbegriff eine stereotype und populäre Erwartung über das angeblich einzig richtige Vorgehen in der Philosophie enttäuschen möchte: Wer erwartet, dass man nur anfangen kann zu philosophieren, nachdem man seine Begriffe erklärt oder gar strikt definiert hat, täuscht sich.[563]

Fast immer ist das Gegenteil der Fall. Viele spannende philosophische Debatten werden im Keim erstickt, wenn man vorab den Boden bereiten soll, auf dem debattiert wird. Und wer sauber definieren will, kommt leicht vom Hundertsten ins Tausendste.

Oft genügt für den Start ein intuitives Vorverständnis der Begriffe. Sie schärfen sich fast immer wie von allein während der eigentlichen Arbeit, in ihrem Gebrauch. Und das intuitive Vorverständnis lässt sich am besten anhand von Beispielen wecken. So auch hier. Für meine Zwecke genügt es, wenn wir uns darauf einigen können, dass Newtons Sätze (R), (F), ($R\updownarrow F$), (K) zusammen die Theorie seiner Heterogenität des weißen Lichts bilden – und dass deren unorthodoxe Gegenstücke ($\overline{R}$), ($\overline{F}$), ($\overline{R\updownarrow F}$), ($\overline{K}$) ebenfalls eine Theorie bilden. Vermutlich enthalten die beiden Theorien mehr Sätze, aber selbst wenn ich sie nicht alle aufzähle, dürfte klar sein, was ich mit »Theorie« meine.

Vertiefungsmöglichkeit. Trotzdem muss der Verfechter einer Unterbestimmtheitsthese am Ende mehr über den einschlägigen Theoriebegriff sagen. Nicht etwa deshalb, weil man ihn sonst nicht verstünde – sondern deshalb, weil seine These bei ungeschickter Begriffswahl trivial zu werden droht, und zwar aus technischen Gründen. Zum Beispiel muss er sich auf eine Entscheidung darüber festlegen, unter welchen Bedingungen zwei Theorien nur verschieden zu sein scheinen, während sie in Wirklichkeit restlos dasselbe sagen.[564] Besagt vielleicht am Ende die Heterogenität der Finsternis dasselbe wie die des weißen Lichts? Dann wäre meine gesamte Untersuchung nichts wert. Ich komme darauf bei einer anderen Gelegenheit ausführlich zurück. Hier nur so viel: Beide Theorien unterscheiden sich mit Blick auf die Zusammensetzung des purpurnen Lichts; und mit den Ausdrücken »Purpur« und »Zusammensetzung« meinen beide Streitparteien dasselbe.

Theorie von allem

§ IV.3.2. Von welchen und wie vielen Theorien soll eine Unterbestimmtheitsthese handeln, die unser Interesse verdient? Um diese Frage soll es jetzt gehen. Wie Sie gesehen haben, gab Quine darauf eine exzessive Antwort:

[U^{∞}] Zu einer *allumfassenden* Theorie, die zu den Beobachtungsdaten passt, gibt es mindestens eine Alternativ-Theorie, die ebenfalls zu den Beobachtungsdaten passt. [Da es mir im Augenblick nur um die Theorien-Stellschraube zu tun ist, habe ich alle anderen Stellschrauben so weit wie möglich unsichtbar gemacht.]

Was soll es bringen, über etwas so Unrealistisches zu philosophieren? Kein Mensch hat eine Ahnung davon, wie die allumfassende Theorie unseres Universums aussehen wird – und über ausgerechnet diese Theorie sollen wir schon jetzt weitreichende Behauptungen austauschen?

Ich möchte zunächst zwei Erwägungen vorbringen, die Quine dazu bewogen haben, so exzessiv zu formulieren; danach werde ich mich trotzdem gegen seine Entscheidung aussprechen.

Im vorigen Kapitel ist herausgekommen, dass Unterbestimmtheitsthesen ehrgeiziger, also interessanter werden, wenn sie die betroffenen Theorien mit möglichst vielen Beobachtungen konfrontieren. Und sobald wir uns aufseiten der Daten für maximale Vielfalt entscheiden, liegt es nahe, auf theoretischer Seite ähnlich großzügig zu dosieren. Wenn wir schon von überhaupt *allen* Daten reden, dann kommt die dazu passende Theoriegröße sicher der Theorie von *allem* zu. (Wären Datenmengen Füße und Theorien Schuhe, so könnte man auch sagen: Die Schuhgröße sollte besser zur Fußgröße passen, und zwar unabhängig vom Design, Stil oder Material der Schuhe – d. h. unabhängig von anderen Aspekten, die für eine Unterbestimmtheitsthese wichtig sind.)

§ IV.3.3. Wird die Unterbestimmtheitsthese ehrgeizig, wenn sie von der allumfassenden Theorie handelt statt von Theorien mit kleinerem Anwendungsbereich? Nein, jedenfalls der Tendenz nach nicht. Im vorigen Kapitel habe ich behauptet: Je mehr eine Theorie sagt, desto eher ist damit zu rechnen, dass sie an der einen oder anderen Stelle unterbestimmt ist (§ IV.2.3). Diese Behauptung möchte ich jetzt genauer begründen.

Getrennt analysieren

Zunächst eine Vorüberlegung: Die Behauptung gilt nur, wenn man die anderen Stellschrauben unverändert lässt. Der Übersichtlichkeit zuliebe analysiere ich die drei Stellschrauben weiterhin getrennt – obwohl sie in der philosophischen Auseinandersetzung oft genug gleichzeitig bewegt werden. Ein Beispiel für diesen Fall liefert die Betrachtung aus dem vorigen Paragraphen: Wer durchdenken will, ob *alle* im Prinzip eruierbaren Daten eine eindeutige theoretische Beschreibung erzwingen oder nicht, der wird angesichts der so festgelegten Daten-Stellschraube am ehesten diejenigen Theorien vor Augen haben, die beanspruchen, sämtliche Daten zu beschreiben. Bewegungen der Daten-Stellschraube gehen also gern Hand in Hand mit dazu passenden Bewegungen der Theorien-Stellschraube.

Nichtsdestoweniger können wir die Wirkungen der beiden Stellschrauben getrennt studieren. Immerhin kann man über die Unterbestimmtheit kleiner Theorien *durch alle eruierbaren Daten* nachdenken (eine ehrgeizige These) – oder über die Unterbestimmtheit einer allumfassenden Theorie durch einige wenige Daten (eine bescheidene These).

§ IV.3.4. Betrachten wir eine Theorie T_M der mechanischen Phänomene M und eine Theorie T_O der optischen Phänomene O. Zum Zweck meines Arguments möchte ich voraussetzen: Erstens sind die beiden Phänomenbereiche voneinander getrennt. D.h. ein Phänomen ist entweder rein optisch oder rein mechanisch, aber nicht beides zugleich. Und zweitens sind die beiden Theorien unabhängig voneinander. D.h. Bejahung oder Verneinung der Theorie T_M verträgt sich logisch sowohl mit Bejahung als auch Verneinung der Theorie T_O.

Zwei Theorien miteinander verbinden

Nehmen wir nun an, dass die Theorie T_M eindeutig durch die mechanischen Phänomene M bestimmt sei. Selbst wenn es sich so verhielte, wäre die umfassendere Theorie T_M & T_O nicht eindeutig *durch die mechanischen Phänomene M* bestimmt; denn auch die Theorie T_M & $\overline{T}_O$ vertrüge sich mit den Daten M.

Das bedeutet: Durch Ausweitung der Theorie von T_M auf T_M & T_O ist die zugehörige Unterbestimmtheitsthese weniger riskant geworden – bei konstanter Daten-Stellschraube M. Relativ zu den Daten M ist die Unterbestimmtheitsthese für T_M so riskant, dass sie sogar falsch ist (sie ist zu ehrgeizig). Und relativ zu denselben Daten M ist die Unterbestimmtheitsthese für die umfassendere Theorie T_M & T_O nicht mehr riskant, sondern wahr (also weit weniger ehrgeizig).

Vertiefungsmöglichkeit. Dass die Theorien-Stellschraube wirkt wie behauptet, habe ich anhand eines bloß konstruierten Beispiels dargelegt. Ich habe so getan, als entstünde eine umfassendere Theorie durch Konjunktion zweier Theorien wie T_M und T_O, die nichts miteinander zu tun haben. Doch die Naturwissenschaftler suchen in einem tieferen Sinne nach umfassenden Theorien: Zwei ehemals getrennte Theorien zum Beispiel sollen als Spezialfälle eines *übergeordneten Zusammenhangs* aufgefasst werden. Habe ich also mein Ziel verfehlt? Nein; das Beispiel sollte die Wirkung der Stellschraube nur illustrieren. Dass sie auch in anderen Fällen wirkt wie behauptet, kann man sich so klarmachen: Wenn die umfassendere Theorie sehr verschiedene Einzeltheorien unter *eine* Gruppe von Gesetzen subsumieren soll, dann müssen ihre Grundbegriffe besonders abstrakt und beobachtungsfern sein. (Sonst ließen sie sich kaum auf ganz disparate Phänomenbereiche anwenden.) Anders gesagt, ihre Grundbegriffe sind hochtheoretisch und leben tief im Inneren des Netzes unserer Überzeugungen, um eine berühmte Metapher von Quine aufzugreifen.[565] Nun gilt: Je theoretischer und beobachtungsferner die Sätze einer Theorie sind, desto eher müssen wir mit Unterbestimmtheiten rechnen. Wer die Phänomene nur mit Hilfe von Beobachtungsvokabeln beschreiben will, dem droht demzufolge keinerlei Unterbestimmtheit. Doch schon der erste Schritt in theoretische Gefilde bringt Wagnisse und Unterbestimmtheiten mit sich: Statt sich hierhin zu wenden, könnte man ebenso gut woandershin gehen. Und diese Wahlfreiheit steigt mit jedem Schritt ins Innere der Theorien weiter an.[566]

§ IV.3.5. Zugegeben, mein kleines Argument aus dem vorigen Paragraphen sagt nichts darüber, wie ehrgeizig eine Unterbestimmtheitsthese für die umfassende Theorie T_M & T_O ist, *relativ zur umfassenden Datenmenge M ∪ O.* Diese Unterbestimmtheitsthese geht aus der falschen (also zu ehrgeizigen) These von der Unterbestimmtheit der Theorie T_M durch die Daten M hervor, indem die Daten-Stellschraube schärfer zugezogen wird (»mehr Daten«) *und gleichzeitig die Theorien-Stellschraube gelockert wird (»umfassendere Theorie«).* Ist die resultierende Unterbestimmtheitsthese ehrgeiziger als die Ausgangsthese? Das kann man nicht sagen, da die beiden Schrauben in entgegengesetzter Richtung justiert werden.

An zwei Stellen gleichzeitig schrauben

Schadet das? Ich denke nicht. Es wäre schön, in Sachen Ehrgeiz (oder Radikalität) jede Version der Unterbestimmtheitsthese mit jeder konkurrierenden Version vergleichen zu können, also eine vollständige Ordnung über dem Raum der Unterbestimmtheitsthesen zu etablieren; eine schöne Utopie. Für meine Zwecke kann ich mich mit weniger begnügen und mich darauf beschränken, in *einigen* interessierenden Fällen zu sagen: Diese Unterbestimmtheitsthese ist ehrgeiziger als jene.

Zum Beispiel kann ich Quines Unterbestimmtheitsthese mit der These vergleichen, auf die ich zusteuern werde. Quine betrachtet die allumfassende Theorie, und zwar im Lichte aller Daten. Ich werde dafür plädieren, stattdessen eine kleinere Theorie (die der Optik) zu betrachten, und zwar ebenfalls im Lichte aller Daten. Also steuere ich auf eine ehrgeizigere Unterbestimmtheitsthese zu als Quine.

Vertiefungsmöglichkeit. Quine hat einmal eine Unterbestimmtheitsthese mit Blick auf unsere augenblickliche Theorie und die tatsächlichen Daten erwogen – und für unwahrscheinlich (aber nicht ausgeschlossen) erklärt, siehe Quine [RtMJ]:181. Offenbar fand er seine These [U^∞] weniger riskant.

§ IV.3.6. Ich komme zum zweiten Grund, der Quine dazu bewogen haben mag, utopischerweise über die allumfassende Theorie nachzudenken. Quines Gegner möchten die Unterbestimmtheitsthese am liebsten als flüchtiges Phänomen verharmlosen, etwa so: Sie geben zu, dass diese oder jene historisch vorfindliche Theorie t durch die Daten unterbestimmt gewesen sein mag und dass sie eine

Flüchtige Unterbestimmtheit

empirisch gleichwertige Alternative t* gehabt habe. Dennoch tue das (so die Verharmloser) der Eindeutigkeit des wissenschaftlichen Fortschritts keinen Abbruch. Denn vermutlich sei inzwischen eine umfassendere Theorie T gefunden worden, die sich mit mehr Daten logisch verträgt als t und t*, *die aber (und das ist die Pointe) nur zu t passt und nicht zu t**. (Und wenn diese pattbrechende Theorie T noch nicht gefunden worden sei, so werde es sicher bald so weit sein.) Unterbestimmtheit scheint demnach ein flüchtiges Phänomen zu sein, das im Lauf der Wissenschaftsentwicklung immer stärker verschwindet.[567]

Genau diese Situation scheint bei der Heterogenität der Finsternis t* vorzuliegen: Sie ist zu Newtons Theorie t empirisch äquivalent, passt aber nicht zur gegenwärtigen Physik T. Der wissenschaftliche Fortschritt hat t* fortgefegt, und also brauchen wir uns um die flüchtige Unterbestimmtheit des Jahrs 1810 keine Sorgen zu machen – so die verharmlosende Anwendung auf mein optisches Beispiel.

Was von dem Argument zu halten ist, werde ich später durchdenken. Hier genügt es, wenn ich daran erinnere, dass die eben skizzierte Strategie nicht funktioniert, wenn wir bereits bei der umfassenden Theorie von allem angekommen sind. Quine jedenfalls redet von einer solchen Theorie. Also kann *ihm* die Verharmlosung nichts anhaben; aber er zahlt für diesen Teilsieg einen hohen Preis, der im kommenden Paragraphen präsentiert wird.

Anders als Quine werde ich mich dagegen aussprechen, die Unterbestimmtheitsthese nur von allumfassenden Theorien handeln zu lassen. Ich werde stattdessen sagen, dass sich die Verharmloser auf Ressourcen stützen, die nicht neutral sind; denn die heutige, umfassendere Physik spricht vielleicht nur deshalb gegen die Heterogenität der Finsternis, weil sie aus deren Gegenteil hervorgegangen ist (Kapitel IV.6).

Etwas wenig Brisantes ohne Begründung?

§ IV.3.7. Dass sich Quine so elegant gegen die Verharmloser aus dem vorigen Paragraphen hat wehren können, beruht auf einem ungedeckten Scheck. Es beruht auf der Voraussetzung, dass die Unterbestimmtheitsthese auf allumfassende Theorien zutrifft. Aus allerlei diffizilen Gründen, die ich hier nicht erörtern möchte, behauptet Quine, dass die These als kontingente Behauptung über unser Universum verstanden werden muss; wäre das Universum z. B. viel einfacher als *de facto*, so wären vielleicht keine Theorien nötig, die mehr sagen als das, was man beobachten kann – dann gäbe es selbstverständlich keine Unterbestimmtheit.[568]

Wie und womit kann Quine (in unserem komplizierten Universum) die Behauptung [U^{∞}] begründen, wenn sie doch von utopisch weitreichenden – nämlich allumfassenden – Theorien handeln soll? Das ist schwer zu sehen. Und Quine beansprucht auch nicht, die These begründet zu haben.[569]

Vielleicht lässt sich die These auf folgendem Weg zumindest in günstiges Licht tauchen. Wie ich vorhin vorgeführt habe, ist in Quines Formulierungen die Theorien-Stellschraube besonders locker adjustiert – je umfassender eine Theorie, desto wahrscheinlicher behauptet sie irgendwo etwas, das unterbestimmt ist (§ IV.2.3; § IV.3.4).

Das bedeutet zweierlei. Erstens: Wenn wir kleinere Theorien finden, die angesichts aller Daten unterbestimmt sind, dann steigen die Chancen, dass auch die *schwächere* These [U^{∞}] zutrifft. Zweitens aber bedeutet es, dass vielleicht Quines These deshalb zutrifft, weil sie zu belanglos ist.

Aus diesen Erwägungen ziehe ich den Schluss, dass wir gut beraten sind, nach real existierenden Fällen für die Unterbestimmtheitsthese zu suchen. Wenn wir fündig werden, dann nicht bei allumfassenden Theorien (die es nur im Land utopischer Träume gibt). Worauf die Suche hinauslaufen kann und welche Fallstricke dabei zu vermeiden sind, werde ich in den kommenden Paragraphen dartun.

§ IV.3.8. Im vorigen Paragraphen kam der Verdacht auf, dass Quines These [U^{∞}] belanglos sein könnte, weil in ihr die Theorien-Stellschraube zu locker adjustiert ist. Mit Brachialgewalt lässt sich der Makel leicht beheben. Statt von Theorien mit ganz besonders seltenen und utopischen Eigenschaften zu reden, könnten wir die These auf alle Theorien beziehen. In der Tat, es wäre alles andere als belanglos, wenn folgende Behauptung zuträfe: Starker Tobak

[$U^{\forall}$] Für *jede* Theorie, die zu den Beobachtungsdaten passt, gibt es mindestens eine Alternativ-Theorie, die ebenfalls zu den Beobachtungsdaten passt.

Fürwahr, eine starke Behauptung. Aber ist sie auch richtig? Schwer zu sagen. Noch ehrgeiziger wäre es, die These an einer weiteren Stelle zu verschärfen:

[$U^{\forall\infty}$] Für jede Theorie, die zu den Beobachtungsdaten passt, gibt es *beliebig viele* Alternativ-Theorien, die ebenfalls zu den Beobachtungsdaten passen.

Vertiefungsmöglichkeit. Die letzte Verstärkung [$U^{\forall\infty}$] findet sich bei Quine.[570] Ist sie haltlos überzogen? Nein; ich möchte kurz andeuten, warum nicht. Beginnen wir mit einer abstrakten Vorüberlegung: Wenn eine Theorie *irgendwo* unterbestimmt ist, dann wegen der theoretischen Terme, die sie enthält (§ IV.3.4k). Aber jede Theorie enthält *an vielen Stellen* theoretische Terme; also kann sie auch an vielen, ja (aus kombinatorischen Gründen) an unendlich vielen Stellen unterbestimmt sein. – Dass es sich so verhalten könnte, ist im Kleingedruckten am Ende von Kapitel III.5 zutage getreten: Wir sind dort auf die Heterogenitäten des Gelbs, Blaus, Rots, Türkis, Grüns und Purpurs gestoßen. Zusammen mit der Heterogenität des Schwarz sind das bereits *sieben* Alternativen zu Newtons Theorie; aber es gibt mehr. Sie ergeben sich kombinatorisch aus den bereits erwähnten Alternativen und aus der Verallgemeinerung der ihnen zugrundeliegenden Überlegungen.

Historische Metainduktion

§ IV.3.9. Wie sollen wir den All-Satz begründen, der in der Unterbestimmtheitsthese [$U^{\forall\infty}$] auftaucht? Solange uns kein philosophischer Beweis einfällt, bleibt uns keine andere Möglichkeit, als historische Beispiele durchzugehen. (Und es kann keinen philosophischen Beweis geben, wenn Quine damit recht hat, dass die These als kontingente Behauptung über unser kompliziertes Universum verstanden werden muss, § IV.3.7.)

Stellen wir uns vor, jemand könne nachweisen, dass viele frühere Theorien durch Daten unterbestimmt waren und dass keine frühere Theorie durch Daten bestimmt war. Dann wären wir berechtigt, von den speziellen Fällen auf eine allgemeine Regel zu schließen – in einer Art Metainduktion (einer Induktion über den letztlich mangelnden induktiven Eindeutigkeitserfolg der betrachteten Einzeltheorien). Sollte die Metainduktion funktionieren, so lieferte sie übrigens auch Argumente für Quines eigene Unterbestimmtheitsthese [U^{∞}], der zufolge jede *allumfassende* Theorie durch Daten unterbestimmt wäre. Dies fiele unter den metainduktiv begründen All-Satz [$U^{\forall}$], der von allen Theorien handelt, die es jemals geben kann.

Es ist erstaunlich, wie wenig Material für die Metainduktion bislang von Wissenschaftshistorikern angeboten worden ist. In der Debatte über die Unterbestimmtheit kommen fast keine realistischen Fallbeispiele vor.

Mit meiner Untersuchung möchte ich einen ersten Schritt aus der Mangelsituation heraustreten. Genug Material für die anvisierte Metainduktion werde ich damit nicht liefern. Aber das ändert nichts daran, dass es Quine und seinen Verbündeten helfen würde, einzelne Unterbestimmtheitsthesen in den Blick zu nehmen wie z. B.:

[U^{R}] Zu *Newtons Theorie von der diversen Refrangibilität* gibt es mindestens eine Alternativ-Theorie, die zu denjenigen Beobachtungsdaten passt, zu denen auch Newtons Optik passt.

[$U^{Ä}$] Zu *Maxwells Äthertheorie* gibt es mindestens eine Alternativ-Theorie, die zu denjenigen Beobachtungsdaten passt, zu denen auch Maxwells Äthertheorie passt.[571]

Im Vergleich zu [U^{∞}] ist in diesen Thesen die Theorien-Stellschraube scharf angezogen – bis hin zur Konkretion. Solche Thesen haben viele Vorteile. So eignen sie sich nicht nur für die erhoffte Metainduktion; zudem befreien sie die Debatte über Unterbestimmtheit vom Ruch, abstrakt und abgehoben zu sein.

Wer dagegen wie Quine vornehmlich über die allumfassende Theorie philosophiert, droht die Bodenhaftung zu verlieren. Eine große Theorie von allem haben wir nicht; vielleicht werden wir sie nie haben. Über Gedankengänge, die mit etwas so Spekulativem zu tun haben, gibt es fast keine rationale Kontrolle. Anders bei Thesen wie [U^{R}] und [$U^{Ä}$]. Über sie kann man sich konkret streiten, durch Arbeit an den Details. Inwiefern die fraglichen Thesen dadurch ehrgeiziger, also interessanter werden, will ich im kommenden Paragraphen dartun.

Vertiefungsmöglichkeit. Wenn ich über den Mangel an konkreten Fällen von Unterbestimmtheit klage, so denke ich an echte Fälle – nicht an die bloß philosophischen Fälle, von denen es in der Literatur nur so wimmelt. Stellvertretend für viele der vorgebrachten Unterbestimmtheiten nenne ich nur eine. Es sei eine Theorie $T(t_1, \ldots t_n)$ mit insgesamt n theoretischen Termen gegeben. Dann ist folgende antitheoretische Theorie empirisch äquivalent zu $T(t_1, \ldots t_n)$:

(T*) Die Theorie $T(t_1, \ldots t_n)$ ist falsch, denn die Welt hat keine theoretische Tiefenstruktur; vielmehr besteht sie nur aus Oberflächenphänomenen, die sich allesamt nach den Regularitäten richten, die sich aus $T(t_1, \ldots t_n)$ ergäben, wenn $T(t_1, \ldots t_n)$ wahr wäre.[572]

Aus derartigen innerphilosophischen Unterbestimmtheiten lässt sich nichts Interessantes über die *wissenschafts*philosophische Frage nach Unterbestimmtheit lernen. Denn (T*) bietet keine naturwissenschaftliche Theorie, sondern nur eine philosophische Denkmöglichkeit. Wollte Quine mit seiner Unterbestimmtheitsthese über philosophische Satzmengen philosophieren? Nein, sondern über naturwissenschaftliche Satzmengen.[573] Dass Newton bei dieser Reise im selben Boot saß wie Quine, wird beim Blick auf meine früheren Überlegungen deutlich: Newton war nicht bereit, angebliche Alternativen zu seiner Theorie auch nur zu durchdenken, die ohne jede empirische Abstützung frei ersonnen wurden (siehe § II.5.20k).

Konkrete oder prinzipielle Alternativen?

§ IV.3.10. In meinen bisherigen Ausführungen hatten Quines Formel und ihre Abkömmlinge immer einen Zug ins Unkonkrete, den ich bislang nicht moniert habe. Ich hebe ihn jetzt exemplarisch hervor:

[U^∞] Zu einer allumfassenden Theorie, die zu den Beobachtungsdaten passt, *gibt es mindestens eine Alternativ-Theorie*, die ebenfalls zu den Beobachtungsdaten passt.

[U^R] Zu Newtons Optik *gibt es mindestens eine Alternativ-Theorie*, die zu denjenigen Beobachtungsdaten passt, zu denen auch Newtons Optik passt.

»Es gibt eine Alternativ-Theorie«: Was heißt das? Geht es um *tatsächlich* formulierte Alternativ-Theorien oder um irgendwelche *hypothetisch existierenden* Theorien – um Theorien, die keiner namhaft machen kann und die dennoch irgendwie *denkbar* sein sollen? Mehr als das kann es im Fall von [U^∞] nicht heißen. Wenn uns nicht einmal diejenige allumfassende Theorie vor Augen steht, auf die unsere Wissenschaft (hoffentlich) zuläuft, so steht uns erst recht keine ihrer Alternativen vor Augen. Bei Lichte besehen, muss sich eine These wie [U^∞] mit bloß hypothetisch existierenden Alternativen zu bloß hypothetisch existierenden Theorien begnügen. Das ist wenig brisant.

Dieselbe Schwäche bedroht Thesen wie [U^R] – jedenfalls dann, wenn man sie beim Thema *Alternativen* abstrakt deutet wie etwa hier:

[U^R]′ Zu Newtons Optik gibt es mindestens eine Alternativ-Theorie, *die sich im Prinzip irgendwie konstruieren lassen müsste* und die zu denjenigen Beobachtungsdaten passt, zu denen auch Newtons Optik passt.

Eine solche These verlangt von ihrem Verfechter nicht viel mehr, als in Newtons Argumenten allerlei *nonsequiturs* ausfindig zu machen und sich mit diesem negativen Votum bequem zurückzulehnen – ebenfalls wenig brisant. Aber das ist nicht die einzige Möglichkeit, die These [U^R] zu verstehen. Ihr Verfechter kann und sollte behaupten, dass sich die geforderten Alternativ-Theorien explizit auf den Tisch legen lassen:

[U^R]* Zu Newtons Optik existiert eine Alternativ-Theorie namens Heterogenität der Finsternis, *die so und so funktioniert* und die zu denjenigen Beobachtungsdaten passt, zu denen auch Newtons Optik passt.

Das ist höchst konkret, mithin brisant. Wer die Behauptung [U^R]* plausibel machen will, muss viel leisten; er muss z. B. ihre kursiv gesetzte Passage *in concreto* durchdeklinieren. Dieser Aufgabe diente (am Beispiel der Optik Newtons) ein Großteil der Mühen aus TEIL II. Dass sich Goethe den Anfängen einer solchen Aufgabe gestellt hat, auch das erklärt in meinen Augen, warum so viele Leser von Goethes Radikalität verstört waren. (Vergl. § IV.1.3–§ IV.1.5.)

Historische Sackgassen

§ IV.3.11. Wer für eine interessante Unterbestimmtheitsthese plädieren will, sollte konkrete Theorien aus der Wissenschaftsgeschichte nennen, die durch Daten unterbestimmt sind oder waren. Das war mein Ergebnis im vorletzten Paragraphen. Und im vorigen Paragraphen habe ich zu zeigen versucht, dass die Theorien-Stellschraube auch bei den Alternativ-Theorien stark angezogen werden sollte. Statt vage über irgendwie mögliche Alternativen zu philosophieren, sollte sich ein Anhänger der Unterbestimmtheitsthese weiter vorwagen und behaupten, dass die Alternativen *de facto* existieren. So etwas begründet man am besten, indem man die Alternativ-

Theorie (oder zumindest eine Konstruktionsanleitung für sie) mitliefert. Der TEIL II diente diesem Ziel.

Andere Autoren haben weitere wissenschaftsgeschichtliche Beispiele für Unterbestimmtheit vorgeschlagen, die demselben Ziel dienen, allerdings mit Hilfe einer etwas anderen Methode als der meinen. Hier in groben Zügen die Reiseroute, der sie gefolgt sind: Sie suchen zunächst eine naturwissenschaftliche Theorie, die aus heutiger Sicht obsolet ist, etwa Lavoisiers Theorie einer eigenen Wärme-Materie oder die Theorie vom Phlogiston. Dann analysieren sie die Daten, die seinerzeit für jene Theorie gesprochen haben. Als nächstes fragen sie, wie dieselben Daten aus heutiger Sicht erklärt werden. Oft, wenn auch nicht immer, gibt es eine halbwegs plausible Erklärung der fraglichen Daten. Diese Erklärung kommt offenbar aus einer Theorie, die sich logisch mit den Daten der Theorie von einer eigenen Wärme-Materie verträgt – sie ist also eine Alternativ-Theorie zu dieser Theorie.[574]

Mehrere Gesichtspunkte sprechen meiner Ansicht nach dagegen, so vorzugehen wie eben skizziert. Einerseits werden sich Gegner der Unterbestimmtheitsthese von solchen Beispielen nicht aus der Ruhe bringen lassen. Sie werden sagen: Es ist kein Wunder, dass gescheiterte Theorien durch Daten unterbestimmt sind; es handelt sich um schlechte Theorien, die heute nicht ohne Grund als obsolet gelten. Und eine Metainduktion über schlechte Theorien liefert nichts Aufschlussreiches gegen Eindeutigkeitsansprüche der Naturwissenschaft schlechthin. Denn der Fortschritt in den Naturwissenschaften läuft darauf hinaus, die schlechten Theorien auszumerzen.

Andererseits stammen die heutigen Erklärungen der unbestrittenen Daten einer obsoleten Theorie typischerweise nicht aus Theorien, die nur diese Daten jener obsoleten Theorie vorherzusagen erlauben. Im Normalfall werden die heute akzeptablen Theorien weitere Daten korrekt vorhersagen – vielleicht sogar solche Daten aus dem Anwendungsbereich der obsoleten Theorie, an denen sie gescheitert ist. Dann kann von einer empirischen Äquivalenz der obsoleten Theorie und ihrer gegenwärtigen Konkurrentin keine Rede sein (§ IV.2.7).

Ansteckende Unterbestimmtheit

§ IV.3.12. Was ich im vorigen Paragraphen skizziert und zurückgewiesen habe, muss vom Kopf auf die Füße gestellt werden. Man sollte nicht bei gescheiterten Theorien ansetzen, um nach Alternativen zu suchen, die den Daten jener Theorien gleichfalls Rechnung tragen. Stattdessen sollte man bei erfolgreichen Theorien ansetzen.

Aber welche früher einmal aktuelle Theorie war zuguterletzt erfolgreich? Hat sich am Ende nicht jede Theorie als falsch herausgestellt?

Wer nur zwischen wahren und falschen Theorien unterscheiden mag, dem kann ich auf diesen Einwurf nichts entgegensetzen. In der Tat sind sowohl Newtons Optik als auch seine Mechanik aus heutiger Sicht falsch – streng genommen; überholt sind sie noch lange nicht. Erstens tauchen sie im Physik-Unterricht auf. Denn sie gelten zweitens immer noch als zweckmäßig innerhalb gewisser Grenzen. Drittens beschreiben sie die Phänomene innerhalb dieser Grenzen annähernd richtig. Und viertens lässt sich aus Sicht heutiger Theorien verständlich machen, woran das liegt. (Newtons Mechanik funktioniert zum Beispiel gut bei geringen Geschwindigkeiten, und das lässt sich aus der Relativitätstheorie verständlich machen. Analog bei Newtons Optik, die aus unserer heutigen Sicht dann gut funktioniert, wenn wir viele Photonen auf einmal betrachten und wenn wir diese Photonenströme nicht durch allzu kleine Löcher zwingen.)

Es besteht also ein himmelweiter Unterschied zwischen Newtons Optik und Georg Ernst Stahls Phlogiston-Theorie – obwohl beide Theorien streng genommen falsch sind.

Wenn das richtig ist, dann verspricht es eine reichere Ausbeute, anhand jener früher aktuellen Theorien für Unterbestimmtheit zu plädieren, die noch heute ernst genommen werden, die Teil des Unterrichts sind und auf deren Schultern die heutige Naturwissenschaft zu stehen meint. Warum? Wegen der Ansteckungsgefahr, die von dieser Art Unterbestimmtheit ausgeht: Wenn sich Newtons Optik genauso gut mit allen prismatischen Daten verträgt wie die Heterogenität der Finsternis und wenn unsere heutige Optik halbwegs kontinuierlich aus Newtons Optik hervorgegangen ist, dann droht der Bazillus der Unterbestimmtheit von der Newton-Zeit in die Gegenwart überzuspringen. Mehr dazu im Kapitel IV.6.

Zur dialektischen Lage. Von wissenschaftshistorischer Seite wurden immer wieder erhebliche Zweifel an den Kontinuitäten geäußert, auf die ich mich im Haupttext gestützt habe.[575] Ich fasse diese Zweifel in erster Linie als Arbeitsauftrag auf: Es muss ausgearbeitet werden, worauf z. B. der drastische Unterschied zwischen Phlogiston-Theorie und Newtons Optik beruht, den fast alle Naturwissenschaftler (und viele Wissenschaftsphilosophen) intuitiv spüren. Für meine Zwecke brauche ich diese Arbeit nicht zu erledigen. Denn ich möchte (mit Hilfe einer neuen Unterbestimmtheitsthese à la [U^R]) u. a. die Naturwissenschaftler irritieren, die auf jenen Unterschied pochen. Also darf ich für die Zwecke meines Arguments voraussetzen, dass der Unterschied besteht – ohne Begründung und ohne Explikation. Wer die Voraussetzung angreift, versucht die Naturwissenschaftler ebenfalls zu irritieren. Das ist ein harter, aber alter Kampf um die Frage, ob sich in den Naturwissenschaften Fortschritte ansammeln oder ob die revolutionären Brüche zwischen verschiedenen Paradigmen jede Rede von Fortschritt obsolet machen. Der Kampf über dieser Frage ist bis heute nicht eindeutig ausgegangen.[576] Daher verfechte ich ein Argument, das unabhängig vom Ergebnis dieses Kampfes zu Irritationen führt. Und dafür darf ich mir die Voraussetzungen jener Personengruppe zu eigen machen, die ich irritieren will: Naturwissenschaftler – keine anarchistischen, postkuhnianischen, dekonstruktivistischen Wissenschaftsphilosophen, -historiker, -soziologen usw.

Ohne Induktion?

§ IV.3.13. Angesichts der Überlegung aus dem vorigen Paragraphen steckt ausgerechnet in der Unterbestimmtheit der newtonischen Optik ein hochgefährlicher Bazillus. Er bedroht das robuste Selbstverständnis der gegenwärtigen Physik stärker, als es die Unterbestimmtheit der Phlogiston-Theorie täte. Hier sind einige andere Theorien, deren Unterbestimmtheit ähnlich starke Ansteckungsgefahren wie die Optik mit sich bringen müsste: Newtons Mechanik; Maxwells Elektrodynamik; Einsteins Spezielle und Allgemeine Relativitätstheorie; Heisenbergs Quantenmechanik.

Die Liste ist kurz. Sie ist u. a. deshalb so kurz, weil ich die gesamte Physik vor Newton ignoriert habe. Liegt es nahe, das zu tun? Ich meine: ja. Denn viele heutige Physiker sehen als endgültigen Beginn unserer Naturwissenschaft die Physik Newtons an. Zwar erfreuen sie sich an den Errungenschaften eines Kopernikus, Galilei, Kepler – um nur drei wichtige Wegbereiter der neuzeitlichen Naturwissenschaft zu nennen. Aber eine Unterbestimmtheit ihrer Theorien fänden sie bei weitem nicht so verstörend wie bei Newton; genauso wenig wären sie im Fall längst obsoleter Theorien beunruhigt, deren mangelnde wissenschaftliche Reife ins Auge springt (§ IV.3.11).

Nehmen wir an, ich hätte recht, dass z. B. die newtonische Optik im Falle ihrer Unterbestimmtheit ansteckend wäre bis in die heutige Physik hinein. Dann brauchen wir vielleicht keine aufwendige Metainduktion mit Dutzenden Instanzen unterbestimmter Theorien, um die interessantesten Fälle aus dem damaligen All-Satz zu erreichen:

[$U^{\forall}$] Für *jede* Theorie, die zu den Beobachtungsdaten passt, gibt es mindestens eine Alternativ-Theorie, die ebenfalls zu den Beobachtungsdaten passt (§ IV.3.8).

Diese These umfasst eine ganze Menge von Theorien. Nicht alle müssen uns gleich stark interessieren. Unter systematischen Gesichtspunkten liegt uns besonders das Schicksal der bestmöglichen Theorien am Herzen. Am interessantesten wären daher folgende Unterbestimmtheiten:

[U^{2015}] Zur *augenblicklichen* Theorie der Physik gibt es mindestens eine Alternativ-Theorie, die zu den Beobachtungsdaten so passt wie die augenblickliche Physik.

[U^{∞}]* Zu derjenigen (hoffentlich: allumfassenden) Theorie, auf die unsere Physik zuläuft, gibt es mindestens eine Alternativ-Theorie, die so wie sie zu den Beobachtungsdaten passt.

Um Missverständnissen vorzubeugen: Ich habe noch nicht gezeigt, dass sich diese Unterbestimmtheiten aus der Unterbestimmtheit der newtonischen Optik ergeben. Ich habe nur gesagt, dass von dort ein ansteckender Bazillus ausgeht. Man könnte sich dagegen impfen. Wie die ansteckende Krankheit verlaufen würde und was der Impfstoff kostet, werde ich im Kapitel IV.7 erörtern. Hier war es mir nur darum zu tun, auf eine Ansteckungs*gefahr* hinzuweisen. Dass eine größere Gefahr von einer unterbestimmten Newton-Optik ausgeht als etwa von einer unterbestimmten Phlogiston-Theorie, dürfte jeder Freund der Naturwissenschaft zugeben. Das zu zeigen, war das Ziel dieses Kapitels.

Kapitel IV.4. Sparsamkeit, Einfachheit, Schönheit

Ein Bazillus geht um

§ IV.4.1. Im vorigen Kapitel habe ich dafür plädiert, die These von der Unterbestimmtheit anhand konkreter Theorien aus der Wissenschaftsgeschichte zu diskutieren. Und ich habe zu zeigen versucht, dass ein Anhänger der Unterbestimmtheit gut beraten ist, seine These anhand von Theorien zu verfechten, deren Kern noch heute zum Grundbestand akzeptierter Wissenschaft zählt. (Ihr Kern, nicht ihre zeitbedingten Details.) Dann, so die Idee, könnte die dortige Unterbestimmtheit auch unsere heutige Wissenschaft anstecken – und am Ende sogar die zukünftige allumfassende Wissenschaft (wie sie in Quines Fassung der Unterbestimmtheitsthese anvisiert wurde, § IV.3.2).

Zugegeben, der Bazillus droht nur dann in die Zukunft überzuspringen, wenn die zukünftige allumfassende Theorie den Kern unserer augenblicklichen Theorie fortschreibt. (Ihren Kern, nicht ihre zeitbedingten Details.) Aber dies Schlupfloch hilft den Anhängern wissenschaftlicher Eindeutigkeit nicht. Denn der Preis für das Schlupfloch ist hoch. Um den Bazillus aufzuhalten, müssten sie behaupten, dass unsere augenblickliche Theorie nicht einmal im Kern bestehen bleiben wird. Das müsste die Bemühungen der vergangenen Jahrhunderte annullieren und jede Hoffnung auf naturwissenschaftlichen Fortschritt zertrümmern.

Was die Ansteckungsgefahr am Ende bewirken wird, ob sie also noch abgewehrt werden kann oder ob sie als unabwendbar angesehen werden muss, werde ich in den nächsten drei Kapiteln erörtern. Ich werde die Frage nicht entscheiden, sondern auf die Impfkosten aufmerksam machen. Nur wer sich (so meine Pointe) mit ganz bestimmten weltanschaulichen Überzeugungen impft, kann die Unterbestimmtheit unserer augenblicklichen Theorie (oder der allumfassenden Theorie im idealen Limit) abwehren; und die fragliche Weltanschauung ist alles andere als attraktiv.

§ IV.4.2. Bevor wir uns einen Eindruck von der Ansteckungsgefahr der Unterbestimmtheits-Bazillen verschaffen können, ist zu überlegen, ob die Optik Newtons tatsächlich durch die Daten unterbestimmt ist. Wie ich in den vorigen drei Kapiteln gezeigt habe, hängt das davon ab, wie viel wir von einer Unterbestimmtheitsthese verlangen. Zwei der drei Stellschrauben, die das festlegen, habe ich bereits adjustiert: Rückblick

Einerseits ist die *Daten-Stellschraube* so adjustiert, dass alle verfügbaren Daten ein Wörtchen über die Bestimmung der Theorie mitzureden haben. Andererseits interessiert uns – *Theorien-Stellschraube* – am stärksten die Unterbestimmtheit von Theorien, die wir namhaft machen können (anstelle bloß hypothetischer Theorien) und deren Alternativen wir namhaft machen können (zumindest durch Konstruktionsanleitung). Newtons Optik bietet eine gute Kandidatin für diese konkrete Form von Unterbestimmtheit. Die zuletzt erwähnte Drehung der Theorien-Stellschraube bedeutet auch, dass wir uns weniger um allumfassende Theorien scheren sollten als um kleinere, aber dafür konkret vorliegende Theorien.

Bleibt die *Tugend-Stellschraube*. Wie sie zu adjustieren ist, möchte ich jetzt klären. Bei meinen ursprünglichen Formulierungen der Positionen Newtons und Goethes (§ IV.1.5) habe ich diese Stellschraube nicht ins Zentrum der Aufmerksamkeit gerückt. Dort kam es zuallererst aufs logische Verhältnis zwischen Theorie und Daten an: Theorien mussten sich logisch mit den Daten vertragen und diese Daten voraussagen (bzw. sie mussten sich per Beweis aus ihnen deduzieren lassen). Gäben wir uns damit zufrieden, so wäre ich bei Newtons Optik am Ziel. Denn in unserem Universum ist sie zur Heterogenität der Finsternis empirisch äquivalent – Daten und Logik alleine können nicht bestimmen, welche Theorie gilt. Doch dürften meine beiden Protagonisten der Tugend-Stellschraube mehr Respekt gezollt haben, als bislang herausgekommen ist; Newton wies z. B. »*reason* and experiment« als Determinanten seiner optischen Theorie aus – und unter der Überschrift »reason« kann sich so manche Tugend verbergen.

Vertiefungsmöglichkeit. Dass Newton die Tugend-Stellschraube in der ursprünglichen Fassung seiner These nicht zu erwähnen brauchte, hat mit der Schlussrichtung zu tun, auf der er bestanden hat – von den Beobachtungen zur Theorie:

[R_{ec}] Das *experimentum crucis* liefert einen *Beweis* für den Teil (R) der newtonischen Theorie, dem zufolge weißes Sonnenlicht eine heterogene Mischung aus divers refrangiblen Lichtstrahlen ist.

Hier versteckt sich alle Tugend im Beweisbegriff: Induktive und abduktive Beweise (§ IV.1.9) müssen bestimmten tiefsinnigen Regeln genügen; und wer dafür sorgt, dass sie es tun, stattet die aus ihnen gewonnenen Theorien automatisch mit den Tugenden aus, von denen ich oben rede. (Dies ist ein weiterer Hinweis darauf, dass meine Umkehrung der Beweisrichtung aus § IV.1.14 nur zu anderen Redeweisen führt, aber an der Substanz der Gedankengänge nichts ändert.)

Erklärung

§ IV.4.3. Wer bestreiten will, dass Newtons Optik an Unterbestimmtheit krankt, kann die Tugend-Stellschraube fester adjustieren als bislang und sagen: Selbst wenn sich Newtons Optik und deren unorthodoxe Alternative *rein logisch* mit allen erhobenen Daten vertragen, heißt dies noch lange nicht, dass sie sich *gleich gut* mit allen Daten vertragen. Vielmehr bietet Newtons Theorie eine gute *Erklärung* dieser Daten; und die unorthodoxe Gegentheorie erklärt dieselben Daten weniger gut.[577]

Was sind Erklärungen, und was macht eine gute Erklärung aus? Über Fragen wie diese streiten Wissenschaftsphilosophen seit langer Zeit. Ich schlage vor, unser Problem nicht mit dem Erklärungsbegriff zu verknüpfen. Der Begriff wird von vielen Philosophen sehr verschieden verstanden.[578] Auch ohne Erklärungsbegriff können wir fragen: Unter welchen Bedingungen passt eine Theorie *gut* zu den Daten? Und wann passt sie *besser* zu den Daten als eine andere Theorie?

Auch diese Fragen sind knifflig genug. Dass Theorien die Daten korrekt abbilden müssen, ist unstrittig. Strittig ist, welche Kriterien gute Theorien zusätzlich erfüllen müssen – und wie diese Kriterien beim Gesamtvergleich zwischen zwei Theorien zusammenspielen. Strittig sind also die außerempirischen Theorie-Tugenden. Strittig ist sogar, ob diese außerempirischen Tugenden zuweilen stärker ins Gewicht fallen können als die Empirie.

Vertiefungsmöglichkeit. Im Lichte seiner Frage nach dem wissenschaftlichen Realismus (die auch im Hintergrund meiner Untersuchung steht) plädiert Klein dagegen, die außerempirischen Tugenden in die Diskussion über Unterbestimmtheit einzubeziehen (Klein [KR]:226–235). Hätte er recht, so käme ich mit meinem optischen Beispiel schneller ans Ziel. Weil Kleins Plädoyer jedoch kontrovers bleiben dürfte, ist es für meine Zwecke sicherer, so viele außerempirische Tugenden einzubeziehen wie möglich und trotzdem noch für die Unterbestimmtheitsthese zu argumentieren. In der Tat: Was Klein gegen die außerempirischen Tugenden ingesamt einwendet, gilt meiner Ansicht nach auf jeden Fall für die extrinsischen Tugenden (Kapitel IV.5).

Terminologie und Quine-Exegese

§ IV.4.4. Um der Kürze willen werde ich oft von Theorie-Tugenden oder von theoretischen Tugenden sprechen, also den Zusatz »außerempirisch« weglassen.[579] Was ich darunter verstehe, läuft bei anderen Autoren unter verschiedenen Namen. Manche Autoren sprechen von pragmatischen Normen oder Maximen der Theorienwahl, andere von theoretischen Beschränkungen. Wieder andere reden nur von Einfachheit als Sammelbegriff für viel Verschiedenes.[580] Zuweilen werde ich nicht von (außerempirischen) Tugenden sprechen, sondern von außerempirischen Kriterien der Theorienwahl. Beide Redeweisen hängen eng zusammen: Wer sich bei der Auswahl einer Theorie an irgendeinem außerempirischen Kriterium orientiert, entscheidet sich für eine im entsprechenden Sinne tugendhafte Theorie.

Quine kann leicht so verstanden werden, als behaupte er ohne jede Rücksicht auf theoretische Tugenden: Wann immer ein widerspenstiges Datum auftaucht, ist es im Prinzip möglich, die liebgewonnene Theorie durch *ad-hoc*-Modifikationen zu retten. Diese Interpretation drängt sich angesichts einer berühmten und oft zitierten Aussage auf:

> Wir können an jeder beliebigen Aussage festhalten, was auch immer kommen mag – jedenfalls dann, wenn wir das System anderswo *rabiat* genug anpassen. Selbst eine Aussage ganz nahe an der Peripherie des Aussagennetzes [d. h. eine Beobachtungsaussage – O. M.] brauchen wir angesichts widerspenstiger Erfahrung nicht zu verwerfen; in diesem Fall können wir einer *Halluzination* das Wort reden oder aber diejenigen Aussagen abändern, die man als *Gesetze der Logik* bezeichnet.[581]

Das klingt in der Tat wie eine weitreichende Lizenz zu beliebig verrückten Änderungen im System der Überzeugungen. Doch hier hat

Quine über die Stränge geschlagen; in der Naturwissenschaft geht es weniger hoch her.

Böte die übertriebene Lizenz den Hauptgrund für Quines Unterbestimmtheitsthese, so wäre die These nicht sonderlich aufregend. Spannend wird Quines These, weil er weitergeht und z. B. behauptet, dass es immer gleichermaßen *einfache* Theorien gibt, die zu den Daten passen. Und Einfachheit ist bei Quine oft (wenn auch nicht immer) ein Sammelbegriff für außerempirische Theorie-Tugenden. Er schreibt:

> Nichts spricht für die Annahme, dass die Oberflächenreizungen des Menschen (von heute bis in alle Ewigkeit) nur eine einzige Systematisierung zulassen, die wissenschaftlich gesehen *besser oder einfacher* ist als alle denkbaren Alternativen. Eher […] dürften zahllose Alternativ-Theorien mit gleich gutem Recht den ersten Platz für sich beanspruchen.[582]

Diese These ist äußerst strittig.[583] Ich werde sie verteidigen, und zwar mit Hilfe der Theorie von der Heterogenität der Finsternis.

Quine-Exegese. Quines Rede von den *Oberflächenreizungen* entspringt dem philosophischen Behaviorismus, der längt aus der Mode gekommen ist. Heute könnte man dafür wieder von *Sinneserfahrungen* oder *Beobachtungen* sprechen. Von solchen Moden hängt hier nichts ab (mehr dazu in O. M. [fWfW]).

Intrinsisch *versus* extrinsisch

§ IV.4.5. Soweit ich sehe, kann man die (außerempirischen) Tugenden von Theorien grob in zwei Gruppen einteilen: in intrinsische und extrinsische. Ob und wie gut eine Theorie irgendeiner intrinsischen Tugend genügt, lässt sich allein durch Blick auf die ausformulierte Theorie feststellen; das hängt (anders als bei den extrinsischen Theorie-Tugenden) nicht von äußeren Faktoren ab.

Was verbirgt sich hinter dieser Unterscheidung? Betrachten wir z. B. die Tugend der ontologischen Sparsamkeit. Sie wird oft mit Ockhams Ratschlag in Verbindung gebracht, die Existenzannahmen einer Theorie nicht unnötig zu vermehren; überflüssige Entitäten fallen Ockhams Rasiermesser zum Opfer und sind fortzufegen.[584]

Gut rasierte Theorien sind intrinsisch tugendhaft. Denn welche Ontologie in einer Theorie steckt, d. h. welche Existenzannahmen sie enthält, d. h. welche Dinge es ihr zufolge gibt, lässt sich eindeutig durch Blick auf die Theorie allein feststellen. Jedenfalls dann, wenn die Theorie voll ausformuliert vorliegt und keine versteckten Annahmen macht.

So nimmt Newtons Optik – abgesehen von Allerweltsachen wie Prismen, Dunkelkammern usw. – unendlich viele verschiedene Arten von Lichtstrahlen an, für jeden Grad an Refrangibilität eine eigene. Die Theorie von der Heterogenität der Finsternis ist in dieser Hinsicht nicht sparsamer, denn ihr zufolge gibt es unendlich viele verschiedene Arten von Finsternisstrahlen. Weit sparsamer als diese beiden Theorien waren die Modifikationstheorien, mit denen sich Newton seinerzeit herumschlagen musste (§ I.3.16–§ I.3.18). Einer ihrer Verfechter war Hooke, und der kritisierte prompt den ontologischen Überfluss der newtonischen Theorie.[585]

Es ist nicht leicht, theoretische Tugenden zu ermessen. Um etwa die ontologische Sparsamkeit verschiedener Theorien zu vergleichen, genügt es weder, die Zahl der Entitäten, noch die Zahl der *Arten* von Entitäten abzuzählen, die es den Theorien zufolge gibt. So entstehen hohe ontologische Kosten, wenn eine *einzige* zusätzliche Entität (oder eine einzige Art zusätzlicher Entitäten) krass aus dem bis dahin etablierten ontologischen Rahmen fällt. Beispielsweise ist es teuer, zusätzlich zu unserer Physik auch noch Gott oder Engel zu postulieren – das ist viel teurer, als einen weiteren Planeten oder eine neue Tierart zu postulieren. Dies legt es nahe zu vermuten: Die Kosten einer Ontologie lassen sich nicht stur nach Schema bestimmen. Warum das meinem Argumentationsziel nicht schadet, werde ich noch darlegen.

§ IV.4.6. Die Tugend der ontologischen Sparsamkeit gehört deshalb zu den intrinsischen Theorie-Tugenden, weil sie allein von der zu beurteilenden Theorie selbst abhängt. Dasselbe gilt für die Tugenden der Einfachheit und der Schönheit. Anders verhält es sich mit *extrinsischen* Tugenden wie z. B. Anschlussfähigkeit an andere Theorien, Fruchtbarkeit für die weitere Forschung, Konservativität. Werfen wir erst einmal einen vorläufigen Blick auf die zuletzt genannte Tugend! Eine neue Theorie ist konservativ, wenn sie möglichst wenig Konservativität von ihrer Vorgängerin abweicht. Ob eine Theorie in diesem Sinne tugendhaft ist, kann man ihr allein nicht ansehen. Man kann es nur beurteilen, wenn man die Vorgeschichte der Theorie kennt – also etwas, was außerhalb dieser Theorie liegt.

Zum Beispiel war Newtons Optik im Jahr 1672 nicht konservativ, sondern einigermaßen revolutionär, wie sich durch Blick auf ihre modifikationalistischen Vorläuferinnen zeigt. Diese Vorläuferinnen postulierten ein Zusammenspiel aus Licht *und Dunkelheit*; Newton zertrümmerte jede dieser Theorien mindestens zur Hälfte. Fast genauso revolutionär wäre damals die Heterogenität der Finsternis gewesen; sie hätte ebenfalls jede modifikationalistische Theorie zur Hälfte zertrümmert – und zwar jeweils die andere Hälfte.

Aber im Jahr 1810 war die Heterogenität der Finsternis viel revolutionärer als 1672, jedenfalls ontologisch: Sie zertrümmerte die gesamte Ontologie der newtonischen Theorie, die inzwischen das Feld alleine beherrschte. (Strukturell und geometrisch war sie dagegen näher an Newtons Theorie und in dieser Hinsicht 1810 weniger revolutionär, als sie es 1672 gewesen wäre.)

Vertiefungsmöglichkeit. Die theoretische Tugend der Konservativität ist nicht neu. Schon in Goethes Tagen kursierte sie. So wurde sie gegen seine Newton-Kritik eingesetzt (Anonym [zFvG]/a:31). Und Goethe war sich völlig darüber im klaren, dass in die Mechanismen der Naturwissenschaft eine Vorliebe fürs Konservative eingebaut ist und dass dies seinem Angriff auf Newton den Wind aus den Segeln nahm, so jedenfalls sinngemäß laut Eckermann [GmGi]:538/9 (30.12.1823).

Zu ehrgeizig

§ IV.4.7. Welche der aufgezählten Tugenden von Theorien sollte jemand im Blick haben, der eine interessante Unterbestimmtheitsthese verfechten oder auch nur diskutieren möchte? Die Frage läuft wieder darauf hinaus zu fragen, wie ehrgeizig die Unterbestimmtheitsthese zu fassen ist. Um das zu klären, können wir uns zunächst auf folgende Vermutung stützen: Je mehr theoretische Tugenden wir von unseren Theorien verlangen, desto höher liegt die Latte – desto weniger Theorien werden als tugendhaft gelten und einander in dieser Hinsicht Konkurrenz machen. Die ehrgeizigste Unterbestimmtheitsthese lautet demzufolge wie folgt:

[$U_{I,E}$] Wenn sich die Beobachtungsimplikationen einer Theorie *gut* mit den Beobachtungsdaten vertragen, dann existieren Alternativ-Theorien, die sich *insgesamt (nach Berücksichtigung aller Tugenden) ebenso gut* mit den Beobachtungsdaten vertragen, die also im Lichte aller intrinsischen und aller extrinsischen Kriterien gleichermaßen *tugendhaft* sind.

Ich werde später dafür plädieren, dass diese These zu radikal ist, um von Interesse zu sein und zu überzeugen. Wenn wir die extrinsischen Kriterien aus dem Spiel werfen und die intrinsischen beibehalten, ist das Resultat immer noch ehrgeizig und brisant genug:

[U_I] Wenn sich die Beobachtungsimplikationen einer Theorie *gut* mit den Beobachtungsdaten vertragen, dann existieren Alternativ-Theorien, die sich *(nach Berücksichtigung aller intrinsischen Tugenden) ebenso gut* mit den Beobachtungsdaten vertragen.

Ich werde Thesen dieser Art als intrinsische Unterbestimmtheitsthesen bezeichnen. Meiner Ansicht nach bieten solche Thesen den interessantesten Fall von Unterbestimmtheit. Mehr noch, mit Blick auf Newtons Optik trifft eine These wie [U_I] zu. Das jedenfalls wird mein Ergebnis am Ende dieses Kapitels sein.

§ IV.4.8. Welche intrinsischen Tugenden gibt es, abgesehen von ontologischer Sparsamkeit? Fast jeder Wissenschaftsphilosoph hat seine eigene Liste; und schon von Text zu Text kann sich die Liste ändern. So geht Quine bisweilen davon aus, dass eine gute Theorie zuallererst *einfach* sein sollte.[586] Manchmal fügt er hinzu, dass sie einfach sein sollte, damit sie *schön* ist.[587] Wieder an anderen Stellen scheint er zu meinen, dass Einfachheit und Sparsamkeit am Ende zusammenfallen, aber jedenfalls wichtig sind.[588] Und woanders schreibt er so, als wären Sparsamkeit und Einfachheit dasselbe wie Schönheit.[589] Die (extrinsische) Tugend der Konservativität ist bei ihm fast immer zusätzlich im Spiel.[590]

Auftritt: die Einfachheit

In diesem Wirrwarr hängt viel davon ab, wie die Kriterien genau funktionieren sollen. Ich werde mich auf wenige Andeutungen beschränken. Ontologische Sparsamkeit habe ich bereits erklärt, dazu brauche ich nichts mehr zu sagen (§ IV.4.5).

Obwohl die Bedingungen und Merkmale der Einfachheit kompliziert sind, schlage ich vor, sie in grober Näherung so zu fassen: Eine Theorie ist umso einfacher, je kürzer ihre Formulierungen ausfallen. Das bezieht sich sowohl auf die Formulierung der Theorie selbst – als auch auf die Formulierung der Schlussketten, mit deren Hilfe z. B. ihre Beobachtungsimplikationen abgeleitet werden. Für meine Zwecke genügt diese Erläuterung zunächst. Erstens bietet sie ein angenehm konkretes Bild dessen, worum es unter dem Schlagwort von der Einfachheit ungefähr geht. Und zweitens funktioniert mein gesamter Gedankengang für beliebige Kriterien der Einfachheit (§ IV.4.11).

Dass Einfachheit im erläuterten Sinne ein intrinsisches Kriterium ist, liegt auf der Hand. Um sie zu ermessen, braucht man nur die fragliche Theorie zu analysieren – ohne sich auf Gesichtspunkte außerhalb ihrer selbst einlassen zu müssen.

Einfachheit und ontologische Sparsamkeit gehen nicht immer Hand in Hand. Wer weniger Entitäten postuliert als sein Konkurrent, muss sich mitunter stärker anstrengen, um der ganzen Vielfalt des Phänomenbereichs ebenso präzise gerecht zu werden, muss also längere (mithin weniger einfache) Texte produzieren.

Vertiefungsmöglichkeit. Dass sich plausible Kriterien der Einfachheit (anders als mein grober Näherungsvorschlag) nicht stur in ein Schema pressen lassen, liegt auf der Hand.[591] Einfachheit hat am Ende nur wenig mit der Länge von Texten zu tun. Denn Textlänge hängt von Zufälligkeiten der Sprache ab (mehr dazu in § IV.4.11k). Es muss eher um logische Einfachheit gehen, und was das heißen soll, ist schon für den Vergleich zwischen zwei gegebenen Beweisen desselben Satzes schwer zu sagen. Noch verwickelter wird die Sache, wenn einer logisch einfachen Theorie mit komplizierten Ableitungen der Beobachtungsimplikationen eine logisch komplexe Theorie mit einfacheren Ableitungen gegenübersteht. – Wie stark sich ein Wissenschaftler bei seiner Arbeit an der Tugend der Einfachheit orientiert, hängt offenbar vom Temperament ab. Laut Dyson stehen sich an den Extrempolen Vereinheitlicher wie Einstein und Diversifizierer wie Rutherford gegenüber (Dyson [MA]:46, 47, 49, 53 *et passim*; Dyson sympathisiert mit den Diversifizierern). Einsteins Aussagen zugunsten der Einfachheit finden sich in Einstein [zMTP]:116/7, Heisenberg [TG]:86, Einstein [A]:20. Eine der frühesten Stellungnahmen zugunsten der Einfachheit habe ich bei Lichtenberg gefunden:

> Es kann bei einem so verwickelten Streite, wie der über die Theorie des Lichts, wo Newton und Euler an der Spitze der Parteien stehen, nicht

> mehr schlechtweg die Frage sein, was ist hierin wahr? sondern, welche Erklärungsart ist die einfachste? Durch das Einfache geht der Eingang zur Wahrheit.[592]

Goethe stützte sich gleichfalls auf Einfachheit, um z. B. den wissenschaftlichen Wert seines Farbenkreises aufzuzeigen.[593] Auch unabhängig vom Farbenkreis (Farbtafel 28) strebte Goethe in der naturwissenschaftlichen Arbeit nach Einfachheit.[594] Es wäre eine Aufgabe für ein eigenes Buch, derartige Positionen aufzuarbeiten und mit Newtons ganz anders anmutenden Appellen an die Einfachheit zu konfrontieren.[595]

Was ist Schönheit?

§ IV.4.9. Was ist Schönheit? Etwas Undefinierbares – in der Naturwissenschaft genauso wie in der Kunst. Naturwissenschaftler werden sich im großen und ganzen trotzdem schnell einig, welche Theorien (und Experimente) sie besonders schön finden. Einen Paradefall bietet Einsteins Allgemeine Relativitätstheorie. Auch Newtons Optik gilt als schön.[596] Sie wird wegen ihrer Kraft bewundert, eine bunte Vielfalt sehr unterschiedlicher Phänomene höchst einheitlich zu behandeln. Diese Formel von der Einheit in der Vielfalt hat großes Gewicht in der Ästhetik überhaupt. Oft, aber nicht immer, gilt die einfachste Theorie als Schönheitskönigin.[597]

Man kann darüber streiten, ob ästhetische Tugenden zu den intrinsischen Tugenden zählen. Manche Leute finden das Vertraute schön, andere das Neue und Überraschende. Solche Gesichtspunkte der ästhetischen Beurteilung sind extrinsisch (aus demselben Grund wie im Fall der Konservativität, § IV.4.6). Wer seine ästhetischen Urteile dagegen von der Struktur einer Theorie abhängig macht, orientiert sich hierbei an einem intrinsischen Kriterium.

Vertiefungsmöglichkeit. Ästhetische Urteile gelten vielen als subjektiv: Es hängt vom Urteilenden ab, zu welchem Urteil er gelangt.[598] Sind diese Urteile allein deshalb extrinsisch? Keineswegs. Denn es wäre ein Irrtum anzunehmen, dass sich das ästhetische Urteil damit auch auf den Urteilenden bezieht. Er will mit dem ästhetischen Urteil nichts über sein Verhältnis zur fraglichen Theorie aussagen, sondern über die Theorie selbst und möglicherweise über deren Verhältnis zur vorherrschenden Theorie (wenn er z. B. ihre Originalität ästhetisch anpreist). Im ersten dieser beiden Fälle beträfe das ästhetische Urteil die intrinsischen Merkmale der Theorie; und im zweiten Fall beträfe es ihre extrinsischen Merkmale – aber nicht deshalb, weil das Urteil am Ende vom Urteilenden abhängt.

Ohne Algorithmen

§ IV.4.10. Reichen die Tugenden der Einfachheit, der ontologischen Sparsamkeit und der Schönheit aus, um der Unterbestimmtheitsthese ein Ende zu bereiten, die sich für Newtons Optik abzeichnet? Nein. Ich werde für folgende These plädieren:

[$U_{e,o,s}$] Wenn sich die Beobachtungsimplikationen einer Theorie auf intrinsische Weise *gut (einfach, ontologisch sparsam und schön)* mit den Beobachtungsdaten vertragen, dann existieren Alternativ-Theorien, die sich insgesamt intrinsisch ebenso gut mit den Beobachtungsdaten vertragen – jedenfalls ist das so bei Newtons Theorie von der Heterogenität des weißen Lichts.

Bevor ich das für Newtons Optik zeigen kann, muss ich eine Schwierigkeit aus dem Weg räumen. Keine der drei intrinsischen Tugenden guter Theorien lässt sich auf eindeutige Merkmale reduzieren und etwa über einen Algorithmus feststellen. Bei Schönheit ist diese Tatsache mit Händen zu greifen, aber sie gilt auch bei jeder vernünftigen Deutung von Sparsamkeit und Einfachheit (§ IV.4.5, § IV.4.8k). Wer irgendeine intrinsische Tugend einer Theorie ermessen will, braucht Urteilskraft. Das ist bei den Tugenden von Personen nicht anders. (Daher rede ich – auch bei Theorien – gerne von Tugenden, nicht immer nur von Kriterien der Theorienwahl.)

Urteilskraft brauchen wir nicht nur, wenn wir das Ausmaß bestimmen wollen, in dem eine Theorie schön ist oder einfach oder sparsam. Wir brauchen Urteilskraft erst recht, wenn wir ermessen wollen, wie gut eine Theorie angesichts dieser drei Tugenden *insgesamt* dasteht. Denn es kann vorkommen, dass irgendeine Theorie eine dieser Tugenden nur auf Kosten der anderen Tugenden zu erfüllen weiß (§ IV.4.8). Dann müssen wir abwägen, um zu einem Gesamturteil vorzudringen. Aber in welcher Maßeinheit sollen wir das tun? Ein gegebener Gewinn an Schönheit lässt sich z. B. nicht ohne weiteres mit einem bestimmten Verlust an Sparsamkeit verrechnen. Beide Tugenden werden in unterschiedlichen Maßeinheiten gemessen (wenn sie überhaupt gemessen werden können), sind also erst einmal inkommensurabel.

Nun wägen die Naturwissenschaftler zuweilen sehr wohl zwischen Schönheit und Sparsamkeit ab. Aber sie tun das nicht nach einem eindeutigen Algorithmus, der ein für allemal vorgegeben wäre und die wissenschaftliche Methode verkörperte. Im Gegenteil, alles spricht dafür, dass sich die wissenschaftliche Methode, der wir bei Auswahl unserer Theorien folgen, nicht algorithmisieren lässt.

Nach diesem niederschmetternden Ergebnis könnte man vermuten: Sobald unsere Theorien mehr als einer intrinsischen Tugend verpflichtet sind, ist es ausgeschlossen festzustellen, ob es gleichwertige Theoriealternativen gibt. Ich werde in den kommenden Paragraphen eine Überlegung vorführen, die dagegen spricht – jedenfalls angesichts des hier betrachteten Newton-Beispiels.

Textbelege. Mit folgenden berühmten Worten zertrümmert Feyerabend jede Hoffnung auf (algorithmisierbare) Regeln der wissenschaftlichen Methode:

> Nehmen wir nur irgendeine Regel, und sei sie noch so »grundlegend« oder »rational«: Stets gibt es Umstände, unter denen wir sie nicht nur mißachten, sondern ihr glattes Gegenteil befolgen sollten.[599]

Kuhn fasst die Sache etwas zurückhaltender:

> Es gibt keinen neutralen Algorithmus für die Theorienwahl, kein systematisches Entscheidungsverfahren, dessen korrekte Durchführung jeden einzelnen Wissenschaftler aus der Gruppe zu ein und derselben Entscheidung führen müsste.[600]

Vergleichbare Äußerungen finden sich schon bei Duhem und Einstein, (siehe Duhem [ZSPT]:292/3 und Einstein [A]:20, 70, 72).

Patt bei Sparsamkeit und Einfachheit

§ IV.4.11. Da wir uns beim Zusammenrechnen theoretischer Tugenden auf keinen Algorithmus stützen können, mag es fast immer schwer sein, eindeutig festzustellen, ob irgendeine Theorie insgesamt intrinsisch tugendhafter ist als eine Alternative, die sich ebenfalls mit den Daten logisch verträgt. Doch in meinem Zusammenhang kann uns diese Schwierigkeit gleichgültig sein, wie ich jetzt zeigen will.

Newtons Theorie und ihre unorthodoxe Alternative (von der Heterogenität der Finsternis) sind exakt isomorph; sie haben dieselbe Struktur. Zu jedem Satz aus Newtons Theorie liefert die unorthodoxe Alternative einen strukturgleichen Satz (und umgekehrt). Jede Existenzannahme Newtons hat eine gleichgebaute Konkurrentin unorthodoxer Art; genauso mit den Axiomen und Theoremen der Theorie Newtons. Zu jedem Schluss aus Newtons Theorie gibt es einen strukturgleichen, aber unorthodoxen Schluss. Zu jeder Erklärung à la Newton, die sich auf Lichtstrahlen beruft, gibt es eine gleichgebaute Erklärung, in der unorthodoxerweise von Finsternisstrahlen die Rede ist (§ II.5.17).

Aus der perfekten Symmetrie auf Ebene der Sätze, Existenzannahmen, Axiome, Theoreme, Theorien, Schlüsse, Beweise, Erklärungen usw. ergibt sich ohne jeden Zweifel: Beide Theorien stimmen in allen intrinsischen Eigenschaften miteinander überein – also auch mit Blick auf die intrinsischen Tugenden, die ich aufgeboten habe:

Erstens sind die Ontologien beider Theorien exakt gleich sparsam (§ IV.4.5). Und für dieses Ergebnis spielt es keine Rolle, nach welchem Maßstab wir die Kosten einer Ontologie bemessen. Kommt es dabei auf die Zahl der postulierten Entitäten an? Auf die Zahl ihrer Kategorien? Auf die Spannbreite ihrer Kategorien? Auf ihre Verschiedenheit? Alle diese kniffligen Fragen können wir angesichts meines Fallbeispiels links liegen lassen.

Zweitens sind beide Theorien in allen erdenklichen Hinsichten gleichermaßen einfach – ebenso wie die Erklärungen, Beweise, Ableitungen usw., die sie liefern. Das bedeutet zwar nicht, dass jedes Experiment in beiden Theorien gleichermaßen einfach erklärt werden kann. Newtons Grundexperiment z. B. hat keine einfache unorthodoxe Erklärung; in dieser Hinsicht ist Newtons Theorie einfacher. Aber das hilft ihr nicht. Denn die Umkehrung des newtonischen Grundexperiments hat keine einfache orthodoxe Erklärung. (Mehr darüber im Kleingedruckten am Ende des nächsten Kapitels, siehe § IV.5.15.)

Dass beide Theorien insgesamt dasselbe Ausmaß an Einfachheit erreichen, liegt also nicht nur an der Isomorphie der beiden Theorien. Es liegt obendrein an der Symmetrie im Bereich der Phänomene, also an Goethes Theorem (§ II.5.19). Sind diese zwei Faktoren gegeben (theoretische Isomorphie und experimentelle Symmetrie), so steht fest, dass beide Theorien die Tugend der Einfachheit exakt im gleichen Maße zeigen – und zwar gleichgültig, nach welchen Kriterien sich Einfachheit bestimmt.

Ich habe vorhin vorgeschlagen, die Einfachheit einer Theorie (eines Beweises, einer Erklärung usw.) nach Textlänge zu ermessen. Das war ein krudes Kriterium; ich habe es nur zur Illustration ins

Spiel gebracht. Das konnte ich mir aus folgendem Grund erlauben: Jedes bessere Kriterium der Einfachheit (einerlei ob algorithmisiert oder nicht) führt im Wettkampf zwischen Newtons Theorie und ihrer unorthodoxen Alternative immer nur zum selben Patt. Und daran ändert sich nichts, wenn wir zugeben, dass der newtonischen Theorie bewundernswürdige Einfachheit zukommt.

Vertiefungsmöglichkeit und Korrektur. Ausgerechnet das Einfachheits-Kriterium der Textlänge führt nicht notwendig zum Patt. Das orthodoxe Wort »Lichtstrahl« verschlingt im Deutschen weniger Buchstaben als das unorthodoxe Wort »Finsternisstrahl«. Dass es darauf nicht ankommen kann, liegt auf der Hand. Wenn Textlänge ein plausibles Maß für Einfachheit abgeben soll, so muss es sich um Textlängen in irgendeiner standardisierten Notation handeln, nicht um kontingente Textlängen irgendwelcher zufälliger Sprachen.

Patt bei der Schönheit und insgesamt

§ IV.4.12. Sind Newtons orthodoxe Theorie und ihr unorthodoxes Gegenstück gleich schön? Wer sein ästhetisches Votum nur auf einschlägige intrinsische Eigenschaften der Theorien stützt, wird die Frage bejahen – aus denselben Gründen wie beim Patt in Sachen Sparsamkeit und Einfachheit aus dem vorigen Paragraphen.

(Uneinschlägige, aber intrinsische Kriterien sind von diesem Ergebnis ausgenommen. So reimt sich »im Dunkeln« auf »hell funkeln«, und das mag zu einer poetisch schöneren Präsentation einer der beiden Theorien führen. Doch auf so was wird kein vernünftiger Mensch achten, der Theorien, nicht Gedichte miteinander ästhetisch vergleichen will.)

Die Sache ändert sich, sobald ins ästhetische Urteil über Theorien z. B. Gesichtspunkte der Vertrautheit oder Originalität hineinspielen – oder auch Gesichtspunkte der Affinität zu außertheoretischen Strömungen in Religion, Kunst, Moral, Politik usw.

Solche Gesichtspunkte hängen nicht von den intrinsischen Eigenschaften der Theorien ab, um die es geht. Wie interessant und wie plausibel fällt die Unterbestimmtheitsthese aus, wenn wir extrinsische Tugenden einbeziehen? Das will ich im kommenden Kapitel erörtern. Solange wir rein intrinsisch vorgehen, werden wir jedenfalls keinen ästhetischen Unterschied zwischen den beiden Theorien entdecken – gleichgültig, auf welche intrinsischen Gesichtspunkte auch immer wir dabei achten mögen, und gleichgültig, wie wir diverse Gesichtspunkte in *ein* ästhetisches Gesamturteil einschmelzen.

Gibt es weitere intrinsische Kriterien, mit deren Hilfe wir Theorien vergleichen oder vergleichen sollten? Mag sein; ich brauche auf diese Frage nicht einzugehen. Denn gleichgültig, wie sie aussehen, und gleichgültig, wie sie in das Gesamtvotum über die fraglichen Theorien einfließen, eines steht fest: Solange sie rein intrinsisch sind, muss jeder solcher Vergleich zwischen Newtons Theorie und ihrer unorthodoxen Alternative unentschieden ausgehen.

Dieses Ergebnis ist robust. Es hängt nicht einmal davon ab, wie eine sonst sehr knifflige Frage zu lösen ist, die ich vorhin angetippt habe, ohne mich in sie zu vertiefen: Das unentschiedene Ergebnis hängt nicht einmal davon ab, ob wir meinen, dass die empirische Angemessenheit einer Theorie jemals von den außerempirischen Theorie-Tugenden ausgestochen werden kann. Sind wir im Namen der Einfachheit oder gar der Schönheit berechtigt, zuweilen auf eine momentan empirisch noch nicht ganz erfolgreiche Theorie zu setzen? Darüber streiten die Naturwissenschaftler, Wissenschaftsphilosophen und -historiker spätestens seit Kuhns Provokationen.[601] Ich brauche den Streit nicht zu entscheiden.

Quine hat's geahnt

§ IV.4.13. Fast will es so scheinen, als hätte Quine Beispiele im Sinn gehabt, die in Sachen Symmetrie meinem Optik-Beispiel stark ähneln. Jedenfalls hebt er in einer seiner ersten Präsentationen der Unterbestimmtheitsthese, aus der ich bereits zitiert habe, ausdrücklich die Symmetrien und Dualitäten der theoretischen Physik hervor:

> Nichts spricht für die Annahme, dass die Oberflächenreizungen des Menschen (von heute bis in alle Ewigkeit) eine bestimmte Systematisierung zulassen, die wissenschaftlich gesehen besser oder einfacher ist als alle möglichen Alternativen. Eher dürften – *wenn auch nur aufgrund von Symmetrien und Dualitäten* – zahllose Alternativ-Theorien mit gleich gutem Recht den ersten Platz für sich beanspruchen.[602]

Quine wird hier an die hochsymmetrischen Verhältnisse gedacht haben, die bei den Elementarteilchen herrschen, etwa an die Symmetrien zwischen Teilchen und Antiteilchen. Ob seine Überlegung dort funktioniert, weiß ich nicht; bei der Optik jedenfalls funktioniert sie – wegen Goethes Theorem.

Vertiefungsmöglichkeit. Quines Verweis auf Symmetrien und Dualitäten erscheint insofern umso frappierender, als die Symmetriegruppe $(S_2)^3$ der unordentlichen Spektren, die ich in § III.5.14 aufblitzen ließ, strukturell von ähnlichem Kaliber ist wie die Symmetrien aus der allerneuesten Physik.

Kapitel IV.5. Anschlussfähigkeit und andere extrinsische Tugenden

Zwei offene Fragen

§ IV.5.1. Selbst wenn wir auf intrinsische Tugenden von Theorien achten, geht der Vergleich zwischen Newtons Theorie und ihrer unorthodoxen Alternative unentschieden aus. Dieses Ergebnis aus dem vorigen Kapitel führt uns zu einer plausiblen Version der Unterbestimmtheitsthese, die ehrgeizig und brisant ist. Denn im Normalfall ist nicht damit zu rechnen, dass es mehreren konkurrierenden Theorien gelingt, eine ganze Reihe von Kriterien der Theorienwahl *exakt* gleich gut zu erfüllen: Je mehr Kriterien zu erfüllen sind, desto enger der Spielraum für Alternativen, so die Erwartung. Ein rein empirisches Unentschieden zwischen zwei Theorien dürfte sich im Normalfall überwinden lassen, sobald zusätzliche Tugenden wie Sparsamkeit, Einfachheit oder gar Schönheit ins Spiel kommen. Dass diese Erwartung in der Optik enttäuscht wird, ist ein erstaunliches Resultat.

Zwei Fragen sind noch offen. Erstens: Bleibt die Unterbestimmtheit bestehen, wenn wir auf weitere – nämlich extrinsische – Tugenden achten? Ich werde die Frage verneinen, allerdings nicht ohne zuvor Widerstand zu leisten. Und zwar werde ich nach und nach immer mehr extrinsische Tugenden ins Spiel bringen. Nach Betrachtung der ersten drei extrinsischen Tugenden (Konservativität, Innovativität, Fruchtbarkeit) wird das Spiel vielleicht noch unentschieden stehen. Doch schließlich wird die Unterbestimmtheit deutlich an eine Grenze stoßen, nämlich in dem Augenblick, wo wir zwei weitere extrinsische Tugenden hinzuziehen: Anschlussfähigkeit an bestehende andere Theorien sowie Immunität zentraler Schlüsselüberzeugungen.

An dieses Ergebnis schließt sich meine zweite Frage an: Wie attraktiv wäre eine extrinsisch aufgeladene Unterbestimmtheitsthese gewesen? Wie ehrgeizig wäre sie? Wäre sie vielleicht übertrieben ehrgeizig, d.h. zu radikal? Wie weit müssten Anhänger der Unterbestimmtheitsthese ihren Ehrgeiz herunterschrauben, nachdem sich herausgestellt haben wird, dass die extrinsisch aufgeladene Unterbestimmtheitsthese unhaltbar ist? Wäre es gar ein Verrat an der Unterbestimmtheitsthese, ihre extrinsische Fassung preiszugeben? Auch diese Frage werde ich verneinen, allerdings nur tentativ.

Im Komparativ

§ IV.5.2. Bevor ich die zwei Fragen anpacken kann, muss ich genauer als bislang untersuchen, wie sich die extrinsischen von den intrinsischen Theorie-Tugenden unterscheiden. Betrachten wir abermals den Kontrast zwischen (intrinsischer) Sparsamkeit und (extrinsischer) Konservativität. Es wäre irreführend, diesen Kontrast so zu beschreiben: Die Frage nach Konservativität verwickelt uns in einen Vergleich zwischen zwei Theorien (nämlich zwischen der alten und der neuen), während wir die Frage nach Sparsamkeit ohne jeden Theorienvergleich beantworten können.

Dass diese Sicht des Kontrasts in die Irre führt, kann man sich wie folgt klarmachen. Ob eine gegebene Theorie schlechthin konservativ ist bzw. schlechthin sparsam – diese Frage hat so wenig Sinn, wie die Frage, ob ein bestimmtes Bambusrohr schlechthin lang ist. Sinnvoll sind solche Begriffe immer nur im Vergleich. Es handelt sich also um zweistellige, komparative Begriffe: Diese Theorie ist konservativer als jene; jene sparsamer als diese.

Heißt das, dass Sparsamkeit doch keine intrinsische Tugend ist, weil sie uns stets in einen Vergleich verwickelt? Nein, denn für den erforderlichen Vergleich brauchen wir nur die Merkmale der zu vergleichenden Theorien zu berücksichtigen, nichts außerhalb von ihnen.

Genauso beim Bambus. Ob ein Bambusrohr länger ist als ein anderes, hängt nur von den beiden Bambusrohren ab, nicht von irgendetwas Drittem. So lässt sich die Länge von Bambusrohren als Messgröße etablieren, die jedem Bambusrohr intrinsisch einen eindeutigen Längenwert zuweist, gemessen z. B. in Zentimetern. Analog wäre es wünschenswert, Sparsamkeit als intrinsische Messgröße für Theorien zu etablieren. Wenn dies bislang nicht gelungen ist, so hängt das nicht damit zusammen, dass Sparsamkeit nur extrinsisch zu ermessen wäre. Sondern es liegt daran, dass Sparsamkeit von Theorien keine Eigenschaft ist, die sich stur nach Schema bestimmen lässt; sie ist eine verzwickte intrinsische Eigenschaft (§ IV.4.5).

Es gibt auch verzwickte *extrinsische* Eigenschaften von Theorien, z. B. Konservativität. Wer sie ermessen will, kann sich dafür ebenso wenig auf einen sturen Algorithmus stützen wie im Fall der Sparsamkeit. Doch abgesehen davon kommt bei der Konservativität eine weitere Schwierigkeit hinzu, die im Fall der Sparsamkeit nicht auftritt: Wie konservativ eine Theorie ist, hängt nicht nur von ihr selbst ab, sondern auch von der Theorie, die vorher da war. Und wenn wir zwei Theorien mit Blick auf Konservativität vergleichen wollen, so müssen wir über den Tellerrand der beiden Theorien blicken, also einen Vergleichspunkt außerhalb von ihnen heranziehen. Genau das macht aus Konservativität eine extrinsische Tugend. Ich werde diesen Sachverhalt im kommenden Paragraphen noch etwas eingehender beleuchten.

Vertiefungsmöglichkeit. Wie im Fall der ontologischen Sparsamkeit lässt sich auch die Konservativität von Theorien nicht stur nach Schema ermessen. Wer nur feststellt, wie groß das Verhältnis zwischen beibehaltenen und umgestoßenen Sätzen ausfällt, leistet nicht genug. Darüber hinaus muss man strukturelle, ontologische und doktrinelle Aspekte der Konservativität gegeneinander abwägen; und das ist knifflig. Aber selbst wenn wir uns auf Konservativität der Doktrin beschränken, bleibt die Angelegenheit unübersichtlich. Es geht z. B. um das *Gewicht* der fraglichen Sätze, in denen sich die Doktrin der Theorie ausdrückt. Wer massenhaft unwichtige Sätze einer Vorgängertheorie beibehält, aber einen ihrer Schlüsselsätze umstößt, verficht vielleicht eine revolutionärere Theorie als derjenige, der umgekehrt vorgeht. – Wie Sie sehen werden, brauche ich mich um alle diese Feinheiten nicht zu kümmern.

Ein schematisches Beispiel

§ IV.5.3. Inwiefern Konservativität eine extrinsische Tugend ist, möchte ich nun schematisch darstellen. Nehmen wir an, dass die Mehrzahl der Gruppe der Physiker zum Zeitpunkt 1672 die Theorie T_{1672} für richtig gehalten habe, etwa eine bestimmte Version der Modifikationstheorie. Nehmen wir weiter an, A und B seien zwei empirisch gleichwertige Alternativen zu T_{1672}. Dann könnte im Jahr 1672 z. B. die Theorie A konservativer gewesen sein als ihre Konkurrentin B, weil sie sich von der damals herrschenden Theorie T_{1672} weniger stark unterschied als B. (A könnte eine neuartige Version der Modifikationstheorien sein, B hingegen Newtons Theorie der Optik.) Wer A und B in Sachen Konservativität vergleichen will, muss die Theorie T_{1672} hinzuziehen, also etwas, was mit den beiden Theorien A und B nichts zu tun zu haben braucht.

Genau darum kann der Vergleich in Sachen Konservativität zu jedem Zeitpunkt anders ausgehen. Im Jahr 1810 könnte z. B. plötzlich Theorie B konservativer sein als A, etwa deshalb, weil sich B weniger stark als A von der *später* vorherrschenden Theorie T_{1810} unterschieden hätte.

Dies bringt uns allerdings in eine Situation, in der sich die Verhältnisse zu verwirren scheinen. Was ist, wenn nicht *zwei* neue Theorien um die Nachfolge einer veralteten Theorie ringen, sondern *eine* neue Theorie gegen die gerade bestehende Theorie kämpft? Zum Beispiel könnte die im Jahr 1810 geltende Theorie T_{1810} genau identisch mit Newtons Theorie B sein. Wer in dieser Situation auf den Plan tritt und irgendeine neue Theorie C verficht, der wird (in Sachen Konservativität) gegen B immer den Kürzeren ziehen. Denn wegen $B = T_{1810}$ wird sich C stets stärker von T_{1810} unterscheiden als B. In dieser Situation mag es vielleicht so aussehen, als hätten wir nur noch – rein intrinsisch (genau wie bei Sparsamkeit) – zwischen zwei Theorien zu vergleichen, nämlich zwischen einerseits C und andererseits B ($= T_{1810}$).

Dass der Vergleich trotzdem ein Element ins Spiel bringt, das mit den beiden Theorien alleine nichts zu tun hat, kann man sich so klarmachen: In den Vergleich gehen zwar tatsächlich nur zwei Theorien ein, aber diese Vereinfachung der Situation beruht auf einem extrinsischen Faktor; sie beruht darauf, dass eine der Theorien die Eigenschaft hat, zum fraglichen Zeitpunkt vorzuherrschen. Diese

Eigenschaft gehört nicht zum Wesen der fraglichen Theorie, vielmehr tritt sie sozusagen von außen hinzu.

Vertiefungsmöglichkeit. Erste Klarstellung zur Konservativität: Anders als der Name nahelegen könnte, ist eine Theorie nicht umso konservativer, je älter die Theorie ist, der sie besonders stark ähnelt. Vielmehr müssen wir uns unter der Theorie, die den Rahmen für solche Vergleiche absteckt, stets die Theorie vorstellen, die *zum Zeitpunkt* der Auseinandersetzung zwischen A und B gerade vorherrscht. Im Lichte dieser Klarstellung ist »Konservativität« nicht der bestmögliche Name für die fragliche Tugend. Quine redet von einer Maxime der Minimalverschandelung.[603] Noch treffender (aber leider nicht kürzer) wäre es, an Quines Formel anzuknüpfen und von der Minimalverschandelung des *gerade jetzt* (bei uns) Bestehenden zu reden. (In manchen Fällen wird es nicht nur auf den *Zeitpunkt* ankommen, sondern auch auf die *Gemeinschaft* der Physiker, in der gestritten wird.) Zweite Klarstellung: Höchstmögliche Konservativität kommt nicht zwangsläufig der gerade bestehenden Theorie zu; alle empirisch umfassenderen Theorien, aus denen sich die gerade bestehende Theorie ableiten lässt, können als ebenso konservativ bezeichnet werden. Denn wer sich einer von ihnen anschließt, muss keinen einzigen Satz seiner bisherigen Theorie preisgeben. (Man kann Konservativität aus zwei verschiedenen Blickwinkeln betrachten. Erstens: Wie viel meiner alten Überzeugungen muss ich preisgeben, wenn ich mich der neuen Theorie anschließe? Zweitens: Wie viele neue Überzeugungen gewinne ich hinzu, wenn ich mich der neuen Theorie anschließe? Dass ich den zweiten Blickwinkel vernachlässigt habe, ist für meine Betrachtung nicht von Bedeutung.)

Konservativität als Mittel gegen Unterbestimmtheit?

§ IV.5.4. Nach den Klärungen aus den vorigen Paragraphen steht fest: Konservativität ist eine extrinsische Tugend *par excellence*. Damit komme ich zur ersten Frage, die ich für dieses Kapitel vorgesehen habe. Sie lautet so: Bleibt die entdeckte Unterbestimmtheit der newtonischen Optik bestehen, wenn wir auf extrinsische Tugenden achten? Wie Sie sehen werden, geht die Frage nicht für alle extrinsischen Tugenden gleich aus; doch wer genug extrinsische Tugenden durchläuft und die Ergebnisse zusammennimmt, hat am Ende genug Gründe gegen die extrinsische Unterbestimmtheitsthese beisammen. Um das zu zeigen, werde ich eine ganze Kaskade extrinsischer Tugenden in den Blick nehmen, und zwar in folgender Reihenfolge: Konservativität, Innovativität, Verheißungskraft

(Fruchtbarkeit), Anschlussfähigkeit, Immunität zentraler Schlüsselüberzeugungen.

Beginnen wir also mit der Tugend der Konservativität. Wer im Lichte widerspenstiger Daten eine neue Theorie aufstellt, sollte sich (in den Worten Quines) am Gebot von der Minimalverschandelung des Bestehenden orientieren. *Weiche so wenig wie irgend möglich vom Althergebrachten ab*, so lautet dieses konservative Gebot.[604] Das klingt nach einer Regel für Denkmalschützer. Warum sollten sich Naturwissenschaftler von so einer Regel einschränken lassen? Zwei Gründe sprechen offenbar dafür: Erstens bietet uns das Bestehende ein reiches Erbe unserer Vorgänger, das wir nicht ohne gute Gründe verschmähen sollten. Und zweitens lässt sich im Rahmen des Vertrauten besser weiterarbeiten; das ist auch ein psychologisches Faktum, das mit unserer begrenzten Lern- und Erinnerungsfähigkeit zu tun hat. Beide Gründe zeigen den strategischen Wert, den die Konservativität dem Naturforscher verheißt.[605]

Was Konservativität für den Streit zwischen Newtons Optik und ihrer unorthodoxen Alternative bedeutet, liegt auf der Hand. Laut Gebot von der Minimalverschandelung darf man (wenn auch nur minimal) zu verschandeln anfangen, sobald widerspenstige Daten vorliegen und falls es nicht anders geht. Die erste dieser Bedingungen liegt nicht vor. Von Newtons unorthodoxen Gegnern ist kein einziges widerspenstiges Datum entdeckt worden (§ II.1.10–§ II.1.11, § II.3.8–§ II.3.10, § III.5.11). Da wäre es die reinste Mutwilligkeit, etwas am Bestehenden ändern zu wollen – bloß deshalb, weil man eine empirisch äquivalente Alternative gefunden hat. Es verspricht mehr naturwissenschaftliche Erträge, im Rahmen des Bestehenden weiterzuarbeiten, statt das Altbekannte unter unorthodoxen Vorzeichen abermals zu erklären.

In gewisser Hinsicht ist das ein triviales Resultat. Wenn wir eine empirisch äquivalente *Alternative* zum Bestehenden entdeckt haben, dann muss diese Alternative am Bestehenden rütteln und konservative Gemüter verstören – sonst wäre sie keine Alternative zum Bestehenden (§ IV.5.3). Interessanter wird die Angelegenheit, wenn wir weitere extrinsische Tugenden von Theorien hinzuziehen.

§ IV.5.5. Es wirkt seltsam einseitig, wenn wir ein Loblied auf die extrinsische Tugend der Konservativität singen, ohne den Kontrapunkt anzustimmen: ein Loblied auf Freude am Neuen und auf Mut gegen althergebrachte Vorurteile.

Progressiver Einspruch

Berühmte und sehr erfolgreiche Naturwissenschaftler haben empfohlen, jeden Tag vorm Frühstück mindestens eine Lieblingshypothese einzustampfen.[606] Vielleicht ist Konservativität für wissenschaftlichen Fortschritt wichtiger als ihr Kontrapunkt; aber ohne diesen progressiven, ja anarchistischen Kontrapunkt gäbe es zuwenig wissenschaftlichen Fortschritt.

Es scheint vom intellektuellen Temperament abzuhängen, welchen der beiden Kontrapunkte ein Naturwissenschaftler bei seiner Arbeit lauter anschlägt; und dasselbe gilt für den Wissenschaftsphilosophen. So stand Quine eher am konservativen Ende der Skala, Feyerabend eher am progressiven Ende.[607]

§ IV.5.6. Es gibt noch einen Grund dagegen, sich bei meinem optischen Beispiel mächtig von den konservativen Tugendwächtern beeindrucken zu lassen. Zu ihren Gunsten habe ich zwar im vorletzten Paragraphen tentativ behauptet, dass es mehr naturwissenschaftliche Erträge verspreche, im Rahmen des Bestehenden weiterzuarbeiten – statt eine unorthodoxe Alternative zu entfalten.

Verheißungskraft

Doch hinter dieser Behauptung verbirgt sich eine weitere extrinsische Tugend, die wir von einer neuen Theorie verlangen. Die befürwortete Theorie soll *vielverheißend* sein, also erwarten lassen, dass wir uns auf ihrem Boden große Erträge erhoffen dürfen.[608] Auch das ist eine extrinsische Tugend von Theorien. Je nach Zeitpunkt und ideengeschichtlichem Kontext werden die Naturwissenschaftler dies oder jenes vielverheißend finden.

Erst im Rückblick lässt sich halbwegs eindeutig beurteilen, was die Verheißungen einer neuen Theorie oder einer neuen Idee wert gewesen sind. In Echtzeit stecken in der Verheißungskraft einer Theorie oder Idee viele psychologische, soziologische, finanzielle, gruppendynamische und rhetorische Faktoren, die man allzu leicht falsch einschätzen kann.

Beispiel Goethe

§ IV.5.7. Im Jahr 1810 stieß Goethe weder mit der Heterogenität der Finsternis noch mit seiner eigenen – bipolaren – Lehre auf bleibende Resonanz unter den Naturwissenschaftlern. Nach seinem Tod hatten seine Ideen nicht genug Verheißungskraft, das steht fest; auch eine gehörige Portion Pech zu Lebzeiten war daran schuld (Kapitel III.2 und III.3).

Wie ist es darum heute bestellt? Da ich Goethes eigene Lehre weiter ausblenden muss, stellt sich diese Frage nur für die Heterogenität der Finsternis. Ist das eine Idee voller Verheißungskraft? Obwohl ich im vorigen Paragraphen vor der Gefahr verfrühter Einschätzungen gewarnt habe, will ich zumindest einige Vermutungen äußern. An der Forschungsfront der gegenwärtigen *theoretischen* Physik verheißt die Heterogenität der Finsternis nichts, nichts und wieder nichts. Die Forschungsfront hat sich längst so weit von der Abzweigung entfernt, an der Goethe zu stehen meinte, dass hier kein vernünftiger Mensch auf fruchtbare Forschung hoffen wird.[609]

Dies Bild ändert sich schlagartig, sobald wir den Blick auf *experimentelle* Physik richten. Gerade in letzter Zeit hat die Heterogenität der Finsternis eine kleine Gruppe von Physikern und Farbforschern dazu angespornt, neuartige Experimente zu entwickeln: Von den weißen Schatten über die Umkehrungen des Kreuzprismen-Experiments und des *experimentum crucis* reicht eine beeindruckende Serie bis hin zur Entdeckung der unordentlichen Spektren. All diese Versuchsergebnisse lassen sich zwar im Rahmen der herrschenden Lehre verständlich machen, wären aber vermutlich in ihrem Rahmen nicht entdeckt worden. Im Laufe dieser Entwicklung sind neue experimentelle Techniken (wie die Spiegelspaltblende) und neue theoretische Konzepte (wie das Konzept der Streulichtkammer oder des Spiegelraums oder der unordentlichen Spektren) entstanden, deren Wert für die weitere empirische Forschung abzuwarten bleibt.[610] Bislang jedenfalls war die Idee der Heterogenität der Finsternis alles andere als unfruchtbar.

Vertiefungsmöglichkeit. Schon im Jahr 1813 hat ein hellsichtiger Rezensent der *Farbenlehre* Goethes herausgestellt, wie wichtig Urteile über Fruchtbarkeit für den wissenschaftlichen Fortschritt sind:

> Auch hier fängt der geistige Kampf mit der Frage an: welches ist das Urphänomen? wo sollen wir anfangen, wo aufhören? Beantworten lässt sich

> eine solche Frage nicht; es ist Sache des Genies, den Ort zu finden, *wo die Forschung am fruchtbarsten anhebt*; und wenn wir nur tief in den Gegenstand eindringen, wenn sich nur die Mannichfaltigkeit der Natur unfern unseren Augen entwickelt: so mag es fürs Erste gleichgültig seyn, ob die Forscher zusammentreffen, oder nicht.[611]

Und in der Tat: Wenn ein gerüttelt Maß an Willkür in der Entscheidung darüber liegt, bei welchen Phänomenen wir mit der Theoriebildung anfangen, dann wird verständlich, warum der Autor dieser Zeilen (Link) im Falle Goethes und Newtons mit einer Unterbestimmtheit rechnete (also vermutete, »dass der Kampf ewig dauern würde, dass die Kräfte der Streitenden gleich und unerschöpflich sind« (Link in L. R. et al [TbC]:17)).

Salomonischer Zwischenstand

§ IV.5.8. Wenn ich mit den Betrachtungen aus den letzten vier Paragraphen richtig liege, kann man mit Gesamtblick auf die extrinsischen Tugenden der Konservativität, Progressivität (Innovativität) und Fruchtbarkeit ebenso für wie gegen die Unterbestimmtheit der newtonischen Theorie plädieren. Die Heterogenität der Finsternis ist der Theorie Newtons in diesen drei Hinsichten jedenfalls nicht überlegen. Aber zu einem Unentschieden könnte es reichen – je nach Temperament des Urteilenden.

Doch damit ist das Spiel nicht zu Ende. Es gibt weitere extrinsische Tugenden, in deren Licht sich die Unterbestimmtheitsthese bei meinem optischen Beispiel nicht mehr halten lässt: Die wichtigste dieser Tugenden ist Anschlussfähigkeit an andere naturwissenschaftliche Theorien.

Dass das Kriterium extrinsisch ist, liegt auf der Hand. Wie gut eine Theorie mit irgendwelchen anderen Theorien harmoniert, hängt von Faktoren ab, die außerhalb der fraglichen Theorie liegen. Trotzdem ist Anschlussfähigkeit ein wichtiges Kriterium. Zwar zeigt es je nach historischen Umständen mal in diese, mal in jene Richtung. Zu Goethes Zeit und erst recht zu Newtons Zeit hätte das Kriterium nicht viel gegen die Heterogenität der Finsternis ausrichten können. Seinerzeit war die Optik ein separates Forschungsgebiet.

Aber die naturwissenschaftlichen Bemühungen zielen eindeutig auf Vereinheitlichung. Naturwissenschaftler wollen kein Sammelsurium von Theorien. Nie und nimmer würden sie sich damit abfinden, für jeden einzelnen Phänomenbereich eine eigene Theorie aufstellen und pflegen zu müssen. Vielmehr hoffen und glauben sie, dass die ganze bunte Vielfalt unseres Universums von einigen wenigen grundlegenden Gesetzen regiert wird. Und der Erfolg der letzten Jahrhunderte gibt dieser Hoffnung recht.

Eines ist klar: Die Heterogenität der Finsternis wäre aus heutiger Sicht ein störender Fremdkörper im Bau der Wissenschaft. Denn in der Finsternis stecken aus heutiger Sicht keine Gegenstücke zu den Photonen.

Textbelege. Michael Friedman hat in einem bahnbrechenden Aufsatz darauf aufmerksam gemacht, wie wichtig die vereinheitlichende Kraft von Theorien ist (Friedman [ESU]). Für Goethe war Anschlussfähigkeit eine wichtige Tugend von Theorien. Als er die *Farbenlehre* schrieb, hatte sich aus Newtons Theorie des Lichts noch nicht viel weitergehende Physik entwickelt.[612] So konnte Goethe nicht ganz unberechtigt hoffen, dass sich *seine eigene* Lehre (nicht etwa die Heterogenität der Finsternis) am Ende in umfassendere physikalische Theorien einfügen lassen würde. Er gründete diese Hoffnung auf ein naturwissenschaftliches Prinzip, dessen ordnende und integrative Kraft ihm in vielen Bereichen aufgefallen war: Bipolarität. So, wie sich viele magnetische und viele elektrische Phänomene im Spannungsfeld zweier Pole erklären lassen (Nord- und Südpol, Plus- und Minuspol), so hoffte er auf dieselbe Erklärungskraft des optischen Gegensatzpaars aus Helligkeit und Dunkelheit.[613] Angesichts seines Theorems lag diese Hoffnung nahe. Die spätere Entwicklung der Physik hat ihm aber einen Strich durch die Rechnung gemacht. Dieselbe Lektion wurde mehrmals gelernt: Nicht immer beruhen entgegengesetzte Phänomene auf einer Bipolarität dessen, was ihnen zugrunde liegt; das Gegensatzpaar aus Hitze und Kälte verweist z.B. ebenfalls nicht auf zwei entgegengesetzte Grundtatbestände (§ III.5.2k). – Anders als Goethes eigene Theorie gehört die Heterogenität der Finsternis ebenso in die Reihe der Verstöße gegen die Bipolarität wie Newtons Optik.

Immunität zentraler Überzeugungen

§ IV.5.9. Wie im vorigen Paragraphen erneut zugegeben, wäre die Heterogenität der Finsternis ein störender Fremdkörper im Gewebe unserer augenblicklichen physikalischen Theorien; in Sachen Anschlussfähigkeit lässt sie jede Tugend vermissen.

Ich glaube, dass die Sache der extrinsischen Unterbestimmtheit damit entschieden ist. Für das Beispiel der newtonischen Optik gilt aus heutiger Sicht:

[$\overline{U}_{2015}$] Zwar passt die newtonische Optik *intrinsisch* ebenso gut (also gleich einfach, gleich schön und gleichermaßen sparsam in der Ontologie) zu den Beobachtungsdaten wie die unorthodoxe Alternativ-Theorie von der Heterogenität der Finsternis; aber nicht *extrinsisch*, denn diese Alternativ-Theorie lässt sich weniger gut an heutige Theorien anschließen als Newtons Optik.

In dieselbe Richtung weist eine weitere extrinsische Tugend von Theorien, die ich kurz erwähnen will, ohne sie ausführlicher zu beleuchten: Die Immunität zentraler Schlüsselüberzeugungen des Urteilenden. Wir sind (so die Idee, die sich hinter dieser Tugend verbirgt) berechtigt, von unseren Theorien zu verlangen, dass sie mit zentralen Elementen unseres naturwissenschaftlichen Weltbilds harmonieren. Zu diesem Weltbild gehört z. B. der Energieerhaltungssatz oder der Satz, dass Kälte die Abwesenheit von Wärme ist. Zu ihm gehört auch, dass optische Phänomene am Ende energetische Phänomene sind, die z. B. mit Wärmeentwicklung Hand in Hand gehen.[614] Und mit alledem lässt sich die Idee einer eigenen optischen Wirkkraft der Finsternis nicht vereinbaren:

[$\overline{U}_{2015}$]* Zwar passt die newtonische Optik *intrinsisch* ebenso gut (also gleich einfach, gleich schön und gleichermaßen sparsam in der Ontologie) zu den Beobachtungsdaten wie die unorthodoxe Alternativ-Theorie von der Heterogenität der Finsternis; aber nicht *extrinsisch*, denn diese Alternativ-Theorie passt weniger gut als Newtons Optik zu unseren tiefliegenden Schlüsselüberzeugungen (die wir nur im alleräußersten Fall aufzugeben bereit wären).

Damit ist die erste Frage beantwortet, die ich zu Beginn dieses Kapitels gestellt habe: Was wird aus der Unterbestimmtheitsthese (die sich für die newtonische Optik sogar noch bei Betrachtung intrinsischer Tugenden halten ließ), sobald uns extrinsische Tugenden begegnen? Wir sind eine Kaskade solcher Tugenden durchlaufen, mit zunächst gemischten Ergebnissen. In Sachen Konservativität zieht die Heterogenität der Finsternis heutzutage zwar den Kürzeren gegen Newtons Optik, aber wer zusätzlich die Tugend der Innovativität hinzuzieht, könnte immer noch für ein Unentschieden plädieren. Und *möglicherweise* bleibt das Unentschieden bestehen, wenn auch noch die

Tugend der Verheißungskraft dazukommt. Aber es ist spätestens in dem Augenblick überwunden, in dem wir die beiden Konkurrentinnen auch noch unter den Gesichtspunkten der Anschlussfähigkeit an andere Theorien und der Immunität von Schlüsselüberzeugungen vergleichen. Dann gewinnt die newtonische Optik das Spiel, und die extrinsische Unterbestimmtheitsthese ist am Ende.

Vertiefungsmöglichkeit. Ich habe die beiden extrinsischen Bestimmtheitsthesen [$\overline{U}_{2015}$] bzw. [$\overline{U}_{2015}$]* nur im Komparativ formuliert, also nur behauptet, dass die unorthodoxe Theorie von der Heterogenität der Finsternis *im Vergleich* zu Newtons Optik extrinsisch *schlechter* dasteht. Klingt das nicht weniger eindeutig, als die Sache hergibt? Ist es nicht eine Frage von Schwarz oder Weiß, ob sich Newtons Theorie in unsere Wissenschaft integrieren lässt bzw. zu unseren Schlüsselüberzeugungen passt? Nein; denn obwohl unsere augenblickliche Theorie im Kern nahezu bruchlos aus Newtons Optik hervorgegangen ist, harmoniert sie mit ihr nicht perfekt. Man könnte sich sogar stur stellen und auf gravierende Meinungsverschiedenheiten zwischen der heutigen und der newtonischen Theorie hinweisen; ähnlich im Fall der Schlüsselüberzeugungen. Um dieser Gefahr zu entrinnen, habe ich meine Thesen komparativ formuliert. Es kann kein Zweifel daran aufkommen, dass die Heterogenität der Finsternis extrinsisch weit schlechter dasteht als Newtons Theorie.

Ein gut Maß an Zufall

§ IV.5.10. Was bedeutet das negative Resultat, bei dem ich nun angekommen bin? Ist die Unterbestimmtheitsthese auf interessante Weise gescheitert, nachdem sich herausgestellt hat, dass allerlei extrinsische Kriterien die empirische und intrinsische Gleichwertigkeit der beiden Theorien aushebeln? Habe ich die Unterbestimmtheitsthese vielleicht zu stark radikalisiert, als ich ihr auch noch wichtige *extrinsische* Kriterien aufgebürdet habe? Das ist die zweite Frage, die ich in diesem Kapitel eingangs aufgeworfen habe. Genau wie angekündigt, werde ich dagegen plädieren, das extrinsische Resultat als Indiz gegen eine interessante Form von Unterbestimmtheit zu werten.

Wie ihr Name schon sagt, haben die extrinsischen Tugenden alle ein und denselben Zug: Ob sie einer Theorie zukommen oder nicht, hängt nicht nur von der Theorie ab, sondern auch von Faktoren außerhalb der Theorie – von Faktoren, in die ein gut Maß an Zufall hineinzuspielen droht. Diese Abhängigkeit extrinsischer Tugenden vom Zufall ist misslich. Das möchte ich nun anhand von Fruchtbarkeit, Konservativität und Anschlussfähigkeit demonstrieren.

Welche Theorie zu einem gegebenen Zeitpunkt fruchtbare Forschung verheißt und daher auf Begeisterung stößt, hängt von der Psychologie der beteiligten Personen ab – vom Charisma ihrer Verfechter, von der Defensivität und Sterblichkeit ihrer Gegner, von Moden auch. Wenn sich eine Theorie aufgrund solcher Faktoren nicht durchsetzt, spricht das nicht unbedingt gegen die Theorie – es könnte gegen den herrschenden Zeitgeist sprechen.

Newton hat das am eigenen Leib erfahren. Im Jahr 1672 war die Zeit noch nicht reif für seine Theorie; nach 1704 dagegen schon.[615] Zwar hat Newton eine Zeitlang versucht, den Zeitgeist umzustimmen. Aber damit hatte er zunächst nur begrenzt Erfolg – nur bei der refraktionsbezogenen Hälfte seiner Theorie (§ I.3.9–§ I.3.11). Nie und nimmer wäre Newton auf die Idee gekommen, die Zurückhaltung seiner Zeitgenossen als Indiz zu werten, das *ceteris paribus* gegen seine Theorie spräche. (Natürlich wusste Newton, dass seine Theorie ihren modifikationalistischen Alternativen empirisch überlegen war. Aber über die Heterogenität der Finsternis, deren empirische Anhaltspunkte ihm der Jesuit Lucas servierte (§ II.3.16, § II.3.18), besagt diese Tatsache noch nichts.)

Zufall und Konservativität

§ IV.5.11. Was bei Verheißungskraft gilt, betrifft genauso die Tugend der Konservativität. Sie bietet je nach Qualität der zufällig herrschenden Theorien einen guten oder einen schlechten Grund gegen Abweichung vom Hergebrachten. Die Wirkung dieses Faktors hat Newton mehrmals erlebt – zuerst als Opfer, später als Nutznießer. Im Jahr 1672 war seine Theorie geradezu revolutionär; entsprechend viel Widerstand schlug ihr entgegen. Nach 1704 hatten sich die Modifikationstheorien wie von allein ermüdet, und Newton hatte leichteres Spiel.[616]

Hätte Newton das Wirken dieses konservativen Faktors als Argument zugunsten seiner Theorie betrachtet? Wohl kaum. Wer wie Newton eine Theorie mit Hilfe von Experiment und Vernunft stützen wollte, hätte es als schlechten Witz empfunden, wäre ihm von einem Wissenschaftsphilosophen bedeutet worden:

> Empirisch betrachtet und unter intrinsischen Aspekten wie Sparsamkeit oder Einfachheit gibt es Theorien, die mit Ihrem Vorschlag gleichziehen – aber machen Sie sich keine Sorgen, denn Ihre Theorie gewinnt den Vergleich deshalb im entscheidenden Moment, weil sich die erwähnten Alternativen nicht gegen den Widerstand der Konservativen werden durchsetzen können. Daher ist Ihre Theorie allen anderen überlegen.

Für jemanden wie Newton hätte so eine Ansage nicht die Schmerzen gelindert, die ihm eine intrinsische Unterbestimmtheit seiner Theorie zugefügt hätte. Rational gesonnene Freunde der wissenschaftlichen Eindeutigkeit sind nicht gut beraten, eine intrinsische Unterbestimmtheit nur durch Rückgriff auf konservative Tugenden zu überwinden. Das extrinsische Kriterium der Konservativität sollte also besser nicht in die Formulierung einer Unterbestimmtheitsthese einfließen. Bevor ich eine ähnliche Überlegung gegen die Tugend der Anschlussfähigkeit ausprobiere, möchte ich im Namen der Vernunft einen Schritt zurücktreten.

Im Namen der Vernunft

§ IV.5.12. Ich habe im vorigen Paragraphen an Newtons Ambition erinnert, sich u. a. mit Hilfe der *Vernunft* bis zur endgültigen Theorie vorwärtszubewegen (ganz im Einklang mit dem stolzen Auftakt der *Opticks*, den ich in § I.2.10 wiedergegeben habe). Heute haben wir uns zwar in vielen Hinsichten sehr weit von Newtons Ambitionen entfernt. Aber dem Verweis auf die Vernunft können sich auch die meisten unserer Zeitgenossen kaum entziehen; Rationalität ist noch heute das A und O naturwissenschaftlicher Forschung.

Nur – was in irgendeinem Augenblick gute Aussichten auf fruchtbare Forschung verheißt oder was sich gut mit dem Bestehenden vereinbaren lässt, verletzt eine Minimalbedingung von Rationalität: Die soll stets in dieselbe Richtung zeigen, unabhängig von historischen Zufällen wie etwa der zeitbedingten Psychologie der Protagonisten. So gesehen läuft die Forderung nach Rationalität darauf hinaus, dass abgesehen von Empirie nur jene Aspekte die Entscheidung bestimmen sollten, die nicht vom historischen Kontext abhängen.

Welche Aspekte sind das? Die Antwort liegt auf der Hand: Es muss um Aspekte gehen, die der Theorie selber innewohnen. Und das sind die intrinsischen Tugenden von Theorien, die ich im vorigen Kapitel behandelt habe und die der Unterbestimmtheit keinen Abbruch tun: Einfachheit, ontologische Sparsamkeit – und vielleicht Schönheit.

Zurück zur Anschlussfähigkeit

§ IV.5.13. Kann ich mich auf Rationalität berufen, um mit der Tugend der Anschlussfähigkeit genauso umzuspringen wie in den vorigen beiden Paragraphen mit den Tugenden der Fruchtbarkeit und Konservativität? Liefert Rationalität und die ihr innewohnende Ablehnung historischer Zufälligkeiten genug Munition gegen das Resultat aus [$\overline{\text{U}}_{2015}$]? Zur Erinnerung schreibe ich das Resultat noch einmal hin, das ich (mit Blick auf die intrinsisch gleichberechtigte Alternative von der Heterogenität der Finsternis) erzielt habe:

[$\overline{\text{U}}_{2015}$] Zwar passt die newtonische Optik *intrinsisch* ebenso gut (also gleich einfach, gleich schön und gleichermaßen sparsam in der Ontologie) zu den Beobachtungsdaten wie die unorthodoxe Alternativ-Theorie von der Heterogenität der Finsternis; aber nicht *extrinsisch*, denn diese Alternativ-Theorie lässt sich weniger gut an heutige Theorien anschließen als Newtons Optik (§ IV.5.9).

Was schadet es unter rationalen Gesichtspunkten, dass sich die unorthodoxe Alternative zu Newtons Theorie nicht in unsere heutige Naturwissenschaft integrieren lässt? Meine Antwort lautet: Wie viel das schadet, hängt vom Rationalitätsgehalt der jetzt vorherrschenden Theorien ab!

Es gibt also zwei Möglichkeiten. Erste Möglichkeit: Die jetzt vorherrschende Naturwissenschaft weist sich mit gutem Recht als rational aus. Dann könnte man mit Hilfe ihrer Rationalität gegen die Alternativ-Theorien einschreiten, die sich nicht in die vorherrschende Naturwissenschaft integrieren lassen, und die Unterbestimmtheitsthese wäre auf rationalem Boden gestoppt.

Zweite Möglichkeit: Die jetzt vorherrschende Naturwissenschaft kann ihre Rationalität nicht ausweisen. Dann gehört die Integrierbarkeit irgendeiner Alternativ-Theorie in die jetzt vorherrschende Naturwissenschaft doch nur zu den bloß zufälligen historischen Faktoren wie Konservativität und Fruchtbarkeit.

Im Teufelskreis? § IV.5.14. Welche der beiden Möglichkeiten aus dem vorigen Paragraphen trifft zu? Hat die gegenwärtige Naturwissenschaft einen gültigen Ausweis der Rationalität in der Tasche oder nicht?

Das ist Ansichtssache. Einerseits ist der Menschheit bislang kein rationaleres Unterfangen geglückt als die Naturwissenschaft der vergangenen 350 Jahre. Was, wenn nicht unsere Naturwissenschaft, verdient den Titel der Rationalität?

Andererseits habe ich in § IV.5.12 eine Minimalbedingung genannt, die jede Konzeption von Rationalität im hier interessierenden Sinne erfüllen muss: Unabhängigkeit von historischen Zufälligkeiten. Um diesen Anspruch einzulösen, genügt es nicht, daran zu erinnern, dass es kein rationaleres Unterfangen gibt als unsere augenblickliche Naturwissenschaft. Vielleicht verdient überhaupt kein menschliches Unterfangen den ersehnten Titel.

Mein gesamter Gedankengang kreist um diese Befürchtung. Ich habe sie exemplarisch an einer einzigen Wegkreuzung der Wissenschaftsgeschichte wachgerufen und gefragt: War die Entscheidung gegen die Heterogenität der Finsternis rational eindeutig bestimmt?

Um diese Frage positiv zu beantworten, blieb uns bis auf weiteres nichts besseres übrig als der Verweis auf unsere augenblickliche Naturwissenschaft. In ihrem Rahmen wäre die Heterogenität der Finsternis ein Fremdkörper – also gebricht es der unorthodoxen Theorie an Anschlussfähigkeit.

Wenn wir aber die rationale Eindeutigkeit der damaligen Entscheidung nur Jahrhunderte später erweisen können, dann drohen wir uns in einem Teufelskreis zu verfangen. Denn die augenblickliche Naturwissenschaft beruht zum Teil auf der damaligen Entscheidung zugunsten Newtons. Wäre die damalige Entscheidung rational eindeutig bestimmt, so gäbe es wenig Zweifel an der rationalen Eindeutigkeit der augenblicklichen Naturwissenschaft; aber da Zweifel an der rationalen Eindeutigkeit der damaligen Entscheidung bestehen, können wir uns nicht auf die rationale Eindeutigkeit der augenblicklichen Naturwissenschaft stützen, um jene Zweifel auszuräumen. Kurzum, die damalige rationale Eindeutigkeit setzt die augenblickliche voraus – und umgekehrt.

Was sollen wir von dem Teufelskreis halten? Er ließe sich durchbrechen, wenn in der Unterbestimmtheit der newtonischen Optik kein ansteckender Bazillus schlummerte. Damit bin ich bei der entscheidenden Frage meiner Untersuchung: Wie gefährlich sind die erzielten Unterbestimmtheiten der Optik für andere Bereiche der Naturwissenschaft? Wie gefährlich sind sie für die heutige Naturwissenschaft? Das gilt es im kommenden Kapitel zu durchdenken.

* * *

Noch eine extrinsische Tugend

§ IV.5.15. Es könnte sich lohnen, sprengte aber meinen Rahmen, eine möglichst vollständige Liste der extrinsischen Tugenden von Theorien aufzustellen. Stattdessen will ich hier kurz eine weitere solche Tugend nennen, die bei meinem Thema wichtig ist und sich schwer einordnen lässt: die Tugend der Einfachheitsentsprechung.[617] Um ihr den Boden zu bereiten, zitiere ich zunächst aus einer negativen Reaktion auf Goethes *Farbenlehre*, der zufolge Newtons Theorie hinreiche, um »alles [...] *bequem* und naturgemäß abzuleiten« (Fries [uNFH]:422; mein Kursivdruck). Wörtlich verstanden, bietet dies nur ein frühes Votum zugunsten der Einfachheit, das gegen die Heterogenität der Finsternis nichts ausrichtet. Denn »alles« umfasst auch die umgekehrten Spektren, und die lassen sich nicht aus Newtons Theorie bequem ableiten, sondern aus ihrer unorthodoxen Alternative.

Darauf hätte Fries erwidern können, dass sich die umgekehrten Spektren längst nicht so einfach erzeugen lassen wie die herkömmlichen. Um diese Erwiderung zu stützen, könnte man die Tugend der Einfachheitsentsprechung namhaft machen. Sie kommt einer Theorie dann zu, wenn sie diejenigen Experimente besonders einfach erklärt, die sich auch einfach aufbauen lassen – während sie für die schwer oder mühsam aufzubauenden Experimente auch entsprechend mühsame Erklärungen liefert. (Diese Tugend böte eine nachträgliche Unterfütterung der pragmatischen Überlegung aus § III.5.8.)

Newtons Theorie zeigt diese Tugend; der Theorie von der Heterogenität der Finsternis geht sie ab. Denn für die allermeisten umgedrehten Experimente liefert sie zwar einfache Erklärungen, aber diese Experimente lassen sich (in unserem Universum) nur unter hohem Aufwand realisieren; und für die newtonischen Experimente, die sich vergleichsweise einfach realisieren lassen, liefert sie kompliziertere Erklärungen.

Was macht das? Wären Licht und Dunkelheit in unserem Universum anders verteilt, so stünde es genau umgekehrt. Die Verteilung von Licht und Dunkelheit ist aber ein kontingentes Faktum unseres Universums. Von solchen Zufälligkeiten sollte die intrinsische Tugendbilanz einer Theorie nicht abhängen. Extrinsisch ist der genannte Unterschied zwischen Newtons Theorie und ihrer unorthodoxen Alternative dagegen sehr wohl von Bedeutung. Schon aus Kostengründen empfiehlt es sich, einfache Erklärungen für die Situationen zu haben, die *de facto* besonders häufig auftauchen.

Kapitel IV.6.
Was wäre, wenn? Kontrafaktische Physik-Geschichte

Die Frage nach der Ansteckungsgefahr

§ IV.6.1. Anders als Newtons Theorie lässt sich die Heterogenität der Finsternis nicht an die heutige Physik anschließen. Sobald wir das extrinsische Kriterium der Anschlussfähigkeit in Rechnung stellen, bricht die Unterbestimmtheit der newtonischen Optik zusammen. Die extrinsische Unterbestimmtheitsthese bewahrheitet sich nicht am Beispiel der Optik. Das war das eine Resultat des vorigen Kapitels.

Das andere Resultat lautete: Ob es einen rationalen Nachteil bedeutet, dass sich die Heterogenität der Finsternis nicht an unsere Physik anschließen lässt, hängt von Rationalität und Eindeutigkeit unserer Physik ab. Und da sie eine Nachfahrin der newtonischen Theorie ist, könnte ihre Rationalität wiederum davon abhängen, ob die Entscheidung gegen die Heterogenität der Finsternis rational war.

Wenn es sich so verhielte, so hätten sich die Gegner der Unterbestimmtheitsthese in einem Teufelskreis verfangen und ihr Spiel verloren – zumindest auf rationalem Boden. (Und eine Bestimmtheitsthese auf außerrationalem Boden wäre nicht viel wert.)

Damit sind wir bei einer Frage, die sich im Lauf meiner Untersuchung immer wieder gestellt hat – der Frage nach der Ansteckungsgefahr. Wie gefährlich sind die erzielten Unterbestimmtheiten der

Optik für andere Bereiche der Naturwissenschaft? Wie gefährlich sind sie für die heutige Naturwissenschaft?

Bis auf weiteres sind diese Fragen offen. Ich werde sie auch bis zum Ende dieser Untersuchung nicht abschließend beantworten. Stattdessen möchte ich genauer klären, warum sie offenbleiben müssen – und was das schadet. Wie ich zeigen werde, schadet es am stärksten dem Szientismus, also derjenigen Wissenschaftsphilosophie, der zufolge die Naturwissenschaft deshalb den Vorrang vor allen anderen geistigen Unternehmungen verdient, weil allein sie ein treues Abbild der Welt liefert: eindeutig, rational ausgewiesen, ohne vernünftige Alternativen.

Zurück in die Vergangenheit

§ IV.6.2. Angesichts der eingangs wieder angesprochenen Gefahr eines Teufelskreises empfiehlt es sich, die extrinsische Unterbestimmtheit der Optik zunächst nicht *ex post* zu durchdenken, sondern auf den Zeitpunkt der damaligen Entscheidung zu beziehen.

Weder Newtons noch Goethes Zeitgenossen hätten übergreifende Theorien aufbieten können, um zu zeigen, dass sich die Heterogenität der Finsternis nicht gut in den Rest der damaligen Naturwissenschaft integrieren lässt. Seinerzeit war die Optik ein autonomes Forschungsgebiet, ohne bedeutsame Verbindungen zu Nachbargebieten. Es gilt also zweierlei:

[U_{1704}] Mindestens eine Theorie, die zu den prismatischen Farbphänomenen empirisch genauso gut passt wie Newtons Theorie, lässt sich in die außeroptische Naturwissenschaft der *Newton-Zeit* genauso gut intergrieren wie Newtons Theorie.

[U_{1810}] Mindestens eine Theorie, die zu den prismatischen Farbphänomenen empirisch genauso gut passt wie Newtons Theorie, lässt sich in die außeroptische Naturwissenschaft der *Goethe-Zeit* genauso gut intergrieren wie Newtons Theorie.

Nun könnte mir jemand entgegenhalten, dass Fragen der Unterbestimmtheit besser hier & jetzt zu klären sind und dass wir deshalb diejenigen Unterbestimmtheitsthesen nicht weiter zu beachten brauchen, die von versunkenen Epochen handeln. Aber das wäre übereilt. Immerhin stehen wir auf den Trümmern versunkener

Epochen. Wären unter unseren Füßen andere Epochen versunken, dann hingen wir jetzt vielleicht anderen Theorien an. Diese Überlegung möchte ich in den kommenden Paragraphen etwas genauer beleuchten.

Vertiefungsmöglichkeit. Obwohl ich mich in der Einleitung auf eine systematische, keine ideengeschichtliche Herangehensweise festgelegt habe, bin ich an einer Stelle meiner Überlegung historisch vorgegangen. Das war aus systematischen Gründen nötig; ich habe in Kapitel III.2 und III.3 die frühe Rezeption der *Farbenlehre* Goethes aufgearbeitet, weil ich zeigen wollte, aufgrund welcher ideengeschichtlicher Zufälle sich die Heterogenität der Finsternis nicht durchsetzen konnte. In der Tat ist es von systematischem Interesse, dass der Verlauf der Wissenschaft an jener Weggabelung nicht rational ausgewiesen war. (In ähnlichem Geist, aber mit entgegengesetzter Stoßrichtung sieht sich Zehe darin berechtigt, sich in seiner Kritik an Goethe aufs physikalische Wissen der Goethe-Zeit zu beschränken, siehe Zehe [V]:V. Erstaunlicherweise ist ihm entgangen, dass die damalige Physik keine Ressourcen gegen Goethes Symmetrie-Theorem bereithielt und dass dies für Newtons Eindeutigkeits- und Beweisansprüche fatal ist.)

Alternative Wege für die vergangene Wissenschaft?

§ IV.6.3. Wie ich nun voraussetzen will, treffen die Thesen [U_{1704}] und [U_{1810}] zu, die von der Vergangenheit handeln. Was ergibt sich unter dieser Voraussetzung für die Brisanz der gegenwartsbezogenen Bestimmtheitsthese, die ich im vorigen Kapitel anvisiert habe? Hier noch einmal die genaue Formulierung der These, von der ich jetzt ausgehen will:

[$\overline{U}_{2015}$] Zwar passt die newtonische Optik *intrinsisch* ebenso gut (also gleich einfach, gleich schön und gleichermaßen sparsam in der Ontologie) zu den Beobachtungsdaten wie die unorthodoxe Alternativ-Theorie von der Heterogenität der Finsternis; aber nicht *extrinsisch*, denn diese Alternativ-Theorie lässt sich weniger gut an heutige Theorien anschließen als Newtons Optik (§ IV.5.9).

Angesichts dieser Tatsache scheint sich folgende beruhigende Sicht der Dinge aufzudrängen. Aufgrund von [$\overline{U}_{2015}$] ist die newtonische Optik – von einem übergeordneten Standpunkt aus – doch eindeutig bestimmt; ebenso wie das, was von ihr in die heutige

Physik herübergerettet wurde. Und so brauchen wir uns um die Unterbestimmtheit unserer Theorien durch die Daten keine Sorgen zu machen, zumindest nicht wegen der Heterogenität der Finsternis.

Wer dieser gegenwartsbezogenen Bestimmtheitsthese die Stirn bieten will, könnte es mit folgendem Argument versuchen:

(a) Als sich die wissenschaftliche Welt für Newtons Theorie der prismatischen Farbphänomene entschieden hat, war diese Entscheidung weder durch empirische Daten noch durch intrinsische Kriterien wie Einfachheit, Sparsamkeit oder Schönheit eindeutig bestimmt, und diese Entscheidung wurde damals nicht einmal durch zeitbedingte Kriterien wie Anschlussfähigkeit an seinerzeit herrschende andere Theorien erzwungen ([U_{1704}]; [U_{1810}]).

(b) Hätte sich die wissenschaftliche Welt damals gegen Newtons Theorie der prismatischen Farbphänomene entschieden und stattdessen auf die seinerzeit gleichwertige Alternative gesetzt, dann wäre die wissenschaftliche Entwicklung zunächst woanders hingelaufen.

(c) In diesem Fall hätten wir heute *vielleicht* eine andere Physik als diejenige, die wir Maxwell, Planck, Einstein, Bohr, Heisenberg, Dirac, Schrödinger usw. verdanken; und *vielleicht* wäre diese Physik empirisch und technologisch genauso erfolgreich wie die Physik, die wir haben.

(d) Also ist es für die Frage nach der Unterbestimmtheit unserer Theorien irrelevant, darauf zu verweisen, dass sich die Alternative zu Newtons Theorie der prismatischen Farbphänomene nicht in die heutige Physik integrieren lässt; denn die heutige Physik beruht auf der seinerzeit rational nicht eindeutig ausgewiesenen Entscheidung, es nicht anders zu versuchen.

Was ist von dem Argument zu halten? Wie scharf schneidet das Argument ins Fleisch der Szientisten? Schwer zu sagen. Alles hängt davon ab, wie ernst wir das *Vielleicht* nehmen müssen, das ich im Schritt (c) mit Bedacht zweimal kursiv hevorgehoben habe. Wenn wir wüssten, dass wir (gegeben (b)) heute eine gleichermaßen erfolgreiche, völlig andere Physik hätten, so wäre die Unterbestimmtheitsthese bestens belegt.

Aber den alternativen Verlauf der Geschichte kennt kein Mensch. Ob sich die Wissenschaft tatsächlich *für lange Zeit* anders hätte entwickeln können, wissen wir nicht. Es gibt einige Indizien, die dafür sprechen. Sie entspringen den wichtigsten Ergebnissen des TEILS III, an die ich im kommenden Paragraphen knapp erinnern möchte. Sie haben allesamt mit Zufällen zu tun, die ebenso gut anders hätten liegen können als *de facto*.

Wie ich zugeben werde, sind die Indizien nicht zwingend. Man kann es so sehen, wie sie nahelegen; man kann es aber auch anders sehen. Selbst das ist schlimm genug für Gegner der Unterbestimmtheitsthese. Denn wenn unsere augenblickliche Naturwissenschaft rational halbwegs eindeutig ausgewiesen sein soll, dann genügt kein Vielleicht. Wahre Rationalität lässt sich nicht mit Halbheiten abspeisen.

Zufall, Zufall, Zufall

§ IV.6.4. Warum hat sich die Heterogenität der Finsternis nicht durchgesetzt? Wegen einiger Zufälle. Erster Zufall: Das Lager Newtons hat weder die komplementäre Alternativ-Theorie zur Kenntnis genommen – noch diejenigen Phänomene, die für sie sprechen (Kapitel III.3). Dieser Teil der Geschichte hat mit Vernunft nichts zu tun; Ignoranz ist unvernünftig.

Zweiter Zufall: Goethe und seine Anhänger hielten die unorthodoxe Alternative für genauso verrückt wie Newtons Heterogenität des weißen Lichts (§ II.2.9k). Daher hatten sie keinen Anlass, das finstere Gegenprojekt weiterzuverfolgen – und zwar gerade *weil* sie beide Theorien gleichauf fanden (im Einklang mit der Hauptthese des TEILS IV). Wäre es Goethe und seinen Anhängern wichtig gewesen, nur Newtons Beweisansprüche zu unterminieren (statt eine eigene mittlere Lehre aufzubauen), so hätten sie zu diesem Zweck viel symmetrisches Material aufbieten können.

Vermutlich wäre es dazu, drittens, gekommen, wenn Goethes begabteste Verbündete energisch weiter nach Symmetrien in den prismatischen Farbphänomenen gesucht hätten (und nach Bipolarität in der Natur überhaupt, etwa bei Kälte und Wärme). Dieses Forschungsprogramm blieb u. a. deshalb stecken, weil sein wichtigster Protagonist Ritter viel zu jung gestorben ist – bevor er talentierte

Schüler dafür hätte begeistern oder beispielsweise die Kooperation mit Ørsted in dieser Sache hätte ausbauen können (§ III.2.13–§ III.2.14). Die Heterogenität der Finsternis wäre demzufolge vielleicht stärker geworden, wenn Ritter etwas vernünftiger mit seinem Körper umgegangen wäre; oder wenn Goethe für Ritter eine gut ausgestattete Stelle in Jena organisiert hätte; oder wenn Napoleon Europa nicht mit Krieg überzogen hätte, wenn Ritter also nicht in tödliche Geldnot geraten wäre.

Ein ähnlicher Zufall betrifft Goethes nächstwichtigen Verbündeten: Seebeck. Auch dem fehlte es im entscheidenden Augenblick am Geld, um seine vielversprechenden prismatischen Experimente symmetrisch fortzuführen; wieder hat daran teilweise Napoleon Schuld (§ III.2.17). Und als Seebeck endlich ordentlich ausgestattet war, sorgte ein vermeidbarer Streit mit Hegel und eine tragische Krankheit Seebecks für das Ende dieses Forschungsprojekts.

Viertens hat sich die Heterogenität der Finsternis deshalb nicht durchgesetzt, weil sich die Experimente à la Newton leichter durchführen lassen als ihre komplementären Gegenstücke (§ III.5.8). Schuld daran hat die zufällige Verteilung von wenig Licht und viel Dunkelheit in unserer Ecke des Universums; das ist eine Sache der kontingenten Anfangsbedingungen, keine Frage der ewig notwendigen Naturgesetze. Gäbe es mehr Licht und weniger Finsternis, so wäre zuerst das komplementäre Spektrum entdeckt worden – mit weitreichenden Folgen für die weitere Entwicklung der Optik, ja der Physik insgesamt.

Kurzum, viele Zufälle haben Newtons Theorie genützt. Was wäre geschehen, falls dies oder das zufällig anders gewesen wäre als *de facto*? Schwer zu sagen – selbst wenn wir andere Beleuchtungsverhältnisse außen vor lassen. Falls Ritter und Seebeck Schule gemacht hätten, falls ihr Projekt kritische Masse erreicht hätte, was dann?

Bedenken Sie nur, wie viele hundert Genies sich in den tatsächlichen Gang der Physik eingeschaltet haben und wie viel Geld dabei geflossen ist. Wie sähe unsere Wissenschaft aus, wenn genauso viele Genies (mit genauso viel Geld) für diejenige finstere Abzweigung der Physik gearbeitet hätten, die zu Newtons Zeit ernstzunehmen gewesen wäre? Wer vorgibt, die Antwort zu kennen, ergeht sich in haltloser Spekulation. Oder er stützt sich auf weltanschauliche Überzeugungen, die unbegründet sind und gerade zur Debatte stehen: Wissenschaftliche Realisten werden die Frage *gerne* anders beantworten als Relativisten, Sozialkonstruktivisten und Postmoderne. *Textbelege.* Relativisten, Sozialkonstruktivisten und Postmoderne verweisen gerne auf außerrationale – wissenschaftsexterne – Faktoren wie Geld oder Macht, von denen die Entwicklung unserer Naturwissenschaft entscheidend abhänge.[618] Es würde den Rahmen dieses Buchs sprengen, wenn ich auf die Details der hier zitierten Positionen und Provokationen eingehen wollte. Zum Glück kann ich das bleiben lassen; meine Argumente haben mit deren Überlegungen nichts zu tun.

Ein teures Experiment

§ IV.6.5. Was wäre aus unserer Optik geworden, wenn im 19. Jahrhundert einige entscheidende Zufälle anders gelegen hätten? Wir kennen die Antwort auf diese kontrafaktische Frage aus dem vorigen Paragraphen nicht. Werden wir sie jemals kennen? Ich glaube nicht.

Könnten wir sie denn kennen? Oder ist die Frage im Prinzip unbeantwortbar? Keineswegs; es gibt einen Weg, auf dem sich über die Frage entscheiden ließe, wenn sie uns sehr, sehr wichtig wäre. Es ist kein philosophischer, sondern ein naturwissenschaftlicher Weg.[619] Wir versammeln so viel Geld und Intelligenz, wie von Newton über Einstein und Heisenberg bis heute in unsere Physik geflossen ist. Diese Ressourcen konzentrieren wir auf die Fortentwicklung derjenigen Theorie der prismatischen Farbphänomene, die wir anstelle von Newtons Theorie hätten auswählen können, und auf die Fortentwicklung der daraus entstehenden alternativen Physik. In der alternativen Physik wäre erschreckend vieles anders: Sie müsste einen anderen Energiebegriff haben, Kälte würde dort vermutlich nicht als Abwesenheit von Wärme gedeutet, sondern als eigene kausal wirksame Kategorie usw.[620] Es würde meinen Rahmen sprengen, diese Liste fortzusetzen.

Dreierlei kann bei diesem Vorgehen herauskommen. Es könnte erstens sein, dass wir in eine Sackgasse geraten, also auf eine unüberwindliche Krise stoßen – so dass wir reumütig in die Fußstapfen von Newton zurückkehren müssten. In diesem Fall wäre die totale Unterbestimmtheit der Physik entkräftet. Jedenfalls wäre die Behauptung entkräftet, dass sich diese These mit Hilfe der unorthodoxen Theorie der prismatischen Farberscheinungen plausibel machen lässt; und die Ansteckungsgefahr, die vom Finsternis-Bazillus ausgeht, wäre gebannt. Goethe hätte sein Spiel verloren, und zwar sowohl in seiner Kritik an der Theorie Newtons als auch in seinem Plädoyer für Unterbestimmtheit.

Es könnte zweitens aber auch sein, dass wir auf eine Goldgrube stoßen und dass die entstehende Physik viel besser wäre als das, was wir haben. Vergessen Sie nicht, was für schlimme Probleme wir damit haben, die Gravitationskraft ins Standardmodell einzubetten.[621] Und vergessen Sie nicht, wie viel schlimmer noch es um unser *Verständnis* der Quantenphysik bestellt ist, obgleich wir deren Formeln und Rechnungen perfekt beherrschen.[622] Auch in diesem zweiten Fall wäre die totale Unterbestimmtheit der Physik entkräftet; aber Goethe hätte sein Spiel auf der Sachebene gegen Newton gewonnen.

Und schließlich könnte drittens die entstehende Physik genauso gut sein wie diejenige, die wir haben: technisch und empirisch, aber vielleicht auch in Sachen Einfachheit, Sparsamkeit, Schönheit. Das ist genau der Fall, in dem sich die Unterbestimmtheitsthese bewahrheiten würde.

Vertiefungsmöglichkeit. Selbst wenn wir genug Geld hätten, würden sich dem vorgeschlagenen Verfahren riesige Hindernisse in den Weg stellen. Ich nenne nur zwei: Einerseits dürfte es so gut wie unmöglich sein, die talentiertesten Nachwuchsphysiker zur Mitarbeit an einem Projekt zu bewegen, das nicht an der Forschungsfront der jetzigen Physik liegt; und wenn wir nur die zweite oder dritte Garde zur Mitarbeit gewinnen können, wird der Anhänger ehrgeiziger Unbestimmtheitsthesen – bei für ihn ungünstigem Ausgang des Projekts – an seinem kontrafaktischen Urteil (c) aus § IV.6.3 festhalten und behaupten, dass das Projekt besser ausgegangen wäre, hätten sich mehr Genies zur Mitarbeit hinreißen lassen. Andererseits dürfte den teilnehmenden Physikern schnell der Mut ausgehen – sie werden nicht einfach vergessen, was sie in ihrem Physikstudium gelernt haben, und so werden ihnen auf dem Weg zur alternativen Physik viel zu viele (von Genies aufgelöste) Schwierigkeiten in den Sinn kommen, von denen sie befürchten müssen, sie nicht auf einen Schlag beheben zu können. Im Unterschied dazu sind den Pionieren unserer tatsächlichen Physik die verschiedenen Probleme immer nur in kleineren Dosen aufgefallen; sie brauchten also weniger Mut als ihre Verfolger.

Warum wir nicht investieren werden

§ IV.6.6. Was käme heraus, wenn wir wirklich alle Ressourcen aufböten, die zur Beantwortung meiner kontrafaktischen Frage nötig sind? Wir werden es nicht erfahren. Denn wir werden die erforderlichen Ressourcen nie und nimmer aufbieten; das wäre verrückt. Was sollten wir dabei gewinnen? Bei den beiden ungünstigeren der drei genannten Ausgänge gewinnen wir nichts und verlieren die investierten Ressourcen. Und selbst im günstigsten Fall steht nicht fest, dass sich die Sache gelohnt haben wird. Selbst wenn die so erreichte Alternativ-Physik besser sein sollte als unsere augenblickliche Physik, könnte es uns alles in allem immer noch mehr bringen, die fraglichen Ressourcen in die weitere Verfeinerung dessen zu investieren, was wir haben. Vielleicht; vielleicht aber auch nicht, denn wir müssen damit rechnen, dass sich unsere heutige Physik nur noch mit erheblichem Aufwand minimal verfeinern lässt – nach einem Gesetz vom abnehmenden epistemischen Grenzertrag wissenschaftlicher Arbeit.

Doch lassen wir diese Abwägung für einen Augenblick außen vor. Dann ist immer noch nicht klar, ob wir es nicht mit einer Abzweigung kurz nach Newton noch einmal neu versuchen sollten. Vielleicht gewinnen wir auf diesem Weg einen *kleinen* Erkenntnisvorsprung im Vergleich zu dem Erkenntnisgewinn, den wir bei Fortsetzung des tatsächlichen Pfades zu erwarten haben. Dann kommt ein weiterer Aspekt ins Spiel, der für die konservative Strategie spricht. Wir wären (behaupte ich) nicht bereit, für eine revolutionäre Veränderung bei geringfügiger Verbesserung unserer wissenschaftlichen Gesamtkenntnis so viel in unserem Erziehungswesen umzustoßen, wie wir dafür umstoßen müssten. Das würde intellektuell und ökonomisch zu viel kosten. Minimale Erkenntnisvorsprünge wollen wir nicht um jeden Preis erringen. (Dieses Argument besagt nichts gegen die Hoffnung, dass wir auf unorthodoxen Pfaden einen *erheblichen* Erkenntnisvorsprung gewinnen könnten; ob die Hoffnung berechtigt ist, wissen wir nicht.)

Vertiefungsmöglichkeit. Es mag seltsam anmuten, dass ich mich auf rein finanzielle Gesichtspunkte (wie Kosten für neue Schulbücher) gestützt habe, um eine geringfügige inhaltliche Verbesserung unserer Naturwissenschaft auszustechen. Ist das vielleicht ein Verrat an der Naturwissenschaft? Mag sein; doch manchmal dürften wir kaum um diese Art Verrat herumkommen – z. B. wenn wir uns weigern, den nächsten Teilchenbeschleuniger zu finanzieren, der aller Voraussicht nach nur noch minimale Erkenntnisgewinne verpricht. Möglicherweise müssen wir uns allmählich damit abfinden, dass unsere Naturwissenschaft immer Stückwerk bleiben wird. – Anders stünde es, wenn der endgültige Abschluss unserer Naturwissenschaft in greifbarer Nähe wäre. Hier ein kleines Gedankenspiel, um das zu verdeutlichen: Nehmen wir an, wir müssten nur noch eine einzige Naturkonstante überprüfen; danach wüssten wir *alles*, was es über die Theorie unseres Universums zu wissen gibt; und nehmen wir an, dass diese Messung viel Geld zu verschlingen droht, das uns dann z. B. im Erziehungswesen für längere Zeit fehlen würde. In diesem Fall werden wir die Kenntnis der Wahrheit ganz sicher über kleinliche finanzielle Erwägungen stellen. (Aus diesem Gedankenexperiment ergibt sich eine weitergehende Lektion: Viele Diskussionen stehen in völlig neuem Licht da, wenn wir uns in Gedanken an einen Punkt versetzen, an dem eine allumfassende Theorie in greifbarer Nähe ist. An diesem Punkt gelten weder rein praktische, etwa finanzielle Erwägungen – noch extrinsische Kriterien der Theorienwahl; und an diesem Punkt würden wir uns sicher auch nicht mit empirischen Ungereimtheiten abfinden.)

Geld für ein soziales Experiment?

§ IV.6.7. Geben wir's zu: Wenn wir Genies und Geld wie beschrieben für eine Abzweigung der Physik kurz nach Newton arbeiten lassen, dann winkt uns aller Voraussicht nach kein wissenschaftlich-technischer Gewinn, sondern allenfalls ein philosophischer Gewinn – ein Gewinn für die Wissenschaftsphilosophie.

In der Tat – wer über Unterbestimmtheit diskutiert, braucht sich nicht ausschließlich für naturwissenschaftliche Erträge zu interessieren. Wenn wir auf philosophische Erträge abzielen, könnte es sich durchaus lohnen, viel Mühe aufzuwenden, um eine empirisch äquivalente Alternative zum Bestehenden zu erarbeiten. Dabei sprängen vielleicht keine grundstürzenden Erkenntnisse auf der empirischen oder technologischen Ebene heraus, wohl aber neue Einsichten auf der erkenntnistheoretischen und auf anderen philosophischen Ebenen. Es liefe darauf hinaus, intellektuelle oder gar ökonomische Ressourcen aus dem fortschreitenden Betrieb der Naturwissenschaft abzuziehen.

Vielleicht wäre es uns die Sache wert – wenn wir dadurch besser *verstehen* könnten, wie das mächtigste und gefährlichste und nützlichste Erkenntniswerkzeug funktioniert, das wir haben: die Naturwissenschaft. Aber wer will *dafür* so viel bezahlen? Wer will dafür bezahlen, dass der Streit zwischen wissenschaftlichen Realisten und Irrealisten vielleicht entschieden wird?

Peinlich für Szientisten

§ IV.6.8. Im Lichte der Überlegung aus den vorigen Paragraphen sollten wir uns eingestehen, dass wir aus rein praktischen Gründen nie wissen werden, was von dem kleinen Argument zu halten ist, mit dem ich in § IV.6.3 aus der Deckung hervorgetreten bin.

Um daran zu erinnern: Ich habe darauf bestanden, dass wir unsere Unwissenheit bei den kontrafaktischen Schritten (b) und (c) meines kleinen Arguments nur loswerden können, wenn wir das Problem ins Reich zukünftiger Fakten verschieben (durch eine Entscheidung, die uns niemand bezahlen will). Solange wir das nicht tun, bleibt der Streit unentschieden.

Betrachten wir die Sache aus der Sicht einer wissenschaftlichen Realistin oder einer Anhängerin irgendeiner Bestimmtheitsthese. Um dem kleinen Argument zu widerstehen, muss sie anstelle von (b) und (c) behaupten:

($\overline{\text{b\&c}}$) Hätte sich die wissenschaftliche Welt damals gegen Newtons Theorie der prismatischen Farbphänomene entschieden und hätte sie stattdessen auf die seinerzeit gleichwertige Alternative gesetzt, dann wären wir entweder in eine Sackgasse geraten und wären reumütig in Newtons Fußstapfen zurückgekehrt – oder die entstehende Physik wäre empirisch und technologisch weniger erfolgreich als die Physik, die wir *de facto* haben.

Eine solche Behauptung ist gewagt; sie geht über alles hinaus, was wir jemals empirisch zu wissen hoffen dürfen. Und damit bin ich bei einem Ergebnis angekommen, das für Szientisten unangenehm sein muss – für Verfechter der Behauptung, dass unsere Naturwissenschaft auf einen objektiven oder jedenfalls eindeutigen Zielpunkt zusteuert. Denn wer das behauptet, muss sich auf das Wagnis kontrafaktischer Spekulation gemäß ($\overline{\text{b\&c}}$) einlassen, muss also eine Behauptung unterschreiben, deren Rechtfertigung auf schwankendem Grunde ruht. Mit einem Wort, der Szientismus beruht auf Ressourcen, die szientistisch verdächtig sind.

Vertiefungsmöglichkeit. Dieses Argument ist für diejenigen Szientisten fatal, die meinen, dass sich jede sinnvolle Frage (also auch jede sinnvolle philosophische Frage) im Prinzip naturwissenschaftlich entscheiden lässt. Wer diesen Standard an die eigene szientistische Position anlegt, verliert das Spiel (wie meine optische Fallstudie belegt).

Harmlose Wenn/dann-Sätze

§ IV.6.9. Ohne kontrafaktische Spekulation endet der Streit zwischen Anhängern und Gegnern der Unterbestimmtheitsthese unentschieden. Mehr ist bislang nicht herausgekommen. Was ist von kontrafaktischen Spekulationen im Stil von ($\overline{b\&c}$) zu halten? Diese Frage sprengt unseren Rahmen; die Philosophen streiten sich seit langem vehement übers richtige Verständnis kontrafaktischer Sätze. Ich möchte meine eigene Position zum Abschluss des Gedankengangs zur Diskussion stellen – ohne sie hier begründen zu können. Ich lege also nur eine Ansicht zum Streit über Kontrafakten auf den Tisch; als Anregung.

Vorab: Selbst wenn sich viele Szientisten am liebsten aus kontrafaktischen Spekulationen heraushalten möchten, bietet dies keinen Grund, es ihnen gleichzutun. Im Alltag und in der Moral spielen kontrafaktische Urteile eine große Rolle. Wir haben zwar keine Ressourcen, die uns zu eindeutigen Ansichten über ein kontrafaktisches Urteil verhelfen; aber unsere Urteilskraft lässt uns in vielen Fällen nicht im Stich.[623]

Natürlich gibt es harmlose kontrafaktische Sätze, die wir beurteilen können, indem wir auf unseren naturwissenschaftlichen Wissensschatz zurückgreifen, etwa: »Hätte ich das Stück Kluntje nicht mit heißem Tee übergossen, so hätte es sich nicht aufgelöst.« Doch bedenken Sie den himmelweiten Unterschied zwischen diesem Satz und dem wissenschaftsgeschichtlichen Satz ($\overline{b\&c}$), um den es mir hier zu tun ist. Mein Thema ist die kontrafaktische Geschichte der Naturwissenschaft – mir geht es um eine Alternative zu derjenigen tatsächlichen Geschichte, in der hunderte von Genies einerseits aufeinander und andererseits auf zigtausend Experimente reagiert haben (ganz zu schweigen von deren Reaktion auf politische, religiöse, ökonomische und soziopsychologische Faktoren). Die tatsächliche Wissenschaftsgeschichte von Newton bis zu uns ist ein unentwirrbares Chaos – die kontrafaktische Geschichte, um die es mir geht, wäre sicher nicht weniger chaotisch. Wer soll kontrafaktische Sätze über solch ein Durcheinander beurteilen?

Gibt es vergleichbare kontrafaktische Sätze aus anderen Redebereichen? Allerdings, z. B. in der politischen Geschichtsschreibung. Wie Sie sehen werden, bringt dieser Vergleich mehr ein, als man auf den ersten Blick hoffen möchte.

Vertiefungsmöglichkeit. Historiker scheuen davor zurück, sich mit kontrafaktischen Spekulationen zu weit aus dem Fenster zu lehnen.[624] Nichtsdestoweniger kommen kontrafaktische Sätze in historischen Werken immer wieder vereinzelt vor, und eine genaue philosophische Analyse würde sicher den Erkenntniswert zutage fördern, den sie mit sich bringen. Meines Wissens ist dieses Thema bislang in der Literatur noch nicht systematisch angepackt worden. Das kann ich hier nicht leisten. Stattdessen werde ich dieses weite Feld im Gewaltritt durchmessen.

Exkurs zu kriegerischen Kontrafakten

§ IV.6.10. Ich habe anderswo anhand von Beispielen aus der Kriegsgeschichtsschreibung für folgende These plädiert: Kontrafaktische Wenn/dann-Sätze, in denen es um die Ergebnisse der Handlungen unüberschaubar vieler Menschen geht, lassen sich immer nur im Lichte bestimmter Werte und Menschenbilder rechtfertigen. Anhänger eines pessimistischen Menschenbildes werden zu anderen Ansichten als Optimisten gelangen, etwa bei folgendem Wenn/dann-Satz:

(1999) Hätte die NATO keine Bomben auf Ziele im Kosovo und in Serbien abgeworfen, dann wären weniger Kosovo-Albaner und Serben getötet, verletzt oder vertrieben worden als im tatsächlichen Verlauf des Kosovo-Konflikts.

Man kann und darf (ohne Verrat an der Vernunft) über diesen Satz selbst dann immer weiterstreiten, nachdem man sich über sämtliche Faktenfragen geeinigt hat – also darüber, was *de facto* dann und dann im Kosovo, in Serbien, ja in der ganzen Welt geschehen ist. Kein Wunder: *Kontra*fakten sind keine Fakten.

Dass der kontrafaktische Streit über einen Satz wie (1999) nicht enden will, muss uns nicht dazu bringen, auf den Satz zu verzichten. Im Gegenteil, wir brauchen ein Urteil über den Satz, in der Geschichtsschreibung ebenso wie in Moral und Politik. Eine Geschichte des Kosovokriegs wäre unvollständig, wenn sie kein Urteil über den Satz mit sich brächte.

Wenn ich recht sehe, helfen uns kontrafaktische Sätze dabei, das hochkomplexe Zusammenspiel vieler verschiedener Einzelpersonen übersichtlich zusammenzufassen. Solche Zusammenfassungen beruhen immer auf Vereinfachungen, und es ist legitim, sich beim Vereinfachen auf bestimmte weltanschauliche Überzeugungen zu stützen. Wenn also Kriegsbefürworter und Kriegsgegner einen Satz wie (1999) unterschiedlich beurteilen, so muss dies nicht daran liegen, dass mindestens einer der beiden einen objektiven Fehler macht. Vielmehr kann der Streit über den Satz auf unterschiedlichen Menschenbildern beruhen; also darauf, dass der Kriegsbefürworter dieselben erwiesenen Fakten im Lichte anderer Grundüberzeugungen betrachtet und zusammenfasst als der Kriegsgegner.

Vertiefungsmöglichkeit. In meinen Arbeiten zum Kosovokrieg bin ich weiter gegangen als oben im Haupttext und habe behauptet, dass ein Satz wie (1999) keine wertfreie *Bedeutung* trägt, obwohl seine Bestandteile allesamt deskriptiv sind (O. M. [CKK] und O. M. [PmOA]). Demzufolge bringen wir mit dem kontrafaktischen Wenn/dann-Operator (bei Anwendung auf chaotisch wechselwirkende Handlungen einer großen Zahl von Menschen) ein Urteil zum Ausdruck, in dem sich Fakten und Werte unzertrennlich vermischen. Diese semantische These ist mehr als strittig. Für die Zwecke der augenblicklichen Untersuchung brauche ich mich nicht so weit aus dem Fenster zu lehnen; hier brauche ich nur zu behaupten: Wir haben keine naturwissenschaftlichen Ressourcen, um zu einem abgesicherten Urteil über einen Satz wie (1999) bzw. ($\overline{\text{b\&c}}$) zu gelangen; stattdessen pflegen wir so einen Satz in Abhängigkeit von unabgesicherten Werten, Weltanschauungen und Menschenbildern zu beurteilen, und das ist erkenntnistheoretisch legitim. Ob unser Urteil solche Weltanschauungen partiell *ausdrückt* (semantische These) oder ob seine Plausibilität nur von ihnen abhängt (erkenntnistheoretische These), brauche ich für die augenblicklichen Zwecke nicht zu entscheiden.

Wissenschafts- und Kriegsgeschichte

§ IV.6.11. Wenn sich die Entscheidungen und Taten vieler Einzelpersonen ineinander verknäulen wie z. B. in einem Krieg, dann kann man in den allermeisten Fällen nicht seriös vorhersehen, welches Ergebnis dabei herauskommt. Und ebenso wenig kann man im Nachhinein ohne Rückgriff auf Werte, Weltanschauungen oder Menschenbilder sagen, welches Ergebnis herausgekommen wäre, wenn sich am Anfang einer der Hauptakteure anders entschieden hätte, z. B. gegen den Kriegseintritt und für vertrauensbildende Maßnahmen.

Lassen sich diese Thesen, die ich im vorigen Paragraphen in die Luft geworfen habe, auf mein Thema übertragen? Gelten sie bloß für die Kriegs- oder auch für die Wissenschaftsgeschichte? Es gibt Parallelen und Unterschiede zwischen den beiden Bereichen; ich beginne mit den Parallelen.

Die Ergebnisse der meisten Kriege lassen sich kaum voraussagen. Genauso in der Wissenschaftsgeschichte: Dass man die Ergebnisse naturwissenschaftlicher Forschung nicht voraussagen kann, ist eine Binsenweisheit. Je länger die betrachteten Zeiträume dauern, je mehr Genies in die Forschung verwickelt sind und je tiefer die Brüche gehen, die im Verlauf wissenschaftlicher Revolutionen überwunden werden müssen, desto gewagter wird eine Prognose zukünftiger Forschungsergebnisse. Zwar mag sich zuguterletzt herausstellen, welche Prognose zutraf und welche nicht. Aber über den Verlauf alternativer – kontrafaktischer – Forschungspfade ist damit nichts gesagt. Um das zu konkretisieren, möchte ich wieder diesen Satz betrachten:

($\overline{b\&c}$) Hätte sich die wissenschaftliche Welt damals gegen Newtons Theorie der prismatischen Farbphänomene entschieden und stattdessen auf die seinerzeit gleichwertige Alternative gesetzt, dann wären wir entweder in eine Sackgasse geraten und wären reumütig in Newtons Fußstapfen zurückgekehrt – oder die entstandene Physik wäre empirisch und technologisch weniger erfolgreich als die Physik, die wir *de facto* haben.

Dem Satz kommt eine ähnliche Rolle zu wie dem Satz über den Kosovokrieg aus dem vorigen Paragraphen. Zwei Kontrahenten können über den Satz streiten, ohne sich über die belegten Fakten uneins zu sein – und ohne dass einer der Kontrahenten einen nachweislichen Fehler macht.

Der Vergleich hinkt

§ IV.6.12. Gegen den Schluss des vorigen Paragraphen kann man einwenden: Selbst wenn sich in vielen kontrafaktischen Urteilen über Kriegsgeschichte letztlich die Menschenbilder des Urteilenden widerspiegeln, so überträgt sich dies nicht auf kontrafaktische Urteile über Wissenschaftsgeschichte. Denn wohin ein Krieg (oder ein Verzicht auf Krieg) läuft, hängt von der chaotischen Verknäulung vieler *Menschen* ab; wer einem optimistischen *Menschen*bild anhängt, kann also ohne Verrat an der Vernunft die fraglichen kontrafaktischen Sätze anders beurteilen als sein pessimistischer Kontrahent. Ganz anders steht es (so der Einwand) in der Wissenschaftsgeschichte: Hier verknäulen sich nicht einfach nur viele verschiedene Genies, die höchst unvorhersehbar aufeinander reagieren, einander hochschaukeln, miteinander streiten und sich dann wieder einigen – oder sterben. Vielmehr spielt in den Gang der Wissenschaft ein weiterer Faktor hinein, der das Ergebnis entscheidend mitbestimmt, und zwar ganz unabhängig vom Menschen: die Natur. Kurzum, anders als Krieg ist Naturwissenschaft keine rein innermenschliche Angelegenheit.

Darauf könnte ich zwar erwidern, dass auch ins Kriegsgeschehen nichtmenschliche Faktoren hineinspielen – vom Wetter über die Feuerkraft der Geschütze bis hin zur atomaren Kettenreaktion. Doch das griffe nicht weit genug. Denn der Verfechter des fraglichen Einwands braucht vielleicht keinen scharfen Unterschied zwischen beiden Bereichen zu postulieren. Es genügt, wenn er sagt: Kriegsergebnisse hängen *weniger* von der uns umgebenden Natur und *stärker* von der Natur des Menschen ab als naturwissenschaftliche Errungenschaften; Krieg hat weit *mehr* mit dem Menschen zu tun als jede naturwissenschaftliche Theorie (abgesehen von Anthropologie). Hier ist eine Möglichkeit, um das zuzuspitzen: Wenn der Mensch besser wäre, dann hätten wir keine Kriege; aber selbst wenn der Mensch noch so gut wäre, fänden nicht deshalb andere naturwissenschaftliche Theorien Zustimmung als unter den augenblicklichen Umständen.

Vom Menschen- zum Weltbild

§ IV.6.13. Finden Sie die letzte Zuspitzung des Einwandes gegen meine Diagnose überkandidelt? Lassen Sie sich davon nicht beunruhigen; vielleicht kann man den Einwand in gefälligere Gewänder kleiden. Unabhängig von solchen rhetorischen Details gebe ich eines zu – Optimismus und Pessimismus zur Natur des Menschen spielen beim Streit über den kontrafaktischen Satz keine große Rolle, um den es mir zu tun ist:

($\overline{\text{b\&c}}$) Hätte sich die wissenschaftliche Welt damals gegen Newtons Theorie der prismatischen Farbphänomene entschieden und stattdessen auf die seinerzeit gleichwertige Alternative gesetzt, dann wären wir entweder in eine Sackgasse geraten und wären reumütig in Newtons Fußstapfen zurückgekehrt – oder die entstandene Physik wäre empirisch und technologisch weniger erfolgreich als die Physik, die wir *de facto* haben.

Die Kontroverse über diesen Satz spiegelt vielleicht keine unterschiedlichen Werte, keine strittigen *Menschen*bilder wider. Aber das bedeutet nicht, dass sie sich eindeutig auflösen lässt. Denn wie wir uns zu dieser Kontroverse stellen, hängt von unserem *Welt*bild ab – grob gesprochen davon, wie wir das Verhältnis zwischen uns Menschen und der uns umgebenden Wirklichkeit sehen. Auch das ist eine Frage der Weltanschauung.

Vertiefungsmöglichkeit. Was ich in diesem Kapitel über kontrafaktische Konditionalsätze sage, passt gut zu linguistischen und sprachphilosophischen Analysen solcher Sätze. Obwohl sich diese Analysen in ihren Feinheiten unterscheiden, ist inzwischen (jedenfalls im Rahmen der Theorie von den möglichen Welten) allgemein anerkannt: Wer das Urteil über den Gesamtsatz feststellen will, muss den Blick auf diejenigen möglichen Welten werfen, in denen der Wenn-Satz gilt und die dennoch unserer Welt am stärksten *ähneln*; weil aber der Ähnlichkeitsbegriff notorisch vage ist und von Kontext zu Kontext unterschiedliche Standards mit sich bringt, sind auch unsere Kriterien zur Beurteilung kontrafaktischer Wenn/dann-Sätze vage und kontextabhängig.[625] Je nach Kontext können demzufolge ein und demselben kontrafakischen Wenn/dann-Satz unterschiedliche Wahrheitswerte zugewiesen werden. Wie man sagen könnte, habe ich mit TEIL III versucht, den Kontext zu Goethes Gunsten zu verschieben: Wenn Newton die komplementäre Alternativ-Theorie oder die für sie sprechenden Phänomene früher zur Kenntnis genommen hätte als seine eigenen Experimente und Lehrsätze, dann hätten wir vielleicht jetzt eine andere Physik. Das wäre vielleicht auch dann so, wenn Goethe die Alternativ-Theorie ernster genommen hätte und wenn Napoleon kein Durcheinander über ganz Europa gebracht hätte und wenn Ritter nicht zu früh gestorben wäre und wenn er eine Reihe begabter Schüler gehabt hätte, und zwar in Jena oder Weimar, nicht in München, also mit optischen Forschungsinteressen, und wenn in der Folge hunderte von Genies und viel Geld zur Weiterentwicklung der Heterogenität der Finsternis beigetragen hätten. – Durch alle diese Überlegungen wird ein ganz bestimmter wissenschaftsgeschichtlicher Diskussionskontext geschaffen, und im selben Atemzug *steigt* die *Plausibilität* einer gleichwertigen Alternativ-Physik. Aber es bleibt dabei: Wie wir diese wissenschaftsphilosophische Möglichkeit beurteilen, das hängt immer noch vom Welt- und Menschenbild ab. Soweit ich sehe, haben Linguisten bislang keine Beispiele diskutiert, bei denen die Kontextabhängigkeit kontrafaktischer Sätze genau mit Welt- und Menschenbild des Sprechers zu tun haben. »Kontext« kann in der Linguistik viel heißen; das wird dort anhand vieler kleinteiliger Beispiele erörtert und mit großer formal-technischer Raffinesse analysiert – für meine Zwecke weniger relevant.

Freiheit

§ IV.6.14. Genau wie im Kriegsbeispiel blickt ein Anhänger des Satzes ($\overline{b\&c}$) im Lichte einer anderen Weltanschauung auf die erwiesenen wissenschaftsgeschichtlichen und optischen Fakten als ein Gegner des Satzes. Beim Krieg ging es um den Teil der Weltanschauung, der mit dem Menschen zu tun hat; daher habe ich dort mehrfach vom *Menschen*bild geredet, ja sogar von Werten. Bei der Wissenschaftsgeschichte geht es dagegen um den Teil der Weltanschauung, der mit dem Verhältnis zwischen Mensch und Natur zu tun hat; hier passt es besser, vom *Welt*bild zu reden. Doch beide Bereiche betreffen Themen, zu denen wir unterschiedliche Ansichten haben können, ohne uns eines Verrats an der Vernunft schuldig zu machen.

Der Anhänger des Satzes ($\overline{b\&c}$) demonstriert sein unerschütterliches Zutrauen in die Eindeutigkeit rationaler Wissenschaftsentwicklung. Was die individuelle Forscherpersönlichkeit dazu beiträgt, kommt ihm nicht wesentlich vor. Genies mögen den Fortschritt beschleunigen – oder, wenn sie sich verrennen, ihn aufhalten. Aber das verändert allenfalls das Tempo der Wissenschaftsentwicklung, weder ihr Ergebnis noch ihr Ziel.

Jetzt kann ich die Weltanschauung, die sich hinter dieser Sichtweise verbirgt, ans Tageslicht bringen: Wer den Beitrag des Einzelnen für unwesentlich hält, den Beitrag der zu erforschenden Natur dagegen für zwingend, der ordnet den forschenden Menschen anders in die Natur ein als die Gegner des Satzes ($\overline{b\&c}$). Er beschränkt den Manövrierspielraum des Forschers.[626] Und er tut das deshalb, weil er die Natur auf den Thron setzt.

Die Natur – so zu reden, spricht bereits Bände. Der bestimmte Artikel suggeriert eine Eindeutigkeit, an die man zwar fest glauben mag, die aber nicht ohne philosophische Alternativen ist. Vielleicht gibt es *die* Natur gar nicht, von der da die Rede ist? Vielleicht gibt es sie nicht in der Einheit und Eindeutigkeit, in der sie uns angeblich regiert? Wie mehrfach im Verlauf meiner Untersuchung angedeutet, werde ich die weltanschauliche Kontroverse hierüber nicht per Argument zu entscheiden versuchen. Stattdessen will ich sie zum Abschluss nur noch ein bisschen genauer unter die Lupe nehmen. Das soll im kommenden Kapitel geschehen.

Vertiefungsmöglichkeit. Die Unwichtigkeit des *einzelnen* Naturwissenschaftlers hat Heisenberg durch Vergleich zur Musik so auf den Punkt zu bringen versucht: Selbst wenn er nicht gelebt hätte, hätte wohl ein anderer das Unschärfeprinzip formuliert; wenn aber Beethoven nicht gelebt hätte, gäbe es die Klaviersonate op. 111 nicht.[627] Dass dieser Gegensatz in die Irre führt und den kreativen Beitrag des naturwissenschaftlichen Genies zu unseren Theorien systematisch herunterspielt, ist oft dargetan worden.[628] Wohlgemerkt, selbst wer in kontrafaktischen Spekulationen die kontingente Rolle des einzelnen Genies betont, muss dadurch nicht zu dem Ergebnis kommen, dass unsere Naturwissenschaft nur ein irrationales Produkt willkürlicher Zufälle ist. (Das demonstriert zum Beispiel mit Blick auf eine einsteinfreie Physik Lévy-Leblond [WIEH]; ähnlich Gingerich [CN]:204.)

Kapitel IV.7.
Wahl der Weltanschauung

Ohne Spekulation geht's nicht

§ IV.7.1. Im vorigen Kapitel ging es hoch her. Ich bin vom Hundertsten ins Tausendste gekommen, habe mich weit ausgreifenden kontrafaktischen Spekulationen hingegeben, habe von Werten,

Menschen- und Weltbildern geredet. Mein Gedankengang führte mich an einen Punkt, wo sich das nicht vermeiden ließ. Denn wer darüber befinden will, ob sich unsere augenblickliche (oder zukünftige) Physik auf rationale Weise eindeutig aus Beobachtungen ergibt, der muss sich angesichts meiner optischen Fallstudie dazu durchringen, diese Fragen zu beantworten:

Was bedeutet es für unsere heutige Wissenschaft, dass sich die Entscheidung zugunsten der newtonischen Theorie (und gegen die Heterogenität der Finsternis) weder zu Newtons noch zu Goethes Tagen eindeutig per Vernunft aus den Daten ableiten ließ? Vererbt sich diese damalige Unterbestimmtheit der Theorie auf die heutige Zeit, oder stehen wir heute besser da?

Die richtige Antwort auf diese Fragen hängt von etwas ab, worüber wir aus unserer Naturwissenschaft nichts Definitives lernen können. Sie hängt davon ab, was geschehen *wäre*, wenn sich seinerzeit zunächst nicht Newtons Theorie durchgesetzt hätte, sondern ihr unorthodoxes Gegenstück. Hätte das in eine Sackgasse geführt? Oder hätte es zu einer gleichermaßen erfolgreichen, aber völlig anderen Naturwissenschaft geführt als derjenigen, derer wir uns jetzt erfreuen?

Vielleicht wollen Sie diese kontrafaktische Frage sicherheitshalber offenlassen, weil Sie vor Spekulationen zurückschrecken. Aber dann können Sie auch kein abschließendes Votum über den Status unserer Naturwissenschaft wagen.

So eine enthaltsame Haltung finde ich zu defensiv. Unsere Naturwissenschaft ist zu wichtig und zu mächtig, als dass wir's uns erlauben könnten, zu kneifen und kein Urteil über ihre rationale Eindeutigkeit, ja über ihre Objektivität abzugeben. Daher habe ich in den sauren Apfel gebissen und versucht herauszufinden, welche Faktoren unsere Urteile über solche kontrafaktischen Spekulationen bestimmen (oder doch *mit*bestimmen). Dass es weiche – weltanschauliche – Faktoren sind, ist vielleicht keine gute Nachricht. Statt darüber zu lamentieren, schlage ich vor, das Beste aus dem erreichten Stand der Dinge zu machen.

Das bedeutet zweierlei: Erstens müssen wir uns damit abfinden, dass sich der Streit zwischen Anhängern der Unterbestimmtheit und denen der naturwissenschaftlichen Objektivität nicht rational entscheiden lässt – ebenso wenig wie der Streit zwischen Anhängern der Heterogenität des Lichts und der Finsternis. Zweitens lohnt es sich, die weltanschaulichen Unterschiede genauer zu entfalten, auf die der Streit zurückläuft. Wenn sie erst klar auf dem Tisch liegen, ist eine Menge gewonnen. Wir können uns dann *bewusst* zwischen den widerstreitenden Optionen entscheiden. Zum Beispiel können wir fragen, welche weltanschauliche Sicht der Dinge (einschließlich ihrer wissenschaftsphilosophischen Konsequenzen) wir insgesamt attraktiver finden. Kurz vor Schluss will ich diese Aufgabe wenigstens noch antippen; in Wirklichkeit ist sie zu groß für meine Untersuchung.

Bescheiden oder unterwürfig?

§ IV.7.2. Wer daran glaubt, dass die Wissenschaft in eine Sackgasse geraten wäre, wenn man seinerzeit auf eine Alternative zu Newtons Theorie gesetzt hätte (etwa auf die Heterogenität der Finsternis), der glaubt an *eine* Natur, im Singular, die uns gegenübersteht und nach der wir uns in der Naturwissenschaft hundertprozentig zu richten haben. Diese eine Natur liegt hinter dem bunten Durcheinander, das unsere Augen blendet; und sie kann mit etwas Mühe entdeckt werden. Helmholtz hat diesen Gedanken in seiner Kritik an Goethe so formuliert:

> In der Dichtung kommt es ihm [Goethe – O. M.] nur auf den »schönen Schein« an [...]; wie dieser Schein zu Stande komme, ist gleichgültig [...] Die Physik sucht dagegen die Hebel, Stricke und Rollen zu entdecken, welche hinter den Coulissen arbeitend diese regieren, und der Anblick des Mechanismus zerstört freilich den schönen Schein. Deshalb möchte der Dichter gern die Stricke und Rollen hinwegläugnen, für die Ausgeburten pedantischer Köpfe erklären und die Sache so darstellen, als veränderten die Coulissen sich selbst [...]
>
> Wir können aber den Mechanismus der Materie nicht dadurch besiegen, dass wir ihn wegläugnen [...] Wir müssen seine Hebel und Stricke kennen lernen.[629]

Das Gleichnis führt in die Irre. Dass im Theater hinter den Kulissen allerlei Hebel wirken, kann man feststellen, indem man hingeht und dort nachschaut. Dieser Weg steht uns bei den optischen Phänomenen nicht offen; die optischen Gesetze können wir nicht dadurch aufdecken, dass wir hinter den bunten Schein der optischen Phänomene treten und dort nachschauen. Wo genau sollen wir denn nachschauen? Was bedeutet der metaphorische Verweis auf einen Ort hinter den Phänomenen? Wie soll man feststellen, ob an diesem geheimnisvollen Ort Lichtstrahlen wirken oder Finsternisstrahlen? Nein, das Einzige, was wir sehen können, sind die Phänomene selbst. Und ich habe mit Goethes Hilfe ernste Zweifel daran geweckt, dass sich diese Phänomene bloß mit *einer* Theorie gut vertragen. Solchen Zweifeln kann man nur weltanschaulich beikommen – durch die naturwissenschaftlich ungesicherte Behauptung, dass sich hinter den Phänomenen eindeutige Mechanismen verbergen, nach denen wir uns wohl oder übel richten müssen.

Hinter jener ungesicherten Behauptung steckt am Ende eine bestimmte Form von Bescheidenheit: Wir sollten uns nicht anmaßen zu glauben, dass wir einen eigenständigen, kreativen Beitrag zur Naturwissenschaft leisten. Vielmehr sollten wir uns darein fügen, dass von unseren Bemühungen nur abhängt, ob wir die Wahrheit treffen oder nicht. Wenn wir der Natur nicht sorgfältig genug zuhören, ja, wenn wir ihr nicht gehorchen, werden wir mit Irrtum bestraft. Aber wenn wir gelehrig, strebsam und fleißig sind, haben wir gute Chancen, die Wahrheit zu treffen, und darum allein muss es uns zu tun sein. Das ist eine überaus bescheidende Haltung; man kann sie auch *unterwürfig* nennen: Die Natur ist der Boss, wir sind ihre Befehlsempfänger.

Tyrannei der Wirklichkeit

§ IV.7.3. Was ich im vorigen Paragraphen an eine Äußerung von Helmholtz angeschlossen habe, ist eine weitverbreitete Haltung. Sie geistert in vielen verschiedenen Versionen durch die Ideengeschichte, und es kann mir hier nicht darum zu tun sein, allen diesen Fassungen im Detail gerecht zu werden. Stattdessen will ich mich damit begnügen, exemplarisch eine von ihnen unter die Lupe zu legen.

Sie stammt von Goethes posthumem Psychoanalytiker Eissler. Der hat in Goethes Newton-Kritik den Ausbruch einer partiellen Psychose ausgemacht, einer Schizophrenie, ja eines Wahnsystems mit drastischem Realitätsverlust.[630] Demgegenüber gab Eissler selber seinen robusten Sinn für die harten Fakten der Naturwissenschaft zu Protokoll:

> Aber alles, was die Wissenschaft erreichen kann – insofern sie sich nicht irrt –, besteht in der Schaffung symbolischer Repräsentationen *einer bestehenden Wirklichkeit*. So wichtig diese Übersetzung von Fakten in Symbole auch für die Gemeinschaft ist, […] für die Geschichte der Menschheit muß dennoch von einem metaphysischen Standpunkt aus, der seinen Blick auf *das* ganze Universum richtet, eingeräumt werden, daß diese endlosen Übersetzungen dem Hervorbringen unzähliger *Spiegelbilder* vergleichbar sind […] Was wir Beherrschung durch Wissenschaft nennen, ist nichts weiter als gewissenhafte *Unterwerfung* unter *die* Gesetze der Natur. Der Mensch *kann nicht* einen Zentimeter von dem abrücken, was die Wirklichkeit in unabänderlicher *Tyrannei* vorschreibt.[631]

Man schrieb das Jahr 1963, als Eissler diese wissenschaftsphilosophische Haltung formulierte, um Goethe Realitätsverlust vorzuwerfen. Eissler hat sich eindeutig in die Philosophie vorgewagt, ohne die dabei gültigen Spielregeln zu beachten. Er scheint sich nicht darüber im klaren gewesen zu sein, dass es beim Philosophieren kontrovers zugeht. Und so entgegne ich Goethes Analytiker: Wer anders philosophiert als man selber, ist deshalb noch lange nicht verrückt.

Bedenken Sie: Quine hatte die Unterbestimmtheitsthese drei Jahre vorher auf den amerikanischen Markt der Ideen gebracht; bereits Jahrzehnte zuvor hatte sie sich in den Schriften Duhems und des Wiener Kreises abgezeichnet (§ IV.1.17). Und Eissler war aus Wien emigriert.

Aber darauf will ich nicht herumreiten, denn es kommt mir auf etwas anderes an. Eisslers unreflektierte Haltung ist bis heute unter Geisteswissenschaftlern weitverbreitet – gerade auch unter denen, die sich mit Goethes *Farbenlehre* auseinandergesetzt haben. Unreflektiert nenne ich diese Haltung nicht deshalb, weil ich meinte zeigen zu können, dass sie falsch ist. (Das kann ich nicht.) Vielmehr nenne ich sie deshalb unreflektiert, weil's ihr an Bewusstsein für die wissenschaftsphilosophischen Alternativen mangelt. So ignoriert die Mehrheit der Germanisten, die den Stab über Goethes *Farbenlehre* brechen, einen großen Teil dessen, was in der Wissenschaftsphilosophie der letzten fünfzig Jahre – kontrovers! – diskutiert wurde.

Vertiefungsmöglichkeit. Mir ist bewusst, dass die meisten Germanisten bei der *Farbenlehre* andere Fragen interessant finden mögen als der Wissenschaftsphilosoph, etwa Fragen der rhetorischen Textgestalt oder Bezüge zu Goethes literarischen Werken. Meine Klage bleibt aber davon unberührt, denn typischerweise diskutieren sie jene Fragen vor dem Hintergrund einer ganz bestimmten Annahme – der Annahme, dass weder Goethes optische Arbeit noch seine Wissenschaftsphilosophie ernstzunehmen sind. Gegen diese Annahme wende ich mich mit meinem Buch. Worauf das hinausläuft, will ich anhand zweier Literaturwissenschaftler kurz vorführen. Mein erstes Beispiel bietet der renommierte Germanist Albrecht Schöne, der Goethes Unterfangen zunächst nicht ohne Sympathie begegnete.[632] Doch dann wirft er ihm *en passant* eine Reihe von Unwissenschaftlichkeiten vor, die laut moderner Wissenschaftsphilosophie keinesfalls als Verstöße gegen gute Methode gewertet werden müssen: u. a. Immunität zentraler Schlüsselüberzeugungen sowie Einsatz regulativer Ideen in der Empirie nebst daraus folgender Theoriebeladenheit der Beobachtung.[633] Mein zweites Beispiel stammt aus einer kürzlich erschienenen literaturwissenschaftlichen Habilitationsschrift zu Goethes *Farbenlehre*. Ihr Verfasser Helbig zitiert ausführlich aus der ersten – anonymen – Rezension der *Beyträge zur Optik*, wo überzeugend dargelegt wird, dass das von Goethe entdeckte umgekehrte Spektrum nicht der Theorie Newtons widerspricht.[634] Helbig kommentiert:

> Das ausführliche Zitat soll die folgende spekulative These stützen: Hätte Goethe dies aufmerksam gelesen und bedacht, wäre seine *Farbenlehre* nicht geschrieben worden. Die Spekulation illustriert das Ausmaß und die in jeder Hinsicht grundlegende Bedeutung des Mißverständnisses, sie verdeutlicht, was man die Tragik des Beharrens nennen könnte.[635]

Hier zeigen sich *in nuce* viele Züge, die auch anderswo in der literaturwissenschaftlichen Auseinandersetzung mit Goethes Farbenforschung auftauchen und die ich verstörend finde. Erstens ist vorauseilender Gehorsam gegenüber der Fachphysik des vorletzten Jahrhunderts heute fehl am Platze.[636] Zweitens sollte man Goethes Selbstkorrektur in beweistheoretischen Fragen berücksichtigen, also nicht aus den Augen verlieren, dass er schon kurz nach Abfassung der *Beyträge zur Optik* ausdrücklich darauf verzichtete, Newtons Theorie mit Hilfe des umgekehrten Spektrums empirisch widerlegen zu wollen.[637] Und drittens wäre es ratsam, die neuere wissenschaftsphilosophische Forschung einzubeziehen, die der Haltung Goethes in erkenntnistheoretischen Fragen deutlich näher steht als derjenigen Newtons.[638] Kurzum, es gibt genug fachliche Gründe, in deren Licht Goethes Farbenforschung nicht als Extrembeispiel für tragisches Scheitern bedauert werden muss. – Alle diese Gründe sprechen auch gegen die pronewtonianischen Voraussetzungen der rezeptionsgeschichtlichen Arbeit des Literaturwissenschaftlers Höpfner [WwZ]. Eine löbliche Ausnahme von den literaturwissenschaftlichen Tendenzen, über die ich hier klage, bildet Mandelartz [GNW].

Theoriebeladen

§ IV.7.4. Ich griffe zu kurz, wenn ich den Goethe-Forschern einfach nur mangelnde Lektüre der Gegenwartsphilosophie vorwürfe. Denn in der gegenwärtigen Wissenschaftsphilosophie kommt Goethes Naturwissenschaft kaum vor; da müsste ich der Fairness halber den Gegenwartsphilosophen im selben Atemzug mangelnde Goethe-Lektüre vorwerfen.[639] Und wer soll schon von außen ahnen, dass sich ausgerechnet im Umfeld eines Logikers wie Quine Haltungen verbreitet haben, in deren Licht Goethe glänzend dasteht, obwohl er dort nirgends erwähnt wird?

Was ich den Goethe-Forschern dagegen vorwerfe, ist mangelndes Wohlwollen bei der Lektüre ihres Gewährsmanns. Hätten sie sich die *Farbenlehre* ohne szientistische Voreingenommenheit zu Gemüte geführt (oder ohne vorauseilendem Gehorsam gegenüber ihren Kolleginnen aus der Physik), so hätten sie über unzählige Stellen stolpern müssen, in denen Goethe ihren unreflektierten wissenschaftsphilosophischen Ansichten etwas Bedenkenswertes entgegenzusetzen hatte. Zum Beispiel widersprach Goethe gleich im Vorwort zur *Farbenlehre* diametral dem, was ich vorhin aus Eisslers Buch zitiert habe. Wo Eissler die Tyrannei der Wirklichkeit sah, redete Goethe von unserer Freiheit:

> Ist es doch eine höchst wunderliche Forderung, die wohl manchmal gemacht, aber auch selbst von denen, die sie machen, nicht erfüllt wird: Erfahrungen solle man ohne irgend ein theoretisches Band vortragen […] Denn das bloße Anblicken einer Sache kann uns nicht fördern. Jedes Ansehen geht über in ein Betrachten, jedes Betrachten in ein Sinnen, jedes Sinnen in ein Verknüpfen, und so kann man sagen, daß wir schon bei jedem aufmerksamen Blick in die Welt theoretisieren. *Dieses aber mit Bewußtsein, mit Selbst-*

> *kenntnis, mit Freiheit,* und um uns eines gewagten Wortes zu bedienen, mit Ironie zu tun und vorzunehmen, eine solche Gewandtheit ist nötig, wenn die Abstraktion, vor der wir uns fürchten, unschädlich, und das Erfahrungsresultat, das wir hoffen, recht lebendig und nützlich werden soll.[640]

Dem analytisch geschulten Wissenschaftsphilosophen sollten diese Sätze gefallen (vielleicht mit Ausnahme des Wagnisses in Sachen Ironie). Aus ihnen spricht ein gesunder Empirismus, dem die Theoriebeladenheit aller Beobachtung jedenfalls in Grundzügen klar ist.[641] In dieser Sache dachte Goethe raffinierter als die Literaturwissenschaftler, die über seine *Farbenlehre* geschrieben haben.

Vertiefungsmöglichkeit. Auch die Herausgeber der naturwissenschaftlichen Schriften Goethes haben ihrem Gewährsmann zu wenig Wohlwollen entgegengebracht. Die Kommentarbände der Leopoldina-Ausgabe zur Physik und Newton-Kritik Goethes sind von zwei Wissenschaftlern – Horst Zehe und Thomas Nickol – bearbeitet worden, die dessen Unterfangen offenbar von vornherein keine rationalen Chancen einräumen wollten.[642] Das lässt sich an vielen ihrer Aussagen belegen.[643] Um nicht missverstanden zu werden: Kommentatoren gelungener Textausgaben müssen kritische Distanz zu ihrem Gegenstand wahren; Lobhudelei ist in diesem Genre fehl am Platze. Aber der Verzicht auf Lobhudelei ist etwas anderes als das, was in der Leopoldina-Ausgabe geboten wird: Sie bildet ein Labyrinth, in dem Evidenzen zugunsten Goethes nicht deutlich repräsentiert sind. Man hätte einen wissenschaftsphilosophisch versiertern Physiker hinzuziehen sollen.

Zu schön, um wahr zu sein?

§ IV.7.5. Fast alle Leser der *Farbenlehre* werden bis zu den Sätzen vorgedrungen sein, die ich zuletzt zitiert habe. Warum haben die Goethe-Forscher nicht bemerkt, dass ihnen hier eine echte Alternative zu ihrer wissenschaftsphilosophischen Sicht der Dinge geboten wird?[644] Goethe bot uns Freiheit anstatt Tyrannei. Es steht außer Frage, dass es schöner und besser für uns wäre, wenn er recht hätte, nicht Helmholtz, Eissler und deren szientistisches Gefolge.

Vielleicht wenden Sie ein: Mag sein, dass es besser und schöner für uns wäre, was uns Goethe da verheißt – nur ist es zu schön, um wahr zu sein.

Aber wieso sollte das stimmen? Etwa deshalb, weil Goethe erklärtermaßen ein schlechter Philosoph war? Oder deshalb, weil Goethe ein schlechter Naturwissenschaftler war, jedenfalls ein schlechter Physiker? Weil sich Goethes Lehre von den Farben nicht durchgesetzt hat? Oder weil Goethes wissenschaftsphilosophische Haltung zusammen mit dessen physikalischer Arbeit steht und fällt? Ein Gemisch dieser Fehlurteile dürfte dafür verantwortlich sein, dass kein Goethekritiker die zitierte Stelle ernst genommen hat. Dass es Fehlurteile sind, ist im Lauf dieser Untersuchung wieder und wieder herausgekommen. Daran will ich im nächsten Paragraphen kurz erinnern.

Vier Fehlurteile

§ IV.7.6. Die zuletzt aufgerufenen vier Fehlurteile werde ich Schritt für Schritt entkräften. Erstens: Zwar hat sich Goethe zuweilen selber das Talent zum Philosophieren abgesprochen.[645] Aber hier irrte Goethe. Der Irrtum ist nur zu verständlich: Goethe kam nicht gut mit den Schriften der Philosophen aus seiner Zeit zurecht – von Kant über Fichte und Schelling bis zu Hegel.

Diese Schriften sind in der Tat schwer zu verstehen. Darüber hat sich Goethe mit Recht beklagt.[646] Vielleicht wäre er mit den analytischen Philosophen späterer Tage besser klargekommen – mit denen jedenfalls, die sich um Verständlichkeit und Klarheit verdient gemacht haben. Wie dem auch sei, ich hoffe mit TEIL IV deutlich gemacht zu haben, dass Goethes Wissenschaftsphilosophie verblüffend gut zu vielem passt, was heute in diesem Fach diskutiert wird.

Zweitens: Goethes war kein schlechter Physiker. Er hat sauber experimentiert und manche Schwachstelle in Newtons Beweisen aufgezeigt. Insbesondere bei den Experimenten, die sein Theorem unterfüttern, erfüllte er dieselben hohen Standards wie Newton in seinen Experimenten; sonst hätten sie sich nicht als deren exakte Gegenstücke herausstellen können. Und sein Theorem selber bietet eine tiefe physikalische Einsicht. All das jedenfalls war die frohe Botschaft aus TEIL II.

Drittens: In der Tat hat sich Goethes eigene Lehre vom Licht und den Farben nicht durchgesetzt. Doch das zufällige Schicksal seiner Lehre entscheidet nichts darüber, wie weit die Unterbestimmtheit und die Wahlfreiheit reichen, auf die Goethe auch anhand der Heterogenität der Finsternis hingewiesen hat. Nun konnte sich diese Alternative zu Newtons Theorie ebenfalls nicht durchsetzen. Nichtsdestoweniger bietet der tatsächliche Verlauf der Wissenschaftsgeschichte kein Argument gegen die These, dass andere Verläufe genauso rational gewesen wären wie der tatsächliche Verlauf.

Viertens: Wissenschaftliche und wissenschaftsphilosophische Errungenschaften gehen nicht notwendig Hand in Hand. Selbst wenn Goethe ein lausiger Physiker gewesen wäre, hätte er gute wissenschaftsphilosophische Arbeit leisten können. In der Tat war er ein begnadeter Wissenschaftsphilosoph.

§ IV.7.7. Bei der Korrektur des vierten Fehlurteiles war ich zu defensiv. Ich habe nur betont, dass die wissenschaftsphilosophischen und die wissenschaftlichen Errungenschaften eines Denkers nicht Hand in Hand gehen müssen. Das klingt so, als könne man munter über die Naturwissenschaft philosophieren, ohne deren Experimente und Theorien ausdrücklich einzubeziehen. Die deutschen Idealisten, mit denen Goethe fremdelte, mögen das versucht haben, zumindest in ihren damaligen Veröffentlichungen (§ III.3.15). Goethe hat sich deren abstrakte Herangehensweise nicht zu eigen gemacht. Im Gegenteil, viele Ergebnisse seiner eigenen Experimente untermauern die wissenschaftsphilosophische Denkweise, zu der er gelangt ist.

Schauet die Spektren!

Noch einmal: Goethe ist nicht *in abstracto* zur Unterbestimmtheitsthese vorgedrungen, sondern angesichts der von ihm formulierten Heterogenität des Finsternis; und diese gleichwertige Alternative zu Newtons Theorie hat sich Goethe nicht am Reißbrett ausgedacht, sondern aufgrund bestimmter – komplementärer – Experimente, deren wissenschaftsphilosophische Bedeutung ihm klar vor Augen stand.

Wie wichtig diese experimentelle Untermauerung für Goethes Wissenschaftsphilosophie gewesen ist, habe ich mit meiner Untersuchung herausarbeiten wollen; das ist der Grund dafür, warum ich Ihnen so viele Experimente zugemutet habe.

Nur wer die ganze Wucht dieser Experimente auf sich wirken lässt, kann nachvollziehen, warum Goethe im Vorwort seiner *Farbenlehre* von Freiheit bei der naturwissenschaftlichen Arbeit zu reden wagte.[647] Er tat dies nicht im luftleeren Raum. Vielmehr traute er sich dieses Wagnis deshalb, weil er fest auf dem Boden der empirischen Tatsachen stand. Angesichts der von ihm entdeckten Symmetrie in den prismatischen Phänomenen wusste er, dass man jedes noch so tolle Beweismanöver Newtons mit einem spiegelverkehrten Gegenmanöver kontern kann. (Für Goethe dürfte sich daraus sogar das ergeben haben, was ich als intrinsisch-extrinsische Unterbestimmtheit bezeichnet habe; dass sich viel später nur deren rein intrinsisches Gegenstück halten lassen würde, konnte er nicht ahnen.)

Ich habe den Goethe-Forschern vorhin mangelndes philosophisches Wohlwollen bei der Goethe-*Lektüre* vorgeworfen (§ IV.7.4). Vielleicht war das überzogen. Denn wie sich jetzt gezeigt hat, entfalten die wissenschaftsphilosophischen Einsichten Goethes ihre volle Überzeugungskraft nur vor dem Hintergrund ausgefeilter *Empirie*. Goethe wusste das und bat seine Leser zu experimentieren, zu experimentieren, zu experimentieren. Aber kann man von Germanisten so viel verlangen?

Lassen wir das. Stattdessen möchte ich im kommenden Paragraphen noch ein bisschen über die Implikationen der Weltanschauung nachdenken, die Goethe verfochten und die Eissler abgelehnt hat.

Freiheit und Selbsterkenntnis

§ IV.7.8. In meinem Goethe-Zitat aus § IV.7.4 heißt es, dass wir nicht umhinkönnen, schon dann zu theoretisieren, wenn wir naturwissenschaftliche Erfahrungen *machen*; und das gilt erst recht, wenn wir sie systematisch *zusammenfassen* oder gar *erklären* wollen.

Wie uns Goethe empfiehlt, sollten wir mit Bewusstsein und Freiheit theoretisieren. Das erste ist die Voraussetzung des zweiten: Nehmen wir an, einem Physiker falle nicht auf, dass naturwissenschaftliche Arbeit mehr ist als bloße Wiedergabe des Beobachteten nebst zwingender Deduktion. So ein Physiker wird sich von den Versuchsergebnissen herumschubsen lassen und nicht auf die Idee kommen, dass ihm beim Theoretisieren verschiedene Wahlmöglichkeiten offenstehen. Er kann seine Freiheit nicht ausüben, und mithin wird er mangels Selbsterkenntnis von der Wirklichkeit tyrannisiert.

Exakt diese Tyrannei sah Eissler als Los des Naturwissenschaftlers. Ihm zufolge befinden sich die Naturwissenschaftler in keiner beneidenswerten Lage: Sie gehen im Joch. Von Goethes Standpunkt aus und in Kants Worten könnte man ihnen selbstverschuldete Unmündigkeit attestieren. Eissler würde dem entgegenhalten, dass sie sich der Unmündigkeit fügen müssen, weil sie keine andere Wahl haben; ihnen stehe eine unüberwindliche, tyrannische Macht namens Natur gegenüber. Es mag tröstlich sein zu hören, dass wir keine andere Wahl haben als das Joch. Aber das ist ein schwacher Trost. Joch bleibt Joch.

Von daher hat es etwas Befreiendes, wenn uns Goethe zuruft, dass wir vielleicht gar nicht ins Joch eingespannt sind; dass wir zumindest nicht darin eingespannt sein müssen. Am Beispiel der Optik konnte er aufzeigen, dass seinerzeit gleichberechtigte Alternativen mit Newtons Theorie konkurrierten; damals stand den Naturwissenschaftlern eine echte Wahl offen.

Ob dasselbe für die heutige Optik gilt, habe ich zwar nicht entscheiden können. Doch wer sie in einer grundsätzlich anderen Lage sieht, wer die heutige Optik also ohne die Möglichkeit gleichberechtigter Alternativen hochhält, legt sich eben dadurch auf eine wissenschaftshörige Weltanschauung fest – auf eine Weltanschauung, für die es (wie stets bei Weltanschauungen) keine schlagenden Gründe gibt.

Wie gut fahren wir mit so einer Weltanschauung in unserem geistigen Leben? Das ist eine legitime Frage. Und es ist legitim, sich einer anderen Weltanschauung anzuschließen, die uns ein attraktiveres geistiges Leben verheißt – ein Leben mit größerer Freiheit in Sachen Naturwissenschaft. Ein Gewinn, der dabei für uns herausspringen könnte, liegt in der tatsächlichen Entdeckung von Alternativen. Wer an naturwissenschaftliche Wahlfreiheit beim Theoretisieren glaubt, der hat jedenfalls die Chance, alternative Theorien zu entdecken. Wer nicht daran glaubt, verspielt die Chance, der Tyrannei zu entrinnen.

Newton, der Tyrannisierte – oder Newton, der Tyrann?

§ IV.7.9. Newton fiel der Tyrannei zum Opfer, von der soeben die Rede war. Wahlfreiheiten bei der Erklärung der von ihm entdeckten prismatischen Phänomene sind Newton entgangen. Ich finde das tragisch, weil er früh um die Symmetrie zwischen dem Grundexperiment und dessen komplementärem Gegenstück wusste – oder doch hätte wissen können, dank der Beharrlichkeit von Pater Lucas.[648] Es ist kaum zu glauben, dass einem Mann vom Kaliber Newtons die fatalen beweistheoretischen Konsequenzen dieser Symmetrie nicht ins Auge gesprungen sein sollen. Aber so war es wohl.

Wie kam das? Newton sah keine Wahl zwischen der Heterogenität der Finsternis und derjenigen des Lichts, weil er von vornherein davon überzeugt war, er könne die Wahrheit ohne eigenes Zutun enthüllen – ohne Hypothesen, wie er sich auszudrücken pflegte. Mangels Bewusstsein und Selbsterkenntnis verlor Newton seine Freiheit.

Diese Diagnose mag schräg klingen. Wie kann ich ausgerechnet Newton mangelndes Bewusstsein dessen vorwerfen, was er tat? Ließ sich ein Newton wirklich von seinen Beobachtungen herumschubsen? Wurde Newton tyrannisiert? War nicht er es, der wie ein Tyrann auftrat?

Zugegeben, die Angelegenheit ist etwas verzwickter. So hat sich Newton nicht von allen seinen Beobachtungen herumschubsen lassen; erst recht nicht von den Beobachtungen seiner Gegner. Was ihm nicht in den Beweis-Kram passte, das ignorierte, versteckte oder verschwieg er. Positiv gewendet: Er hat sich sehr genau überlegt, welche Experimente er zum Ausgangspunkt seiner Theorie machte.[649] Er ließ sich von den Experimenten *seiner Wahl* tyrannisieren – er war also alles andere als ein Opfer echter Tyrannei.

Es ist legitim, sich auszusuchen, mit welchen Experimenten man den Bau seiner Theorie beginnt; und Goethe gab das zuweilen auch zu. Goethe reagierte allerdings allergisch, wenn jemand so tat, als hätte keine Wahl stattgefunden. Denn das unterbindet die Wahlfreiheit der *Schüler* dessen, der da im Geheimen auswählte. Darin sah Goethe vielleicht sogar die Ursünde Newtons: dass der seinen Schülern die Wahlfreiheit raubte, die er sich selber genehmigt hatte. Goethes Protest gegen die Kraft der newtonischen Autorität gewinnt in diesem Zusammenhang besonderen Biss.[650]

Jetzt wird deutlich, warum es schräg klingen musste, als ich Newton wie ein Opfer der Tyrannei dastehen ließ. Im Gegenteil – Newton versuchte, mit Hilfe der von ihm ausgewählten Experimente eine Tyrannei über seine Zeitgenossen auszuüben. Bedenken Sie, was er Lucas entgegengehalten hat: Lucas solle (so Newton) nicht immer wieder mit neuen Experimenten ankommen, sondern gefälligst das *experimentum crucis* zur Kenntnis nehmen.[651]

§ IV.7.10. Doch vielleicht ist meine Diagnose nun in der anderen Richtung überzogen. Die Affäre mit Lucas ist vielleicht ein Ausrutscher, und es kann kein Zweifel daran bestehen, dass Newton zuallererst auf Wahrheit zielte. Hätte er versucht, mit faulen Tricks eine zweifelhafte Theorie durchzuboxen? Sicher nicht. Das aber bedeutet, dass Newton doch wieder im Würgegriff seines eigenen Experiments hing – ein tyrannisierter Tyrann.

Ein tyrannisierter Tyrann?

Wie konnte er in diese seltsame Lage geraten? Newton beobachtete voller Entsetzen, wie haltlos seine Zeitgenossen in der Freiheit schwelgten, die sich ihnen beim hypothetischen Theoretisieren auftat. Ihm standen die Gefahren dieser Freiheit deutlich vor Augen: Wer hier die Zügel schießen lässt, kann alle Hoffnungen auf stabile theoretische Errungenschaften zertrampeln. Gerade weil man jede Ansammlung von Beobachtungen mit Hilfe beliebig vieler ausgedachter Hypothesen versöhnen kann, verordnete Newton sich und seinen Zeitgenossen eine Schlankheitskur. Das führte ihn zu dem Verbot, einen experimentell gut abgestützten Lehrsatz einfach durch bloß ausgedachte Hypothesen zu kritisieren; nur experimentelle Kritik sollte erlaubt sein.[652]

Statt sich damit zufriedenzugeben, schüttete er das Kind mit dem Bade aus und meinte, ganz ohne Hypothesen auszukommen. Dabei entging ihm das hypothetische Element in seiner eigenen Arbeit; zuguterletzt hat er offenbar vergessen, dass es – komplementäre – Experimente gab, die den Eindeutigkeitsanspruch seiner Theorie zertrümmerten.

Und so bleibt es dabei: Newton wäre besser gefahren, wenn er sich selbst und seinen Zeitgenossen eingestanden hätte, dass den Naturwissenschaftlern beim Theoretisieren Wahlmöglichkeiten offenstehen. Das heißt ja nicht, dass er beliebige Wahlmöglichkeiten hätte zulassen müssen; er hätte sich immer noch gegen freischwebende Hypothesen aussprechen können – gegen Hypothesen, die ohne experimentelle Rückendeckung auskommen.

Goethe hätte ihm darin aus vollem Herzen zugestimmt, denn auch er fürchtete sich vor dem freien Flug der abstrakten Phantasie.[653] Er hätte Newton in aller Ruhe die komplementären Experimente vorgeführt, und dann hätte Newton eine Wahlfreiheit bemerkt, die ihm leider entgangen ist.

Humanismus

§ IV.7.11. Ich habe deutlich gemacht, inwiefern Newton das Bewusstsein der Wahlfreiheit beim Theoretisieren abging. Ob uns heute dieselbe Wahlfreiheit offensteht, können wir nicht wissen (§ IV.6.8). Vielleicht verhält es sich so; vielleicht aber auch nicht – dass beide Möglichkeiten immer noch im Spiel sind, habe ich zugegeben. Ohne weltanschauliche Überzeugungen können wir unsere Haltung in dieser Sache nicht fixieren.

Wer prinzipiell an die menschliche Wahlfreiheit beim Theoretisieren glaubt, wird vielleicht entspannter mit der Naturwissenschaft umgehen als der, dem die Natur wie ein Tyrann vorkommt. Er wird deutlicher sehen und dankbarer würdigen, dass Naturwissenschaft ein Projekt von Menschen für Menschen ist.

Was heißt das? Ist das mehr als eine Binsenweisheit? Läuft es auf etwas anderes hinaus als auf die Banalität, dass es Menschen sind, die unsere Wissenschaft vorantreiben – und Menschen, die das Erreichte zur Kenntnis nehmen, genießen, technisch nutzen? Allerdings. Es heißt unter anderem, dass in unsere wissenschaftlichen Bemühungen wesentlich das eingeht, was uns Menschen ausmacht. Selbst wenn wir Physik treiben, bringen wir eine Reihe sehr verschiedener Elemente unserer geistig-seelischen Verfassung zur Geltung. Goethe hat das so auf den Punkt gebracht:

> […] so müßte man *keine der menschlichen Kräfte* bei wissenschaftlicher Tätigkeit ausschließen. Die Abgründe der *Ahndung*, ein sicheres Anschauen der Gegenwart, mathematische Tiefe, physische Genauigkeit, Höhe der Vernunft, Schärfe des Verstandes, bewegliche sehnsuchtsvolle *Phantasie*, liebevolle *Freude* am Sinnlichen, nichts kann entbehrt werden.[654]

Wie man sieht, hat sich Goethe nicht gegen die Charakteristika ausgesprochen, auf denen Newtons bewundernswerte Errungenschaften beruhen: mathematische Tiefe, physische Genauigkeit, Schärfe des Verstandes. Aber er wollte auch weniger harte Elemente unserer Grundausstattung einbezogen wissen: Intuition und Phantasie zum Beispiel. Wir brauchen sie bei der Hypothesenbildung. Nur wenn wir sie durch die härteren Elemente kontrollieren, werden sie nicht über die Stränge schlagen. Aber das Umgekehrte ist nicht minder wichtig: Nur wenn wir uns immer wieder trauen, mit Ahndung und Phantasie über das hinauszukommen, was z. B. die Schärfe des Verstandes erlaubt, nur dann entsteht eine Naturwissenschaft, wie sie Goethe vorschwebte. Um es in ein großes Wort zu fassen: Goethe hoffte auf eine humanistische Naturwissenschaft.

Kapitel IV.8.
Unversöhnlicher Ausblick

Irrtümer korrigieren

§ IV.8.1. Das vergangene Kapitel endete versöhnlicher, als dieses Buch enden darf. Der Streit, den Goethe gegen Newton vom Zaun brach, löst sich nicht einfach in Wohlgefallen auf. Zwar ähnelt heute das philosophische Selbstverständnis vieler Naturwissenschaftler stärker der attraktiven Haltung Goethes als derjenigen Newtons. Doch obwohl das viele Verächter der *Farbenlehre* immer noch nicht gemerkt haben, will ich nicht bei diesem etwas rechthaberischen Ergebnis stehenbleiben. Vielmehr möchte ich den Konflikt noch einmal in aller Schärfe Revue passieren lassen – nicht in Form einer gerafften Zusammenfassung über die vier Teile meiner Untersuchung, sondern indem ich den Scheinwerfer auf weitverbreitete Irrtümer über Goethes Newton-Kritik richte.

Im vorigen Kapitel habe ich damit bereits begonnen und daran erinnert, dass in der *Farbenlehre* sowohl physikalische (nämlich optische) als auch wissenschaftsphilosophische Errungenschaften stecken, die sich zu Goethes Zeit sehen lassen konnten und noch heute sehen lassen können. Die physikalischen Errungenschaften wurden zu Goethes Lebzeiten durchaus von Spitzenforschern gewürdigt (etwa vom nobelpreiswürdigen Entdecker des UV-Lichts Johann Wilhelm Ritter), und sie gerieten erst nach Goethes Tod für lange Zeit in Vergessenheit. Es ist also ein Irrtum zu meinen, dass Goethes Newton-Kritik bei Spitzenphysikern nur Kopfschütteln auslöste (Kapitel III.2). In den kommenden Paragraphen werde ich weitere Irrtümer richtigstellen, die sich selbst beim wohlinformierten Publikum festgefressen haben.

Goethe als Weichei?

§ IV.8.2. Hier ist der schlimmste Irrtum, den Goethes Protest gegen Newton auf sich gezogen hat: Dieser Protest sei menschlich gut nachzuvollziehen und sogar überaus löblich, weil daraus die Vision eines weicheren, friedlicheren, sanfteren Umgangs mit der Natur hervorleuchte – ganzheitlich statt reduktionistisch; emotional statt einseitig rational; qualitativ statt quantitativ; subjektiv statt objektiv.

Im Ausgangspunkt des Irrtums steckt eine gehörige Portion Wahrheit; genau das macht ihn so gefährlich. In der Tat habe ich am Ende des vorigen Kapitels *für* die so umrissene holistische Vision von Naturwissenschaft plädiert und sie sogar humanistisch genannt.[655] Das war mehr als riskant. Die Vision einer humanistischen Naturwissenschaft wird leicht missverstanden, so als gäbe es sie preisgünstig, und zwar als Sonderangebot für Weicheier – *give peace a chance.* Oder so.

Weder gehört Goethes Protest gegen Newton in diese Ecke noch das, was ich daraus in meiner Untersuchung gemacht habe. Um es auf den Punkt zu bringen: Goethes Sicht der Naturwissenschaft ist die Frucht harter rationaler Arbeit.[656] Er *forderte* nicht einfach, dass Naturwissenschaft menschlicher, freier funktionieren soll als bei Newton, sondern er hat es *begründet.*[657] Und diese Begründung ist scharfsinnig, ja durchschlagend.

Er hätte es sich leichter machen können. Er hätte in einer schöngeistigen Protestpose verharren können. Dann hätte er fast dieselben Claqueure gehabt und fast dieselben Gegner wie im tatsächlichen Lauf der Geschichte. Seiner *Farbenlehre* hätte dann ebenfalls ein unrühmliches Schicksal geblüht; aber zu Recht. Sie wäre nichts anderes als Erbauungsliteratur.

Nun kann man die *Farbenlehre* als Erbauungsliteratur lesen und lieben – oder herunterputzen, je nach Einstellung. Und da sie elegant geschrieben ist, kann man nach der Lektüre mit schönen Zitaten aufwarten, die das stützen.[658] Aber dann entgeht einem Goethes große Leistung. In der *Farbenlehre* wird scharf argumentiert – so scharf, dass der Lack von Newtons unbestreitbaren Errungenschaften abplatzt. Mehr noch, Goethes Argumente stoßen zielgenau in die einzige Lücke, die in Newtons Beweiskette klafft (§ I.5.3, § I.5.4, § II.4.12).

Worin Goethes Argumente bestehen, können nur diejenigen würdigen, die seine besten Experimente zur Kenntnis nehmen, verstehen, weiterdenken. Das kostet Mühe. Goethe hat diese Mühe sich selber und seiner Umgebung zugemutet; ich habe sie Ihnen zugemutet. Wie ich zeigen wollte, sind Goethes beste Experimente alles andere als weich, wahllos oder subjektiv. Im Gegenteil, sie sind Newtons beeindruckenden Experimenten ebenbürtig.

§ IV.8.3. Zugegeben, in der *Farbenlehre* finden sich zarte und flüchtige Experimente, etwa mit farbigen Schatten und Nachbildern.[659] Für sie ist Goethe berühmt, und sie sind nicht unwichtig. Aber sie lenken von der Hauptsache ab, die mit Spektralfarben zu tun hat.

Goethe so scharf wie Newton

Nicht minder berühmt ist Goethe für den großflächigen Einsatz des Polaritätsgedankens; auch er ist wichtig, aber nur in eng abgezirkelten Bereichen. Mit diesem Gedanken ist viel Schindluder getrieben worden. Alles und jedes ist irgendwie polar: Licht und Dunkel, Einatmen und Ausatmen, Tier und Pflanze, Mann und Frau, Ying und Yang, Wischi und Waschi. Es ist kein Wunder, dass Goethes Anhänger (genau wie seine Gegner) im Gewirr dieser kühnen, aber undisziplinierten Abstraktionen und Assoziationen gar nicht erst in den Blick bekommen konnten, bei welchen handgreiflichen Experimenten Goethe auf die Polarität zwischen Licht und Dunkel gestoßen war. (Um mich nicht in schlechte Gesellschaft zu begeben, um also keine verworrenen Assoziationen heraufzubeschwören, habe ich die Rede von Polarität weitgehend vermieden und stattdessen von Symmetrie geredet. Wie man die Sache nennt, ist am Ende gleichgültig.)

Wie ich gezeigt habe, stecken in der *Farbenlehre* alle experimentellen Ressourcen, die in Goethes Tagen zugunsten seines Polaritätsgedankens, pardon: Symmetrie-Theorems aufgeboten werden konnten. Goethe wusste, dass jedes prismatische Experiment Newtons ein isomorphes, komplementäres Gegenstück hat – und er baute diejenigen Gegenstücke auf, die sich seinerzeit realisieren ließen. Diese umgedrehten Experimente erfüllen dieselben Standards wie Newtons Originale.

Wo Newton subjektiv experimentierte (indem er Spektren auf seine Netzhaut warf), da tat es ihm Goethe gleich, nur mit umgekehrten Helligkeits- und Farbwerten; und wo Newton ein Spektrum objektiv auf die Leinwand warf, da tat es ihm Goethe ebenfalls gleich, wieder unter umgekehrten Vorzeichen. Dass Goethes optische Experimente subjektiv gewesen seien und Newtons objektiv, ist ein schlechter Witz.

Sonderlich viel hat Newton in seinen *Opticks* nicht ausgemessen; in Goethes Gegenexperimenten fanden auch nicht viele Messungen statt. Doch wo Newton sein Spektrum vermaß, da tat Goethe dasselbe – er zeigte, dass sein Spektrum (bei gleichen Abmessungen des Experiments) exakt dieselben Dimensionen und dieselbe Farbenvielfalt aufweist wie Newtons. Dass Goethes optische Experimente qualitativ gewesen seien und Newtons quantitativ, ist ebenfalls ein schlechter Witz.

Wer zuletzt lacht

§ IV.8.4. Ich habe die zwei Irrtümer über mangelnde Quantität und Objektivität in der *Farbenlehre* deshalb als schlechten Witz bezeichnet, weil sie die Sicht auf Goethes Theorem verstellen. Wer sich in diesen Irrtümern verfangen hat, kann Goethes Errungenschaften nicht bemerken.

Gerade *weil* Goethe die Experimente Newtons umdrehte, musste er sich an dessen Standards orientieren. Dass damals nicht alle Experimente Newtons umgedreht werden konnten, und zwar wegen mangelnder Lichtquellen, tut Goethes Theorem keinen Abbruch. Er hat ausdrücklich gesagt, dass z. B. im *experimentum crucis* (nach Vertauschung der Rollen von Hell und Dunkel) gelbes Licht genau die Rolle des newtonischen Blaus spielen könne. Den experimentellen

Beweis dafür blieb er schuldig, und so zog er sich den Hohn und Spott der Kommentatoren zu; sogar noch vor kurzem in der Leopoldina-Ausgabe (§ III.3.7k).

Wer zuletzt lacht, lacht am besten. Es mussten zwei Jahrhunderte verstreichen, bis das seinerzeit nur geahnte Experiment ausprobiert werden konnte; es funktionierte (§ II.5.18). Warum die Sache so ausgehen musste, hätte man sich viel früher klarmachen können. Denn das ergibt sich aus Goethes Theorem, und dieses Theorem hätte man schon zu Newtons Tagen beweisen können. Es folgt nämlich rein logisch aus Newtons Theorie, ohne viel Tiefsinn; mehr als disziplinierte Schreibarbeit steckt nicht dahinter (§ II.5.22–§ II.5.32). Weil das so ist, kann man sich auch ohne Beweis sehr sicher sein, dass das Theorem gilt. Newton scheint das nicht geahnt zu haben, anders als Goethe; doch der hat sich nicht die Mühe gemacht, den Beweis anzusteuern.

Warum nicht? Einerseits erschien ihm die Sache zu kleinkariert: nicht sein Stil. Andererseits wollte er sich nicht auf *Newtons* Theorie stützen, um daraus seine *eigene* wichtigste Einsicht abzuleiten. Er war ja *gegen* Newtons Theorie. Aber hier verschenkte er einen Punkt. Unnötigerweise; er hätte seine Sache als *reductio ad absurdum* aufziehen können: Aus Newtons Theorie folgt Goethes Theorem, und dieses Theorem zerstört jeden denkbaren Beweis der newtonischen Theorie.

Goethes mathematische Intuition

§ IV.8.5. Goethe hat (anders als Newton) gewusst oder doch geahnt, dass sich im Prinzip jedes newtonische Experiment umkehren lässt. Hier hatte er die Nase vorn – nicht nur vor Newton, sondern auch vor Ostwald, Heisenberg, Born und Weizsäcker: fast alles Nobelpreisträger (§ II.2.10, § III.3.6k).

War das einfach nur Glückssache? Hat Goethe geraten, dass z. B. das *experimentum crucis* später einmal umgedreht werden und dass sich sein Theorem streng beweisen lassen würde? Kaum zu glauben. Hier muss eine andere Erkenntnisquelle im Spiel gewesen sein – mathematische Intuition.[660] Physiker und Mathematiker kennen das. Zuweilen weiß man *noch* ohne Beweis, dass ein Zusammenhang gilt. Nicht immer liegt man mit seiner Intuition richtig. Aber eine gut ausgebildete, fein entwickelte mathematische Intuition verschafft ihrem beneidenswerten Besitzer mehr Treffer als Fehlschläge. Goethe hatte dieses seltene Talent.

Newton hatte es auch, aber in unserer Angelegenheit ließ es ihn im Stich – und das, obwohl ihm die ersten Experimente vorgelegen haben, die in Richtung auf Goethes Theorem weisen. Wie konnte ein Physikgenie vom Schlage Newtons so ahnungslos sein? Ich sehe darauf nur zwei Antworten: Entweder war's ein Betriebsunfall; oder Newton schlug die symmetrischen Ahnungen in den Wind, weil er sie nicht gebrauchen konnte. Für diese zweite Möglichkeit gibt es Indizien. Im Streit um seine Theorie reagierte er besonders hysterisch ausgerechnet auf den jesuitischen Widersacher, der ihm die ersten symmetrischen Experimente beschrieb. Er kanzelte Pater Lucas wie einen Dummkopf ab; dessen entscheidender Brief verbrannte gar in Newtons Arbeitszimmer; wenig später brach Newton die Diskussion über seine Theorie ab; und dann erlitt er einen Nervenzusammenbruch.[661]

Um nicht missverstanden zu werden: Dass diese Ereignisse aus Newtons Leben kausal zusammenhängen, kann ich nicht beweisen. Es ist eine reizvolle biographische Hypothese, mehr nicht. Wie dem auch sei, wenn Goethe als halbverrückter Amateurwissenschaftler ohne jedes mathematische Gespür dargestellt wird und Newton als mathematisches Genie, hochrational und ohne Anfälle von Verrücktheit, dann hängt das Bild schief. Bei allen Unterschieden finde ich meine zwei Helden wissenschaftlich ebenbürtig. Meine optimistische Diagnose lautet: Beide hatten eine grandiose mathematische Intuition, und beide waren ein kleines bisschen verrückt – so verrückt, wie man nun einmal sein muss, wenn man sich gegen die herrschende Meinung stemmt. *Mutig* könnten wir es auch nennen.

Warum Newton sich gegen die Symmetrie sperren musste

§ IV.8.6. Wie ich zuletzt wieder betont habe, konnte Newton die Symmetrie zwischen seinem Spektrum und dessen umgedrehtem Zwilling nicht gebrauchen; noch weniger konnte er's gebrauchen, dass sich alle seine Experimente umdrehen ließen. Warum nicht? Aus mindestens drei Gründen. *Erstens* zertrümmert die Symmetrie jeden experimentellen Beweis seiner Theorie; was auch immer

Newtons Anhänger zugunsten seiner Theorie anführen, hat ein umgekehrtes Gegenstück, das derselben Logik folgt (§ II.5.20). Das bedeutet nicht nur, dass keine überzeugenden Beweise zugunsten der newtonischen Theorie existieren. Es bedeutet *zweitens*, dass sich Newtons Theorie überhaupt nicht eindeutig auszeichnen lässt – und zwar einerlei, wie viele newtonische Experimente oder rationale außerempirische Argumente aufgeboten würden.

Das führte uns zu einer brisanten Version der Unterbestimmtheitsthese Quines. Der hatte vermutet, dass diese These (in ihren ehrgeizigen Fassungen) schon wegen der Symmetrien gelten müsse, die in der heutigen Physik gang und gäbe sind (§ IV.4.13); und Goethes Theorem bestätigt diese Vermutung perfekt. Es lädt dazu ein, Newtons Theorie mit einem isomorphen Gegenstück zu konfrontieren. Genau das hat Goethe getan, als er die Heterogenität der Finsternis ins Spiel brachte – nicht in eigener Sache, sondern zum Zweck des Arguments, d. h. zugunsten der Unterbestimmtheitsthese.

Da Newton jede Unterbestimmtheitsthese abgelehnt hätte, hat er die Auseinandersetzung auf diesem wissenschaftsphilosophischen Feld eindeutig verloren, gegen Goethe und Quine. Aber es wäre zu versöhnlich, wenn ich Goethe nur auf diesem Feld recht gäbe. Dass es für Newton noch etwas schlimmer zu kommen droht, will ich zum spekulativen Abschluss meiner Untersuchung herausstreichen. Damit komme ich zum *dritten* Grund dafür, dass Newton keinen Gefallen an der Symmetrie hätte finden können, die in seiner Theorie steckt und die Goethe aufgedeckt hat.

Wenn Theorien nicht ganz tugendhaft sind

§ IV.8.7. Es gibt einen folgenschweren Irrtum, der in Sachen *Goethe contra Newton* grassiert: Was auch immer Goethe in der *Farbenlehre* vorbrachte, kann der Glaubwürdigkeit der newtonischen Theorie nichts anhaben; trotz des Gebells aus Weimar und Jena zieht die optische Karawane ungerührt weiter; und das kann sie sich auch gefahrlos leisten.

In einer beschränkten Hinsicht ist das richtig. Newtons Theorie wird von keinem der umgekehrten Experimente widerlegt, die Goethe aufgeboten oder angeregt hat. Goethes Theorem verträgt sich empirisch mit Newtons Theorie; ja es folgt sogar aus ihr.

Doch wie wir heute wissen und wie Goethe (anders als Newton) gewusst hat, müssen gute naturwissenschaftliche Theorien mehr leisten, als sich bloß mit den Experimenten zu vertragen; sie müssen auch außerempirische Tugenden erfüllen. Der Kanon dieser Tugenden lässt sich nicht abschließend umreißen. Einfachheit und Sparsamkeit gehören dazu – aber auch Freiheit von Willkür.

Keine der außerempirischen Tugenden hat für sich allein genug Kraft, um eine sonst tugendhafte Theorie aus dem Spiel zu werfen. Dennoch ziehen diejenigen Theorien berechtigte Zweifel auf sich, die auffällig gegen eine der Tugenden verstoßen. Zugegeben, solche Theorien müssen wir nicht gleich preisgeben. Wir haben uns daran gewöhnt, dass nichts perfekt ist. Und solange wir keine bessere Alternative besitzen, werden wir beim Bewährten bleiben; auch wenn's zu wünschen übrig lässt. Aber selbst wenn wir das Überlieferte nicht über den Haufen werfen, werden wir damit nun weniger zufrieden sein. Uns ist ein Mangel aufgefallen.

Kurzum, es geht nicht um *Nein* oder *Ja*, sondern um berechtigte Desiderate, auf deren Erfüllung wir warten oder sogar hinarbeiten sollten – auch ohne die Erfolgsaussichten dieses Unterfangens einschätzen zu können. Meiner Ansicht nach hat Goethe ein berechtigtes Desiderat gegen Newtons Theorie (und deren Nachfolgerinnen) auf den Tisch gelegt, das bis heute nicht erfüllt ist. Dies Desiderat hat wieder mit Goethes Theorem zu tun, wie Sie in den kommenden Paragraphen sehen werden.

Symmetrisches, asymmetrisch dargestellt

§ IV.8.8. Newtons Theorie und ihre modernen Nachfolgerinnen haben einen entscheidenden Nachteil. Sie repräsentieren den symmetrisch strukturierten Bereich der optischen Phänomene asymmetrisch. Newtons Theorie liefert schnurgerade Erklärungen der Weißanalyse, der Weißsynthese und des Geschehens im *experimentum crucis*. Doch die gleichgebauten Umkehrungen dieser Experimente (Schwarzanalyse, Schwarzsynthese usw.) lassen sich mit Newtons Theorie nur auf verzwicktem Weg erklären; auch die heutige Optik bietet dafür nur verzwickte Erklärungen. Heute wie damals gilt: Die Erklärungen irgendeines Experiments und seiner Umkehrung passen nicht zusammen. Es wirkt willkürlich, dass das eine Experiment grundlegend und einfach sein soll, sein Gegenstück aber hochkomplex.

Aus Goethes Theorem wissen wir, dass es keinen optischen Weg gab, um die Symmetrie zu durchbrechen. Die Entscheidung für Newtons Theorie beruhte also auf einer willkürlichen Wahl. Wir *entscheiden* uns dafür, Dunkelheit als optisch unwirksame Bühne für unsere Experimente aufzufassen. Doch kein einziges optisches Experiment spricht gegen die entgegengesetzte Entscheidung.

Um das Problem zu dramatisieren, schlage ich ein Gedankenexperiment vor. Stellen Sie sich vor, wir schössen eine unbrennbare Ausgabe des ersten Buchs der *Opticks* in eine andere Ecke des Universums. Wenn es bei den Adressaten überall sehr hell wäre, auch in ihren optischen Laboren, dann hätte die dortige Intelligenzija vielleicht eine Heterogenität der Finsternis postuliert. Und sie würde aus Newtons Text Anhaltspunkte dafür ablesen, dass diese Theorie auch auf Erden gilt. Keines der geschriebenen Worte Newtons spräche gegen diese Interpretation. (Auch die Abbildungen aus den *Opticks* nicht; dort werden *Licht*strahlen durch *schwarze* Linien symbolisiert. Das zeigt, dass Abbildungen keine eindeutigen Hinweise für die richtige Interpretation mitliefern.)

Wie lässt sich diese außerirdische Fehlinterpretation unserer Optik vermeiden? Wenn überhaupt, dann dadurch, dass uns die Außerirdischen beim Experimentieren über die Schultern gucken; erst dann wird ihnen auffallen, dass unsere Experimente auf einer anderen Auswahl fußen als derjenigen, die ihnen lieb und teuer ist.[662]

Kurzum, Newtons Theorie ist sogar zu schwach, um ihre eigene Interpretation sicherzustellen. Ihre Struktur ist wunderbar, aber ihr Material unterbestimmt und nur durch Willkürakte zu fixieren. Da haben wir einen handfesten Mangel der newtonischen Theorie, den man mit Goethes Hilfe monieren muss.

§ IV.8.9. Meiner Ansicht nach hat sich Goethe berechtigterweise gegen Newton ausgesprochen, weil der in seine Theorie voller Willkür eine theoretische Asymmetrie eingebaut hatte, die sich in der experimentellen Wirklichkeit so nicht findet. In dieser einen Hinsicht

Abermals Einstein

war Goethes eigene Theorie eindeutig besser als Newtons (unabhängig davon, wie viel Fehler sich Goethe darin zuschulden kommen ließ). Denn laut Goethe sind Licht und Dunkelheit gleichberechtigte Faktoren, auf deren Wechselspiel der ganze Rest beruht (§ II.2.9, § II.5.16). Diese Theorie hat sich in den Einzelheiten, die Goethe ihr gegeben hat, nicht durchgesetzt, und zwar aus guten Gründen – aber das ändert nichts daran, dass sie *einem* berechtigten Desiderat Rechnung trägt, das Newtons Theorie verfehlt.

Um das zu unterstreichen, möchte ich auf den Vergleich zurückkommen, den ich in der Einleitung zwischen Einstein und Goethe gezogen habe (§ I.1.16). Einsteins Kritik an der newtonischen Mechanik entsprang demselben Widerwillen gegen Willkür, der auch Goethes Kritik an der newtonischen Optik antrieb. Einstein konnte sich nicht mit Newtons unbewiesenem Satz anfreunden, dem zufolge das Zentrum des Universums ruht und dafür benutzt werden kann, den absoluten Raum und darin stattfindende gleichförmige Bewegungen als einfach auszuzeichnen. Goethe konnte sich nicht mit Newtons unbewiesener Voraussetzung anfreunden, dass in der Dunkelkammer alles optische Geschehen ruht und dass sie dafür benutzt werden kann, einfache, ungestörte optische Geschehnisse auszuzeichnen (Satz (K) in § II.3.2–§ II.3.4).

Der Vergleich reicht weiter, als man auf den ersten Blick meinen möchte.[663] Während Newton den fraglichen Satz in der Mechanik als (einzige) Hypothese des Weltsystems ausgezeichnet hatte, scheint ihm der hypothetische Status der Dunkelheitshypothese (K) nicht aufgefallen zu sein.[664] Dabei spielte Newtons Dunkelkammer in seiner Optik dieselbe Rolle wie der absolute Raum in seiner Mechanik. In beiden Fällen brauchte Newton eine leere, neutrale Bühne fürs eigentliche Kausalgeschehen, und diese Neutralität der Bühne konnte Newton empirisch nicht ausweisen – weder in der Optik noch in der Mechanik.[665] Salopp formuliert hat die newtonische Wissenschaft also in ihren beiden Hauptzweigen das Problem von Figur und Hintergrund: Was zur Figur und was zum Hintergrund zählt, ist Ansichtssache und nicht immer eindeutig vorgegeben.[666]

In der Mechanik konnte Einstein die Misere beheben, indem er eine übergeordnete Theorie formulierte, der zufolge die alternativen Räume völlig gleichberechtigt sind. Wäre Einstein vor Entdeckung seiner Relativitätstheorie gestorben (und hätte kein anderer seinen Geistesblitz gehabt), so stünden wir in der Mechanik ungefähr da, wo wir meiner Ansicht nach in der Optik stehen: Unsere Mechanik ließe zu wünschen übrig, doch mangels überlegener Alternativen müssten wir am Hergekommenen festhalten. Vermutlich fiele den meisten (einschließlich meiner selbst) noch nicht einmal auf, dass unsere Konzeption vom physikalischen Raum suboptimal ist!

Ähnlich immer noch in der Optik; sie lässt (in einer Hinsicht) zu wünschen übrig, und das fällt u. a. deshalb fast keinem auf, weil wir keine bessere in Aussicht haben.

§ IV.8.10. Der Vergleich zwischen Optik und Mechanik, Goethe und Newton hinkt. Jeder Vergleich hinkt. Im Fall der Mechanik wissen wir seit Einstein, dass sich das von ihm formulierte Desiderat erfüllen lässt; ob das auch in der Optik geht, wissen wir hingegen nicht. Hinkelsteine

Zudem hat Einsteins Geistesblitz zu einer Theorie geführt, mit deren Hilfe weitere Mängel der überkommenen Sichtweise behoben werden konnten. Ob unserer heutigen, von Newton geprägten Optik im selben Sinne weitere Mängel zukommen (die sich dann entsprechend beheben lassen), weiß ich nicht. Darüber habe ich in meiner Untersuchung nichts gesagt.

Spricht das gegen den Vergleich der beiden Fälle? Ich glaube nicht. Immerhin war sich Einstein jener zusätzlichen Mängel der überkommenen Sichtweise ebenfalls nicht bewusst. Es war natürlich schön, dass er sie gleich auch noch beheben konnte. Aber das war nicht geplant. Und hinterher ist man immer klüger.

Soll heißen: Wer in einer herkömmlichen Sichtweise einen Mangel diagnostiziert, ist nicht verpflichtet, diese Diagnose durch Nennung weiterer Mängel zu vertiefen. Einstein ist ohne das ausgekommen; und also darf ein Verteidiger Goethes ebenfalls ohne das auskommen.

Einsteins entscheidende Frage

§ IV.8.11. Um nicht missverstanden zu werden: Ich habe auf strukturelle Analogien zwischen Newtons Mechanik und seiner Optik aufmerksam gemacht – und auf Analogien in Einsteins bzw. Goethes Kritik daran. Damit will ich weder sagen, dass Einstein und Goethe naturwissenschaftlich vom selben Kaliber wären. Noch will ich damit sagen, dass Newtons Mechanik und seine Optik auf gleichartige Weise überwunden werden könnten. Ob das bei seiner Optik geht, weiß ich nicht. Nichtsdestoweniger möchte ich die Analogie noch ein Stückchen ausbauen.

Das Problem mit Newtons absolutem Raum lässt sich durch eine Frage auf den Punkt bringen, die vor Einstein von niemandem ernst genommen wurde. Denken wir uns eine Alternativ-Theorie mit Hilfe unorthodoxer Raumkoordinaten (die sich z. B. im Vergleich zu Newtons Koordinaten drehen oder immer schneller werden) – dann fragt sich: Welche empirischen Daten, Experimente und Beobachtungen können gegen die neue Theorie vorgebracht werden? Keine! Das war jedenfalls Einsteins Antwort.[667] Sie ist richtig; vorausgesetzt, man passt die alten Naturgesetze geschickt an die neuen Raumbestimmungen an, wobei allerlei geeignete Kraftfelder zu postulieren sind (etwa ein Gravitationsfeld, durch das sich die ehemaligen Flieh- oder Trägheitskräfte darstellen bzw. neutralisieren lassen).

Angesichts der experimentellen Symmetrie zwischen Licht und Finsternis, die Goethe entdeckt und in seinem Theorem auf den Punkt gebracht hat, kann man dieselbe Frage in der Optik stellen: Welche empirischen Daten, Experimente und Beobachtungen können zugunsten der optischen Neutralität von Finsternis und gegen die von weißem oder blauem oder grünem Licht vorgebracht werden? Auf welchem empirischen Weg lässt sich die Gleichberechtigung verschiedener Beleuchtungsverhältnisse durchbrechen? Wie Sie im TEIL II gesehen haben, erhält man darauf auch dieselbe negative Antwort wie bei Einstein. Optische Experimente besagen nur *relativ* zu als neutral vorausgesetzten Beleuchtungsverhältnissen etwas über die Welt – so wie mechanische Experimente nur relativ zu einem räumlichen Bezugssystem etwas aussagen. Die Heterogenität der Finsternis postuliert andere Wirkfaktoren als Newtons Theorie, aber diese neuen Wirkfaktoren werden durch den Wegfall der newtonischen Wirkfaktoren genau neutralisiert – rein experimentell ändert sich nichts. Nicht anders laut Einstein bei der Mechanik: Wer ein beschleunigtes Bezugssystem postuliert, muss die daraus resultierenden Trägheitskräfte durch entgegengesetzte Gravitationsfelder neutralisieren.

(Hier ein Unterschied zwischen den beiden Fällen, der ins Auge springt, aber leicht ausgeräumt werden kann: Mit Hilfe der Überlegung Einsteins lassen sich auf einen Schlag eine Unmenge gleichberechtigter Alternativen zu Newtons Mechanik ersinnen – Goethe hat dagegen nur *eine* gleichberechtigte Alternative zu Newtons Optik entdeckt. Zugegeben, das trifft den historischen Goethe. Aber durch Verallgemeinerung seiner Ideen lassen sich ebenfalls unzählige gleichberechtigte Alternativen zu Newtons Optik formulieren. Wie Sie im Kleingedruckten am Ende des Kapitels III.5 nachlesen können, gibt es eine Heterogenität des Blaus, des Gelbs, des Grüns, des Purpurs usw.; ja es gibt unendlich viele Heterogenitätstheorien.)

Im Zielkonflikt

§ IV.8.12. Zuletzt hat mein Gedankengang eine Wendung genommen, die meinen wissenschaftsphilosophischen Zielen zuwiderzulaufen scheint. Bislang habe ich Goethes Theorem in erster Linie dazu benutzt, um zu zeigen: Es gibt gleichwertige Alternativen zu Newtons Optik; die Heterogenität der Finsternis ist genauso gut wie die des weißen Lichts. Und daraus ergeben sich ganz allgemein gute Gründe zugunsten einer brisanten Form der Unterbestimmtheitsthese à la Quine. Diese Unterbestimmtheit gilt auf der wissenschaftsphilosophischen Ebene und liefert keine physikalischen Argumente gegen Newtons Theorie. Damit kann sich jedermann anfreunden, der (wie heute üblich) bloß Newtons Beweisansprüche fahren lässt, ohne ein Jota von Newtons zentraler optischer Einsicht abzurücken.

Goethe wäre das nicht genug gewesen. Daher habe ich sein Theorem zuletzt mit anderen Zielen eingesetzt; ich habe es benutzt, um einen Mangel in Newtons Theorie herauszustreichen: Das Theorem zeigt nicht, dass beide Heterogenitätstheorien gleich gut, sondern dass sie gleich *schlecht* sind. So gesehen bietet die Unterbestimmtheit irgendeiner Theorie doch ein Argument gegen diese Theorie. (Ähnlich hat Einstein die Unterbestimmtheit der Koordinatensysteme Newtons als Argument gegen dessen Mechanik eingesetzt.)

Mit alledem stehe ich vor einem Zielkonflikt: Wer die Unterbestimmtheit einer Theorie als guten Grund gegen diese Theorie wertet, der sucht offenkundig nach einer übergreifenden Theorie, die nicht durch Daten unterbestimmt ist. Und wenn er mit dieser Suche Erfolg hat, dann ist es aus mit der Unterbestimmtheitsthese, angewandt auf *alle* Theorien.

Never at rest

§ IV.8.13. Man muss sich entscheiden, in welche Richtung Goethes Theorem zu Ende zu denken ist. Entweder hilft das Theorem, eine begrenzte Unterbestimmtheit zu diagnostizieren und am Ende zu überwinden; oder aber es spricht für eine globale Unterbestimmtheit aller Theorie.

Wie ich zugeben muss, kann ich mich zwischen den beiden Möglichkeiten nicht entscheiden. Solange wir keine attraktive symmetrische Theorie vor Augen haben, die der von Goethe entdeckten Unterbestimmtheit entrinnt, können wir nicht wissen, welche der Möglichkeiten gilt.

Wäre ich Physiker, würde ich versuchen, eine symmetrische Theorie zu konstruieren. Als Wissenschaftsphilosoph schrecke ich vor dieser Aufgabe zurück. Die neue Theorie müsste sich an den Rest unserer heutigen Physik anschließen lassen oder sie sogar verschlingen. Das ist ein größenwahnsinniges Projekt – heute tausendfach größenwahnsinniger als sein Vorgänger in Goethes Tagen. Ich will niemanden davon abhalten, sich daran zu versuchen; ich sympathisiere mit dem Projekt, gebe ihm aber wenig Chancen.

Das bedeutet, ich sympathisiere mit dem Plan, die globale Unterbestimmtheitsthese konstruktiv zu erschüttern – und das, obwohl ich für diese These plädiert habe. Vielleicht lässt sich aus meiner paradoxen Haltung eine wichtige Lektion ziehen: Einerseits ist die Unterbestimmtheitsthese nur so viel wert wie das beste konkrete Beispiel, das wir zu ihren Gunsten anführen können; andererseits fordert uns jede konkret fixierte Version der These heraus, sie durch naturwissenschaftliche Arbeit zu überwinden. Sie treibt uns zum

Weiterdenken an. Auf unterbestimmten Lorbeeren soll man sich nicht ausruhen. Das ist kein schlechtes Ergebnis, genauer gesagt: kein schlechtes Zwischenergebnis.

Wie dem auch sei, auch ohne endgültiges Ergebnis steht eines fest – Goethes Kritik an Newtons Optik und an dessen Wissenschaftsphilosophie ist das Scharfsinnigste, was bis heute zu den *Opticks* geschrieben worden ist. Der Streit kann weitergehen.

Erklärung einiger Zeichen und Symbole

Symbol	Name	Bedeutung	Beispiel	Bedeutung
&	Kaufm. »Und«	Gleichzeitige Behauptung zweier Sätze	(F & R)	»Weißes Licht besteht sowohl aus verschiedenen Farben (F) als auch aus divers refrangiblen Strahlen (R)«
↕	Doppel-Pfeil	Behauptung einer wechselseitigen Eins-zu-Eins-Entsprechung	(F↕R)	»Zu jeder Farbe F gehört ein eindeutiges Maß an Refrangibilität R und umgekehrt«
↓	Einfacher Pfeil nach unten	Behauptung einer funktionalen Entsprechung	(F↓R)	»Zu jeder Farbe F gehört ein eindeutiges Maß an Refrangibilität R«
(…)	Rund eingeklammerte Sätze	*Inhaltliche* Behauptungen auf der wissenschaftlichen Ebene, etwa aus der newtonischen Theorie	(F↕R)	»Zu jeder Farbe F gehört ein eindeutiges Maß an Refrangibilität R und umgekehrt«
[…]	Eckig eingeklammerte Sätze	Behauptungen zum erkenntnistheoretischen *Status* der fraglichen Sätze	[F↕R]	»Es lässt sich beweisen, dass zu jeder Farbe F ein eindeutiges Maß an Refrangibilität R gehört und umgekehrt«
$[\ldots]_{ec}$	Tiefgestellter Index an eckig eingeklammerten Sätzen	Beweisgrundlage für den Satz	$[R]_{ec}$	»Es lässt sich aus dem *experimentum crucis* beweisen, dass (R) gilt«
$(\overline{\ldots})$	Querstriche über Sätzen	Negationen bzw. konträre Gegenstücke der fraglichen Behauptungen, etwa aus der antinewtonianischen Theorie von der Heterogenität der Finsternis	$(\overline{F})$	»Nicht weißes Licht, sondern Dunkelheit besteht aus verschiedenfarbigen Strahlen«
→	Pfeile von links nach rechts	Konditionalsatz i. S. von Wenn/dann-Aussagen	$(K)\rightarrow[R_{exp}]$	»Wenn (K) gilt und Dunkelheit die Abwesenheit optischer Kausalfaktoren ist, dann lässt sich aus Experimenten beweisen, dass weißes Licht aus divers refrangiblen Strahlen besteht«

Wissenschaftshistorischer Anhang

A) Positive fachwissenschaftliche Reaktionen auf die Physik in Goethes *Farbenlehre* (1810–1832)

Vorbemerkung zum Überblick über die positiven Voten der fachwissenschaftlichen Bundesgenossen Goethes, die zwischen dem Erscheinen der *Farbenlehre* (1810) und dem Tod ihres Autors (1832) veröffentlicht wurden: Da Ritter vor dem vollständigen Erscheinen der *Farbenlehre* starb, fehlt er in der Tabelle. Ørsted fehlt, weil seine französische Fassung des ritterlichen Generalangriffs auf Newton vielleicht kein unmittelbares, volles Votum für Goethe bedeutete und weil er sich zwanzig Jahre später z. T. skeptisch zu Goethes *Farbenlehre* geäußert hat (§ III.2.14k). Daher habe ich beide Namen aus der Stimmenauszählung in Kapitel III.3 ausgeklammert. Ich bin also zu einer konservativen Schätzung der fachwissenschaftlichen Zustimmung zu Goethes *Farbenlehre* gelangt.

Name	**Jahr**	**Fach**	**Position**	**Veröffentlichung**
Anonym	1810	?	?	Anonym [zFvG]/b:1629–1632; Rezension
Seebeck	1811	Physik Medizin	Privatgelehrter in Bayreuth	Seebeck [vFVD]: 4–12; Fachaufsatz, der auf Goethes *Farbenlehre* aufbaut (siehe Seebeck [vFVD]:4)
Seebeck	1811	Physik Medizin	Privatgelehrter in Bayreuth	Seebeck [ENVB]:261/2; Fachaufsatz mit impliziter Unterstützung der Sicht Goethes

Name	**Jahr**	**Fach**	**Position**	**Veröffentlichung**
Schweigger	ab 1811	Chemie Physik	Prof. Uni Halle, später Uni Erlangen	Schweigger in Seebeck [üEFB]:264n (1811); Schweigger in Grotthuß [uGVE]:146n (1811); Schweigger in Grotthuß [uZFS]:161/2n (1811); Schweigger [VH]:1 (1812); Schweigger in Pfaff [uFSN]:180n (1812); Schweigger [ZzVA]:233, 235 (1812); Schweigger [BüEL]:91/2n (1813); Schweigger [AU]:50 (1814); Schweigger [SNzV]:456 (1826); Herausgeberische Zusätze zugunsten Goethes im *Journal für Chemie und Physik*
Windisch-mann	1813	Medizin Philosophie	Arzt (ab 1818 Prof. der Philo-sophie, Uni Bonn)	L. R. et al [TbC]:20–44; ausführlicherer Teil einer Doppelrezension
Schmeißer (Brockhaus-Autor mit Kürzel »S. x.«)	Ab 1815	?	(ab 1819 Prof. Uni Frank-furt an der Oder)	S. x. [FG]:541/2; goethea-nischer Lexikon-Artikel [erschien im Brockhaus erneut 1817, 1819, 1820, 1822]
Werneburg	1817	Mathematik	Lehrer am Pagen-Institut Weimar (ab 1818 Prof. Uni Jena)	Werneburg [MPad]:1–39; Monographie mit acht Seiten Abbildungen

Name	Jahr	Fach	Position	Veröffentlichung
Anonym	1818	?	?	Anonym [MPad]/b: 433–446; positive Rezension von Werneburg [MPad] mit detailreicher Unterstützung der *Farbenlehre* Goethes aus physikalischer Sicht
Ficinus	1819	Physik Chemie	Prof. medizinisch-chirurgische Akademie Dresden; Mitglied der Leopoldina	Ficinus [F]:19–39; Artikel zum Stichwort »Farbe« in Pierers *Anatomisch-physiologischem Handwörterbuch* (Pierer (ed) [APRz]/3)
Seebeck	1820	Physik Medizin	Mitglied Akademie der Wissenschaften Berlin	Seebeck [uUEW]/A: 306/7, 349–350; Antrittsvorlesung an der Akademie mit deutlich artikulierter Unterstützung der Sicht Goethes [erschien erneut im Jahr 1824 in Seebeck [uUEW]/B:132/3, 174 sowie im Jahr 1825 gekürzt auf Englisch in Seebeck [oUEo]:331, 453–455].
Ficinus	1821	Physik Chemie	Prof. medizinisch-chirurgische Akademie Dresden; Mitglied der Leopoldina	Ficinus [L]:776–791; Artikel zum Stichwort »Licht« in Pierers *Anatomisch-physiologischem Handwörterbuch* (Pierer et al (eds) [APRz]/4)
Kämtz	1823	Physik Meteorologie	(ab 1827 a. o. Prof. Uni Halle)	Kämtz [DMPd]:30; abschließende These in Dissertation

Name	**Jahr**	**Fach**	**Position**	**Veröffentlichung**
Kämtz	1824	Physik Meteorologie	(ab 1827 a. 8o. Prof. Uni Halle)	Vortrag zugunsten von Goethes *Farbenlehre*, knapp zusammengefasst im Jahresbericht der Naturforschenden Gesellschaft zu Halle (Bullmann [JNGz]:259)
Gruithuisen	1824	Naturwissenschaften Philosophie Medizin	Prof. für Anatomie und Physiologie an der Chirurgischen Schule in München	Gruithuisen [HVaK]: 45–50 (§ 61–§ 67); Lehrbuch-Abschnitte zu Farben und Licht i. S. der *Farbenlehre*
Ficinus	1828	Physik Chemie	Prof. medizinisch-chirurgische Akademie Dresden; Mitglied der Leopoldina	Ficinus [OVFU]:1–135; auf Goethes *Farbenlehre* aufbauendes Lehrbuch für physikalische und physiologische Optik mit drei Tafeln (siehe insbes. Ficinus [OVFU]:5/6, 99–117)
Gruithuisen	1828	Astronomie	a. o. Prof. für Astronomie und Leiter der Sternwarte in München; (Lehrstuhl für Astronomie ab 1830)	Gruithuisen [GNR]:60–62, 78, 83–88; Bericht über Besuch bei Goethe mit zustimmender Erörterung der *Farbenlehre* Goethes
Lövy	1831	Medizin	?	Lövy [uP]:47–54; Kapitel in Dissertation zugunsten der Polarität in Goethes *Farbenlehre*
Anonym	1832	?	?	Anonym [uPvH]:357; positive Rezension von Lövy [uP], auch mit Blick auf das Kapitel zugunsten der Polarität in Goethes *Farbenlehre*

Ich habe noch nicht systematisch untersucht, ob Schmids Liste der Interventionen Schweiggers vollständig ist. Insbesondere fragt sich: Wo sprach sich Schweigger in seinem Journal für Goethes Sichtweise aus, ohne dessen Namen ausdrücklich zu erwähnen? Einschlägig wären u. a. alle Passagen, in denen es um Polarität in Lichtspektren geht.

Einen Sonderfall bietet Brockhaus' herausgeberische Stellungnahme. Nachdem im Jahr 1813 unter dem Stichwort »Farbenlehre« ein newtonischer Lexikon-Eintrag erschienen war, der mit einem knappen Verriss der *Farbenlehre* endete (Anonym [F]), brachte Brockhaus in den Auflagen ab 1815 zusätzlich zum newtonischen Eintrag einen eigenen Eintrag »Farbenlehre, göthische«. Dies lief darauf hinaus, Goethes Lehre zum Lexikon-Wissen zu erheben. Der zugehörige Extra-Eintrag erschien in drei Auflagen (offiziell mit insgesamt fünf verschiedenen Druckdaten; hinzu kamen diverse Raubdrucke). Selbstverständlich verzichtete Brockhaus nie auf einen eigenen Lexikon-Eintrag zu Newtons Lehre, der allerdings ohne Erwähnung (und ohne Kritik) Goethes auskam (siehe U. [F]).

B) Ambivalente fachwissenschaftliche Reaktionen auf die Physik in Goethes *Farbenlehre* (1810–1832)

Die ambivalenten Reaktionen auf Goethes *Farbenlehre* lassen sich besonders schwer über einen Kamm scheren. Bei den ambivalenten Stellungnahmen, in denen die negativen Tendenzen überwiegen, habe ich das am Ende der folgenden Aufstellung vermerkt.

Name	Jahr	Fach	Position	Veröffentlichung
Benzenberg	1812	Physik	Prof. Lyzeum Düsseldorf	Benzenberg [BGaR]/ 2:501– 513; Reisebriefe (eher negativ)
Link	1813	Chemie Botanik	Prof. Uni Breslau	L. R. et al [TbC]:17–20; kleinere Hälfte einer Doppelrezension
Anonym	1817	?	?	Anonym [MPad]/a: 1577/8; Verriss von Werneburg [MPad] mit ambivalenter Sicht auf Goethes *Farbenlehre*

Name	Jahr	Fach	Position	Veröffentlichung
Fischer	1819	Physik	a. o. Prof. Uni Berlin	Fischer [V]:XI–XV; Vorrede zum Lehrbuch Fischer [LMN]/A1 (eher negativ) [diese Vorrede erschien erneut 1825 als Fischer [VzZA]:XII–XVI]
Neumann	1820	Physik	Prof. Polytechn. Institut Wien	Neumann [LP]/2:3 23–335; einige Absätze im Lehrbuch, in denen physikalische Teile der *Farbenlehre* wiedergegeben sind
[Kastner]	1821	Chemie Physik	Prof. Uni Erlangen	[Kastner [GE]/2:464–468, 469/470 (§ 162, Ziffern 10, 11, 14); positive Anmerkungen im Lehrbuch, in denen die Polarität vorkommt; Kastner [GE]/2:479–480 (§ 162, Ziffer 24); negative Anmerkung im Lehrbuch]
v. Berger	1821	Philosophie Astronomie	Prof. Uni Kiel	Berger [AGzW]/2: 315–322; Teile eines Kapitels in Monographie zur Naturwissenschaft allgemein
Anonym [v. Arnim]	1822	Ehemaliger Student der Naturwissenschaften	Während der Studienzeit Autor von Fachaufsätzen in den *Annalen der Physik*	Arnim [B]:262/3; Teil einer anonym erschienenen Rezension dreier Schriften

Name	Jahr	Fach	Position	Veröffentlichung
v. Baumgartner	1824	Physik Angew. Mathematik	Prof. Uni Wien	Baumgartner [NnIG]/2:69–72 (§ 118–§ 120); Abschnitt im Lehrbuch mit physiologischer Erklärung der Komplementärfarben aus Goethes Farbenkreis und klarer Unterstützung der newtonischen Lichttheorie
[Fries]	1824	Philosophie Mathematik Physik	Prof. Uni Heidelberg	[Fries [WLvD]:392/3; Absatz in einem Aufsatz zu Hegel in Aufsatzsammlung Fries [PS]/1 (deutlich negativ)]
Nürnberger (Brockhaus-Autor mit Kürzel »D. N.«)	1827	?	Gorau	D. N. [F]:29–31; Lexikon-Artikel mit ausführlicher Darstellung der newtonischen Lehre und knapper, wertfreier Darstellung derjenigen Goethes [erschien im Brockhaus erneut 1830]

Zwei der Autoren mit tendenziell negativen Voten (Kastner und Fries) habe ich für meine Stimmenauszählung im Kapitel III.3 sicherheitshalber nicht zu den ambivalenten Voten gerechnet. Denn von diesen Autoren stammten andere Stellungnahmen mit eindeutig negativer Bewertung der *Farbenlehre*. Dort also habe ich ihr Gesamtvotum eingeordnet; in der Tabelle stehen sie daher in eckigen Klammern.

Nichtsdestoweniger könnte man alle Beiträge von Fries ebenso gut zu den ambivalenten Stellungnahmen rechnen; er sprach sich immer wieder dafür aus, dass zwischen Goethes Lehre und der newtonischen Theorie kein echter Widerspruch bestehe. Auch andere Verfechter ambivalenter Voten haben sich für eine Vereinigung beider Sichtweisen ausgesprochen, allerdings mit höchst unterschiedlicher Stoßrichtung (§ III.3.14).

Man kann darüber streiten, ob die Stellungnahmen von Benzenberg und Arnim noch zu den *naturwissenschaftlichen* Reaktionen zu rechnen sind. Arnim hatte weitgespannte naturwissenschaftliche Kenntnisse und veröffentlichte zahllose Arbeiten zu physikalischen Grundproblemen.[668] Aber nicht deswegen hat er einen Namen. Und seine Rezension ist eher im feuilletonistischen Plauderton gehalten, ähnlich wie Benzenbergs Reisebrief. (Nichtsdestoweniger war Benzenberg Physiker von Beruf.)

C) Eindeutig negative fachwissenschaftliche Reaktionen auf die Physik in Goethes *Farbenlehre* (1810–1832)

Name	**Jahr**	**Fach**	**Position**	**Veröffentlichung**
Anonym	1810	?	?	Anonym [zFvG]/a:25–32; Rezension
Anonym [Fries]	1810	Philosophie Mathematik Physik	Prof. Uni Heidelberg	Fries [zFvG]:289–307; anonyme Rezension
Mollweide	1810	Mathematik Physik	Lehrer am Pädagogikum Halle	Mollweide [AaSH]:91–93; offener Brief über einen Übersetzungsfehler Goethes
Anonym [Mollweide]	1811	Mathematik Physik	Lehrer am Pädagogikum Halle	Mollweide [TbC]:233–240, 241–247, 249–251; anonyme Rezension
Lindenau	1811	Astronomie	Direktor der Sternwarte bei Gotha	Lindenau [VGDF]:323/4; Absatz in einem himmelskundlichen Forschungsbericht
Anonym [Mayer]	1811	Physik	Prof. Uni Göttingen	Mayer [T]:977–990; anonyme Rezension (beginnt und endet recht positiv, bietet aber dazwischen in der physikalischen Sache einen Verriss)

Name	**Jahr**	**Fach**	**Position**	**Veröffentlichung**
Parrot	1811	Physik	Prof. Uni Dorpat	Parrot [V]:XX–XXIV; Vorrede zum Lehrbuch Parrot [GTPz]/2 [im Lehrbuch selbst steht eine Anmerkung gegen Goethe [BzO]/1, siehe Parrot [GTPz]/2:169/170n]
Poselger	1811	Mathematik Physik	Prof. an der allg. Kriegsschule Berlin ab 1817; Mitglied Akademie der Wissenschaften ab 1825	Poselger [FRdB]:135–154; Fachaufsatz
Anonym [Malus]	1811	Physik	Prof. an der École Polytechnique, Mitglied der französischen Akademie der Wissenschaften	Malus [TdC]:199–219; anonyme frz. Rezension
Gilbert	1812	Physik	Prof. Uni Leipzig	Malus [BFPü]:103–115; Übersetzung von Malus [TdC] (dabei: Gilberts Nachbemerkung gegen Goethe)
Bartels	1812	Medizin	Prof. Uni Breslau	Bartels [NbS]:89–90; ablehnende Rezension von Seebeck [vFVD], insbesondere des dort enthaltenen Plädoyers zugunsten Goethes
Mayer	1812	Physik	Prof. Uni Göttingen	Mayer [AN]/B:554/5; Absatz im Lehrbuch

Name	Jahr	Fach	Position	Veröffentlichung
Pfaff	1812	Medizin Chemie Physik Pharmakologie	Prof. Uni Kiel	Pfaff [uFSN]:177–204; Fachaufsatz
Pfaff	1813	Medizin Chemie Physik Pharmakologie	Prof. Uni Kiel	Pfaff [uNFH]: v–xiii,1–182; Monographie
Anonnym [Mayer]	1813	Physik	Prof. Uni Göttingen	Mayer [L]:761–767; zustimmende anonyme Rezension zu Pfaff [uNFH]
Prévost	1813	Philosophie Physik	Prof. Uni Genf	Prévost [QRdO]:18–36; frz. Rezension [erschien 1815 gekürzt auf Deutsch in Prévost [VVBF]:393–404]
[Brockhaus-Autor ohne Namenskürzel]	1813	?	?	Anonym [F]:542/3; newtonianischer Lexikon-Artikel, der mit einem Verriss der *Farbenlehre* endete
Anonym [Fries]	1814	Philosophie Mathematik Physik	Prof. Uni Heidelberg	Fries [uNFH]:417–430; zustimmende anonyme Rezension zu Pfaff [uNFH]
Young	1814	Medizin Physik	Mitglied der *Royal Society*	Young [zF]:427–441; engl. Rezension
Anonym [Mollweide]	1815	Astronomie Mathematik	Prof. Uni Leipzig	Mollweide [uNFH]: 1473–1480; zustimmende anonyme Rezension zu Pfaff [uNFH]
Kries	1816	Mathematik Physik	Prof. am Gymnasium Gotha	Kries [LP]:200/1 (§ 247); Absatz in Lehrbuch

Name	**Jahr**	**Fach**	**Position**	**Veröffentlichung**
Kastner	1820	Chemie Physik	Prof. Uni Bonn	Kastner in Gren [GN]/B: 447/8 (§ 737, Anmerkung); Lehrbuch-Zusatz, in dem er Pfaffs und Mollweides Kritik an Goethes Behauptungen zu Linsen zustimmend wiedergibt
Brandes	1825	Physik	Prof. Uni Breslau	Brandes [B]:1122–1124 (§ 8); Kritik in Gehlers Handwörterbuch [PW]/1 an einem nicht präzise genug ausgewerteten Experiment
Brandes	1827	Physik	Prof. Uni Leipzig	Brandes [F]:48–56 (§ 5/6), 67–72 (§ 12); Artikel in Gehlers Handwörterbuch [PW]/4.1
Fechner	1829	Physik	a.o. Professor Uni Leipzig	Fechner [KDGF]: 486–488; eingeschaltetes Kapitel in Biots Lehrbuch [LEPE]/4

Anmerkungen

1 Ausnahmen bestätigen die Regel, siehe Nawrath [AvNP] und Göbel [NPGW].
2 Wittgenstein [PU]:§ 66.
3 Unabhängig vom Streit mit Newton verdienen sie unsere Aufmerksamkeit und sind zum Glück bereits gut erforscht; stellvertretend für viele Blicke auf Goethes Stärken außerhalb der Physik nenne ich seine Einsichten in die Geschichtlichkeit unserer Naturwissenschaft, wie sie Elisabeth von Thadden herausgearbeitet hat (Thadden [EaNW]:70/1, 83, 94–106 *et passim*).
4 Siehe Newton [LoMI]:3076–3078. Details zur Geschichte des Experiments im Kleingedruckten am Ende dieses Kapitels, siehe § I.2.15.
5 Newton [LoMI]:3077.
6 Siehe Stichwort »Inch« in Zupko [DoEW]:85.
7 Newton [LoMI]:3077.
8 Siehe Stichwort »Foot« in Zupko [DoEW]:64.
9 Connor [WMoE]:243–249.
10 Alberti [MG]:89–91.
11 So schon Newton in seinem dritten Axiom (Newton [O]:8 (= Book I, Part I, Axiom III)).
12 Siehe z. B. Niedrig (ed) [O]:67, Demtröder [E]/2:268/9.
13 Newton [O]:21 (= Book I, Part I, Proposition II, Experiment 3). Im Kleingedruckten am Ende dieses Kapitels werde ich Newtons Ausrichtung des Prismas noch etwas genauer analysieren (§ I.2.11–§ I.2.12).
14 Siehe § II.2.3. Zweifel am newtonischen Gelb äußert z. B. Bjerke [NBzG]:42.
15 Newton [LoMI]:3082, Punkt 5. In seinem Farbenkreis kommen namentlich sieben Farben vor (Newton [O]:97–100 (= Book I, Part II, Proposition VI) und Newtons »*Fig. 11*« aus »LIB. I. PAR.II. TAB. III«).
16 Shapiro in Newton [LOOL]:50/51n10; vergl. auch Biernson [WDNS]:530/1.
17 Shapiro [ACNC]:613, 619, 625.
18 Newton [LoMI]:3076; Newton [O]:22 (= Book I, Part I, Proposition II, Experiment 3).

19 Newton [LoMI]:3077.
20 Im Original: »[...] the Theory wch I propounded was evinced to me, *not by inferring tis thus because not otherwise*, that is not by deducing it onely from a confutation of contrary suppositions, but *by deriving it from Experiments concluding positively & directly*« (Newton, Brief an Oldenburg vom 6. 7. 1672 (siehe Turnbull (ed) [CoIN]/I:209); Hervorhebung dort).
21 Vergl. Newton [OAüS]:5. Im Original: »MY design in this Book is not to explain the Properties of Light by Hypotheses, but to propose and *prove them by reason and experiments*« (Newton [O]:5 (= Book I, Part I), mein Kursivdruck). Fast dieselbe Formulierung brachte Newton schon vor 1672, siehe Newton [LOOL]:86/7.
22 Lampert [NvG]:266.
23 Genauso (in ähnlichem Zusammenhang) Lohne [NPoS]:396.
24 So hat Newton z. B. seine Vorgänger interpretiert, siehe Newton [O]:50 (= Book I, Part I, Proposition VI) und Lohne [NPoS]:390/1.
25 Ähnlich Shapiro [GAoN]:72.
26 Newton [LoMI]:3077/8; Newton [O]:22–24 (= Book I, Part I, Proposition II, Experiment 3). Zu einigen Details siehe Laymon [NAPH].
27 Vergl. Newton [NTüL]:23. Im Original: »And the Rays fell perpendicularly upon the wall« (Newton [LoMI]:3077).
28 Lohne [IN]:126, 138n5.
29 Mills [NPHE]:16–23.
30 Siehe Newton [oC]/b:§ 7.
31 Mehr dazu bei Shapiro [GAoN]:77.
32 Newton [DoTC]; Unterschiede zwischen diesem Brief und der Veröffentlichung liefert Turnbull in den Anmerkungen zu Newton, Brief an Oldenburg vom 6. 2. 1671/2 (siehe Turnbull (ed) [CoIN]/I: 102–106).
33 Oldenburg, Brief an Newton vom 8. 2. 1671/2 (siehe Turnbull (ed) [CoIN]/I:107); vergl. Turnbull (ed) [CoIN]/I:103n1.
34 Newton [LoMI]:3075, kursiv im Original.
35 Poole [SiCH]:13/4.
36 Ich danke Philipp Kanschik, Kilian Schubert und Romila Storjohann für diese Information. Siehe Turnbull [P]:xxvi, Westfall [NaR]:xvi.
37 Selbst so ein sorgfältiger Mann wie Max Born blies in dies Horn, siehe Born [BzF]:36. Mehr zu dem Vorurteil in § III.3.15.
38 Zu dieser Terminologie siehe Sommer [zPBB]:85–87; laut Sommer geht sie auf Manfred von Mackensen zurück.
39 Gegen Goethes frühen Kritiker Pfaff [uNFH]:14 (§ 22) – und gegen alle späteren Verfechter dieses Vorurteils.
40 Siehe z. B. Laymon [NAPH]:232.

41 Newton [oC]/a:122r. Transkriptionen der fraglichen Passage bieten Hall [SINN]:247/8, Lohne [IN]:131–133.
42 Desaguliers [AoSE]:445–447, figure 21, 22; Vorläufer dieses Experiments in Newton [O]:45–49 (= Book I, Part I, Proposition V, Experimente 11–14). Zu alledem siehe Shapiro [GAoN]:107–119.
43 Offenbar benutzte als erster Goethe den Ausdruck »subjektiv« im fraglichen Sinn (Goethe [BzO]/2:50, Goethe [EF]:§ 194, § 303, Goethe [LA]/II.4:33–38).
44 Mehr zu diesem Thema in § II.2.10, § III.1.5.
45 Mausfeld [WNAS]:16; Hervorhebung im Original.
46 Wie viele wichtige Experimente bei alledem herausspringen, habe ich anderswo vorgeführt (O. M. [NGEN]). Eine kleine Spitze dieses Eisbergs finden Sie in § III.5.11–§ III.5.14.
47 Terminologie aus Nussbaumer [zF]:155 (dort mit Blick auf ein anderes Beispiel).
48 Siehe dazu O. M. [ZSUF], 6. Kapitel.
49 Siehe Newton [O]:91 (= Book I, Part II, Proposition V, Experiment 11).
50 Sinngemäß zitiert aus Newton [LoMI]:3079.
51 Gegen Gruner [DFL]:326.
52 Newton [LoMI]:3079.
53 Sinngemäß zitiert aus Newton [LoMI]:3083, Punkt 7.
54 Ich danke Anna Reinacher für den Hinweis auf diese Texte.
55 Shapiro [GAoN].
56 Shapiro [GAoN]:79, 108 *et passim*.
57 Shapiro [GAoN]:61.
58 Shapiro [GAoN]:91, 131; 81; 84.
59 Newton [MINA]:5084.
60 Newton, Entwurf, Entwurf B für den Brief an Oldenburg für Hooke vom 11. 6. 1672 (siehe Turnbull (ed) [CoIN]/I:191/2n20).
61 Turnbull (ed) [CoIN]/I:189n5 (sowie Turnbull (ed) [CoIN]/I:104n16) mit Verweis auf Newton [oR]:34v. Leider ist die Seite im Originalmanuskript, auf die Turnbull hier verweist, ein leeres Blatt.
62 Shapiro [GAoN]:91.
63 Shapiro [GAoN]:62/3.
64 Shapiro [GAoN]:64.
65 Shapiro [GAoN]:107–119. Originalbelege in Anmerkung 42 zu § I.3.5k.
66 Ich habe die drei kommenden Thesen ausführlich begründet in meiner Vorlesung zu *Kriterien der Theorienwahl* (WS 2012/3, Humboldt-Universität zu Berlin).
67 Newton, Brief an Oldenburg für Hooke vom 11. 6. 1672 (siehe Turnbull (ed) [CoIN]/I:187); Newton [MNAt]/a:5016/7; Newton [DCoR]:481v.

68 Das werde ich bei anderer Gelegenheit ausführlich begründen. Eine Skizze liefere ich in § I.5.17.
69 Siehe Newton [MNAt]/a:5014; Newton [MINA]:5088, 5091.
70 Ähnlich Kuhn [SoSR]:13.
71 Im Original: »matured science« (Kuhn [SoSR]:10/1).
72 Siehe z. B. Newton [O]:74–78 (= Book I, Part II, Proposition I).
73 Dieser Slogan geht bis in die Antike zurück, wurde freilich immer wieder anders verstanden; siehe Carrier [RP] mit Verweisen auf weitere Literatur.
74 Zum Schluss auf die beste Erklärung siehe Harman [ItBE]:89 *et passim*; der Ausdruck »abduction« geht auf Peirce zurück, siehe z. B. Peirce [LoP]:90 (§ 145) sowie 112–131 (§ 180–§ 212).
75 Im Original: »A naturalist would scearce expect to see ye science of those [colours – O. M.] become mathematicall, & yet I dare affirm that there is as much certainty in it as in any other part of Opticks [such as, e.g., geometrical opticks – O. M.]. For what I shall tell concerning them is not an Hypothesis but *most rigid consequence, not conjectured by barely inferring 'tis thus because not otherwise or because it satisfies all phaenomena* (the Philosophers universall Topick,) but evinced by ye mediation of experiments concluding directly & without any suspicion of doubt« (Newton, Brief an Oldenburg vom 6. 2. 1671/2 (siehe Turnbull (ed) [CoIN]/I:96/7); meine Hervorhebungen).
76 Newton [LOOL]:86; Newton, Brief an Oldenburg vom 6. 2. 1671/2 (siehe Turnbull (ed) [CoIN]/I:94/5); Newton, Brief an Oldenburg für Hooke vom 11. 6. 1672 (siehe Turnbull (ed) [CoIN]/I:187/8); Newton, Brief an Oldenburg vom 6. 7. 1672 (siehe Turnbull (ed) [CoIN]/I:209); Newton [MNAt]/a:5014; Newton [MINA]:5088, 5091; Newton [MNAt]/b:6090; Newton, Brief an Oldenburg für Lucas vom 18. 8. 1676 (siehe Turnbull (ed) [CoIN]/II:79–80).
77 So mit Verweisen auf weitere Literatur Ducheyne [MBoN]:46, 60–62 sowie Shapiro [FPP]:19–20.
78 Newton, Brief an Lucas vom 5. 3. 1677/8 (siehe Turnbull (ed) [CoIN]/II:257/8).
79 Newton [LoMI]:3078/9.
80 Newton [O]:31–33 (= Book I, Part I, Proposition II, Experiment 6).
81 Vergl. Newton [OAüS]:31/2. Im Original: »[…] the Blue end of the image […] the Red end of that image« (Newton [O]:32 (= Book I, Part I, Proposition II, Experiment 6)).
82 Newton [O]:102 (= Book I, Part II, Proposition VIII), vergl. »*Fig. 12*« aus »LIB. I. PAR.II. TAB. III«.
83 Newton [O]:31 (= Book I, Part I, Proposition II, Experiment 5).
84 Goethe [ETN]:§ 113, § 115–118. Goethes Kritiker Pfaff sah den Grund

für Goethes Ärger darin, dass Newton seine Theorie suboptimal entfaltet hatte (Pfaff [uNFH]:120–123 (§ 143–§ 148)).

85 Newton [O]:31 (= Book I, Part I, Proposition II, Experiment 6). In der ersten Veröffentlichung machte Newton keine Größenangabe.

86 Siehe Newton [OO]:530/1.

87 Vergl. Newton [NTüL]:25. Im Original: »And I saw by the variation of those places, that the light, tending to that end of the Image, towards which the refraction of the first Prisme was made, did in the second Prisme suffer a Refraction considerably greater then the light tending to the other end. And so the true cause of the length of that Image was detected to be no other, then that *Light* consists of *Rays differently refrangible*, which, without any respect to a difference in their incidence, were, according to their degrees of refrangibility, transmitted towards divers parts of the wall« (Newton [LoMI]:3079; Hervorhebungen dort). Ähnlich Newton [O]:32/3 (= Book I, Part I, Proposition II, Experiment 6).

88 Nawrath übersieht diese winkelbegrenzende Funktion *zweier* Blenden in Newtons *experimentum crucis,* siehe Nawrath [AvNP]:93.

89 Eine moderne theoretische – und für Normalsterbliche esoterisch klingende – Beschreibung des Refraktionsgeschehens skizziert Ducheyne [MBoN]:194/5n81.

90 Newton [PNPM]:174 (= Scholium Generale).

91 Newton [PNPM]:4 (= Liber Tertius, Regula IV). Siehe das wörtliche Zitat in § II.5.20k.

92 Siehe Newton [LoMI]:3079; ich habe die Textstelle am Ende des vorigen Kapitels wiedergegeben, siehe § I.4.7.

93 Carnap [PFoP]:51–54.

94 Mehr dazu in O. M. [KAaM]:120/1.

95 Newton [LoMI]:3082.

96 Newton [O]:27 (= Book I, Part I, Proposition II, Experiment 5).

97 Ähnlich (mit Blick auf weitere sog. Eliminationsexperimente) Marcum [NoLC]:470–472.

98 Ohne Heliostat ist das auch heute mehr als lästig, siehe Nawrath [AvNP]:87.

99 Ähnlich, aber ohne Zustimmung in der Sache, Ducheyne [MBoN]:195.

100 Einen attraktiven Vorschlag in dieser Debatte unterbreitet Spohn [BaP]; einen anderen Vetter [DwC]. Beide verweisen auf weitere Literatur.

101 Siehe Quine [RM]:156, 158/9, Quine [WO]:224.

102 Im Original: »If the angle of incidence were not constant, Newton could not claim *that the cause* of the different refraction of different rays *is some innate property of light* without carrying out a complex series of

measurements and calculations, which no doubt would have been insufficiently convincing or precise to establish his claim« (Shapiro [GAoN]:76, meine Hervorhebungen).

103 Ungefähr so scheint Newton in seinem zweiten Anlauf zu den Farben vorgegangen zu sein, Newton [oC]/b:§ 8.

104 Lampert [zWF]:94.

105 Lampert [zWF]:90–95, 99–109 und Lampert [NvG]:269–273.

106 Sinngemäß zitiert aus Lampert [zWF]:100 sowie Lampert [NvG]:269–270; Lampert verweist auf Newton, Brief an Lucas vom 5. 3. 1677/8 (siehe Turnbull (ed) [CoIN]/II:256).

107 Sinngemäß zitiert aus Lampert [zWF]:105–107.

108 Lampert [zWF]:104 und Lampert [NvG]:271–273 mit Verweis auf Newton [PNPM]:2 (= Liber Tertius, Regula II).

109 Vergl. Newton [MGN]:169. Im Original: »Regula II. Ideoque Effectuum naturalium ejusdem generis eaedem assignandae sunt Causae, *quatenus fieri potest*« (Newton [PNPM]:2 (= Liber Tertius, Regula II); mein Kursivdruck).

110 Siehe Newton [PNPM]:2 (= Liber Tertius, Regula II).

111 Siehe Cohen et al in Newton [P]:794n (»aa«) und Cohen [GtNP]:23/4.

112 Das versucht Ducheyne [MBoN]:219–222 *et passim*. Dieser Vergleich hat Schlagseite, weil Ducheyne in seinem Buch die newtonische Mechanik weit ausführlicher behandelt als die Optik – und sie wohl auch tiefer durchdrungen hat.

113 Newton [O]:242, 258 (= Book III, Query 31).

114 Lampert [NvG]:274.

115 Hall et al (eds) [CoIN]/V:398/9.

116 So auch Westfall [NHCo]:54/5. Siehe Newton [DoDC]/b:528; Newton [MINA]:5086–5088, 5091; Newton [HEPo]:249.

117 Siehe z. B. Hecht [O], Kapitel 9.3.1.

118 So auch Bjerke [NBzG]:48.

119 Zur Rezeption Newtons in Frankreich siehe Boskamp [PF]:29–36 *et passim*.

120 Siehe Marivetz et al [PdMD]/4:334/5, 338–406 *et passim*.

121 Jacques Gautier d'Agoty [CGGd]; Jacques Gautier d'Agoty [dOEI]. Siehe dazu Goethe [MzGF]:335–342 und Wenzel (ed) [GHS]/2:417/8.

122 Zu dessen Angriffen auf Newton siehe Goethe [MzGF]:328–333.

123 Siehe dazu Hakfoort [OiAo].

124 Newton [LoMI]:3079/80; genauso später Newton [O]:54–71 (= Book I, Part I, Proposition VII). Weitere Ausführungen zum Bau von Fernrohren finden sich in Newton [AoNC], Newton [MNLt], Newton [EoAL] und Newton [MINC]/a.

125 Siehe Niedrig (ed) [O]:212; Abendroth in Newton [OAüS]:271n4;

Westfall [NDHF]:308/9; Lohne [IN]:135 sowie Kuhn und Wolf in Goethe [LA]/II.6:512/3.

126 Siehe Niedrig (ed) [O]:213–220; Hecht [O]:349, 441–447.

127 Newton, Brief an Oldenburg für Lucas vom 18.8.1676 (siehe Turnbull (ed) [CoIN]/II:76–79); Newton, Brief an Oldenburg für Lucas vom 28.11.1676 (siehe Turnbull (ed) [CoIN]/II:183–185), dazu Westfall [NDHF]:308/9.

128 Heisenberg [GNFi]:60. Ähnlich reagierten schon Goethes Zeitgenossen auf dessen unbilligen Versuch, aus der Affäre antinewtonianisches Kapital zu schlagen (Goethe [MzGF]:361–365; Goethe [ETN]:§ 303–§ 310, § 77). Berechtigte Kritik daran äußerten Brandes [B]:1122 (§ 8) und Brandes [F]:47/8 (§ 4); ähnlich Mollweide [TbC]:251. Der Goethe-Herausgeber Zehe schließt sich der Kritik an in Goethe [LA]/II.5A:214.

129 Siehe z. B. Mühlhölzer [W]:73/4.

130 Was das heißt, hat Kuhn im Detail entfaltet, siehe Kuhn [SoSR].

131 Gegen Mühlhölzer [W]:82.

132 Goethe, Brief an Johann Friedrich Reichardt vom 30.5.1791 (siehe Goethe [WA]/IV.9:264).

133 Goethe [BzO]/1, Goethe [BzO]/2.

134 Goethe [EF].

135 Goethe [ETN].

136 Goethe [MzGF].

137 Siehe Eckermann [GmGi]:205 (1.2.1827), 283 (19.2.1829). Dass Eckermann Goethe in dieser Sache authentisch wiedergegeben haben dürfte, begründet Schöne [GF]:137n1. Vergl. auch Eckermann [GmGi]:100 (2.5.1824), 464 (30.12.1823).

138 Gegen Eissler [G]:58/9, 516, 593, 627, 1054, 1096, 1109–1148 (insbes. 1129–1130), 1177–1179. Mehr zu Eisslers Fehldiagnosen in § IV.7.3.

139 Goethe [ETN]:§ 114.

140 Siehe z. B. Goethe [ETN]:§ 124. Ausnahmen, von denen diese Regel bestätigt wird, finden sich in Goethe [ETN]:§ 47, § 169, § 181. Dazu nicht ohne Wohlwollen Helmholtz [uGNA]:39.

141 Beispiele für Goethes Fehler bespreche ich in § III.3.8 bis § III.3.13.

142 Belege für diesen Fehler in Kapitel III.3. Nur die Physiker aus Goethes Umkreis widerstanden dem Fehler (Kapitel III.2).

143 Siehe Goethe [BzO]/1:§ 36, § 74; Goethe [BzO]/2:38; Goethe [V]:9/10; Goethe [EF]:§ 242. Vergl. Eckermann [GmGi]:436 (21.12.1831) sowie Goethe [EF]/a:94.

144 Siehe insbes. Goethe [EzGF]:49 (Tafel II, Bilder A, a), 53 (Tafel IIa), 57 (Tafel III), 99 (Tafel XII).

145 Goethe [BzO]/1:§ 80; dazu Matthaei und Kuhn in Goethe [LA]/II.3: 167–169.

146 So jedenfalls noch für die *Beyträge zur Optik* (Goethe [BzO]/2:38).
147 Weizsäcker [EBaG].
148 Weizsäcker [GFHG]:976.
149 Goethe [ETN]:§ 31. Achtzehn Jahre früher war Goethe noch nicht so weit, siehe Goethe [BzO]/1:§ 56 mit Bezug auf § 45/6; vergl. unten § II.2.11.
150 Goethe [ETN]:§ 30; vergl. Goethe [VaVv]/C:309, 311, Goethe [ÄBV]:360/1.
151 Siehe z. B. Goethe [ÄE]:183.
152 Goethe [ETN]:§ 30; mein Kursivdruck.
153 Goethe [ETN]:§ 30.
154 Zu demselben Ergebnis kommt auch Steinle [NaNR].
155 Nicht immer setzte Goethe den Ausdruck lobend ein, siehe z. B. Goethe [ETN]:§ 6, § 188.
156 Siehe § II.2.10 und § III.3.6k.
157 Goethe [EF]:§ 331.
158 Dass er das verstanden hatte, ergibt sich aus Goethe [EzGF]:68 (unten zitiert in § II.2.7). Siehe auch Goethe [ETN]:§ 229.
159 Kirschmann [ARoC]:100n; Kirschmann [USSF]:421/2, 424/5; Barthel [GRF]:15/6.
160 Goethe [EF]:§ 215, mein Kursivdruck; vergl. Goethe [EF]:§ 792.
161 Siehe Newton [O]:98/9 (= Book I, Part II, Proposition VI) mit Verweis auf den newtonischen Farbenkreis, dessen unendlich dünne purpurne Linie OD den einzigen Bereich zeigt, in dem *keine* Spektralfarbe repräsentiert ist (»*Fig. 11*« aus »LIB. I. PAR.II. TAB. III«).
162 Goethe [ETN]:§ 506; mein Kursivdruck; vergl. Goethe [EF]:§ 792–§ 798 und Goethe [MzGF]:353.
163 Goethe [EzGF]:68.
164 Ähnlich schon im Jahr 1813 der Goethe-Rezensent Heinrich Friedrich Link, Professor für Chemie und Botanik in Breslau, siehe Link in L. R. et al [TbC]:17. Mehr dazu in § IV.5.7k.
165 Goethe [EzGF]:86; mein Kursivdruck.
166 Gegen Nisbet [GST]:44–47, insbes. p. 46.
167 Mehr zu Chancen und Risiken von Symmetrie und Polarität (insbesondere zu deren erkenntnisleitender Funktion) in O. M. [GPmS].
168 Knappe biographische Informationen bringt Nickol in Goethe [LA]/II.5B/2:1792.
169 Reade [EtPT], gekürzt wiedergegeben und unterkomplex kommentiert von Nickol in Goethe [LA]/II.5B/1:117–123.
170 Brief an Seebeck vom 21. 1. 1816 (siehe Goethe [WA]/IV.51:380); Goethe, Brief an Schopenhauer vom 11. 2. 1816 (siehe Goethe [WA]/IV.26: 255). Obwohl Reade in diesem Brief nicht namentlich erwähnt wurde,

sind sich die Interpreten einig, dass er gemeint war, siehe Lütkehaus (ed) [AS]:35/6 sowie Nickol in Goethe [LA]/II.5B/1:121, 661. Noch mehr Spott über Reade bieten Goethe [WA]/II.5/2:393 sowie Goethe [ÄBV]:361/2.

171 Goethe [EF]:§ 214/5. Zum Unterschied zwischen subjektiven und objektiven Experimenten siehe § I.3.2–§ I.3.6.

172 Goethe [EzGF]:63.

173 Also auf Goethe [EF]:§ 331–§ 334, siehe oben § II.2.2.

174 Goethe [BzO]/1:§ 45/6, § 56 sowie Karten 6, 7, 9, 10, 19, 21, 22.

175 Goethe [BzO]/1:§ 47–§ 54, § 57–§ 59.

176 Goethe [BzO]/1:§ 56.

177 Anonym [WiI]:242–245. Ähnlich Gren [EBüH]:13, 18–20.

178 Goethe [VaVv]/A:14/5. Etwas weniger deutlich (wohl im Jahr 1793) in Goethe [üNHD]:155, 157/8, 160, 163.

179 Belege in § III.3.14k.

180 Siehe z. B. Helbig [NO]:122/3 (mehr dazu in § IV.7.3k).

181 Belege in § II.3.15.

182 Goethe [ETN]:§ 18, § 22, § 35.

183 Darin gibt dem Dichter sogar der Goethekritiker Felix Mühlhölzer recht (Mühlhölzer [W]:106).

184 Goethe [FüMM]:367; Hervorhebungen geändert.

185 Zahme Xenien VI (siehe Goethe [WA]/I.3:356).

186 Klemm [EGFG]:3; Benn [GN]:41–43, 51/2 *et passim*; Jaspers [UZG]: 16/7; Wankmüller [NzF]:614n3, 625/6, 629; Muschg [EHV]:13–16; Muschg [iWFG]:52–56, 66–68; Helmholtz [uGNA]:34–36. Die differenzierteste Interpretation in dieser Richtung liefert Böhme, dem zufolge Goethes *Farbenlehre* eine (natur-)wissenschaftliche Alternative außerhalb unserer augenblicklichen Naturwissenschaft bietet, siehe Böhme [IGFW]:123, 149 *et passim*.

187 Siehe Goethe [sVST]:22.

188 Helbig [NO]:115.

189 Ich danke Roman Göbel und Gisela Maul für diese Information.

190 Goethe [MzGF]:421; Bjerke [NBzG]:58.

191 Goethe [EF]/a:96.

192 Goethe [ÄBV]:361; Seebeck [GEF]:12. Mehr zu Goethes und Seebecks Arbeit an diesen Farben bei Nielsen [AKoL]:317–363 und Wenzel (ed) [GHS]/2:116–122.

193 Die Frage hat mir zum ersten Mal Geert Keil gestellt, in einer öffentlichen Diskussion am 20. Februar 2003.

194 Goethe [L]:298; Hervorhebung im Original.

195 Ähnlich (wenn auch ohne ausdrücklich Finsternisstrahlen zu erwähnen) Goethe [ETN]:§ 217.

196 Vergl. Newton [NTüL]:30. Im Original: »[...] it can be no longer disputed, whether there be colours in the dark« (Newton [LoMI]:3085).
197 Desaguliers [AoSE]:445–447, figure 21, 22; Vorläufer dieses Experiments finden sich in Newton [O]:45–49 (= Book I, Part I, Proposition V, Experimente 11–14).
198 Vergl. Newton [OAüS]:5. Im Original: »DEFIN. I. By the Rays of Light I understand its least parts, and those as well successive in the same lines, as contemporary in several lines« (Newton [O]:5, Newtons Zeilenumbruch und durchgehenden Kursivdruck weggelassen).
199 Goethe [EzGF]:89.
200 Siehe z. B. Goethe [EzGF]:86, zitiert in § II.2.7.
201 Ähnlich schon Reade [EOfN]:49, 65.
202 Vergl. Newton [NTüL]:33. Im Original: »[...] 'tis requisite that the Room be made *very dark*, least any scattering light, mixing with the colour, disturb and allay it« (Newton [LoMI]:3087; mein Kursivdruck).
203 Newton [O]:17 (= Book I, Part I, Proposition I, Experiment 1).
204 Newton [O]:74 (= Book I, Part II, Proposition I).
205 Newton [O]:74–77, insbes. p. 75 (= Book I, Part II, Proposition I, Experiment 1–3). Er berief sich zusätzlich aufs 10. Experiment des ersten Teils, siehe Newton [O]:77/8 sowie 38–42 (= Book I, Part II, Proposition I sowie Book I, Part I, Proposition II, Experiment 10).
206 Lucas [LfLC]; Lucas, Brief an Oldenburg für Newton vom 17. 5. 1676 (siehe Turnbull (ed) [CoIN]/II:8–12), dazu Birch [HoRS]/III:318.
207 Dieser Satz und seine beiden Vorgänger sind sehr frei übersetzt. Ich sehe keine andere Möglichkeit, folgendem Satz aus dem Original Sinn abzugewinnen: »I caused the Paper *C* to be applyed close up to the paper circle *abd*: whereupon the former violet of *d*, and scarlet color of *c* vanished into whitenesse.«
208 Im Original: »I fastened a very white paper circle (about an inch in diameter) upon my window shutts; and beholding it through my prisme, I found a Coloured image painted therby upon my Retina, answerable in almost all respects to the former of the Sunn beams upon the wall, especially when the paper circle was indifferently well illuminated [...] Having thus rendred the coloured image much more tractable than formerly it was, I conceiv'd good hopes of some further discovery in the point mentioned. [7°] In pursuance then of my former suspicion [according to which »not onely the direct sun beams but alsoe other extraneous light might possibly influence the colour'd spectrum« – O. M.], having fixed my prism in a steddy posture, I caused the Paper *C* to be applyed close up to the paper circle *abd*: whereupon the former violet of *d*, and scarlet color of *c* vanished into whitenesse. Next, I remooved the mentioned circle from the shutts and placed it in the open window,

supported onely by the edge *d*: *wherupon, to my astonishment, all the former colors exchanged postures in the Retina, the scarlet now appearing below, the violet above;* the intermediate colors scarce discernable [...] Lastly I placed the paper circle anew, soe as the one halfe *b* was fastened to the shutts, the other semicircle *a* being exposed to the open aire. Whereupon the semicircle *a* became bordered with violet above, scarlet below; but the other semicircle *b* quite contrary« (Lucas, Brief an Oldenburg für Newton vom 17.5.1676 (siehe Turnbull (ed) [CoIN]/II:10/11); Kursivdruck teilweise verändert; für die deutsche Übersetzung habe ich Lucas' Farbwörter an meine Farbterminologie angepasst und Lucas' »violet« als »Blau« wiedergegeben).

209 Drei Beispiele dafür liefern Turnbull (ed) [CoIN]/II:12–14, Laymon [NECL]:66–68 sowie Kuhn und Wolf in Goethe [LA]/II.6:512/3; drei Ausnahmen bieten die knappen Diskussionen in Gruner [DFL]:318, 325, in Zemplén [EfOT]:26 (No. 3.7), 28 und in Goethe [MzGF]:273, 275. (Wo sich Goethe auf andere Versuche von Lucas stützte als die hier beschriebenen, lief er hingegen ins mathematische Messer, siehe nächste Anmerkung.)

210 Brandes bezeichnete einen von Lucas (und Goethe) nicht mathematisch genau genug ausgewerteten Versuch als dessen »Hauptversuch«, siehe Brandes [F]:47 (§ 4), Brandes [B]:1122–1124 (§ 8). Dies bezieht sich auf Lucas' zweiten Versuch (Lucas [LfLC]:694, No. 2; Goethe [MzGF]:272/3). Brandes hatte recht, dass dieser Versuch keine Munition gegen Newton liefert.

211 Vergl. dazu Turnbull [P]:xxxii.

212 So Turnbull (ed) [CoIN]/II:8.

213 Im Original: »Your 4th Objection [...] arises from your not considering yt when unequal lights (such as were ye greater light of ye Paper circles & ye less light of ye window shuts in your first case, or ye greater light of ye air & less ligth [*sic* – Turnbull] of your Paper circles in your second case) are conterminate, ye colours arise from ye greater light, ye less light being in respect of ye greater but as a shadow. If you had known this you would have known also yt your order of ye colours must depend on ye situation of ye greater light to ye less & so not have been astonished (as you express you were) at ye change of one upon ye change of ye other; ye Phenomenon being as plain as any in Nature« (Newton, Brief an Lucas vom 5.3.1677/8 (siehe Turnbull (ed) [CoIN]/II:255)).

214 Lucas, Brief an Oldenburg für Newton vom 23.10.1676 (siehe Turnbull (ed) [CoIN]/II:104–108).

215 Warum nicht? Schwer zu sagen. Uneindeutige Belege in Newton, Brief an Hooke vom 18.12.1677 (siehe Turnbull (ed) [CoIN]/II:239); Lucas, undatierter Brief an Hooke für Newton (siehe Turnbull (ed)

[CoIN]/II:246); Turnbull (ed) [CoIN]/II:251n1; Newton, Brief an Aubrey (vermutlicher Empfänger) vom Juni 1678 (siehe Turnbull (ed) [CoIN]/II:266/7). Siehe auch Gruner [DFL]:323.

216 Turnbull (ed) [CoIN]/II:108n1.

217 Im Original: »My next experiment in opposition to the *experimentum Crucis*, is as followes; from whence I pretend to demonstrate that not only yellow rays, but red ones alsoe, are capable of as great refraction as the violet ones, even at ye same incidence; and consequently, that rayes differently coloured are not differently refrangible as pretended to be demonstrated by Mr Newton from the experimentum Crucis. Haveing cut out 2 circles, each of about an inch in diameter, ye one very black, the other very white; ye first I fastened on a very white wall; the latter upon a black cloath, about a foot square nailed to the same wall; both circles were placed neare together, and as near as I could place them at the same hight, i.e, a yard and a halfe from the floor. Then at the distance of 15 or 16 foot on a very clear day (thô out of the Sun) beholding both circles at once through my prisme (looking downwards as if they were to be seen on ye floor) I constantly found the following phenomena. 1°, the yellow in the inferior limbus of the black circle, fully equalled in length the violet of the white one, even while the *spectrum* of the white circle was represented at its greatest length. 2°, the red in ye superior limbus of ye white circle, equalled in length ye violet, of ye black one. Now from this experiment it seems plaine 1°, that whatever be the reason of that odd phenomenon of the experimentum Crucis, the reall cause therof is not any intrinsecall difference of refrangibility in rays differently coloured, as pretended by Mr Newton to be demonstrated from the experimentum Crucis: for the foregoing experiment clearly demonstrates, that the most opposit colours (i. e. red and violet in Mr Newtons Theory) may at the same incidence appear under the same degree of refraction. 2° did the ayre or aether surrounding the Sun, as far surpasse in clarity the discus Solaris, as the white wall doth the black circle we might still have a spectrum with colours inverted; the yellow wherof would in length equall the violet of our present one« (Lucas, Brief an Hooke für Newton vom Februar 1677/8 (Turnbull (ed) [CoIN]/II:249–250); Hervorhebungen dort, aber in der Übersetzung geändert. Für die deutsche Übersetzung habe ich Lucas' Farbwörter an meine Farbterminologie angepasst und Lucas' »violet« als »Blau« wiedergegeben).

218 Siehe Gruner [DFL]:320. Dass die umgekehrten Spektren in der Mitte anders aussehen können, scheint Gruner nicht bewusst zu sein.

219 Im Original: »In your next [...] Objection yt of ye black & white paper circles you argue again ye equality of refraction from ye equality of

emergence wthout considering ye difference of incidence, for you think yt as ye colours made by ye white circle on ye black cloth arose from ye light of ye white circle so those made by ye black circle on ye white wall arose from ye light of ye black circle: wch is not so. They arose from ye parts of ye white wall above & below ye circle. for ye circle it self if it be so black as it ought (instead of wch you may use a dark hole) is so far from amitting [*sic* – Turnbull] ye copious light of these colours yt it emitts no sensible light at all. The colours made by ye black circle are as luminous as those made by ye white one, yea more luminous when viewed at a great distance through a Prism wch refracts much & therefore if you would have this Objection to be a Demonstration, as you term it once & again, you must Demonstrate yt a black or dark circle emitts more light than a white one: for on yt assertion your demonstration leans« (Newton, Brief an Lucas vom 5.3.1677/8 (siehe Turnbull (ed) [CoIN]/II:257)).

220 Vergl. Newton [OAüS]:106. Im Original: »And if one look through a prism upon a white object encompassed with blackness or darkness, the reason of the colours arising on the edges is much the same; as will appear to one that shall a little consider it. *If a black object be encompassed with a white one, the colours which appear through the prism are to be derived from the light of the white one, spreading into the regions of the black; and therefore they appear in a contrary order to that, when a white object is surrounded with black*« (Newton [O]:104 (= Book I, Part II, Proposition VIII, Problem III; mein Kursivdruck).

221 Hat es eine Antwort gegeben? Ich sehe keine eindeutigen Hinweise darauf, vergl. Newton, Brief an Aubrey (vermutlicher Empfänger) vom Juni 1678 (siehe Turnbull (ed) [CoIN]/II:266/7), siehe auch Turnbull (ed) [CoIN]/II:269n1. Gruner beklagt den Verlust des Briefs, ohne dessen Existenz zu belegen, siehe Gruner [DFL]:323. Er kündigt dort an, er werde versuchen, denkbare Entgegnungen seines Helden Lucas zu formulieren; doch hält er's nicht für nötig, dem zu entgegnen, was ich im vorigen Paragraphen zitiert habe.

222 Anonym [WiI]:242–245; Gren [EBüH]:13, 18–20; Anonym [W]:715–718.

223 Goethe [EzGF]:87–89.

224 Goethe [ETN]:§ 600–§ 602.

225 Diskussionen im August 2005. Ich benutze in den kommenden Paragraphen z. T. wörtlich eine Überlegung, die ich bereits anderswo veröffentlicht habe, siehe O. M. [GPUb], Abschnitt 9.

226 Goethe [MzGF]:419–420; mein Kursivdruck.

227 Mollweide [TbC]:233/4; Brandes [F]:68/9 (§ 12); Helmholtz [uGNA]: 30/1.

228 Goethe [EF]:§ 218–§ 242, § 335–§ 338.
229 Siehe Shapiro [GAoN]:108–115.
230 Newton [O]:7 (= Book I, Part I, Definition VII). Vergl. Newton, Brief an Oldenburg für Hooke vom 11.6.1672 (siehe Turnbull (ed) [CoIN]/I:180/1).
231 So schon Bjerke [NBzG]:49, 55.
232 Vergl. Bjerke [NBzG]:30; Bjerke berichtet von den experimentellen Ergebnissen seines Arbeitskreises, der 1955 bis 1957 ohne jede Resonanz einiges von dem vorwegnahm, was ich hier beschreibe. Er verweist zusätzlich auf Arbeiten von Fritz Lobeck und Max Barth (Bjerke [NBzG]:30n22).
233 Reade [EOfN]:10–14.
234 So schon Newton, siehe das Zitat in § II.4.14.
235 Soulage in Obrist [GmPS]:58.
236 Encrevé [WS].
237 Brown et al [PCPo].
238 Yang et al [EOoE].
239 Lichtenberg, Brief an Goethe vom 7.10.1793 (siehe Lichtenberg [SB]/4: 856); siehe auch Wittgenstein [BüF]:§ 3–§ 5 und Barthel [GRF]:10.
240 Ähnlich (in etwas anderem Zusammenhang) Reade [EOfN]:6/7.
241 Details im Kleingedruckten am Ende des Kapitels I.2 (siehe § I.2.11–§ I.2.13).
242 Siehe z. B. Campenhausen [SM]:167–170.
243 Newtons Ausdruck: »predominant« (Newton [O]:77 (= Book I, Part II, Proposition I, Experiment 3)).
244 Die einzige Ausnahme war der Schotte Reade, siehe § II.2.9k.
245 Einzelheiten in Rang et al [NiG].
246 Goethe [MzGF]:273, 275; Details zu Lucas in § II.3.18. – Ich selber habe lange gebraucht, bis ich es verstanden habe. Den entscheidenden Denkanstoß dazu verdanke ich meinem allerersten Gespräch mit dem Physiker Matthias Rang.
247 Rang et al [NiG]; Rang [HaBz]; Rang [MvSP]. Weitere Hinweise im Kleingedruckten am Ende dieses Paragraphen.
248 Goethe [ETN]:§ 132.
249 Siehe Rang et al [NiG], Abbildungen 10 und 15.
250 Bjerke [NBzG]:87.
251 Holtsmark [NECR]:1234.
252 Sällström [MS]. Die vorher genannten Jahreszahlen verdanke ich einer elegraphischen Mitteilung Sällströms vom 2. 3. 2014.
253 Dass es sich so verhält, lässt sich beweisen; vergl. § IV.2.7k.
254 Vergl. Newton [MPN]:381. Im Original: »*In Philosophiâ experimentali, Propositiones ex phaenomenis per inductionem collectae, non obstantibus*

contrariis hypothesibus, pro veris aut accuratè, aut quamproximè, haberi debent, donec alia occurrerint Phaenomena, per quae aut accuratiores reddantur, aut exceptionibus obnoxiae. Hoc fieri debet, ne argumentum inductionis tollatur per hypotheses« (Newton [PNPM]:4 (= Liber Tertius, Regula IV); Hervorhebungen dort; dortige Absatzwechsel weggelassen).

255 Brandes [F]:67/8 (§ 12); mein Kursivdruck.

256 Eine verallgemeinerte Fassung des Satzes beweist Matthias Rang in seiner Dissertation (Rang [PKS]). Damit wendet er sich ausschließlich ans physikalische Fachpublikum, anders als ich mich mit meiner Untersuchung. Die entscheidenden Denkanstöße für meine Darstellung verdanke ich Gesprächen mit ihm. Dennoch habe ich meinen formalen Apparat unabhängig von seinem Formalismus entwickelt.

257 Matthias Rang und ich haben ein erstes schärferes Konzept der Umkehrung optischer Experimente als »Umstülpung« bezeichnet, siehe Rang et al [NiG].

258 Eine Verallgemeinerung des Beweises skizziere ich in § III.5.16. Die vollständige Fassung wird demnächst veröffentlicht und kann per Kabel beim Autor angefordert werden (muelleol@staff.hu-berlin.de).

259 Den Einwand verdanke ich Harald Köhl.

260 Siehe z. B. Heisenberg [GNFi]:60; differenzierter auf p. 61. Etwas weniger wohlmeinend hört sich das z. B. an bei Richter [LPJW]:75/6; weit weniger wohlmeinend bei Gebhardt [GaP]:151 *et passim*. Ähnlich schon bei Goethes Zeitgenossen (§ III.3.15).

261 So auch Breidbach [GN]:128, Breidbach [zVvG]:46.

262 Goethe [EF]:23 sowie § 871–§ 914; Goethe [MzGF]:414–417.

263 So Steinle [USIE]. Siehe auch Wankmüller [NzF]:636–638, Boskamp [PF] und Otto [BvGF]. Zu etwas anderen Ergebnissen kommt Biernson [WDNS].

264 Newton [OO]:508/9, 542–547; Shapiro in Newton [OO]:546n27; Newton [O]:95–97; 221 (= Book I, Part II, Proposition V, Experiment 15; sowie Book III, Query 14). Siehe dazu Shapiro [ACNC]:618–620 *et passim*.

265 Siehe z. B. Göres [PHbG]:98.

266 Zur verzwickten Geschichte der primären und sekundären Qualitäten siehe Pasnau [MT]:459–518.

267 Das zeigen – unfreiwillig – die fragwürdigen philosophischen Bemühungen weltberühmter Physiker zu diesem Thema; siehe z. B. Heisenberg [GNFi]:61–64, Weizsäcker [G], Born [BzF]:29–31.

268 Siehe z. B. Newton [LoMI]:3081, 3084/5 (Punkte 2, 11, 13); Newton [O]:17–20 (= Book I, Part I, Proposition I, Experiment 1–2), 74/5 (= Book I, Part II, Proposition I, Experiment 1).

269 So z. B. bei der Beschreibung des *experimentum crucis* in den *Opticks*, siehe Newton [O]:32 (= Book I, Part I, Proposition II, Experiment 6); volles Zitat in § I.4.3k. Vergl. Newton [O]:80/1 (= Book I, Part II, Proposition II, Experiment 6, Definition).

270 Sinngemäß zitiert aus Newton [LoMI]:3081, Punkt 2.

271 So auch Cassirer [GMP]:59–60; Glockner [PPiG]:6/7, 10; Matthaei und Kuhn in Goethe [LA]/II.4:258; Böhme [IGFW]:133, 142/3. Gerade Kritiker Goethes sehen das so, etwa Wessely [WWFN]:179 und Weizsäcker [G]:IX.

272 Indem er Goethe als farbentheologischen Prediger von Heilswahrheiten liest, kommt Schöne auch zu dem Ergebnis, dass sich Goethe und Newton zu denselben wissenschaftlichen Themen geäußert haben, siehe Schöne [GF]:125–127. Dort auch Verweise auf Autoren, die das anders sehen. (Weitere Beispiele dafür bringe ich in § III.3.14.)

273 Biernson [WDNS]:531.

274 Siehe Newton [O]:83 (= Book I, Part II, Proposition III, Experiment 8), dazu Shapiro in Newton [OO]:565n2 und Nickol in Goethe [LA]/II.5B/1:369.

275 Das gab selbst Goethes Kritiker Pfaff zu, siehe Pfaff [uNFH]:120/1 (§ 144), dazu Zehe in Goethe [LA]/II.5A:253/4. Weitere Kritik an dem Experiment lieferte Seebeck, Brief an Goethe vom 25. 4. 1812 (siehe Goethe [LA]/II.5B/1:513), dazu Nielsen [AKoL]:317/8. Siehe auch Ribe [GCoN]:323/4.

276 Und das ist Goethe oft genug vorgehalten worden, siehe z. B. Wessely [WWFN]:173, 178/9.

277 Siehe Nussbaumer [zF]. Eine ausführliche Übersicht biete ich in O. M. [NGEN], eine knappe im Kleingedruckten am Ende von Kapitel III.5.

278 Einige positive zeitgenössische Reaktionen auf die genannten außerphysikalischen Ergebnisse Goethes bietet Wenzel (ed) [GHS]/2:254/5.

279 Schmid [GN]:§ 892–§ 901; § 2269–§ 2403. Es fehlen dort allerdings sämtliche Einträge zu Goethes *Farbenlehre*, die im Brockhaus erschienen sind.

280 Goethe [LA]/II.4:205, 207–211, 216–223, 226, 229.

281 Goethe [LA]/II.5A:35–156.

282 Goethe [LA]/II.4:205–229.

283 Goethe [LA]/II.5B/1:459–852 sowie Goethe [LA]/II.5B/2:855–1434.

284 Siehe z. B. Höpfner [WwZ]:17/8 *et passim*; Zehe in Goethe [LA]/II.5A:220/1 *et passim*; Nickol [E]:XI-XII; Wenzel (ed) [GHS]/2:253; Benn [GN]:33. Die Ausnahmen: Klinckowstroem [GR]:136n1 und Schmid [GMiH]:10/1.

285 Goethe [MzGF]:423; mein Kursivdruck.

286 Kuhn und Wolf in Goethe [LA]/II.6:564; kursiv im Original.

287 Kuhn und Wolf in Goethe [LA]/II.6:XVII-XVIII. Das Goethe-Zitat steht in Goethes »Confession des Verfassers«, mit der er den 1810 erschienenen historischen Teil der *Farbenlehre* abschloss.

288 Siehe Stichweh [zEMS]; Frercks [DV]; Breidbach [GN]:42, 51.

289 Terminologie in Anlehnung an Kieseritzky [BD]:38.

290 Eckermann [GmGi]:463 (30.12.1823).

291 Eckermann [GmGi]:616 (10.2.1830). Vergl. Eckermann [GmGi]:283 (19.2.1829).

292 Zehe in Goethe [LA]/II.5A:220/1; kursiv im Original; ähnlich p. 234.

293 Siehe erstens Weber [EFN]:109–125 sowie zweitens Richter [LPJW]:105 und drittens Richter [LPJW]:39, 159 nebst Hermann (ed) [BEEU]:22. Die drei genannten Arbeitsgebiete hängen eng zusammen.

294 Ritter [ANSS]; Ritter [CPiL]. Weitere naturwissenschaftliche Errungenschaften Ritters nennen Berg et al [RS]:94.

295 Ritter [VüS]/A; Ritter [BzHN]/A; Ritter [BzVA]. Siehe Frercks et al [RD].

296 Datum und Uhrzeit der Entdeckung Ritters ergeben sich aus Ritter [ANSS]:257 und aus Ritter [VD]:111 (zitiert nach Weber [EFN]:129).

297 Goethe, Tagebuch zum 23.2.1801 (siehe Goethe [T]/III.1:14).

298 Goethe, Tagebuch zum 25.2.1801 (siehe Goethe [T]/III.1:14).

299 Siehe Helbig [NO]:382–386.

300 Goethe [LA]/I.3:245, 382 (in irreführender Nähe zum Thema galvanischer Versuche); Goethe [LA]/II.3:134. Immerhin vermuten Matthaei und Kuhn an einer schwer auffindbaren Stelle, dass Goethes und Ritters optische Experimente am 25.2.1801 zuallererst mit Hornsilber (mit der Chemikalie zum Nachweis des UV-Lichts) zu tun gehabt haben – ohne Begründung und ohne Verweis auf die beiden Daten (Matthaei und Kuhn in Goethe [LA]/II.3:355).

301 Wenzel (ed) [GHS]/2:784.

302 In dieselbe verfehlte Richtung weisen die Kommentare von Döhler in Goethe [T]/III.2:561.

303 Noch im Jahr 1804 *plante* Goethe den Aufbau eines galvanischen Labors (Ritter, Brief an Goethe vom 8.4.1804 (siehe Klinckowstroem [GR]:147–151)).

304 Goethe, Tagebuch zum 20.9.1800 und 27.9.1800 (siehe Goethe [T]/II.1:384/5).

305 Ritter [VGBn]/A:364.

306 Ritter [BDBG]:84–95 (§ 16).

307 Ähnlich Nielsen [AKoL]:118.

308 Siehe Ritter [BzHN]/A:83, 99 (§ 1, § 17); Ritter [VüS]/A:411/2. Man vergleiche die beiden zuletzt genannten Stellen mit Goethe [AÜGW]:7 und Goethe [ETN]:§ 6.

309 Ein frappierendes Beispiel dafür finden Sie in Richter [LPJW]:77.
310 Goethe [L]:298; Hervorhebungen geändert.
311 So deutet es Friedenthal [G]:317.
312 Gegen Richter [LPJW]:77 und Nielsen [AKoL]:137. Siehe z.B. Ritter [CPiL]:121, 123. – Welche Verwirrung die Rede von verschiedenerlei unsichtbaren Lichtstrahlen seinerzeit auslöste, belegen Frercks et al [RD]:147 *et passim*.
313 Herschel [IoPo]:272/3. Wie ich von Merlin Bittlinger gelernt habe, schwankte Herschel in der theoretischen Interpretation seiner Experimente und entschied sich später für eine – uns heute fremde – Sichtweise, der zufolge die Sonne erstens wärmende und zweitens *andere* leuchtende Strahlen aussende, deren Refrangibilitäten sich z.T. überschneiden, siehe Herschel [EoSo]/II:§ VII (insbes. p. 511/2, 522), dazu White [HPoI]:222/3.
314 Goethe, Brief an Ritter vom 7.3.1801 (siehe Goethe [WA]/IV.15:189–193); Goethe, Brief an Schiller vom 3.–4.4.1801 (siehe Goethe [WA]/IV.15:214/5).
315 Zunächst vermutlich mit Ritter im Februar 1801; später sicher zusammen mit Seebeck und Hegel (Goethe, Tagebuch zum 17.–20.8.1806 (siehe Goethe [LA]/I.3:248)).
316 Siehe Goethe [EF]:§ 676/7.
317 Goethe, Brief an Ritter vom 7.3.1801 (siehe Goethe [WA]/IV.15:189–193; dort ohne die Farbtafeln – Goethes Exemplar der Tafeln bietet Matthaei (ed) [ZzF]:99 (siehe Zeichnung 367, Tafel LVI); Ritters Exemplar findet sich als dritte Tafel in Ritter (ed) [SGRv], wiederabgedruckt als Tafel XXII in Goethe [LA]/I.3).
318 Richter [LPJW]:62–65; Richter (ed) [PRJW]:75–77.
319 Zur Datierung siehe Ritter [BzHN]/A:81.
320 Siehe die Belege in der Anmerkung 308 zu § III.2.8.
321 Ritter, Brief an Frommann vom 3.8.1801 (siehe Richter (ed) [PRJW]:112); Hervorhebungen geändert.
322 Ritter, undatierter Brief an Frommann, empfangen am 27.8.1801 (siehe Richter (ed) [PRJW]:116); Hervorhebung im Original.
323 Die später erschienenen Bände der Leopoldina-Ausgabe, die mit Farben und Licht zu tun haben (Goethe [LA]/II.5A, Goethe [LA]/II.5B.1, Goethe [LA]/II.5B.2), setzen 1810 ein, also mit Ritters Tod – daher findet sich dort fast kein Material zu Goethe und Ritter. Die ertragreichste Sammlung von Zeugnissen und Materialien zu Ritter liefert und kommentiert Jutta Eckle (siehe Goethe [LA]/II.1B:1627/8).
324 Röther et al [E]:IX.
325 Laut Nielsen stand Ritter im Jahr 1802/3 im Zenit seines Ruhms (Nielsen [AKoL]:117).

326 Ritter [VüS]/A:411–413; Ritter, Brief an Ørsted vom 6.8.1808 (siehe Harding (ed) [CdHC]/II:215/6); Ritter (ed) [SGRv]:728n; Ritter [BzVA]:703–708; hilfreich für die wissenschaftsgeschichtliche Ermittlungsarbeit ist auch Pfaffs Kritik an Ritters Entdeckung (Pfaff [uNFH]:168/9).
327 Ritter [VüS]/A:411–413.
328 Gegen Richter [LPJW]:77. Richter redet über doppelte Bilder am Kalkspat und beruft sich auf Ritter, Brief an Ørsted vom 6.8.1808 (siehe Harding (ed) [CdHC]/II:216/7). Dort ist keine Rede vom Kalkspat.
329 Richter [LPJW]:127–133, 177.
330 Goethe, Brief an Knebel vom 14.3.1806 (siehe Goethe [WA]/IV.19:115); Goethe, Tagebuch zum 27.4.1806 und 24.11.1807 (siehe Goethe [T]/III.1:214, 395); Ritter, Brief an Jacobi vom 28.2.1808 (siehe Goethe [LA]/II.4:171); Jacobi, Brief an Goethe vom 28.2.1808 (siehe Hecker (ed) [GFJ]/3.2:78/9).
331 Ritter (ed) [SGRv]:719–720n; meine Hervorhebungen.
332 Ritter, Brief an Jacobi vom 28.2.1808 (siehe Goethe [LA]/II.4:171).
333 Er kannte z.B. Grens Verriss der *Beyträge zur Optik* von Goethe (siehe Ritter [BzVA]:706/7 mit Verweis auf Gren [EBüH]).
334 Richter [LPJW]:150; 130–132.
335 Richter [LPJW]:154–156.
336 Siehe das Zitat in § III.2.4.
337 Siehe Harding (ed) [CdHC]/II. Ørsteds Briefe an Ritter sind wie fast alle anderen Unterlagen Ritters nach seinem Tod auf mysteriöse Weise verschwunden (Richter [LPJW]:186) – vermutlich geraubt vom Rosenkreutzer Orden, an dessen Spitze damals natürlich nur Newtonianer standen.
338 Ørsted (ed) [BftH]/1:78/9.
339 Ørsted [sL]:411; vergl. auf Deutsch Ritter [VüS]/A:411–413.
340 Siehe dazu Ritter [VüS]/B:354n.
341 Ritter, Brief an Ørsted vom 6.8.1808 (siehe Harding (ed) [CdHC]/II: 216); Ørsted in Schmidt [mNEE]:26.
342 Richter [LPJW]:195, 261; Weber [EFN]:208, 221; Weber [E]:CXXII*, CXL*.
343 Klengel [USL]:255.
344 Ritter [CPiL], dazu Klengel [USL]:255n27.
345 Ritter [VüS]/A; Ritter [VüS]/B. Dass es in diesen beiden Versionen des Aufsatzes um *polare* Forschungsergebnisse ging, muss jedem Leser klargewesen sein, der mit der Polaritätsidee vertraut gewesen ist.
346 Schmidt [mNEE]:28/9.
347 Goethe, Tagebucheintrag zum 16.12.1822 (siehe Goethe [WA]/III.8: 273).

348 Dazu Beleg in voriger Anmerkung sowie Ørsted, Brief an seine Frau vom Dezember 1822 (siehe Herwig (ed) [GG]/3.1:430).

349 Ørsted, Brief an seine Frau vom Dezember 1822 (siehe Herwig (ed) [GG]/3.1:430).

350 Einzelheiten zur folgenden Darstellung der Begegnung gibt Ørsted, Brief an seine Frau vom Dezember 1822 (siehe Herwig (ed) [GG]/3.1: 431/2).

351 Goethe, Brief an Boisserée vom 27.1.1823 (siehe Goethe [WA]/IV.36: 284).

352 Eine ausführliche Biographie Seebecks liefert Nielsen [AKoL]:110/1, 160–178, 338–346, 355–364.

353 Siehe z. B. Demtröder [E]/2:75. Seebeck sprach von Thermo*magnetismus* (Seebeck [MPME]:37n *et passim*), stellte den von ihm entdeckten Effekt also in einen anderen theoretischen Rahmen, als wir's heute tun. Einzelheiten bei Nielsen [AKoL]:377–395, insbes. p. 381–383.

354 Ørsted, Brief an seine Frau vom 4.4.1823 (siehe Ørsted (ed) [BftH]/2: 59); zitiert nach der englischen Übersetzung in Nielsen [AKoL]: 392n447.

355 So Nielsen, der eine einzige Ausnahme nennt, siehe Nielsen [AKoL]:156.

356 Nielsen [AKoL]:129.

357 Details zu Seebecks prismatischen Forschungsergebnissen bieten Seebeck [WFB], Seebeck [vFVD], Seebeck [uUEW], Seebeck [oUEo]. Siehe Nielsen [AKoL]:144–160.

358 Auch in diesem Zusammenhang nannte Seebeck weißes Licht einfach, ganz im Einklang mit Goethe (Seebeck [ENVB]:261/2). – Viele wichtige Details zu Goethes Auseinandersetzung mit den entoptischen Farben bringt Nickol in Goethe [LA]/II.5B.1 und Goethe [LA]/II.5B.2. Einen knappen historischen Überblick bietet Nickol [E]:XII-XIV und Nickol in Goethe [LA]/II.5B.2:1483–1488. Einen ausführlichen systematischen Überblick bietet Nickol [VzPO]:XCVI-CXIII.

359 Seebeck [vFVD]:4; Hervorhebung im Original.

360 Ähnlich Nielsen [AKoL]:107, 153.

361 Siehe z. B. Seebeck [uUEW]/A:349. Hier, am Ende des Aufsatzes, resümierte Seebeck seine Ergebnisse zugunsten Goethes.

362 Seebeck [oUEo]:331, 453–455.

363 Der Briefwechsel ist z. T. veröffentlicht in Bratranek (ed) [GNC]/2: 313–334, Ruland [zGNF], Goethe [LA]/II.4 und Goethe [LA]/II.5B. Siehe auch Goethe [WA]/IV.51.

364 Ritter, Brief an Ørsted vom 22.5.1803 (siehe Harding (ed) [CdHC]/II: 38).

365 Goethe, Tagebuch zum 3.12.1803 und zum 10.–31.8.1806 (siehe Goethe [T]/III.1:139, 245–255).

366 Nielsen [AKoL]:121 mit detaillierten Belegen.
367 Nielsens Zählung aus Goethes Tagebuch, siehe Nielsen [AKoL]:168. Goethe würdigte Seebecks Mithilfe beim Endspurt zur *Farbenlehre* in den Annalen (Goethe [TJHa]/2:43), anders als noch in der »Confession« (Goethe [MzGF]:423, zitiert in § III.2.4).
368 Eder [GP]/1:198–201; Eder [GP]/2:961–965.
369 Einzelheiten bei Nielsen [AKoL]:144–160, insbes. (zur Farbfotografie) p. 146.
370 Lob für Seebecks experimentelle Resultate und Kritik an seinem theoretischen Rahmen bei Young [zF]:441.
371 Seebeck [GEF]:14/5; siehe dazu Nielsen [AKoL]:176, 347/8.
372 Unter Korrektur der Irrtümer anderer liefert das Datum Nielsen [AKoL]:355n354 (dort allerdings irrig »1919« statt »1819«).
373 So sinngemäß auch Goethe laut Eckermann [GmGi]:203/4 (1. 2. 1827).
374 So (ohne Napoleon-Kritik) Nielsen [AKoL]:169.
375 Nielsen [AKoL]:357n363 mit Verweis auf Seebeck, Brief an Altenstein vom 29. 1. 1819 (unveröffentlicht).
376 Seebeck [uUEW]/A:306, 349.
377 Ähnlich Nielsen [AKoL]:177, 394.
378 Nielsen [AKoL]:357.
379 Nielsen [AKoL]:357.
380 Schopenhauer, Brief an Eastlake aus dem Jahr 1840 (siehe Gebhardt (ed) [BAS]/1:530), vergl. Zelter, Brief an Goethe vom 25. 1. 1832 (siehe Goethe [LA]/II.5B/2:1426).
381 Moritz Seebeck, Brief an Goethe vom 20. 12. 1831 (siehe Goethe [LA]/II.5/B.2:1418/9).
382 Einzig und allein Schweigger scheint Seebecks Farbforschungen unterstützt und weiterverfolgt zu haben, siehe den Beleg in Anmerkung 441 zu § III.2.21.
383 So auch Nielsen [AKoL]:358–368 mit berechtigter Kritik an veralteter Literatur wie z. B. Arnhold [GBB OM]:185/5. Veraltet in dieser Hinsicht neuerdings auch Wenzel (ed) [GHS]/2:252.
384 Für die folgende Darstellung siehe Nielsen [AKoL]:357–362.
385 Einige Einzelheiten bei Beyer [TJS].
386 Details dazu liefert Nielsen [AKoL]:172–176.
387 Nickol in Goethe [LA]/II.5B/2:1424.
388 Nielsen [AKoL]:346, 359–361.
389 So auch Nickol in Goethe [LA]/II.5B/2:1423/4.
390 Werneburg [MPad].
391 Anonym [MPad]/a.
392 Anonym [MPad]/b.
393 Zehe liefert in der Leopoldina-Ausgabe einen knappen Ausschnitt aus

dem Buch und bringt anstelle eines Kommentars mitten im Text allerlei sarkastische Ausrufezeichen an, siehe Goethe [LA]/II.5A:115.

394 Ficinus [OVFU]. Zum Einfluss Werneburgs siehe Ficinus [OVFU]:5.

395 Ficinus [L] und Ficinus [F].

396 Schopenhauer, Brief an Goethe vom 23.6.1818 (siehe Lütkehaus (ed) [AS]:42); Zustimmung dazu aus heutiger Sicht äußert Nickol in Goethe [LA]/II.5B/1:172/3.

397 Schweigger [ZzOE], zitiert nach Kleinert [PKP]:191, 200n1.

398 Siehe Kleinert [PKP]:191, 200n5/6; Schweigger [ZzOE]:15/6; Faraday [oSNE].

399 Ebenso sehen es Nielsen [AKoL]:143 und Schiff [JSCS]:558, anders als Klinckowstroem [GR]:135/6.

400 Döbereiner, Brief an Goethe vom 5.3.1813 (siehe Schiff (ed) [BzGJ]: 12/3); Julius Schiffs Einschub aus Schiff [JSCS]:558 in eckigen Klammern; mein Kursivdruck.

401 So Schmid [GN]:577/8 sowie Zehm, Mangold und Ludwig in Goethe [T]/IV.2:799; Originalbeleg in Goethe, Tagebuch zum 10.8.1809 (siehe Goethe [T]/IV.1:59).

402 Schweigger, Brief an Goethe vom 6.2.1811 (siehe Goethe [LA]/II.5B/1: 473).

403 Goethe, Tagebuch zum 29.10.1816 (siehe Goethe [T]/V.1:425); Tagebuch zum 8.8. bis 31.8.1818 (siehe Goethe [WA]/III.6:235–239); Goethe, Tagebuch zum 5.10.1825 (siehe Goethe [WA]/III.10:110).

404 Besonders deutlich zeigt sich das in Schweigger, Brief an Goethe vom 12.8.1819 (siehe Goethe [LA]/II.5B/2:873–877). Weitere Belege in Schweigger, Briefe an Goethe vom 6.2.1811 und vom 22.5.1827 (siehe Goethe [LA]/II.5B/1:473 sowie Goethe [LA]/II.5B/2:1257). An der ersten dieser beiden Stellen lobte er Goethes *Farbenlehre*, an der zweiten sprach er sich ausdrücklich gegen Newton aus. Wichtige Passagen aus dem erhaltenen Briefwechsel liefert Schiff [JSCS].

405 Einen der vielen Belege dafür bietet Goethe, Brief an Schweigger vom 25.4.1814 (siehe Goethe [WA]/IV.24:225–228). Einen anderen Beleg bietet Goethes öffentlicher Dank für Schweiggers Unterstützung in Goethe [EF]/a:94.

406 Goethe [TJHa]/2:138; Goethe [EF]/a:116–118 (dazu Wenzel (ed) [GHS]/2:637); eine Abbildung bietet Wenzel (ed) [GHS]/2:254.

407 Goethe, Tagebuch zum 26.4.1821 (siehe Goethe [WA]/III.8:45/6).

408 In Goethes Bibliothek befanden sich die Bände 1 bis 51 (1811–1827; siehe Ruppert [GB]:§ 4196). Goethe hatte angedeutet, dass er dort gerne eine eigene Veröffentlichung unterbringen wolle (Goethe, Brief an Schweigger vom 25.4.1814 (siehe Goethe [WA]/IV.24:227/8)); das geschah dann auch in Form eines kleinen Briefs, siehe Goethe [uDIS].

409 Schweigger in Pfaff [uFSN]:180n (dazu Nickol in Goethe [LA]/II.5B/2: 1453–1455).
410 Gegen Nielsen [AKoL]:166. (Laut Nielsen hat Schweigger sich nie gegen die *Farbenlehre* ausgesprochen.)
411 Schweigger in Seebeck [üEFB]:264n.
412 Schweigger [ZzVA]:233, 235; Hervorhebung im Original.
413 Ähnlich stützte sich Schweigger (angesichts der Entdeckung der Polarisation des Lichts durch Malus) auf Goethes Symmetrien (siehe Schweigger [BüEL]:91/2n).
414 Schmid [GMiH]:24n24; Schmid [GN]:§ 2386–§ 2393; siehe auch Schmid [GN]:§ 2988.
415 Seebeck [vFVD]; Schultz [uPGF].
416 So 1826 vor der Versammlung der deutschen Naturforscher und Ärzte in Frankfurt, siehe Schweigger [uVzV]:122.
417 Brandes [BzKM]:155; Döbereiner [VCB]:331; Döbereiner [vWG]; Schrön [VUND]; zitiert nach Schmid [GN]:§ 261, § 266, § 270, § 375.
418 Kämtz [DMPd]:30; dazu Döbereiner, Brief an Goethe vom 27. 12. 1823 mit eingeschlossenem Brief von Schweigger an Döbereiner (siehe Schiff (ed) [BzGJ]:79–81). Acht Jahre nach Goethes Tod freilich trat Kämtz als dezidierter Gegner der *Farbenlehre* an die Öffentlichkeit (Kämtz [VüM]:479).
419 Zehe in Goethe [LA]/II.5A:234; Hervorhebung im Original.
420 Denselben Fehler macht die Kommentatorin in der Hamburger Ausgabe (Wankmüller [NzF]:619).
421 Nicht alle ihre Voten finden sich dort; es fehlen z. B. die spektakulären Ritter-Briefe (§ III.2.9) sowie alle von mir zitierten Voten, die Schweigger damals veröffentlicht hat (mit Ausnahme der doppelt abgedruckten Anmerkung Schweiggers in Pfaff [uFSN]:180n (Goethe [LA]/II.5A:74; Goethe [LA]/II.5B/2:1453)).
422 Malus [TdC] (deutsch ein Jahr später: Malus [BFPü]); Young [zF].
423 Fechner [KDGF].
424 Ritter [NBzN]/I.1. Dazu Weber [EFN]:133–136; Gamper [E]:177–184; Nielsen [AKoL]:132–134; Hermann (ed) [BEEU]:17–20; Hecker (ed) [GFJ]/3.2:74/5.
425 Quine [RtMJ]:181.
426 Nielsen [AKoL]:132.
427 Siehe Gamper [E]:179, 183, 183n125.
428 So Nielsen [AKoL]:132.
429 Siehe Keynes [NM]:369–370; Dobbs [FoNA]; Dobbs [JFoG]; Westfall [NaR]:19–23, 281–309 *et passim*; Hall [IN]:179–201; Figala in Hall [IN]:381–386. Eine detaillierte Rekonstruktion dieser Arbeiten Newtons bietet Figala [EAvI]; Figala [NaA].

430 Siehe du Bois-Reymond [UüTE]/1:313–372; Ostwald [JWR].

431 Siehe du Bois-Reymond [GKE]; Ostwald [GSF]:66–68 *et passim.*

432 Pfaff [uNFH].

433 Siehe Pfaff [AaAB] sowie Hufbauer [FoGC]:105n42. – »Phlogiston« war der Name für eine hypothethische Substanz, die angeblich allen brennenden Körpern entweicht.

434 Pfaff [uFSN]. Er äußerte sich in einem anderen Fachaufsatz zu weiteren Einzelheiten, die ihm im Streit mit Goethe und Ritter bei Brechungen am Doppelspalt wichtig waren, siehe Pfaff [uDGa].

435 Siehe Mayer [L]; Fries [uNFH], insbes. 418; Mollweide [uNFH]. Auch in Lehrbüchern wurde Pfaffs Buch voller Zustimmung eingesetzt, siehe z.B. Kastner in Gren [GN]/B:448n (§ 737). Aus heutiger Sicht erörtert und unterstützt Zehe die Argumente Pfaffs, siehe Zehe in Goethe [LA]/II.5A:221–234.

436 Goethe [ÄE]:178–180; Goethe, Brief an Seebeck vom 8. 11. 1816 (siehe Goethe [WA]/IV.27:230). Ähnlich Goethe laut Eckermann [GmGi]: 100 (2. 5. 1824). Obwohl sich Eckermanns Goethe immer resignierter über seine Wirkung zeigte, blieb er bei seinem Standpunkt (Eckermann [GmGi]:463 (30. 12. 1823), zitiert in § III.2.5; 470/1 (4. 1. 1824); 616 (10. 2. 1830), zitiert in § III.2.5).

437 Auch laut Nielsen markierte das Jahr 1816 das Ende der schlimmsten Zeit für die *Farbenlehre* zu Goethes Lebzeiten; er belegt das durch andere Faktoren als ich (Nielsen [AKoL]:341).

438 Pfaff [uNFH]:12 (§ 18), 20 (§ 31), 40/1 (§ 59), 79–81 (§ 107), 91/2 (§ 118), 119 (§ 142 Punkt 4).

439 Pfaff [uNFH]:14–16 (§ 23–§ 25).

440 Pfaff [uNFH]:20 (§ 31) mit Zitat aus Mollweide [TbC]:235. Ähnlich Pfaff [uNFH]:79–81 (§ 107). Pfaffs und Mollweides Kollegen stimmten dieser Haltung zu, ebenfalls ohne eigene Argumente, siehe Parrot [V]: XXII; Fries [uNFH]:418/9.

441 Pfaff [uNFH]:40/1 (§ 59).

442 Parrot [V]:XXII; mein Kursivdruck.

443 So schon kurz nach Erscheinen der *Farbenlehre* (aber ohne Bezug zu Goethe) Brewer [VNTL]:4. Zur heutigen Sicht siehe § IV.4.5.

444 Weinberg [TvEU]:164/5; vergl. p. 143; *loci classici* sind zwei Aufsätze von Emmy Noether aus den 1920er Jahren, siehe Noether [IBD]; Noether [IV].

445 Heisenberg [GNFi]; Born [BzF]; Weizsäcker [EBaG]; Weizsäcker [GFHG]; zwar kommen Polarität und Symmetrie vor in Weizsäcker [EBaG]:549, aber nur freischwebend und ohne jeden Bezug zu Goethes wichtigster Einsicht. Etwas nachdenklicher urteilt in dieser Sache Weizsäcker [G]:X.

446 Weizsäcker [GP]:50.
447 Anders Ostwald: Der versuchte die Symmetrie zu widerlegen, allerdings ohne die Sache ganz verstanden zu haben (Ostwald [GSF]:45, dazu Bjerke [NBzG]:57/8).
448 Goethe [ETN]:§ 132 (zitiert in § II.5.18). In meiner Farbterminologie (§ I.2.8) hätte Goethe hier entweder ein gelbes Strahlenbündel mit einem blauen oder aber ein rotes mit einem türkisen Strahlenbündel gleichsetzen müssen.
449 Pfaff [uNFH]:§ 118; Hervorhebungen geändert. In meiner Terminologie (siehe vorige Anmerkung) hätte Pfaff dasselbe über den Vergleich eines *gelben* mit einem blauen Bild sagen müssen.
450 Zehe in Goethe [LA]/II.5A:269–270.
451 Goethe [EF]:§ 214–§ 216.
452 Details dazu in O. M. [NGEN].
453 Goethe [EF]:§ 203/4.
454 Goethe [EF]:§ 199–§ 200.
455 Goethe [EF]:§ 202/3 *et passim.*
456 Pfaff [uNFH]:46–50 (§ 65–§ 69).
457 Zehe in Goethe [LA]/II.5A:225/6.
458 Zehe in Goethe [LA]/II.5A:214.
459 Zehe in Goethe [LA]/II.5A:221.
460 Seebeck, Brief an Hegel vom 13. 6. 1811 (siehe Hoffmeister (ed) [BvaH]/I:372); Ergänzungen des Herausgebers weggelassen.
461 Eine gute Übersicht bietet Zehe in Goethe [LA]/II.5A:213, 220–234.
462 Goethe [EF]:§ 151.
463 Pfaff [uNFH]:21/2 (§ 33/4); Fries [uNFH]:419–420. Dazu Zehe in Goethe [LA]/II.5A:221/2. Siehe auch Schopenhauer [uSF]/A:74–76 (Anmerkung am Ende des § 14).
464 Goethe [EF]:§ 214 bzw. Goethe [EF]:§ 213, § 241.
465 Seltsamerweise sah Goethe sogar im allerdunkelsten Königsblau einen rötlichen Schimmer (Goethe, Brief an Schopenhauer vom 16. 11. 1815 (siehe Goethe [WA]/IV.26: 155)). Anders in Goethe [EF]:§ 155; Goethe [EF]/a:135; Goethe [WS]:272.
466 So schon Johannes Müller [zVPG]:395/6, später Wessely [WWFN]:159, 172 und Born [BzF]:37.
467 Anonym [zFvG]/a:27, meine Hervorhebung.
468 Goethe [ETN]:§ 109, § 464.
469 Goethe [EF]:§ 309–§ 311.
470 Eine schöne Abbildung mit Refraktionen viereckiger Bilder bietet Zehe in Goethe [LA]/II.5A:263.
471 Gegen Pfaff [uNFH]:91/2 (§ 118), zitiert in § III.3.7.
472 Goethe [EzGF]:63, 64.

473 Goethe [LA]/I.3:363.
474 Siehe § I.2.8. Den Hinweis darauf verdanke ich Matthias Herder.
475 Das kritisierte Pfaff [uNFH]:41–43 (§ 60–§ 62); Zustimmung zu dieser Kritik sowohl bei Mollweide [uNFH]:1476 als auch bei Zehe in Goethe [LA]/II.5A:223/4.
476 Goethe, Brief an Henning vom 16. 5. 1822 (siehe Goethe [LA]/II.5B/2: 1011).
477 Siehe Goethe [EzGF]:63, 65; Goethe [ETN]:§ 293.
478 Siehe Shapiro in Newton [OO]:565n2 und Nickol in Goethe [LA]/II.5B/1:369–370.
479 Nickol in Goethe [LA]/II.5B/1:370.
480 Fries [zFvG]:302.
481 In der Physik z. B. beim oft zitierten Heisenberg [GNFi]:57/8, 61/2, 69 (dazu Höpfner [WwZ]:192–194) und in der Philosophie des Neukantianismus z. B. bei Hensel [NN]:97.
482 Gegen Zehe [EüEv]:362.
483 So Pfaff [uNFH]:28/9 (§ 43/4), siehe dazu Fries [uNFH]:421/2; ferner Mayer [T]:977/8; Poselger [FRdB]:135, 143–154; Link in L. R. et al [TbC]:19, Brandes [F]:48 (§ 4).
484 Er findet sich z. B. in Anonym [zFvG]/a:28, 32; Fischer in Klemm [EGFG]:10; Gilbert in Malus [BFPü]:115n; Parrot [V]:XXI.
485 Siehe z. B. Hegel [zHGO], Hegel [oT]; dazu Beyer [ZBUE]. Zu alledem vielleicht mehr bei einer anderen Gelegenheit.
486 Ich zeige das exemplarisch am Beispiel Schellings in O. M. [GPmS].
487 Siehe z. B. Hecht [O]:13, 63/4.
488 Diese Wellenlängenbereiche aus Dobrinski et al [PfI]:450, 452 passen nicht ganz zu den hier von mir verwendeten Farbwörtern – worauf es im Augenblick aber nicht ankommt.
489 So schon Sommerfeld [GFiU]:102.
490 So sah man es noch vor einigen Jahrzehnten, siehe Fritzsch [Q]:63.
491 Bleck-Neuhaus [ET]:677, 680.
492 Diese Idee hat der Physiker Matthias Rang im Gespräch präsentiert, nicht ohne mich zu warnen, dass sie ohne sorgfältige Absicherung kaum publikationsreif ist.
493 So z. B. die Physikerin und Philosophin Brigitte Falkenburg in einer mündlichen Mitteilung.
494 Für die folgende Darstellung siehe Schreiber [UPTa], Abschnitte 4.3.2–4.3.3.
495 Er hat es bei unzähligen offiziellen und inoffiziellen Gelegenheiten vorgebracht, unter anderem während der Tagung *experimentum lucis*, 19.–22. 9. 2010, Humboldt-Universität zu Berlin. Für die Details meiner Darstellung ist er nicht verantwortlich.

496 Stichwort Schwarzkörperstrahlung, siehe z. B. Hecht [O]:941.

497 Siehe Chang [RRoR]. Goethe brachte Hitze und Kälte in derselben bipolaren Ordnung unter wie Licht und Schatten, siehe Goethe [EF]:§ 696. Er folgte darin einem Gedanken Keplers, den er voller Zustimmung übersetzte (Goethe [MzGF]:157/8). Und er stand mit seinem (aus heutiger Sicht) unorthodoxen Verständnis der Kälte nicht allein; siehe z. B. im Jahr 1797 Ritter [FaNJ]/1:§ 234. Der Energieerhaltungssatz wurde lange nach Goethes Tod etabliert, siehe Helmholtz [GVKN]:338. Sogar unser modernes Energiekonzept entstand erst nach 1840 (Fox [RFoL]:130, 132; Tetens [NE]:19–39).

498 Siehe Demtröder [E]/1:301–303.

499 Goethe [EF]:§ 62–§ 80.

500 Siehe Leonardo da Vinci [VFML]:77–79 (24. und 25. *observatio*); vergl. den Buchauszug in Goethe [LA]/II.5B/1:162.

501 Für heutige Positionen siehe Campenhausen [SM]:164/5; Kallmann [FFUm]; Ott et al [RFS]. Einer der ersten Dissidenten war Eckermann [GmGi]:277–283 (19. 2. 1829), dazu Ott [GEFS]). Über hundert Jahre später hat Barth für die Objektivität der farbigen Schatten plädiert, siehe Barth [BzEE]:22–26.

502 Meines Wissens hat Georg Maier zuerst den weißen Schatten beschrieben (Maier [OB]:148; siehe auch Rang [HS]; Rang [HaBz]:53 *et passim*).

503 Mehr zu diesem Unterschied in § IV.4.5, § IV.4.6, § IV.5.10–§ IV.5.12.

504 Ich übernehme die klerikale Metapher für wissenschaftsphilosophische Verhältnisse von Quine [PoT]:99.

505 Ich werde nun teils wörtlich einige Gedanken benutzen, die ich bereits anderswo veröffentlicht habe (O. M. [NGEN], Abschnitte V, VI, X).

506 Siehe Nussbaumer [zF]:172–229; siehe Farbtafel 29.

507 Siehe z. B. Goethe [V]:5, zitiert in § IV.7.4.

508 Dass Nussbaumer seine Arbeit nicht auf diesen Spezialfall beschränkt hat, zeigt z. B. seine Tafel XXVII (Nussbaumer [zF]:139, 164).

509 Wie er das tut, habe ich anderswo ausführlich erklärt, siehe O. M. [NGEN], Abschnitt VIII.

510 Die dort skizzierten Ergebnisse verdanke ich Diskussionen mit Paniz Imani und Alexander Schreiber.

511 Belege zu Newtons Ansprüchen in § I.2.10, § I.4.2 und zu seinen defaitistischen Kommentatoren in § I.2.10k.

512 Eissler [G]:1115.

513 Leider ohne Fundstellen liefert Zehe eine Montage der schlimmsten Äußerungen bloß aus dem polemischen Teil der *Farbenlehre*, siehe Zehe in Goethe [LA]/II.5A:212/3. Mag vielleicht jemand diese destruktive Übung beim historischen Teil wiederholen?

514 Im Original: »You endeavor to *oblige me* into a new dispute wth you by calling me *a Demurrer* & your new objections your main Debate &c. And my profer to answer one or two of your objections wch you should recommend for ye best you *despise* as if it was *Illegal* (as you term it) if I answer not all. Do men use to *press one another* into Disputes? *Or am I bound to satisfy you?* It seems you thought it not enough to propound Objections unless you might *insult* over me for my inability to answer them all, or durst not trust your own judgement in choosing ye best. But how know you yt I did not think them *too weak* to require an answer & only to gratify your *importunity* to answer one or two of ye best? How know you but yt other prudential reasons might make me averse from contending wth you? But I forbeare to explain these things further for I do not think this a fit Subject to dispute about, & therefore have given these hints only in a private Letter [...]. I hope you will consider how little I desire to explain your proceedings in public & make this use of it to deal candidly wth me for ye future« (Newton, Brief an Lucas vom 5. 3. 1677/8 (siehe Turnbull (ed) [CoIN]/II:263); Zusatz des Herausgebers weggelassen, meine Hervorhebungen).

515 So Westfall [NaR]:250 zu Newton, Brief an Oldenburg für Huygens vom 3. 4. 1673 (siehe Turnbull (ed) [CoIN]/I:264–266; damals veröffentlicht als Newton [EoMI], dort allerdings ohne ausdrückliche Erwähnung des Namens von Huygens).

516 So Westfall [NRtH]:87/8, 91 sowie Westfall [NaR]:246/7 mit Zitat aus Newton, Brief an Oldenburg für Hooke vom 11. 6. 1672 (siehe Turnbull (ed) [CoIN]/I:171–188), insbes. p. 171–173; damals ohne ausdrückliche Erwähnung Hookes veröffentlicht in Newton [MINA]:5084–5086).

517 Im Original: »If I have seen further it is by standing on ye shoulders of Giants« (Newton, Brief an Hooke vom 5. 2. 1675/6 (siehe Turnbull (ed) [CoIN]/I:416)).

518 So Crease [PP]:73; White [IN]:187/8.

519 Klawans [NM]:34 (Punkte 2 und 4) *et passim*. Weniger drastisch urteilt Manuel [PoIN]:213–225. Siehe auch White [IN]:247–252.

520 Johnson et al [MP]; Spargo et al [NDoI]; Klawans [NM]:35–38.

521 Keynes [BNM]:297 *et passim* mit Verweisen auf weitere Literatur.

522 Speziell zum *experimentum crucis* sinngemäß zitiert aus Goethe [ETN]:§ 114–§ 137.

523 Die Fassung der These, auf die ich es abgesehen habe, wird in § IV.3.10 vorbereitet und findet sich in § IV.4.10.

524 Im Original: »I shall argue that the Leibnizian challenge became a crucial test *only because* the results of Newton's simplest experiment and substantial part of the theory – namely, that on refrangibility – were already accepted« (Shapiro [GAoN]:63; meine Hervorhebung).

525 Hooke [M]:54.
526 Dass sie *nur* solche Kräfte haben, sagt Popper [LF], IV. Kapitel *et passim.*
527 Popper [LF]:222n* 2 (§ 85).
528 Duhem [ZSPT]:252/3; siehe auch Lakatos [RoCE]:309. – Ähnlich Newton, Brief an Oldenburg vom 6.7.1672 (siehe Turnbull (ed) [CoIN]/I:209). Vergl. dazu Ducheyne [MBoN]:60.
529 Ähnlich Quine und Ullian zum Unterschied zwischen induktiven und deduktiven Schlüssen, siehe Quine et al [WoB]:90.
530 Dass dies zu Newtons eigenen Aussagen passt, belege ich in § I.5.16. Weitere Belege liefert Lampert [NvG]:274.
531 Siehe z. B. Newton [O]:21–42 (= Book I, Part I, Proposition II, Experiment 3–10).
532 Zum Beispiel Marcum [NoLC].
533 Newton, Brief an Oldenburg vom 6.2.1671/2 (siehe Turnbull (ed) [CoIN]/I:96/7); volles Zitat in § I.4.2.
534 So bei Hooke, Brief an Oldenburg für Newton vom 15.2.1671/2 (siehe Turnbull (ed) [CoIN]/I:113).
535 Im Original: »Induction is not a procedure alternative to hypothesis; it is a case of hypothesis« (Quine et al [WoB]:89).
536 Siehe Zastrau (ed) [GH]/1:1.
537 Siehe z. B. Klein [KR]:189. Nicht alle Kommentatoren fanden den Beispielmangel beklagenswert, siehe Bergström [QUS]:335–337, 340/1.
538 Siehe z. B. Reichenbach [AWP]:149–158.
539 Zu Neuraths holistischem Einfluss auf Quine siehe Koppelberg [AAP]: 19–20, 26/7, 164–166, 298/9 *et passim.* Koppelberg verweist u. a. auf Neurath [SiP]:403 (siehe Koppelberg [AAP]:21/2).
540 Neurath [zKvH]:53.
541 Goethe [ÄE]:182; mein Kursivdruck.
542 Z. B. Cassirer [GMP]:57–60, 69–76 sowie Glockner [PPiG]:20/1, 31/2 *et passim.*
543 Beispiele dafür bieten Sepper [GcN]:x *et passim*; Janich [IGFA]:127, 130; Böhme [IGFW]; Carrier [GFIP]; Blasius [zWG]; siehe auch Mandelartz [GNW]:258–262, 271/2 *et passim.*
544 Marcum [NoLC].
545 Wittgenstein und Neurath sind die zwei Ausnahmen, durch die sich die Regel bestätigt. Siehe Wittgenstein [BüF], dazu Rehbock [GRP], Kapitel VIII; siehe Neurath [zKvH]:53, dazu § IV.1.17.
546 Goethe [LA]/II.5A; Goethe [LA]/II.5B/1; Goethe [LA]/II.5B/2.
547 Goethe [LA]/II.5A.
548 Zehe [V]:V, Zehe [E]:IX; Hervorhebungen geändert.
549 Goethe [LA]/II.5B1; Goethe [LA]/II.5B2.
550 Nickol [E]:XIV; Hervorhebungen z. T. von mir.

551 Goethe [LA]/II.1A; Goethe [LA]/II.1B. In der Liste der Überblicksartikel findet sich kein Eintrag zu Goethes Wissenschaftsphilosophie (siehe Goethe [LA]/III.1:629–630).
552 Siehe Eckle [E]:XXXVII.
553 Siehe Kuhn [EiGA].
554 Sinngemäß zitiert aus Quine [oEES]:313. Später mehr zu Einzelheiten der Quine-Exegese, siehe § IV.4.4.
555 Das passt zu dem Ergebnis in Klein [KR]:204.
556 Andere Versuche, verschiedene Fassungen der Unterbestimmtheitsthese auseinanderzudividieren, bieten Bunzl [RWEU]:139/40, Devitt [UR]:38–46, Bergström [UoPT]:93/4, Klein [KR]:188–193.
557 Newton, Brief an Oldenburg für Lucas vom 18. 8. 1676 (siehe Turnbull (ed) [CoIN]/II:79–80).
558 So mit Blick auf dasselbe – optische – Beispiel Marcum [NoLC]:476.
559 Goethe [AÜGW]:7.
560 Siehe Stegmüller [TE]/3:26–30.
561 Siehe die Tabelle aus § II.5.17.
562 Tagung und Experimentallabor *experimentum lucis* (Matthias Rang, Johannes Grebe-Ellis) und Kunstausstellung *Working Shade – Formed Light* (mit Lichtinstallationen von Ingo Nussbaumer); beide Veranstaltungen fanden auf meine Einladung hin im September 2010 an der Humboldt-Universität zu Berlin statt.
563 Ähnlich Geach [PoP]:164.
564 Viele Einzelheiten dazu liefert Quine [oEES].
565 Quine spricht vom Gewebe der Überzeugungen, dessen Peripherie von den Beobachtungssätzen gebildet wird (»web of belief«, Quine et al [WoB]). Ein entfernt verwandter Einsatz der Gewebe-Metapher findet sich bei Goethe [MzGF]:85.
566 Für diesen ganzen kleingedruckten Absatz siehe Quine [oEES]:313.
567 Daher reden viele Autoren von »transient underdetermination« (Sklar [MC]:380/1; Stanford [RDB]:S7; Hoyningen-Huene [RMAo]:176). Hoyningen-Huene zeigt, dass die Verharmlosung nicht zum Ziel führt.
568 Quine [oEES]:323/4.
569 Quine [oEES]:327.
570 Siehe Quine [WO]:23 (zitiert in § IV.4.4).
571 Zu diesem Fall siehe Stanford [SRAT]:263/4. Das Beispiel ist knifflig, weil man darüber streiten kann, wie wichtig der Äther für Maxwells Elektrodynamik gewesen ist (Stanford [EOG]:169–172; Kuhn [SoSR]: 107/8).
572 Sinngemäß zitiert aus Kukla [RU]/I:66, 72 *et passim*; van Fraassen [SI]:46. Siehe dazu Klein [KR]:198/9 *et passim*.
573 Ähnlich Stanford [RDB]:S3.

574 Beispiele für unerkannte Alternativen (»unconceived alternatives«) erörtert Stanford [RDB]; Stanford [FGTo]; Stanford [EOG]; Stanford [SRAT].
575 Siehe Kuhn [CR], Kuhn [SoSR] sowie Feyerabend [aM]; ich werde in § IV.4.10k zwei einschlägige Passagen dieser beiden Autoren zitieren.
576 Siehe z. B. Sankey [I]; Bird [TK]; Weinberg [RTDH].
577 Grünbaum etwa bringt (ohne das optische Beispiel) den Erklärungsbegriff ins Spiel, um über Unbestimmtheit (à la Duhem) zu diskutieren, siehe Grünbaum [IINP]:261.
578 Siehe Hempel et al [SiLo]; Harman [ItBE]; Achinstein [ItBE]; Lipton [ItBE]; Day et al [PItB]; Rappaport [ItBE]; Weber [CoCE]; Nagel [SoS]; Friedman [ESU]; Sober [EE]; Salmon [SECS]; Kitcher [EUCS].
579 In dieser Hinsicht folge ich Quines Redeweise, siehe z. B. Quine et al [WoB]:66–80.
580 Siehe z. B. Quine [oSTo]; Quine [SLoS]:234, 245.
581 Vergl. Quine [ZDE]:47. Im Original: »Any statement can be held true come what may, if we make *drastic* enough adjustments elsewhere in the system. Even a statement very close to the periphery [i. e., an observation statement – O. M.] can be held true in the face of recalcitrant experience by pleading *hallucination* or by amending certain statements of the kind called *logical laws*« (Quine [TDoE]:43; mein Kursivdruck).
582 Vergl. Quine [WG]:55. Im Original: »[…] we have no reason to suppose that man's surface irritations even unto eternity admit of any one systematization that is scientifically *better or simpler* than all possible others. It seems likelier […] that countless alternative theories would be tied for first place« (Quine [WO]:23; mein Kursivdruck). Ganz ähnlich äußert sich Quine noch drei Jahrzehnte später, siehe Quine [PoT]:99.
583 Dass keine guten Argumente für sie sprechen, behauptet z. B. Bergström [UoPT]:100.
584 Für meine Zwecke kommt es nicht darauf an, in welcher genauen Form Ockham das Prinzip eingesetzt hat. Dazu Maurer [MiON]:428–431 sowie z. B. Ockham [QQ]:593 (= Seventh Quodlibet, Question 1, Reply).
585 Hooke, Brief an Oldenburg für Newton vom 16. 2. 1671/2 (siehe Turnbull (ed) [CoIN]/I:113).
586 Siehe z. B. Quine [WO]:23 (zitiert in § IV.4.4).
587 Siehe Quine [oSTo]:255.
588 Siehe z. B. Quine [RoR]:135.
589 Quine wechselt z. B. in einem Atemzug von Einfachheit und Sparsamkeit zu Eleganz, siehe Quine [PoT]:99; ähnlich in Quine et al [WoB]:80. Nicht anders schwankt Kuhn: Manchmal subsumiert er Einfachheit unter Schönheit (Kuhn [SoSR]:155), manchmal sind beide Tugenden bei ihm unabhängig voneinander (Kuhn [CR]:171/2).
590 Quine [RoR]:137/8; Quine et al [WoB]:66–68; Quine [PoT]:14/5.

591 So auch Mühlhölzer [W]:76.
592 Lichtenberg [SB]/2:467 (= Heft K 361).
593 Goethe [EzGF]:43.
594 Goethe [üNiA]:151; Goethe [ETN]:§ 643; Goethe [MzGF]:414/5. Seltsamerweise sprach Goethes Einfachheitsstreben in den Augen mancher Leser gegen Goethe (Friedenthal [G]:307).
595 Newton [PNPM]:2/3 (= Liber Tertius, Regula I, Regula III).
596 Schon Johann Bernoulli hat die Theorie Newtons höchst elegant genannt, (Bernoulli, Brief an Leibniz vom 15.4.1709 (siehe Leibniz et al [VCGG]/2:216)). Dasselbe Lob spendete ihr Einstein [F]:vii.
597 Details zu diesem weiten Feld in O. M. [ZSUF].
598 Analog Quine sogar bei der Tugend der Einfachheit, siehe Quine et al [WoB]:71/2, 87/8.
599 Vergl. Feyerabend [wM]:21/2. Im Original: »given any rule, however ›fundamental‹ or ›rational‹, there are always circumstances when it is advisable not only to ignore the rule, but to adopt its opposite« (Feyerabend [aM]:14).
600 Vergl. Kuhn [SWR]:211. Im Original: »There is no neutral algorithm for theory-choice, no systematic decision procedure which, properly applied, must lead each individual in the group to the same decision« (Kuhn [SoSR]:200; siehe auch Kuhn [OVJT]:322, 324/5).
601 Siehe z. B. Kuhn [SoSR]:155–158; Dirac [ToT]:21/2.
602 Vergl. Quine [WG]:55. Im Original: »[...] we have no reason to suppose that man's surface irritations even unto eternity admit of any one systematization that is scientifically better or simpler than all possible others. It seems likelier, *if only on account of symmetries or dualities*, that countless alternative theories would be tied for first place« (Quine [WO]:23; mein Kursivdruck).
603 Im Original: »maxim of minimum mutilation«, Quine [Q]:142; vergl. Quine et al [WoB]:66–68; Quine [PoT]:14; Quine [fStS]:49. Mehr zu diesem Thema in Sklar [MC].
604 Textbeleg in § IV.5.3k.
605 In ähnlichem Sinne spricht Bergström von strategischen Kriterien der Theorienwahl (Bergström [SV]:190).
606 Siehe Lorenz [SB]:20.
607 Siehe z. B. Feyerabend [aM]:33 oder Feyerabend [ERE]:71 *versus* Quine et al [WoB]:66–68.
608 Siehe z. B. Stegmüller [TE]/2:227; Kuhn [SoSR]:17/8, 157–159.
609 Darauf hat Wolfgang Sandner mit Nachdruck in seinem Vortrag *The spectral composition of »darkness« in space and time* am 21.9.2010 im Rahmen der Tagung *experimentum lucis* an der Humboldt-Universität zu Berlin hingewiesen.

610 Holtsmark [NECR]:1234; Sällström [MS]; Rang et al [KS]; Rang [MvSP], Rang [S]; Rang [S]/a; Nussbaumer [zF].

611 Link in L. R. et al [TbC]:17; mein Kursivdruck.

612 So auch Sepper [GaN]:179.

613 Goethe [EF]:§ 742–§ 745, § 756/7, § 38, § 453, § 696 sowie Goethe [V]:4, Goethe [ETN]:§ 22, § 27. Mehr dazu in O. M. [GPmS].

614 In Newtons Tagen war das anders. Weil er diese Zusammenhänge noch nicht per Beweis empirisch aufzeigen konnte, hat er sie im hypothetisch-spekulativen Teil seiner *Opticks* untergebracht, in der Fragensammlung (Newton [O]:216–220, 232, 238 (= Book III, Queries 5, 6, 8, 11, 28, 29)).

615 Shapiro [GAoN]:62–64, 98.

616 Shapiro [GAoN]:98.

617 Ohne diesen Namen taucht sie auf in Goethe [ETN]:§ 506.

618 Siehe z. B. Feyerabend [WaK]; Freudenthal et al (eds) [SERo]; Bernal [SiH]/2; Bloor [KSI]; Shapin et al [LAP]. Ich danke Eric Oberheim für diese Auswahl aus der gigantischen Literatur.

619 Das passt zu Bergströms These, dass Philosophen (*per impossibile*) naturwissenschaftlich arbeiten müssten, wenn sie ein echtes Beispiel für Unterbestimmtheit liefern wollten (Bergström [QUS]:341).

620 In der Tat hat es (unabhängig von optischen Fragen) so eine Theorie gegeben, und Chang redet anhand dieses thermodynamischen Beispiels von Unterbestimmtheit der Theorie, siehe Chang [RRoR]:135 *et passim*; er verweist u. a. auf Originalarbeiten des Grafen Rumford, siehe z. B. Thompson [ECNo].

621 Siehe Haag [LQP]:332/3, 347. Ich danke Paniz Imani für den Hinweis auf diese Belege.

622 Siehe z. B. Penrose [RtR]:785, 816 *et passim*. Ich danke Alexander Schreiber für den Hinweis auf diese Belege.

623 Beispiele für kontrafaktische Spekulation über wissenschaftsgeschichtliche Alternativen mögen selten sein, aber es gibt sie. Siehe z. B. Dirac [ToT]:21; Gingerich [CN]. Eine erhellende Diskussion bringt Mühlhölzer [W]:101–104 *et passim*.

624 Ausnahmen bestätigen die Regel, wie etwa die Aufsätze in Ferguson (ed) [VH].

625 Fintel [CiDC]:125/6. Die Rede von Ähnlichkeiten möglicher Welten hat David Lewis prominent gemacht; *locus classicus* ist Lewis [C].

626 Vergl. Goethe [VzG]:63; Goethe [ÄBV]:363.

627 Zitiert vom Hörensagen bei John Nef in Gingerich (ed) [NoSD]:496. Heisenberg scheint sich später nicht mehr an das Bonmot erinnert zu haben (Gingerich [CN]:204).

628 So mit einer faszinierenden Fallstudie zu Newtons Mechanik Gingerich [CN]; siehe auch Crease [PP]:53–56.

629 Helmholtz [üGNA]:52/3.
630 Eissler [G]:1177/8. Zögerlicher in Eissler [G]:1127n48, 1148.
631 Eissler [G]/A:598/9. Im Original: »But all science can achieve – in so far as it does not err – is to produce symbolic representations of *an existing reality.* Consequential as this translation of facts into symbols is for community [...] and the history of mankind, nevertheless, from a metaphysical point of view that regards *the* whole universe, it must be admitted that these endless translations are comparable to the creation of innumerable *mirror pictures* [...] What we call mastery through science is painstaking *submission* to *the* laws of reality. Man *cannot* budge an inch from what reality prescribes by an unalterable *tyranny*« (Eissler [G]:545/6; mein Kursivdruck).
632 Schöne [GF]:10.
633 Zum ersten siehe Schöne [GF]:29 mit Zitat aus Goethe [EF]:§ 558; zum zweiten und dritten siehe Schöne [GF]:107 u. a. mit Zitat aus Goethe [RP]:306/7 – zur Verteidigung Goethes in dieser Angelegenheit mehr in O. M. [GPmS].
634 Helbig [NO]:122; Anonym [Wil], vergl. § II.2.11.
635 Helbig [NO]:122; Hervorhebung im Original.
636 Dies verbindet sich mit Ignoranz gegenüber konstruktiven Beiträgen aus der neueren Fachphysik wie z. B. gegenüber Holtsmark [NECR].
637 Goethe [VaVv]/A:14/5 sowie achtzehn Jahre später Goethe [ETN]:§ 31 (wie zitiert in § II.1.10).
638 Das erklärt auch, warum Helbig nicht voll zu würdigen weiß, welche erkenntnistheoretischen Einwände Goethe gegen die Abstraktion haben mag, die im Gebrauch theoretischer Terme liegt (Helbig [NO]:156 mit Blick auf Goethe [V]:5, zitiert in § IV.7.4). Am klarsichtigsten ist in dieser Hinsicht Helbigs Lakatos-Darstellung, doch bleibt sie im weiteren Verlauf folgenlos (Helbig [NO]:166/7).
639 Nicht alle verdienen den Vorwurf; einige Ausnahmen nenne ich in § IV.1.18.
640 Goethe [V]:5; mein Kursivdruck.
641 Das betonen mit Recht Janich [IGFA]:127 und Blasius [zWG]:374–376, 380–382 *et passim.* Newton war die Theoriebeladenheit genau nicht klar (siehe Newton [MNAt]/a:5014). Und darüber regte sich Goethe berechtigterweise auf (Goethe [ETN]:§ 217, § 265, § 639).
642 Goethe [LA]/II.5A; Goethe [LA]/II.5B.1; Goethe [LA]/II.5B.2.
643 Zum Beispiel Zehe [EüEv]:362 und Nickol [V]:V.
644 Helbig z. B. bringt weitere Aussagen Goethes in dieser Richtung, ohne ihre wissenschaftsphilosophische Berechtigung genug zu würdigen (Helbig [NO]:351 *et passim*).
645 Goethe [ENP]:90/1.

646 Eckermann [GmGi]:518 (28.3.1827).
647 Zitiert oben in § IV.7.4.
648 § II.3.16–§ II.3.19; § II.5.16–§ II.5.20.
649 So auch (im Lichte seiner sorgfältigen historischen Replikation der alten Experimente) Göbel [NPGW].
650 Siehe Goethe [ETN]:§ 31/2, § 113; Goethe [MzGF]:276, 299, 302. Eine abgewogene Erörterung der Rolle von Autorität in der Wissenschaftsgeschichte bietet Goethe [MzGF]:92–94.
651 Newton, Brief an Oldenburg für Lucas vom 18.8.1676 (siehe Turnbull (ed) [CoIN]/II:79–80).
652 Newton [O]:263 (= Book III, Query 31).
653 Goethe [V]:5, zitiert in § IV.7.4.
654 Goethe [MzGF]:77; meine Hervorhebung.
655 Das passt zu dem ganzheitlichen Ergebnis, zu dem Breidbach gelangt, indem er eine wesentlich breiter angelegte Perspektive auf Goethes Naturwissenschaft bietet, als ich es zu tun vermochte (Breidbach [GN]).
656 Gegen Wankmüller [NzF]:629 *et passim*.
657 Gegen Friedenthal [G]:453.
658 Abschreckend in dieser Hinsicht z. B. Wankmüller [NzF]:634/5.
659 Belege in § II.1.6k.
660 Gegen Mühlhölzer [W]:112.
661 Belege in § IV.1.4, § II.3.18; vergl. auch Newton, Brief an Aubrey vom Juni oder Dezember 1678 (siehe Turnbull (ed) [CoIN]/II:269) und dazu Westfall [NaR]:276–280.
662 Hier haben wir einen besonderen Fall dessen, was Quine Unbestimmtheit der Übersetzung nennt (Quine [WO]:26–79).
663 Es gibt weitere Vergleichspunkte zwischen Einstein und Goethe, die Elisabeth von Thadden herausgearbeitet hat (Thadden [SI]).
664 Zur mechanischen Hypothese siehe Newton [PNPM]:27 (= Liber Tertius, vor Propositio XI).
665 Diese Diagnose übernehme ich aus einem Gespräch mit Timm Lampert.
666 Ähnlich (ohne Bezug zur Optik) Mühlhölzer [W]:86.
667 Vergl. Einstein [üSAR]:54–59 (§ 20–§ 21). Ob Einstein mit dieser Überlegung am Ende auf der Höhe seiner Theoriebildung stand, ist offenbar nicht leicht zu sagen. (Ich danke Felix Mühlhölzer für diesen Hinweis.)
668 Siehe Richter [LPJW]:100/1; Rehm [UBJW]:34. Rehm verweist u. a. auf Arnim [VTEE]. In seiner Bibliographie liefert Burwick allein neun Texte Arnims, die mit Farben und Licht zu tun haben; in den *Annalen der Physik* publizierte Arnim (zwischen 1799 und 1802) sechundzwanzig fachwissenschaftliche Aufsätze (Burwick [DoN]:275–277). Einige

Details zu Arnims Vorahnungen der Entdeckung des UV-Lichts und den daraus resultierenden Prioritätsstreit mit Ritter liefert Burwick [DoN]:145–148. Wie Ritter scheint Arnim eine chemische Polarität im Licht vermutet zu haben.

669 Matthaei [GF]. Siehe auch Matthaei (ed) [GF]:41–47.

670 Matthaei (ed) [GF]:41; Goethe [EzGF]:45 (Tafel I, Figur 1), 49 (Tafel II, viertes Feld rechts unten).

Nachweise zu den Farbtafeln

Farbtafel 01 oben **Newtons Grundexperiment.** Farbgraphik von Matthias Herder und Ingo Nussbaumer nach einer Schwarz/Weiß-Zeichnung aus Newtons Vorlesungsmanuskript, siehe *figure 2* in Newton [UFVo]:3.

Farbtafel 01 unten **Newtons Vollspektrum.** Dieses Foto wurde nicht mit Sonnenlicht, sondern mit dem ähnlich zusammengesetzten Licht eines Diaprojektors erstellt; das Ausgangsbild war nicht rund (wie bei der Sonnenscheibe), sondern ein schmaler horizontaler Lichtbalken, genauer gesagt ein Spaltdia im Kindermann-Projektor hinter Wasserprisma, fotografiert von Ingo Nussbaumer, zugeschnitten von Matthias Herder.

Farbtafel 02 links **Das kalte Kantenspektrum.** Kantendia im Kindermann-Projektor hinter Wasserprisma, fotografiert von Ingo Nussbaumer; arrangiert von Matthias Herder.

Farbtafel 02 Mitte **Das warme Kantenspektrum.** Kantendia kopfüber im Kindermann-Projektor hinter Wasserprisma, fotografiert von Ingo Nussbaumer; arrangiert von Matthias Herder.

Farbtafel 02 rechts **Kantenspektrenpaar.** Spaltdia im Kindermann-Projektor hinter Wasserprisma, aus großer Nähe fotografiert von Ingo Nussbaumer; arrangiert von Matthias Herder.

Farbtafel 03 **Blaue versus rote Strahlen im symmetrisch ausgerichteten Prisma.** Winkelgetreue Graphik von Matthias Herder mit einer hypothetischen Brechzahl für blaues Licht von $n_B = 1{,}6$; für rotes Licht $n_R = 1{,}4$. Der Unterschied zwischen diesen beiden Werten ist um der Deutlichkeit willen erheblich übertrieben; realistische Zahlen für verschiedene Medien liefert Hecht [O]:128.

Farbtafel 04 **Vorsortiertes Weiß.** Graphik von Matthias Herder.

Farbtafel 05 **Bildverschmutzungen infolge chromatischer Aberration.** Graphik von Matthias Herder, realistische Simulation mit Hilfe eines Programms für *raytracing*.

Farbtafel 06 links **Goethes Vollspektrum.** Stegdia im Kindermann-Projektor hinter Wasserprisma, fotografiert von Ingo Nussbaumer, zugeschnitten von Matthias Herder.

Farbtafel 06 rechts **Newtons und Goethes Spektrum im Vergleich.** Fotos von Ingo Nussbaumer, zugeschnitten von Matthias Herder.

Farbtafel 07 oben **Phänomenologische Herleitung des Goethespektrums aus dem Newtonspektrum.** Graphik von Matthias Herder.

Farbtafel 07 unten **Phänomenologische Herleitung des Newtonspektrums aus dem Goethespektrum.** Graphik von Matthias Herder.

Farbtafel 08 **Entwicklung des Newtonspektrums bei variablem Abstand vom Prisma.** Die Farbtafel geht auf Goethes Tafel V zurück. Da die Farben aller Goethe-Tafeln ausgebleicht sind, hat Matthias Herder die Tafel neu gezeichnet und mit denjenigen kräftigen Blau-, Türkis-, Gelb- und Rottönen versehen, die am stärksten denen aus den Kantenspektren ähneln; fürs Purpur und Grün haben wir uns an den Farben der Endspektren orientiert. Matthias Herder hat die Tafel zudem gespiegelt und so gedreht, dass ihre Orientierung besser zu den anderen Abbildungen passt. Goethes Fassung der Tafel und ihre Erklärung finden sich in Goethe [EzGF]:63–65.

Farbtafel 09 **Entwicklung des Goethespektrums bei variablem Abstand vom Prisma.** Die Farbtafel geht auf Goethes Tafel VI zurück und wurde von Matthias Herder neu gezeichnet und eingefärbt. Zudem hat er sie gespiegelt und so gedreht, dass ihre Orientierung besser zu den anderen Abbildungen passt. Goethes Fassung der Tafel und ihre Erklärung finden sich in Goethe [EzGF]:68/9.

Farbtafel 10 **Die orthodoxe Erklärung des Newtonspektrums.** Nach O. M. [GPUb], Farbtafel I, ohne Seitenzahl, dort mit Orange anstelle von Rot sowie Violett anstelle von Blau; gedreht, neu gefärbt und neu arrangiert von Matthias Herder und Benjamin Marschall.

Farbtafel 11 **Die unorthodoxe Erklärung des Goethespektrums.** Nach O. M. [GPUb], Farbtafel II, ohne Seitenzahl, dort mit Orange anstelle von Rot sowie Violett anstelle von Blau; gedreht, neu gefärbt und neu arrangiert von Matthias Herder und Benjamin Marschall.

Farbtafel 12 **Die orthodoxe Erklärung des Goethespektrums.** Nach O. M. [GPUb], Farbtafel III, ohne Seitenzahl, dort mit Orange anstelle von Rot sowie Violett anstelle von Blau; gedreht, neu gefärbt und neu arrangiert von Matthias Herder und Benjamin Marschall.

Farbtafel 13 **Die unorthodoxe Erklärung des Newtonspektrums.** Nach O. M. [GPUb], Farbtafel IV, ohne Seitenzahl, dort mit Orange anstelle von Rot sowie Violett anstelle von Blau; gedreht, neu gefärbt und neu arrangiert von Matthias Herder und Benjamin Marschall.

Farbtafel 14 oben **Additive und subtraktive Farbmischung.** Ausgeschnitten von Matthias Herder aus Nussbaumer [zF]:133, Tafel XXI–1, Tafel XXI–2.

Farbtafel 14 unten **Die orthodoxe Prognose fürs Experiment von Eric Oberheim.** Graphik von Benjamin Marschall.

Farbtafel 15 **Die unorthodoxe Erklärung des Experiments von Eric Oberheim.** Graphik von Benjamin Marschall.

Farbtafel 16 **Schräge Finsternisstrahlen auf dem Weg zur Schirmmitte.** Graphik von Matthias Herder.

Farbtafel 17 oben **Fehlende Finsternisstrahlen auf dem ersten Schirm.** Graphik von Matthias Herder.

Farbtafel 17 unten **Fehlende purpurne Finsternisstrahlen auf dem ersten Schirm.** Graphik von Matthias Herder.

Farbtafel 18 oben **Fehlende türkise Finsternisstrahlen auf dem ersten Schirm.** Graphik von Matthias Herder.

Farbtafel 18 unten **Schräge Finsternisstrahlen auf dem Weg zum zweiten Schirm.** Graphik von Matthias Herder.

Farbtafel 19 oben **Blaue, grüne und rote Lichtstrahlen im *experimentum crucis*.** Graphik von Matthias Herder.

Farbtafel 19 unten **Ausschnittvergrößerung der Abbildung oben.** Graphik von Matthias Herder.

Farbtafel 20 **Gelbe Unterrepräsentation im blauen Fleck auf dem zweiten Schirm.** Graphik von Matthias Herder.

Farbtafel 21 oben **Purpurne Finsternisstrahlen im blauen Fleck.** Graphik von Matthias Herder.

Farbtafel 21 unten **Purpurne und türkise Finsternisstrahlen im blauen Fleck.** Graphik von Matthias Herder.

Farbtafel 22 **Unorthodoxe Erklärung des blauen Flecks auf dem zweiten Schirm.** Graphik von Matthias Herder.

Farbtafel 23 **Unorthodoxe Erklärung des grünen Flecks auf dem zweiten Schirm.** Graphik von Matthias Herder.

Farbtafel 24 oben **Pfade fehlender Finsternisstrahlen.** Graphik von Matthias Herder.

Farbtafel 24 unten **Pfade fehlender gelber Finsternisstrahlen.** Graphik von Matthias Herder.

Farbtafel 25 oben **Pfade fehlender purpurner Finsternisstrahlen.** Graphik von Matthias Herder.

Farbtafel 25 unten. **Pfade fehlender türkise Finsternisstrahlen.** Graphik von Matthias Herder.

Farbtafel 26 **Versuchsergebnis auf dem letzten Schirm.** Graphik von Matthias Herder.

Farbtafel 27 **Versuchsergebnis auf dem letzten Schirm nach Drehung des Prismas.** Graphik von Matthias Herder.

Farbtafel 28 oben **Goethes Farbenkreis nach Matthaei.** Nach Tafel I in Goethe [LA]/II.4; für diese Graphik haben wir uns am Nachdruck aus Matthaei (ed) [GF]:51 (dort Abb. 49) orientiert. Bearbeitet und in *neutral*-grauen Rahmen eingebettet von Matthias Herder.

Farbtafel 28 unten **Goethes Farbenkreis nach Nussbaumer.** Graphik von

Matthias Herder, nachgezeichnet nach Nussbaumer [zF], mittleres Umschlagbild der Buchvorderseite.

Farbtafel 29 **Goethes Vorwegnahme der unordentlichen Spektren.** Goethes offizielle Version und Erklärung der Tafel XII findet sich in Goethe [EzGF]:97–99. Unsere Abbildung wurde von Matthias Herder mit genau denjenigen Farben koloriert, die sich in Ingo Nussbaumers Version des Goethe-Farbenkreises (Farbtafel 28 unten) finden.

Farbtafel 30 oben **Vier Entwicklungsstufen eines unordentlichen Spektrums.** Fotos von Ingo Nussbaumer.

Farbtafel 30 unten links **Purpur/Grün/Purpur-Kontrast.** Graphik von Benjamin Marschall

Farbtafel 30 unten rechts **Unordentlicher Farbenkreis.** Graphik von Matthias Herder.

Farbtafel 31 **Vier Vollspektren.** Fotos von Ingo Nussbaumer.

Farbtafel 32 **Acht verschiedene Farbmischungen.** Graphik aus Nussbaumer [zF]:133, Tafel XXI.

Literaturverzeichnis

Ich nenne nur solche Titel, auf die ich mich in dieser Arbeit ausdrücklich beziehe. Falls ein Titel ursprünglich zu einem früheren Zeitpunkt erschienen ist als zu dem von mir genannten Erscheinungsdatum, führe ich am Ende des Eintrages zusätzlich das frühere Erscheinungsdatum auf; die von mir benutzte Version des fraglichen Werkes könnte in diesem Fall von der ursprünglich erschienenen Version abweichen.

Mnemotechnischer Hinweis. *Die Kürzel zwischen eckigen Klammern ergeben sich durch folgenden Algorithmus aus den Titeln der fraglichen Schriften: Man streiche alle Vorkommnisse bestimmter und unbestimmter Artikel, beseitige sämtliche Vorkommnisse von »und« und »oder« (bzw. deren anderssprachige Äquivalente) sowie alle Wörter, die nach einem Punkt oder Doppelpunkt vorkommen; dann verkette man die Anfangsbuchstaben der (maximal) ersten vier verbleibenden Wörter, wobei für Präpositionen kleine Buchstaben zu benutzen sind und für alle anderen Wörter Großbuchstaben.*

Achinstein, Peter [ItBE]: »Inference to the best explanation: Or, who won the Mill-Whewell debate?« *Studies in History and Philosophy of Science* 23 No 2 (1992), pp. 349–364.

Alberti, Hans-Joachim von [MG]: *Mass und Gewicht. Geschichtliche und tabellarische Darstellungen von den Anfängen bis zur Gegenwart.* (Berlin: Akademie-Verlag, 1957.)

Amrine, Frederick/Zucker, Francis J./Wheeler, Harvey (eds) [GS]: *Goethe and the sciences. A reappraisal.* (Dordrecht: Reidel, 1987.) [= *Boston studies in the philosophy of science*, Volume 97.]

Anonym [F]: »Farbenlehre«. In Brockhaus (ed) [CLHW]/2.2:542/3. [In späteren Auflagen wird der fragliche Eintrag mit Autorkürzel »U« gekennzeichnet.]

Anonym [MPad]/a: »Merkwürdige Phänomene an und durch verschiedene Prismen. Zur richtigen Würdigung der Newton'schen und der von Göthe'schen Farbenlehre. Vom Dr. J. Friedrich Christian Werneburg. Mit 8 Kupfertafeln. Nürnberg, bey Johann Leonhard Schrag. 1817. 40 S. in 4«. *Leipziger Literatur-Zeitung* 198 (5.8.1817), sp. 1577/8.

Anonym [MPad]/b: »Merkwuerdige Phaenomene an und durch verschiedene Prismen. Zur richtigen Wuerdigung der Newtonischen und der von Goethischen Farbenlehre. Von Dr. J. Friedr. Christian Werneburg. Mit 8 Kupfertafeln. gr. 4. 17. 39. Nuernberg b. Schrag«. *Isis von Oken* 3 (1818), sp. 433–446.

Anonym [uPvH]: »Ueber Polarität von H. Levy«. *Isis von Oken* 4 (1832), sp. 357/8.

Anonym [W]: »Weimar«. *Gothaische gelehrte Zeitungen* 77 (26. 9. 1792), pp. 713–718.

Anonym [WiI]: »Weimar, im Industriecomptoir: J. W. von Goethe Beyträge zur Optik. I. Stück mit XXVII Tafeln. 1791. 8. 62 S.« *Allgemeine Literatur-Zeitung* 31 (28. 1. 1792), sp. 241–245.

Anonym [zFvG]/a: »Zur Farbenlehre von Göthe. Cotta, Tübingen 1810. 2 Bde. 95 Bogen«. *Neue Oberdeutsche allgemeine Literatur-Zeitung* 132 (5. 7. 1810), sp. 25–32.

Anonym [zFvG]/b: »Zur Farbenlehre von Göthe. Erster Band. Nebst einem Hefte mit 16 illumin. Kupfertafeln in 4. XLVIII u. 654 S. gr. 8. Zweyter Band, XXVIII und 757 Seiten gr. 8. Tübingen, bey Cotta«. *Neue Leipziger Literaturzeitung* 102 (24. 8. 1810), sp. 1629–1632.

Arnim, Ludwig Achim von [B]: »Biographie. I. Aus meinem Leben. Von Goethe. II. Abth. V. Th. Auch ich in der Champagne. Stuttgart. Cotta'sche Buchh. 1822. II. Memoires de M. le Duc de Lauzun. II. edit. Paris, Barrois, 1822. II. Vol. III. Aus den Memoiren des Venezianers Casanova. Nach dem Manuscript bearbeitet von Wilh. von Schuetz. I. u. II. Bd. Leipzig. Brockhaus, 1822«. *Literatur-Blatt* 66 (16. 8. 1822), pp. 261–264. [Beilage zum *Morgenblatt fuer gebildete Staende* 196. Anonym erschienene Rezension; für die Zuschreibung zu Arnim siehe Zehe in Goethe [LA]/II.5A:129–130.]

Arnim, Ludwig Achim von [VTEE]: *Versuch einer Theorie der elektrischen Erscheinungen.* (Halle: Gebauer, 1799.)

Arnhold, Erna [GBB]: *Goethes Berliner Beziehungen.* (Gotha: Klotz, 1925.)

Bartels, Ernst Daniel August [NbS]: »Nürnberg, b. Schrag: Neues Journal für Chemie und Physik, in Verbindung mit Bernhardi, Bucholz, v. Crell, Gehlen, Hermbstädt, Hildebrandt, Klaproth, Oersted, Pfaff, Seebeck, Weiss herausgegeben von Dr. J. S. C. Schweigger, der Physik und Mathematik Prof. am Christ. Ernest. Colleg. zu Baireuth u. s. w.« *Jenaische Allgemeine Literatur-Zeitung* 77–78 (16.–17. 4. 1812), sp. 89–96, 97–100. [Die Rezension erschien anonym; für die Zuschreibung zu Bartels siehe Zehe in Goethe [LA]/II.5A:69.]

Barth, Max [BzEE]: *Beiträge zur experimentellen Erweiterung von Goethes Farbenlehre.* (Dornach: Versuchsraum für Goethes Farbenlehre, 1944.)

Barthel, Ernst [GRF]: *Goethes Relativitätstheorie der Farbe. Nebst einer musikästhetischen Parallele.* (Bonn: Cohen, 1923.)

Barrett, Robert B./Gibson, Roger F. (eds) [PoQ]: *Perspectives on Quine.* (Cambridge/Massachusetts: Blackwell, 1990.)

Baumgartner, Andreas [NnIG]/2: *Die Naturlehre nach ihrem gegenwärtigen Zustande mit Rücksicht auf mathematische Begründung. Zweiter Theil.* (Wien: Heubner, 1824.)

Benn, Gottfried [GN]: *Goethe und die Naturwissenschaften.* (Zürich: Arche, 1949.) [Erschien zuerst 1932.]

Benzenberg, Johann Friedrich [BGaR]/2: *Briefe geschrieben auf einer Reise durch die Schweiz im Jahr 1810. Zweiter Band. Mit drei Kupfern und mehreren Tabellen.* (Düsseldorf: Schreiner, 1812.)

Berg, Hermann/Germann, Dietrich [RS]: »Ritter und Schelling. Empirie oder Spekulation (mit Ritters Briefen an Schelling)«. In Lange (ed) [PJS]:83–113.

Berger, Johann Erich von [AGzW]/2: *Allgemeine Grundzuege zur Wissenschaft. Zweiter Theil zur philosophischen Naturerkenntniß.* (Altona: Hammerich, 1821.)

Bergström, Lars [QUS]: »Quine, underdetermination, and skepticism«. *The Journal of Philosophy* 90 No 7 (July 1993), pp. 331–358.

Bergström, Lars [SV]: »Scientific value«. *International Studies in the Philosophy of Science* 10 No 3 (1996), pp. 189–202.

Bergström, Lars [UoPT]: »Underdetermination of physical theory«. In Gibson (ed) [CCtQ]:91–114.

Bernal, John Desmond [SiH]/2: *Science in history. Volume 2. The scientific and industrial revolutions.* (Harmondsworth: Penguin, 1969.) [Erschien zuerst 1954.]

Beyer, Wilhelm Raimund [GHT]: *Gegenwartsbezüge Hegelscher Themen. Mit unbekannten Hegel-Texten zur Farbenlehre.* (Königstein/Taunus: Hain, 1985.) [= *Monographien zur philosophischen Forschung*, Band 228]

Beyer, Wilhelm Raimund [TJS]: »Thomas Johann Seebeck«. In Beyer [GHT]:63–73.

Beyer, Wilhelm Raimund [ZBUE]: »Zwei bisher unbekannte Exzerpte Hegels zum Licht- und Farbenthema aus dem Jahre 1822 mit acht Figuren«. In Beyer [GHT]:93–95.

Bieri, Hanspeter/Zwahlen, Sara Margarita (eds) [TOAW]: *»Trinkt, o Augen, was die Wimper hält, …« Farbe und Farben in Wissenschaft und Kunst. Referate einer Vorlesungsreihe des Collegium generale der Universität Bern im Sommersemester 2006.* (Bern: Haupt, 2008.) [= *Berner Universitätsschriften*, Band 52]

Biernson, George [WDNS]: »Why did Newton see indigo in the spectrum?« *American Journal of Physics* 40 No 4 (1972), pp. 526–533.

Biot, Jean Baptiste [LEPE]/4: *Lehrbuch der Experimental-Physik oder Erfahrungs-Naturlehre. Zweite Auflage der deutschen Bearbeitung. Vierter Band.*

(Überarbeitete Ausgabe; Gustav Theodor Fechner (tr, ed); Leipzig: Voß, 1829.) [Erschien zuerst auf Französisch im Jahr 1817; auf Deutsch zuerst 1824.]

Birch, Thomas [HoRS]/III: *The history of the Royal Society of London for improving of natural knowledge. Volume III.* (Hildesheim: Olms, 1968.) [Erschien zuerst 1757.]

Bird, Alexander [TK]: *Thomas Kuhn.* (Chesham: Acumen, 2000.)

Bjerke, André [NBzG]: *Neue Beiträge zu Goethes Farbenlehre. Erster Teil. Goethe contra Newton.* (Louise Funk (tr); Stuttgart: Verlag Freies Geistesleben, 1963.) [Erschien zuerst auf Norwegisch im Jahr 1961.]

Blasius, Jürgen [zWG]: »Zur Wissenschaftstheorie Goethes«. *Zeitschrift für philosophische Forschung* 33 No 3 (1979), pp. 371–388.

Bleck-Neuhaus, Jörn [ET]: *Elementare Teilchen. Moderne Physik von den Atomen bis zum Standard-Modell.* (Heidelberg: Springer, 2010.)

Bleisch, Barbara/Strub, Jean-Daniel (eds) [P]: *Pazifismus. Ideengeschichte, Theorie und Praxis.* (Bern: Haupt, 2006.)

Bloor, David [KSI]: *Knowledge and social imagery.* (Erweiterte Ausgabe; Chicago: University of Chicago Press, 1991.) [Erschien zuerst 1976.]

Böhme, Gernot [AW]: *Alternativen der Wissenschaft.* (Frankfurt/Main: Suhrkamp, 1993.) [Erschien zuerst 1980.]

Böhme, Gernot [IGFW]: »Ist Goethes Farbenlehre Wissenschaft?« In Böhme [AW]:123–153. [Erschien zuerst 1977.]

Boisserée, Mathilde (ed) [SB]/2: *Sulpiz Boisserée. Zweiter Band. Briefwechsel mit Goethe.* (Stuttgart: Cotta, 1862.)

Born, Max [BzF]: »Betrachtungen zur Farbenlehre«. *Die Naturwissenschaften* 50 No 2 (1963), pp. 29–39.

Boskamp, Ulrike [PF]: *Primärfarben und Farbharmonie. Farbe in der französischen Naturwissenschaft, Kunstliteratur und Malerei des 18. Jahrhunderts.* (Weimar: Verlag und Datenbank für Geisteswissenschaften, 2009.)

Brandes, Heinrich Wilhelm [B]: »Brechbarkeit«. In Gehler [PW]/1:1111–1196.

Brandes, Heinrich Wilhelm [F]: »Farbe«. In Gehler [PW]/4.1:39–131.

Brandes, Simon Rudolph [BzKM]: »Beiträge zur Kenntniss der Meteorwasser«. *Journal für Chemie und Physik* 48 No 2 (1826), pp. 153–183.

Bratranek, Franz Thomas (ed) [GNC]/2: *Goethe's Naturwissenschaftliche Correspondenz. (1812–1832.) Zweiter Band.* (Leipzig: Brockhaus, 1874.) [= *Neue Mittheilungen aus Johann Wolfgang von Goethe's handschriftlichem Nachlasse*, Band 2]

Breidbach, Olaf [GN]: *Goethes Naturverständnis.* (München: Fink, 2011.)

Breidbach, Olaf [zVvG]: »Zum Verhältnis von Goethe und Newton«. In Scheurmann (ed) [CC]:46–49.

Breidbach, Olaf/Heering, Peter/Müller, Matthias/Weber, Heiko (eds) [EW]: *Experimentelle Wissenschaftsgeschichte*. (München: Fink, 2010.) [= *Laboratorium Aufklärung*, Band 3]

Breidbach, Olaf/Ziche, Paul (eds) [NuA]: *Naturwissenschaften um 1800. Wissenschaftskultur in Jena–Weimar*. (Weimar: Böhlau, 2001.)

Brewer, Johann Paul [VNTL]: *Versuch einer neuen Theorie der Lichtfarben*. (Düsseldorf: Dänzer, 1815.) [Erschien zuerst 1811.]

Brockhaus, Friedrich Arnold (ed) [ADRE]/5.10: *Allgemeine deutsche Real-Encyclopaedie fuer die gebildeten Staende. Fuenfte Original-Ausgabe. Zehnter Band. To bis Zz*. (Leipzig: Brockhaus, 1820.)

Brockhaus, Friedrich Arnold (†, ed) [ADRE]/7.4: *Allgemeine deutsche Real-Encyklopaedie fuer die gebildeten Staende. Siebente Originalauflage. Vierter Band. F bis G*. (Leipzig: Brockhaus, 1827.)

Brockhaus, Friedrich Arnold (ed) [CLHW]/2.2: *Conversations-Lexicon oder Hand-Woerterbuch fuer die gebildeten Staende. Zweite Auflage. Zweiter Band. Von Compaß bis Fleury*. (Leipzig: Kunst- und Industrie-Comptoir von Amsterdam, 1813.)

Brockhaus, Friedrich Arnold (ed) [CLHW]/2.10: *Conversations-Lexicon oder Hand-Woerterbuch fuer die gebildeten Staende. [Zweite Auflage.] Zehnter Band. To bis Z*. (Leipzig: Brockhaus, 1819.)

Brockhaus, Friedrich Arnold (ed) [CLEH]/3.3: *Conversations-Lexicon oder encyclopaedisches Handwoerterbuch fuer gebildete Staende. Dritte Auflage. Dritter Band. D bis F*. (Leipzig: Brockhaus, 1815.)

Brockhaus, Friedrich Arnold/Ludwig Hain [V]: »Vorrede«. In Brockhaus (ed) [ADRE]/5.10:I-XXXII.

Brockhaus, Friedrich Arnold/Ludwig Hain [VzZB]: »Vorrede zum zehnten Bande«. In Brockhaus (ed) [CLHW]/2.10:IX–XVI.

Brown, Richard J. C./Brewer, Paul J./Milton, Martin J. T. [PCPo]: »The physical and chemical properties of electroless nickel-phosphorus alloys and low reflectance nickel-phosphorus black surfaces«. *Journal of Materials Chemistry* 12 No 9 (2002), pp. 2749–2754.

Buchwald, Jed Z. [DEJp]: »Descartes's experimental journey past the prism and through the invisible world to the rainbow«. *Annals of Science* 65 No 1 (2008), pp. 1–46.

Bullmann, J. C. [JNGz]: »Jahresbericht der naturforschenden Gesellschaft zu Halle, vom 3. Juli 1823, bis dahin 1824«. *Journal für Chemie und Physik* 46 No 3 (1826), pp. 257–259.

Bunge, Mario [MoS]: *The myth of simplicity. Problems of scientific philosophy*. (Englewood Cliffs: Prentice Hall, 1963.)

Bunzl, Martin [RWEU]: »Real world epistemic under-determination«. *Philosophia. Philosophical Quarterly of Israel* 31 No 1/2 (2003), pp. 139–147.

Burwick, Frederick [DoN]: *The damnation of Newton. Goethe's color theory and romantic perception.* (Berlin: de Gruyter, 1986.) [= *Quellen und Forschungen zur Sprach- und Kulturgeschichte der germanischen Völker*, Band 86 (210)]

Byrne, Alex/Hilbert, David R. (eds) [RoC]/1: *Readings on color. Volume 1. The philosophy of color.* (Cambridge/Massachusetts: MIT Press, 1997.)

Campenhausen, Christoph von [SM]: *Die Sinne des Menschen. Einführung in die Psychophysik der Wahrnehmung.* (Stuttgart: Thieme, 1993.) [Erschien zuerst 1981.]

Carnap, Rudolf [PFoP]: *Philosophical foundations of physics. An introduction to the philosophy of science.* (Martin Gardner (ed); New York: Basic Books, 1966.)

Carrier, Martin [GFIP]: »Goethes Farbenlehre – ihre Physik und Philosophie«. *Zeitschrift für allgemeine Wissenschaftstheorie* 12 No 2 (1981), 209–225.

Carrier, Martin [RP]: »Die Rettung der Phänomene. Zu den Wandlungen eines antiken Forschungsprinzips«. In Wolters et al (eds) [HSHF]:25–38.

Cassirer, Ernst [GMP]: »Goethe und die mathematische Physik. Eine erkenntnistheoretische Studie«. In Cassirer [IG]:27–76.

Cassirer, Ernst [IG]: *Idee und Gestalt. Goethe. Schiller. Hölderlin. Kleist. Fünf Aufsätze.* (Berlin: Cassirer, 1921.)

Chang, Hasok [RRoR]: »Rumford and the reflection of radiant cold. Historical reflections and metaphysical reflexes«. *Physics in Perspective* 4 No 2 (2002), pp. 127–169.

Cohen, I. Bernard [GtNP]: »A guide to Newton's *principia*«. In Newton [P]:1–370.

Cohen, Jonathan [RR]: *The red and the real. An essay on color ontology.* (Oxford: Oxford University Press, 2009.)

Connor, R. D. [WMoE]: *The weights and measures of England.* (London: Her Majesty's Stationery Office, 1987.)

Conrady, Karl Otto (ed) [DLzZ]: *Deutsche Literatur zur Zeit der Klassik.* (Stuttgart: Reclam, 1977.)

Corriero, Emilio Carlo/Dezi, Andrea (eds) [NRiS]: *Nature and realism in Schelling's philosophy.* (Turin: Accademia University Press, 2013.)

Crease, Robert P. [PP]: *The prism and the pendulum.* (New York: Random House, 2004.) [Erschien zuerst 2003.]

Curtin, Deane W. (ed) [ADoS]: *The aesthetic dimension of science. 1980 Nobel conference.* (New York: Philosophical Library, 1982.)

da Vinci, Leonardo [VFML]: *Des vortreflichen Florentinischen Mahlers Lionardo da Vinci hoechst-nuetzlicher Tractat von der Mahlerey.* (Johann Georg Böhm, Sen. (tr, ed); Nürnberg: Weigel, 1747.) [Im Jahr 1651 posthum veröffentlicht als *Trattato della pittura.*]

Day, Timothy/Kincaid, Harold [PItB]: »Putting inference to the best explanation in its place«. *Synthese* 98 No 2 (1994), pp. 271–295.

Demtröder, Wolfgang [E]/1: *Experimentalphysik 1. Mechanik und Wärme.* (Überarbeitete Ausgabe; Berlin: Springer, 2013.) [Erschien zuerst 1994.]

Demtröder, Wolfgang [E]/2: *Experimentalphysik 2. Elektrizität und Optik.* (Überarbeitete Ausgabe; Berlin: Springer, 2013.) [Erschien zuerst 1995.]

Desaguliers, John Theophilus [AoSE]: »An account of some experiments of light and colours, formerly made by Sir Isaac Newton, and mention'd in his opticks, lately repeated before the Royal Society«. *Philosophical Transactions* 29 No 348 (1716), pp. 433–447.

Devitt, Michael [UR]: »Underdetermination and realism«. *Philosophical Issues* 12 (2002), pp. 26–50.

Dirac, Paul [ToT]: »The test of time«. *The Unesco Courier* 32 (May 1979), pp. 17–23.

D. N. [F]: »Farbenlehre«. In Brockhaus (†, ed) [ADRE]/7.4:29–31. [Die Einträge mit dem Namenskürzel »D. N.« wurden D. Nürnberger aus Gorau zugeschrieben, siehe Brockhaus et al [V]:XVI.]

Dobbs, Betty Jo Teeter [FoNA]: *The foundations of Newton's alchemy or »The hunting of the greene lyon«.* (Cambridge: Cambridge University Press, 1975.)

Dobbs, Betty Jo Teeter [JFoG]: *The Janus faces of genius. The role of alchemy in Newton's thought.* (Cambridge: Cambridge University Press, 1991.)

Döbereiner, Johann Wolfgang [VCB]: »Vermischte chemische Bemerkungen«. *Journal für Chemie und Physik* 2 No 3 (1811), pp. 331–334.

Döbereiner, Johann Wolfgang [vWG]: »Von der Waidindigo-Gewinnung«. *Journal für Chemie und Physik* 11 No 2 (1814), pp. 187–191.

Dobrinski, Paul/Krakau, Gunter/Vogel, Anselm [PfI]: *Physik für Ingenieure.* (Überarbeitete Ausgabe; Wiesbaden: Vieweg+Teubner, 2010.) [Erschien zuerst 1970.]

Dorsch, Fabian [NF]: *Die Natur der Farben.* (Heusenstamm: Ontos, 2009.) [= *Epistemische Studien. Schriften zur Erkenntnis- und Wissenschaftstheorie*, Band 15]

du Bois-Reymond, Emil [GKE]: *Goethe und kein Ende. Rede bei Antritt des Rectorats der Koenigl. Friedrich-Wilhelms-Universitaet zu Berlin am 15. October 1882.* (Leipzig: Veit, 1883.)

du Bois-Reymond, Emil [UüTE]/1: *Untersuchungen über thierische Elektricität. Erster Band.* (Berlin: Reimer, 1848.)

Ducheyne, Steffen [MBoN]: *The main business of natural philosophy. Isaac Newton's natural-philosophical methodology.* (Dordrecht: Springer, 2012.)

Duhem, Pierre [ZSPT]: *Ziel und Struktur der physikalischen Theorien.* (Friedrich Adler (tr), Lothar Schäfer (ed); Hamburg: Meiner, 1978.) [Erschien zuerst auf Französisch im Jahr 1906.]

Dyson, Freeman J. [MA]: »Manchester and Athens«. In Curtin (ed) [ADoS]:41–62.

Eckermann, Johann Peter [GmGi]: *Gespräche mit Goethe in den letzten Jahren seines Lebens.* (Regine Otto (ed); München: Beck, 1988.) [Erschien zuerst in drei Teilen; erster und zweiter Teil 1836, dritter Teil 1848.]

Eckle, Jutta [E]: »Einleitung«. In Goethe [LA]/II.1A:XXVII–XXXVIII.

Eder, Josef Maria [GP]/1: *Geschichte der Photographie. Erste Hälfte.* (Erweiterte Ausgabe; Halle/Saale: Knapp, 1932.) [Erschien zuerst 1891.]

Eder, Josef Maria [GP]/2: *Geschichte der Photographie. Zweite Hälfte.* (Erweiterte Ausgabe; Halle/Saale: Knapp, 1932.) [Erschien zuerst 1891.]

Einstein, Albert [A]: »Autobiographisches«. In Einstein [AN]:2–88. [Erschien zuerst 1949.]

Einstein, Albert [AN]: *Autobiographical notes.* (Paul Arthur Schilpp (tr, ed); La Salle/Illinois: Open Court, 1979.)

Einstein, Albert [F]: »Foreword«. In Newton [O]/A:vii–viii.

Einstein, Albert [MW]: *Mein Weltbild.* (Erweiterte Ausgabe; Carl Seelig (ed); Frankfurt/Main: Ullstein, 1984.) [Erschien zuerst 1934.]

Einstein, Albert [üSAR]: *Über die spezielle und die allgemeine Relativitätstheorie.* (Braunschweig: Vieweg, 1982.) [Erschien zuerst 1917.]

Einstein, Albert [zMTP]: »Zur Methodik der theoretischen Physik«. In Einstein [MW]:113–119. [Undatierter Vortrag, wohl aus der Zeit um das Jahr 1930.]

Eissler, Kurt R. [G]: *Goethe. A psychoanalytic study. 1775–1786.* (Detroit: Wayne State University Press, 1963.) [Da die Seiten der beiden Bände durchlaufend gezählt werden, zitiere ich ohne Angabe der Band-Nummer.]

Eissler, Kurt R. [G]/A: *Goethe. Eine psychoanalytische Studie. 1775–1786.* (Peter Fischer/Rüdiger Scholz (tr); Basel: Stroemfeld, 1983 und 1985.) [Erschien zuerst auf Englisch im Jahr 1963; da die Seiten der beiden Bände durchlaufend gezählt werden, zitiere ich ohne Angabe der Band-Nummer.]

Encrevé, Pierre [WS]: »Warum Schwarz?« In Encrevé et al (eds) [PS]:16–19. [Aus dem Französischen von Nicole Denis.]

Encrevé, Pierre/Pacquement, Alfred (eds) [PS]: *Pierre Soulages.* (München: Hirmer, 2010.)

Faraday, Michael [oSNE]: »On some new electro-magnetical motions, and on the theory of magnetism«. *The Quarterly Journal of Science, Literature, and the Arts* 12 No 23 (1822), pp. 74–96.

Fechner, Gustav Theodor [KDGF]: »Kurze Darstellung der Goethe'schen Farbentheorie«. In Biot [LEPE]/4:486–488.

Feigl, Herbert/Maxwell, Grover (eds) [SEST]: *Scientific explanation, space, and time.* (Minneapolis: University of Minnesota Press, 1962.) [= *Minnesota studies in the philosophy of science*, Volume 3]

Ferguson, Niall (ed) [VH]: *Virtual history. Alternatives and counterfactuals.* (London: Picador, 1997.)

Feyerabend, Paul K. [aM]: *Against method.* (Überarbeitete Ausgabe; London: Verso, 1988.) [Erschien zuerst 1975.]

Feyerabend, Paul K. [ERE]: »Explanation, reduction, and empiricism«. In Feigl et al (eds) [SEST]:28–97.

Feyerabend, Paul K. [PE]/I: *Probleme des Empirismus. Teil I.* (Volker Böhnigk/Rainer Noske (trs); Stuttgart: Reclam, 2002.) [Erschien zuerst auf Englisch im Jahr 1965.]

Feyerabend, Paul K. [WaK]: *Wissenschaft als Kunst.* (Frankfurt/Main: Suhrkamp, 1984.)

Feyerabend, Paul K. [wM]: *Wider den Methodenzwang.* (Erweiterte Ausgabe; Hermann Vetter (tr); Frankfurt/Main: Suhrkamp, 1995.) [Erschien zuerst auf Englisch im Jahr 1975, auf Deutsch zuerst 1976.]

Ficinus, Heinrich David [F]: »Farben«. In Pierer (ed) [APRz]/3:19–39.

Ficinus, Heinrich David [L]: »Licht«. In Pierer et al (eds) [APRz]/4: 776–792.

Ficinus, Heinrich David [OVFU]: *Optik oder Versuch eines folgerechten Umrisses der gesammten Lehre vom Licht, wie sie dem gegenwärtigen Stande unsrer physiologischen und physikalischen Kenntnisse angemessen ist.* (Dresden: Hilscher, 1828.)

Figala, Karin [EAvI]: »›Die exakte Alchemie von Isaac Newton‹. Seine ›gesetzmässige‹ Interpretation der Alchemie – dargestellt am Beispiel einiger ihn beeinflussender Autoren«. *Verhandlungen der Naturforschenden Gesellschaft in Basel* 94 (1983), pp. 157–227.

Figala, Karin [NaA]: »Newton as alchemist«. *History of Science* 15 No 2 (1977), pp.102–137.

Fintel, Kai von [CiDC]: »Counterfactuals in a dynamic context«. In Kenstowicz (ed) [KH]:123–152.

Fischer, Ernst Gottfried [LMN]/A1: *Lehrbuch der mechanischen Naturlehre. Erster Theil.* (Berlin: Nauck, 1819.) [Erschien zuerst 1805.]

Fischer, Ernst Gottfried [LMN]/B1: *Lehrbuch der mechanischen Naturlehre. Erster Theil.* (Überarbeitete Ausgabe; Berlin: Nauck, 1827.) [Erschien zuerst 1805.]

Fischer, Ernst Gottfried [V]: »Vorrede«. In Fischer [LMN]/A1:III-XXIII.

Fischer, Ernst Gottfried [VzZA]: »Vorrede zur zweiten Auflage«. In Fischer [LMN]/B1:V-XXIII. [Erschien zuerst 1819.]

Fox, Robert [RFoL]: »The rise and fall of Laplacian physics«. *Historical Studies in the Physical Sciences* 4 (1974), pp. 89–136.

Frercks, Jan [DV]: »Disziplinbildung und Vorlesungsalltag. Funktionen von Lehrbüchern der Physik um 1800 mit einem Fokus auf die Universität Jena«. *Berichte zur Wissenschaftsgeschichte* 27 No 1 (2004), pp. 27–52.

Frercks, Jan/Weber, Heiko/Wiesenfeldt, Gerhard [RD]: »Reception and discovery. The nature of Johann Wilhelm Ritter's invisible rays«. *Studies in History and Philosophy of Science* 40 No 2 (2009), pp. 143–156.

Freudenthal, Gideon/McLaughlin, Peter (eds) [SERo]: *The social and economic roots of the scientific revolution. Texts by Boris Hessen and Henryk Grossmann.* (Berlin: Springer, 2009.) [= *Boston studies in the philosophy of science*, Volume 278]

Friedenthal, Richard [G]: *Goethe. Sein Leben und seine Zeit.* (München: Piper, 1986.) [Erschien zuerst 1963.]

Friedman, Michael [ESU]: »Explanation and scientific understanding«. *The Journal of Philosophy* 71 No 1 (January 1974), pp. 5–19.

Fries, Jakob Friedrich [PS]/1: *Polemische Schriften. Erster Band.* (Erweiterte Ausgabe; Halle: Reinicke, 1824.) [Erschien zuerst 1803 unter dem Titel *Reinhold, Fichte und Schelling.*]

Fries, Jakob Friedrich [uNFH]: »Ueber Newton's Farbentheorie, Herrn von Göthe's Farbenlehre und den chemischen Gegensatz der Farben. Ein Versuch in der experimentalen Optik. Von Dr. C. H. Pfaff, ordentlichem Professor der Physik und Chemie der Universität zu Kiel und Mitglied des Schleswig-Holsteinisehen [sic] Sanitäts-Collegiums. Mit 1 Kupfer. Leipzig, 1813. Bey Fr. Chr. Wilh. Vogel. XVI und 182 S. gr. 8«. *Heidelbergische Jahrbuecher der Litteratur* 7 No 27 (1814), pp. 417–430. [Die Rezension erschien anonym; für die Zuschreibung zu Fries siehe Zehe in Goethe [LA]/II.5A:101.]

Fries, Jakob Friedrich [WLvD]: »Wissenschaft der Logik von D. G. W. F. Hegel, Prof. und Rector am k. baier. Gymn. zu Nuernberg. Erster Band. Die objektive Logik. Nuernberg, bey J. L. Schrag. Erster Theil. 1812. 8. XXVIII u. 334 S. Zweyter Theil. 1813. 282 S«. *Heidelbergische Jahrbuecher der Litteratur* 8 No 25 (1815), pp. 385–393.

Fries, Jakob Friedrich [zFvG]: »Zur Farbenlehre, von Goethe. Erster Band. Nebst einem Hefte mit sechzehn Kupfertafeln. XLVIII u. 654 S. Zweyter Band. XXVIII u. 757 S. 8. Tuebingen, in der J. G. Cotta'schen Buchhandlung. 1810«. *Heidelbergische Jahrbuecher der Literatur für Mathematik, Physik und Kameralwissenschaften* 3 No 7 (1810), pp. 289–307. [Die Rezension erschien anonym; für die Zuschreibung zu Fries siehe Matthaei und Kuhn in Goethe [LA]/II.4:229.]

Fritzsch, Harald [Q]: *Quarks. Urstoff unserer Welt.* (München: Piper, 1981.)

Gamper, Michael [E]: *Elektropoetologie. Fiktionen der Elektrizität 1740–1870.* (Göttingen: Wallstein, 2009.)

Gautier d'Agoty, Jacques Fabien [CGGd]: *Chroa-genesie ou génération des couleurs, contre le systême de Newton.* (Paris: ohne Verlagsangabe, 1749.)

Gautier d'Agoty, Jacques Fabien [dOEI]: *De optice errores Isaaci Newtonis aurati equitis demonstrans. Ad illustrandas experientias.* (Carolus Nicolaus Jenty (ed); London: 1750.) [Lateinische Übersetzung von Gautier d'Agoty [CGGd].]

Gazeau, Jean-Pierre/Kerner, Richard/Antoine, Jean-Pierre/Métens, Stéphane/Thibon, Jean-Yves [GTF]: *GROUP 24. Physical and mathematical aspects of symmetries. Proceedings of the twenty-fourth international colloquium on group theoretical methods in physics held in Paris, France, 15–20 July 2002.* (Bristol: Institute of Physics Publishing, 2003.) [= *Institute of Physics Conference Series*, Band 173]

Geach, Peter Thomas [LM]: *Logic matters.* (Überarbeitete Ausgabe; Oxford: Blackwell, 1981.) [Erschien zuerst 1972.]

Geach, Peter Thomas [PoP]: »The perils of Pauline«. In Geach [LM]:153–165. [Erschien zuerst 1969.]

Gebhardt, Carl (ed) [BAS]/1: *Der Briefwechsel Arthur Schopenhauers. Erster Band. (1799–1849.)* (München: Piper, 1929.) [= *Arthur Schopenhauers sämtliche Werke*, Band 14]

Gebhardt, Martin [GaP]: *Goethe als Physiker. Ein Weg zum unbekannten Goethe.* (Berlin: Grote, 1932.)

Gehler, Johann Samuel Traugott [PW]/1: *Physikalisches Wörterbuch. Neu bearbeitet von Brandes. Gmelin. Horner. Muncke. Pfaff. Erster Band. A und B.* (Überarbeitete Ausgabe; Leipzig: Schwickert, 1825.) [Erschien zuerst 1787.]

Gehler, Johann Samuel Traugott [PW]/4.1: *Physikalisches Wörterbuch. Neu bearbeitet von Brandes. Gmelin. Horner. Muncke. Pfaff. Vierter Band. Erste Abtheilung. F.* (Leipzig: Schwickert, 1827.) [Erschien zuerst 1789.]

Gibson, Roger F. (ed) [CCtQ]: *The Cambridge companion to Quine.* (Cambridge: Cambridge University Press, 2004.)

Gingerich, Owen [CN]: »Circumventing Newton. A study in scientific creativity«. *American Journal of Physics* 46 No 3 (1978), pp. 202–206.

Gingerich, Owen (ed) [NoSD]: *The nature of scientific discovery. A symposium commemorating the 500th anniversary of the birth of Nicolaus Copernicus.* (Washington, D.C.: Smithsonian Institution Press, 1975.)

Glockner, Hermann [PPiG]: *Das philosophische Problem in Goethes Farbenlehre.* (Heidelberg: Winter, 1924.) [= *Beiträge zur Philosophie* 11]

Göbel, Roman [NPGW]: »Newtons Prismen und Goethes weiße Mitte. Ein Erfahrungsbericht aus dem experimentellen Nachvollzug«. *TABVLA RASA. Jenenser Zeitschrift für Kritisches Denken* 44 (2011), pp. 39–61.

Goethe, Johann Wolfgang von [ÄBV]: »Älteres, beinahe Veraltetes«. In Goethe [LA]/I.8:358–363. [Aus Goethe [zNÜ]/II.1. Erschien zuerst 1823.]

Goethe, Johann Wolfgang von [ÄE]: »Ältere Einleitung«. In Goethe [LA]/I.8:178–184. [Aus Goethe [zNÜ]/I.4. Erschien zuerst 1822; der Text entstand vermutlich Anfang 1815 (so Nickol in Goethe [LA]/II.5B/2: 1574).]

Goethe, Johann Wolfgang von [AÜGW]: »Anzeige und Übersicht des Goethischen Werkes zur Farbenlehre«. In Goethe [LA]/I.7:1–17. [Erschien zuerst 1810.]

Goethe, Johann Wolfgang von [B]: »Bedenken«. In Goethe [LA]/I.3:298–302. [Die Herausgeber der Leopoldina-Ausgabe datieren diese Textsammlung »um 1800« (Goethe [LA]/I.3:299).]

Goethe, Johann Wolfgang von [BzO]/1: *Beiträge zur Optik. Erstes Stück mit 27 Karten und 13 Tafeln.* In Goethe [LA]/I.3:6–37, 450–452. [Erschien zuerst 1791.]

Goethe, Johann Wolfgang von [BzO]/2: *Beiträge zur Optik. Zweites Stück mit zwei farbigen Tafeln.* In Goethe [LA]/I.3:38–53. [Erschien zuerst 1792.]

Goethe, Johann Wolfgang von [EF]: *Entwurf einer Farbenlehre. Des ersten Bandes erster, didaktischer Teil.* In Goethe [LA]/I.4:11–266. [Erschien zuerst als Separatdruck in kleiner Auflage 1808; dann im Jahr 1810 zusammen mit Goethe [ETN].]

Goethe, Johann Wolfgang von [EF]/a: »Entoptische Farben«. In Goethe [LA]/I.8:94–138. [Aus Goethe [zNÜ]/I.3. Erschien zuerst 1820.]

Goethe, Johann Wolfgang von [ENP]: »Einwirkung der neueren Philosophie«. In Goethe [LA]/I.9:90–94. [Erschien zuerst 1820.]

Goethe, Johann Wolfgang von [ETN]: *Enthüllung der Theorie Newtons. Des ersten Bandes zweiter, polemischer Teil.* In Goethe [LA]/I.5:1–195. [Erschien zuerst 1810, und zwar ungefähr am 10. 5. 1810 (siehe Schmid [GMiH]:9).]

Goethe, Johann Wolfgang von [EzGF]: *Erklärung der zu Goethes Farbenlehre gehörigen Tafeln.* In Goethe [LA]/I.7:41–114. [Erschien zuerst 1810, und zwar ungefähr am 10.5.1810 (siehe Schmid [GMiH]:9).]

Goethe, Johann Wolfgang von [FüMM]: »Ferneres über Mathematik und Mathematiker«. In Goethe [LA]/I.11:367–371.

Goethe, Johann Wolfgang von [GVBa]: »Galvanische Versuche bezüglich auf Physiologische Farben«. In Goethe [LA]/I.3:382/3.

Goethe, Johann Wolfgang von [GW]/I.3: *Goethes Werke. I. Abtheilung: Werke im engern Sinne. [Literarische Werke.] 3. Band: Gedichte. Dritter Theil.* (Weimar: Böhlau, 1890.) [= Goethe [WA]/I.3]

Goethe, Johann Wolfgang von [GW]/I.36: *Goethes Werke. I. Abtheilung: Werke im engern Sinne. [Literarische Werke.] 36. Band: Tag- und Jahres-Hefte als Ergänzung meiner sonstigen Bekenntnisse, von 1807 bis 1822.* (Weimar: Böhlau, 1893.) [= Goethe [WA]/I.36]

Goethe, Johann Wolfgang von [GW]/II.5/2: *Goethes Werke. II. Abtheilung: Naturwissenschaftliche Schriften. 5. Band. Zweite Abtheilung: Paralipomena zu Band 1–5. Register zu Band 1–5 2. Abtheilung.* (Weimar: Böhlau, 1906.) [= Goethe [WA]/II.5/2]

Goethe, Johann Wolfgang von [GW]/II.11: *Goethes Werke. II. Abtheilung: Naturwissenschaftliche Schriften. 11. Band: Zur Naturwissenschaft. Allgemeine Naturlehre. I. Theil.* (Weimar: Böhlau, 1893.) [= Goethe [WA]/II.11]

Goethe, Johann Wolfgang von [GW]/III.6: *Goethes Werke. III. Abtheilung: Tagebücher. 6. Band: 1817 – 1818.* (Weimar: Böhlau, 1894.) [= Goethe [WA]/III.6]

Goethe, Johann Wolfgang von [GW]/III.8: *Goethes Werke. III. Abtheilung: Tagebücher. 8. Band: 1821 – 1822.* (Weimar: Böhlau, 1896.) [= Goethe [WA]/III.8]

Goethe, Johann Wolfgang von [GW]/III.10: *Goethes Werke. III. Abtheilung: Tagebücher. 10. Band: 1825 – 1826.* (Weimar: Böhlau, 1899.) [= Goethe [WA]/III.10]

Goethe, Johann Wolfgang von [GW]/IV.9: *Goethes Werke. IV. Abtheilung: Briefe. 9. Band: 18. Juni 1788 – 8. August 1792.* (Weimar: Böhlau, 1891.) [= Goethe [WA]/IV.9]

Goethe, Johann Wolfgang von [GW]/IV.15: *Goethes Werke. IV. Abtheilung: Briefe. 15. Band: 1800. 1801.* (Weimar: Böhlau, 1894.) [= Goethe [WA]/IV.15]

Goethe, Johann Wolfgang von [GW]/IV.19: *Goethes Werke. IV. Abtheilung: Briefe. 19. Band: 9. Mai 1805 – Ende 1807.* (Weimar: Böhlau, 1895.) [= Goethe [WA]/IV.19]

Goethe, Johann Wolfgang von [GW]/IV.24: *Goethes Werke. IV. Abtheilung: Briefe. 24. Band: September 1813 – 24. Juli 1814.* (Weimar: Böhlau, 1901.) [= Goethe [WA]/IV.24]

Goethe, Johann Wolfgang von [GW]/IV.26: *Goethes Werke. IV. Abtheilung: Briefe. 26. Band: 24. Mai 1815 – 30. April 1816.* (Weimar: Böhlau, 1902.) [= Goethe [WA]/IV.26]

Goethe, Johann Wolfgang von [GW]/IV.27: *Goethes Werke. IV. Abtheilung: Briefe. 27. Band: Mai 1816 – Februar 1817.* (Weimar: Böhlau, 1903.) [= Goethe [WA]/IV.27]

Goethe, Johann Wolfgang von [GW]/IV.36: *Goethes Werke. IV. Abtheilung: Briefe. 36. Band: April 1822 – März 1823.* (Weimar: Böhlau, 1907.) [= Goethe [WA]/IV.36]

Goethe, Johann Wolfgang von [GW]/IV.51: *Goethes Werke. Nachträge und Register zur IV. Abteilung: Briefe. 51. Band: Nachträge 1768 – 1832. Texte.* (Paul Raabe (ed); München: dtv, 1990.) [= Goethe [WA]/IV.51]

Goethe, Johann Wolfgang von [GWHA]/XIII: *Goethes Werke – Hamburger Ausgabe. Band XIII. Naturwissenschaftliche Schriften I.* (Dorothea Kuhn/ Rike Wankmüller (eds); München: Beck, 1998.) [Erschien zuerst 1955.]

Goethe, Johann Wolfgang von [LA]: *»Leopoldina-Ausgabe«. Die Schriften zur Naturwissenschaft. Vollständige mit Erläuterungen versehene Ausgabe im*

Auftrage der Deutschen Akademie der Naturforscher Leopoldina. (Jutta Eckle/Wolf von Engelhardt/Dorothea Kuhn/Rupprecht Matthaei/Irmgard Müller/Gisela Nickel/Thomas Nickol/Günther Schmid/Wilhelm Troll/Karl Lothar Wolf/Horst Zehe (eds); Weimar: Böhlau, 1947–2004f.) [Zu den Details einzelner Bände siehe Goethe [SzN].]

Goethe, Johann Wolfgang von [L]: »Lichtstrahlen«. In Goethe [B]:298–300. [Entstanden nach Februar 1801.]

Goethe, Johann Wolfgang von [MzGF]: *Materialien zur Geschichte der Farbenlehre. Des zweiten Bandes erster, historischer Teil.* In Goethe [LA]/I.6: VII–450. [Erschien zuerst 1810, und zwar ungefähr am 10. 5. 1810 (siehe Schmid [GMiH]:9).]

Goethe, Johann Wolfgang von [PF]: »Physiologe Farben«. In Goethe [LA]/I.8:188–192. [Aus Goethe [zNÜ]/I.4. Erschien zuerst 1822.]

Goethe, Johann Wolfgang von [RP]: »Das reine Phänomen«. In Goethe [LA]/I.3:306–308. [Datiert 15. 1. 1798.]

Goethe, Johann Wolfgang von [sVST]: »Statt des versprochenen supplementaren Teils«. In Goethe [LA]/I.7:19–39.

Goethe, Johann Wolfgang von [SWnE]/12: *Sämtliche Werke nach Epochen seines Schaffens. Band 12. Zur Naturwissenschaft überhaupt, besonders zur Morphologie. Erfahrung, Betrachtung, Folgerung, durch Lebensereignisse verbunden.* (Hans J. Becker/Gerhard H. Müller/John Neubauer/Peter Schmidt (eds); München: Hanser, 1989.) [= *Münchner Ausgabe*, Band 12]

Goethe, Johann Wolfgang von [SzN]/I.3: *Die Schriften zur Naturwissenschaft. Erste Abteilung. Dritter Band. Beiträge zur Optik und Anfänge der Farbenlehre. 1790 – 1808.* (Rupprecht Matthaei (ed); Weimar: Böhlau, 1951.) [= Goethe [LA]/I.3]

Goethe, Johann Wolfgang von [SzN]/I.4: *Die Schriften zur Naturwissenschaft. Erste Abteilung. Vierter Band. Zur Farbenlehre. Widmung, Vorwort und didaktischer Teil.* (Rupprecht Matthaei (ed); Weimar: Böhlau, 1955.) [= Goethe [LA]/I.4]

Goethe, Johann Wolfgang von [SzN]/I.5: *Die Schriften zur Naturwissenschaft. Erste Abteilung. Fünfter Band. Zur Farbenlehre. Polemischer Teil.* (Rupprecht Matthaei (ed); Weimar: Böhlau, 1958.) [= Goethe [LA]/I.5]

Goethe, Johann Wolfgang von [SzN]/I.6: *Die Schriften zur Naturwissenschaft. Erste Abteilung. Sechster Band. Zur Farbenlehre. Historischer Teil.* (Dorothea Kuhn (ed); Weimar: Böhlau, 1957.) [= Goethe [LA]/I.6]

Goethe, Johann Wolfgang von [SzN]/I.7: *Die Schriften zur Naturwissenschaft. Erste Abteilung. Siebenter Band. Zur Farbenlehre. Anzeige und Übersicht, statt des supplementaren Teils und Erklärung der Tafeln.* (Rupprecht Matthaei (ed); Weimar: Böhlau, 1957.) [= Goethe [LA]/I.7]

Goethe, Johann Wolfgang von [SzN]/I.8: *Die Schriften zur Naturwissenschaft. Erste Abteilung. Achter Band. Naturwissenschaftliche Hefte.* (Dorothea Kuhn (ed); Weimar: Böhlau, 1962.) [= Goethe [LA]/I.8]

Goethe, Johann Wolfgang von [SzN]/I.9: *Die Schriften zur Naturwissenschaft. Erste Abteilung. Neunter Band. Morphologische Hefte.* (Dorothea Kuhn (ed); Weimar: Böhlau, 1954.) [= Goethe [LA]/I.9]

Goethe, Johann Wolfgang von [SzN]/I.11: *Die Schriften zur Naturwissenschaft. Erste Abteilung. Elfter Band. Aufsätze, Fragmente, Studien zur Naturwissenschaft im Allgemeinen.* (Dorothea Kuhn/Wolf von Engelhardt (eds); Weimar: Böhlau, 1970.) [= Goethe [LA]/I.11]

Goethe, Johann Wolfgang von [SzN]/II.1A: *Die Schriften zur Naturwissenschaft. Zweite Abteilung. Erster Band. Teil A. Zur Naturwissenschaft im Allgemeinen. Ergänzungen und Erläuterungen. Materialien und Zeugnisse 1749 bis 1813.* (Jutta Eckle (ed); Weimar: Böhlau, 2011.) [= Goethe [LA]/II.1A]

Goethe, Johann Wolfgang von [SzN]/II.1B: *Die Schriften zur Naturwissenschaft. Zweite Abteilung. Erster Band. Teil B. Zur Naturwissenschaft im Allgemeinen. Ergänzungen und Erläuterungen. Zeugnisse 1814 bis 1832. Überlieferung, Erläuterungen, Anmerkungen, Register.* (Jutta Eckle (ed); Weimar: Böhlau, 2011.) [= Goethe [LA]/II.1B]

Goethe, Johann Wolfgang von [SzN]/II.3: *Die Schriften zur Naturwissenschaft. Zweite Abteilung. Dritter Band. Beiträge zur Optik und Anfänge der Farbenlehre. Ergänzungen und Erläuterungen.* (Rupprecht Matthaei/Dorothea Kuhn (eds); Weimar: Böhlau, 1961.) [= Goethe [LA]/II.3]

Goethe, Johann Wolfgang von [SzN]/II.4: *Die Schriften zur Naturwissenschaft. Zweite Abteilung. Vierter Band. Zur Farbenlehre. Didaktischer Teil und Tafeln. Ergänzungen und Erläuterungen.* (Rupprecht Matthaei/Dorothea Kuhn (eds); Weimar: Böhlau, 1973.) [= Goethe [LA]/II.4]

Goethe, Johann Wolfgang von [SzN]/II.5A: *Die Schriften zur Naturwissenschaft. Zweite Abteilung. Fünfter Band. Teil A. Zur Farbenlehre. Polemischer Teil. Ergänzungen und Erläuterungen.* (Horst Zehe (ed); Weimar: Böhlau, 1992.) [= Goethe [LA]/II.5A]

Goethe, Johann Wolfgang von [SzN]/II.5B/1: *Die Schriften zur Naturwissenschaft. Zweite Abteilung. Fünfter Band. Teil B/1. Zur Farbenlehre und Optik nach 1810 und zur Tonlehre. Ergänzungen und Erläuterungen. Materialien und Zeugnisse bis 1818.* (Thomas Nickol (ed), unter Mitwirkung von Dorothea Kuhn und Horst Zehe; Weimar: Böhlau, 2007.) [= Goethe [LA]/II.5B/1]

Goethe, Johann Wolfgang von [SzN]/II.5B/2: *Die Schriften zur Naturwissenschaft. Zweite Abteilung. Fünfter Band. Teil B/2. Zur Farbenlehre und Optik nach 1810 und zur Tonlehre. Ergänzungen und Erläuterungen. Zeugnisse*

1819 bis 1832. Überlieferung, Erläuterungen, Anmerkungen, Register. (Thomas Nickol (ed), unter Mitwirkung von Dorothea Kuhn und Horst Zehe; Weimar: Böhlau, 2007.) [= Goethe [LA]/II.5B/2]

Goethe, Johann Wolfgang von [SzN]/II.6: *Die Schriften zur Naturwissenschaft. Zweite Abteilung. Sechster Band. Zur Farbenlehre. Historischer Teil. Ergänzungen und Erläuterungen.* (Dorothea Kuhn/Karl Lothar Wolf (eds); Weimar: Böhlau, 1959.) [= Goethe [LA]/II.6]

Goethe, Johann Wolfgang von [SzN]/III.1: *Die Schriften zur Naturwissenschaft. Dritte Abteilung. Erster Band. Verzeichnisse. Inhaltsverzeichnisse, Verzeichnisse der Materialien, Konkordanzen und Abbildungen.* (Bastian Röther/Uta Monecke (eds); Weimar: Böhlau, 2014.) [= Goethe [LA]/III.1]

Goethe, Johann Wolfgang von [T]/II.1: *Tagebücher. Band II,1. 1790–1800. Text.* (Edith Zehm (ed); Stuttgart: Metzler, 2000.)

Goethe, Johann Wolfgang von [T]/III.1: *Tagebücher. Band III,1. 1801–1808. Text.* (Andreas Döhler (ed); Stuttgart: Metzler, 2004.)

Goethe, Johann Wolfgang von [T]/III.2: *Tagebücher. Band III,2. 1801–1808. Kommentar.* (Andreas Döhler (ed); Stuttgart: Metzler, 2004.)

Goethe, Johann Wolfgang von [T]/IV.1: *Tagebücher. Band IV,1. 1809–1812. Text und Register.* (Edith Zehm/Sebastian Mangold/Ariane Ludwig (eds); Stuttgart: Metzler, 2008.)

Goethe, Johann Wolfgang von [T]/IV.2: *Tagebücher. Band IV,2. 1809–1812. Kommentar.* (Edith Zehm/Sebastian Mangold/Ariane Ludwig (eds); Stuttgart: Metzler, 2008.)

Goethe, Johann Wolfgang von [T]/V.1: *Tagebücher. Band V,1. 1813–1816. Text.* (Wolfgang Albrecht (ed); Stuttgart: Metzler, 2007.)

Goethe, Johann Wolfgang von [TJHa]/2: »Tag- und Jahres-Hefte als Ergänzung meiner sonstigen Bekenntnisse, von 1807 bis 1822«. In Goethe [WA]/I.36:1–220.

Goethe, Johann Wolfgang von [uDIS]: »Ueber deutsche und indische Stahlbereitung«. *Journal für Chemie und Physik* 16 No 1 (1816), pp. 103.

Goethe, Johann Wolfgang von [üNiA]: »Über Naturwissenschaft im Allgemeinen, einzelne Betrachtungen und Aphorismen«. In Goethe [WA]/II.11:103–163.

Goethe, Johann Wolfgang von [üNHD]: »Über Newtons Hypothese der diversen Refrangibilität«. In Goethe [LA]/I.3:152–164. [Matthaei datiert diesen Text auf Oktober 1793, siehe Matthaei in Goethe [LA]/II.3:255.]

Goethe, Johann Wolfgang von [V]: »Vorwort«. In Goethe [LA]/I.4:3–10. [Erschien zuerst im Separatdruck des didaktischen Teils (Goethe [EF]) in kleiner Auflage 1808 (Schmid [GN]:§ 49).]

Goethe, Johann Wolfgang von [VaVv]: »Der Versuch als Vermittler von Object und Subject«. Goethe- und Schiller-Archiv 26/LIX,2.

Goethe, Johann Wolfgang von [VaVv]/A: »Der Versuch als Vermittler von Objekt und Subjekt«. In Goethe [GWHA]/XIII:10–20. [Fassung aus dem Jahr 1792.]

Goethe, Johann Wolfgang von [VaVv]/C: »Der Versuch als Vermittler von Objekt und Subjekt«. In Goethe [LA]/I.8:305–315. [Aus Goethe [zNÜ]/II.1. Diese Druckfassung des zuvor unveröffentlichten Aufsatzes [VaVv] erschien zuerst 1823, siehe Matthaei in Goethe [LA]/II.3: 312.]

Goethe, Johann Wolfgang von [VzG]: »Vorschlag zur Güte«. In Goethe [LA]/I.8:62–63. [Aus Goethe [zNÜ]/I.2. Erschien zuerst 1820.]

Goethe, Johann Wolfgang von [WA]: »*Weimarer Ausgabe*« *der Werke Goethes.* (Im Auftrag der Großherzogin Sophie von Sachsen; Weimar: Böhlau, 1887–1919.) *Nachträge und Register zur IV. Abteilung.* (Paul Raabe (ed); München: dtv, 1990.) [Zu den Details der einzelnen Bände siehe Goethe [GW].]

Goethe, Johann Wolfgang von [WS]: »Warte-Steine«. In Goethe [LA]/I.8: 271–279. [Aus Goethe [zNÜ]/I.4. Erschien zuerst 1822.]

Goethe, Johann Wolfgang von [zNÜ]/I.1: »Zur Naturwissenschaft überhaupt. Erster Band. Erstes Heft«. In Goethe [LA]/I.8:3–45. [Erschien zuerst Juli 1817, siehe Neubauer [E]:838.]

Goethe, Johann Wolfgang von [zNÜ]/I.2: »Zur Naturwissenschaft überhaupt. Erster Band. Zweites Heft«. In Goethe [LA]/I.8:47–69. [Erschien zuerst März 1820, siehe Neubauer [E]:838.]

Goethe, Johann Wolfgang von [zNÜ]/I.3: »Zur Naturwissenschaft überhaupt. Erster Band. Drittes Heft«. In Goethe [LA]/I.8:71–172. [Erschien zuerst Oktober/November 1820, siehe Neubauer [E]:838.]

Goethe, Johann Wolfgang von [zNÜ]/I.4: »Zur Naturwissenschaft überhaupt. Erster Band. Viertes Heft«. In Goethe [LA]/I.8:173–279. [Erschien zuerst August/September 1822, siehe Matthaei [CF]:70.]

Goethe, Johann Wolfgang von [zNÜ]/II.1: »Zur Naturwissenschaft überhaupt. Zweiter Band. Erstes Heft«. In Goethe [LA]/I.8:283–364. [Erschien zuerst September 1823, siehe Neubauer [E]:838.]

Göres, Jörn [PHbG]: »Polarität und Harmonie bei Goethe«. In Conrady (ed) [DLzZ]:93–113.

Grebe-Ellis, Johannes/Theilmann, Florian (eds) [OET]: *open eyes 2005. Ansätze und Perspektiven der phänomenologischen Optik. Eine Arbeitstagung vom 5.–8. September 2005 in Berlin. Tagungsband.* (Berlin: Logos, 2006.) [= *Phänomenologie in der Naturwissenschaft*, Band 1]

Gren, Friedrich Albrecht Carl [EBüH]: »Einige Bemerkungen über des Herrn von Göthe Beyträge zur Optik«. *Journal der Physik* 7 No 1 (1793), pp. 3–21.

Gren, Friedrich Albert Carl [GN]/B: *Grundriß der Naturlehre.* (Überarbeitete Ausgabe; Karl Wilhelm Gottlob Kastner (ed); Halle: Hemmerde und Schwetschke, 1820.) [Erschien zuerst 1788.]

Grotthuß, Theodor von [uGVE]: »Ueber die Grenzen der Verbrennlichkeit entzündlicher Gasgemenge bei abnehmender Dichtigkeit und über die Farben des electrischen Funkens in verschiedenen Mitteln«. *Journal für Chemie und Physik* 3 No 2 (1811), pp. 129–147.

Grotthuß, Theodor von [uZFS]: »Ueber die zufälligen Farben des Schattens und über Newtons Farbentheorie«. *Journal für Chemie und Physik* 3 No 2 (1811), pp. 148–170.

Gruithuisen, Franz von Paula [GNR]: »Gruithuisen's naturwissenschaftlicher Reisebericht«. *Archiv für die gesammte Naturlehre* 8 No 1 (1826), pp. 1–88.

Gruithuisen, Franz von Paula [HVaK]: *Handbuch der Vorbereitungslehre an den königlich-kaiserischen Schulen für Chirurgen.* (Nürnberg: Schrag, 1824.)

Grünbaum, Adolf [IINP]: »Is it *never* possible to falsify a hypothesis irrevocably?« In Harding (ed) [CTBR]:260–288. [Erschien zuerst 1974.]

Gruner, Shirley M. [DFL]: »Defending Father Lucas. A consideration of the Newton-Lucas dispute on the nature of the spectrum«. *Centaurus* 17 No 4 (1973), pp. 315–329.

Haag, Rudolf [LQP]: *Local quantum physics. Fields, particles, algebras.* (Erweiterte Ausgabe; Berlin: Springer, 1996.) [Erschien zuerst 1992.]

Hakfoort, Casper [OiAo]: *Optics in the age of Euler. Conceptions of the nature of light, 1700–1795.* (Enid Perlin-West (tr); Cambridge: Cambridge University Press, 1995.) [Erschien zuerst auf Niederländisch im Jahr 1986.]

Hall, Alfred Rupert [IN]: *Isaac Newton. Adventurer in thought.* (Cambridge: Cambridge University Press, 1996.) [Erschien zuerst 1992.]

Hall, Alfred Rupert [SINN]: »Sir Isaac Newton's note-book, 1661–65«. *Cambridge Historical Journal* 9 No 2 (1948), pp. 239–250.

Hall, Alfred Rupert/Tilling, Laura (eds) [CoIN]/V: *The correspondence of Isaac Newton. Volume V: 1709–1713.* (Cambridge: Cambridge University Press, 1975.)

Hardin, Clyde Laurence [CfP]: *Color for philosophers. Unweaving the rainbow.* (Erweiterte Ausgabe; Indianapolis: Hackett, 1993.) [Erschien zuerst 1988.]

Harding, M.C. (ed) [CdHC]/II: *Correspondance de H.C. Örsted avec divers savants. Tome II.* (Copenhague: Aschehoug, 1920.)

Harding, Sandra G. (ed) [CTBR]: *Can theories be refuted? Essays on the Duhem-Quine thesis.* (Dordrecht: Reidel, 1976.)

Harman, Gilbert H. [ItBE]: »The inference to the best explanation«. *The Philosophical Review* 74 No 1 (1965), pp. 88–95.

Hecht, Eugene [O]: *Optik*. (Überarbeitete Ausgabe; Anna Schleitzer (tr); München: Oldenbourg, 2009.) [Diese Ausgabe erschien zuerst auf Englisch im Jahr 2002.]

Hecker, Max (ed) [GFJ]/3.2: »Goethe und Fritz Jacobi. Achtunddreißig Briefe Jacobis an Goethe. Der dritten Reihe zweiter Teil (Schluß)«. *Goethe. Viermonatsschrift der Goethe-Gesellschaft. Neue Folge des Jahrbuchs* 8 (1943), pp. 57–86.

Hegel, Georg Wilhelm Friedrich [oT]: »[Ohne Titel]«. In Goethe [LA]/II.5B/1:280–288. [Erschien zuerst 1985.]

Hegel, Georg Wilhelm Friedrich [zHGO]: »Zu des Herrn Geheimen Ober-RegierungsRaths Schulz Abhandlung: Über physiologische Gesichts- und Farben Erscheinungen, im Journal für Chemie und Physik von Schweigger XVI. Band 1816. S. 121 ff.« In Goethe [LA]/II.5B/1:265–280. [Erschien zuerst 1985.]

Heimendahl, Eckart [LF]: *Licht und Farbe. Ordnung und Funktion der Farbwelt*. (Berlin: de Gruyter, 1961.)

Heisenberg, Werner [GNFi]: »Die Goethesche und Newtonsche Farbenlehre im Lichte der modernen Physik«. In Heisenberg [WiGN]:54–70. [Vortrag vom 5. 5. 1941.]

Heisenberg, Werner [TG]: *Der Teil und das Ganze. Gespräche im Umkreis der Atomphysik*. (München: dtv, 1981.) [Erschien zuerst 1973.]

Heisenberg, Werner [WiGN]: *Wandlungen in den Grundlagen der Naturwissenschaft*. (Stuttgart: Hirzel, 1949.)

Helbig, Holger [NO]: *Naturgemäße Ordnung. Darstellung und Methode in Goethes Lehre von den Farben*. (Köln: Böhlau, 2004.)

Helmholtz, Hermann von [GVKN]: »Goethe's Vorahnungen kommender naturwissenschaftlicher Ideen«. In Helmholtz [VR]/2:335–361. [Vortrag vom 11. 6. 1892.]

Helmholtz, Hermann von [PWV]/1: *Populäre wissenschaftliche Vorträge. Erstes Heft*. (Braunschweig: Vieweg, 1865.)

Helmholtz, Hermann von [uGNA]: »Ueber Goethe's naturwissenschaftliche Arbeiten«. In Helmholtz [VR]/1:23–47. [Vortrag aus dem Jahr 1853; mit einer Nachschrift aus dem Jahr 1875.]

Helmholtz, Hermann von [üGNA]: »Über Goethe's naturwissenschaftliche Arbeiten«. In Helmholtz [PWV]/1:31–53. [Vortrag aus dem Jahr 1853.]

Helmholtz, Hermann von [VR]/1: *Vorträge und Reden. Erster Band*. (Erweiterte Ausgabe; Braunschweig: Vieweg, 1903.) [Erschien zuerst 1865.]

Helmholtz, Hermann von [VR]/2: *Vorträge und Reden. Zweiter Band*. (Erweiterte Ausgabe; Braunschweig: Vieweg, 1903.) [Erschien zuerst 1871.]

Hempel, Carl G./Oppenheim, Paul [SiLo]: »Studies in the logic of explanation«. *Philosophy of Science* 15 No 2 (1948), pp. 135–175.

Hensel, Paul [KSV]: *Kleine Schriften und Vorträge.* (Ernst Hoffmann/Heinrich Rickert (eds); Tübingen: Mohr, 1930.)

Hensel, Paul [NN]: »Naturwissenschaft und Naturphilosophie«. In Hensel [KSV]:88–101. [Erschien zuerst 1906.]

Hermann, Armin (ed) [BEEU]: *Die Begründung der Elektrochemie und Entdeckung der ultravioletten Strahlen von Johann Wilhelm Ritter. Eine Auswahl aus den Schriften des romantischen Physikers.* (Frankfurt/Main: Akademische Verlagsgesellschaft, 1968.) [= *Ostwalds Klassiker der exakten Wissenschaften*, Neue Folge, Band 2]

Herschel, William [EoSo]/II: »Experiments on the solar, and on the terrestrial rays that occasion heat; with a comparative view of the laws to which light and heat, or rather the rays which occasion them, are subject, in order to determine whether they are the same, or different. Part II«. *Philosophical Transactions* 90 No 3 (1800), pp. 437–538.

Herschel, William [IoPo]: »Investigation of the powers of the prismatic colours to heat and illuminate objects; with remarks, that prove the different refrangibility of radiant heat. To which is added, an inquiry into the method of viewing the sun advantageously, with telescopes of large apertures and high magnifying powers«. *Philosophical Transactions* 90 No 2 (1800), pp. 255–283.

Herwig, Wolfgang (ed) [GG]/3.1: *Goethes Gespräche. Eine Sammlung zeitgenössischer Berichte aus seinem Umgang. Auf Grund der Ausgabe und des Nachlasses von Flodoard Freiherr von Biedermann. Band 3. Erster Teil 1817–1825.* (München: dtv, 1998.)

Hinzen, Wolfram/Rott, Hans (eds) [BM]: *Belief and meaning. Essays at the interface.* (Frankfurt/Main: Hänsel-Hohenhausen, 2002.)

Hoffmeister, Johannes (ed) [BvaH]/I: *Briefe von und an Hegel. Band I. 1785–1812.* (Hamburg: Meiner, 1961.) [Erschien zuerst 1952.]

Holtsmark, Torger [NECR]: »Newton's *experimentum crucis* reconsidered«. *American Journal of Physics* 38 No 10 (1970), pp. 1229–1235.

Hooke, Robert [M]: *Micrographia: or some physiological descriptions of minute bodies made by magnifying glasses with observations and inquiries thereupon.* (New York: Dover, 1961.) [Erschien zuerst 1665; ich zitiere nach der Originalpaginierung.]

Höpfner, Felix [WwZ]: *Wissenschaft wider die Zeit. Goethes Farbenlehre aus rezeptionsgeschichtlicher Sicht.* (Heidelberg: Winter, 1990.)

Hoyningen-Huene, Paul [RMAo]: »Reconsidering the miracle argument on the supposition of transient underdetermination«. *Synthese* 180 No 2 (2011), pp. 173–187.

Hufbauer, Karl [FoGC]: *The formation of the German chemical community (1720–1795.)* (Berkeley: University of California Press, 1982.)

Hutton, Charles/Shaw, George/Pearson, Richard (eds) [PToR]/I: *The Philo-*

sophical Transactions of the Royal Society of London. From their commencement, in 1665, to the year 1800; abridged. Vol. I. From 1665 to 1672. (London: Baldwin, 1809.)

Janich, Peter [IGFA]: »Ist Goethes Farbenlehre eine ›alternative Wissenschaft‹?« In Möbius et al (eds) [MiK]:121–132.

Jaspers, Karl [UZG]: *Unsere Zukunft und Goethe.* (Bremen: Storm, 1949.) [Erschien zuerst 1947.]

Johnson, L.W./Wolbarsht, M.L. [MP]: »Mercury poisoning: A probable cause of Isaac Newton's physical and mental ills«. *Notes and Records of the Royal Society of London* 34 No 1 (1979), pp. 1–9.

Kallmann, Anatol Julian [FFUm]: *Farbkonstanz und Farbkontrast – Eine Untersuchung mit Hilfe der farbigen Schatten.* (Dissertation am Fachbereich Biologie der Johannes Gutenberg-Universität; Mainz, 2003.)

Kämtz, Ludwig Friedrich [DMPd]: *Dissertatio mathematico-physica de legibus repulsionum electricarum mathematicis.* (Halle: Grunert, 1823.)

Kämtz, Ludwig Friedrich [VüM]: *Vorlesungen über Meteorologie.* (Halle: Gebauer, 1840.)

Kastner, Carl Wilhelm Gottlob [GE]/2: *Grundriss der Experimentalphysik. Zweiter Band.* (Erweiterte Ausgabe; Heidelberg: Mohr und Winter, 1821.)

Kenstowicz, Michael (ed) [KH]: *Ken Hale. A life in language.* (Cambridge/Massachusetts: MIT Press, 2001.)

Keynes, John Maynard [NM]: »Newton, the man«. In Keynes [CWoJ]/X:363–374.

Keynes, John Maynard [CWoJ]/X: *The collected writings of John Maynard Keynes. Volume X. Essays in biography.* (Cambridge: Cambridge University Press, 2013.)

Keynes, Milo [BNM]: »Balancing Newton's mind. His singular behaviour and his madness of 1692–93«. *Notes and Records of the Royal Society of London* 62 No 3 (2008), pp. 289–300.

Kieseritzky, Ingomar von [BD]: *Das Buch der Desaster.* (Stuttgart: Klett-Cotta, 1988.)

Kirschmann, August [ARoC]: »Additional remarks on colour blindness«. *University of Toronto Studies (Psychological Series)* 1 (1900), pp. 97–101.

Kirschmann, August [USSF]: »Das umgekehrte Spektrum und seine Farben, sowie seine Bedeutung für die optische Wissenschaft«. In Krueger et al (eds) [LF]:411–442.

Kitcher, Philip/Salmon, Wesley C. (eds) [SE]: *Scientific explanation.* (Minneapolis: University of Minnesota Press, 1989.) [= *Minnesota studies in the philosophy of science,* Volume 13]

Kitcher, Philip [EUCS]: »Explanatory unification and the causal structure of the world«. In Kitcher et al (eds) [SE]:410–505.

Klawans, Harold L. [NM]: »Newton's madness«. In Klawans [NM]/a:30–39.

Klawans, Harold L. [NM]/a: *Newton's madness. Further tales of clinical neurology.* (New York: Harper & Row, 1990.)

Klein, Carsten [KR]: *Konventionalismus und Realismus. Zur erkenntnistheoretischen Relevanz der empirischen Unterbestimmtheit von Theorien.* (Paderborn: Mentis, 2000.)

Kleinert, Andreas [PKP]: »›Philolog und Kenner der Physik‹. Altertumskunde und Experimentalphysik bei Johann Salomo Christoph Schweigger«. *Berichte zur Wissenschaftsgeschichte* 23 No 2 (2000), pp. 191–202.

Klemm, Friedrich [EGFG]: *Ernst Gottfried Fischer und Goethe. Ein Beitrag zu Goethes Farbenlehre.* (Schweidnitz: Köhn, 1930.) [= *Schriftenreihe der Optischen Rundschau*, Heft 7]

Klengel, Bernd [USL]: »Ultraviolette Strahlen und Ladungssäule. Zur Rezeption von Entdeckungen Johann Wilhelm Ritters in Frankreich«. In Breidbach et al (eds) [NuA]:248–257.

Klinckowstroem, Carl von [GR]: »Goethe und Ritter. (Mit Ritters Briefen an Goethe)«. *Jahrbuch der Goethe-Gesellschaft* 8 (1921), pp. 135–151.

Koppelberg, Dirk [AAP]: *Die Aufhebung der analytischen Philosophie. Quine als Synthese von Carnap und Neurath.* (Frankfurt/Main: Suhrkamp, 1987.)

Kries, Friedrich [LP]: *Lehrbuch der Physik.* (Überarbeitete Ausgabe; Jena: Frommann, 1816.) [Erschien zuerst 1806.]

Krueger, Felix/Kirschmann, August (eds) [LF]: *Licht und Farbe.* (München: Beck, 1926.) [= *Neue Psychologische Studien*, Band 2]

Kühl, Johannes/Löbe, Nora/Rang, Matthias (eds) [EF]: *Experiment FARBE. 200 Jahre Goethes Farbenlehre.* (Dornach: am Goetheanum, 2010.)

Kuhn, Dorothea [EiGA]: »Einführung in die Gesamte Ausgabe«. In Goethe [LA]/II.1A:VII-XXII.

Kuhn, Thomas S. [CR]: *The Copernican revolution. Planetary astronomy in the development of western thought.* (Cambridge/Massachusetts: Harvard University Press, 1957.)

Kuhn, Thomas S. [ET]: *The essential tension.* (Chicago: University of Chicago Press, 1977.)

Kuhn, Thomas S. [NOP]: »Newton's optical papers«. In Newton [INPL]: 27–45.

Kuhn, Thomas S. [OVJT]: »Objectivity, value judgement, and theory choice«. In Kuhn [ET]:320–339.

Kuhn, Thomas S. [SoSR]: *The structure of scientific revolutions.* (Erweiterte Ausgabe; Chicago: University of Chicago Press, 1970.) [Erschien zuerst 1962.]

Kuhn, Thomas S. [SWR]: *Die Struktur wissenschaftlicher Revolutionen.* (Kurt Simon/Hermann Vetter (trs); erweiterte Ausgabe; Frankfurt/Main: Suhrkamp, 1991.) [Erschien zuerst auf Englisch im Jahr 1962, auf Deutsch zuerst 1967.]

Kukla, André [RU]/I: »Realism and underdetermination I. Does every theory have empirically equivalent rivals?« In Kukla [SiSR]:58–81.

Kukla, André [SiSR]: *Studies in scientific realism.* (New York: Oxford University Press, 1998.)

L. R./K. J. W. [TbC]: »Tübingen, b. Cotta: Zur Farbenlehre von Goethe. Erster Band. XLVIII und 654 S. Zweyter Band. XXVIII u. 757 S. 1810. gr. 8. Mit Kpf.« *Ergänzungsblätter zur Jenaischen Allgemeinen Literatur-Zeitung* 1 (1813), sp. 17–44. [Die beiden voneinander unabhängigen Textteile werden Heinrich Friedrich Link (L. R.) sowie Karl Joseph Hieronymus Windischmann (K. J. W.) zugeschrieben, siehe Zehe in Goethe [LA]/II.5A:90 und Wenzel (ed) [GHS]/2:722.]

Lakatos, Imre [RoCE]: »The role of crucial experiments in science«. *Studies in History and Philosophy of Science* 4 No 4 (1974), pp. 309–325.

Lampert, Timm [NvG]: »Newton vs. Goethe. Farben aus Sicht der Wissenschaftstheorie und Wissenschaftsgeschichte«. In Bieri et al (eds) [TOAW]:259–284.

Lampert, Timm [zWF]: *Zur Wissenschaftstheorie der Farbenlehre. Aufgaben, Texte, Lösungen.* (Gerd Graßhoff (ed); Bern: Libri Books on Demand, 2000.) [= *Bern studies for the history and philosophy of science. Educational materials*, Band 1]

Lange, Erhard (ed) [PJS]: *Die Philosophie des jungen Schelling. Beiträge zur Schelling-Rezeption in der DDR.* (Weimar: Böhlau, 1977.) [= *Collegium philosophicum Jenense*, Heft 1]

Laymon, Ronald [NAPH]: »Newton's advertised precision and his refutation of the received laws of refraction«. In Machamer et al (eds) [SiP]:231–258.

Laymon, Ronald [NECL]: »Newton's *experimentum crucis* and the logic of idealization and theory refutation«. *Studies in History and Philosophy of Science* 9 No 1 (1978), pp. 51–77.

Leibniz, Gottfried Wilhelm/Bernoulli, Johann [VCGG]/2: *Virorum celeberr. Got. Gul. Leibnitii et Johan. Bernoullii commercium philosophicum et mathematicum. Tomus secundus, ab anno 1700. ad annum 1716.* (Lausanne: Bousquet, 1745.)

Lenzen, Wolfgang (ed) [WSAP]: *Das weite Spektrum der analytischen Philosophie. Festschrift für Franz von Kutschera.* (Berlin: de Gruyter, 1997.) [= *Perspektiven der Analytischen Philosophie*, Band 14]

Lévy-Leblond, Jean-Marc [WIEH]: »What if Einstein had not been there? A Gedankenexperiment in science history«. In Gazeau et al (eds) [GTF]:173–182.

Lewis, David [C]: *Counterfactuals.* (Oxford: Blackwell, 1973.)

Lichtenberg, Georg Christoph [SB]/2: *Schriften und Briefe. Zweiter Band. Sudelbücher II. Materialhefte, Tagebücher.* (Frankfurt/Main: Zweitausendeins, ohne Jahresangabe.)

Lichtenberg, Georg Christoph [SB]/4: *Schriften und Briefe. Vierter Band. Briefe.* (Frankfurt/Main: Zweitausendeins, 1998.)

Lindenau, Bernhard August von [VGDF]: »Versuch einer geschichtlichen Darstellung der Fortschritte der Sternkunde im verflossenen Decennio«. *Monatliche Correspondenz zur Beförderung der Erd- und Himmels-Kunde* 23 (Januar – Mai 1811), pp. 3–44, 101–150, 205–256, 305–340, 425–452. [Erschien anonym; für die Zuschreibung zu Lindenau siehe Zehe in Goethe [LA]/II.5A:48.]

Lipton, Peter [ItBE]: *Inference to the best explanation.* (London: Routledge, 2004.) [Erschien zuerst 1991.]

Lohne, Johannes A. [EC]: »Experimentum crucis«. *Notes and Records of the Royal Society of London* 23 No 2 (1968), pp. 169–199.

Lohne, Johannes A. [IN]: »Isaac Newton: The rise of a scientist 1661–1671«. *Notes and Records of the Royal Society of London* 20 No 2 (1965), pp. 125–139.

Lohne, Johannes A. [NPoS]: »Newton's ›proof‹ of the sine law and his mathematical principles of colors«. *Archive for History of Exact Sciences* 1 No 4 (1961), pp. 389–405.

Lohne, Johannes A./Sticker, Bernhard [NTP]: *Newtons Theorie der Prismenfarben. Mit Übersetzung und Erläuterung der Abhandlung von 1672.* (München: Fritsch, 1969.)

Lorenz, Konrad [SB]: *Das sogenannte Böse. Zur Naturgeschichte der Aggression.* (München: dtv, 1983.) [Erschien zuerst 1963.]

Lövy, Hermann [uP]: *Ueber Polarität.* (Prag: Landau, 1831.)

Lucas, Anthony [LfLC]: »A letter from Liege concerning Mr Newton's experiment of the coloured spectrum; together with some exceptions against his theory of light and colours«. *Philosophical Transactions* 11 No 128 (1676), pp. 692–698.

Lütkehaus, Ludger (ed) [AS]: *Arthur Schopenhauer. Der Briefwechsel mit Goethe und andere Dokumente zur Farbenlehre.* (Zürich: Haffmans, 1992.)

Machamer, Peter K./Turnbull, Robert G. (eds) [SiP]: *Studies in perception. Interrelations in the history of philosophy and science.* (Columbus: Ohio State University Press, 1978.)

Maier, Georg [OB]: *Optik der Bilder.* (Dürnau: Kooperative Dürnau, 1986.)

Malus, Étienne Louis [BFPü]: »Bericht eines französischen Physikers über Herrn von Göthe's Werk: Zur Farbenlehre, 2 Bde. Tübingen 1810«. *Annalen der Physik* 40 No 1 (1812), pp. 103–115. [Deutsche Übersetzung von Malus [TdC] durch Gilbert.]

Malus, Étienne Louis [TdC]: »Traité des couleurs; par M. Goethe (1810)«. *Annales de Chimie* 79 (31.7.1811), pp. 199–219. [Erschien anonym; dass die Rezension von Malus stammt, begründet Zehe in Goethe [LA]/II.5A:58/9.]

Mandelartz, Michael [GK]: *Goethe, Kleist. Literatur, Politik und Wissenschaft um 1800.* (Berlin: Schmidt, 2011.)

Mandelartz, Michael [GNW]: »Goethe, Newton und die Wissenschaftstheorie. Zu Wissenschaftskritik und Methodologie der *Farbenlehre*«. In Mandelartz [GK]:240–281.

Manuel, Frank E. [PoIN]: *A Portrait of Isaac Newton.* (Cambridge/Massachusetts: Belknap Press, 1968.)

Marcum, James A. [NoLC]: »The nature of light and color. Goethe's ›*Der Versuch als Vermittler*‹ versus Newton's *experimentum crucis*«. *Perspectives on Science* 17 No 4 (2009), pp. 457–481.

Marivetz, Étienne-Claude de/Goussier, Louis-Jacques [PdMD]/4: *Physique du monde, dédiée au roi. Tome quatrième.* (Paris: Quillau, 1784.)

Matthaei, Rupprecht [CF]: »Complementare Farben. Zur Geschichte und Kritik eines Begriffes«. *Neue Hefte zur Morphologie* 4 (1962), pp. 69–99.

Maund, Barry [C]: »Color«. *The Stanford Encyclopedia of Philosophy.* (Fall 2008 Edition; Edward N. Zalta (ed).) [Im Netz unter http://plato.stanford.edu/archives/fall2008/entries/color (abgerufen am 27.5.2011).]

Maurer, Armand A. [MiON]: »Method in Ockham's nominalism«. *The Monist* 61 No 3 (1978), pp. 426–443.

Mausfeld, Rainer [WNAS]: »›Wär' nicht das Auge sonnenhaft …‹ Goethes Farbenlehre: Nur eine Poesie des Chromatischen oder ein Beitrag zu einer naturwissenschaftlichen Psychologie?« *ZiF: Mitteilungen* 4 (1996), pp. 3–27.

Matthaei, Rupprecht [GF]: »Goethes Farbenkreis. Die quellenmäßige Begründung einer Rekonstruktion«. *Euphorion* 34 No 2 (1933), pp. 195–211.

Matthaei, Rupprecht (ed) [GF]: *Goethes Farbenlehre. Ausgewählt und erläutert von Rupprecht Matthaei.* (Ravensburg: Maier, 1987.) [Erschien zuerst 1971.]

Matthaei, Rupprecht (ed) [ZzF]: *Die Zeichnungen zur Farbenlehre.* (Leipzig: Seemann, 1963.) [= *Corpus der Goethezeichnungen. Band Va. Nr. 1–390* = *Goethes Sammlungen zur Kunst, Literatur und Naturwissenschaft*, herausgegeben von den Nationalen Forschungs- und Gedenkstätten der klassischen deutschen Literatur in Weimar]

Mayer, Johann Tobias [AN]/B: *Anfangsgründe der Naturlehre. Zum Behuf der Vorlesungen über die Experimental-Physik.* (Überarbeitete Ausgabe; Göttingen: Dieterich, 1812.) [Erschien zuerst 1801.]

Mayer, Johann Tobias [L]: »Leipzig. Bey Vogel: Ueber Newton's Farbentheorie, Hrn. v. Göthe's Farbenlehre, und den chemischen Gegensatz der Farben. Ein Versuch in der experimentalen Optik von Dr. C. H. Pfaff, ordentl. Professor der Physik und Chemie auf der Universität zu Kiel. 182 Octavs. 1 Kupfert. 1813«. *Goettingische gelehrte Anzeigen* 77 (15. 5. 1813), pp. 761–767. [Erschien anonym; für die Zuschreibung zu Mayer siehe Zehe in Goethe [LA]/II.5A:80.]

Mayer, Johann Tobias [T]: »Tuebingen. Bey Cotta: Zur Farbenlehre, von Goethe. Erster Band 654 S.; Zweyter Band 757 S. in Octav, nebst einem Heft Kupfertafeln mit deren Erklaerung. 16 Kupfert. 12 S. Text in Quart. 1810«. *Goettingische gelehrte Anzeigen* 99 (22. 6. 1811), pp. 977–990. [Die Rezension erschien anonym; für die Zuschreibung zu Mayer siehe Zehe in Goethe [LA]/II.5A:54.]

McGuire, James E./Tamny, Martin [CPQ]: *Certain philosophical questions. Newton's trinity notebook.* (Cambridge: Cambridge University Press, 1983.)

Mills, A. A. [NPHE]: »Newton's prisms and his experiments on the spectrum«. *Notes and Records of the Royal Society of London* 36 No 1 (1981), pp. 13–36.

Möbius, Hanno/Berns, Jörg Jochen (eds) [MiK]: *Die Mechanik in den Künsten. Studien zur ästhetischen Bedeutung von Naturwissenschaft und Technologie.* (Marburg: Jonas, 1990.)

Mollweide, Carl Brandan [AaSH]: »Auszug aus einem Schreiben des Herrn Doctor Mollweide«. *Monatliche Correspondenz zur Beförderung der Erd- und Himmelskunde* 22 (1810), pp. 91–93.

Mollweide, Carl Brandan [DNPQ]: *Demonstrationem novam propositionis, quae theoriae colorum Newtoni fundamenti loco est, exhibet.* (Leipzig: Klaubarth, ohne Jahresangabe.) [Vortrag vom 11. 11. 1811.]

Mollweide, Carl Brandan [TbC]: »Tübingen, b. Cotta. Zur Farbenlehre, von v. Göthe – Erster Band. XLVIII und 654 S. Zweyter Band. XXVIII u. 757 S. 1810. 8. Ein Heft mit XVI illuminirten Kupfertafeln und deren Erklärung«. *Allgemeine Literatur-Zeitung* 30–32 (29.–31. 1. 1811), pp. 233–240, 241–247, 249–251. [Erschien anonym; für die Zuschreibung zu Mollweide siehe Zehe in Goethe [LA]/II.5A:46.]

Mollweide, Carl Brandan [uNFH]: »Ueber Newton's Farbentheorie, Herrn von Göthe's Farbenlehre und den chemischen Gegensatz der Farben. Ein Versuch in der experimentalen Optik, von Dr. C. H. Pfaff, ordentl. Prof. der Physik und Chemie der Universität zu Kiel und Mitglied des Schleswig-Holsteinischen Sanitäts-Collegiums. Leipzig 1815. bey Fr. Chr. Wilh. Vogel. XII. und 180 S. in 8. Nebst einer Kupfertafel«. *Leipziger Literatur-Zeitung* 185 (1. 8. 1815), sp. 1473–1480. [Erschien anonym; für die Zuschreibung zu Mollweide siehe Zehe in Goethe [LA]/II.5A:107.]

Mühlhölzer, Felix [W]: *Wissenschaft*. (Stuttgart: Reclam, 2011.) [Reihe *Grundwissen Philosophie.*]

Müller, Johannes [zVPG]: *Zur vergleichenden Physiologie des Gesichtssinnes des Menschen und der Thiere nebst einem Versuch über die Bewegungen der Augen und über den menschlichen Blick*. (Leipzig: Cnobloch, 1826.)

Müller, Marc [ZF]: »Ein zauberhafter Farbwürfel. Die übersichtliche Darstellung der spektralen Farbfolgen an Komplementärkontrasten«. In Kühl et al (eds) [EF]:68–74.

Müller, Olaf [CKK]: »Chaos, Krieg und Kontrafakten. Ein erkenntnistheoretischer Versuch gegen die humanitären Kriege«. In Bleisch et al (eds) [P]:223–263. [Im Netz unter http://nbn-resolving.de/urn:nbn:de:kobv:11-10075607.]

Müller, Olaf [FK]: »Farbspektrale Kontrapunkte. Fallstudie zur ästhetischen Urteilskraft in den experimentellen Wissenschaften«. In Nussbaumer (ed) [RE]:150–169. [Im Netz unter http://nbn-resolving.de/urn:nbn:de:kobv:11-100180136.]

Müller, Olaf [fWfW]: »From within and from without: Two perspectives on analytic sentences«. In Hinzen et al (eds) [BM]:229–247. [Im Netz unter http://nbn-resolving.de/urn:nbn:de:kobv:11-10090235.]

Müller, Olaf [GPmS]: »Goethes Pech mit Schelling. Optimistische Blicke auf ein ideengeschichtliches Fiasko«. In Corriero et al (eds) [NRiS]:131–185.

Müller, Olaf [GPUb]: »Goethes philosophisches Unbehagen beim Blick durchs Prisma«. In Steinbrenner et al (eds) [F]:64–101.

Müller, Olaf [KAaM]: »Kantische Antworten auf die moderne Physik *oder* Sollen wir Kants Apriori mit Michael Friedman relativieren?« *philosophia naturalis* 37 No 1 (2000), pp. 97–130. [Im Netz unter http://nbn-resolving.de/urn:nbn:de:kobv:11-10066404.]

Müller, Olaf [NGEN]: »Newton, Goethe und die Entdeckung neuer Farbspektren am Ende des Zwanzigsten Jahrhunderts«. In Vogt et al (eds) [EF]:45–82.

Müller, Olaf [PmOA]: »Pazifismus mit offenen Augen«. In Strub et al (eds) [GFzP]:23–59. [Im Netz unter http://nbn-resolving.de/urn:nbn:de:kobv:11-100187305.]

Müller, Olaf [ZSUF]: *Zu schön, um falsch zu sein*. (Frankfurt/Main: Fischer, 2016.) [Im Erscheinen.]

Muschg, Adolf [EHV]: »Erfahrene Hoffnung – ein Vorwort«. In Muschg [GaE]:7–24.

Muschg, Adolf [GaE]: *Goethe als Emigrant. Auf der Suche nach dem Grünen bei einem alten Dichter.* (Frankfurt/Main: Insel, 1996.) [Erschien zuerst 1986.]

Muschg, Adolf [iWFG]: »›Im Wasser Flamme‹ – Goethes grüne Wissenschaft«. In Muschg [GaE]:48–72.

Nagel, Ernest [SoS]: *The structure of science. Problems in the logic of scientific explanation.* (New York: Harcourt, Brace & World, 1961.)

Nakajima, Hideto [TKoM]: »Two kinds of modification theory of light. Some new observations on the Newton-Hooke controversy of 1672 concerning the nature of light«. *Annals of Science* 41 No 3 (1984), pp. 261–278.

Nawrath, Dennis [AvNP]: »Die Analyse von Newtons Prismenexperimenten zur Untersuchung von Licht und Farben (1672) mit der Methode der Replikation – Ein Erfahrungsbericht«. In Breidbach et al (eds) [EW]:73–105.

Neubauer, John [E]: »Einführung«. In Goethe [SWnE]/12:825–841.

Neumann, Johann Philipp [LP]/2: *Lehrbuch der Physik. Zweyter Theil.* (Wien: Gerold, 1820.)

Neurath, Otto [SiP]: »Soziologie im Physikalismus«. *Erkenntnis* 2 (1931), pp. 393–431.

Neurath, Otto [zKvH]: »Zur Klassifikation von Hypothesensystemen. (Mit besonderer Berücksichtigung der Optik.)« *Jahrbuch der Philosophischen Gesellschaft an der Universität zu Wien* 1914 und 1915 (1916), pp. 37–63. [Vortrag vom 2. 3. 1914.]

Newton, Isaac [AoNC]: »An accompt of a new catadioptrical telescope invented by Mr. Newton, fellow of the R. Society, and professor of the mathematiques in the university of Cambridge«. *Philosophical Transactions* 7 No 81 (1672), pp. 4004–4010. [Auf pp. 4004–4006 steht eine Beschreibung des newtonischen Teleskops, die auf Oldenburg zurückgeht (siehe Turnbull (ed) [CoIN]/I:75/6.) Es folgen Extrakte Oldenburgs aus zwei Newtonbriefen: p. 4006 beruht auf Newton, Brief an Oldenburg vom 18. 1. 1671/2 (siehe Turnbull (ed) [CoIN]/I:82); und p. 4006/7 auf Newton, Brief an Oldenburg vom 29. 1. 1671/2 (siehe Turnbull (ed) [CoIN]/I:84.) Als nächstes kommt auf pp. 4008/9 eine englische Übersetzung von Huygens' französischem Brief an Oldenburg vom 13. 2. 1672 (siehe Turnbull (ed) [CoIN]/I:89–92.) Abgeschlossen wird der Text auf pp. 4009/10 von einem Auszug aus Newton, Brief an Oldenburg vom 19. 3. 1671/2 (siehe Turnbull (ed) [CoIN]/I:121/2).]

Newton, Isaac [DCoR]: *Draft comments on Rizzetti.* Cambridge University Library, Ms Add 3970, pp. 481^{v}–482^{v}, 585^{r}–588^{r}. [Eine Abschrift stellte freundlicherweise Alan Shapiro, der Herausgeber der optischen Papiere Newtons, zur Verfügung.]

Newton, Isaac [DoDC]/b: *Draft of the ›Discourse concerning light and colors‹.* Cambridge University Library, Ms Add 3970.3, pp. 519^{r}–529^{r}. [Im Netz unter http://www.newtonproject.sussex.ac.uk/view/texts/diplomatic/NATP00126 (abgerufen am 14. 04. 2014).]

Newton, Isaac [DoTC]: *Draft of ›A theory concerning light and colors‹.* Cambridge University Library, Ms Add 3970.3, pp. 460r–466r. [Im Netz unter http://www.newtonproject.sussex.ac.uk/view/texts/diplomatic/NATP00003 (abgerufen am 15.4.2014).]

Newton, Isaac [EoAL]: »An extract of another letter of the same to the publisher, dated March 30. 1672. by way of answer to some objections, made by an ingenious French philosopher to the new reflecting telescope«. *Philosophical Transactions* 7 No 82 (1672), pp. 4034–4035.

Newton, Isaac [EoMI]: »An extract of Mr. Isaac Newton's letter, written to the publisher from Cambridge April 3. 1673. concerning the number of colors, and the necessity of mixing them all for the production of white«. *Philosophical Transactions* 8 No 97 (1673), pp. 6108–6111.

Newton, Isaac [HEPo]: »An hypothesis explaining the properties of light, discoursed of in my several papers«. In Birch [HoRS]/III:247–260, 261–270, 272–279, 280–295, 296–305.

Newton, Isaac [INPL]: *Isaac Newton's papers and letters on natural philosophy and related documents.* (I. Bernard Cohen (ed); Cambridge/Massachusetts: Harvard University Press, 1958.)

Newton, Isaac [LoMI]: »A letter of Mr. Isaac Newton, professor of the mathematicks in the university of Cambridge; containing his new theory about light and colors«. *Philosophical Transactions* 6 No 80 (1671/2), pp. 3075–3087.

Newton, Isaac [LOOL]: *Lectiones opticae – Optical lectures.* In Newton [OPoI]/I:45–279.

Newton, Isaac [MGN]: *Mathematische Grundlagen der Naturphilosophie.* (Ed Dellian (tr, ed); Hamburg: Meiner, 1988.)

Newton, Isaac [MINA]: »Mr. Isaac Newtons answer to some considerations upon his doctrine of light and colors«. *Philosophical Transactions* 7 No 88 (1672), pp. 5084–5103.

Newton, Isaac [MINC]/a: »Mr. Isaac Newton's considerations upon part of a letter of Monsieur de Bercé printed in the eight French memoire, concerning the cata-dioptrical telescope, pretended to be improv'd and refined by M. Cassegrain«. *Philosophical Transactions* 7 No 83 (1672), pp. 4056–4059.

Newton, Isaac [MINC]/b: »Mr. Isaac Newton's considerations on the former reply; together with further directions, how to make the experiments controverted aright«. *Philosophical Transactions* 10 No 121 (1675/6), pp. 500–504.

Newton, Isaac [MNAt]/a: »Mr. Newtons answer to the foregoing letter«. *Philosophical Transactions* 7 No 85 (1672), pp. 4014–5018. [Die erste dieser Seitenzahlen ist ein Druckfehler; richtig wäre gewesen »5014«.]

Newton, Isaac [MNAt]/b: »Mr. Newtons answer to the foregoing letter further explaining his theory of light and colors, and particularly that of whiteness; together with his continued hopes of perfecting telescopes by reflections rather than refractions«. *Philosophical Transactions* 8 No 96 (1673), pp. 6087–6092.

Newton, Isaac [MNLt]: »Mr. Newton's letter to the publisher of March 26. 1672. containing some more suggestions about his new telescope, and a table of apertures and charges for the several lengths of that instrument«. *Philosophical Transactions* 7 No 82 (1672), pp. 4032–4034.

Newton, Isaac [MPN]: *Mathematische Prinzipien der Naturlehre.* (Jakob Philipp Wolfers (ed); Darmstadt: Wissenschaftliche Buchgesellschaft, 1963.)

Newton, Isaac [NTüL]: »Neue Theorie über Licht und Farben«. In Lohne et al [NTP]:22–38.

Newton, Isaac [O]: *Optics: or, a treatise of the reflections, refractions, inflections and colours of light.* In Newton [OQEO]/4:1–264. [Erschien zuerst 1704.]

Newton, Isaac [O]/A: *Opticks: Or a treatise of the reflections, refractions, inflections & colours of light.* (London: Bell, 1931.) [Nachdruck der vierten Ausgabe von 1730.]

Newton, Isaac [oC]/a: »Of colors«. In Newton [QQP]:122r–124v.

Newton, Isaac [oC]/b: »Of colours«. In McGuire et al [CPQ]:466–489. [Ich zitiere nach Newtons fortlaufender Nummerierung der einzelnen Abschnitte; ein Verweis auf § 7 bezieht sich also auf den 7. Abschnitt.]

Newton, Isaac [OAüS]: *Optik oder Abhandlung über Spiegelungen, Brechungen, Beugungen und Farben des Lichts.* (William Abendroth (tr, ed); Braunschweig: Vieweg, 1983.) [Diese Übersetzung von Newton [O] erschien zum ersten Mal 1898.]

Newton, Isaac [OQEO]/2: *Opera quae exstant omnia. Band 2.* (Stuttgart: Frommann, 1964.) [Nachdruck der Erstausgabe von Samuel Horsley (ed) aus dem Jahr 1779.]

Newton, Isaac [OQEO]/3: *Opera quae exstant omnia. Band 3.* (Stuttgart: Frommann, 1964.) [Nachdruck der Erstausgabe von Samuel Horsley (ed) aus dem Jahr 1782.]

Newton, Isaac [OQEO]/4: *Opera quae exstant omnia. Band 4.* (Stuttgart: Frommann, 1964.) [Nachdruck der Erstausgabe von Samuel Horsley (ed) aus dem Jahr 1782.]

Newton, Isaac [OO]: *Opticae – Optics.* In Newton [OPoI]/I:280–603.

Newton, Isaac [OPoI]/I: *The optical papers of Isaac Newton. Volume I. The optical lectures. 1670–1672.* (Alan E. Shapiro (ed); Cambridge: Cambridge University Press, 1984.)

Newton, Isaac [oR]: »Of refractions«. In Newton [CN]:26r–33v.

Newton, Isaac [P]: *The principia. Mathematical principles of natural philosophy.* (I. Bernard Cohen/Anne Whitman (trs); Berkeley: University of California Press, 1999.) [Erschien zuerst auf Latein im Jahr 1687.]

Newton, Isaac [PNPM]: *Philosophiae naturalis principia mathematica.* In

Newton [OQEO]/2:ix–262 und Newton [OQEO]/3:1–174. [Erschien zuerst 1687; die zweite von Newton autorisierte Auflage erschien 1713; die dritte von Newton autorisierte Auflage erschien 1726; in der hier benutzten Ausgabe finden sich die Vorwörter in Newton [OQEO]/2:ix–xxvi, die *Definitiones* in Newton [OQEO]/2:1–12, die *Axiomata* in Newton [OQEO]/2:13–29, das *Liber Primus* in Newton [OQEO]/2:30–262, das *Liber Secundus* in Newton [OQEO]/2:263–459, das *Liber Tertius* in Newton [OQEO]/3:1–170 und das *Scholium Generale* in Newton [OQEO]/3:170–174. Um den Vergleich mit anderen Ausgaben zu erleichtern, gebe ich nach jedem Verweis an, auf welche Teilstücke der *principia* er sich bezieht.]

Newton, Isaac [QQP]: *Questiones quaedam philosophcae [sic.]* In McGuire et al [CPQ]:328–465. [Ich zitiere nach den Seitenzahlen des Originals, die am Rand des Textes angegeben sind.]

Newton, Isaac [UFVo]: *The unpublished first version of Isaac Newton's Cambridge lectures on optics 1670–1672.* (Derek Thomas Whiteside (ed); Cambridge: Cambridge University Library, 1973.)

Nickol, Thomas [E]: »Einleitung«. In Goethe [LA]/II.5B/1:XI–XXII.

Nickol, Thomas [V]: »Vorwort«. In Goethe [LA]/II.5B/1:V–VII.

Nickol, Thomas [VzPO]: »Vorbemerkungen zur physikalischen Optik«. In Goethe [LA]/II.5B/1:XCI–CXIII.

Niedrig, Heinz (ed) [O]: *Optik. Wellen- und Teilchenoptik.* (Überarbeitete Ausgabe; Berlin: de Gruyter, 2004.) [= *Bergmann-Schaefer. Lehrbuch der Experimentalphysik*, Band 3. Erschien zuerst 1955.]

Nielsen, Keld [AKoL]: »Another kind of light. The work of T. J. Seebeck and his collaboration with Goethe«. *Historical Studies in the Physical and Biological Sciences* 20 No 1 (1989), pp. 107–178 und 21 No 2 (1990), pp. 317–397. [Da die Seitenzahlen eindeutig sind, zitiere ich ohne Angabe der Nummer des Teils.]

Nisbet, Hugh Barr [GST]: *Goethe and the scientific tradition.* (London: Institute of Germanic studies, 1972.)

Noether, Emmy [IBD]: »Invarianten beliebiger Differentialausdrücke«. *Nachrichten von der Königlichen Gesellschaft der Wissenschaften zu Göttingen. Mathematisch-physikalische Klasse* (1918), pp. 37–44.

Noether, Emmy [IV]: »Invariante Variationsprobleme«. *Nachrichten von der Königlichen Gesellschaft der Wissenschaften zu Göttingen. Mathematisch-physikalische Klasse* (1918), pp. 235–257.

Nordmeier, Volkhard/Grötzebauch, Helmuth (eds) [DP]: *Didaktik der Physik. Frühjahrstagung der DPG Bochum 2009. Beiträge zur MNU-Tagung Regensburg 2009.* (Berlin: Lehmanns, 2010.) [CD-ROM]

Nussbaumer, Ingo (ed) [RE]: *Rücknahme und Eingriff. Malerei der Anordnungen.* (Nürnberg: Verlag für moderne Kunst, 2010.)

Nussbaumer, Ingo [zF]: *Zur Farbenlehre. Entdeckung der unordentlichen Spektren.* (Wien: Edition Splitter, 2008.)

Obrist, Hans Ulrich [GmPS]: »Ein Gespräch mit Pierre Soulages«. In Encrevé et al (eds) [PS]:52–59. [Aus dem Französischen von Nicole Denis.]

Ockham, William of [QQ]: *Quodlibetal questions. Volumes 1 and 2. Quodlibets 1–7.* (Alfred J. Freddoso/Francis E. Kelley (trs); New Haven: Yale University Press, 1991.)

Ørsted, Hans Christian [EsL]: »Expériences sur la lumière; par M. Ritter, à Jéna, communiquées par Orsted, docteur à l'université de Copenhague«. *Journal de Physique, de Chimie et d'Histoire Naturelle* LVII (Frimaire an 12), pp. 409–411. [Erschien November/Dezember 1803.]

Ørsted, Mathilde (ed) [BftH]/1: *Breve fra og til Hans Christian Ørsted. Første Samling.* (Kjøbenhavn: Lind, 1870.)

Ørsted, Mathilde (ed) [BftH]/2: *Breve fra og til Hans Christian Ørsted. Anden Samling.* (Kjøbenhavn: Lind, 1870.)

Ostwald, Wilhelm [AVAI]: *Abhandlungen und Vorträge allgemeinen Inhaltes (1887–1903.)* (Leipzig: Veit, 1904.)

Ostwald, Wilhelm [GSF]: *Goethe, Schopenhauer und die Farbenlehre.* (Leipzig: Unesma, 1918.)

Ostwald, Wilhelm [JWR]: »Johann Wilhelm Ritter«. In Ostwald [AVAI]:359–383. [Rede vom 5. 10. 1894.]

Ott, Gerhard [GEFS]: *Goethe, Eckermann und die farbigen Schatten.* (Dornach: ohne Verlagsangabe, 1977.)

Ott, Gerhard/Proskauer, Heinrich O. [RFS]: *Das Rätsel des farbigen Schattens. Versuch einer Lösung.* (Basel: Zbinden, 1979.)

Otto, Ulrich [BvGF]: »Die Bedeutung von Goethes Farbenlehre für den Maler«. *Universität Bayreuth. Jahresbericht des Präsidenten 1982* (ohne Jahresangabe des Drucks), pp. 425–452. [Beitrag zum Kolloquium *Goethes Bedeutung für das Verständnis der Naturwissenschaften heute*, 26.–28. 11. 1982.]

Parrot, Georg Friedrich [GTPz]/2: *Grundriß der theoretischen Physic zum Gebrauche für Vorlesungen. Zweiter Theil.* (Dorpat: Meinshausen, 1811.)

Parrot, Georg Friedrich [V]: »Vorrede«. In Parrot [GTPz]/2:III–XXIV.

Pasnau, Robert [MT]: *Metaphysical themes: 1274–1671.* (Oxford: Clarendon Press, 2011.)

Peirce, Charles Sanders [CPoC]/V: *Collected papers of Charles Sanders Peirce. Volume V. Pragmatism and pragmaticism.* (Charles Hartshorne/Paul Weiss (eds); Cambridge: Harvard University Press, 1934.)

Peirce, Charles Sanders [LoP]: »Lectures on pragmatism«. In Peirce [CPoC]/V:11–131. [Gehalten im Jahr 1903.]

Penrose, Roger [RtR]: *The road to reality. A complete guide to the laws of the universe.* (London: Cape, 2004.)

Pfaff, Christoph Heinrich [AaAB]: »Auszug aus einem anderen Briefe des Herrn D. Pfaff«. *Journal der Physik* 8 No 23 (1794), pp. 280–284.

Pfaff, Christoph Heinrich [uDGa]: »Ueber das doppelte Grau, aus welchem das *weiße* Licht besteht, und die blos *negative* Wirksamkeit der *schwarzen* Bilder in optischen Versuchen«. *Journal für Chemie und Physik* 6 No 2 (1812), pp. 205–210.

Pfaff, Christoph Heinrich [uFSN]: »Ueber die farbigen Säume der Nebenbilder des Doppelspaths, mit besonderer Rücksicht auf Hrn. v. Göthes Erklärung der Farbenentstehung durch Nebenbilder«. *Journal für Chemie und Physik* 6 No 2 (1812), pp. 177–204.

Pfaff, Christoph Heinrich [uNFH]: *Ueber Newton's Farbentheorie, Herrn von Goethe's Farbenlehre und den chemischen Gegensatz der Farben. Ein Versuch in der experimentalen Optik.* (Leipzig: Vogel, 1813.)

Pierer, Johann Friedrich (ed) [APRz]/3: *Anatomisch-physiologisches Realwörterbuch zu umfassender Kenntniß der körperlichen und geistigen Natur des Menschen im gesunden Zustande. Dritter Band F–Ha.* (Leipzig: Brockhaus, 1819.)

Pierer, Johann Friedrich/Choulant, Ludwig (eds) [APRz]/4: *Anatomisch-physiologisches Realwörterbuch zu umfassender Kenntniß der körperlichen und geistigen Natur des Menschen im gesunden Zustande. Vierter Band. He–L.* (Leipzig: Brockhaus, 1821.)

Poole, Reginald L. [SiCH]: *Studies in chronology and history.* (Austin Lane Poole (ed); Oxford: Clarendon Press, 1934.)

Popper, Karl Raimund [LF]: *Logik der Forschung.* (Tübingen: Mohr, 1989.) [Erschien zuerst 1934.]

Poselger, Friedrich Theodor [FRdB]: »Der farbige Rand eines durch ein biconvexes Glas entstehenden Bildes, untersucht, mit Bezug auf Herrn von Göthe's Werk: Zur Farbenlehre«. *Annalen der Physik* 37 (1811), pp. 135–154.

Prévost, Pierre [QRdO]: »Quelques remarques d'optique«. *Bibliothèque Britannique* 53 (1813), pp. 18–36. [Vortrag vom 30. 7. 1812.]

Prévost, Pierre [VVBF]: »Versuch, die verschiedene Brechbarkeit des farbigen Lichtes im Wasser unmittelbar sichtbar zu machen; in Beziehung auf Herrn von Göthe's Farbenlehre«. *Annalen der Physik* 49 No 4 (1815), pp. 393–404. [Gekürzte Übersetzung von Prévost [QRdO] durch Gilbert.]

Quine, Willard Van Orman [fLPo]: *From a logical point of view.* (Überarbeitete Ausgabe; Cambridge/Massachusetts: Harvard University Press, 1980.) [Erschien zuerst 1953.]

Quine, Willard Van Orman [fStS]: *From stimulus to science.* (Cambridge/Massachusetts: Harvard University Press, 1995.)

Quine, Willard Van Orman [oEES]: »On empirically equivalent systems of the world«. *Erkenntnis* 9 No 3 (1975), pp. 313–328.

Quine, Willard Van Orman [oRfI]: »On the reasons for indeterminacy of translation«. *The Journal of Philosophy* 67 No 6 (March 1970), pp. 178–183.

Quine, Willard Van Orman [oSTo]: »On simple theories of a complex world«. In Quine [WoPO]:255–258.

Quine, Willard Van Orman [PoT]: *Pursuit of truth.* (Überarbeitete Ausgabe; Cambridge/Massachusetts: Harvard University Press, 1992.) [Erschien zuerst 1990.]

Quine, Willard Van Orman [Q]: *Quiddities. An intermittently philosophical dictionary.* (Cambridge/Massachusetts: Belknap Press, 1987.)

Quine, Willard Van Orman [RM]: »Reference and modality«. In Quine [fLPo]:139–159.

Quine, Willard Van Orman [RoR]: *The roots of reference.* (Eugene Freeman (ed); La Salle/Illinois: Open Court, 1990.) [= *The Paul Carus lectures,* No 14; gehalten im Jahr 1971. Erschien zuerst 1974.]

Quine, Willard Van Orman [RtMJ]: »Responding to M. J. Cresswell«. In Quine [TT]:179–181. [Erschien zuerst 1981.]

Quine, Willard Van Orman [SLoS]: »The scope and language of science«. In Quine [WoPO]:228–245.

Quine, Willard Van Orman [TDoE]: »Two dogmas of empiricism«. In Quine [fLPo]:20–46. [Erschien zuerst 1951.]

Quine, Willard Van Orman [TI]: »Three indeterminacies«. In Barrett et al (eds) [PoQ]:1–16.

Quine, Willard Van Orman [TT]: *Theories and things.* (Cambridge/Massachusetts: Harvard University Press, 1981.)

Quine, Willard Van Orman [vLS]: *Von einem logischen Standpunkt. Neun logisch-philosophische Essays.* (Peter Bosch (tr); Frankfurt/Main: Ullstein, 1979.) [Erschien zuerst auf Englisch im Jahr 1953.]

Quine, Willard Van Orman [WG]: *Wort und Gegenstand. (Word and object.)* (Joachim Schulte/Dieter Birnbacher (trs); Stuttgart: Reclam, 1980.)

Quine, Willard Van Orman [WO]: *Word and object.* (Cambridge/Massachusetts: MIT Press, 1960.)

Quine, Willard Van Orman [WoPO]: *The ways of paradox and other essays.* (Überarbeitete Ausgabe; Cambridge/Massachusetts: Harvard University Press, 1976.) [Erschien zuerst 1966.]

Quine, Willard Van Orman [ZDE]: »Zwei Dogmen des Empirismus«. In Quine [vLS]:27–50. [Erschien zuerst auf Englisch im Jahr 1951.]

Quine, Willard Van Orman/Ullian, J. S. [WoB]: *The web of belief.* (Überarbeitete Ausgabe; New York: Random House, 1978) [Erschien zuerst 1970.]

Rang, Matthias [HaBz]: »Der Hellraum als Bedingung zur Invertierung spektraler Phänomene«. *Elemente der Naturwissenschaft* 90 (2009), pp. 46–79.

Rang, Matthias [HS]: »Der helle Schatten. Nach Georg Maier«. In Kühl et al (eds) [EF]:126/7.

Rang, Matthias [MvSP]: »Mehrfachanwendung von Spiegelspaltblenden und Prismen – eine moderne Form von Newtons *experimentum crucis*«. In Nordmeier et al (eds) [DP], ohne Seitenzahlen.

Rang, Matthias [PKS]: *Phänomenologie der komplementären Spektren.* (Berlin: Logos, 2015.) [Im Erscheinen.]

Rang, Matthias [S]: »Die Spiegelblende«. In Kühl et al (eds) [EF]:220–223.

Rang, Matthias [S]/a: *Die Spiegelspaltblende. Hinweise für den Gebrauch und die Anwendung im Unterricht.* (Kassel: Bildungswerk Beruf und Umwelt, 2009.)

Rang, Matthias/Grebe-Ellis, Johannes [KS]: »Komplementäre Spektren. Experimente mit einer Spiegel-Spalt-Blende«. *Mathematischer und Naturwissenschaftlicher Unterricht* 62 No 4 (2009), pp. 227–231.

Rang, Matthias/Müller, Olaf [NiG]: »Newton in Grönland. Das umgestülpte *experimentum crucis* in der Streulichtkammer«. *philosophia naturalis* 46 No 1 (2009), pp. 61–114. [Im Netz unter http://nbn-resolving.de/urn:nbn:de:kobv:11–100187051.]

Rappaport, Steven [ItBE]: »Inference to the best explanation: Is it really different from Mill's methods?« *Philosophy of Science* 63 No 1 (1996), pp. 65–80.

Reade, Joseph [EOfN]: *Experimental outlines, for a new theory of colours, light & vision. With critical remarks, on Sir Isaac Newton's opinions, and some new experiments on radiant caloric. Volume I.* (London: Longman, Hurst, Rees, Orme and Browne, 1816.)

Reade, Joseph [EtPT]: »Experiments to prove that the spectrum is not an image of the sun, as Newton endeavoured to demonstrate in the 3rd experiment of his optics, p. 21, but an image or representation of the hole in his window shutter; and also that yellow rays are the most refrangible, and the blue the least«. *The Monthly Magazine* 258 (1.8.1814), pp. 10–14. [= *The Monthly Magazine*, Volume 38 No 1]

Rehbock, Theda [GRP]: *Goethe und die »Rettung der Phänomene«. Philosophische Kritik des naturwissenschaftlichen Weltbilds am Beispiel der Farbenlehre.* (Konstanz: am Hockgraben, 1995.)

Rehm, Else [UBJW]: »Unbekannte Briefe Johann Wilhelm Ritters an Arnim, Savigny, Frommann, Schelling und andere aus den Jahren 1800–1803«. *Jahrbuch des Freien Deutschen Hochstifts* (1971), pp. 32–89.

Reichenbach, Hans [AWP]: *Der Aufstieg der wissenschaftlichen Philosophie.* (Maria Reichenbach (tr); Braunschweig: Vieweg, 1968.) [Erschien zuerst auf Englisch im Jahr 1951.]

Ribe, Neil M. [GCoN]: »Goethe's critique of Newton. A reconsideration«. *Studies in History and Philosophy of Science* 16 No 4 (1985), pp. 315–335.

Richter, Klaus [LPJW]: *Das Leben des Physikers Johann Wilhelm Ritter. Ein Schicksal in der Zeit der Romantik.* (Weimar: Böhlau, 2003.)

Richter, Klaus [JWR]: *Johann Wilhelm Ritter. Bibliographie.* (Erfurt: Selbstverlag der Akademie gemeinnütziger Wissenschaften, 2000.) [= *Sonderschriften der Akademie gemeinnütziger Wissenschaften zu Erfurt*, Band 33]

Richter, Klaus (ed) [PRJW]: *Der Physiker des Romantikerkreises Johann Wilhelm Ritter in seinen Briefen an den Verleger Carl Friedrich Ernst Frommann.* (Weimar: Böhlau, 1988.)

Ritter, Johann Wilhelm [ANSS]: »Auffindung nicht-sichtbarer Sonnenstrahlen ausserhalb des Farbenspectrums, an der Seite des Violetts«. *Annalen der Physik* 7 No 4 (1801), p. 527.

Ritter, Johann Wilhelm [BDBG]: *Beweis, dass ein beständiger Galvanismus den Lebensprocess in dem Thierreich begleite. Nebst neuen Versuchen und Bemerkungen über den Galvanismus.* (Weimar: Verlag des Industrie-Comptoirs, 1798.)

Ritter, Johann Wilhelm [BzHN]/A: »Bemerkungen zu Herschel's neueren Untersuchungen über das Licht«. In Ritter [PCAi]/2:81–107. [= Abhandlung für die Naturforschende Gesellschaft zu Jena im Frühling 1801]

Ritter, Johann Wilhelm (ed) [BzNK]/I.1–2: *Beyträge zur nähern Kenntniss des Galvanismus und der Resultate seiner Untersuchung. Ersten Bandes erstes und zweytes Stück.* (Jena: Frommann, 1800.)

Ritter, Johann Wilhelm (ed) [BzNK]/AI.1–2: *Beyträge zur nähern Kenntniss des Galvanismus und der Resultate seiner Untersuchung. Ersten Bandes erstes und zweytes Stück.* (Heiko Weber (ed); Hildesheim: Olms-Weidmann, 2010.) [Nachdruck der Ausgabe Ritter (ed) [BzNK]/I.1–2]

Ritter, Johann Wilhelm [BzVA]: »Bemerkungen zu vorstehender Abhandlung des Hrn. Wünsch«. *Journal für die Chemie, Physik und Mineralogie* 6 No 4 (1808), pp. 633–719.

Ritter, Johann Wilhelm [CPiL]: »Chemische Polarität im Licht. Ein mittelbares Resultat der neuern Untersuchungen über den Galvanismus«. *Intelligenzblatt der Litteratur-Zeitung* 16 (18. 4. 1801), sp. 121–123.

Ritter, Johann Wilhelm [FaNJ]/1: *Fragmente aus dem Nachlass eines jungen Physikers. Ein Taschenbuch für Freunde der Natur. Erstes Baendchen.* (Heidelberg: Mohr und Zimmer, 1810.)

Ritter, Johann Wilhelm [GV]: »Galvanische Versuche«. In Goethe [LA]/I.3:502/3. [Laut Döhler in Goethe [T]/III.2:561 ist die erste Seite dieses Textes in Goethes Handschrift, die zweite in Ritters.]

Ritter, Johann Wilhelm [NBzN]/I.1: *Neue Beyträge zur nähern Kenntniss des Galvanismus und der Resultate seiner Untersuchung. Ersten Bandes erstes Stück. Der Siderismus.* (Tübingen: Cotta, 1808.)

Ritter, Johann Wilhelm [PCAi]/1: *Physisch-Chemische Abhandlungen in chronologischer Folge. Erster Band.* (Leipzig: Reclam, 1806.)

Ritter, Johann Wilhelm [PCAi]/2: *Physisch-Chemische Abhandlungen in chronologischer Folge. Zweyter Band.* (Leipzig: Reclam, 1806.)

Ritter, Johann Wilhelm [R]: »Resultate«. In Goethe [LA]/II.4:82–85.

Ritter, Johann Wilhelm [VBüG]/B2: »Versuche und Bemerkungen über den Galvanismus der Voltaischen Batterie. In Briefen an L. W. Gilbert. Zweyter Brief«. In Ritter [PCAi]/1:291–326.

Ritter, Johann Wilhelm [VD]: *Viertes Diarium. JWR. Vom 13. Februar 1800 an.* [= *Ritteriana* 3; Handschrift in der Bayerischen Staatsbibliothek in München]

Ritter, Johann Wilhelm [VGBn]/A: »Volta's Galvanische Batterie; nebst Versuchen mit derselben angestellt von J. W. Ritter«. In Voigt (ed) [MfNZ]/2:356–400.

Ritter, Johann Wilhelm [VüS]/A: »Versuche über das Sonnenlicht«. *Annalen der Physik* 12 No 4 (1803), pp. 409–415.

Ritter, Johann Wilhelm [VüS]/B: »Versuche über das Sonnenlicht«. In Ritter [PCAi]/2:353–360.

Ritter, Johann Wilhelm (ed) [SGRv]: »Schreiben des Geh. Rath von Goethe an J. W. Ritter, Herschel's thermometrische Versuche in den Farben des Lichts betreffend«. *Journal für die Chemie, Physik und Mineralogie* 6 No 4 (1808), pp. 719–729, 759.

Röther, Bastian/Monecke, Uta [E]: »Einleitung«. In Goethe [LA]/III.1:IX–XIII.

Ruland, C. [zGNF]: »Zu Goethes naturwissenschaftlichen Forschungen«. *Goethe-Jahrbuch* 12 (1891), pp. 152–174.

Rumford, Benjamin Count of: siehe Thompson, Benjamin (Count of Rumford)

Ruppert, Hans [GB]: *Goethes Bibliothek. Katalog.* (Weimar: Arion, 1958.) [Nachdruck aus dem Jahr 1978.]

S.x. [FG]: »Farbenlehre, goethische«. In Brockhaus (ed) [CLEH]/3.3:541/2. [Dieser Artikel wurde »Adjunkt Schmeißer in Dresden« zugeschrieben, siehe Brockhaus et al [VzZB]:XV.]

Sabra, Abdelhamid I. [ToL]: *Theories of light. From Descartes to Newton.* (Cambridge: Cambridge University Press, 1981.) [Erschien zuerst 1967.]

Sällström, Pehr [MS]: *Monochromatische Schattenstrahlen. Ein Film über Experimente zur Rehabilitierung der Dunkelheit.* (Stuttgart: Edition Waldorf, 2010) [DVD.]

Salmon, Wesley C. [SECS]: *Scientific explanation and the causal structure of the world.* (Princeton: Princeton University Press, 1984.)

Sankey, Howard [I]: »Incommensurability. The current state of play«. *THEORIA (Segunda Época)* 12 No 3 (1997), pp. 425–445.

Schäfer, Lothar/Ströker, Elisabeth (eds) [NiPW]/III: *Naturauffassungen in Philosophie, Wissenschaft, Technik. Band III. Aufklärung und späte Neuzeit.* (Freiburg: Alber, 1995.)

Scheurmann, Konrad (ed) [CC]: *color continuo. 1810 … 2010 … System und Kunst der Farbe.* (Dresden: Technische Universität Dresden, 2009.)

Schiff, Julius [JSCS]: »J. S. C. Schweigger und sein Briefwechsel mit Goethe«. *Die Naturwissenschaften* 13 No 25 (1925), pp. 555–559.

Schiff, Julius (ed) [BzGJ]: *Briefwechsel zwischen Goethe und Johann Wolfgang Döbereiner (1810–1830.)* (Weimar: Böhlau, 1914.)

Schmid, Günther [GMiH]: *Goethe und Mollweide in Halle.* (Halle: Werkstätten der Stadt Halle, 1939.)

Schmid, Günther [GN]: *Goethe und die Naturwissenschaften. Eine Bibliographie.* (Emil Abderhalden (ed); Halle: Kaiserlich Leopoldinisch-Carolinisch Deutsche Akademie der Naturforscher, 1940.)

Schmidt, Egon [mNEE]: »Mit der naturwissenschaftlichen Elite Europas auf Gesprächsfuß«. *Dänische Rundschau* (1977), pp. 24–29. [Sonderausgabe mit dem Titel *Hans Christian Ørsted.*]

Schöne, Albrecht [GF]: *Goethes Farbentheologie.* (München: Beck, 1987.)

Schopenhauer, Arthur [uSF]/A: *Ueber das Sehn und die Farben.* (Leipzig: Hartknoch, 1816.)

Schreiber, Alexander [UPTa]: *Unterbestimmtheit physikalischer Theorien am Beispiel von Newtons Optik.* (Masterarbeit am Institut für Philosophie der Humboldt-Universität; Berlin, 2014.)

Schrön, Ludwig [VUND]: »Vergleichende Uebersicht und naehere Darstellung der Witterung zu Jena, Ilmenau und Wartburg im Monat Januar 1826«. *Journal für Chemie und Physik* 46 No 3 (1826), ohne Seitenzahlen.

Schultz, Christoph Ludwig Friedrich [uPGF]: »Ueber physiologe Gesichts- und Farbenerscheinungen«. *Journal für Chemie und Physik* 16 No 2 (1816), pp. 121–157. [Der Aufsatz erschien anonym; Schmid belegt die Zuschreibung an Schultz in Schmid [GN]:§ 400.]

Schweigger, Johann Salomo Christoph [AU]: »Anmerkung des Uebersetzers«. *Journal für Chemie und Physik* 11 No 1 (1814), pp. 49–50.

Schweigger, Johann Salomo Christoph [BüEL]: »Bemerkungen über den Einfluss des Luftdruckes auf Krystallisation der Salze«. *Journal für Chemie und Physik* 9 No 1(1813), pp. 79–92.

Schweigger, Johann Salomo Christoph [SNzV]: »Schweigger's Nachträge zu den vorhergehenden Abhandlungen«. *Journal für Chemie und Physik* 48 No 4 (1826), pp. 453–471.

Schweigger, Johann Salomo Christoph [uVzV]: »Ueber den Verein zur Verbreitung von Naturkenntniß und höherer Wahrheit«. *Isis von Oken* 2 (1826), sp. 121–132.

Schweigger, Johann Salomo Christoph [VH]: »Vorerinnerung des Herausgebers«. *Journal für Chemie und Physik* 6 No 3, Beilage III (1812), pp. 1/2.

Schweigger, Johann Salomo Christoph [ZzOE]: »Zusätze zu Oersteds elektromagnetischen Versuchen«. *Journal für Chemie und Physik* 31 No 1 (1821), pp. 1–17.

Schweigger, Johann Salomo Christoph [ZzVA]: »Zusätze zu der vorgehenden Abhandlung«. *Journal für Chemie und Physik* 5 No 3 (1812), pp. 233–244.

Seebeck, Thomas Johann [ENVB]: »Einige neue Versuche und Beobachtungen über Spiegelung und Brechung des Lichtes«. *Journal für Chemie und Physik* 7 No 3 (1813), pp. 259–298.

Seebeck, Thomas Johann [GEF]: »Geschichte der entoptischen Farben«. In Goethe [LA]/I.8:11–15. [Aus Goethe [zNÜ]/I.1. Erschien zuerst 1817.]

Seebeck, Thomas Johann [MPME]: *Magnetische Polarisation der Metalle und Erze durch Temperatur-Differenz.* (A. J. v. Oettingen (ed); Leipzig: Engelmann, 1895.) [= *Ostwald's Klassiker der exakten Wissenschaften*, Band 70]

Seebeck, Thomas Johann [oUEo]: »On the unequal evolution of heat in the prismatic spectrum«. *Philosophical Magazine* (*Series* 1) 66 No 331 (1825), pp. 330–343, 445–455. [Gekürzte englische Version von Seebeck [uUEW]/B.]

Seebeck, Thomas Johann [üEFB]: »Über die Einwirkung farbiger Beleuchtung auf ein Gemisch von gasförmiger oxydirter Salzsäure und Wasserstoffgas«. *Journal für Chemie und Physik* 2 No 2 (1811), pp. 263/4.

Seebeck, Thomas Johann [uUEW]/A: »Ueber die ungleiche Erregung der Wärme im prismatischen Sonnenbilde«. *Abhandlungen der Königlichen Akademie der Wissenschaften in Berlin. Aus den Jahren 1818–1819* (1820), pp. 305–350. [Vortrag vom 13. 3. 1819.]

Seebeck, Thomas Johann [uUEW]/B: »Ueber die ungleiche Erregung der Wärme im prismatischen Sonnenbilde«. *Journal für Chemie und Physik* 40 No 2 (1824), pp. 129–176.

Seebeck, Thomas Johann [vFVD]: »Von den Farben und dem Verhalten derselben gegen einander«. *Journal für Chemie und Physik* 1 No 1 (1811), pp. 4–12.

Seebeck, Thomas Johann [WFB]: »Wirkung farbiger Beleuchtung«. In Goethe [sVST]:26–39.

Sepper, Dennis L. [GaN]: »Goethe against Newton. Towards saving the phenomenon«. In Amrine et al (eds) [GS]:175–193.

Sepper, Dennis L. [GcN]: *Goethe contra Newton. Polemics and the project for a new science of color.* (Cambridge: Cambridge University Press, 1988.)

Shapin, Steven/Schaffer, Simon [LAP]: *Leviathan and the air-pump. Hobbes, Boyle and the experimental life.* (Princeton: Princeton University Press, 1989.) [Erschien zuerst 1985.]

Shapiro, Alan E. [ACNC]: »Artists' colors and Newton's colors«. *Isis* 85 No 4 (1994), pp. 600–630.

Shapiro, Alan E. [FPP]: *Fits, passions, and paroxysms. Physics, method, and chemistry and Newton's theories of colored bodies and fits of easy reflection.* (Cambridge: Cambridge University Press, 1993.)

Shapiro, Alan E. [GAoN]: »The gradual acceptance of Newton's theory of light and color, 1672–1727«. *Perspectives on Science* 4 No 1 (1996), pp. 59–140.

Shapiro, Alan E. [KO]: »Kinematic optics. A study of the wave theory of light in the seventeenth century«. *Archive for History of Exact Sciences* 11 No 2–3 (1973), pp. 134–266.

Shepard, Roger N. [EA]: *Einsichten & Anblicke. Illusion und Wahrnehmungskonflikte in Zeichnungen.* (Joachim Grabowski (tr); Heidelberg: Spektrum der Wissenschaft, 1991.) [Erschien zuerst auf Englisch im Jahr 1990.]

Shapiro, Alan E. [NDoL]: »Newton's definition of a light ray and the diffusion theories of chromatic dispersion«. *Isis* 66 No 2 (1975), pp. 194–210.

Sklar, Lawrence [MC]: »Methodological conservatism«. *The Philosophical Review* 84 No 3 (1975), pp. 374–400.

Sober, Elliott [EE]: »Equilibrium explanation«. *Philosophical Studies* 43 No 2 (1983), pp. 201–210.

Sommer, Wilfried [zPBB]: *Zur phänomenologischen Beschreibung der Beugung im Konzept optischer Wege. Entwicklung und Erprobung einer Unterrichtsreihe für die gymnasiale Oberstufe.* (Berlin: Logos, 2005.) [= *Phänomenologie in der Naturwissenschaft*, Band 2]

Sommerfeld, Arnold [GFiU]: »Goethes Farbenlehre im Urteile der Zeit«. *Deutsche Revue* 42 No 3 (1917), pp. 100–106.

Spargo, P. E./Pounds, C. A. [NDoI]: »Newton's ›Derangement of the intellect‹. New light on an old problem«. *Notes and Records of the Royal Society of London* 34 No 1 (1979), pp. 11–32.

Spohn, Wolfgang [BaP]: »Begründungen a priori – oder: ein frischer Blick auf Dispositionsprädikate«. In Lenzen (ed) [WSAP]:323–345.

Stanford, P. Kyle [EOG]: *Exceeding our grasp. Science, history, and the problem of unconceived alternatives.* (Oxford: Oxford University Press, 2006.)

Stanford, P. Kyle [FGTo]: »Francis Galton's theory of inheritance and the problem of unconceived alternatives«. *Biology and Philosophy* 21 (2006), pp. 523–536.

Stanford, P. Kyle [RDB]: »Refusing the devil's bargain: What kind of underdetermination should we take seriously?« *Philosophy of Science* 68 No 3, Supplement (2001), pp. S1-S12. [= *Proceedings of the 2000 biennial meeting of the Philosophy of Science Association. Part I: Contributed papers*]

Stanford, P. Kyle [SRAT]: »Scientific realism, the atomic theory, and the catch-all hypothesis: Can we test fundamental theories against all serious alternatives?« *British Journal for the Philosophy of Science* 60 No 2 (2009), pp. 253–269.

Stegmüller, Wolfgang [TE]/2: *Theorie und Erfahrung. Zweiter Halbband. Theorienstrukturen und Theoriendynamik.* (Berlin: Springer, 1973.) [= *Probleme und Resultate der Wissenschaftstheorie und Analytischen Philosophie*, Band II.2]

Stegmüller, Wolfgang [TE]/3: *Theorie und Erfahrung. Dritter Teilband. Die Entwicklung des neuen Strukturalismus seit 1973.* (Berlin: Springer, 1986.) [= *Probleme und Resultate der Wissenschaftstheorie und Analytischen Philosophie*, Band II.3]

Steinbrenner, Jakob/Glasauer, Stefan (eds) [F]: *Farben. Betrachtungen aus Philosophie und Naturwissenschaften.* (Frankfurt/Main: Suhrkamp, 2007.)

Steinle, Friedrich [GMEF]: »Goethes Methodologie des Experiments und die französische *Encyclopédie*«. *Acta Historica Leopoldina* 62 (2013), pp. 101–115.

Steinle, Friedrich [NaNR]: »›Das Nächste ans Nächste reihen‹: Goethe, Newton und das Experiment«. In Grebe-Ellis et al (eds) [OET]:179–202. [Erschien zuerst 2002.]

Steinle, Friedrich [USIE]: »Das umgekehrte Spektrum und die Invertierung des *experimentum crucis*. Ein historischer Abriss«. (Unveröffentlichter Vortrag am 26. März 2011 im Freien Deutschen Hochstift.)

Stichweh, Rudolf [zEMS]: *Zur Entstehung des modernen Systems wissenschaftlicher Disziplinen. Physik in Deutschland 1740–1890.* (Frankfurt/Main: Suhrkamp, 1984.)

Strub, Jean-Daniel/Grotefeld, Stefan (eds) [GFzP]: *Der gerechte Friede zwischen Pazifismus und gerechtem Krieg. Paradigmen der Friedensethik im Diskurs.* (Stuttgart: Kohlhammer, 2007.)

Tetens, Holm [NE]: »Natur und Erhaltungssätze. Exemplarische Überlegungen am Beispiel des Energieerhaltungssatzes«. In Schäfer et al (eds) [NiPW]/III:13–40.

Thadden, Elisabeth von [EaNW]: *Erzählen als Naturverhältnis – »Die Wahlverwandtschaften«. Zum Problem der Darstellbarkeit von Natur und Gesellschaft seit Goethes Plan eines »Roman über das Weltall«.* (München: Fink, 1993.)

Thadden, Elisabeth von [SI]: »Schöner irren«. *DIE ZEIT* 20 (12. 5. 2010), p. 52. [Im Netz unter http://www.zeit.de/2010/20/Farbenlehre (abgerufen am 12. 5. 2014).]

Thompson, Benjamin (Count of Rumford) [ECNo]: »An enquiry concerning the nature of heat, and the mode of its communication«. *Philosophical Transactions* 94 No 1 (1804), pp. 77–182.

Thompson, Evan [CV]: *Colour vision. A study in cognitive science and the philosophy of perception.* (London: Routledge, 1995.)

Turnbull, Herbert Westren (ed) [CoIN]/I: *The correspondence of Isaac*

Newton. Volume I. 1661–1675. (Cambridge: Cambridge University Press, 1959.)

Turnbull, Herbert Westren (ed) [CoIN]/II: *The correspondence of Isaac Newton. Volume II. 1676–1687.* (Cambridge: Cambridge University Press, 1960.)

Turnbull, Herbert Westren [P]: »Preface«. In Turnbull (ed) [CoIN]/I:xxv–xxxiii.

U. [F]: »Farbenlehre«. In Brockhaus (ed) [CLEH]/3.3:540/1. [Dieser Artikel wurde Gilbert zugeschrieben, siehe Brockhaus et al [VzZB]:XIV]

van Fraassen, Bas C. [SI]: *The scientific image.* (Oxford: Clarendon Press, 1980.)

Vetter, Barbara [DwC]: »Dispositions without conditionals«. *Mind* 123 No 489 (2014), pp. 129–156.

Vogt, Margrit/Karliczek, André (eds) [EF]: *Erkenntniswert Farbe.* (Jena: Ernst-Haeckel-Haus, 2014.)

Voigt, Johann Heinrich (ed) [MfNZ]/2: *Magazin fuer den neuesten Zustand der Naturkunde mit Ruecksicht auf die dazu gehoerigen Huelfswissenschaften. Zweyter Band.* (Weimar: Verlag des Industrie-Comptoirs, 1800.)

Walther, Johannes (ed) [GaSE]: *Goethe als Seher und Erforscher der Natur. Untersuchungen über Goethes Stellung zu den Problemen der Natur.* (Halle: Kaiserlich-Leopoldinische Deutsche Akademie der Naturforscher, 1930.)

Wankmüller, Rike [NzF]: »Nachwort zur Farbenlehre«. In Goethe [GWHA]/XIII:613–640.

Weber, Heiko [E]: »Einleitung«. In Ritter (ed) [BzNK]/AI.1–2:V*-CLVIII*.

Weber, Heiko [EFN]: »*Experimentalprogramme der frühen Naturwissenschaften*«. *Johann Wilhelm Ritter (1776–1810) und Joseph Weber (1753–1831.)* (Dissertation an der Biologisch-Pharmazeutischen Fakultät der Friedrich-Schiller-Universität; Jena, 2005.)

Weber, Marcel [CoCE]: »The crux of crucial experiments. Duhem's problems and inference to the best explanation«. *British Journal for the Philosophy of Science* 60 No 1 (2009), pp. 19–49.

Weinberg, Steven [RTDH]: »The revolution that didn't happen«. *The New York Review of Books* 45 No 15 (1998), pp. 48–52.

Weinberg, Steven [TvEU]: *Der Traum von der Einheit des Universums.* (Friedrich Griese (tr); München: Bertelsmann, 1993.) [Erschien zuerst auf Englisch im Jahr 1993.]

Weizsäcker, Carl Friedrich von [EBaG]: »Einige Begriffe aus Goethes Naturwissenschaft«. In Goethe [GWHA]/XIII:539–555.

Weizsäcker, Carl Friedrich von [G]: »Geleitwort«. In Heimendahl [LF]:VII–X.

Weizsäcker, Carl Friedrich von [GFHG]: »Goethes Farbentheologie – heute gesehen«. In Weizsäcker [ZW]:976–987. [Erschien zuerst 1991.]

Weizsäcker, Carl Friedrich von [GP]: *Große Physiker. Von Aristoteles bis Werner Heisenberg.* (Helmut Rechenberg (ed); Wiesbaden: Marix, 2004.) [Erschien zuerst 1999.]

Weizsäcker, Carl Friedrich von [ZW]: *Zeit und Wissen.* (München: Hanser, 1992.)

Wenzel, Manfred (ed) [GHS]/2: *Goethe-Handbuch Supplemente. Band 2. Naturwissenschaften.* (Stuttgart: Metzler, 2012.)

Werneburg, Johann Friedrich Christian [MPad]: *Merkwürdige Phaenomene an und durch verschiedene Prismen. Zur richtigen Würdigung der Newton'schen und der von Goethe'schen Farbenlehre.* (Nürnberg: Schrag, 1817.)

Wessely, Karl [WWFN]: »Welche Wege führen noch heute zu Goethes Farbenlehre?« In Walther (ed) [GaSE]:157–184.

Westfall, Richard S. [NaR]: *Never at rest. A biography of Isaac Newton.* (Cambridge: Cambridge University Press, 1980.)

Westfall, Richard S. [NHCo]: »Newton and his critics on the nature of colors«. *Archives Internationales d'Histoire des Sciences* 15 (1962), pp. 47–58.

Westfall, Richard S. [NRtH]: »Newton's reply to Hooke and the theory of colors«. *Isis* 54 No 1 (1963), pp. 82–96.

Westfall, Richard S. [NDHF]: »Newton defends his first publication. The Newton-Lucas correspondence«. *Isis* 57 No 3 (1966), pp. 299–314.

White, Jack R. [HPoI]: »Herschel and the puzzle of infrared. An astronomer took a mental leap to first connect light and heat«. *American Scientist* 100 No 3 (2012), pp. 218–225.

White, Michael [IN]: *Isaac Newton. The last sorcerer.* (London: Fourth Estate, 1997.)

Wittgenstein, Ludwig [BüF]: *Bemerkungen über die Farben.* (Gertrude Elizabeth Margaret Anscombe (ed); Frankfurt/Main: Suhrkamp, 1979.) [Erschien zuerst auf Englisch im Jahr 1977.]

Wittgenstein, Ludwig [PU]: *Philosophische Untersuchungen.* (Gertrude Elizabeth Margaret Anscombe/Georg Henrik von Wright/Rush Rhees (eds)). In Wittgenstein [W]/1:225–618. [Erschien zuerst 1953.]

Wittgenstein, Ludwig [W]/1: *Werkausgabe. Band 1. Tractatus logico-philosophicus. Tagebücher 1914–1916. Philosophische Untersuchungen.* (Frankfurt/Main: Suhrkamp, 1984.)

Wolters, Gereon/Carrier, Martin (eds) [HSHF]: *Homo Sapiens und Homo Faber. Epistemische und technische Rationalität in Antike und Gegenwart. Festschrift für Jürgen Mittelstraß.* (Berlin: de Gruyter, 2005.)

Worbs, Erich [GSPJ]: »Goethe und der schlesische Physiker Johann Wilhelm Ritter«. *Schlesien. Vierteljahresschrift für Kunst, Wissenschaft und Volkstum* 12 No 4 (1967), pp. 196–202.

Yang, Zu-Po/Ci, Lijie/Bur, James A./Lin, Shawn-Yu/Ajayan, Pulickel M. [EOoE]: »Experimental observation of an extremely dark material made by a low-density nanotube array«. *Nano Letters* 8 No 2 (2008), pp. 446–451.

Young, Thomas [zF]: »Zur Farbenlehre. On the doctrine of colours. By Goethe. 2 vol. 8vo. Tubingen, 1810, pp. 1510; with 16 coloured plates in 4to«. *The Quarterly Review* 10 No 20 (1814), pp. 427–441. [Erschien anonym und wird üblicherweise Young zugeschrieben, siehe Nielsen [AKoL]:147.]

Zastrau, Alfred (ed) [GH]/1: *Goethe Handbuch. Goethe, seine Welt und Zeit in Werk und Wirkung. Band 1. Aachen–Farbenlehre.* (Überarbeitete Ausgabe; Stuttgart: Metzler, 1961.)

Zehe, Horst [E]: »Einleitung«. In Goethe [LA]/II.5A:IX–XIV.

Zehe, Horst [EüEv]: »Etwas über ›das Exemplar von Newtons Optik, welches Goethe gebraucht [...] hat‹«. *Goethe-Jahrbuch* 104 (1987), pp. 360–362.

Zehe, Horst [V]: »Vorwort«. In Goethe [LA]/II.5A:V–VI.

Zemplén, Gábor Áron [EfOT]: *An eye for optical theory? Newton's rejection of the modificationist tradition and Goethe's modificationist critique of Newton.* (Dissertation am Department of Philosophy and History of Science der University of Technology and Economics; Budapest, 2001.)

Zemplén, Gábor Áron [HoVC]: *The history of vision, colour, & light theories. Introductions, texts, problems.* (Gerd Graßhoff (ed); Bern: Libri Books on Demand, 2005.) [= *Bern studies for the history and philosophy of science. Educational materials*, Band 5]

Zupko, Ronald Edward [DoEW]: *A dictionary of English weights and measures.* (Madison: The University of Wisconsin Press, 1968.)

Personenregister

Da die kleinsten aus sich selbst heraus verständlichen Stücke dieses Buchs die einzelnen Paragraphen sind, beziehen sich sämtliche Einträge nicht auf Seitenzahlen, sondern auf Paragraphenzahlen. Dies Register enthält keine Einträge zu Newton und Goethe; abgesehen davon führen wir alle Personen auf, die entweder in den Anhängen A, B und C vorkommen (siehe S. 441 bis S. 451) oder in den Paragraphen der 23 Kapitel (mit nachgestelltem »k« für Vorkommnisse nur im Kleingedruckten eines Paragraphen). Namen, die in einem der Paragraphen nur im Anmerkungstext vorkommen, werden z. B. so nachgewiesen: § III.3.2[n424,6,8]: Das bezieht sich auf die Anmerkungen 424, 426, 428 (im Anmerkungsteil ab S. 452), die zum § III.3.2 gehören. Namen aus Einleitung und Literaturverzeichnis weisen wir nicht nach.